60.00
90E

CRC Handbook of Physical Properties of Rocks

Volume III

Editor

Robert S. Carmichael, Ph.D.
Head, Geophysics Program
Department of Geology
University of Iowa
Iowa City, Iowa

CRC Press, Inc.
Boca Raton, Florida

Library of Congress Cataloging in Publications Data

Main entry under title:
CRC handbook of physical properties of rock.

Bibliography: v.1, v.2, v.3
Includes index.
1. Rocks—Handbooks, manuals, etc. I. Carmichael, Robert S. II. Title: Handbook of physical properties of rocks.
QE431.6.P5C18   552′.06   80-23817
ISBN 0-8493-0226-9 (v.1)
ISBN 0-8493-0227-7 (v.2)
ISBN 0-8493-0228-5 (v.3)

This book represents information obtained from authentic and highly regarded sources. Reprinted material is quoted with permission, and sources are indicated. A wide variety of references are listed. Every reasonable effort has been made to give reliable data and information, but the author and the publisher cannot assume responsibility for the validity of all materials or for the consequences of their use.

All rights reserved. This book, or any parts thereof, may not be reproduced in any form without written consent from the publisher.

Direct all inquiries to CRC Press, Inc., 2000 Corporate Blvd., N.W., Boca Raton, Florida, 33431.

© 1984 by CRC Press, Inc.

International Standard Book Number ISBN 0-8493-0226-9 (v.1)
International Standard Book Number ISBN 0-8493-0227-7 (v.2)
International Standard Book Number ISBN 0-8493-0228-5 (v.3)

Library of Congress Card Number 80-23817
Printed in the United States

PREFACE

The objective of this handbook is to provide an organized compilation of data on rocks and minerals.

"Science is organized knowledge."

Herbert Spencer
(1820—1903)
English philosopher

The handbook is a current guide to physical properties, for easy reference to and comparison of various properties or various types of materials. Its function is to present a reliable data base that has been selected and evaluated, and as comprehensively as reasonable size limitations will permit. The intent is to bridge the gap between individual reports with only specific limited data, and massive assemblies of data which are uncritically presented.

Individual chapters have been prepared by recognized authorities who are among the leaders of their respective specialties. These authors are drawn from leading university, industrial, government, and scientific establishments. An Advisory Board of nationally prominent geoscientists has helped to oversee the handbook development.

The handbook is interdisciplinary in content and approach. A purpose is to provide data for persons in geology, geophysics, geochemistry, petrophysics, materials science, or geotechnical engineering, who might be expert in one special topic but who seek information on materials and properties in another topic. This might be for purposes of evaluation, estimates, modeling, prospecting, assessment of hazards, subsurface character, prediction of properties, beginning new projects, and so on. The expert may have sources of reference as a guide in his area, but needs assistance to get started on something new or on a topic in an allied field.

The format is primarily tabular for easy reference and comparability. In addition to tables and listings, there are graphs and descriptions where appropriate. Graphical trends, e. g., how a property varies with a parameter such as mineral composition or temperature or pressure, can be particularly useful when studying rocks. This is because, for some rock properties, the trend may be more reliable and useful than the absolute value of the property at one particular condition.

Rocks are the foundation of our physical world, both literally and figuratively. The importance of them, and of their physical properties, derives from such applications as:

1. They are the material on or in which geotechnical engineers install buildings, dams, tunnels, bridges, underground storage or waste disposal facilities, and a variety of other structures.
2. They contain the natural resources needed by modern industrial society, including oil and gas, coal, groundwater, geothermal energy, and ore deposits of such metals as iron, copper, lead, zinc, and nickel.
3. Their variations in physical properties such as density, magnetization, elastic wave velocity, and electrical resistivity provide means for remotely determining subsurface geology and structure by the methods of exploration geophysics.
4. They rupture on fault zones to produce earthquakes and transmit the resulting seismic waves for long distances.
5. Laboratory study of them can often reveal the age, origin, and geologic history of rocks and events.

Physical properties of rocks and of their constituent minerals are of concern to geologists, geophysicists, petrophysicists, and geotechnical engineers. Over the past 20 years or so, there has been a great increase in the amount and variety of data available. This was because of the development of new measuring equipment and analytical techniques, the rise of new applications requiring new or more refined data, and the acquisition of rocks from habitats that had been previously inaccessible. The latter include great depths in the continents (down over 10,000 m in sedimentary basins), the continental shelves, oceanic crust to depths of several hundred meters below the deep seafloor, and the Moon.

Rock properties are of interest for recently developing topics such as deeper drilling for petroleum and other resources, including deep minerals and geothermal energy development; understanding earthquakes and their prospective prediction based on precursory physical changes occurring in the epicentral area; engineering geology; more refined geophysical prospecting of the subsurface using inherent rock properties as well as rock structure; and study of surface geology from satellite remote sensing.

There is also ever-increasing interest in the properties of rocks and minerals because of new or expanded applications in allied fields. For example, materials scientists and solid-state physicists are interested in such physical properties as the magnetic, electrical, and optical character of mineral crystals. Such information has use for magnetic memory devices for computers, for permanent magnets, and for electronics. Construction engineers need better information on rock properties in unconventional sites, e.g., for installing oil-storage tanks on the seafloor, for burying pipelines in permafrost terrain, and for siting major structures in areas of seismic risk.

"Human knowledge is but an accumulation of small facts made by successive generations of (investigators)—the little bits of knowledge and experience carefully treasured up by them growing at length into a mighty pyramid."

Samuel Smiles
(1812—1904)
Scottish writer

Chapters in Volume I include:

Mineral composition of rocks — Chemical composition and physical characteristics of igneous, sedimentary, and metamorphic rocks, and of pore fluids (including geothermal fluids), economic ores and fuels (including coal, petroleum, oil shale and tar sands, radioactive minerals), and marine sediments. Properties of minerals and crystals, including petrographic characteristics. Composition of the Earth's crust and mantle, and of meteorites and Moon rock.

> Kenneth F. Clark, Ph.D.
> Professor of Geology
> University of Texas
> El Paso, Texas

Electrical properties of rocks and minerals — Conductivity/resistivity and dielectric constants of minerals and dry rocks. Variation of electrical properties with temperature, pressure, frequency at which measurement is made, and lithology and porosity. Induced polarization. Resistivity of brine and water-bearing rocks. Electrical properties and electric logs of sedimentary rocks, in situ sequences of rocks, and coal, permafrost, and the Earth's interior.

> George V. Keller, Ph.D.
> Professor of Geophysics
> Colorado School of Mines
> Golden, Colorado

Spectroscopic properties of rocks and minerals — Interaction of matter with electromagnetic radiation, in the visible and infrared range. Properties of absorption/transmission, reflection and emission, and spectral characteristics of minerals and rocks.

Graham R. Hunt, Ph.D.
Senior Research Scientist
Petrophysics and Remote Sensing Branch
U.S. Geological Survey
Denver, Colorado

Volume II includes:
Seismic velocities — Compressional and shear wave velocities for rocks, minerals, marine sediments and water, aggregates and glasses, the Earth's crust and upper mantle (continental and oceanic), glaciers and permafrost. Laboratory and *in situ* measurements. Variation of velocity with degree of fluid saturation, pressure, and temperature.

Nikolas I. Christensen, Ph.D.
Professor of Geological Sciences
  and Graduate Program in Geophysics
University of Washington
Seattle, Washington

Magnetic properties of minerals and rocks — Magnetic and crystalline properties of magnetic minerals. Types of remanent magnetizations. Magnetic properties of rocks: susceptibility, coercive field, Curie temperature, anisotropy, saturation magnetization. Variation with chemical composition, grain size and shape, temperature, and pressure.

Robert S. Carmichael, Ph.D.
Professor of Geology
University of Iowa
Iowa City, Iowa

Engineering properties of rock — Factors and tests relating to rock appraisal, characterization, and assessment of properties such as strength, hardness, elastic constants, and deformation. Engineering properties, including the effects of pore water pressure.

Allen W. Hatheway, Ph.D.
Professor of Geological Engineering
Department of Mining Petroleum
  and Geological Engineering
University of Missouri
Rolla, Missouri
    and
George A. Kiersch, Ph.D.
Emeritus Professor
Cornell University
Ithaca, New York
   and Tucson, Arizona

Volume III includes:
Density of rocks and minerals — Determination of density and porosity by calculation and *in situ* methods. Densities of minerals and soils. Densities of sedimentary, igneous, and metamorphic rocks, along with histograms and statistical analysis of density ranges.

Gordon R. Johnson
Research Geophysicist
Petrophysics and Remote Sensing Branch
U.S. Geological Survey
Denver, Colorado
   and
Gary R. Olhoeft, Ph.D.
Research Geophysicist
Petrophysics and Remote Sensing Branch
U.S. Geological Survey
Denver, Colorado

Elastic constants of minerals — Elastic properties for single crystals and polycrystalline aggregates, for alkali halide, oxide, and silicate minerals. The constants include bulk modulus, shear modulus, density and atomic weight, thermal expansivity, heat capacity, Poisson's ratio, wave velocities and the constants' temperature and pressure coefficients; and also Gruneisen and Gruneisen-Anderson parameters and Debye temperature.

Orson L. Anderson, Ph.D.
Professor of Geophysics
Institute of Geophysics and Planetary Physics
University of California
Los Angeles, California
   and
Yoshio Sumino, Ph.D.
Research Associate
Center for Earthquake Prediction
Department of Earth Sciences
Nagoya University
Nagoya, Japan

Inelastic properties of rocks and minerals: strength and rheology — Laboratory tests in rock mechanics; stress-strain relations; and effects of pore fluids, time and stress rate, and temperature. Rock friction. Compilation of experimental data.

Stephen H. Kirby, Ph.D.
Geophysicist
Office of Earthquake Studies
U.S. Geological Survey
Menlo Park, California
   and
John W. McCormick, Ph.D.
Department of Computer Sciences
State University of New York
Plattsburgh, New York.

Radioactivity properties of minerals and rock — Radioactive isotope systems used in age dating. Decay constants. Radiogenic heat production of rocks. Radioactive minerals.

W. Randall Van Schmus, Ph.D.
Professor of Geology
Department of Geology
University of Kansas
Lawrence, Kansas

Seismic attenuation — Methods of laboratory and seismological determination of attenuation, with application to oil exploration and terrestrial studies. Data for p-wave and s-wave attenuation of minerals, sedimentary and nonsedimentary rocks, and the Earth. Effect of strain amplitude, pressure, frequency, and fluid saturation.

Mario S. Vassiliou, Ph.D.
Seismological Laboratory
California Institute of Technology
Pasadena, California
   and
Carlos A. Salvado
Earth and Planetary Sciences Group
Rockwell International Science Center
Thousand Oaks, California
   and
Bernhard R. Tittmann, Ph.D.
Manager
Earth and Planetary Sciences Group
Rockwell International Science Center
Thousand Oaks, California

My thanks are extended to all who have contributed to the formulation and execution of this Handbook series. The editorial function at CRC Press was performed by Susan Cubar, Pamela Woodcock, and Cathy Walker. The University of Iowa provided partial summer support in the form of an Old Gold Fellowship to the Editor. Appreciation is due Dr. Richard Hoppin, Chairman of Geology at Iowa, for fostering the supportive environment conducive to profession labors of love such as this.

Robert S. Carmichael
1982

THE EDITOR

Robert S. Carmichael, Ph.D., is Professor of Geophysics and Geology in the Department of Geology, University of Iowa, Iowa City. He graduated from the University of Toronto with a B.A.Sc. degree in geophysics/engineering physics, and then earned M.S. and Ph.D. degrees in Earth and Planetary Science from the University of Pittsburgh. His thesis specialties were in seismology and rock magnetism, and while there, he was an Andrew Mellon University Fellow.

After graduation in 1967, he spent a year at Osaka University in Japan as a postdoctoral Research Fellow of the Japan Society for Promotion of Science and working in high-pressure geophysics. Upon return, he joined Shell Oil's Research Center in Houston as a research geophysicist in petroleum exploration. Now at the University of Iowa, Dr. Carmichael has research interests in rock properties, exploration geophysics, high-pressure geophysics and magnetics, and earthquakes in the central Midcontinent region.

He has authored over 25 scientific articles, and done consulting for geotechnical and seismic problems. He is a member of the American Geophysical Union, Society of Exploration Geophysicists, Iowa Academy of Science, Association of Professional Engineers, and Society of Terrestrial Magnetism and Electricity.

ADVISORY BOARD

William F. Brace, Ph.D.
Professor of Earth and Planetary
  Science
Massachusetts Institute of Technology
Cambridge, Massachusetts

Milton B. Dobrin, Ph.D.*
Professor of Geology
University of Houston
Houston, Texas

A. Norman Domenico, Ph.D.
Research Consultant
Former Director of Geophysics
  Research
AMOCO Production Research
  Company
Tulsa, Oklahoma

John Handin, Ph.D.
Professor and Associate Dean
Center for Tectonophysics
College of Geosciences
Texas A & M University
College Station, Texas

Peter J. Hood, Ph.D.
Head, Regional Geophysics Program
Resource Geophysics and
  Geochemistry Division
Geological Survey of Canada
Ottawa, Ontario
Canada

Benjamin F. Howell, Ph.D.
Professor of Geosciences, and
  Associate Dean
Pennsylvania State University
University Park, Pennsylvania

Donald R. Mabey
Geophysicist
U.S. Geological Survey
Salt Lake City, Utah

Jack E. Oliver, Ph.D.
Professor and Former Chairman
Department of Geological Sciences
Cornell University
Ithaca, New York

John S. Sumner, Ph.D.
Professor of Geosciences, and Chief
  Scientist of Geophysics Laboratory
University of Arizona
Tucson, Arizona

Manik Talwani, Ph.D.
Professor and Former Director
Lamont-Doherty Geological
  Observatory
Columbia University
Palisades, New York

Frank Press, Ph.D.**
Head, Department of Earth and
  Planetary Science
Massachusetts Institute of Technology
Cambridge, Massachusetts

---

* Deceased 1980
** Relinquished position upon assumption of duties as President's Science Advisor and Director of Office of Science and Technology Policy, Washington, D.C.

CONTRIBUTORS

Orson L. Anderson, Ph.D., earned degrees at the University of Utah. He then worked for Bell Telephone Labs, American Standard Company, and Lamont Geological Observatory, Columbia University. Since 1971 he has been at the University of California, Los Angeles, where he is a Professor in the Department of Earth and Space Sciences and the Institute of Geophysics and Planetary Physics where he has also been Director. He was Editor-in-Chief of the *Journal of Geophysical Research* for 1967 to 1974. His research includes mineral physics, mechanical properties of solids, equations of state, and high-pressure physics.

Nikolas I. Christensen, Ph.D., earned his degrees at the University of Wisconsin. He has worked in geology and geophysics at the Universities of Southern California and Washington. Dr. Christensen is now a Professor of Geology at the latter, and is associated with the Graduate program in Geophysics. His research centers on elastic properties of rocks and minerals, crystal physics, and applications to the crust of the Earth.

Kenneth F. Clark, Ph.D., has degrees from the University of Durham (United Kingdom) and New Mexico. He has worked as a geologist with Anglo-American Corporation/South Africa and with Cornell University. From 1971 to 1980 he was at the University of Iowa as Professor of Geology. His research has been in economic geology, mineral deposits, and tectonism and mineralization. Dr. Clark is now with the Department of Geology at the University of Texas at El Paso.

Allen W. Hatheway, Ph.D., has degrees from the Universities of California/Los Angeles and Arizona. He is a registered geologist, engineering geologist, and civil engineer in several states and has worked in consulting geotechnical engineering for LeRoy Crandall & Associates, Woodward-Clyde Consultants, Shannon and Wilson, Inc., and Haley & Aldrich, Inc. He has recently joined the University of Missouri at Rolla as Professor of Geological Engineering. His technical interests include engineering geology and engineering properties of rocks.

Graham R. Hunt, Ph.D., D.Sc., earned degrees from the University of Sydney in Australia and worked in spectroscopy at Tufts University, M.I.T., and the Air Force Cambridge Research Labs. As of 1981 he was a Senior Research Scientist with the U.S. Geological Survey as Chief of the Petrophysics and Remote Sensing Branch in Denver. Dr. Hunt's research has been in spectroscopy and physical chemistry, molecular structure, and the remote sensing of the composition of terrestrial and extraterrestrial surfaces. He passed away in 1981 after a brief illness.

Gordon R. Johnson graduated from Colorado State University and has since worked for the U.S. Geological Survey in geophysical exploration for minerals and in physical properties of rocks. He is with the Petrophysics and Remote Sensing Branch in Denver.

George V. Keller, Ph.D., graduated from Pennsylvania State University and then worked for the U.S. Geological Survey. He is now Professor of Geophysics at the Colorado School of Mines and former Head of the Department. He is co-author of the book, *Electrical Methods in Geophysical Prospecting*. Dr. Keller's research includes electrical prospecting, geothermal resources, physical rock properties, and the Earth's crust.

George A. Kiersch, Ph.D., graduated from the Colorado School of Mines and the University of Arizona. He worked as a geologist with the Army Corps of Engineers and directed exploration programs for the University of Arizona and Southern Pacific Company

CONTRIBUTORS (continued)

before joining Cornell University in 1960 as Professor of Engineering Geology. He served as Chairman of Geological Sciences there from 1965 to 1971. Dr. Kiersch's interests have been in engineering geology, mineral deposits, and geomechanics. He is now Emeritus Professor from Cornell and practices as a geologic consultant with offices in Arizona and New York.

Stephen H. Kirby, Ph.D., has degrees from the University of Illinois and the University of California at Los Angeles. He has worked for the U.S. Geological Survey in their Heavy Metals Branch in Denver, and is now a geophysicist in their Office of Earthquakes, Volcanoes and Engineering in Menlo Park, California. The physical properties of rocks and minerals are his primary research interests.

John W. McCormick, Ph.D., obtained his degrees at the Pennsylvania State University and University of California at Los Angeles. He worked as a geophysicist at the U.S. Geological Survey's Office of Earthquake Studies in Menlo Park, California and is now in the Department of Computer Sciences at the State University of New York at Plattsburgh.

Gary R. Olhoeft, Ph.D., has degrees from Massachusetts Institute of Technology and the University of Toronto. He has worked for Kennecott Copper Corporation, NASA, and Lockheed Electronics Company, and is now a research geophysicist for the U.S. Geological Survey in Denver. His research interests are in the physical and chemical properties of rocks and minerals.

Carlos A. Salvado graduated from the University of Rhode Island and then earned M.S. degrees in physics from the University of Colorado and in geophysics from the California Institute of Technology. He has worked for IBM and Sierra Geophysics, Inc., and as a consultant for the Marine Research Laboratory of Maine, and is now a senior research Associate at Rockwell International's Science Center. His research interests include elastodynamics and theoretical seismology.

Yoshio Sumino, Ph.D., obtained his degrees from Nagoya University in Japan. He spent a year at the Institute of Geophysics and Planetary Physics at the University of California at Los Angeles, and is now a Research Associate in the Center for Earthquake Prediction Observation at Nagoya University. His research interests include rock properties, seismology, and earthquake prediction.

W. Randall Van Schmus, Ph.D., earned degrees from California Institute of Technology and the University of California at Los Angeles. He has worked for the Lunar-Planetary Research Branch of the Air Force Cambridge Research Labs, and since 1967 for the Department of Geology at the University of Kansas, with research interests in the geology, geochronology, and geophysics of Precambrian rocks and the mineralogy and petrology of meteorites.

Bernhard R. Tittmann, Ph.D., earned his degrees at George Washington University and the University of California at Los Angeles. He has worked for Hughes Aircraft, Inc. and North American Aviation/Rockwell International, now being Manager of the Earth and Planetary Sciences group at the latter's Science Center in Thousand Oaks, California. He has spent a year as a faculty physicist at the University of California at Los Angeles, and a year as Visiting Professor at the University of Paris. His technical interests center on seismic and mechanical properties, solid state physics, and ultrasonics.

CONTRIBUTORS (continued)

Mario S. Vassiliou, Ph.D., received degrees from Harvard University and the California Institute of Technology. While completing doctoral study at the latter's Seismological Laboratory, he also spent a year working part-time at the Rockwell Science Center concerned with seismic testing techniques and attenuation. He is now with ARCO Oil and Gas Company in Texas. His technical interests include seismology, global tectonics, and high-pressure geophysics.

Handbook of Physical Properties of Rocks

Robert S. Carmichael

Volume I
Mineral Composition of Rocks
Electrical Properties of Rocks and Minerals
Spectroscopic Properties of Rocks and Minerals

Volume II
Seismic Velocities
Magnetic Properties of Minerals and Rocks
Engineering Properties of Rocks

TABLE OF CONTENTS

Volume III

Chapter 1
Density of Rocks and Minerals 1
Gordon R. Johnson and Gary R. Olhoeft

Chapter 2
Elastic Constants of Minerals 39
Yoshio Sumino and Orson L. Anderson

Chapter 3
Inelastic Properties of Rocks and Minerals: Strength and Rheology 139
Stephen H. Kirby and John W. McCormick

Chapter 4
Radioactivity Properties of Minerals and Rocks 281
W. Randall Van Schmus

Chapter 5
Seismic Attenuation 295
Mario S. Vassiliou, Carlos A. Salvado, and Bernhard R. Tittmann

Index 329

Chapter 1

DENSITY OF ROCKS AND MINERALS

Gordon R. Johnson and Gary R. Olhoeft

TABLE OF CONTENTS

Concepts 2

Methods for Determining Porosity and Density 4

Direct and Calculated Determinations of Density............................. 6

In Situ Measurements of Density and Porosity 8
    Density Logging 8
    Porosity Logging.. 9
    Borehole Gravimetry.. 10

Data Compilation... 11

References... 37

CONCEPTS

Density is a physical property that changes significantly among various rock types owing to differences in mineralogy and porosity. If the distribution of underground rock densities is known, potentially much information can be learned about subsurface geology. Laboratory or borehole measurements of density can thus aid in the interpretation of field studies and, especially, gravity surveys.

In common usage, density is defined as the weight in air of a unit volume of an object at a specific temperature; however, in strict usage, the density of an object is defined as mass per unit volume. Weight is defined as the force that gravitation exerts on a body and thus varies with location, whereas mass is a fundamental property, a measure of the matter in a body; and mass is constant irrespective of geographic location, altitude, or barometric pressure. In many instances, such as routine density measurements of rocks, the sample weights are considered to be equivalent to their masses because the discrepancy between weight and mass will result in less error in the computed density than will experimental errors encountered in the measurement of volume. Therefore, density is often determined using weight rather than mass. Moreover, when using an equal-arm balance and standard masses to weigh an object, the effects of variations in the force of gravity are negated. The resultant measurement of apparent mass differs slightly from true mass due to the buoyant effects of air. True mass, if desired, can be computed by using a correction for the buoyant effects of air.

Specific gravity, in contrast to density, is defined as the ratio of the weight or mass in air of a unit volume of material at a stated temperature to the weight or mass in air of a unit volume gas-free distilled water at a stated temperature. Density should be reported in SI units (kg/m^3) but often is reported as g/cm^3. Specific gravity is dimensionless. Measurements of weight and volume are usually made in laboratories where normally minor variations of ambient temperature in the same laboratory as well as among laboratories have little effect on densities of rocks and minerals. For this reason the temperature at which density or specific gravity is determined is often ignored, and densities are thus commonly reported without regard to temperature. However, according to Mason,[1] ignoring the effect of temperature on determinations of density can lead to errors that are greater than the experimental error encountered while making careful routine measurements. Mason[1] discussed the concept of density in relation to temperature, errors to expect from misunderstanding of the effects of temperature, and how to apply corrections in order to minimize errors. For the sake of clarity, the expression for density should be "density at x" where x is the temperature of the material. The usage of the terms density and specific gravity are standardized in a few publications such as International Society for Rock Mechanics Committee on Laboratory Tests, Document number 2,[2] and ASTM E12-70.[3] Unfortunately, there is no standardization of these terms from one publication to another.

Table 1 summarizes the nomenclature used in this chapter. Density, as used here, refers to either bulk density in which both the volume of solid material called the grain volume and the volume of void or pore space are considered, or to grain density in which only the volume of solid material is considered. Bulk density, especially of sedimentary rocks, varies with fluid content (water) within pore spaces and can therefore be expressed in the following ways:

$$\text{Dry bulk density } (\rho_b) = \frac{W_g}{V_b} \quad (1)$$

where W_g is the weight of grains and V_b is the combined volume of grains and pore space.

Table 1
NOMENCLATURE

Weights and Volumes of Rock Constituents

W_g	Weight of grains
W_w	Weight of natural pore fluid
V_g	Volume of grains
V_p	Volume of pores
$V_{g'}$	Apparent grain volume
V_b	Bulk sample volume

Porosity and Density Terminology of Rocks

ρ_g	Grain density = W_g/V_g
ρ_b	Dry bulk density = W_g/V_b
ρ_s	Saturated bulk density = $W_g + V_p\rho_w/V_b$
ρ	Natural bulk density = $W_g + W_w/V_b$
ρ_w	Density of pore fluid
n_t	Total porosity = $(1 - V_g/V_b)\,100$
n_a	Apparent porosity = $(V_p/V_b)\,100$

Miscellaneous Terminology

ρ_e	Electron density
Δ_g	Vertical change in gravitational field strength

$$\text{Natural bulk density } (\rho) = \frac{W_g + W_w}{V_b} \qquad (2)$$

where W_w is the weight of the natural pore water.

$$\text{Saturated bulk density } (\rho_s) = \frac{W_g + (V_p\rho_w)}{V_b} \qquad (3)$$

where V_p is the volume of intercommunicating pores and ρ_w is the density of water. In contrast, grain density (ρ_g) is the ratio of the weight of the grains (W_g) to the volume of the grains (V_g).

Porosity or volume of void space is calculated from the relationship between bulk density and grain density. Total porosity is a measure of all void spaces in a porous material whether the voids are isolated or interconnected to the surface of a test sample. The formula for total porosity (n_t) expressed in percent is

$$n_t = \left(1 - \frac{V_g}{V_b}\right) 100 \qquad (4)$$

Grain density may be substituted for grain volume and dry bulk density may be substituted for bulk volume yielding the equation

$$n_t = \left(1 - \frac{\rho_b}{\rho_g}\right) 100 \qquad (5)$$

Apparent porosity (n_a) is a measure of the volume of those pores that intercommunicate with the surface and that are penetrable by a test fluid. The formula for apparent porosity (n_a) is

$$n_a = \left(\frac{V_p}{V_b}\right) 100 \qquad (6)$$

Table 2
METHODS COMMONLY USED TO OBTAIN PORE VOLUME, BULK VOLUME, AND GRAIN VOLUME

I. Pore Volume

(A) Water absorption — several techniques
(B) Determination of volume of natural state water
(C) Absorption of an organic liquid in a vacuum
(D) Injection of mercury at high pressures into sample pores
(E) Washburn-Bunting method;[12] volume of pore air measured directly in a calibrated tube

II. Bulk Volume

(A) Calipered dimensioning of symmetrically shaped specimens
(B) Mercury displacement — several techniques
(C) Liquid displacement — on waxed specimens or impermeable material
(D) Buoyancy method — based on Archimedes' principle, requires saturated weight of specimen in air and weight of specimen suspended in liquid of known density

III. Grain Volume

(A) Liquid displacement method — on pulverized grains
(B) Boyle's law method — gas volumenometry, several variations
(C) U.S. Bureau of Mines method;[9] pressure-volume relationships of a gas system with and without sample
(D) Buoyancy method — requires weight of grains and weight of specimen suspended in liquid of known density

Some methods used to obtain apparent porosity involve a measurement of the pore volume and the determination of bulk volume but most methods involve determination of both bulk volume and apparent grain volume ($V_{g'}$) which includes both grains and isolated pores. The difference between bulk volume and apparent grain volume is equal to the volume of interconnecting pores. Therefore Equations 4 and 5 may be used to calculate apparent porosity by substituting the volume expression $V_b - V_{g'}$ for V_p into Equation 6.

METHODS FOR DETERMINING POROSITY AND DENSITY

Throughout the years many methods have been devised to determine densities and porosities of rocks and minerals. Holmes[4] discussed many of the earlier methods used to obtain specific gravities of rocks and minerals. Included in his discussion was a method used to obtain volumes of rocks and minerals at high temperatures. An extensive study of techniques and apparatus for the measurement of density was made by Hidnert and Peffer.[5] Standard porosity-density analysis procedures were categorized in API Recommended Practice.[6] Manger[7] summarized several techniques that have been used by experimenters to obtain porosity and bulk density. Among other and more recent publications that pertain to techniques of measurement are the International Society for Rock Mechanics Committee on Laboratory Tests,[2] and Muller.[8]

All methods used to obtain porosity and density involve the determination of any two of either pore volume, bulk volume, or grain volume. Table 2 summarizes the more popular methods used to obtain these three properties, each method having its advantages and limitations. The pore volume heading (Group I, Table 2) pertains to methods of obtaining the volume of interconnected pores, so these methods are thus used only to determine apparent porosity. Apparent grain volumes are determined on solid samples using either methods B, C,[9] or D listed under the grain volume heading (Group III), and true grain volumes are determined on pulverized samples using a type of Boyles Law porosimeter (Method B) or by liquid displacement (Method A). The measured values of pore, bulk, or grain volumes may differ for a given sample depending on the methods used. These variations are usually small but in some instances can significantly affect the porosity or density results. Manger[10] discussed the relationships and variations of observed values of porosity and density as a function of the methods used to obtain pore, bulk, and grain volumes. When Methods A or C are selected to determine pore volume, the sample pores are saturated with a suitable liquid using one of several techniques. Usually the volume of pore water, which is assumed to equal the pore volume, is determined by first weighing the sample saturated and again after dehydration, finding the difference between the two weights, and dividing by the density of the saturating liquid. Method B may be used to find pore volume if pores are completely saturated when samples are collected and samples are preserved in a natural-state condition until measurements are made, but usually Method B is used to determine the degree of natural-state fluid saturation within a rock. When using Method D in Group I, the volume of mercury injected into sample pores is measured directly as a function of applied pressure. Although time consuming, this method is very useful because bulk density, apparent grain density, and porosity may be calculated from the measurements and information relating to pore-size distribution, pore shape, and specific surface area of pore walls is also obtained.[11] Of course this method is destructive owing to mercury contamination of the sample pores.

The Washburn-Bunting method[12] (E) is a simple way to measure pore volumes in materials of moderate to high porosity. In principle, the air contained in the sample pores is expanded and then measured in a calibrated capillary tube. This process is accomplished by manipulating a column of mercury in such a way that a vacuum is created in the chamber surrounding the sample. The pore air then leaves the sample and is subsequently compressed at atmospheric pressure in the capillary tube. The Washburn-Bunting method is rapid but inaccurate for samples of low porosity. Unfortunately, mercury penetration into either friable samples or samples having large pore radii renders these samples useless for other tests.

The buoyancy or hydrostatic method (D, Groups II and III) is frequently used to analyze samples of rock because dry and saturated bulk density, apparent grain density, and water-accessible apparent porosity all can be calculated from the measurements. If care is used, this method will yield accurate results for most rocks owing to the fact that all measurements of volume are derived from precise measurements of weight, rather than the inexact methods generally used to determine volume. However, this method is generally not suitable for measuring friable or poorly consolidated samples unless these samples are coated with paraffin or beeswax, and then only bulk density can be determined.

When using the buoyancy method, three weighings are necessary in order to determine bulk density and apparent grain density. Samples are first dried and weighed in air (W_1). Samples are then saturated with water, weighed surface-dry in air (W_2), and finally weighed suspended by a fine-diameter wire in water (W_3). Dry bulk density is calculated using the formula

$$\rho_b = \frac{W_1}{W_2 - W_3} \times \rho_w \tag{7}$$

where ρ_w is the density of water at the particular temperature of measurement. Grain density is calculated using the formula

$$\rho_g = \frac{W_1}{W_1 - W_3} \times \rho_w \tag{8}$$

The grain densities of nonporous materials such as single crystals are often determined with considerable accuracy using the buoyancy techniques. Smakula[13] described a refined technique of hydrostatic weighing whereby grain density of crystals accurate to ±0.003% or better may be resolved. Basically the accuracy of this technique depends on precise temperature control of the immersion liquid. Another method of determining grain density by hydrostatic weighing uses the Jolly spring balance. This method, used primarily to determine the grain density of small mineral samples, is described by Holmes.[4] Athy[14] developed a method to obtain bulk density using the Jolly balance where the sample is weighed submerged in mercury.

Bulk volumes obtained using mercury displacement methods (Table 2, Group II, B) can be more or less than bulk volumes obtained by calculations from calipered dimensions of samples depending upon the textural quality of their surfaces. If samples have large surface pores or a vuggy texture, mercury will tend to fill these holes and the volume of displaced mercury will be less than the actual bulk volume; whereas if samples have relatively small pores the displaced volume of mercury may be greater than the actual sample volume owing to the negative capillarity of mercury. The mercury-displacement method is particularly useful to determine the bulk volume of irregularly shaped samples.

True grain volume and, hence, grain density and total porosity can be determined with certainty by using the liquid-displacement method for pulverized or nonporous material (Table 2, Group III, A). Most other methods yield apparent grain volume which is used to determine apparent porosity. Grain volume is determined by sequentially weighing a suitable pycnometer bottle (1) dry, (2) dry with grains, (3) with grains and filled with a liquid of known density, and (4) filled with the liquid only. The temperature of the liquid should be the same when performing Steps 3 and 4 in order to eliminate any error in the results caused by variations of density of the liquid. The grain density is calculated using the formula

$$\rho_g = \frac{b-a}{(d-a) - (c-b)} \rho_w \quad (9)$$

where ρ_w is the density of displacement liquid at the specified temperature. The specific gravity of the liquid can be substituted for ρ_w if it is preferable to report results as specific gravities.

The liquid-displacement method is subject to several possible errors, the sources of which are described by Mason,[1] but when these errors are minimized the method will produce accurate results and has thus been extensively used by many workers to measure specific gravities of minerals. Semimicro- and micropycnometers are often used to determine the specific gravity of small amounts of material. Muller[8] summarized the development of the use of the micropycnometer.

Several types of porosimeters have been devised which utilize the pressure-volume relationships of Boyle's law for perfect gases. Some Boyle's law porosimeters, or gas pycnometers use air while others use a nonadsorbing gas to obtain maximum precision of measurement. A light, nonadsorbing gas such as helium will invade all void spaces except those that are completely isolated. Hence results are very nearly representative of true grain volumes; and helium-accessible porosities calculated therefrom are often equivalent to total porosities and are typically greater than water-accessible porosities. If porous samples are pulverized to the extent that isolated pores are destroyed, true grain volumes of the powdered material may then be obtained using gas pycnometry. Gas pycnometry is rapid compared to the liquid-displacement method and commonly, the accuracy of gas pycnometers compares favorably to the accuracy of liquid pycnometers. The precision of the gas pycnometer is discussed by McIntyre et al.[15] and by Zenger.[16]

DIRECT AND CALCULATED DETERMINATIONS OF DENSITY

One of the most accurate methods of determining grain density of solid material is by comparison with heavy liquids. Techniques for using this method have been extensively examined by several investigators. Pertinent references include Holmes,[4] Hidnert and Peffer,[5] and Muller.[8] Basically, the method involves immersing small fragments or powder in a liquid of approximately the same density as the solid material. The density of the liquid is adjusted until the solid material neither floats nor sinks. This is accomplished by adding miscible liquid of either greater or lesser density than the primary liquid. The final density can also be adjusted by varying the temperature.[17] The density of the liquid is subsequently accurately determined by using a standard technique such as liquid pycnometry, the Westphal balance, or by measurement of refractive index.[18]

Another method of determining grain density of solids is based on flotation of specimens in a columnar-liquid density gradient. The density gradient is prepared by mixing two miscible liquids of different densities in such a way that a continuous density gradient is formed. To calibrate the density column, index materials of known specific gravities are dropped in the column. A relationship of height vs. density can then easily be determined. A simple technique devised to accomplish this was described by Holmes.[4] Pelsmaekers and Amelinck[19] described an alternative method whereby a heat gradient was applied in a column of homogeneous liquid. ASTM method D-1505-68[20] described a density gradient column whereby an accuracy of at least 0.05% may be obtained. Commercial units are available that are in accordance with ASTM specifications.

The above flotation methods are more applicable to grain-density determinations of small mineral specimens rather than of rocks because of size limitations. However, the liquid-density gradient method may be a convenient method to simultaneously determine the grain density of various minerals in a crushed rock. Also, subtle differences in density of a single crushed mineral specimen could be easily determined by either of these methods.

With the advent of X-ray crystallography, it has become possible to determine the theoretical density of molecules in the unit cell.[1] The volume of the unit cell can be determined if the cell parameters are known.[21] Advantages of the X-ray method are that densities of minute quantities of material can be calculated in this way and that the density so determined is independent of voids or inclusions that may be in the material.[1] Also, densities obtained by the X-ray method should, with careful work, have a high degree of accuracy. Foote and Jette[22] showed that for several samples of calcite in which the lattice dimensions were precisely determined, the calculated grain densities were accurate to at least $\pm 0.01\%$. If calculated X-ray densities are compared with carefully measured densities, the correctness of the chemical formula (obtained by X-ray) can perhaps be ascertained.[21] That is, if the calculated and measured densities agree, then the X-ray chemistry should be reasonably accurate.

The grain density of rocks can also be calculated from petrographic analyses.[23] If volume concentrations of the minerals and their grain densities are known, then

$$\rho_g = C_1 \cdot \rho_1 + C_2 \cdot \rho_2 + C_3 \rho_3 \cdots C_n \rho_n \qquad (10)$$

where C_1, C_2, etc. are the fraction of volume of the mineral components, and ρ_1, ρ_2, etc. are grain densities of the minerals. If the weight concentrations and grain densities are known, the grain density of the rock can be calculated from the equation:

$$\rho_g = \frac{1}{\dfrac{K_1}{\rho_1} + \dfrac{K_2}{\rho_2} + \dfrac{K_3}{\rho_3} \cdots \dfrac{K_n}{\rho_n}} \qquad (11)$$

where K_1, K_2, etc. are the fraction by weight of the mineral components. If the chemical analysis of a rock is determined, the grain density may be calculated by substituting percentages of chemical compounds or calculated mineral constituents and naturally occurring elements and their respective grain densities into Equations 10 and 11. Similarly to calculated X-ray densities, the correctness of chemical analysis of rocks can perhaps be verified by comparison of calculated and measured grain densities. When using Equations 10 and 11, calculated density depends on (1) the accuracy of the petrographic or chemical analysis, (2) the range of density of each mineral constituent within the rock, or (3) the range of density of each of the chemical compounds that are present in the rock.

IN SITU MEASUREMENTS OF DENSITY AND POROSITY

Density Logging

Gamma rays interact with matter to produce photoelectric absorption, pair-production effects, and Compton scattering. If, as in density logging, a suitable gamma-ray source energy and detection are chosen, interactions with the rock formations can be almost exclusively limited to Compton scattering.[24] Sondes are designed in such a way that gamma rays emanating from the source penetrate the wall rock where they are "back scattered" to a detection system. If the source and detector are shielded from one another, most of the gamma rays reaching the detector will be those that have been scattered by the medium. According to theory, when Compton scattering occurs the gamma rays decrease in frequency and increase in wavelength. This scattering is proportional to the electron density ρ_e of the medium such that

$$\rho_e = \mu_o(Z/A)\rho_b \qquad (12)$$

where μ_o is Avogadro constant. Z, A, and ρ_b are, respectively, the atomic number, atomic weight, and bulk density of the material.

Because most common elements found in rocks have Z/A ratios of approximately 0.5, the electron density is mainly dependent on the ρ_b. Therefore, the response of the detector is proportional to the bulk density. Hydrogen is the most common element found in borehole logging that has a markedly different Z/A ratio (1.0). However, the presence of hydrogen in compounds generally has little effect on the Z/A ratio of the molecule. For example, the Z/A ratio of fresh water is 0.556, but water generally comprises a small percentage of the enclosing rocks. When formations containing much water or formations such as halite (Z/A = 0.4799) are logged, corrections for Z/A ratios should be applied if the true density is desired. Using the Z/A ratio of limestone (0.5000) as a standard to calibrate the gamma-gamma probe, the true density is the product of apparent density and the ratio of 0.5000 to Z/A of the material.

Although the physical principles that allow the measurement of bulk density using gamma rays have been known for several decades, it wasn't until the late 1950s before borehole logging of rock density using the gamma-gamma method was introduced. Advances in nuclear and electronic technology have made possible the use of effective sources, shields, detectors, and in-hole transistor circuitry for the development of logging techniques. Borehole logging probes capable of making quantitative density measurements were first described by Baker,[25] Caldwell,[26] Campbell and Wilson,[27] and Pickell and Heacock.[28] Basically, these probes were designed to use a collimated source and a single collimated detector. Most probes had a spring mechanism which held the source and the detector against the borehole wall in order to minimize errors due to the presence of fluid in the gap between probe and wall rock. Wahl et al.[29] described dual-spacing formation density equipment that compensate for errors due to mudcake and borehole rugosity. The probe utilizes a second detector, placed between the source and the normal detector. This short-spacing detector is especially sensitive to material near the probe. The outputs of both detectors are automatically processed by an analog computer to determine the correct formation density. More recently, Scott[30] described the development of a digital density-compensation algorithm suitable for evaluation by either an off-line computer or a small, on-site data processor. Scott's[30] results indicate that a digital procedure is more accurate than conventional analog techniques when determining formation densities.

If grain densities of the wall rocks are known, then porosities may be calculated using the values of bulk density obtained from the gamma-gamma log. With proper substitutions, Equation 2 may be rewritten as

$$\rho = \rho_g(1 - n_t) + \rho_w n_a \qquad (13)$$

where n_a is the porosity expressed as a fraction. It has to be assumed here that n_a and n_t are equivalent for purposes of gamma-gamma porosity measurements. To solve for porosity

$$n = \frac{\rho_g - \rho}{\rho_g - \rho_w} \qquad (14)$$

ρ_w is the density of the fluid filling the pores and is considered to be unity. If the mineralogy of sedimentary rocks is known, ρ_g can be estimated with reasonable accuracy. Davis[31] showed that, for a given sedimentary rock type, the porosity and natural bulk density are linearly related. Thus, porosity of sediments can be determined from gamma-gamma-derived densities by using either Equation 14 or by using a family of curves showing porosity vs. natural bulk density. Only one curve would probably be required for each rock type.

Porosity Logging

Neutron logging was introduced in 1941 and has since developed into an effective method of measuring formation porosity.[32] Neutron logs are made using sondes designed similar to gamma-gamma sondes. Often the same sonde with an appropriate source and detector is used to make both logs. The formation is bombarded by neutrons emanating from the source, and energy, in the form of either gamma rays, fast neutrons, or slow neutrons, is detected by a receiving element. As in gamma-gamma logs, compensated neutron logs may be obtained if two detectors located at different distances from the source are used.

Neutrons are emitted from the source at high energy and, as they repeatedly collide with and are scattered by nuclei of matter, their speed is slowed to a thermal state, at which time they move randomly about with virtually constant energy until they are captured. When neutrons are captured, their energies are conserved and emitted in the form of secondary gamma rays of capture. These high-energy gamma rays are detected by either a scintillation counter or a Geiger-Müller tube. If hydrogen nuclei are present, as in water-filled or oil-filled pores, the neutrons are slowed to a thermal state rapidly and, hence, many are captured before they travel far. Therefore, as porosity increases, fewer neutrons or gamma rays of capture reach the detector. The intensity of the detected signal is, accordingly, inversely related to the porosity of the formation.

Because water and oil contain about the same amount of hydrogen, neutron logging is considered to be an effective tool for finding formation porosity. The depth of neutron penetration into the formation depends on the porosity and fluid content. As an example, in material of low porosity in a 0.15-m diameter hole, the zone of neutron response may extend approximately 0.61 m into the wall rock, whereas in high-porosity granular rocks, such as sandstone, most of the neutron response will come from the shallow invaded zone (the portion of wall rock affected by drilling fluid).

Pirson[32] described many factors that may produce errors in the determined porosity when using neutron logs. Among these, the most serious of errors seem to be hole diameter and rugosity, presence of casing, and various problems associated with drilling fluids. Corrections can be made for most of these factors, but neutron logs are seldom used by themselves to determine *in situ* porosity.

In situ porosity may be obtained when using other nonnuclear logging methods. These methods include the short normal electric and elastic wave (sonic or acoustic) porosity logs. The short normal electric measures the resistivity of the invaded zone, and the resistivity may be used to estimate the porosity if the resistivity of the drilling fluid is known and if formations are sufficiently invaded. Acoustic log methods measure the shortest time it takes for elastic waves to travel through the formation rocks adjacent to the borehole. If the lithologies of the rocks are known, then their porosities may be determined by measuring these transit times over a short distance (usually 0.30 m).

Combinations of the above logging methods are often used to determine formation porosity. The appropriate choice of log depends on such factors as the type of drilling fluid used, borehole diameter and rugosity, and lithology. The density, acoustic, and neutron logs used singly require a knowledge of the lithology to obtain porosity, but, according to Hilchie,[33] these logs can be used in combination like simultaneous equations to solve the porosity and infer lithology without actually knowing the lithology.

Borehole Gravimetry

Borehole gravimetry has, in recent years, been developed as a reliable method of measuring *in situ* bulk density of formation rocks; however, the idea is not new. Airy[34] attempted to determine the mean density of the Earth by using a pendulum to determine the rate of change of gravity with depth in mine workings. Various investigators including Smith[35] and Hammer,[36] advanced theory and devised experimental studies, but not until the early 1950s were borehole gravimeters successfully used. Early systems had low precision (about ±0.5 mgal or greater) and, usually, long reading times.[37-39] Howell et al.[40] described a downhole gravity meter having a precision of about ±0.01 mgal which allowed for the determination of subsurface bulk density with an accuracy of ±0.02 g/cm³. McCulloh and others[41] described yet another borehole gravimeter capable of high precision (about ±0.016 mgal) and relatively rapid reading time.

Borehole gravimetry should not be considered as an alternate to gamma-gamma density logging but usually as a complementary technique. For instance, because they integrate over a large radius of material, borehole gravity logs are compared with gamma-gamma logs to determine zones of low density, and thus high porosity, that may be remote from the borehole. Because of the sensing depth, borehole gravimeters are not affected by casing or borehole conditions such as rugosity, mudcake, or the effects of mud invasion. However, gravity readings are made at discrete intervals in boreholes, and each reading requires several minutes. Therefore, borehole gravimetry is considerably slower than is logging by conventional methods, and the logs derived from the readings are discontinuous. Two readings are made at each station with an appropriate depth interval between each reading. Simply stated, the vertical change in gravity is

$$\Delta g = (F - 4\pi G\rho)\Delta Z \tag{15}$$

where F is the free air vertical gradient, G is the universal gravitational constant, and ΔZ is the measuring interval. In terms of density, Equation 15 becomes

$$\rho = \frac{1}{4\pi G}(F - \Delta g/\Delta Z) \tag{16}$$

Thus, by measuring the change of gravity (Δg) within a measured interval (ΔZ) in a borehole, the bulk density of a considerable envelope of rock may be determined. Varying

ΔZ does not affect the radius of investigation, but the definition of the gravity field will be increased or decreased accordingly by decreasing or increasing ΔZ. The two variables, Δg and ΔZ, in Equation 16 are the major sources of error in making determinations of ρ. For example, any error of measurement resulting from inherent sensitivity limitations of the gravity meter will become larger as ΔZ decreases, and as ΔZ increases, temperature changes in the well may degrade the measurement of Δg. Other factors which may, in a smaller sense, affect the accuracy of ρ include terrain effects, borehole effects, and effects due to tides. The first two are so small that they are usually ignored, and effects of tides are always compensated for by referring to tide-correction tables. Schmoker[42] discussed the accuracy of borehole gravity data.

DATA COMPILATION

The densities of minerals are fairly well known and constant. X-ray crystallographic density determinations are precisely known to four significant figures on individual minerals.[43] However, naturally occurring minerals frequently deviate from the X-ray density by a fraction of a percent to as much as several percent (depending upon mineral type) due to deviations from stoichiometry, minor impurity contents, fluid inclusions, and related factors. Rosenholtz and Smith[44] have the most complete listing of mineral density ranges. Table 3 lists the most commonly accepted grain density of 583 minerals.

The densities of rocks are considerably more variable. Table 4 lists typical densities for various generic types of soil, but nearly any soil type can be found to fall in the range from less than 1 to nearly 2 g/cm^3. At densities higher than 2 g/cm^3, the soils generally become less friable and merge into rocks. A way to show the variations in the density of rocks to good advantage is to plot the statistical distributions. Table 5 lists the statistical properties for a variety of rock types. Sources of density data used in Table 5 include Washington[45] and Piersol and others.[46]

Figure 1 shows the histogram of grain densities for the minerals in Table 3. Across the top of the plot is a box containing the histogram counting bin width ("Div.") in grams per cubic centimeter, the number of samples in the histogram ("No."), the skewness ("Skew"), mean, standard deviation ("SD"), mode, and median ("Medn."). The main plot is the histogram (raw and smoothed) as percent of total number of samples vs. density in grams per cubic centimeter. The small inset plot is the percentage of samples (vertical axis) that fall within the interval of the (mode − x) to the (mode + x) where x is the horizontal axis. Thus, in this plot, 72% of the samples fall in the interval from 3.03 − 2.82 to 3.03 + 2.82.

Figure 2 illustrates the histogram for the dry bulk density of all rocks, and, as expected, the most common (modal) value of the distribution falls at 2.65, or roughly the density of quartz. As Figure 3 illustrates, the modal value and shape of the distribution for different rocks may change considerably with rock type. This is not a fair comparison, as "granite" is a precise chemical or compositional term, whereas "sandstone" is a loose textural term, and "basalt" lies somewhere in between. However, there are clearly strong differences in the density histograms, even if we loosen the nomenclature just to compare intrusive, extrusive, and sedimentary rocks.

Figures 4 through 22 illustrate the histograms for various rock types where enough data were available to make the construction of a histogram meaningful. Insufficient data were available for most sedimentary rock types, metamorphic rocks, and alteration products like the clays and zeolites (see Daly et al.).[47]

Table 6 lists ranges of bulk density for various rock types that had insufficient numbers of measurements for histogram compilation. Primary sources were Daly et al.,[47] Birch,[48] Press,[49] Clark,[50] and Schock et al.[51] Mean values are not given as the modal value is more

Table 3
GRAIN DENSITIES OF MINERALS

Name/description/formula	Grain density g/cc
Acanthite/Argentite Ag_2S	7.248
Actinolite $Ca_2(Mg,Fe)_5Si_8O_{22}(OH)_2$	3.200
Aegirine $NaFeSi_2O_6$	3.550
Akermanite $MgCa_2Si_2O_7$	2.940
Alabandite MnS	4.054
Albite $NaAlSi_3O_8$	2.620
Allanite$_2$$(Fe^{2+},Fe^{3+})Al_2[O/O/OH/SiO_4/SiO_7]$	3.800
Allemontite $AsSb$	6.000
Almandine $Fe_3Al_2Si_3O_{12}$	4.318
Altaite $PbTe$	8.246
Aluminum Al	2.698
Aluminum antimonide $AlSb$	4.340
Aluminum oxide-gamma Al_2O_3	3.900
Aluminum sulfate $Al_2(SO_4)_3$	2.710
Aluminum sulfide Al_2S_3	2.320
Aluminum trifluoride AlF_3	2.882
Alunite $KAl_3(SO_4)_2(OH)_6$	2.700
Amblygonite $(Li,Na)Al(PO)_4(F,OH)$	3.110
Amesite $(Mg,Fe;2^+)^4Al_4Si_2O_{10}(OH)_8$	2.790
Ammonia-niter $NH_4 \cdot NO_3$	1.725
Ammonium bisulfate NH_4HSO_4	1.780
Ammonium sulfate $(NH_4)_2SO_4$	1.769
Analbite $(Na,K)AlSi_3O_8$ see Albite	2.620
Analcime $NaAlSi_2O_6 \cdot H_2O$	2.258
Anatase TiO_2	3.840
Andalusite Al_2SiO_5	3.145
Andradite $Ca_3Fe_2Si_3O_{12}$	3.860
Anglesite $PbSO_4$	6.324
Anhydrite $CaSO_4$	2.963
Annabergite $Ni_3(AsO_4)_2 \cdot 8H_2O$	3.000
Anorthite $CaAl_2Si_2O_8$	2.760
Anthophyllite $(Mg,Fe)_7Si_8O_{22}(OH)_2$	3.000
Antigorite $Mg_3Si_2O_5(OH)_4$ Serpentine	2.600
Antimony Sb	6.698
Antlerite $Cu_3SO_4(OH)_4$	3.900
Apatite $Ca_5(PO_4)_3F$	3.180
Apophyllite $KCa_4Si_8O_{20}(F,OH) \cdot 8H_2O$	2.300
Aragonite $CaCO_3$	2.931
Arcanite K_2SO_4	2.662
Arfvedsonite $(Na,Ca)_{2.5}(Fe^{2+},Fe^{3+},Mg)_5Si_8O_{22}(OH)_2$	3.200
Arsenic As	5.780
Arsenic bromide $AsBr_3$	3.540
Arsenolite As_2O_3	3.870
Arsenopyrite $FeAsS$	6.162
Artinite $Mg_2CO_3(OH)_2 \cdot 3H_2O$	2.020
Atacamite $Cu_2Cl(OH)_3$	3.760
Augite $Ca(Mg,Fe^{2+},Fe^{3+},Al)(Si,Al)_2O_6C_3$	3.300
Axinite $Ca_2(Mn,Fe)Al_2BSi_4O_{15}OH$	3.300
Azurite $Cu_3(CO_3)_2(OH)_2$	3.787
Baddeleyite ZrO_2	5.826
Barite $BaSO_4$	4.480
Barium Ba	3.594
Barium chloride $BaCl_2$	3.850
Barium oxide BaO	5.992
Barium sulfide BaS	4.250

Table 3 (continued)
GRAIN DENSITIES OF MINERALS

Name/description/formula	Grain density g/cc
Barium titanate $BaTiO_3$	6.017
Barium zirconate $BaZrO_3$	5.520
Barkevikite $NaCa_2(Mg,Fe^{2+},Fe^{3+},Al)_5(Si,Al)_8O_{23}(OH)$	3.300
Beidellite $(Na,K,Mg,Ca)O \cdot 33A_{12}(Si,Al)_4O_{10}(OH)_2 \cdot nH_2O$	2.600
Benitoite $BaTiSi_3O_9$	3.600
Berlinite $AlPO_4$	2.618
Beryl $Be_3Al_2Si_6O_{18}$	2.641
Beryllium Be	1.847
Beryllium oxide-beta BeO	3.010
Berzelianite Cu_2Se	6.836
Bianchite $(Zn,Fe)SO_4 \cdot 6H_2O$	2.072
Biotite $K2(Mg,Fe)_{4-6}(Si,Al)_8O_{20}(OH)_4$	2.900
Bismite Bi_2O_3	9.370
Bismuth Bi	9.807
Bismuthinite Bi_2S_3	6.808
Bixbyite $(Mn,Fe)_2O_3$ Braunite	4.945
Boehmite AlO(OH)	3.071
Boracite $Mg_6B_{14}O_{26}Cl_2$	2.900
Borax $Na_2B_4O_7 \cdot 10H_2O$	1.700
Boric oxide B_2O_3	2.558
Bornite Cu_5FeS_4	5.091
Boron B	2.465
Boulangerite $Pb_5Sb_4S_{11}$	6.000
Bournonite $PbCuSbS_3$	5.800
Brochantite $Cu_4SO_4(OH)_6$	3.900
Bromargyrite AgBr	6.477
Bromellite BeO	3.010
Brucite $Mg(OH)_2$	2.368
Bunsenite NiO	6.809
CaAl-Pyroxene $CaAl_2SiO_6$	3.360
Cadmium Cd	8.643
Cadmium bromide $CdBr_2$	5.192
Cadmium stibnite CdSb	6.920
Cadmium telluride CdTe	6.200
Cadmium arsenide Cd_3As_2	6.210
Cadmoselite CdSe	5.810
Calcite $CaCO_3$	2.710
Calcium Ca	1.530
Calcium ferrite $CaFe_2O_4$	5.080
Calcium nitrate $Ca(NO_3)_2$	2.483
Calcium oxide CaO (Lime)	3.345
Calomel Hg_2Cl_2	7.166
Canorinite $(Na_2Ca)4[CO_3/(H_2O)0-3/(AlSiO_4)_6]$	2.450
Carnallite $KMgCl_3 \cdot 6H_2O$	1.610
Cassiterite SnO_2	6.993
Catophorite $(Ca,Na,K)_3(Mg,Fe^{2+},Fe^{3+},Al)_5(Si,Al)_8O_{22}(OH)_2$	3.500
Cattierite CoS_2	4.821
Celestite $SrSO_4$	3.971
Celsian $BaAl_2Si_2O_8$	3.200
Cerianite CeO_2	7.216
Cerium Ce	6.746
Cerium sesquioxide Ce_2O	6.860
Cerrusite $PbCO_3$	6.583
Cervantite Sb_2O_4	4.080
Cesium Cs	1.906

Table 3 (continued)
GRAIN DENSITIES OF MINERALS

Name/description/formula	Grain density g/cc
Cesium chloride CsCl	3.988
Cesium hydroxide CsOH	3.675
Cesium iodide CsI	4.510
Cesium monoxide Cs_2O	4.250
Chabasite $CaAl_2Si_4O_{12} \cdot 6H_2O$	2.100
Chalcanthite $CuSO_4 \cdot 5H_2O$	2.291
Chalcocite Cu_2S	5.793
Chalcocyanite $CuSO_4$	3.603
Chalcopyrite $CuFeS_2$	4.200
Chlorargyrite AgCl	5.571
Chlorite $Mg_3(Si_4O_{10})(OH)_{12} \cdot Mg_3(OH)_6$	2.800
Chloromagnesite $MgCl_2$	2.333
Chromite $FeCr_2O_4$	5.086
Chromium Cr	7.187
Chrysoberyl $BeAl_2O_4$	3.650
Chrysocolla $CuSiO_3 \cdot 2H_2O$	2.200
Chrysotile $Mg_3Si_2O_5(OH)_4$ Serpentine Asbestos	2.550
Cinnabar HgS	8.187
Claudetite As_2O_3	4.186
Clausthalite PbSe	7.800
Clinoenstatite $MgSiO_3$	3.190
Clinoferrosilite $FeSiO_3$	4.005
Clinoptilolite $(Na,Ca)_{4-6}Al_6(Al,Si)Si_{19}O_{72} \cdot 24H_2O$	2.100
Clinozoisite $Ca_2Al_3Si_3O_{12}OH$	3.290
Cobalt Co	8.836
Cobalt spinel Co_3O_4	6.070
Cobalt titanate $CoTiO_3$	4.987
Cobaltite CoAsS	6.275
Cobaltocalcite $(Ca,Co)CO_3$	4.216
Cobaltous oxide, CoO	6.438
Coccinite HgI_2	6.270
Coesite SiO_2	2.920
Cohenite Fe_3C	7.729
Colemanite $Ca_2B_6O_{11} \cdot 5H_2O$	2.400
Columbite $(Fe,Mn)(Cb,Ta)2O_6$	5.000
Platinum Cooperite PtS	10.255
Copper Cu	8.934
Copper aluminum sulfide $CuAlS_2$	3.450
Copper dichloride $CuCl_2$	3.054
Cordierite $(Mg,Fe^{2+})_2Al_4Si_5O_{18}$	2.508
Corundum Al_2O_3	3.987
Cotunnite $PbCl_2$	5.906
Covellite CuS	4.682
Cristobalite SiO_2	2.300
Crocoite $PbCrO_4$	6.120
Cryolite Na_3AlF_6	2.965
Cummingtonite $(Mg,Fe)_7[OH/Si_4O_{11}]_2$	3.211
Cuprite Cu_2O	6.105
Danburite $CaB_2Si_2O_8$	3.000
Daphnite $(Fe^{2+},Al)_6(Si,Al)_4O_{10}(OH)_8$	3.210
Datolite $CaBSiO_4OH$	2.900
Diamond C	3.515
Diaspore AlO(OH)	3.378
Dickite $Al_2Si_2O_5(OH)_4$	2.620
Digenite Cu_9S_5	5.603

Table 3 (continued)
GRAIN DENSITIES OF MINERALS

Name/description/formula	Grain density g/cc
Diopside MgCaSi$_2$O$_6$	3.277
Dioptase CuSiO$_2$(OH)$_2$	3.300
Dolomite CaMg(CO$_3$)$_2$	2.866
Dumortierite (Al,Fe)$_7$BSi$_3$O$_{18}$	3.350
Dysprosium Dy	8.548
Dysprosium sesquioxide Dy$_2$O$_3$	7.810
Eastonite K$_2$Mg$_5$Al$_4$Si$_5$O$_{20}$(OH)$_4$	2.900
Enargite Cu$_3$AsS$_4$	4.463
Enstatite MgSiO$_3$	3.209
Epidote Ca$_2$(Al,Fe)$_3$Si$_3$O$_{12}$OH	3.587
Epistilbite CaAl$_2$Si$_6$O$_{16}$·5H$_2$O	2.250
Epsomite MgSO$_4$·7H$_2$O	1.680
Erbium Er	9.006
Erbium sesquioxide Er$_2$O$_3$	8.640
Eskolaite Cr$_2$O$_3$	5.225
Europium Eu	5.245
Europium sesquioxide Eu$_2$O$_3$	7.420
Fassaite Ca(Mg,Fe,Al)[(Si,Al)$_2$O$_6$]	3.100
Faujasite Na$_2$Ca[AlSi$_2$O$_6$]$_4$·16H$_2$O	1.920
Fayalite Fe$_2$SiO$_4$	4.393
Ferberite FeWO$_4$	7.521
Ferric sulfate Fe$_2$(SO$_4$)$_3$	3.097
Ferrosilite FeSiO$_3$	3.900
Ferrous oxide FeO (stoichiometric) Wuestite	5.700
Flourite CaF$_2$	3.179
Forsterite Mg$_2$SiO$_4$	3.213
Franklinite (Zn,Mn,Fe^{2+})(Fe^{3+},Mn^{3+})$_2$O$_4$	5.350
Gadolinia Gd$_2$O$_3$ Gadolinium sesquioxide	7.407
Gadolinium Gd	7.906
Gahnite ZnAl$_2$O$_4$	4.608
Galaxite MnAl$_2$O$_4$	4.078
Galena PbS	7.598
Gallium Ga	5.913
Gallium sesquioxide Ga$_2$O$_3$	6.476
Gehlenite Ca$_2$Al$_2$SiO$_7$	3.050
Geikielite MgTiO$_3$	3.895
Germanium Ge	5.326
Germanium dioxide GeO$_2$ (quartz type)	4.280
Gersdorffite NiAsS	5.964
Gibbsite Al(OH)$_3$	2.441
Gismodine CaAl$_2$Si$_2$O$_8$·4H$_2$O	2.250
Glauconite K$_{1.5}$(Fe^{3+},Mg,Al,Fe^{2+})$_{4-6}$(Si,Al)$_8$O$_{20}$(OH)$_4$	2.300
Glaucophane Na$_2$Mg$_3$Al$_2$[Si$_8$O$_{22}$](OH)$_2$	3.200
Gmelinite Na[AlSi$_2$O$_6$]·3H$_2$O	2.100
Goethite FeO(OH)	4.268
Gold Au	19.282
Goslarite ZnSO$_4$·7H$_2$O	1.972
Graphite C	2.267
Greenockite CdS	4.826
Grossular Ca$_3$Al$_2$Si$_3$O$_{12}$	3.595
Gypsum CaSO$_4$·2H$_2$O Alabaster	2.305
Hafnia HfO$_2$ Hafnium dioxide	10.109
Hafnium Hf	13.242
Halite NaCl	2.163
Halloysite Al$_2$Si$_2$O$_5$(OH)$_4$·2H$_2$O	2.550

Table 3 (continued)
GRAIN DENSITIES OF MINERALS

Name/description/formula	Grain density g/cc
Hastingsite $Na_2Ca_4(Mg,Fe)_{10}Al_4Si_{12}O_{44}(OH)_4$	3.300
Hauerite MnS_2	3.463
Hausmannite Mn_3O_4	4.856
Heazlewoodite Ni_3S_2	5.820
Hedenbergite $CaFeSi_2O_6$	3.632
Hematite Fe_2O_3	5.275
Hercynite $FeAl_2O_4$	4.265
Herzenbergite SnS	5.220
Hessite Ag_2Te	8.405
Heulandite $CaAl_2Si_7O_{18} \cdot 6H_2O$	2.200
Holmia Ho_2O_3 Holmiun sesquioxide	8.360
Holmium Ho	8.801
Hornblende $(Ca,Na)_{2\text{-}3}(Mg,Fe^{2+},Fe^{3+},Al)_5(Si,Al)_8O_{22}(OH)_2$	3.080
Huebnerite $MnWO_4$	7.228
Humite $Mg(OH,F)_2 \cdot 3Mg_2[SiO_4]$	3.250
Huntite $CaMg_3(CO_3)_4$	2.696
Hydromagnesite $5MgO \cdot 4CO_2 \cdot 5H_2O$	2.150
Hydrophilite $CaCl_2$	2.150
Hydroxyapatite $Ca_5(PO_4)_3OH$	3.155
Idocrase $Ca_{10}(Mg,Fe^{2+},Fe^{3+})_2Al_4Si_9O_{34}(OH)_4$ Vesuvianite	3.400
Illite $(H_{30},K)A_{18}(Si,Al)_{16}O_{40}(OH)_8$	2.660
Ilmenite $FeTiO_3$	4.788
Indium In	7.297
Iodargyrite AgI	5.684
Iridium Ir	22.564
Iron Fe	7.875
Jacobsite $MnFe_2O_4$	4.990
Jadeite $NaAlSi_2O_6$	3.400
Kaersutite $Na_2Ca_4(Mg,Fe)_6Fe_2Ti_2Al_4Si_{12}O_{44}(OH)_4$	3.200
Kainite $KMgSO_4Cl \cdot 3H_2O$	2.130
Kaliophillite $KAlSiO_4$	2.500
Kalsilite $KAlSiO_4$	2.600
Kaolinite $Al_2Si_2O_5(OH)_4$	2.594
Karelianite V_2O_3	5.021
Kernite $Na_2B_4O_7 \cdot 4H_2O$	1.877
Kieserite $MgSO_4 \cdot H_2O$	2.573
Klockmannite $CuSe$	6.121
Krennerite $AuTe_2$	8.620
Kyanite Al_2SiO_5	3.675
Labradorite $Na_2Ca_3(AlSi_3O_8)_8$	2.710
Langbeinite $K_2SO_4 \cdot 2MgSO_4$	2.830
Lantha La_2O_3 Lanthanum sesquioxide	6.510
Lanthium La	6.182
Larnite Ca_2SiO_4 Calcium Olivine	3.270
Laumontite $CaAl_2Si_4O_{12} \cdot 4H_2O$	2.300
Laurite RuS_2	6.990
Lawrencite $FeCl_2$	3.212
Lawsonite $CaAl_2Si_2O_7(OH)_2 \cdot H_2O$	3.090
Lead Pb	11.343
Lead nitrate $Pb(NO_3)_2$	4.530
Lead titanate $PbTiO_3$	7.940
Lead zirconate $PbZrO_3$	7.000
Lepidolite $K(Li,Al)_3(Si,Al)_4O_{10}(F,OH)_2$	2.900
Lepidomelane $K2(Fe^{3+},Fe^{2+})_{4\text{-}6}(Si,Al,Fe^{+3})_8O_{20}(OH)_4$	2.800

Table 3 (continued)
GRAIN DENSITIES OF MINERALS

Name/description/formula	Grain density g/cc
Leucite $KAlSi_2O_6$	2.469
Levyne $(Ca,Na_2)Al_2Si_4O_{12} \cdot 6H_2O$	2.100
Lime olivine $CaSiO_4$	2.236
Limonite Amorphous Iron oxide/hydroxide	3.176
Linnaeite Co_3S_4	4.877
Litharge PbO red	9.335
Lithium Li	.533
Lithium aluminate $LiAlO_2$	2.550
Lithium chloride LiCl	2.060
Lithium hydroxide LiOH	1.460
Lithium monoxide Li_2O	2.010
Lizardite $Mg_3Si_2O_5(OH)_4$ Serpentine	2.550
Loellingite $FeAs_2$	7.477
Lutetium Lu	9.846
Lutetium sesquioxide Lu_2O_3	9.420
Maghemite Fe_2O_3 Gamma	4.880
Magnesioferrite $MgFe_2O_4$	4.487
Magnesiosilicon Mg_2Si	1.940
Magnesite $MgCO_3$	3.010
Magnesium Mg	1.737
Magnesium nitrate $Mg(NO_3)_2$	1.640
Magnesium stannide Mg_2Sn	3.591
Magnesium sulfate $MgSO_4$	2.660
Magnetite Fe_3O_4	5.200
Malachite $Cu_2(CO_3)(OH)_2$	4.031
Manganese Mn	7.470
Manganese selenide MnSe	5.590
Manganese sulfate $MnSO_4$	3.250
Manganite $MnO \cdot OH$	4.330
Manganosite MnO	5.366
Marcasite FeS_2	4.870
Marshite CuI	5.710
Mascagnite $(NH_4)_2SO_4$	1.769
Massicot PbO yellow	8.000
Matlockite PbFCl	7.129
Melanterite $FeSO_4 \cdot 7H_2O$	1.898
Melilite $(Ca,Na,K)_2[(Mg,Fe,Al,Si)_3O_7]$	3.000
Mercuric chloride Hg_2Cl_2	6.470
Mercurous chloride $HgCl_2$	5.600
Merwinite $Ca_3Mg(SiO_4)_2$	3.150
Metacinnabar HgS	7.730
Microcline $KAlSi_3O_8$	2.560
Millerite NiS	5.374
Minium Pb_3O_4	8.926
Mirablite $Na_2SO_4 \cdot 10H_2O$	1.464
Molybdenite MoS_2	4.999
Molybdenum Mo	10.221
Molybdenum dioxide MoO_2	6.534
Molybdite MoO_3	4.692
Molysite $FeCl_3$	2.898
Monteponite CdO	8.239
Monticellite $CaMgSiO_4$	3.200
Montmorillonite $(Na,K,Mg,Ca)_{0.33}(Al,Mg)_2Si_4O_{10}(OH)_2 \cdot nH_2O$	2.608
Montroycite HgO	11.211
Mordenite $Na_2(AlSi_5O_{12})_2 \cdot 6H_2O$	2.100

Table 3 (continued)
GRAIN DENSITIES OF MINERALS

Name/description/formula	Grain density g/cc
Morenosite $NiSO_4 \cdot 7H_2O$	1.948
Mullite $3Al_2O_3 \cdot 2SiO_2$	3.167
Muscovite $KAl_3Si_3O_{10}(OH)_2$	2.831
Nacrite $Al_4Si_4O_{10}(OH)_8$	2.580
Nantockite $CuCl$	4.139
Natrolite $Na_2Al_2Si_3O_{10} \cdot 2H_2O$	2.245
Naumanite Ag_2Se	7.863
Neodymium Nd	7.012
Neodymium sesquioxide Nd_2O_3	7.240
Nepheline $Na_3KAl_4Si_4O_{16}$	2.623
Nesquehonite $MgCO_3 \cdot 3H_2O$	1.850
Niccolite $NiAs$	7.776
Nickel Ni	8.910
Nickel carbonate $Ni(CO)_4$	1.320
Nickel chloride $NiCl_2$	3.550
Niobium Nb	8.580
Niobium dioxide NbO_2	5.900
Niobium monoxide NbO	7.300
Niobium pentoxide Nb_2O_5	2.845
Niter KNO_3	2.105
Nitrobarite $Ba(NO_3)_2$	3.240
Nontronite $Fe_4Si_7 \cdot 34Al_{0.66}O_{20}(OH)_2$	2.300
Oldhamite CaS	2.602
Omphacite $(Ca,Na)(Mg,Fe,Al)[Si_2O_6]$	3.300
Opal $SiO_2 \cdot nH_2O$	1.890
Orpiment As_2S_3	3.489
Orthoclase $KAlSi_3O_8$	2.570
Orthoferrosilite $FeSiO_3$	3.960
Osmium Os	22.581
Otavite $CdCO_3$	5.027
Palladium Pd	12.006
Palygorskite $(Mg,Al)_2[CH/Si_4O_{10}] \cdot 2H_2O + 2H_2O$	2.300
Paragonite $NaAl_3Si_3O_{10}(OH)_2$	2.850
Pargasite $Na_2Ca_2(Mg,Fe)_8Al_6Si_{12}O_{44}(OH)_4$	3.100
Pectolite $Ca_2NaSi_3O_8OH$	2.870
Periclase MgO	3.583
Perovskite $CaTiO_3$	4.044
Petalite $LiAlSi_4O_{10}$	2.410
Phenacite Be_2SiO_4	2.960
Phillipsite $0.5Ca_5Al_5Si_{11}O_{32} \cdot 10H_2O$	2.150
Phlogopite $KMg_3AlSi_3O_{10}(OH)_2$	2.784
Phosphorus P	1.801
Phosphorus pentoxide P_2O_5	2.390
Phosphorus trioxide P_2O_3	2.135
Picrochromite/Magnesiochromite $MgCr_2O_4$	4.414
Pigeonite $(Mg,Fe,Ca)(Mg,Fe)[Si_2O_6]$	3.400
Platinum Pt	21.460
Plattnerite PbO_2	9.375
Plutonium Pu	20.266
Polyhalite $K_2SO_4 \cdot MgSO_4 \cdot 2CaSO_4 \cdot 2H_2O$	2.780
Polymioite Ni_3S_4	4.700
Portlandite $Ca(OH)_2$	2.242
Potassium K	.862
Potassium bromate $KBrO_3$	3.270
Potassium bromide KBr	2.754

Table 3 (continued)
GRAIN DENSITIES OF MINERALS

Name/description/formula	Grain density g/cc
Potassium carbonate K_2CO_3	2.428
Potassium chlorate $KClO_3$	2.320
Potassium fluoride KF	2.505
Potassium hydroxide KOH	2.044
Potassium monoxide K_2O	2.320
Potassium orthophosphate K_3PO_4	2.564
Potassium superoxide KO_2	2.140
Powellite $CaMoO_4$	4.256
Praeseodymium sesquioxide Pr_2O_3	7.070
Praseodymium Pr	6.774
Prehnite $Ca_2Al_2Si_3O_{10}(OH)_2$	2.910
Proustite Ag_3AsS_3	5.595
Pseudobrockite Fe_2TiO_5	4.390
Pyrargyrite Ag_3SbS_3	5.851
Pyrite FeS_2	5.011
Pyrolusite MnO_2	5.234
Pyrope $Mg_3Al_2Si_3O_{12}$	3.510
Pyrophanite $MnTiO_3$	4.604
Pyrophyllite $Al_2Si_4O_{10}(OH)_2$	2.819
Pyrrhotite $Fe_{0.877}S$	4.610
Quartz SiO_2	2.648
Realgar AsS	3.590
Retgersite $NiSO_4 \cdot 6H_2O$	2.070
Rhenium Re	21.017
Rhenium dioxide ReO_2	11.400
Rhenium heptoxide Re_2O_7	6.103
Rhenium trioxide ReO_3	7.000
Rhodium Rh	12.425
Rhodochrosite $MnCO_3$	3.699
Rhodonite $MnSiO_3$	3.726
Riebeckite $Na_2Fe_2+3Fe_3+2Si_8O_{22}(OH)_4$	3.000
Rubidium Rb	1.530
Rubidium chloride $RbCl$	2.800
Ruthenium Ru	12.369
Rutile TiO_2	4.245
Salmiac NH_4Cl Sal Amoniac	1.527
Samarium Sm	7.528
Samarium sesquioxide Sm_2O_3	8.347
Sanadine $KAlSi_3O_8$ (high)	2.560
Sanmartinite $ZnWO_4$	7.872
Saponite $Mg_6Si_7 \cdot 34Al_{0.66}O_{20}(OH)_4$	2.350
Scacchite $MnCl_2$	2.988
Scandium Sc	2.989
Scandium sesquioxide Sc_2O_3	3.860
Scapolite $CaCO_3 \cdot 3CaAl_2Si_2O_8 \cdot CaSO_4 \cdot CaCl_2$	2.800
Scheelite $CaWO_4$	6.120
Scolecite $CaAl_2Si_3O_{10} \cdot 3H_2O$	2.300
Selenium Se	4.809
Selenolite SeO_2	4.162
Sellaite MgF_2	3.148
Sepiolite $H_6Mg_8Si_{12}O_{30}(OH)_{10} \cdot 6H_2O$	2.080
Serpentine $Mg_3(Si_2O_5)(OH)_4$	2.600
Siderite $FeCO_3$	3.944
Silicon Si	2.330
Silicon carbide SiC	3.217

Table 3 (continued)
GRAIN DENSITIES OF MINERALS

Name/description/formula	Grain density g/cc
Sillimanite Al_2SiO_5	3.247
Silver Ag	10.501
Silver oxide Ag_2O	7.140
Smaragdite $Ca_2(Mg,Fe)_5Si_8O_{22}(OH)_2$	3.400
Smithsonite $ZnCO_3$	4.435
Soda-niter $NaNO_3$	2.261
Sodalite $Na_4Al_3(SiO_4)_3Cl$	2.200
Sodium Na	.965
Sodium bromate $NaBrO_3$	3.339
Sodium carbonate Na_2CO_3	2.532
Sodium carbonate hydrogen $NaHCO_3$	2.159
Sodium hydroxide NaOH	2.130
Sodium monoxide Na_2O	2.395
Sodium perchlorate $NaClO_4$	2.020
Platinum Sperrylite $PtAs_2$	10.778
Spessartine $Mn_3Al_2Si_2O_{12}$	4.190
Sphaelerite ZnS	4.089
Spinel $MgAl_2O_4$	3.583
Spodumene $LiAlSi_2O_6$	3.188
Stannic sulfide SnS_2	4.500
Stannous tetrachloride $SnCl_4$	2.230
Stibnite Sb_2S_3	4.627
Stibnous bromide $SbBr_3$	4.148
Stibnous chloride $SbCl_3$	3.140
Stilbite $NaCa_2Al_5Si_{13}O_{36} \cdot 14H_2O$	2.150
Stilleite ZnSe	5.420
Stishovite SiO_2	4.300
Stolzite $PbWO_4$	8.411
Strengite $FePO_4 \cdot 2H_2O$	2.740
Strontianite $SrCO_3$	3.784
Strontium Sr	2.583
Strontium bromide $SrBr_2$	4.210
Strontium nitrate $Sr(NO_3)_2$	2.986
Strontium oxide SrO	4.700
Strontium sulfide SrS	3.700
Strontium titanate $SrTiO_3$	5.110
Sulfur S	2.067
Sulfuryl chloride SO_2Cl_2	1.680
Sylvite KCl	1.987
Szomolnokite $FeSO_4 \cdot H_2O$	2.970
Talc $Mg_3Si_4O_{10}(OH)_2$	2.784
Tantalite $(Fe,Mn)(Ta,Nb)_2O_6$	6.500
Tantalum Ta	16.676
Tantalum pentoxide Ta_2O_5	8.311
Tellurite TeO_2	5.751
Tellurium Te	6.232
Tenorite CuO	6.509
Tephroite Mn_2SiO_4	4.155
Terbium Tb	8.239
Tetradymite Bi_2Te_3 Tellurobismuthite	7.862
Thallium Tl	11.875
Thallous chloride TlCl	7.020
Thenardite Na_2SO_4	2.663
Thomsonite $NaCa_2[Al_5Si_5O_{20}] \cdot 6H_2O$	2.300
Thorianite ThO_2	10.012
Thorium Th	11.726

Table 3 (continued)
GRAIN DENSITIES OF MINERALS

Name/description/formula	Grain density g/cc
Thulium Tm	9.320
Tiemannite HgSe	8.266
Tin Sn	7.287
Titanite $CaTiSiO_5$ Sphene	3.523
Titanium Ti	4.506
Titanium bromide $TiBr_4$	2.600
Titanium monoxide TiO	4.930
Titanium sesquioxide Ti_2O_3	4.574
Titanium trichloride $TiCl_3$	2.640
Titanomagnetite/ulvospinel Fe_2TiO_4	4.776
Topaz $Al_2(SiO_4)(F2)$	3.500
Topaz $Al_2(SiO_4)(OH)$	3.174
Tremolite $Ca_2Mg_5[Si_8O_{22}](OH)_2$	2.977
Trevorite $NiFe_2O_4$	5.370
Tridymite SiO_2	2.260
Troilite FeS	4.830
Trona $Na_2CO_3 \cdot NaHCO_3 \cdot 2H_2O$	2.170
Tschermakite $Ca_4(Mg,Fe)6Al_8Si_{12}O_{44}(OH)_4$	3.200
Tungsten W	19.261
Tungsten dioxide WO_2	12.110
Tungsten trioxide WO_3	7.160
Tungstenite WS_2	7.500
Turquoise $CuAl_6(PO_4)_{4-}(OH)_8 \cdot 4H_2O$	2.700
Ulexite $NaCaB_5O_9 \cdot 8H_2O$	2.000
Uraninite UO_2	10.969
Uranium U	19.047
Uranium tetrachloride UCl_4	4.870
Uranium tetrafluoride UF_4	6.700
Uranium trichloride UCl_3	5.440
Uranium trioxide UO_3	7.290
Valentinite Sb_2O_3	5.829
Vanadinite $Pb_5Cl(VO_4)_3$	6.900
Vanadium V	6.101
Vanadium dichloride VCl_2	3.230
Vanadium monoxide VO	5.758
Vanadium pentoxide V_2O_5	3.357
Vanadium tetroxide V_2O_4	4.339
Vanadium trichloride VCl_3	3.000
Vaterite $CaCO_3$	2.715
Vermiculite $(Mg \cdot Ca)_x(Si_{8-x}Al_x)(Mg \cdot Fe)_6O_2O \cdot yH_2O$	2.300
Villiaumite NaF	2.790
Wairakite $Ca[AlSi_2O_6]_{2.2}H_2O$	2.260
Water H_2O (liquid)	.997
Whitlockite $Ca_3(PO_4)_2$	3.140
Willemite Zn_2SiO_4	4.251
Witherite $BaCO_3$	4.308
Wollastonite $CaSiO_3$	2.909
Wulfenite $PbMoO_4$	6.817
Wurtzite ZnS	3.980
Wustite $Fe_{0.947}O$	5.722
Xenon Xe	.005
Ytterbium Yb	6.969
Ytterbium sesquioxide Yb_2O_3	9.170
Yttrium Y	5.912
Yttrium sesquioxide Y_2O_3	5.010

Table 3 (continued)
GRAIN DENSITIES OF MINERALS

Name/description/formula	Grain density g/cc
Zinc Zn	7.136
Zinc arsenide Zn_3As_2	5.578
Zinc stibnite ZnSb	6.383
Zinc telluride ZnTe	6.340
Zincite ZnO	5.676
Zinkosite $ZnSO_4$	4.330
Zircon $ZrSiO_4$	4.669
Zirconium Zr	6.508
Zoisite $Ca_2Al_3(SiO_4)_3(OH)$	3.328

Table 4
TYPICAL SOIL DENSITIES

Sample type	SGH	DBD[a]	DBD[b]	WBD[c]
Gravelly soil	2.68	1.66	1.77	1.42
Glacial soil	2.71	1.59	1.75	1.45
Sandy soil	2.67	1.44	1.56	1.43
Dune sand	2.59	1.61	1.76	1.47
Eolian sand	2.69	1.45	1.54	1.44
Glacial sand	2.66	1.44	1.58	1.44
Fire clay	2.66	1.46	1.61	1.42
Loess	2.66	0.99	1.09	1.41
Adobe	2.30	1.18	1.39	1.40
Brick clay	2.75	1.20	1.41	1.37
Sandy loam	2.66	1.42	1.62	1.43
Heavy blue loam	2.54	1.07	1.16	1.39
Silt loam	2.66	1.07	1.19	1.42
Fossiliferous soil	2.74	1.63	1.74	1.44
Greensand	2.93	1.35	1.52	1.49
Residual soil (hornblende schist)	2.85	1.07	1.20	1.43
Residual soil (siliceous oolite)	2.61	1.29	1.42	1.43
Peat	1.37	0.27	0.32	0.51
Peat moss	1.57	0.077	0.10	0.077
Muck	1.66	0.80	0.85	1.07

[a] Dry bulk density of "fluffed" sample.
[b] Dry bulk density of "tapped" sample.
[c] Wet bulk density of sample composed of equal weights specimen and water.

meaningful and usually significantly different from the mean in asymmetrical distributions as are common in Figures 4 through 22. More data is required for these rock types to properly calculate the mode.

The change of density with pressure is generally small in most rocks and minerals, except as pressure modifies the porosity of the rock. The change of density with temperature is also small, being caused mainly by thermal volumetric expansion, and roughly on the order of a few percent over 1000°C temperature change.[52] Changes in density of more than 10% are not common when changing from the solid to the melted state however (see Skinner[52] and Figure 23).

Table 5
DRY BULK DENSITY STATISTICS FOR VARIOUS ROCK TYPES

Rock type	Number of samples	Skewness	Mean	SD[a]	Mode	Median
All rocks	1647	0.29	2.73	0.26	2.65	2.86
Andesite	197	0.56	2.65	0.13	2.58	2.66
Basalt	323	−0.30	2.74	0.47	2.88	2.87
Diorite	68	−0.27	2.86	0.12	2.89	2.87
Dolerite-diabase	224	−0.49	2.89	0.13	2.96	2.90
Gabbro	98	−0.28	2.95	0.14	2.99	2.97
Granite	334	−0.02	2.66	0.06	2.66	2.66
Quartz porphyry	76	0.34	2.62	0.06	2.60	2.62
Rhyolite	94	−0.74	2.51	0.13	2.60	2.49
Syenite	93	0.27	2.70	0.10	2.67	2.68
Trachyte	71	−0.44	2.57	0.10	2.62	2.57
Sandstone	107	0.00	2.22	0.23	2.22	2.22

[a] Standard deviation.

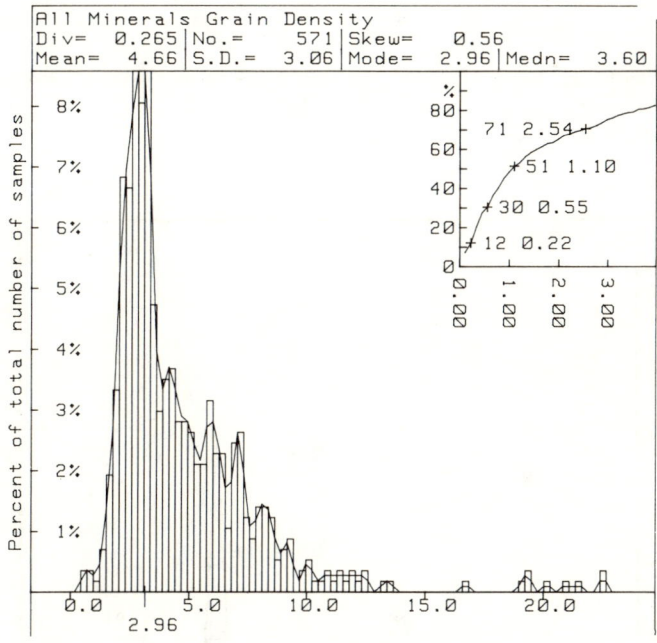

FIGURE 1. Histogram showing specific gravities of minerals from Table 1.

Density is primarily controlled by volatile related porosity. However, minor variations in chemistry and mineralogy may add a slight effect. Figure 24 illustrates the change of grain density with felsic/mafic ratio, and Figure 25 illustrates the change of coal density with carbon content.

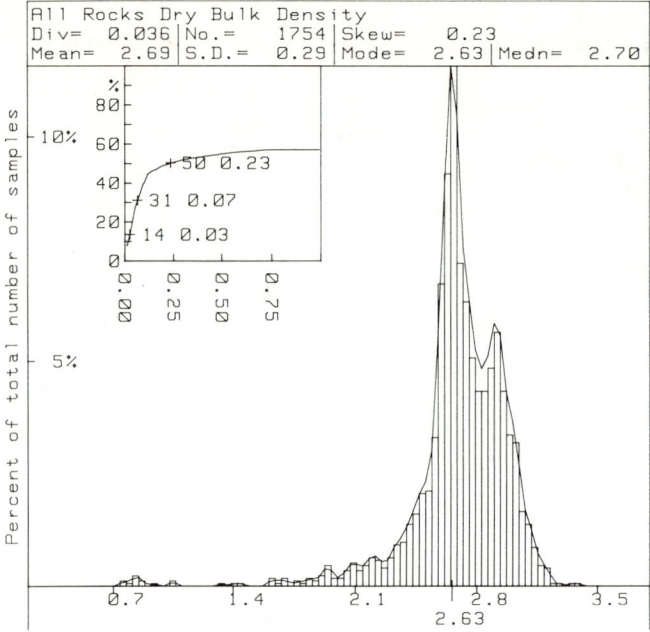

FIGURE 2. Histogram showing dry bulk densities of all rocks from Table 5.

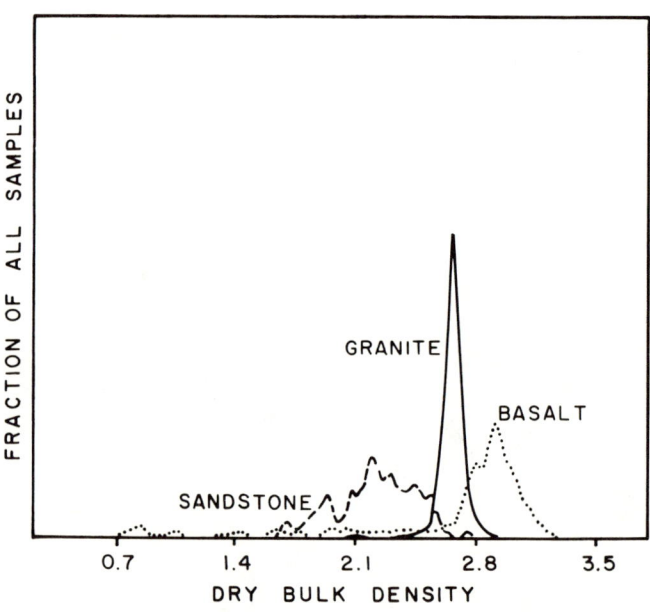

FIGURE 3. Comparison of frequency distributions of dry bulk densities of granites, basalts, and sandstone.

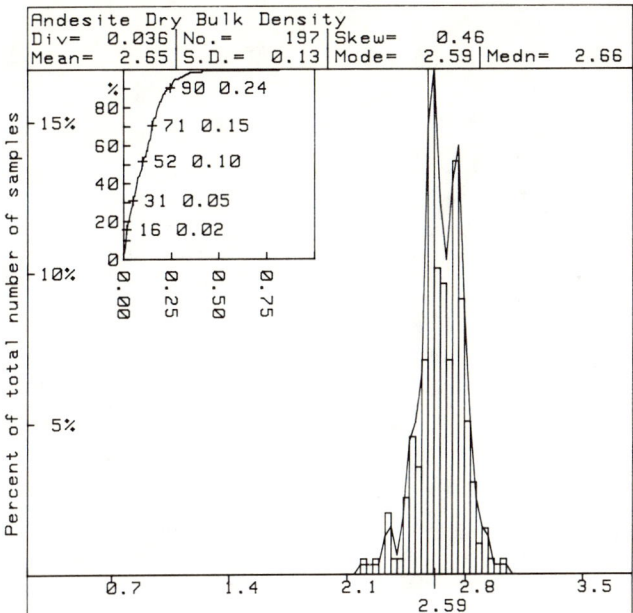

FIGURE 4. Histogram showing dry bulk densities of 197 samples of andesite.

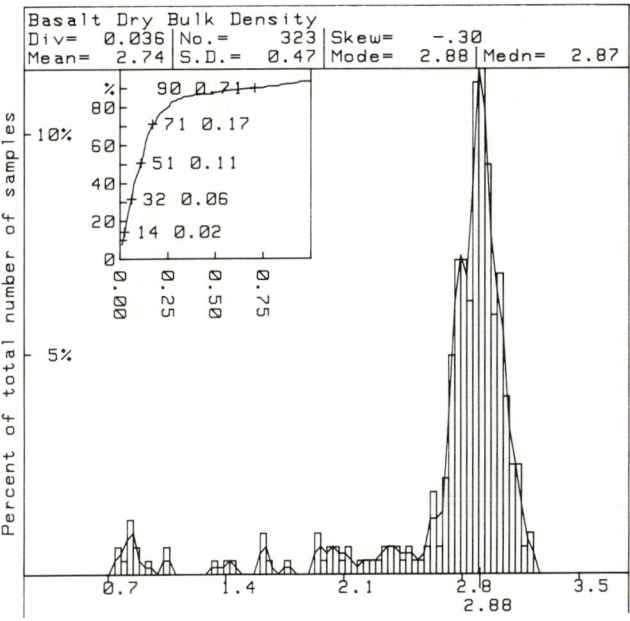

FIGURE 5. Histogram showing dry bulk densities of 323 samples of basalt.

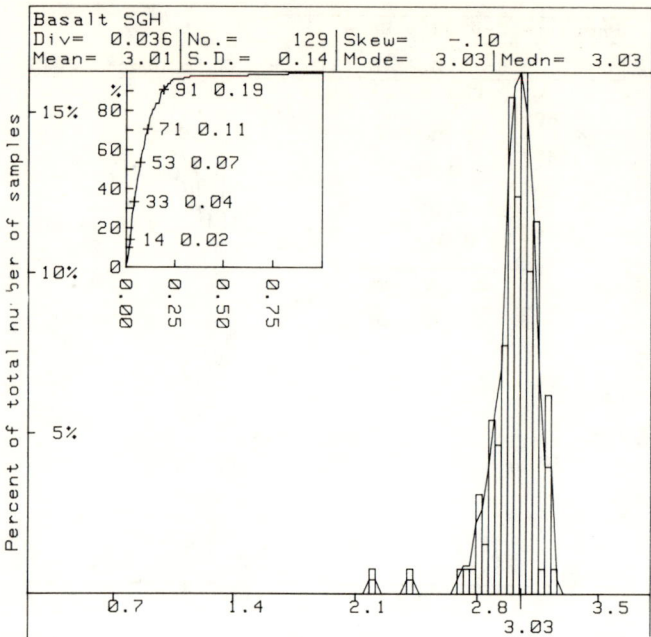

FIGURE 6.. Histogram showing grain densities of 129 samples of basalt.

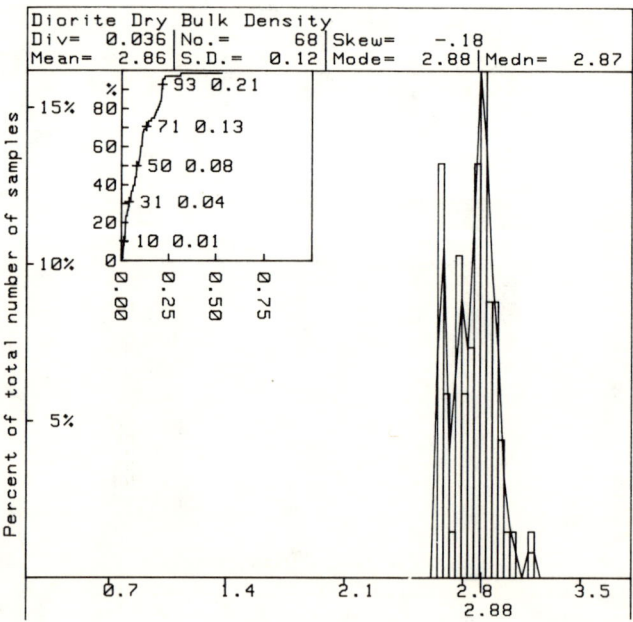

FIGURE 7. Histogram showing dry bulk densities of 68 samples of diorite.

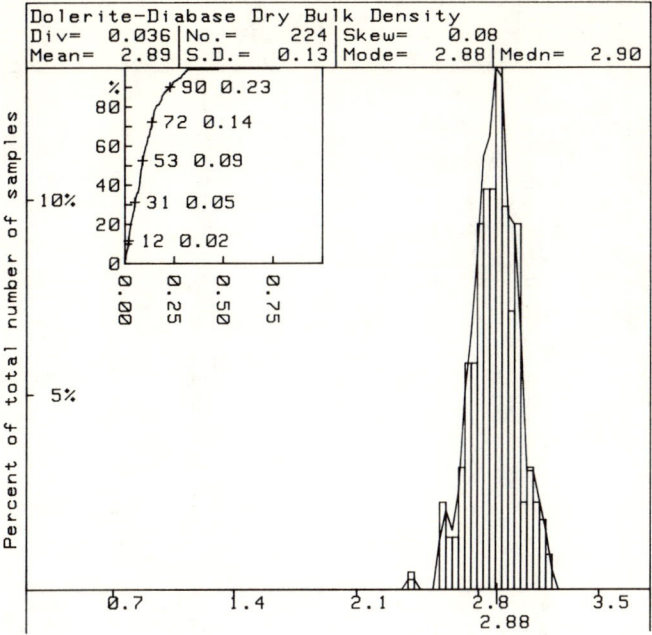

FIGURE 8. Histogram showing dry bulk densities 224 samples of dolerite-diabase.

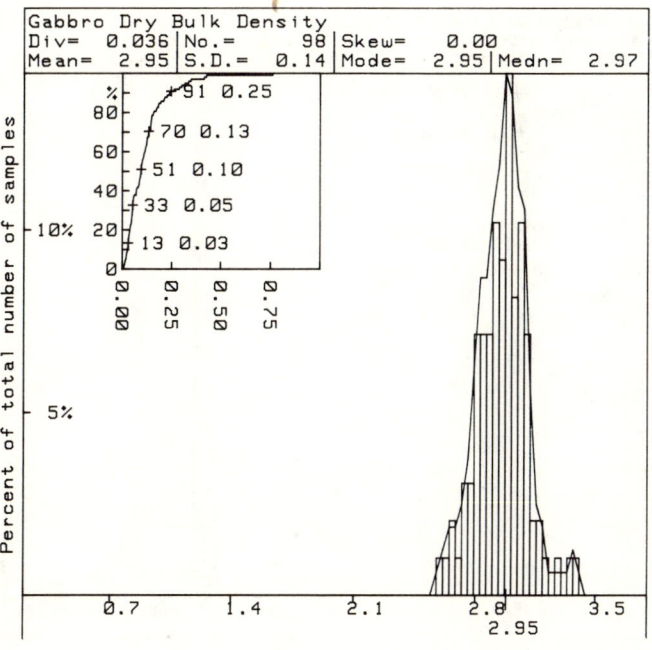

FIGURE 9. Histogram showing dry bulk densities of 98 samples of gabbro.

28 *Handbook of Physical Properties of Rocks*

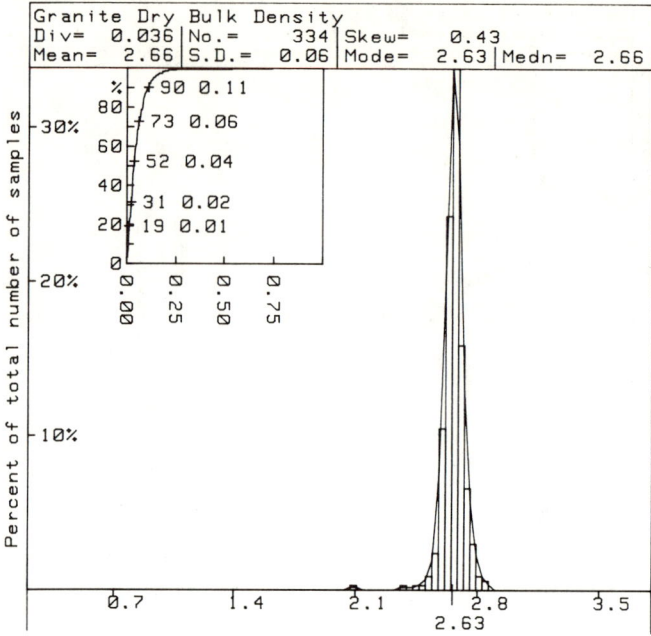

FIGURE 10. Histogram showing dry bulk densities of 334 samples of granite.

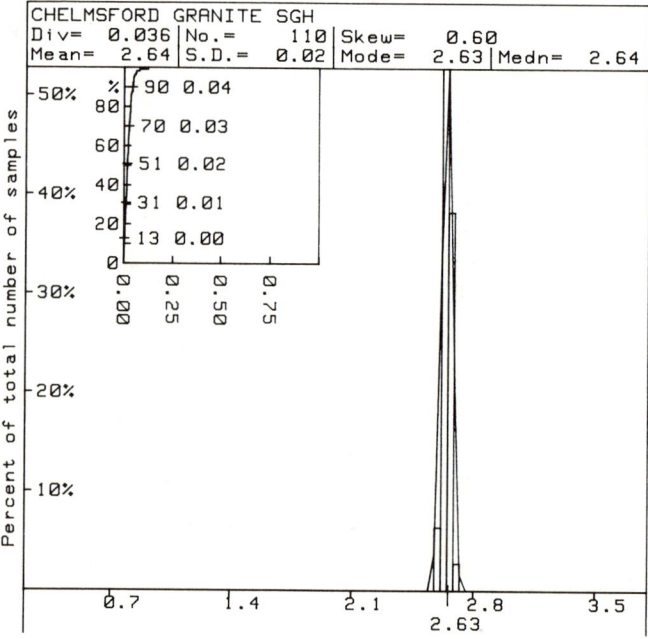

FIGURE 11. Histogram showing grain densities of 110 samples of Chelmsford granite.

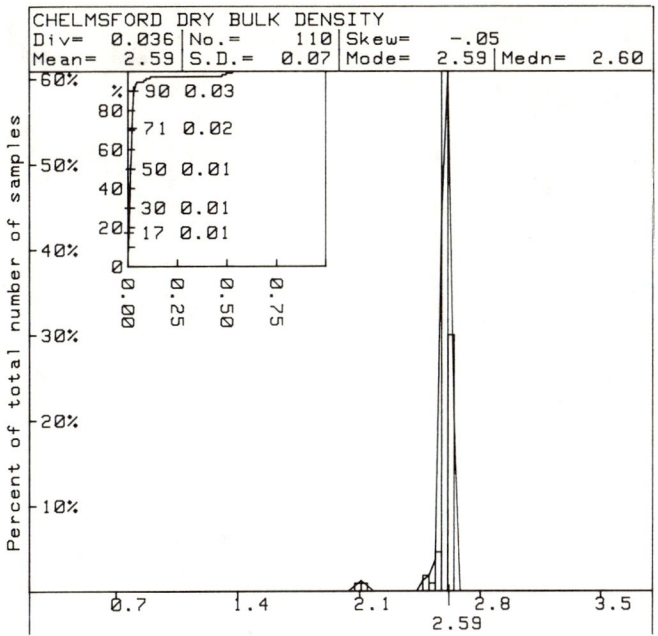

FIGURE 12. Histogram showing dry bulk densities of 110 samples of Chelmsford granite.

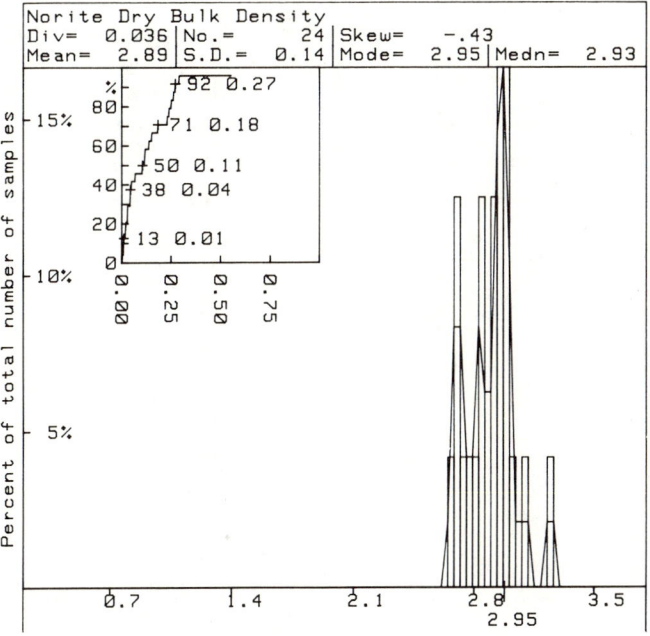

FIGURE 13. Histogram showing dry bulk densities of 24 samples of norite.

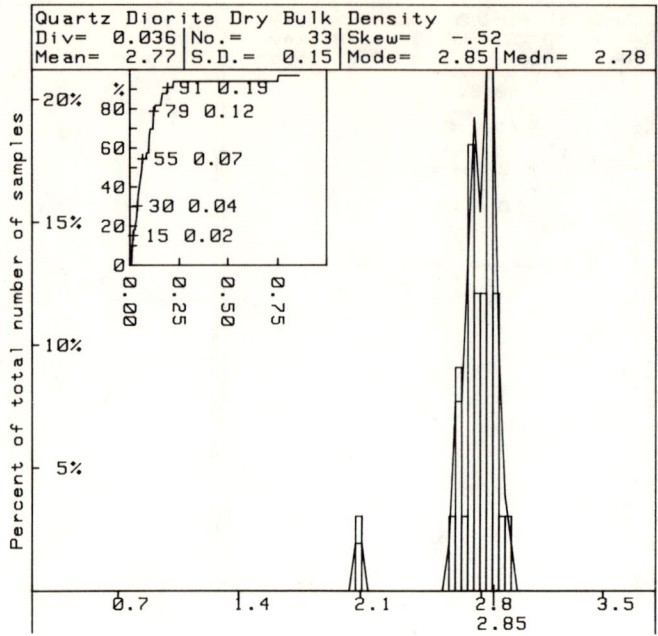

FIGURE 14. Histogram showing dry bulk densities of 33 samples of quartz diorite.

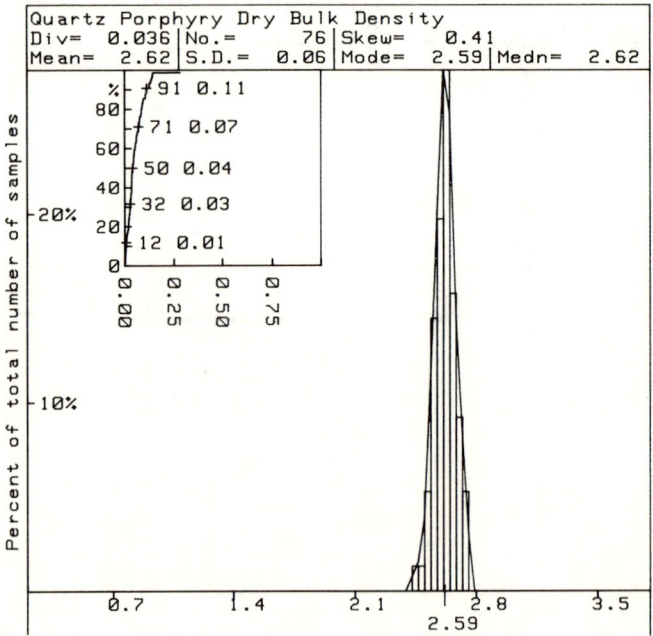

FIGURE 15. Histogram showing dry bulk densities of 76 samples of quartz porphyry.

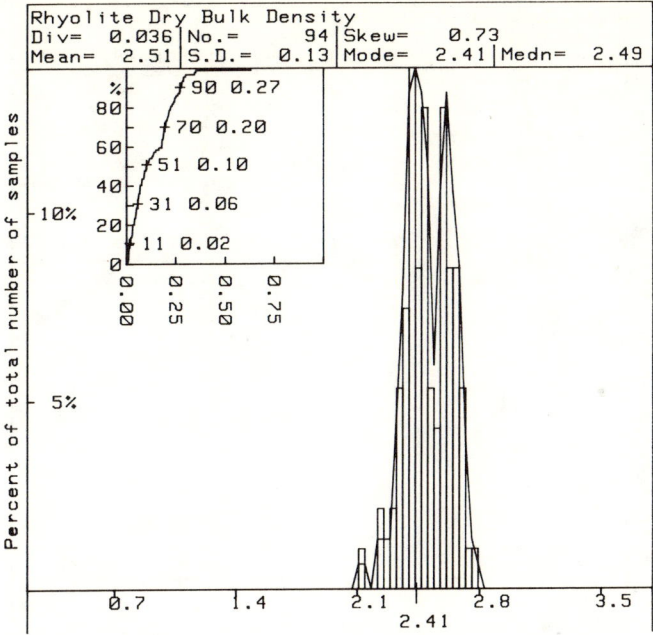

FIGURE 16. Histogram showing dry bulk densities of 94 samples of rhyolite.

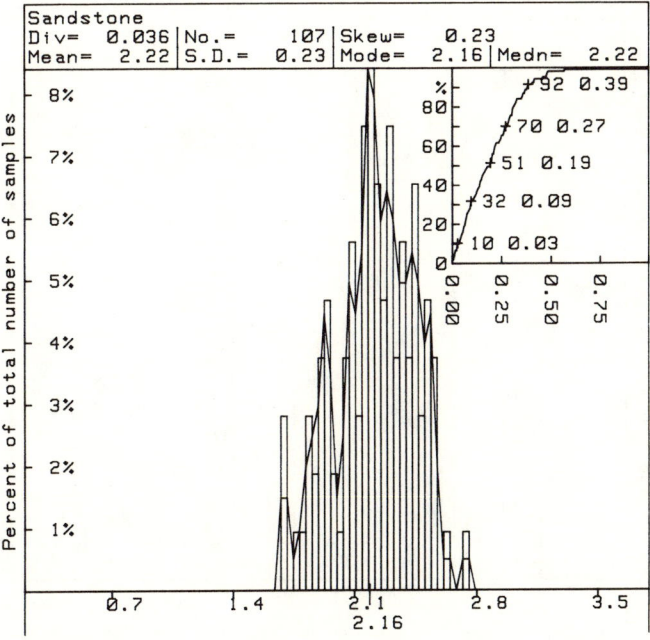

FIGURE 17. Histogram showing dry bulk densities of 107 samples of sandstone.

32 *Handbook of Physical Properties of Rocks*

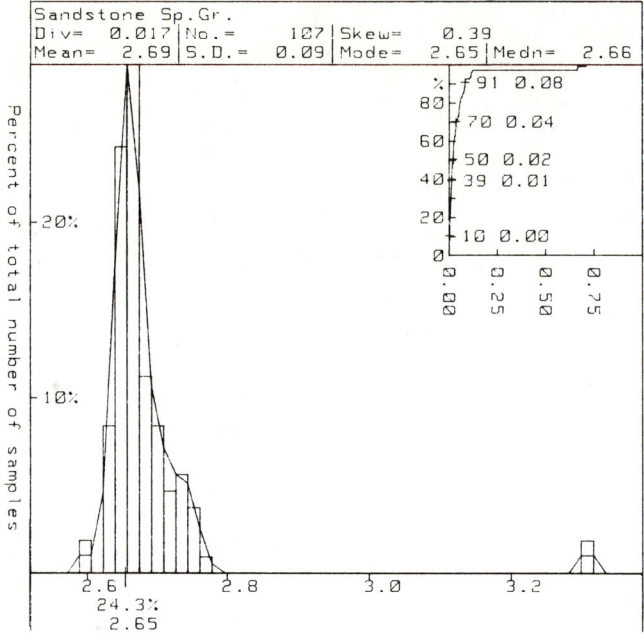

FIGURE 18. Histogram showing grain densities of 107 samples of sandstone.

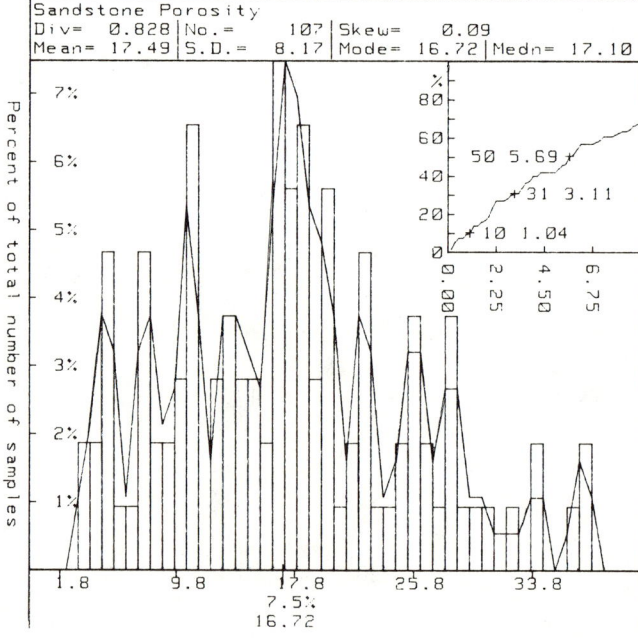

FIGURE 19. Histogram showing porosities of 107 samples of sandstone.

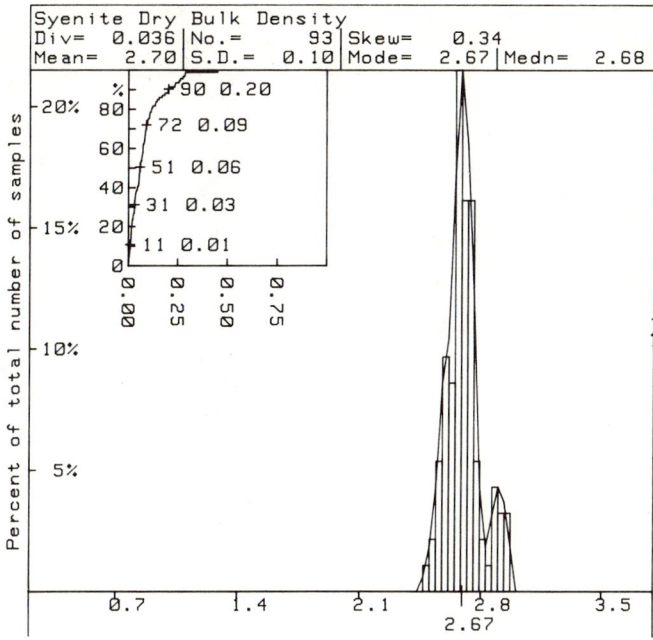

FIGURE 20. Histogram showing dry bulk densities of 93 samples of syenite.

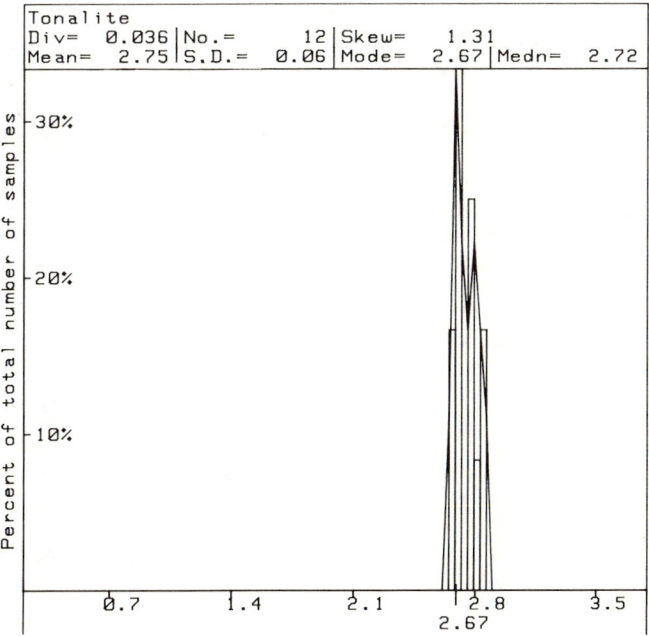

FIGURE 21. Histogram showing dry bulk densities of 12 samples of tonalite.

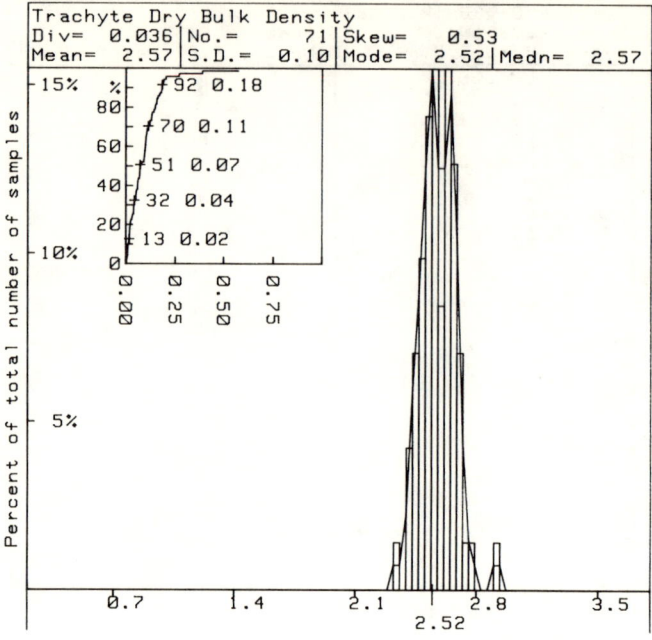

FIGURE 22. Histogram showing dry bulk densities of 71 samples of trachyte.

Table 6
RANGES OF BULK DENSITIES FOR ROCKS WITH INSUFFICIENT NUMBERS OF MEASUREMENTS TO COMPILE A HISTOGRAM

Rock type	Range of density	Rock type	Range of density
Albitite	2.61—2.77	Leucite tephrite glass	2.52—2.58
Amphibolite	2.79—3.14	Limestone	1.55—2.75
Andesite glass	2.400—2.573	Marble	2.67—2.75
Anhydrite	2.82—2.93	Marl	2.63
Anorthosite	2.64—2.92	Marlstone	2.26
Basalt glass	2.704—2.851	Norite	2.72—3.02
Bronzitite	3.26—3.29	Peridotite	3.152—3.276
Chalk	2.23	Pitchstone	2.321—2.370
Chlorite	2.79	Polyhalite	2.76
Diopside	3.24	Pyroxenite	3.24—3.31
Dolomite	2.72—2.84	Quartz diorite	2.798—2.906
Dunite	2.98—3.76	Quartz monzonite	2.64
Eclogite	3.32—3.45	Quartzite	2.647
Garnet	3.56—3.95	Rhyolite obsidian	2.330—2.413
Gneiss	2.59—2.84	Rocksalt	2.1—2.2
Granodiorite	2.668—2.785	Sand	1.44—2.40
Granulite	2.67—3.1	Schist	2.73—3.19
Graywacke	2.67—2.70	Serpentinite	2.44—2.80
Grossularite	3.49	Shale	2.06—2.67
Hornblendite	3.12—3.22	Slate	2.72—2.84
Jadeite	3.18—3.33	Trachyte obsidian	2.435—2.467

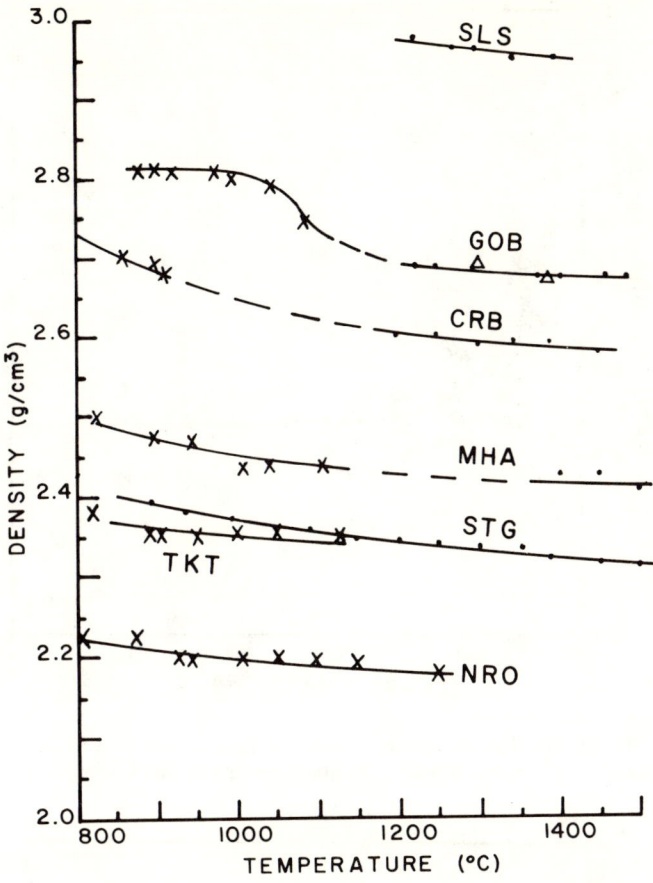

FIGURE 23. Density vs. temperature for Columbia River Basalt Group (CRB); Galapagos olivine basalt (GOB); Mt. Hood andesitic lavas (MHA); Newberry rhyolite obsidian flow (NRO); a synthetic lunar sample (SLS); and a National Bureau of Standards No. 710 standard glass (STG). (From Murase, T. and McBirney, A. R., *Geol. Soc. Am. Bull.*, 84, 3563, 1973. With permission.)

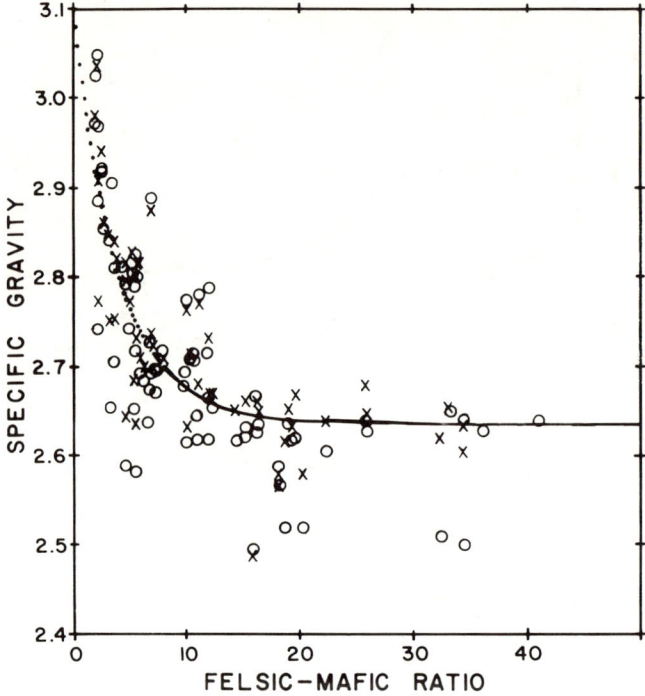

FIGURE 24. Specific gravity vs. felsic-mafic ratio. x = powder, O = solid, . - = best fit (powder). Modified from Young and Olhoeft, 1976.

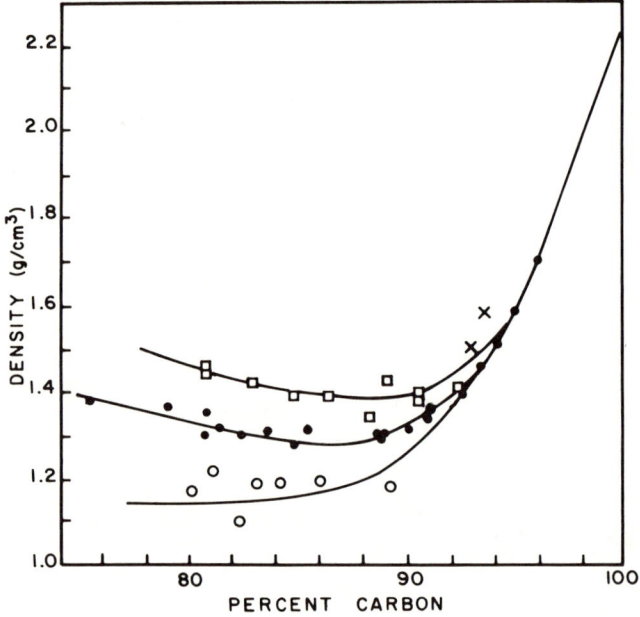

FIGURE 25. Densities of coal macerals vs. carbon content. ● = vitrinites, O = exinites, □ = micrinites, x = fusinites. (From van Krevelen, D. W., Coal, Elsevier, Amsterdam, 1961, 315. With permission.)

REFERENCES

1. **Mason, B.,** The determination of the density of solids, *Geol. Foeren. Stockholm Foerh.*, 66, 27, 1944.
2. International Society for Rock Mechanics, Commission on Standardization of Laboratory and Field Tests, Suggested Methods for Determining Water Content, Porosity, Density, Absorption and Related Properties and Swelling and Slake-Durability Index Properties, Committee on Laboratory Tests Document No. 2, Lisbon, Portugal, 1972.
3. ASTM, Density and specific gravity of solids, liquids, and gases. Definition of terms relating to. E-12-70, in *Book of ASTM Standards Including Tentatives,* American Society for Testing and Materials, Philadelphia, 1977, 41.
4. **Holmes, A.,** *Petrographic Methods and Calculations,* Thomas Murby & Co., London, 1930, chap. 2.
5. **Hidnert, P. and Peffer, E. L.,** Density of Solids and Liquids, *Natl. Bur. Stand. Circ.*, 487, 1950.
6. American Petroleum Institute, API Recommended Practice for Core-Analysis Procedure, API RP 40, 1st ed., Washington, D.C., 1960.
7. **Manger, G. E.,** Porosity and Bulk Density of Sedimentary Rocks, Geol. Surv. Bull. 1144-E, U.S. Geological Survey, Reston, Va., 1963.
8. **Muller, L. D.,** Density determination, in *Physical Methods in Determinative Mineralogy,* Zussman, J., Ed., Academic Press, London, 1977, chap. 13.
9. **Rall, C. G., Hamontre, H. C., and Taliaferro, D. E.,** Determination of porosity by a Bureau of Mines method; a list of porosities of oil sand, *Bur. Mines Rep. Invest.*, 5025, 1954.
10. **Manger, G. E.,** Method-Dependent Values of Bulk, Grain, and Pore Volume as Related to Observed Porosity, Geol. Surv. Bull. 1203-D, U.S. Geological Survey, Reston, Va., 1966.
11. **Hunt, G. R., Johnson, G. R., Olhoeft, G. R., Watson, D. E., and Watson, K.,** Initial Report of the Petrophysics Laboratory, Geol. Surv. Circ. 789, U.S. Geological Survey, Reston, Va., 1979, 71.
12. **Washburn, E. W. and Bunting, E. N.,** The determination of porosity by the method of gas expansion, *J. Am. Ceram. Soc.*, 5, 112, 1922.
13. **Smakula, A.,** High-precision density determinations of solids, in *Methods of Experimental Physics,* Vol. 6 (part A), Lark-Horovitz, K. and Johnson, V. A., Eds., Academic Press, New York, 1959, chap. 4.1.
14. **Athy, L. F.,** Density, porosity, and compaction of sedimentary rocks, *Bull. Am. Assoc. Pet. Geol.*, 14, 1, 1930.
15. **McIntyre, D. B., Welday, E. E., and Baird, A. K.,** Geologic application of the air pycnometer: a study of the precision of measurement, *Geol. Soc. Am. Bull.*, 76, 1055, 1965.
16. **Zenger, D. H.,** Determination of calcite and dolomite using the air comparison pycnometer, *J. Sediment. Pet.*, 38, 373, 1968.
17. **Reilly, J. and Rae, W. N.,** *Physico-Chemical Methods,* Vol. 1, 5th ed., Van Nostrand, New York, 1953, chap. 12.
18. **Midgeley, H. G.,** A quick method of determining the density of liquid mixtures, *Acta Crystallogr.*, 4, 565, 1951.
19. **Pelsmaekers, J. and Amelinck, S.,** Simple apparatus for comparative density measurements, *Rev. Sci. Instrum.*, 32, 828, 1961.
20. ASTM, Density of plastics by the density-gradient technique, test for D1505-68, in *Book of ASTM Standards Including Tentatives,* American Society for Testing and Materials, Philadelphia, 1975, 35.
21. **Zussman, J.,** X-ray diffraction, in *Physical Methods in Determinative Mineralogy,* Zussman, J., Ed., Academic Press, London, 1977, 426.
22. **Foote, F. and Jette, E. R.,** The fundamental relation between lattice constants and density, *Phys. Rev.*, 58, 81, 1940.
23. **Eliáš, M. and Uhmann, J.,** Densities of the rocks in Czechoslovakia, *Geol. Sur. Czech.*, 6, 1968.
24. **Tittman, J. and Wahl, J. S.,** The physical foundations of formation density logging (gamma-gamma), *Geophysics,* 30, 284, 1965.
25. **Baker, P. E.,** Density logging with gamma rays, *Trans. Am. Inst. Metall. Pet. Eng.*, 210, 289, 1957.
26. **Caldwell, R. L.,** Using nuclear methods in oil-well logging, *Nucleonics,* 16, 58, 1958.
27. **Campbell, J. L. P. and Wilson, J. C.,** Density logging in the Gulf coast area, *J. Pet. Technol.*, 10, 21, 1958.
28. **Pickell, J. J. and Heacock, J. G.,** Density logging, *Geophysics,* 25, 891, 1960.
29. **Wahl, J. S., Tittman, J., and Johnstone, C. W.,** The dual spacing formation density log, *J. Pet. Technol.*, 16, 1411, 1964.
30. **Scott, J. H.,** Borehole compensation algorithms for a small-diameter, dual-detector density well-logging probe, in Soc. Prof. Well Log Analysts 18th Annu. Logging Symp., 1977, chap. S.
31. **Davis, D. H.,** Estimating porosity of sedimentary rocks from bulk density, *J. Geol.*, 62, 102, 1954.
32. **Pirson, S. J.,** *Handbook of Well Log Analysis for Oil and Gas Formation Evaluation,* Prentice-Hall, Englewood Cliffs, N.J., 1963, chap. 17.

33. **Hilchie, D. W.,** *Applied Openhole Log Interpretation for Geologists and Petroleum Engineers,* Douglas W. Hilchie Inc., Golden, Colo., 1979, chap. 10.
34. **Airy, G. B.,** Account of pendulum-experiments undertaken in the Harton Colliery for the purpose of determining the mean density of the earth, *Philos. Trans. Soc. London,* 146, 297, 1856.
35. **Smith, N. J.,** The case for gravity data from boreholes, *Geophysics,* 15, 605, 1950.
36. **Hammer, S.,** Density determinations by undergound gravity measurements, *Geophysics,* 15, 637, 1950.
37. **Gilbert, R. L. G.,** Gravity observations in a borehole, *Nature (London),* 170, 424, 1952.
38. **Lukavchenko, P. I.,** Observations with gravimeters in boreholes and mineshafts, *Razved. Promysl. Geofiz.,* 43, 52, 1962.
39. **Goodell, R. R. and Fay, C. H.,** Borehole gravity meter and its application, *Geophysics,* 29, 774, 1964.
40. **Howell, L. G., Heintz, K. O., and Barry, A.,** The development and use of a high-precision downhole gravity meter, *Geophysics,* 31, 764, 1966.
41. **McCulloh, T. H., LaCoste, L. J. B., Schoellhamer, J. E., and Pampeyan, E. H.,** The U.S. Geological Survey — LaCoste and Romberg Precise Borehole Gravimeter System — Instrumentation and Support Equipment, Geol. Surv. Prof. Pap. 575-D, U.S. Geological Survey, Reston, Va., 1967.
42. **Schmoker, J. W.,** Accuracy of borehole gravity data, *Geophysics,* 43, 538, 1978.
43. **Robie, R. A., Hemingway, B. S., and Fisher, J. R.,** Thermodynamic Properties of Minerals and Related Substances at 298.15 K and 1 Bar (10^5 Pascals) Pressure and at Higher Temperatures, Geol. Surv. Bull. 1452, U.S. Geological Survey, Reston, Va., 1978.
44. **Rosenholtz, J. L. and Smith, D. T.,** Tables and Charts of Specific Gravity and Hardness for Use in the Determination of Minerals, Eng. Sci. Ser. No. 34, Rensselaer Polytechnic Institute, Troy, N.Y., 1931.
45. **Washington, H. S.,** Chemical Analysis of Igneous Rocks, Geol. Surv. Prof. Pap. 99, U.S. Geological Survey, Reston, Va., 1917.
46. **Piersol, R. J., Workman, L. E., and Watson, M. C.,** Porosity, total liquid saturation, and permeability of Illinois oil sands, *Ill. State Geol. Surv., Rep. Invest.,* 67, 1940.
47. **Daly, R. A., Manger, E., and Clark, S. P., Jr.,** Density of rocks, in *Handbook of Physical Constants,* Revised ed., Clark, S. P., Jr., Ed., Geological Society of America, Boulder, CO, 1966, chap. 4.
48. **Birch, F.,** Compressibility; elastic constants, in *Handbook of Physical Constants,* Revised ed., Clark, S. P., Jr., Ed., Geological Society of America, Boulder, CO, 1966, chap. 3.
49. **Press, F.,** Seismic velocities, in *Handbook of Physical Constants,* Revised ed., Clark, S. P., Jr., Ed., Geological Society of America, Boulder, CO, 1966, chap. 9.
50. **Clark, S. P., Jr.,** Thermal conductivity, in *Handbook of Physical Constants,* Revised ed., Clark, S. P., Jr., Ed., Geological Society of America, Boulder, CO, 1966, chap. 21.
51. **Schock, R. N., Bonner, B. P., and Louis, H.,** Collection of ultrasonic velocity data as a function of pressure for polycrystalline solids, Lawrence Livermore Laboratory TID-4500, UC-34, Physics-general, 1974.
52. **Skinner, B. J.,** Thermal expansion, in *Handbook of Physical Constantes,* Revised ed., Clark, S. P., Jr., Ed., Geological Society of America, Boulder, CO, 1966, chap. 6.
53. **Murase, T. and McBirney, A. R.,** Properties of Some Common Igneous Rocks and their Melts at High Temperatures, *Geol. Soc. Am. Bull.,* 84, 3563, 1973.
54. **Young, E. J. and Olhoeft, G. R.,** The Relation of Specific Gravity to Chemical Composition for Crystalline Rocks, Geol. Surv. Open-File Report, U.S. Geological Survey, Reston, Va., 1976, 14.
55. **van Krevelen, D. W.,** *Coal,* Elsevier, Amsterdam, 1961, 315.

Chapter 2

ELASTIC CONSTANTS OF MINERALS*

Yoshio Sumino and Orson L. Anderson

TABLE OF CONTENTS

Introduction 40
    Previous References for the Review of Elastic Data 40
    Compilation of the Elastic Data in the Handbook 40
    Determination of Isotropic Elastic Moduli for a Polycrystalline Aggregate
      Using Single-Crystal Data 40
    Patterns Relating Elastic Constants (at Ambient Conditions) 41
    Notation and Dimensions of the Numerical Tables in the Handbook (Table 1) 43

Calculated Aggregate Properties of Single Crystal Elastic Constants (Table 2) 49
    Alkali Halide Series 49
    Simple Oxide Series 83
    Silicate Minerals Series 102
    Nonsilicate Oxides Series 111

References 137

---

* Research funding received from the National Science Foundation EAR 79-11212 and EAR 80-08272. Data analyses and reduction were carried out at the Office of Academic Computing on the UCLA campus.

INTRODUCTION

Previous References for the Review of Elastic Data

Data on the elastic properties of single crystals have been compiled previously in papers and books by Huntington,[21] Hearmon,[17-19] Alexandrov and Ryzhova,[1] Simmons,[25,26] Anderson,[3,6,8] Birch,[13,14] Belikov, et al.,[12] Simmons and Wang,[27] and Alexandrov, et al.[2]

Compilation of the Elastic Data in the Handbook

The calculated aggregate properties of minerals compute from single cyrstal elastic data are summarized in this Handbook. The data sets are divided into four groups.

Group 1 : Alkali halide series. These data were compiled from original publications of the last 20 years (from 1960 to 1980).
Group 2 : Simple oxide series. These data were compiled from original publications of the last 15 years (from 1965 to 1980).
Group 3 : Silicate minerals series. These data were compiled from original publications of the last 15 years (from 1965 to 1980).
Group 4 : Nonsilicate minerals series. These data are compiled from original publications of the last 15 years (from 1965 to 1980).

No interpretation of the accuracy or precision of experimental data has been described in this Handbook, but a few data which were reported before 1970 were deleted by the authors because we lacked confidence in their validity.

The data on thermal expansivity needed to reduce the elasticity data were compiled from the most recent sources found and often postdate the original source of the elastic constants.

Determination of Isotropic Elastic Moduli for a Polycrystalline Aggregate Using Single-Crystal Data

The method for calculating the isotropic elastic moduli for polycrystalline aggregates was derived by Voigt,[28] Reuss,[23] and Hill,[20] and described in detail by Kumazawa[22] and Anderson.[6] Voigt averaged the elastic stiffness (C_{ij}) over all lattice orientations using the assumption that strain is uniform throughout a grain. Reuss averaged the elastic compliances (S_{ij}) assuming that stress is uniform throughout a grain. The Voigt method gives the upper bound of elastic moduli, and the Reuss method gives the lower bound of elastic moduli. The Hill method is simply the arithmetic average of the upper and lower bounds. The isotropic elastic data computed by the Hill and Reuss average schemes are summarized in this handbook.

Two independent isotropic elastic moduli, the bulk modulus K and shear modulus μ, given by the Voigt, Reuss, and Hill averages are

Voigt average
$$9K_V = (C_{11} + C_{22} + C_{33}) + 2(C_{12} + C_{23} + C_{31})$$
$$15\mu_R = (C_{11} + C_{22} + C_{33}) - (C_{12} + C_{23} + C_{31}) + 3(C_{44} + C_{55} + C_{66})$$

Reuss average
$$1/K_R = (S_{11} + S_{22} + S_{33}) + 2(S_{12} + S_{23} + S_{31})$$
$$15/\mu_R = 4(S_{11} + S_{22} + S_{33}) - 4(S_{12} + S_{23} + S_{31}) + 3(S_{44} + S_{55} + S_{66})$$

Hill average
$$K_H = (K_V + K_R)/2$$
$$\mu_H = (\mu_V + \mu_R)/2$$

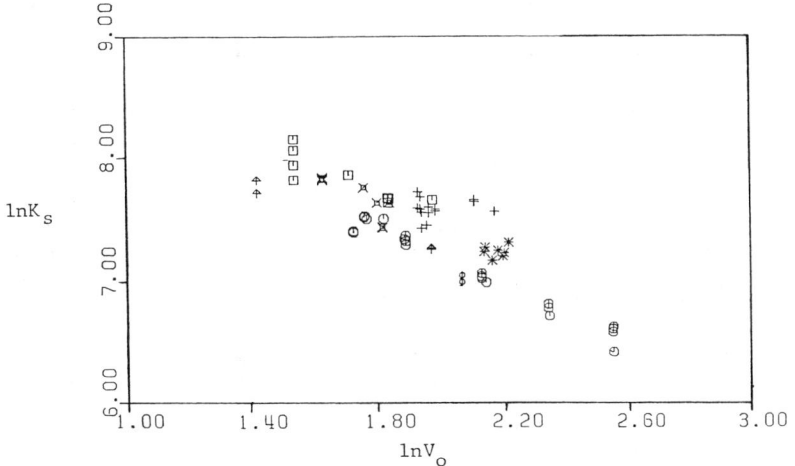

FIGURE 1. Correlation of $\ln K_s$ vs. $\ln V_o$ for oxides (excepting glasses and ice) for various structures (⊙ rock salt; ☐ rutile; ▲ wurzite; + fluorite; * Mn_2O_3; ⊗ corundum; ⦶ Cu_2O_3).

The elastic moduli K and µ, and their temperature and pressure coefficients are presented first. The other isotropic parameters all were calculated from combining bulk modulus K_H (or K_R) and shear modulus μ_H (or μ_R) and their temperature and pressure coefficients with density, thermal expansivity, and specific heat.

Patterns Relating Elastic Constants (at Ambient Conditions)

The trends of elastic constants, or sound velocity, vs. intrinsic ambient parameters (density, ρ_o, or atomic mass, $\overline{M}$) have interested geophysicists for several decades. The tendency of sound velocity to increase with density, ρ_o, in a class of rocks and minerals having constant $\overline{M}$, known as Birch's law[13,25] has been useful, for example, in the reduction of seismic and gravity data. Equivalent statements of Birch's law, but with different parameters, are also well known. Examples are (1) the seismic equation of state where $\sqrt{K_{So}/\rho_o}$ is correlated with ρ_o (Ref. 3) and the law of corresponding states, K_{So} correlated with V_o.[7,9]

The subject as a whole is often called velocity-density systematics or elastic-constant systematics. The data in this review are sufficient in quantity to test the details of elastic-constant systematics, but that subject is appropriate for a future article. In this review, we will present four correlation graphs as examples. The graphs will be restricted to data of oxides (Group II-B) because there are sufficient data in the oxides to provide statistical information.

The first correlation graph is a test from the law of corresponding states that $K_{So}V_o^{-X} =$ constant, where X is a number slightly above unity.[7] The correlation is thought to hold for isostructural oxides. Figure 1 shows a plot of $\ln K_{So}$ vs. $\ln V_o$, for oxides composed of the following structural groups: rock salt, rutile, fluorite, corundum, wurzite, Mn_2O_3, and Cu_2O_3 (glass and ice values are not plotted). The rock salt structures, which are the most numerous, tend to lie along a line with a slope of -1.25. The Mn_2O_3 and fluorite structures tend to cluster. The rutile structures show high scatter due to different reports on the stishovite properties. The corundum, wurzite, and Cu_2O_3 structure data are rather sparse. Nevertheless, the data in totality appear to condense in a band around a straight line with a slope of about -1.3.

Another suggested correlation of the isostructural groups is that $K_{So}V_o$ vs. $\overline{M}$ is a straight line parallel to the $\overline{M}$ axis.[15,24]

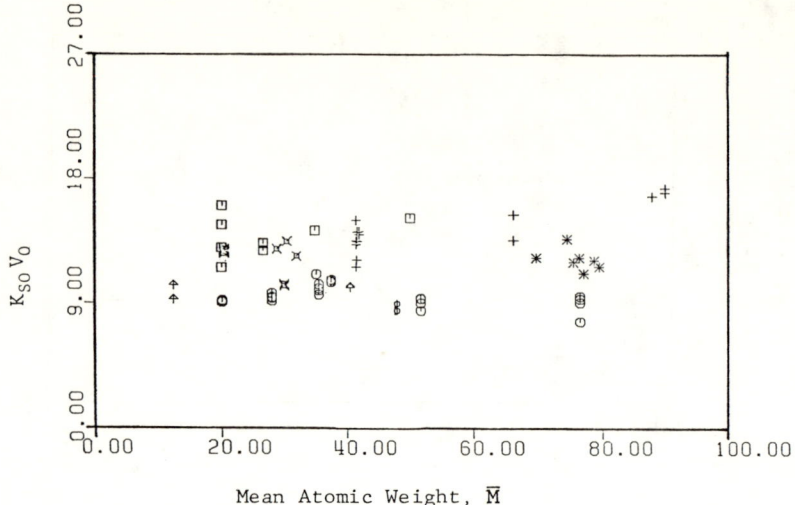

FIGURE 2. Correlation between $K_{so}V_o$ and $\overline{M}$ for oxides (excepting glasses and ice). Symbols are the same as in Figure 1.

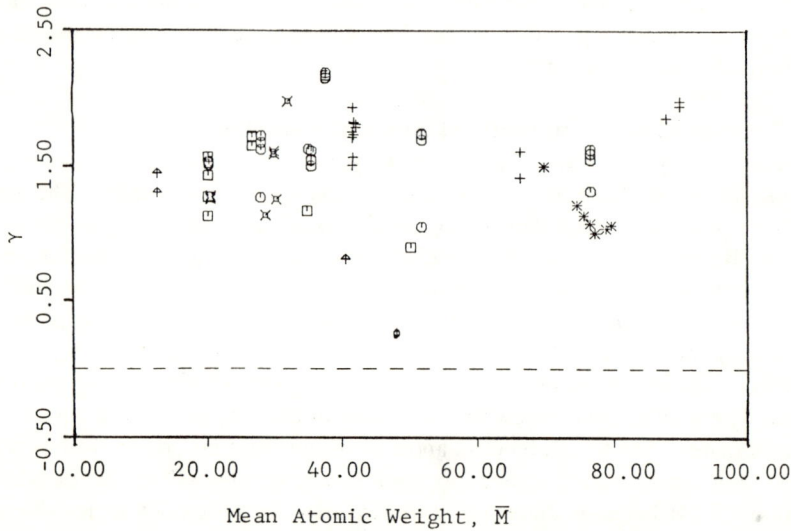

FIGURE 3A. Correlation between γ and $\overline{M}$ for oxides (excepting glasses and ice). Symbols are the same as in Figure 1.

The oxide data plotted in Figure 2 show that this is approximately true. The rock salt structure indicates that $K_{So}V_o$ is near 10 for $20 < \overline{M} < 80$. Four wurzite structures indicate a straight line near the value of 10. The corundum structure and the MN_2O_3 structure both cluster, but suggest a value of $K_{So}V_o$ near 12. The corundum structures and the fluorite structures both indicate a slight increase of $K_{So}V_o$ with $\overline{M}$, suggesting a mean value near 15. The data in totality condense in a broad band around a straight line with a slope of zero.

The Grüneisen ratio given by $\gamma = \alpha K_T V/C_V$ is of great interest to thermal geophysics. Since its value is controlled primarily by the repulsion coefficient in an interatomic potential, the value of γ should not be very sensitive to composition. Figure 3a shows γ vs. mean

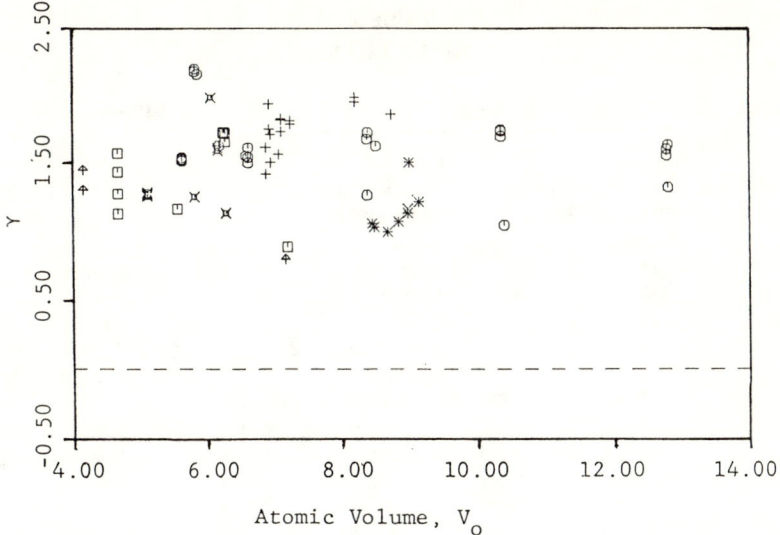

FIGURE 3B. Correlation between γ and V_o for oxides (excepting glasses and ice). Symbols are the same as in Figure 1.

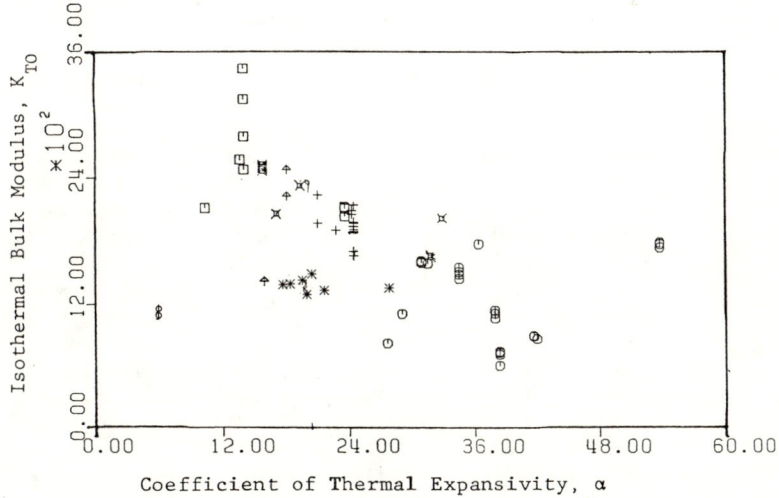

FIGURE 4. Correlation of K_{TO} with α for oxides (excepting glasses and ice). Symbols are the same as in Figure 1.

atomic weight, $\overline{M}$, and Figure 3b shows γ vs. specific volume, V_o. Roughly speaking, γ is independent of composition according to Figures 3a and 3b.

Correlations which might exist between K_T and α are of interest because of the fact that $K_T\alpha$ is virtually independent of T at high T for mantle materials.[11] Figure 4 shows that a rough correlation exists between K_{To} and α_o, where the subscript o refers to ambient conditions.

Notation and Dimensions of the Numerical Tables in the Handbook

Table 1 shows the notation of elastic parameters and their dimensions.

Table 1
NOTATIONS

Notation	Example				Dimension	No.
	BaF$_2$		EuF$_2$			(1)
	Fluorite (cubic)		Fluorite (cubic)			(2)
	*PULS (1974)		PULS (1971)			(3)
	ROOM		300 K			(4)
ρ_x	4.886		6.320		g/cm^3	(5)
ρ_B	4.887		******		g/cm^3	(6)
M	58.45		63.32		g	(7)
α	61.38		60.65 (CaF$_2$)		$\times 10^{-6}$ 1/K	(8)
C_P	4.062		(3.876)**		$\times 10^{+6}$ erg/g·K	(9)
	(HILL)	(REUSS)	(HILL)	(REUSS)		(10)
K_s	581.2	581.2	644.0	644.0	Kbar	(11)
K_T	562.6	562.6	625.8	625.8	Kbar	(12)
μ	255.0	255.0	308.1	307.9	Kbar	(13)
σ	0.309	0.309	0.294	0.294	—	(14)
V_P	4.342	4.342	4.085	4.085	km/s	(15)
V_s	2.284	2.284	2.208	2.207	km/s	(16)
V_Φ	3.449	3.449	3.192	3.192	km/s	(17)
$(\partial K_s/\partial P)_T$	(5.05)	(5.05)	******	******	—	(18)
$(\partial K_T/\partial P)_T$	5.10	5.10	******	******	—	(19)
$(\partial \mu/\partial P)_T$	(0.39)	(0.39)	******	******	—	(20)
$(\partial \sigma/\partial P)_T$	1.195	1.197	******	******	1/Mb	(21)
$(\partial V_P/\partial P)_T$	9.28	9.27	******	******	(km/s)/Mb	(22)
$(\partial V_s/\partial P)_T$	−0.27	−0.29	******	******	(km/s)/Mb	(23)
$(\partial V_\Phi/\partial P)_T$	11.93	11.93	******	*** ***	(km/s)/Mb	(24)
$(\partial K_s/\partial T)_P$	−0.162	−0.162	−0.530	−0.530	Kb/K	(25)
$(\partial K_T/\partial T)_P$	−0.225	−0.225	−0.574	−0.574	Kb/K	(26)
$(\partial \mu/\partial T)_P$	−0.060	−0.060	−0.074	−0.072	Kb/K	(27)
$(\partial \sigma/\partial T)_P$	−0.69	−0.70	−10.37	−10.48	$\times 10^{-5}$ 1/K	(28)
$(\partial V_P/\partial T)_P$	−0.439	−0.438	−1.094	−1.089	$\times 10^{-3}$(km/s)/K	(29)
$(\partial V_s/\partial T)_P$	−0.201	−0.200	−0.198	−0.191	$\times 10^{-3}$(km/s)/K	(30)
$(\partial V_\Phi/\partial T)_P$	−0.375	−0.375	−1.217	−1.217	$\times 10^{-3}$(km/s)/K	(31)
$(\partial P/\partial T)_{V_P}$	4.726	4.276	******	******	$\times 10^{-2}$Kb/K	(32)
$(\partial P/\partial T)_{V_s}$	−73.27	−68.49	** ****	******	$\times 10^{-2}$Kb/K	(33)
$(\partial P/\partial T)_{V_\Phi}$	3.143	3.143	******	***** *	$\times 10^{-2}$Kb/K	(34)
$(\partial P/\partial T)_\rho$	3.453	3.453	3.796	3.796	$\times 10^{-2}$Kb/K	(35)
γ_{th}	1.797	1.797	1.594	1.594	—	(36)
γ_P	1.536	1.534	******	******	—	(37)
γ_s	0.266	0.261	******	******	—	(38)
γ_{LT}	0.352	0.348	******	******	—	(39)
γ_{HT}	0.689	0.686	******	******	—	(40)
δ_s	4.541	4.541	13.569	13.569	—	(41)
δ_T	6.510	6.510	15.119	15.119	—	(42)
θ_D	280.8	280.8	287.4	287.3	K	(43)
$(\partial K_s/\partial T)_V$	0.012	0.012	***** *	******	Kb/K	(44)
$(\partial K_T/\partial T)_V$	−0.049	−0.049	******	******	Kb/K	(45)
$(\partial \alpha/\partial T)_P$	2.70	2.70	(0.0)†	(0.0)†	$\times 10^{-8}$ 1/K^2	(46)
V_s/V_P	0.526	0.526	0.540	0.540	—	(47)
V_m	2.554	2.554	2.464	2.463	km/s	(48)
REF. E.C.	060(119)		068			(49)
REF. α, Cp	534, 610		534, (CAL)**			(50)

Note to Table 1: Mb = Megabars = 10^{12} dynes/cm^2 = 10^2 Giga-Pascal; Kb = Kilobars = 10^9 dynes/cm^2 = 10^2 Mega-Pascal; —— = Dimensionless quantity.

Table 1 (continued)
NOTATIONS

Explanations for each property of the numerical table are described below:

1. Chemical formula of substance
2. Left: crystal structure
   Right: (parentheses): crystal system

ABBREVIATIONS

Isotropic	Isotropic
Cubic	Cubic
Hexa.	Hexagonal
Trigonal	Trigonal
Tetra.	Tetragonal
Ortho.	Orthorhombic
Mono.	Monoclinic
Tri.	Triclinic

3. Left: technical method for measurement
   Right: (parentheses): year for publication

ABBREVIATIONS

RESO	Resonance Method
PULS	Pulse transmission, pulse echo, modified pulse, and other pulse methods
*PULS	Pulse superposition method
BRIL	Brillouin method
XRAY	X-ray method
OPTI	Optical method
OTHER	Others
RE-CAL	Recalculation from previous data

4. Temperature in Kelvin. ROOM means room temperature
5. ρ_X: X-ray density in g/cm^3
6. ρ_B: Bulk density in g/cm^3
7. $\overline{M}$: Mean atomic weight in gram/atom, derived from M/p where M is the molecular weight of the substance, and p is the number of atoms in the molecule (e.g., p = 3 for BaF$_2$)
8. α: Volume thermal expansion coefficient in $\times 10^{-6} \cdot K^{-1}$
9. C_P: Heat capacity (specific heat) at constant pressure in $\times 10^{+6}$ erg·g^{-1}K^{-1}, which can be converted to cal·K^{-1} mole^{-1}, by multiplying by $\times$ (M/4.1855)$\times 10^{-7}$ where M is the molecular weight of the substance.
   ( )**: Calculated value of specific heat obtained from the acoustic Debye temperature θ (noted in column (43)), based on Debye theory
10. HILL: Averaged according to Hill's scheme
    REUSS: Averaged according to Reuss' scheme
    POLY: Data of polycrystalline aggregate
    GLASS: Data of isotropic glass
11. K_s: Adiabatic bulk modulus in kbar
12. K_T: Isothermal bulk modulus (Incompressibility) in kbar, given by $K_T = K_s/(1 + \alpha\gamma_{th}T)$ where γ_{th} is the thermal Grüneisen constant noted in column (36)
13. μ: Shear modulus (rigidity) in kbar
14. σ Poisson's ratio in dimensionless units, given by:

$$\sigma = (1/2)[K_s - (2/3)\mu]/[K_s + (1/3)\mu]$$

15. V_P: Compressional wave velocity in an infinite medium in km/s, given by:

$$V_P = \sqrt{[K_s + (4/3)\mu]/\rho}$$

Table 1 (continued)
NOTATIONS

16. V_s: Shear wave velocity in an infinite medium in km/s, given by:

$$V_s = \sqrt{\mu/\rho}$$

17. V_Φ: Bulk sound velocity in km/s, given by:

$$V_\Phi = \sqrt{K_s/\rho}$$

The data from rows (18) to (24) are pressure coefficients of the parameters from column (10) to (17) at constant temperature. In Table 1, the parentheses ( ) are found in rows (18) and (20). These parentheses mean that the numerical values in the parentheses are referred to different literature citations as shown by parentheses in column (49).

18. $(\partial K_s/\partial P)_T$: Pressure coefficient of adiabatic bulk modulus at constant pressure in dimensionless units
19. $(\partial K_T/\partial P)_T$: in dimensionless, given by:

$$(\partial K_T/\partial P) \cong (1 + \gamma\alpha T)^{-1}[(\partial K_s/\partial P)_T - (\gamma T/K_T)(\partial K_T/\partial T)_P]$$

20. $(\partial\mu/\partial P)_T$: Pressure coefficient of shear modulus at constant pressure in dimensionless units.
21. $(\partial\sigma/\partial P)_T$: in $(Mbar)^{-1}$, given by:

$$(\partial\sigma/\partial P)_T = (1/2)[K_s + (1/3)\mu]^{-2}[\mu(\partial K_s/\partial P)_T - K_s(\partial\mu/\partial P)_T]$$

22. $(\partial V_P/\partial P)_T$: in $(km/s)(Mbar)^{-1}$, given by:

$$(\partial V_P/\partial P)_T = (V_P/2)\{[K_s + (4/3)\mu]^{-1}[(\partial K_s/\partial P)_T + (4/3)(\partial\mu/\partial P)_T] - (1/K_T)\}$$

23. $(\partial V_s/\partial P)_T$: in $(km/s)(Mbar)^{-1}$, given by:

$$(\partial V_s/\partial P)_T = (V_s/2)[(1/\mu)(\partial\mu/\partial P)_T - (1/K_T)]$$

24. $(\partial V_\Phi/\partial P)_T$: in $(km/s)(Mbar)^{-1}$, given by:

$$(\partial V_\Phi/\partial P)_T = (V_\Phi/2)[(1/K_s)(\partial K_s/\partial P)_T - (1/K_T)]$$

The data from rows (25) to (31) are temperature coefficients of the parameters from columns (10 to 17) at constant pressure.

25. $(\partial K_s/\partial T)_P$: Temperature coefficient of adabatic bulk modulus at constant pressure in $kbar \cdot K^{-1}$
26. $(\partial K_T/\partial T)_P$: in $kbar \cdot K^{-1}$, given by:

$$(\partial K_T/\partial T)_P \cong (1 + \alpha\gamma T)^{-1}\{(\partial K_s/\partial T)_P - (\alpha\gamma K_T)[1 + (T/\alpha)(\partial\alpha/\partial T)]\}$$

27. $(\partial\mu/\partial T)_P$: Temperature coefficient of shear modulus at constant pressure in $kbar \cdot K^{-1}$
28. $(\partial\sigma/\partial T)_P$: in $\times 10^{-5} K^{-1}$, given by:

$$(\partial\sigma/\partial T)_P = (1/2)[K_s + (1/3)\mu]^{-2}[\mu(\partial K_s/\partial T)_P - K_s(\partial\mu/\partial T)_P]$$

29. $(\partial V_P/\partial T)_P$: in $\times 10^{-3} (km/s) \cdot K^{-1}$, given by:

$$(\partial V_P/\partial T)_P = (V_P/2)\{[K_s + (4/3)\mu]^{-1}[(\partial K_s/\partial T)_P + (4/3)(\partial\mu/\partial T)_P] + \alpha\}$$

30. $(\partial V_s/\partial T)_P$: in $\times 10^{-3} (km/s) \cdot K^{-1}$, given by:

$$(\partial V_s/\partial T)_P = (V_s/2)[(1/\mu)(\partial\mu/\partial T)_P + \alpha]$$

Table 1 (continued)
NOTATIONS

31. $(\partial V_\Phi/\partial T)_P$: in $\times\ 10^{-3}$(km/s)·K^{-1}, given by:

$$(\partial V_\Phi/\partial T)_P = (V_\Phi/2)[(1/K_s)(\partial K_s/\partial T)_P + \alpha]$$

The parameters from rows (32) to (35) show the critical thermal gradients.

32. $(\partial P/\partial T)_{VP}$: Critical thermal gradient for V_P in $\times\ 10^{-2}$kbar·K^{-1}, given by:

$$(\partial P/\partial T)_{VP} = -(\partial V_P/\partial T)_P/(\partial V_P/\partial P)_T$$

33. $(\partial P/\partial T)_{Vs}$: Critical thermal gradient for V_s in $\times\ 10^{-2}$ kbar·K^{-1}, given by:

$$(\partial P/\partial T)_{Vs} = -(\partial V_s/\partial T)_P/(\partial V_s/\partial P)_T$$

34. $(\partial P/\partial T)_{V\Phi}$: Critical thermal gradient for V_Φ in $\times\ 10^{-2}$ kbar·K^{-1}, given by:

$$(\partial P/\partial T)_{V\Phi} = -(\partial V_\Phi/\partial T)_P/(\partial V_\Phi/\partial P)_T$$

35. $(\partial P/\partial T)_\rho$: Critical thermal gradient for ρ (or V) in $\times\ 10^{-2}$ kbar·K^{-1}, given by:

$$(\partial P/\partial T)_\rho = \alpha K_T$$

The parameters for columns (36) to (40) are the Grüneisen parameter and approximations of isotropic Grüneisen parameters.

36. γ_{th}: Thermal Grüneisen ratio in dimensionless units, defined by:

$$\gamma_{th} = (\alpha K_s)/(\rho C_P)$$

37. γ_P: In dimensionless units, given by:

$$\gamma_P = (1/3) + (K_T/V_P)(\partial V_P/\partial P)_T$$

38. γ_s: In dimensionless units, given by:

$$\gamma_s = (1/3) + (K_T/V_s)(\partial V_s/\partial P)_T$$

39. γ_{LT}: In dimensionless units, given by:

$$\gamma_{LT} = (2 + \Delta^3)^{-1}(\Delta^3\gamma_P + 2\gamma s)$$

where $\Delta = V_s/V_P$ noted in column (47).

40. γ_{HT}: In dimensionless units, given by:

$$\gamma_{HT} = (1/3\ (\gamma_P + 2\gamma_s)$$

The parameters from columns (41) to (43) are the Grüneisen-Anderson parameters and the Debye temperature.

41. δ_s: Adiabatic Grüneisen-Anderson parameter in dimensionless units defined by:

$$\delta_s = -(1/2K_s)(\partial K_s/\partial T)_P$$

42. δ_T: Isothermal Grüneisen-Anderson parameter in dimensionless units defined by:

$$\delta_T = -(1/2K_T)(\partial K_T/\partial T)_P$$

Table 1 (continued)
NOTATIONS

43. θ: Acoustic Debye temperature in Kelvin, given by:

$$\theta = \frac{h}{k_s}\left(\frac{9\rho N}{4\pi \overline{M}}\right)^{1/3}\left(\frac{2}{V_s^3} + \frac{1}{V_p^3}\right)^{-1/3}$$

where h is Planck's constant, k_B in Boltzmann's contant, N is Avogadro's number, $\overline{M}$ is the mean atomic weight, and ρ is the density.
Then, we have

$$\theta = 251.42[\rho/M]^{1/3}V_m$$

where ρ is in g/cm^3, $\overline{M}$ is in g/atom, and V_m is mean sound velocity in km/s as noted in column (48).

The parameters from rows (44) to (45) are temperature coefficient of bulk modulus at constant volume.

44. $(\partial K_s/\partial T)_V$: Temperature coefficient of adiabatic bulk modulus at constant volume in kbar·K^{-1}, given by:

$$(\partial K_s/\partial T)_V \cong (\partial K_T/\partial T)_V (1 + \alpha\gamma T) + \alpha\gamma K_T$$

45. $(\partial K_T/\partial T)_V$: Temperature coefficient of isothermal bulk modulus at constant volume in kbar·K^{-1}, given by:

$$(\partial K_T/\partial T)_V = (\partial K_T/\partial T)_P + (\alpha K_T)(\partial K_T/\partial P)_T$$

46. $(\partial\alpha/\partial T)_P$: Temperature derivatives of volume thermal expansion coefficient in $\times\ 10^{-8}\ K^{-2}$. ( )†: Assumed value.
47. V_s/V_P: V_s/V_P ratio in dimensionless units.
48. V_m: Mean sound velocity in km/s, given by:

$$V_m = (3)^{1/3}[(2/V_s^3) + (1/V_p^3)]^{-1/3}$$

49. REF. E.C.: Reference for elastic data.
50. REF. α, C_P: References for thermal exansivity data and specific heat data. (CAL)**: Calculated data. ***: No reference.

Table 2
CALCULATED AGGREGATE PROPERTIES OF SINGLE CRYSTAL ELASTIC CONSTANTS

A. Alkali Halide Series

	LiF Rock salt (Cubic) PULS (1960) 295 K		LiF Rock salt (Cubic) PULS (1964) 300 K		LiF Rock salt (Cubic) PULS (1967) ROOM		LiF Rock salt (Cubic) PULS (1967)		LiF Rock salt (Cubic) *PULS (1976) 298 K		LiF Rock salt (Cubic) PULS (1976)		LiF Rock salt (Cubic) RESO (1977) 297 K		LiF Rock salt (Cubic) PULS (1977)		NaF Rock salt (Cubic) PULS (1960) 295 K	
ρ_X	2.639		2.639		2.639				2.639				2.639				2.804	
ρ_B	*****		2.639		*****				2.641				*****				*****	
$\overline{M}$	12.97		12.97		12.97				12.97				12.97				20.99	
a	97.83		97.83		97.83				97.83				97.83				97.61	
C_p	16.137		16.137		16.137				16.137				16.137				11.162	
	(HILL)	(REUSS)	(HILL)	(REUSS)	(HILL)	(REUSS)	(HILL)	(REUSS)	(HILL)	(REUSS)	(HILL)	(REUSS)	(HILL)	(REUSS)	(HILL)	(REUSS)	(HILL)	(REUSS)
K_S	695.8	695.4	696.4	695.2	697.7	697.7	697.7	697.7	672.1	704.0	704.0	704.0	723.1	723.1	689.5	689.5	485.3	485.3
K_T	664.6	664.6	665.2	665.2	666.4	666.4	666.4	666.4	672.1	672.1	672.1	672.1	689.5	689.5	464.7	464.7	464.7	464.7
μ	488.2	463.5	489.6	464.7	489.8	465.2	489.8	465.2	490.7	465.7	465.7	465.7	484.6	459.9	311.5	311.5	309.1	309.1
σ	0.216	0.227	0.215	0.227	0.216	0.227	0.216	0.227	0.217	0.229	0.229	0.229	0.226	0.238	0.236	0.236	0.237	0.237
V_P	7.144	7.056	7.150	7.062	7.154	7.067	7.154	7.067	7.171	7.083	7.083	7.083	7.203	7.116	5.667	5.667	5.657	5.657
V_S	4.301	4.191	4.307	4.196	4.308	4.199	4.308	4.199	4.310	4.199	4.199	4.199	4.285	4.175	3.333	3.333	3.320	3.320
V_ϕ	5.135	5.135	5.137	5.137	5.142	5.142	5.142	5.142	5.163	5.163	5.163	5.163	5.235	5.235	4.160	4.160	4.160	4.160
$(\partial K_S/\partial P)_T$	(5.14)	(5.14)	5.14	5.14	4.46	4.46	(-0.242)	(-0.242)	(5.14)	(5.14)	(5.14)	(5.14)	(5.14)	(5.14)	(5.18)	(5.18)	(5.18)	(5.18)
$(\partial K_T/\partial P)_T$	5.17	5.17	5.17	5.17	4.52	4.52	(-0.374)	(-0.374)	5.17	5.17	5.17	5.17	5.12	5.12	5.21	5.21	5.21	5.21
$(\partial \mu/\partial P)_T$	(2.79)	(3.30)	2.79	3.30	2.12	2.52	(-0.311)	(-0.359)	(2.79)	(3.30)	(3.30)	(3.30)	(2.79)	(3.30)	(1.78)	(1.153)	(1.153)	(1.153)
$(\partial \sigma/\partial P)_T$	0.386	0.060	0.389	0.062	0.477	0.219	6.62	9.49	0.372	0.048	0.048	0.048	0.303	-0.015	1.077	1.240	1.240	1.240
$(\partial V_P/\partial P)_T$	18.12	20.31	18.07	20.29	13.92	15.66	-1.387	-1.587	18.05	20.23	20.23	20.23	18.07	20.24	17.69	16.67	16.67	16.67
$(\partial V_S/\partial P)_T$	9.05	11.77	9.03	11.75	6.08	8.21	-1.155	-1.416	9.04	11.75	11.75	11.75	9.22	11.95	5.96	4.64	4.64	4.64
$(\partial V_\phi/\partial P)_T$	15.10	15.10	15.10	15.10	12.58	12.58	-0.640	-0.640	15.01	15.01	15.01	15.01	14.81	14.81	17.73	17.73	17.73	17.73
$(\partial K_S/\partial T)_P$	-0.247	-0.247	(-0.242)	(-0.242)	(-0.242)	(-0.242)	9.968	10.138	-0.242	-0.242	-0.242	-0.242	-0.171	-0.171	-0.177	-0.177	-0.177	-0.177
$(\partial K_T/\partial T)_P$	-0.378	-0.378	(-0.374)	(-0.374)	(-0.374)	(-0.374)	19.00	17.24	-0.377	-0.377	-0.377	-0.377	-0.316	-0.316	-0.263	-0.263	-0.263	-0.263
$(\partial \mu/\partial T)_P$	-0.306	-0.355	(-0.311)	(-0.359)	(-0.311)	(-0.359)	5.091	5.091	-0.311	-0.359	-0.359	-0.359	-0.301	-0.343	-0.153	-0.138	-0.138	-0.138
$(\partial \sigma/\partial T)_P$	6.27	9.16	6.61	9.50	6.519	6.519	6.519	6.519	6.63	9.49	9.49	9.49	8.61	11.03	2.76	1.81	1.81	1.81
$(\partial V_P/\partial T)_P$	-1.388	-1.588	-1.389	-1.589	-1.387	-1.587	1.603	1.603	-1.381	-1.581	-1.581	-1.581	-1.153	-1.325	-0.923	-0.864	-0.864	-0.864
$(\partial V_S/\partial T)_P$	-1.138	-1.399	-1.155	-1.417	-1.155	-1.416	1.810	1.810	-1.153	-1.414	-1.414	-1.414	-1.121	-1.353	-0.656	-0.582	-0.582	-0.582
$(\partial V_\phi/\partial T)_P$	-0.660	-0.660	-0.641	-0.641	-0.640	-0.640	1.637	1.637	-0.635	-0.635	-0.635	-0.635	-0.363	-0.363	-0.556	-0.556	-0.556	-0.556
$(\partial P/\partial T)_{V_P}$	7.664	7.821	7.673	7.832	9.968	10.138	1.308	1.694	7.652	7.813	7.813	7.813	6.380	6.546	5.216	5.182	5.182	5.182
$(\partial P/\partial T)_{V_S}$	12.59	11.89	12.80	12.06	19.00	17.24	1.392	1.694	12.76	12.03	12.03	12.03	12.16	11.32	11.01	12.53	12.53	12.53
$(\partial P/\partial T)_{V_\phi}$	4.372	4.372	4.248	4.248	5.091	5.091	3.545	3.545	4.230	4.230	4.230	4.230	2.451	2.451	3.134	3.134	3.134	3.134
$(\partial P/\partial T)_\rho$	6.502	6.502	6.507	6.507	6.519	6.519	5.741	5.744	6.575	6.575	6.575	6.575	6.745	6.745	4.536	4.536	4.536	4.536
γ_{th}	1.598	1.598	1.600	1.600	1.603	1.603	1.603	1.603	1.616	1.616	1.616	1.616	1.661	1.661	1.514	1.514	1.514	1.514
γ_P	2.019	2.246	2.017	2.244	2.025	2.253	1.810	1.810	2.025	2.253	2.253	2.253	2.294	2.294	1.784	1.703	1.703	1.703
γ_S	1.731	2.199	1.727	2.195	1.630	1.810	1.637	1.637	1.743	2.215	2.215	2.215	1.817	2.307	1.165	0.983	0.983	0.983
γ_{LT}	1.759	2.204	1.756	2.200	1.273	1.637	1.637	1.637	1.770	2.218	2.218	2.218	1.840	2.306	1.222	1.049	1.049	1.049
γ_{HT}	1.827	2.215	1.824	2.212	1.308	1.653	1.653	1.653	1.837	2.227	2.227	2.227	1.899	2.303	1.371	1.223	1.223	1.223
δ_S	3.629	3.629	3.552	3.552	1.392	1.694	1.694	1.694	3.514	3.514	3.514	3.514	2.417	2.417	3.737	3.737	3.737	3.737
δ_T	5.818	5.818	5.744	5.744	3.545	3.545	3.545	3.545	5.727	5.727	5.727	5.727	4.689	4.689	5.791	5.791	5.791	5.791
g	703.4	686.2	704.1	687.1	704.5	687.5	687.5	687.5	705.2	687.9	687.9	687.9	701.6	684.4	474.8	473.1	473.1	473.1
$(\partial K_S/\partial T)_V$	0.060	0.060	0.065	0.065	0.021	0.021	0.021	0.021	0.068	0.068	0.068	0.068	0.142	0.142	0.041	0.041	0.041	0.041
$(\partial K_P/\partial T)_V$	-0.042	-0.042	-0.038	-0.038	-0.080	-0.080	-0.080	-0.080	-0.037	-0.037	-0.037	-0.037	0.029	0.029	-0.027	-0.027	-0.027	-0.027
$(\partial \alpha/\partial T)_P$	14.16	14.16	14.16	14.16	14.16	14.16	14.16	14.16	14.16	14.16	14.16	14.16	14.16	14.16	13.58	13.58	13.58	13.58
V_S/V_P	0.602	0.594	0.602	0.594	0.602	0.594	0.594	0.594	0.601	0.593	0.593	0.593	0.595	0.587	0.588	0.587	0.587	0.587
V_m	4.756	4.641	4.763	4.646	4.763	4.649	4.649	4.649	4.768	4.651	4.651	4.651	4.744	4.628	3.694	3.681	3.681	3.681
REF. E.C.	052(078)		078(062)		026(062)				062(078)				049(078)		052(078)			
REF. α, C_P	537; 613		537; 613		537; 613				537; 613				537; 613		537; 613			

Table 2 (continued)
CALCULATED AGGREGATE PROPERTIES OF SINGLE CRYSTAL ELASTIC CONSTANTS

	NaF Rock salt (Cubic) PULS (1964) 300 K		NaF Rock salt (Cubic) PULS (1966) 295 K		NaF Rock salt (Cubic) PULS (1967) 300 K		NaF Rock salt (Cubic) RESO (1968) 297 K		NaF Rock salt (Cubic) *PULS (1972) ROOM		NaF Rock salt (Cubic) *PULS (1976) 298 K	
ρ_X	2.804		2.804		2.796		2.804		2.804		2.804	
ρ_B	*****		*****		*****		*****		*****		2.806	
M	20.99		20.99		20.99		20.99		20.99		20.99	
α	97.61		97.61		97.61		97.61		97.61		97.61	
C_p	11.162		11.162		11.162		11.162		11.162		11.162	
	(HILL)	(REUSS)	(HILL)	(REUSS)	(HILL)	(REUSS)	(HILL)	(REUSS)	(HILL)	(REUSS)	(HILL)	(REUSS)
K_S	482.0	482.0	480.7	480.7	484.9	484.9	491.6	491.6	482.0	482.0	483.0	483.0
K_T	461.7	461.7	460.5	460.5	464.3	464.3	470.5	470.5	461.7	461.7	462.6	462.6
μ	310.7	310.7	313.5	310.7	308.8	306.5	310.0	307.5	307.7	305.0	313.7	311.1
σ	0.235	0.235	0.232	0.234	0.237	0.239	0.241	0.243	0.237	0.239	0.233	0.235
V_P	5.654	5.650	5.660	5.650	5.663	5.653	5.681	5.670	5.641	5.630	5.667	5.656
V_S	3.342	3.329	3.343	3.329	3.323	3.311	3.325	3.312	3.313	3.298	3.344	3.330
V_ϕ	4.146	4.146	4.140	4.140	4.164	4.164	4.187	4.187	4.146	4.146	4.149	4.149
$(\partial K_S/\partial P)_T$	5.18	5.18	(5.18)	(5.18)	(5.18)	(5.18)	(5.18)	(5.18)	(5.18)	(5.18)	(5.18)	(5.18)
$(\partial K_T/\partial P)_T$	5.21	5.21	5.20	5.20	5.17	5.17	5.21	5.21	5.88	5.88	5.21	5.21
$(\partial \mu/\partial P)_T$	1.78	1.53	(1.78)	(1.53)	(1.78)	(1.53)	(1.78)	(1.53)	1.93	1.65	(1.78)	(1.53)
$(\partial \sigma/\partial P)_T$	1.108	1.272	1.117	1.280	1.062	1.227	1.029	1.191	1.291	1.467	1.105	1.267
$(\partial V_P/\partial P)_T$	17.67	16.65	17.67	16.65	17.77	16.75	17.69	16.68	20.64	19.54	17.64	16.63
$(\partial V_S/\partial P)_T$	5.90	4.59	5.89	4.58	6.03	4.70	6.04	4.72	6.80	5.37	5.90	4.59
$(\partial V_\phi/\partial P)_T$	17.79	17.79	17.81	17.81	17.76	17.76	17.61	17.61	20.84	20.84	17.76	17.76
$(\partial K_S/\partial T)_P$	(-0.177)	(-0.177)	-0.166	-0.166	-0.142	-0.142	-0.177	-0.177	-0.173	-0.173	-0.177	-0.177
$(\partial K_T/\partial T)_P$	-0.262	-0.262	-0.251	-0.251	-0.229	-0.229	-0.265	-0.265	-0.258	-0.258	-0.262	-0.262
$(\partial \mu/\partial T)_P$	(-0.155)	(-0.139)	-0.168	-0.155	-0.155	-0.141	-0.147	-0.133	-0.136	-0.121	-0.155	-0.139
$(\partial \sigma/\partial T)_P$	2.77	1.76	4.22	3.39	4.54	3.62	2.46	1.55	1.77	0.79	2.77	1.76
$(\partial V_P/\partial T)_P$	-0.929	-0.867	-0.954	-0.902	-0.825	-0.769	-0.894	-0.838	-0.843	-0.783	-0.928	-0.866
$(\partial V_S/\partial T)_P$	-0.661	-0.583	-0.735	-0.670	-0.672	-0.601	-0.626	-0.555	-0.568	-0.491	-0.660	-0.582
$(\partial V_\phi/\partial T)_P$	-0.559	-0.559	-0.513	-0.513	-0.407	-0.407	-0.549	-0.549	-0.542	-0.542	-0.558	-0.558
$(\partial P/\partial T)_{V_P}$	5.260	5.209	5.397	5.417	4.642	4.590	5.050	5.022	4.082	4.005	5.257	5.206
$(\partial P/\partial T)_{V_S}$	11.20	12.69	12.47	14.62	11.16	12.79	10.37	11.75	8.35	9.15	11.19	12.68
$(\partial P/\partial T)_{V_\phi}$	3.142	3.142	2.879	2.879	2.289	2.289	3.120	3.120	2.599	2.599	3.140	3.140
$(\partial P/\partial T)_\rho$	4.506	4.506	4.495	4.495	4.532	4.532	4.592	4.592	4.506	4.506	4.516	4.516
γ_{th}	1.503	1.503	1.499	1.499	1.517	1.517	1.533	1.533	1.503	1.503	1.505	1.505
γ_P	1.773	1.693	1.771	1.691	1.791	1.709	1.799	1.717	2.023	1.936	1.774	1.693
γ_S	1.149	0.970	1.145	0.967	1.175	0.992	1.188	1.004	1.281	1.084	1.149	0.971
γ_{LT}	1.207	1.037	1.204	1.034	1.232	1.058	1.243	1.068	1.349	1.162	1.208	1.038
γ_{HT}	1.357	1.211	1.354	1.208	1.380	1.231	1.391	1.242	1.528	1.368	1.358	1.212
δ_S	3.762	3.762	3.538	3.538	3.000	3.000	3.689	3.689	3.677	3.677	3.754	3.754
δ_T	5.803	5.803	5.573	5.573	5.058	5.058	5.768	5.768	5.718	5.718	5.798	5.798
$(\partial K_S/\partial T)_V$	475.9	474.1	476.0	474.1	473.0	471.4	473.9	472.0	472.0	470.0	476.3	474.4
$(\partial K_T/\partial T)_V$	0.040	0.040	0.050	0.050	0.074	0.074	0.043	0.043	0.075	0.075	0.040	0.040
$(\partial \mu/\partial T)_P$	-0.027	-0.027	-0.017	-0.017	0.005	0.005	-0.026	-0.026	0.007	0.007	-0.027	-0.027
V_S/V_P	13.58	13.58	13.58	13.58	13.58	13.58	13.58	13.58	13.58	13.58	13.58	13.58
V_m	0.590	0.589	0.591	0.589	0.587	0.586	0.585	0.584	0.587	0.586	0.590	0.589
	3.703	3.689	3.703	3.689	3.684	3.671	3.687	3.673	3.672	3.657	3.705	3.690
REF. E.C.	078(062)		112(078)		069(078)		048(078)		012		062(078)	
REF. α, C_p	537; 613		537; 613		537; 613		537; 613		537; 613		537; 613	

	KF Rock salt (Cubic) PULS (1960) 295 K		KF Rock salt (Cubic) *PULS (1967) 298 K		KF Rock salt (Cubic) PULS (1967) 300 K		KF Rock salt (Cubic) PULS (1967) 300 K		KF Rock salt (Cubic) PULS (1967) 295 K		RbF Rock salt (Cubic) PULS (1960) 295 K	
ρx	2.526		2.480		2.526		2.526		2.480		3.843	
ρB	******		******		******		******		******		******	
M	29.05		29.05		29.05		29.05		29.05		52.23	
α	(99.00)†		(99.00)†		(99.00)†		(99.00)†		(99.00)†		95.00	
Cp	8.441		8.441		8.441		8.441		8.441		4.855	
	(HILL)	(REUSS)	(HILL)	(REUSS)	(HILL)	(REUSS)	(HILL)	(REUSS)	(HILL)	(REUSS)	(HILL)	(REUSS)
Ks	316.0	316.0	311.3	311.3	322.7	322.7	322.7	322.7	317.7	317.7	277.2	277.2
KT	302.8	302.8	298.3	298.3	308.9	308.9	308.9	308.9	304.1	304.1	266.5	266.5
μ	167.0	157.0	168.8	159.6	164.1	155.5	164.1	155.5	163.8	154.3	128.4	118.7
σ	0.275	0.287	0.270	0.281	0.283	0.292	0.283	0.292	0.280	0.291	0.299	0.313
Vp	4.618	4.560	4.651	4.597	4.630	4.581	4.630	4.581	4.649	4.594	3.416	3.366
Vs	2.571	2.493	2.609	2.537	2.549	2.481	2.549	2.481	2.570	2.494	1.828	1.757
Vφ	3.537	3.537	3.543	3.543	3.575	3.575	3.575	3.575	3.579	3.579	2.686	2.686
(∂Ks/∂P)T	(5.02)	(5.02)	5.02	5.02	(5.02)	(5.02)	(5.25)	(5.25)	(5.02)	(5.02)	(5.57)	(5.57)
(∂KT/∂P)T	5.06	5.06	5.04	5.04	5.04	5.04	5.26	5.26	5.02	5.02	5.61	5.61
(∂μ/∂P)T	(1.06)	(0.38)	1.06	0.38	(1.06)	(0.38)	(1.15)	(0.45)	(1.06)	(0.38)	(0.77)	(-0.02)
(∂σ/∂P)T	1.819	2.460	1.911	2.568	1.688	2.343	1.724	2.387	1.748	2.357	2.454	3.321
(∂Vp/∂P)T	19.97	16.47	20.11	16.54	20.03	16.48	21.50	17.90	20.27	16.71	18.70	15.11
(∂Vs/∂P)T	3.94	-1.08	3.84	-1.22	4.13	-0.97	4.79	-0.39	4.11	-1.01	2.03	-3.44
(∂Vφ/∂P)T	22.25	22.25	22.63	22.63	22.02	22.02	23.29	23.29	22.39	22.39	21.54	21.94
(∂Ks/∂T)P	-0.131	-0.131	(-0.116)	(-0.116)	-0.116	-0.116	-0.116	-0.116	-0.100	-0.100	-0.129	-0.129
(∂KT/∂T)P	-0.180	-0.180	-0.165	-0.165	-0.168	-0.168	-0.168	-0.168	-0.152	-0.152	-0.169	-0.169
(∂μ/∂T)P	-0.090	-0.063	-0.076	-0.054	-0.076	-0.054	-0.076	-0.054	-0.100	-0.080	-0.073	-0.047
(∂σ/∂T)P	-2.42	-0.22	-1.45	-0.66	-1.87	-0.24	-1.87	-0.24	5.55	3.66	1.86	-1.14
(∂Vp/∂T)P	-0.850	-0.709	-0.709	-0.596	-0.697	-0.585	-0.697	-0.585	-0.782	-0.680	-0.702	-0.581
(∂Vs/∂T)P	-0.569	-0.378	-0.454	-0.302	-0.460	-0.306	-0.460	-0.306	-0.657	-0.523	-0.436	-0.264
(∂Vφ/∂T)P	-0.558	-0.558	-0.485	-0.485	-0.466	-0.466	-0.466	-0.466	-0.386	-0.386	-0.497	-0.497
(∂P/∂T)Vp	4.255	4.303	3.526	3.601	3.481	3.547	3.243	3.266	3.856	4.066	3.756	3.843
(∂P/∂T)Vs	14.44	-34.92	11.83	-24.82	11.14	-31.66	9.61	-79.48	15.98	-51.63	21.50	-7.69
(∂P/∂T)Vφ	2.508	2.508	2.142	2.142	2.114	2.114	1.999	1.999	1.724	1.724	2.266	2.266
(∂P/∂T)ρ	2.998	2.998	2.953	2.953	3.059	3.059	3.059	3.059	3.011	3.011	2.532	2.532
Yth	1.467	1.467	1.472	1.472	1.499	1.499	1.499	1.499	1.502	1.502	1.411	1.411
Yp	1.643	1.427	1.623	1.407	1.670	1.445	1.768	1.560	1.659	1.440	1.792	1.530
Ys	0.797	0.202	0.772	0.190	0.834	0.213	0.914	0.285	0.820	0.210	0.629	-0.188
YLT	0.864	0.294	0.841	0.285	0.898	0.303	0.980	0.378	0.886	0.301	0.712	-0.074
YHT	1.079	0.610	1.056	0.596	1.113	0.623	1.199	0.704	1.100	0.620	1.017	0.385
δs	4.187	4.187	3.764	3.764	3.631	3.631	3.631	3.631	3.179	3.179	4.899	4.899
δT	6.019	6.019	5.602	5.602	5.500	5.500	5.500	5.500	5.054	5.054	6.684	6.684
θD	318.9	309.7	321.4	313.0	316.4	308.4	316.4	308.4	317.0	308.1	215.1	207.2
(∂Ks/∂T)v	-0.014	-0.014	-0.026	-0.026	-0.031	-0.031	-0.038	-0.038	-0.044	-0.044	0.008	0.008
(∂Kp/∂T)v	-0.029	-0.029	-0.016	-0.016	-0.014	-0.014	-0.007	-0.007	-0.001	-0.001	-0.027	-0.027
(∂u/∂T)P	(10.00)†	(10.00)†	(10.00)†	(10.00)†	(10.00)†	(10.00)†	(10.00)†	(10.00)†	(10.00)†	(10.00)†	(10.00)†	(10.00)†
Vs/Vp	0.557	0.547	0.561	0.552	0.550	0.542	0.550	0.542	0.553	0.543	0.535	0.522
Vm	2.863	2.780	2.903	2.827	2.841	2.769	2.841	2.769	2.863	2.783	2.042	1.966

REF. E.C.: 052(065) | b651074) | 074(065) | 074(094) | 069(065) | 052(116)
REF: α,Cp: 074; 613 | 074; 613 | 074; 613 | 074; 613 | 074; 613 | 512, 116

Table 2 (continued)
CALCULATED AGGREGATE PROPERTIES OF SINGLE CRYSTAL ELASTIC CONSTANTS

	RbF Rock salt (Cubic) PULS (1972) 300 K		MgF$_2$ Rutile (Tetra.) PULS (1968) 293 K		MgF$_2$ Rutile (Tetra.) PULS (1969) ROOM		MgF$_2$ Rutile (Tetra.) PULS (1976) 298 K	MgF$_2$ Rutile (Tetra.) *PULS (1977) ROOM		CaF$_2$ Fluorite (Cubic) PULS (1963) 293 K	
ρ_X	3.843		3.178		3.178		3.177	3.178		3.181	
ρ_B	*****		*****		3.172		3.175	3.178		3.180	
M	52.23		20.77		20.77		20.77	20.77		26.03	
a	95.00		37.66		37.66		37.66	37.66		60.65	
C_p	4.855		9.934		9.934		9.934	9.934		8.786	
	(HILL)	(REUSS)	(HILL)	(REUSS)	(HILL)	(REUSS)	(POLY)	(HILL)	(REUSS)	(HILL)	(REUSS)
K_s	280.2	280.2	1015.0	1010.7	1009.9	1005.9	1009.3	1019.0	1014.8	838.6	838.6
K_T	269.3	269.3	1001.3	997.1	996.3	992.4	995.7	1005.2	1001.1	811.7	811.7
μ	127.4	118.1	546.0	495.0	543.1	491.5	550.6	547.0	495.9	426.4	410.2
σ	0.303	0.315	0.272	0.289	0.272	0.290	0.269	0.272	0.290	0.283	0.290
V_P	3.422	3.375	7.406	7.251	7.394	7.237	7.410	7.417	7.262	6.652	6.600
V_S	1.821	1.753	4.147	3.947	4.138	3.936	4.164	4.149	3.950	3.662	3.591
V_ϕ	2.700	2.700	5.651	5.639	5.643	5.631	5.638	5.663	5.651	5.135	5.135
$(\partial K_S/\partial P)_T$	(5.57)	(5.57)	(5.08)	(5.08)	(5.08)	(5.08)	5.08	(5.08)	(5.08)	(4.70)	(4.70)
$(\partial K_T/\partial P)_T$	5.54	5.54	5.08	5.08	5.08	5.08	5.08	5.08	5.08	4.74	4.74
$(\partial \mu/\partial P)_T$	(0.77)	(-0.02)	(0.73)	(0.73)	(0.73)	(0.73)	0.73	(0.73)	(0.73)	(1.18)	(1.28)
$(\partial \sigma/\partial P)_T$	2.376	3.247	0.709	0.643	0.713	0.644	0.724	0.705	0.638	0.527	0.449
$(\partial V_P/\partial P)_T$	18.71	15.11	9.16	9.50,	9.15	9.54	9.14	9.15	9.49	10.73	11.19
$(\partial V_S/\partial P)_T$	2.10	-3.40	0.70	0.93,	0.70	0.94	0.67	0.70	0.93	2.82	3.39
$(\partial V_\phi/\partial P)_T$	21.82	21.82	11.32	11.34	11.36	11.38	11.36	11.30	11.32	11.23	11.23
$(\partial K_S/\partial T)_P$	-0.079	-0.079	-0.155	-0.157	-0.151	-0.153	-0.158	-0.160	-0.160	-0.197	-0.197
$(\partial K_T/\partial T)_P$	-0.122	-0.122	-0.198	-0.200	-0.194	-0.195	-0.201	-0.203	-0.203	-0.290	-0.290
$(\partial \mu/\partial T)_P$	-0.073	-0.044	-0.077	-0.049	-0.094	-0.071	-0.090	-0.079	-0.050	-0.111	-0.116
$(\partial \sigma/\partial T)_P$	5.08	1.53	-0.23	-1.03	-0.46	-0.16	0.14	-0.24	-1.03	-0.48	-0.88
$(\partial V_P/\partial T)_P$	-0.509	-0.371	-0.408	-0.346	-0.450	-0.402	-0.451	-0.423	-0.354	-0.615	-0.639
$(\partial V_S/\partial T)_P$	-0.439	-0.246	-0.314	-0.120	-0.314	-0.208	-0.262	-0.221	-0.124	-0.366	-0.401
$(\partial V_\phi/\partial T)_P$	-0.251	-0.251	-0.325	-0.333	-0.316	-0.323	-0.335	-0.338	-0.340	-0.448	-0.448
$(\partial P/\partial T)_{V_P}$	2.722	2.454	3.642	3.642	4.893	4.214	4.935	4.624	3.736	5.710	5.710
$(\partial P/\partial T)_{V_S}$	20.89	-7.23	30.55	12.91	39.78	22.15	39.12	31.43	13.31	13.01	11.81
$(\partial P/\partial T)_{V_\phi}$	1.150	1.150	2.872	2.932	2.778	2.833	2.951	2.991	3.000	3.991	3.991
$(\partial P/\partial T)_\rho$	2.558	2.558	3.771	3.755	3.752	3.737	3.750	3.786	3.770	4.923	4.923
γ_{th}	1.427	1.427	1.211	1.206	1.207	1.202	1.205	1.216	1.211	1.820	1.820
γ_P	11.805	1.539	1.572	1.640	1.572	1.641	1.562	1.573	1.641	1.643	1.710
γ_S	0.644	-0.188	0.589	0.569	0.503	0.570	0.493	0.504	0.570	0.957	1.100
γ_{LT}	0.725	0.387	0.589	0.649	0.589	0.650	0.581	0.590	0.650	1.010	1.145
γ_{HT}	1.031	0.957	0.859	0.926	0.859	0.927	0.850	0.861	0.927	1.186	1.303
δ_S	2.957	2.957	4.055	4.133	3.970	4.041	4.157	4.169	4.192	3.877	3.877
δ_T	4.760	4.760	5.252	5.324	5.163	5.230	5.348	5.371	5.388	5.892	5.892
$(\partial K_S/\partial T)_V$	214.3	20.7	620.4	592.0	619.0	590.0	622.9	621.0	592.6	509.4	499.8
$(\partial K_T/\partial T)_V$	0.057	0.057	0.039	0.036	0.042	0.039	0.035	0.035	0.034	0.031	0.031
$(\partial \sigma/\partial T)_P$	0.020	0.020	-0.006	-0.009	-0.003	-0.006	-0.010	-0.011	-0.011	-0.057	-0.057
V_S/V_P	(10.00)	(10.00)	0.02	0.02	0.02	0.02	0.02	0.02	0.02	2.90	2.90
V_m	0.532	0.519	0.560	0.544	0.560	0.544	0.562	0.559	0.544	0.550	0.544
	2.034	1.962	4.614	4.402	4.606	4.391	4.634	4.618	4.407	4.081	4.006
REF. E,C.	023(116)		054(086)		003(086)		086	061(086)		055(015)	
REF. α, C_p	512, 116		502, 613		502, 613		502, 613	502, 613		534, 613	

	CaF₂ Fluorite (Cubic) PULS (1967) 295.5 K	CaF₂ Fluorite (Cubic) PULS (1968) 298 K	CaF₂ Fluorite (Cubic) PULS (1975) 298 K	CaF₂ Fluorite (Cubic) *PULS (1977) ROOM	MnF₂ Rutile (Tetra.) PULS (1968) 293 K	MnF₂ Rutile (Tetra.) PULS (1970) 300 K
ρ_X	3.181	3.181	3.181	3.181	3.924	3.922
ρ_B	3.180	3.180	3.180	3.183	3.926	*****
M	26.03	26.03	26.03	26.03	30.98	30.98
α	60.65	60.65	60.65	60.65	20.10	20.10
C_p	8.786	8.786	8.786	8.786	7.309	7.309
	(HILL) (REUSS)	(HILL) (REUSS)	(HILL) (REUSS)	(HILL) (REUSS)	(HILL) (REUSS)	(HILL) (REUSS)
K_S	847.0 847.0	841.0 841.0	854.0 854.0	845.0 845.0	894.4 882.6	888.0 873.7
K_T	819.6 819.6	814.0 814.0	826.1 826.1	817.7 817.7	891.0 879.3	884.7 870.5
μ	427.2 410.3	425.8 408.9	425.5 408.9	427.4 410.3	299.9 247.4	316.5 261.9
σ	0.284 0.291	0.283 0.291	0.286 0.294	0.284 0.291	0.349 0.372	0.341 0.364
V_p	6.674 6.621	6.655 6.601	6.685 6.633	6.667 6.613	5.742 5.557	5.779 5.584
V_s	3.665 3.592	3.659 3.585	3.658 3.586	3.664 3.590	2.764 2.510	2.841 2.584
V_ϕ	5.161 5.142	5.142 5.142	5.182 5.182	5.152 5.152	4.773 4.741	4.758 4.720
$(\partial K_S/\partial P)_T$	6.26 6.24	4.92 4.93	4.70 4.67	(4.70) (4.74)	***** *****	***** *****
$(\partial K_T/\partial P)_T$	6.24 6.24	4.93 4.93	4.67 4.67	4.74 4.74	***** *****	***** *****
$(\partial \mu/\partial P)_T$	1.12 1.33	1.22 1.31	1.18 1.28	(1.18) (1.28)	***** *****	***** *****
$(\partial \sigma/\partial P)_T$	0.883 0.746	0.553 0.474	0.500 0.423	0.518 0.439	***** *****	***** *****
$(\partial V_p/\partial P)_T$	14.18 15.03	11.37 11.82	10.71 11.17	10.71 11.17	***** *****	***** *****
$(\partial V_s/\partial P)_T$	2.56 3.62	2.99 3.56	2.86 3.44	2.82 3.41	***** *****	***** *****
$(\partial V_\phi/\partial P)_T$	15.92 15.92	11.87 11.87	11.12 11.12	11.18 11.18	***** *****	***** *****
$(\partial K_S/\partial T)_P$	-0.175 -0.179	-0.176 -0.270	-0.095 -0.095	-0.198 -0.198	-0.209 -0.207	-0.239 -0.240
$(\partial K_T/\partial T)_P$	-0.275 -0.270	-0.270 -0.270	-0.195 -0.195	-0.292 -0.292	-0.225 -0.223	-0.249 -0.250
$(\partial \mu/\partial T)_P$	-0.125 -0.134	-0.122 -0.127	-0.105 -0.110	-0.123 -0.128	-0.065 -0.033	-0.049 -0.026
$(\partial \sigma/\partial T)_P$	1.149 2.208	1.43 1.82	2.50 2.82	0.99 1.41	-0.23 -1.120	-1.65 -2.18
$(\partial V_p/\partial T)_P$	-0.612 -0.650	-0.598 -0.622	-0.351 -0.372	-0.651 -0.676	-0.598 -0.518	-0.612 -0.571
$(\partial V_s/\partial T)_P$	-0.424 -0.479	-0.413 -0.446	-0.342 -0.374	-0.416 -0.453	-0.272 -0.140	-0.189 -0.102
$(\partial V_\phi/\partial T)_P$	-0.389 -0.389	-0.382 -0.382	-0.131 -0.131	-0.447 -0.447	-0.510 -0.508	-0.593 -0.601
$(\partial P/\partial T)_{V_p}$	4.313 4.327	5.261 5.261	3.279 3.333	6.078 6.053	***** *****	***** *****
$(\partial P/\partial T)_{V_s}$	16.60 13.25	13.80 12.59	11.95 10.88	14.75 13.30	***** *****	***** *****
$(\partial P/\partial T)_{V_\phi}$	2.446 2.446	3.218 3.218	1.178 1.178	4.002 4.002	1.791 1.767	1.778 1.750
$(\partial P/\partial T)_\rho$	4.971 4.971	4.937 4.937	5.011 5.011	4.960 4.960		
γ_{th}	1.839 1.839	1.825 1.825	1.854 1.854	1.833 1.833	0.626 0.618	0.623 0.613
γ_P	2.075 2.194	1.724 1.791	1.657 1.725	1.647 1.715	***** *****	***** *****
γ_s	0.905 1.159	0.999 1.141	0.980 1.126	0.963 1.109	***** *****	***** *****
γ_{LT}	0.994 1.235	1.055 1.189	1.031 1.170	1.016 1.154	***** *****	***** *****
γ_{HT}	1.295 1.504	1.241 1.356	1.206 1.326	1.191 1.311	***** *****	***** *****
δ_S	3.488 3.488	3.451 3.451	3.834 3.834	3.863 3.863	11.626 11.668	13.390 13.666
δ_T	5.523 5.523	5.470 5.470	3.885 3.885	5.891 5.891	12.561 12.591	14.011 14.277
θ_D	509.7 500.0	508.8 499.1	508.8 499.3	509.7 499.2	392.4 357.5	402.7 367.5
$(\partial K_S/\partial T)_V$	0.128 0.128	-0.063 -0.063	0.134 0.134	0.032 0.032	***** *****	***** *****
$(\partial K_T/\partial T)_V$	0.035 0.035	-0.026 -0.026	0.040 0.040	-0.057 -0.057	***** *****	***** *****
$(\partial \alpha/\partial T)_P$	2.90 2.90	2.90 2.90	2.90 2.90	2.90 2.90	3.34 3.34	3.34 3.34
V_s/V_p	0.549 0.543	0.550 0.543	0.547 0.541	0.550 0.543	0.481 0.452	0.492 0.463
V_m	4.086 4.008	4.078 4.000	4.079 4.002	4.085 4.006	3.107 2.831	3.190 2.911
REF. E.C.	058	119	015+113	060(015)	054	076
REF. α, C_p	534, 613	534, 613	534, 613	534, 613	528, 612	528, 612

Table 2 (continued)
CALCULATED AGGREGATE PROPERTIES OF SINGLE CRYSTAL ELASTIC CONSTANTS

	MnF₂ Rutile (Tetra.) RESO (1972) ROOM		MnF₂ Rutile (Tetra.) PULS (1978) ROOM		CoF₂ Rutile (Tetra.) RESO (1970) ROOM		CoF₂ Rutile (Tetra.) PULS (1978) ROOM		NiF₂ Rutile (Tetra.) *PULS (1976,1977) 300 K		ZnF₂ Rutile (Tetra.) *PULS (1977) 296 K	
ρx	3.922		3.922		4.592		4.592		4.815		4.950	
ρB	*****		*****		*****		*****		*****		*****	
M	30.98		30.98		32.31		32.31		32.23		34.43	
α	20.10		20.10		24.50		24.50		23.40		29.00	
Cp	7.309		7.309		7.124		7.124		6.640		6.357	
	(HILL)	(REUSS)	(HILL)	(REUSS)	(HILL)	(REUSS)	(HILL)	(REUSS)	(HILL)	(REUSS)	(HILL)	(REUSS)
Ks	879.9	862.0	898.1	886.3	834.8	819.6	1104.1	1090.8	1207.1	1196.5	1051.5	1037.7
KT	876.6	858.9	894.1	883.0	831.0	815.9	1097.6	1084.3	1199.6	1189.2	1042.7	1029.1
μ	308.4	255.8	308.0	249.5	392.2	324.8	377.1	314.8	459.0	387.4	393.7	344.3
σ	0.343	0.365	0.346	0.371	0.297	0.325	0.347	0.368	0.331	0.354	0.334	0.351
Vp	5.738	5.538	5.777	5.575	5.438	5.223	5.916	5.735	6.147	5.965	5.643	5.499
Vs	2.804	2.554	2.802	2.522	2.922	2.660	2.866	2.618	3.088	2.836	2.820	2.637
Vφ	4.737	4.688	4.785	4.754	4.264	4.225	4.903	4.874	5.007	4.985	4.609	4.579
(∂Ks/∂P)T	*****	*****	*****	*****	*****	*****	*****	*****	5.01	5.04	4.55	4.62
(∂KT/∂P)T	*****	*****	*****	*****	*****	*****	*****	*****	5.03	5.06	4.59	4.66
(∂μ/∂P)T	*****	*****	*****	*****	*****	*****	*****	*****	-0.54	-1.63	0.05	-0.62
(∂σ/∂P)T	*****	*****	*****	*****	*****	*****	*****	*****	0.797	1.109	0.621	0.841
(∂Vp/∂P)T	*****	*****	*****	*****	*****	*****	*****	*****	4.69	2.49	3.56	4.30
(∂Vs/∂P)T	*****	*****	*****	*****	*****	*****	*****	*****	-3.09	-7.15	-1.17	-3.66
(∂Vφ/∂P)T	*****	*****	*****	*****	*****	*****	*****	*****	8.30	8.40	7.76	7.97
(∂Ks/∂T)P	*****	*****	*****	*****	*****	*****	*****	*****	-0.211	-0.211	-0.251	-0.249
(∂KT/∂T)P	*****	*****	*****	*****	*****	*****	*****	*****	-0.247	-0.247	-0.287	-0.284
(∂μ/∂T)P	*****	*****	*****	*****	*****	*****	*****	*****	-0.021	-0.023	-0.054	-0.017
(∂σ/∂T)P	*****	*****	*****	*****	*****	*****	*****	*****	-1.91	-3.11	-1.50	-2.56
(∂Vp/∂T)P	*****	*****	*****	*****	*****	*****	*****	*****	-0.332	-0.244	-0.496	-0.419
(∂Vs/∂T)P	*****	*****	*****	*****	*****	*****	*****	*****	-0.036	-0.118	-0.153	-0.027
(∂Vφ/∂T)P	*****	*****	*****	*****	*****	*****	*****	*****	-0.378	-0.381	-0.483	-0.483
(∂P/∂T)Vp	*****	*****	*****	*****	*****	*****	*****	*****	7.090	9.811	8.931	9.759
(∂P/∂T)Vs	*****	*****	*****	*****	*****	*****	*****	*****	-1.17	1.65	-13.00	-0.73
(∂P/∂T)Vφ	*****	*****	*****	*****	*****	*****	*****	*****	4.558	4.540	6.226	6.061
(∂P/∂T)ρ	1.762	1.726	1.798	1.775	2.036	1.999	2.689	2.657	2.807	2.783	3.024	2.984
γth	0.617	0.604	0.630	0.621	0.625	0.614	0.827	0.817	0.883	0.876	0.969	0.956
γp	*****	*****	*****	*****	*****	*****	*****	*****	1.248	0.829	1.360	1.137
γs	*****	*****	*****	*****	*****	*****	*****	*****	-0.869	-2.664	-0.100	-1.093
γLT	*****	*****	*****	*****	*****	*****	*****	*****	-0.743	-2.486	-0.015	-0.977
γHT	*****	*****	*****	*****	*****	*****	*****	*****	-0.163	-1.499	0.386	-0.350
δs	*****	*****	*****	*****	*****	*****	*****	*****	7.456	7.540	8.231	8.274
δT	*****	*****	*****	*****	*****	*****	*****	*****	8.789	8.861	9.486	9.513
B	397.6	363.2	397.5	359.0	428.1	391.0	422.5	387.2	461.9	425.7	416.7	390.6
(∂Ks/∂T)v	*****	*****	*****	*****	*****	*****	*****	*****	-0.081	-0.082	-0.120	-0.117
(∂KT/∂T)v	*****	*****	*****	*****	*****	*****	*****	*****	-0.106	-0.106	-0.148	-0.145
(∂α/∂T)P	3.34	3.34	3.34	3.34	4.06	4.06	4.06	4.06	4.04	4.04	2.96	2.96
Vs/Vp	0.489	0.461	0.485	0.452	0.537	0.509	0.484	0.457	0.502	0.476	0.500	0.480
Vm	3.150	2.877	3.149	2.844	3.263	2.980	3.220	2.951	3.463	3.191	3.164	2.965
REF. E;C.	044		042		046		042		120+121		091+092	
REF. α, Cp	528; 612		528; 612		528; 613		528; 613		528; 613		528; 612	

	ZnF₂ Rutile (Tetra.) PULS (1978) ROOM		SrF₂ Fluorite (Cubic) PULS (1964) 300 K		SrF₂ Fluorite (Cubic) PULS (1970) 295 K		SrF₂ Fluorite (Cubic) *PULS (1977) ROOM		CdF₂ Fluorite (Cubic) PULS (1970) 295 K		CdF₂ Fluorite (Cubic) PULS (1977) 295 K	
	(HILL)	(REUSS)	(HILL)	(REUSS)	(HILL)	(REUSS)	(HILL)	(REUSS)	(HILL)	(REUSS)	(HILL)	(REUSS)
ρ_x	4.952	******	4.277	******	4.278	******	4.277	******	6.386	******	6.386	******
ρ_B	******	******	******	******	******	******	******	******	******	******	******	******
M	34.43	******	41.87	******	41.87	******	41.87	******	50.13	******	50.13	******
α	29.00	******	54.60	******	54.60	******	46.91	******	66.00	******	66.00	******
C_p	6.357	******	5.560	******	5.560	******	6.030	******	4.453	******	4.453	******
K_s	1105.4	1090.0	698.7	698.7	713.0	713.0	713.7	713.7	1054.0	1054.0	1054.3	1054.3
K_T	1095.7	1080.6	680.8	680.8	694.4	694.4	700.9	700.9	1005.3	1005.0	1005.6	1005.6
μ	393.3	342.7	346.0	343.4	349.1	346.9	349.5	347.3	326.2	290.0	330.1	293.1
σ	0.341	0.358	0.289	0.289	0.290	0.291	0.290	0.291	0.360	0.374	0.358	0.373
V_p	5.737	5.589	5.208	5.200	5.248	5.242	5.249	5.242	4.829	4.750	4.838	4.757
V_s	2.818	2.631	2.844	2.833	2.856	2.848	2.857	2.848	2.260	2.131	2.274	2.142
V_ϕ	4.725	4.692	4.042	4.042	4.082	4.082	4.083	4.083	4.063	4.063	4.063	4.063
$(\partial K_s/\partial P)_T$	******	******	(4.76)	(4.76)	4.76	4.76	(4.76)	(4.76)	6.05	6.05	(6.05)	(6.05)
$(\partial K_T/\partial P)_T$	******	******	4.81	4.81	4.79	4.79	4.79	4.79	6.18	6.18	6.16	6.16
$(\partial \mu/\partial P)_T$	******	******	(0.83)	(0.87)	0.83	0.87	(0.83)	(0.87)	1.33	1.52	(1.33)	(1.52)
$(\partial \sigma/\partial P)_T$	******	******	0.806	0.777	0.779	0.751	0.778	0.751	0.213	0.056	0.221	0.063
$(\partial V_p/\partial P)_T$	******	******	9.35	9.50	9.29	9.43	9.31	9.45	10.28	10.96	10.25	10.93
$(\partial V_s/\partial P)_T$	******	******	1.32	1.51	1.34	1.52	1.35	1.54	3.47	4.54	3.44	4.50
$(\partial V_\phi/\partial P)_T$	******	******	10.81	10.81	10.70	10.70	10.71	10.71	9.64	9.64	9.64	9.64
$(\partial K_s/\partial T)_P$	******	******	-0.188	-0.188	-0.163	-0.163	-0.159	-0.159	-0.452	-0.452	-0.420	-0.420
$(\partial K_T/\partial T)_P$	******	******	-0.241	-0.241	-0.219	-0.219	-0.198	-0.198	-0.586	-0.586	-0.555	-0.555
$(\partial \mu/\partial T)_P$	******	******	-0.059	-0.063	-0.081	-0.083	-0.081	-0.083	-0.139	-0.141	-0.157	-0.157
$(\partial \sigma/\partial T)_P$	******	******	-1.78	-1.58	-0.05	0.20	-0.16	0.31	-0.03	0.65	0.91	1.60
$(\partial V_p/\partial T)_P$	******	******	-0.457	-0.468	-0.458	-0.466	-0.471	-0.479	-0.874	-0.897	-0.855	-0.879
$(\partial V_s/\partial T)_P$	******	******	-0.166	-0.181	-0.252	-0.259	-0.264	-0.275	-0.467	-0.459	-0.459	-0.503
$(\partial V_\phi/\partial T)_P$	******	******	-0.433	-0.433	-0.354	-0.354	-0.359	-0.359	-0.737	-0.737	-0.675	-0.675
$(\partial p/\partial T)_{V_p}$	******	******	4.892	4.928	4.930	4.937	5.057	5.063	8.507	8.188	8.339	8.037
$(\partial p/\partial T)_{V_s}$	******	******	12.60	11.97	16.86	17.27	19.55	17.89	11.74	9.84	13.35	11.18
$(\partial p/\partial T)_{V_\phi}$	******	******	4.010	4.010	3.307	3.307	3.352	3.352	7.644	7.644	7.006	7.006
$(\partial p/\partial T)_p$	3.178	3.134	3.717	3.717	3.791	3.791	3.288	3.288	6.635	6.635	6.637	6.637
γ_{th}	1.018	1.004	1.604	1.604	1.637	1.637	1.297	1.297	2.446	2.446	2.447	2.447
γ_P	******	******	1.555	1.577	1.562	1.583	1.577	1.597	2.473	2.473	2.464	2.645
γ_s	******	******	0.649	0.696	0.658	0.704	0.665	0.711	1.877	2.481	1.853	2.446
γ_{LT}	******	******	0.717	0.762	0.725	0.769	0.733	0.777	1.906	2.533	2.057	2.455
γ_{HT}	******	******	0.951	0.989	0.359	0.997	0.969	1.007	2.075	2.512	2.057	2.512
δ_s	******	******	4.928	4.928	4.174	4.174	4.749	4.749	6.496	6.496	6.036	6.036
δ_T	******	******	6.491	6.491	5.768	5.768	6.023	6.023	8.829	8.829	8.370	8.037
θ	416.9	******	372.8	371.4	373.4	373.4	374.7	373.6	321.9	304.1	322.7	305.7
$(\partial K_s/\partial T)_V$	390.0	******	-0.005	-0.005	-0.024	-0.024	-0.001	-0.001	-0.022	-0.022	0.008	0.008
$(\partial K_T/\partial T)_V$	-0.005	******	-0.063	-0.063	-0.037	-0.037	-0.041	-0.041	-0.176	-0.176	-0.147	-0.147
$(\partial \alpha/\partial T)_P$	2.96	******	(0.0)+	(0.0)+	(0.0)+	(0.0)+	(0.0)+	(0.0)+	(0.0)+	(0.0)+	(0.0)+	(0.0)+
V_s/V_p	0.491	0.471	0.546	0.545	0.544	0.543	0.544	0.543	0.468	0.449	0.470	0.450
V_m	3.165	2.961	3.160	3.160	3.186	3.177	3.187	3.177	2.404	2.404	2.559	2.416
REF. E.C.	042		032[005]		005		060[005]		006		084[005]	
REF. α, C_p	528, 612		503, 610		503; 610		534, 614		006; 603		006; 603	

55

Table 2 (continued)
CALCULATED AGGREGATE PROPERTIES OF SINGLE CRYSTAL ELASTIC CONSTANTS

	SnF$_2$ (Monoclinic) PULS (1971) 293 K		BaF$_2$ Fluorite (Cubic) PULS (1968) 298 K		BaF$_2$ Fluorite (Cubic) *PULS (1968) 295 K		BaF$_2$ Fluorite (Cubic) PULS (1974)		BaF$_2$ Fluorite (Cubic) *PULS (1974) ROOM		EuF$_2$ Fluorite (Cubic) PULS (1971) 300 K	
ρ_X	4.875		4.886		4.886		4.886		4.886		6.320	
ρ_B	4.875		4.886		*****		4.884		4.887		*****	
M	52.20		58.45		58.45		58.45		58.45		63.32	
a	112.80		61.38		61.38		61.38		61.38		60.65 (CaF$_2$)	
-C$_p$	(4.801)**		4.062		4.062		4.062		4.062		(3.876)**	
	(HILL)	(REUSS)	(HILL)	(REUSS)	(HILL)	(REUSS)	(HILL)	(REUSS)	(HILL)	(REUSS)	(HILL)	(REUSS)
K$_s$	171.9	160.9	583.8	583.8	555.2	555.2	580.6	580.6	581.2	581.2	644.0	644.0
K$_T$	167.2	160.6	565.0	565.0	538.2	538.2	562.6	562.6	562.6	562.6	625.8	625.8
μ	120.6	103.3	254.9	254.9	251.6	251.6	252.5	252.5	255.0	255.0	307.9	307.9
σ	0.216	0.241	0.309	0.309	0.303	0.303	0.310	0.310	0.309	0.309	0.294	0.294
V$_p$	2.612	2.492	4.348	4.348	4.269	4.269	4.334	4.334	4.342	4.342	4.085	4.085
V$_s$	1.573	1.456	2.284	2.284	2.269	2.269	2.274	2.274	2.284	2.284	2.208	2.207
V$_\phi$	1.878	1.839	3.457	3.457	3.371	3.371	3.448	3.448	3.449	3.449	3.192	3.192
$(\partial K_s/\partial P)_T$	*****	*****	5.05	5.05	5.72	5.72	(5.05)	(5.05)	(5.05)	(5.05)	*****	*****
$(\partial K_T/\partial P)_T$	*****	*****	5.09	5.09	5.74	5.74	5.10	5.10	5.10	5.10	*****	*****
$(\partial\mu/\partial P)_T$	*****	*****	0.39	0.39	0.69	0.69	(0.39)	(0.39)	(0.39)	(0.39)	*****	*****
$(\partial\sigma/\partial P)_T$	*****	*****	1.184	1.187	1.295	1.294	1.186	1.189	1.195	1.197	*****	*****
$(\partial V_p/\partial P)_T$	*****	*****	9.28	9.26	11.92	11.92	9.32	9.30	9.28	9.27	*****	*****
$(\partial V_s/\partial P)_T$	*****	*****	-0.26	-0.28	0.98	0.98	-0.26	-0.28	-0.27	-0.29	*****	*****
$(\partial V_\phi/\partial P)_T$	*****	*****	11.90	11.90	14.22	14.22	11.94	11.94	11.93	11.93	*****	*****
$(\partial K_s/\partial T)_P$	-0.102	-0.086	-0.155	-0.155	(-0.162)	(-0.162)	-0.158	-0.158	-0.162	-0.162	-0.530	-0.530
$(\partial K_T/\partial T)_P$	-0.114	-0.098	-0.219	-0.219	-0.219	-0.219	-0.221	-0.221	-0.225	-0.225	-0.574	-0.574
$(\partial\mu/\partial T)_P$	-0.096	-0.081	-0.059	-0.058	(-0.060)	(-0.060)	-0.058	-0.058	-0.060	-0.060	-0.074	-0.074
$(\partial\sigma/\partial T)_P$	4.67	5.63	-0.57	-0.63	-0.88	-0.88	-0.68	-0.68	-0.69	-0.70	-10.37	-10.43
$(\partial V_p/\partial T)_P$	-0.756	-0.658	-0.417	-0.413	-0.451	-0.451	-0.425	-0.425	-0.438	-0.438	-1.094	-1.089
$(\partial V_s/\partial T)_P$	-0.537	-0.489	-0.194	-0.190	-0.203	-0.203	-0.194	-0.194	-0.200	-0.200	-0.198	-0.196
$(\partial V_\phi/\partial T)_P$	-0.451	-0.376	-0.353	-0.353	-0.388	-0.388	-0.364	-0.364	-0.375	-0.375	-1.217	-1.217
$(\partial P/\partial T)_{V_P}$	*****	*****	4.491	4.463	3.780	3.780	4.564	4.571	4.726	4.726	*****	*****
$(\partial P/\partial T)_{V_s}$	*****	*****	-73.31	-67.08	20.71	20.71	-75.07	-70.17	-73.27	-68.49	*****	*****
$(\partial P/\partial T)_{V_\phi}$	*****	*****	2.965	2.965	2.731	2.731	3.051	3.051	3.143	3.143	*****	*****
$(\partial P/\partial T)_\rho$	1.886	1.811	3.468	3.468	3.303	3.303	3.450	3.450	3.453	3.453	3.796	3.795
Y$_{th}$	0.828	0.795	1.806	1.806	1.717	1.717	1.796	1.796	1.797	1.797	1.594	1.594
Y$_P$	*****	*****	1.539	1.537	1.836	1.836	1.541	1.540	1.536	1.534	*****	*****
Y$_s$	*****	*****	0.268	0.263	0.566	0.566	0.270	0.265	0.266	0.261	*****	*****
Y$_{LT}$	*****	*****	0.349	0.349	0.655	0.655	0.351	0.351	0.352	0.348	*****	*****
Y$_{HT}$	*****	*****	0.691	0.688	0.789	0.789	0.694	0.690	0.689	0.686	*****	*****
δ$_s$	5.260	4.623	4.326	4.326	4.754	4.754	4.442	4.442	4.541	4.541	13.569	13.569
δ$_T$	6.066	5.397	6.304	6.304	6.638	6.638	6.410	6.410	6.510	6.510	15.119	15.119
θ	198.4	184.1	280.8	280.8	278.7	278.7	279.5	279.5	280.8	280.8	287.4	287.3
$(\partial K_s/\partial T)_V$	0.019		0.026	0.026	0.026	0.026	0.015	0.015	0.012	0.012	*****	*****
$(\partial K_s/\partial T)_V$	(0.0)+	(0.0)+	-0.042	-0.042	-0.030	-0.030	-0.045	-0.045	-0.049	-0.049	(0.0)+	(0.0)+
α	0.602	0.584	2.70	2.70	2.70	2.70	2.70	2.70	2.70	2.70	0.540	0.540
V_s/V_p	0.602	0.584	0.525	0.525	0.531	0.531	0.525	0.525	0.526	0.526	0.540	0.540
V_m	1.739	1.614	2.554	2.554	2.536	2.555	2.543	2.543	2.554	2.554	2.464	2.463
REF. E.C.	b01		119		031(060)		055(119)		060(119)		068	
REF. α, Cp	001, (CAL)**		534, 610		534, 610		534, 610		534, 610		534; (CAL)**	

	PbF₂ Fluorite (Cubic) PULS (1965) 300 K		PbF₂ Fluorite (Cubic) RESO (1970) ROOM		LiBaF₃ (Cubic) PULS (1972) 293 K		KMgF₃ Perovskite(Cubic) PULS (1969) 293 K		KMgF₃ Perovskite(Cubic) *PULS (1979) 298 K		KMnF₃ Perovskite(Cubic) PULS (1966) ROOM	
ρ_x	7.790		7.760		5.237		3.188		3.188		3.409	
ρ_B	******		******		5.238		3.150		3.151		******	
M	81.73		81.73		40.25		24.08		24.08		30.21	
a	61.38 (BaF₂)		61.38 (BaF₂)		27.00		60.00 (KCoF₃)		60.00 (KCoF₃)		51.67	
$-C_p$	3.030		3.030		(5.636)**		(8.991)**		(9.005)**		7.621	
	(HILL)	(REUSS)	(HILL)	(REUSS)	(HILL)	(REUSS)	(HILL)	(REUSS)	(HILL)	(REUSS)	(HILL)	(REUSS)
K_S	610.7	610.7	601.7	601.7	742.4	742.4	751.1	751.1	756.0	756.0	648.9	648.9
K_T	593.3	593.3	584.8	584.8	738.4	738.4	730.1	730.1	734.9	734.9	632.2	632.2
μ	229.7	228.9	224.3	223.6	457.8	456.5	487.5	487.3	488.6	488.4	309.6	305.8
σ	0.333	0.333	0.334	0.335	0.244	0.245	0.233	0.233	0.234	0.234	0.294	0.296
V_p	3.431	3.429	3.407	3.405	5.082	5.079	6.669	6.616	6.683	6.683	5.581	5.567
V_s	1.717	1.714	1.700	1.697	2.956	2.952	3.934	3.933	3.938	3.937	3.014	2.995
V_ϕ	2.800	2.800	2.785	2.785	3.765	3.765	4.883	4.883	4.898	4.898	4.363	4.363
$(\partial K_S/\partial P)_T$	******	******	******	******	******	******	(5.01)	(5.01)	5.01	5.01	******	******
$(\partial K_T/\partial P)_T$	******	******	******	******	******	******	5.01	5.01	5.01	5.01	******	******
$(\partial \mu/\partial P)_T$	******	******	******	******	******	******	(1.99)	(2.01)	1.99	2.01	******	******
$(\partial \sigma/\partial P)_T$	******	******	******	******	******	******	0.570	0.559	0.560	0.550	******	******
$(\partial V_p/\partial P)_T$	******	******	******	******	******	******	13.66	13.73	13.63	13.71	******	******
$(\partial V_s/\partial P)_T$	******	******	******	******	******	******	5.32	5.41	5.32	5.42	******	******
$(\partial V_\phi/\partial P)_T$	******	******	******	******	******	******	12.94	12.94	12.90	12.90	******	******
$(\partial K_S/\partial T)_P$	******	******	******	******	-0.247	-0.247	-0.156	-0.156	-0.161	-0.161	0.0	0.0
$(\partial K_T/\partial T)_P$	******	******	******	******	-0.259	-0.259	-0.220	-0.220	-0.225	-0.225	-0.042	-0.042
$(\partial \mu/\partial T)_P$	******	******	******	******	-0.188	-0.189	-0.138	-0.140	-0.145	-0.147	-0.067	-0.046
$(\partial \sigma/\partial T)_P$	******	******	******	******	1.63	1.70	1.65	1.75	1.84	1.95	-3.83	-2.65
$(\partial V_p/\partial T)_P$	******	******	******	******	-0.866	-0.869	-0.609	-0.616	-0.641	-0.649	-0.378	-0.305
$(\partial V_s/\partial T)_P$	******	******	******	******	-0.566	-0.570	-0.439	-0.448	-0.467	-0.476	0.403	0.303
$(\partial V_\phi/\partial T)_P$	******	******	******	******	-0.576	-0.576	-0.361	-0.361	-0.375	-0.375	0.113	0.113
$(\partial P/\partial T)_{Vp}$	******	******	******	******	******	******	4.460	4.487	4.702	4.732	******	******
$(\partial P/\partial T)_{Vs}$	******	******	******	******	******	******	8.25	8.27	8.76	8.79	******	******
$(\partial P/\partial T)_{V\phi}$	3.642	3.642	3.589	3.589	1.994	1.994	2.786	2.786	2.905	2.905	3.287	3.287
$(\partial P/\partial T)_\rho$	******	******	******	******	******	******	4.381	4.381	4.409	4.409	******	******
γ_{th}	1.588	1.588	1.571	1.571	0.679	0.679	1.598	1.598	1.599	1.599	1.291	1.291
γ_P	******	******	******	******	******	******	1.829	1.837	1.832	1.841	******	******
γ_s	******	******	******	******	******	******	1.320	1.338	1.327	1.345	******	******
γ_{LT}	******	******	******	******	******	******	1.368	1.385	1.374	1.391	******	******
γ_{HT}	******	******	******	******	******	******	1.490	1.505	1.495	1.510	******	******
δ_s	******	******	******	******	12.337	12.337	3.462	3.462	3.549	3.549	0.0	0.0
δ_T	******	******	******	******	13.012	13.012	5.015	5.015	5.103	5.103	1.265	1.265
θ	221.2	220.9	218.8	218.5	417.9	417.3	556.5	556.2	557.0	556.9	408.7	406.3
$(\partial K_S/\partial T)_V$	******	******	******	******	******	******	0.070	0.070	0.066	0.066	******	******
$(\partial K_T/\partial T)_V$	******	******	******	******	******	******	-0.000	-0.000	-0.004	-0.004	******	******
$(\partial \mu/\partial T)_V$	******	******	******	******	(0.01)†	(0.01)†	(0.01)†	(0.01)†	(0.01)†	(0.01)†	(0.01)†	(0.01)†
V_s/V_p	0.500	0.500	0.499	0.498	0.582	0.581	0.590	0.590	0.589	0.589	0.540	0.538
V_m	1.926	1.923	1.907	1.905	3.280	3.275	4.359	4.358	4.364	4.363	3.364	3.344
REF. E.C.	117		045		b53		030(U59)		059		002	
REF. α, Cp	528, 613		528, 613		053, (CAL)**		515, (CAL)**		515, (CAL)**		525, 605	

Table 2 (continued)
CALCULATED AGGREGATE PROPERTIES OF SINGLE CRYSTAL ELASTIC CONSTANTS

	KCoF₃ Perovskite(Cubic) PULS (1972) ROOM		KCoF₃ Perovskite(Cubic) PULS (1975) ROOM		KNiF₃ Perovskite(Cubic) PULS (1972) ROOM		KZnF₃ Perovskite(Cubic) PULS (1972) 295 K		RbCaF₃ Perovskite(Cubic) *PULS (1977) ROOM		RbMnF₃ Perovskite(Cubic) PULS (1969) 300 K	
ρ_X	3.821		3.821		3.986		4.024		3.429		4.317	
ρ_B	------		------		------		------		------		------	
M	30.01		30.01		30.96		32.28		36.51		39.48	
a	60.00		60.00		47.93		60.00(KCoF₃)		40.40(RbCdF₃)		57.00	
C_p	7.786		7.786		7.381		(7.152)**		(6.434)**		(5.995)**	
	(HILL)	(REUSS)	(HILL)	(REUSS)	(HILL)	(REUSS)	(HILL)	(REUSS)	(HILL)	(REUSS)	(HILL)	(REUSS)
K_S	786.7	786.7	773.0	773.0	850.7	850.7	799.7	799.7	503.3	503.3	675.0	675.0
K_T	764.9	764.9	751.9	751.9	834.1	834.1	776.4	776.4	497.7	497.7	658.3	658.3
μ	369.2	368.4	368.4	367.9	456.0	450.8	392.0	391.7	272.8	261.6	341.0	339.9
σ	0.297	0.297	0.294	0.295	0.273	0.275	0.289	0.289	0.270	0.278	0.284	0.284
V_p	5.786	5.783	5.752	5.750	6.049	6.035	5.733	5.732	5.028	4.985	5.115	5.112
V_s	3.108	3.105	3.105	3.103	3.382	3.363	3.121	3.120	2.821	2.762	2.811	2.806
V_ϕ	4.537	4.537	4.498	4.498	4.620	4.620	4.458	4.458	3.831	3.831	3.954	3.954
$(\partial K_S/\partial P)_T$	------	------	------	------	------	------	------	------	5.63	5.63	(4.92)	(4.92)
$(\partial K_T/\partial P)_T$	------	------	------	------	------	------	------	------	1.55	1.37	4.91	4.91
$(\partial \mu/\partial P)_T$	------	------	------	------	------	------	------	------	1.069	1.121	(1.91)	(1.80)
$(\partial \sigma/\partial P)_T$	------	------	-0.122	-0.122	------	------	------	------	17.28	16.82	0.310	0.369
$(\partial V_p/\partial P)_T$	------	------	-0.187	-0.187	------	------	------	------	5.19	4.47	13.04	12.71
$(\partial V_s/\partial P)_T$	------	------	-0.056	-0.055	------	------	------	------	5.76	5.29	
$(\partial V_\phi/\partial P)_T$	------	------	------	------	------	------	------	------	17.58	17.58	11.42	11.42
$(\partial K_S/\partial T)_P$	------	------	-0.122	-0.122	------	------	------	------	------	------	-0.116	-0.116
$(\partial K_T/\partial T)_P$	------	------	-0.168	-0.168	------	------	------	------	------	------	-0.168	-0.168
$(\partial \mu/\partial T)_P$	------	------	-0.13	-0.17	------	------	------	------	------	------	-0.098	-0.091
$(\partial \sigma/\partial T)_P$	------	------	-0.274	-0.272	------	------	------	------	------	------	2.14	1.77
$(\partial V_p/\partial T)_P$	------	------	-0.141	-0.138	------	------	------	------	------	------	-0.413	-0.393
$(\partial V_s/\partial T)_P$	------	------	-0.221	-0.221	------	------	------	------	------	------	-0.324	-0.296
$(\partial V_\phi/\partial T)_P$	------	------	------	------	------	------	------	------	------	------	-0.228	-0.228
$(\partial P/\partial T)_{V_p}$	------	------	------	------	------	------	------	------	------	------	3.091	3.091
$(\partial P/\partial T)_{V_s}$	------	------	------	------	------	------	------	------	------	------	5.63	5.59
$(\partial P/\partial T)_{V_\phi}$	------	------	------	------	------	------	------	------	------	------	1.994	1.994
$(\partial P/\partial T)_\rho$	4.589	4.589	4.511	4.511	3.998	3.998	4.658	4.658	2.011	2.011	3.752	3.752
γ_{th}	1.587	1.587	1.559	1.559	1.386	1.386	1.667	1.667	0.922	0.922	1.487	1.487
γ_P	------	------	------	------	------	------	------	------	2.043	2.012	2.012	1.969
γ_S	------	------	------	------	------	------	------	------	1.249	1.140	1.682	1.575
γ_{LT}	------	------	------	------	------	------	------	------	1.314	1.208	1.707	1.605
γ_{HT}	------	------	------	------	------	------	------	------	1.514	1.430	1.792	1.707
δ_S	------	------	2.635	2.635	------	------	------	------	------	------	3.020	3.020
δ_T	------	------	4.151	4.151	------	------	------	------	------	------	4.470	4.470
Θ_D	439.0	438.5	438.4	438.1	478.0	475.4	437.3	437.1	358.7	351.6	376.7	376.1
$(\partial K_S/\partial T)_V$	------	------	------	------	------	------	------	------	------	------	0.073	0.073
$(\partial K_T/\partial T)_V$	(0.0)†	(0.0)†	(0.0)†	(0.0)†	(0.0)†	(0.0)†	(0.0)†	(0.0)†	(0.0)†	(0.0)†	0.017	0.017
$(\partial \alpha/\partial T)_P$	0.537	0.540	0.540	0.540	0.559	0.557	0.554	0.554	0.561	0.554	(0.0)†	(0.0)†
V_S/V_P	3.471	3.467	3.466	3.464	3.765	3.745	3.482	3.480	3.139	3.077	0.549	0.549
V_M											3.133	3.128
REF. E.C.	095		004		082		033		028		077[080]	
REF. α, C_p	515; 605		515; 605		525; 605		515; [CAL]**		096; [CAL]**		544; [CAL]**	

	RbMnF$_3$, Perovskite(Cubic) *PULS (1973) 295 K	RbCoF$_3$, Perovskite(Cubic) PULS (1971) 295 K	RbCdF$_3$, Perovskite(Cubic) *PULS (1975,1977) ROOM	CsCdF$_3$, Perovskite(Cubic) *PULS(1975) ROOM	TlCdF$_3$, Perovskite(Cubic) *PULS (1975,1977) ROOM	TlCdF$_3$, Perovskite(Cubic) BRIL (1978) ROOM
ρ_X	4.317	4.757	4.971	5.639	7.309	7.309
ρ_B	******	******	******	******	******	7.301
M	39.48	40.28	50.97	60.46	74.74	74.74
a	57.00	57.00 (RbMnF$_3$)	40.40	44.10	48.90	48.90
C_p	(5.976)**	(5.824)**	(4.726)**	(4.010)**	(3.301)**	(3.300)**
	(HILL) (REUSS)	(HILL) (REUSS)	(HILL) (REUSS)	(HILL) (REUSS)	(HILL) (REUSS)	(HILL) (REUSS)
K_S	672.3 612.1	801.3 801.3	614.0 614.0	633.1 633.1	599.3 599.3	609.3 609.3
K_T	655.6 655.6	779.3 779.3	606.2 606.2	622.9 622.9	588.8 588.8	598.4 598.4
μ	341.0 339.9	396.8 396.2	257.0 247.1	280.4 277.5	225.3 215.8	227.7 218.9
σ	0.283 0.284	0.287 0.288	0.316 0.323	0.307 0.309	0.333 0.339	0.334 0.340
V_P	5.109 5.106	5.286 5.287	4.387 4.357	4.226 4.218	3.508 3.484	3.536 3.513
V_S	2.811 2.806	2.888 2.886	2.274 2.230	2.060 2.218	1.756 1.718	1.766 1.732
V_ϕ	3.946 3.946	4.104 4.104	3.514 3.514	3.351 3.351	2.863 2.863	2.889 2.809
$(\partial K_S/\partial P)_T$	4.92 4.93	****** ******	1.10 1.10	6.10 6.10	7.57 7.57	(7.57) (7.57)
$(\partial K_T/\partial P)_T$	4.93 4.93	****** ******	1.14 1.14	****** ******	****** ******	7.53 7.53
$(\partial \mu/\partial P)_T$	1.91 1.80	****** ******	0.91 0.62	1.82 1.72	0.36 0.27	(0.36) (0.27)
$(\partial \sigma/\partial P)_T$	0.317 0.376	****** ******	-0.282 -0.112	0.528 0.573	1.638 1.633	1.602 1.603
$(\partial V_P/\partial P)_T$	13.05 12.71	****** ******	1.69 0.86	14.50 14.26	12.72 12.61	12.64 12.52
$(\partial V_S/\partial P)_T$	5.75 5.29	****** ******	2.15 0.96	5.45 5.09	-0.09 -0.38	-0.08 -0.38
$(\partial V_\phi/\partial P)_T$	11.44 11.44	****** ******	0.25 0.25	13.45 13.45	15.65 15.65	15.53 15.53
$(\partial K_S/\partial T)_P$	-0.138 -0.138	****** ******	-0.076 -0.076	****** ******	****** ******	-0.115 -0.115
$(\partial K_T/\partial T)_P$	-0.189 -0.189	****** ******	-0.101 -0.101	****** ******	****** ******	-0.149 -0.149
$(\partial \mu/\partial T)_P$	-0.095 -0.088	****** ******	-0.034 -0.015	****** ******	****** ******	-0.035 -0.021
$(\partial \sigma/\partial T)_P$	1.33 0.98	****** ******	0.11 -0.97	****** ******	****** ******	-0.53 -1.33
$(\partial V_P/\partial T)_P$	-0.454 -0.434	****** ******	-0.190 -0.136	****** ******	****** ******	-0.227 -0.194
$(\partial V_S/\partial T)_P$	-0.310 -0.283	****** ******	-0.104 -0.024	****** ******	****** ******	-0.093 -0.041
$(\partial V_\phi/\partial T)_P$	-0.293 -0.293	****** ******	-0.148 -0.148	****** ******	****** ******	-0.203 -0.203
$(\partial P/\partial T)_{V_P}$	3.477 3.414	****** ******	11.277 15.906	****** ******	****** ******	1.800 1.548
$(\partial P/\partial T)_{V_S}$	5.39 5.35	****** ******	4.82 2.55	****** ******	****** ******	-116.5 -10.85
$(\partial P/\partial T)_{V_\phi}$	2.565 2.565	****** ******	59.280 59.280	****** ******	****** ******	1.307 1.307
$(\partial P/\partial T)_\rho$	3.737 3.737	4.442 4.442	2.449 2.449	2.747 2.747	2.879 2.879	2.926 2.926
γ_{th}	1.485 1.485	1.649 1.649	1.056 1.056	1.235 1.235	1.215 1.215	1.237 1.237
γ_P	2.008 1.966	****** ******	0.566 0.452	2.471 2.439	2.467 2.465	2.472 2.466
γ_S	1.674 1.568	****** ******	0.907 0.594	1.855 1.764	0.334 0.304	0.306 0.202
γ_{LT}	1.700 1.599	****** ******	0.884 0.585	1.897 1.810	0.431 0.330	0.433 0.330
γ_{HT}	1.786 1.701	****** ******	0.793 0.547	2.060 1.989	1.025 0.956	1.028 0.957
δ_S	3.609 3.609	****** ******	3.084 3.084	****** ******	****** ******	3.873 3.873
δ_T	5.058 5.058	****** ******	4.127 4.127	****** ******	****** ******	5.088 5.088
δ_{R_P}	376.6 376.0	397.3 397.0	294.5 289.0	284.2 282.8	228.1 223.5	229.4 225.1
$(\partial K_P/\partial T)_V$	-0.005 -0.005	****** ******	-0.048 -0.048	****** ******	****** ******	0.109 0.109
$(\partial \alpha/\partial T)_P$	(0.0)+ (0.0)+	(0.0)+ (0.0)+	(0.0)+ (0.0)+	(0.0)+ (0.0)+	(0.0)+ (0.0)+	(0.0)+ (0.0)+
V_S/V_P	0.550 0.546	0.546 0.546	0.518 0.512	0.528 0.526	0.500 0.493	0.499 0.493
V_m	3.133 3.128	3.221 3.219	2.545 2.498	2.493 2.481	1.969 1.929	1.981 1.944
REF. E:C.	080	081	028+096	028+096	028+096	013[028]
BF. α, C_p	544, (CAL)**	544, (CAL)**	096, (CAL)**	096, (CAL)**	096, (CAL)**	096, (CAL)**

59

Table 2 (continued)
CALCULATED AGGREGATE PROPERTIES OF SINGLE CRYSTAL ELASTIC CONSTANTS

	CeF$_3$ (Hexa.) RESO (1973) ROOM		K$_2$CuF$_4$ (Tetra.) BRIL (1979) ROOM		MgBaF$_4$ (Ortho.) PULS (1974) 293 K		LiCl Rock salt (Cubic) PULS (1960) 295 K		LiCl Rock salt (Cubic) PULS (1967) 300 K		LiCl Rock salt (Cubic) PULS (1967) 295 K	
ρx	6.160		3.310		4.539		2.073		2.074		2.068	
ρB	*****		*****		*****		*****		*****		*****	
M	49.28		31.10		39.60		21.20		21.20		21.20	
α	*****		*****		52.50		134.30		134.30		134.30	
Cp	4.332		*****		(5.937)**		11.348		11.348		11.348	
	(HILL)	(REUSS)	(HILL)	(REUSS)	(HILL)	(REUSS)	(HILL)	(REUSS)	(HILL)	(REUSS)	(HILL)	(REUSS)
Ks	1124.0	1119.0	376.3	363.7	606.5	578.5	316.8	316.8	287.3	287.3	318.2	318.2
KT	*****	*****	*****	*****	595.4	568.4	295.3	295.3	269.5	269.5	296.5	296.5
μ	455.0	434.0	202.8	196.2	331.8	315.5	192.3	183.7	200.4	193.9	192.6	183.1
σ	0.322	0.328	0.272	0.271	0.269	0.269	0.248	0.257	0.217	0.224	0.248	0.259
Vp	5.300	5.250	4.420	4.346	4.807	4.692	5.256	5.206	5.170	5.130	5.273	5.215
Vs	2.718	2.654	2.475	2.435	2.704	2.636	3.046	2.977	3.108	3.058	3.052	2.976
Vφ	4.272	4.262	3.372	3.315	3.655	3.570	3.909	3.909	3.722	3.722	3.923	3.923
(∂Ks/∂P)T	*****	*****	*****	*****	*****	*****	(4.99)	(4.99)	(4.99)	(4.99)	(4.99)	(4.99)
(∂KT/∂P)T	*****	*****	*****	*****	*****	*****	5.07	5.07	4.88	4.88	5.02	5.02
(∂μ/∂P)T	*****	*****	*****	*****	*****	*****	(2.89)	(3.36)	(2.89)	(3.36)	(2.89)	(3.36)
(∂σ/∂P)T	*****	*****	*****	*****	*****	*****	0.157	-0.515	0.683	0.013	0.147	-0.538
(∂Vp/∂P)T	*****	*****	*****	*****	*****	*****	31.63	35.05	31.61	34.97	31.62	35.10
(∂Vs/∂P)T	*****	*****	*****	*****	*****	*****	17.69	22.17	16.61	20.80	17.71	22.27
(∂Vφ/∂P)T	*****	*****	*****	*****	*****	*****	24.17	24.17	25.42	25.42	24.14	24.14
(∂Ks/∂T)P	*****	*****	*****	*****	-0.099	-0.075	-0.176	-0.176	-0.054	-0.054	-0.142	-0.142
(∂KT/∂T)P	*****	*****	*****	*****	-0.133	-0.107	-0.246	-0.246	-0.119	-0.119	-0.215	-0.215
(∂μ/∂T)P	*****	*****	*****	*****	-0.084	-0.080	-0.170	-0.195	-0.178	-0.205	-0.177	-0.211
(∂σ/∂T)P	*****	*****	*****	*****	1.76	2.42	6.95	10.28	15.98	19.46	9.91	14.30
(∂Vp/∂T)P	*****	*****	*****	*****	-0.357	-0.303	-1.497	-1.669	-1.010	-1.194	-1.379	-1.613
(∂Vs/∂T)P	*****	*****	*****	*****	-0.271	-0.265	-1.146	-1.378	-1.168	-1.408	-1.197	-1.515
(∂Vφ/∂T)P	*****	*****	*****	*****	-0.202	-0.138	-0.823	-0.823	-0.103	-0.103	-0.612	-0.612
(∂P/∂T)Vp	*****	*****	*****	*****	*****	*****	4.733	4.763	3.197	3.413	4.361	4.594
(∂P/∂T)Vs	*****	*****	*****	*****	*****	*****	6.48	6.22	7.03	6.77	6.76	6.80
(∂P/∂T)Vφ	*****	*****	*****	*****	*****	*****	3.407	3.407	0.406	0.406	2.534	2.534
(∂P/∂T)ρ	*****	*****	*****	*****	3.126	2.984	3.966	3.966	3.619	3.619	3.981	3.981
Yth	*****	*****	*****	*****	1.182	1.127	1.809	1.809	1.639	1.639	1.821	1.821
YP	*****	*****	*****	*****	*****	*****	2.322	2.322	1.981	2.170	2.111	2.329
Ys	*****	*****	*****	*****	*****	*****	2.048	2.532	1.773	2.166	2.054	2.552
YLT	*****	*****	*****	*****	*****	*****	2.054	2.514	1.794	2.167	2.079	2.533
YHT	*****	*****	*****	*****	*****	*****	2.069	2.462	1.842	2.167	2.073	2.477
δs	*****	*****	*****	*****	3.109	2.469	4.137	4.137	3.294	1.413	3.323	3.323
δT	*****	*****	*****	*****	4.269	3.577	6.199	6.199	3.294	3.294	5.398	5.398
θ	382.7	374.1	328.3	322.9	367.4	358.3	391.5	383.1	398.3	392.2	392.0	362.7
(∂Ks/∂T)v	*****	*****	*****	*****	0.024	0.024	0.024	0.024	0.121	0.121	-0.056	-0.056
(∂KT/∂T)v	*****	*****	*****	*****	(0.0)†	(0.0)†	-0.045	-0.045	0.058	0.058	-0.015	-0.015
(∂σ/∂T)P	0.513	0.506	0.560	0.560	0.562	0.562	10.00	10.00	10.00	10.00	10.00	10.00
Vs/Vp	3.044	2.976	2.755	2.710	3.008	2.934	0.579	0.572	0.601	0.596	0.579	0.571
Vm							3.380	3.308	3.438	3.385	3.387	3.307
REF. E;C.	043		067		087		052(010)		073(010)		069(010)	
REF. α, Cp	***, 603		***, ***		087, (CAL)**		073, 613		073; 613		073; 613	

	NaCl Rock salt (Cubic) PULS (1960) 295 K	NaCl Rock salt (Cubic) PULS (1965) 295 K	NaCl Rock salt (Cubic) PULS (1966) ROOM	NaCl Rock salt (Cubic) PULS (1967) ROOM	NaCl Rock salt (Cubic) PULS (1967)	NaCl Rock salt (Cubic) PULS (1967)	NaCl Rock salt (Cubic) PULS (1967) 300 K
ρ_X	2.164	2.164	2.164	2.163	2.164	2.163	2.162
ρ_B	******	******	******	******	******	******	******
M	29.22	29.22	29.22	29.22	29.22	29.22	29.22
α	117.52	119.70	117.52	117.52	117.52	117.52	117.52
C_p	8.651	8.651	8.651	8.651	8.651	8.651	8.651
	(HILL) (REUSS)	(HILL) (REUSS)	(HILL) (REUSS)	(HILL) (REUSS)	(HILL) (REUSS)	(HILL) (REUSS)	(HILL) (REUSS)
K_s	250.3 250.3	247.1 247.1	252.3 252.3	249.3 249.3	250.8 250.8	249.7 249.7	
K_T	237.2 237.2	233.8 233.8	239.0 239.0	236.3 236.3	237.6 237.6	236.6 236.6	
μ	146.6 144.2	146.9 144.6	147.6 145.3	148.0 145.7	148.2 146.0	145.1 143.1	
σ	0.255 0.258	0.252 0.255	0.255 0.258	0.255 0.255	0.253 0.256	0.257 0.259	
V_P	4.539 4.522	4.524 4.508	4.555 4.540	4.543 4.528	4.553 4.538	4.528 4.514	
V_s	2.603 2.581	2.605 2.585	2.611 2.591	2.615 2.595	2.618 2.598	2.591 2.573	
V_ϕ	3.401 3.401	3.379 3.379	3.415 3.415	3.394 3.394	3.405 3.405	3.399 3.399	
$(\partial K_s/\partial P)_T$	(5.26) (5.26)	5.27 5.27	5.38 5.38	4.93 4.93	(5.26) (5.26)	(5.26) (5.26)	
$(\partial K_T/\partial P)_T$	5.30 5.30	5.28 5.28	5.38 5.38	4.96 4.96	5.26 5.26	5.23 5.23	
$(\partial \mu/\partial P)_T$	(1.82) (1.50)	1.82 1.50	1.85 1.52	1.70 1.34	(1.82) (1.50)	(1.82) (1.50)	
$(\partial \sigma/\partial P)_T$	1.758 2.145	1.855 2.250	1.801 2.197	1.705 2.160	1.789 2.179	1.733 2.132	
$(\partial V_P/\partial P)_T$	29.55 27.55	29.61 27.59	30.25 28.21	27.00 24.69	29.43 27.42	29.68 27.65	
$(\partial V_s/\partial P)_T$	10.68 8.00	10.54 7.84	10.89 8.16	9.53 6.46	10.57 7.89	10.78 8.06	
$(\partial V_\phi/\partial P)_T$	28.54 28.54	28.81 28.81	29.26 29.26	26.36 26.36	28.52 28.52	28.58 28.58	
$(\partial K_s/\partial T)_P$	-0.127 -0.127	-0.108 -0.108	-0.106 -0.106	(-0.111) (-0.111)	-0.102 -0.102	-0.084 -0.084	
$(\partial K_T/\partial T)_P$	-0.172 -0.172	-0.154 -0.154	-0.153 -0.153	-0.156 -0.156	-0.130 -0.148	-0.130 -0.130	
$(\partial \mu/\partial T)_P$	-0.088 -0.076	-0.087 -0.075	-0.089 -0.077	(-0.088) (-0.076)	-0.087 -0.075	-0.084 -0.077	
$(\partial \sigma/\partial T)_P$	1.94 0.42	3.24 1.60	3.66 2.15	3.01 1.47	3.74 2.25	4.99 4.14	
$(\partial V_P/\partial T)_P$	-0.981 -0.904	-0.874 -0.793	-0.870 -0.816	-0.893 -0.816	-0.838 -0.763	-0.737 -0.693	
$(\partial V_s/\partial T)_P$	-0.632 -0.531	-0.617 -0.511	-0.630 -0.531	-0.620 -0.520	-0.614 -0.517	-0.600 -0.545	
$(\partial V_\phi/\partial T)_P$	-0.664 -0.664	-0.536 -0.536	-0.519 -0.519	-0.558 -0.558	-0.490 -0.490	-0.371 -0.371	
$(\partial P/\partial T)_{V_P}$	3.281 3.281	2.953 2.873	2.876 2.814	3.307 3.303	2.847 2.782	2.482 2.507	
$(\partial P/\partial T)_{V_s}$	5.92 6.64	5.86 6.52	5.78 6.51	6.51 8.05	5.81 6.55	5.57 6.75	
$(\partial P/\partial T)_{V_\phi}$	2.328 2.328	1.861 1.861	1.773 1.773	2.118 2.118	1.720 1.720	1.299 1.299	
$(\partial P/\partial T)_\rho$	2.787 2.787	2.799 2.799	2.809 2.809	2.777 2.777	2.792 2.792	2.781 2.781	
γ_{th}	1.571 1.571	1.580 1.580	1.584 1.584	1.565 1.565	1.575 1.575	1.569 1.569	
γ_P	1.877 1.778	1.864 1.764	1.921 1.818	1.738 1.622	1.869 1.769	1.885 1.783	
γ_s	1.306 1.068	1.279 1.043	1.330 1.086	1.194 0.921	1.293 1.055	1.318 1.075	
γ_{LT}	1.356 1.129	1.330 1.105	1.381 1.148	1.241 0.982	1.343 1.116	1.366 1.135	
γ_{HT}	1.497 1.305	1.474 1.283	1.527 1.330	1.375 1.155	1.485 1.293	1.507 1.311	
δ_s	4.324 4.324	3.651 3.651	3.585 3.585	3.798 3.798	3.451 3.451	2.859 2.859	
δ_T	6.160 6.160	5.489 5.489	5.435 5.435	5.628 5.628	5.291 5.291	4.693 4.693	
$(\partial K_s/\partial T)_V$	305.3 302.9	305.2 303.2	306.3 304.0	306.7 304.4	306.9 304.7	303.8 301.8	
$(\partial K_T/\partial T)_V$	-0.019 -0.019	-0.038 -0.038	-0.043 -0.043	-0.024 -0.024	-0.043 -0.043	0.059 0.059	
$(\partial K_P/\partial T)_P$	-0.024 -0.024	-0.006 -0.006	-0.001 -0.001	-0.018 -0.018	-0.001 -0.001	0.015 0.015	
V_s/V_P	0.573 0.571	0.573 0.571	0.573 0.571	0.576 0.573	0.575 0.573	0.572 0.570	
V_m	2.891 2.869	2.893 2.871	2.901 2.880	2.904 2.883	2.907 2.887	2.879 2.860	
REF. E:C.	D52(107)	D11	108	D26(107)	105(107)	D69(107)	
REF. α, C_p	508, 613	533, 613	508, 613	508, 613	508, 613	508, 613	

61

Table 2 (continued)
CALCULATED AGGREGATE PROPERTIES OF SINGLE CRYSTAL ELASTIC CONSTANTS

	NaCl Rock salt (Cubic) RESO (1968) 297 K		NaCl Rock salt (Cubic) PULS (1970) 300 K		NaCl Rock salt (Cubic) PULS (1970) 300 K		NaCl Rock salt (Cubic) PULS (1970) ROOM		NaCl Rock salt (Cubic) *PULS (1972) 300 K		NaCl Rock salt (Cubic) PULS (1973) 300 K	
ρ_X	2.164		2.162		2.161		2.164		2.164		2.166	
ρ_B	*****		*****		*****		*****		*****		*****	
M	29.22		29.22		29.22		29.22		29.22		29.22	
a	117.52		117.52		117.52		117.52		117.52		117.52	
C_p	8.651		8.651		8.651		8.651		8.651		8.651	
	(HILL)	(REUSS)	(HILL)	(REUSS)	(HILL)	(REUSS)	(HILL)	(REUSS)	(HILL)	(REUSS)	(HILL)	(REUSS)
K_S	247.8	247.8	250.4	237.2	246.6	246.6	245.6	245.6	252.1	252.1	246.6	246.6
K_T	234.9	234.9	237.2	237.2	233.8	244.6	232.9	243.6	238.8	238.8	233.9	233.9
μ	146.9	144.7	147.4	145.2	143.9	142.3	144.1	142.6	147.6	145.4	143.5	141.9
σ	0.252	0.256	0.254	0.257	0.256	0.258	0.255	0.257	0.256	0.258	0.256	0.259
V_p	4.528	4.513	4.547	4.531	4.504	4.493	4.497	4.487	4.555	4.540	4.496	4.485
V_s	2.605	2.586	2.611	2.591	2.580	2.566	2.580	2.567	2.612	2.592	2.574	2.559
V_ϕ	3.384	3.384	3.403	3.403	3.378	3.378	3.369	3.369	3.413	3.413	3.374	3.374
$(\partial K_S/\partial P)_T$	(5.26)	(5.26)	5.27	5.27	(5.26)	(5.26)	(5.26)	(5.26)	5.26	5.26	(5.26)	(5.26)
$(\partial K_T/\partial P)_T$	5.26	5.26	5.28	5.28	5.18	5.18	5.22	5.22	5.27	5.27	5.16	5.16
$(\partial \mu/\partial P)_T$	(1.82)	(1.50)	1.86	1.53	(1.82)	(1.50)	(1.82)	(1.50)	1.82	1.50	(1.82)	(1.50)
$(\partial \sigma/\partial P)_T$	1.822	2.216	1.737	2.140	1.771	2.183	1.799	2.215	1.746	2.134	1.760	2.173
$(\partial V_p/\partial P)_T$	29.57	27.56	29.84	27.80	29.84	27.77	29.82	27.74	29.44	27.44	29.83	27.76
$(\partial V_s/\partial P)_T$	10.60	7.92	10.98	8.22	10.81	8.05	10.76	8.01	10.64	7.96	10.83	8.07
$(\partial V_\phi/\partial P)_T$	28.69	28.69	28.67	28.67	28.77	28.77	28.81	28.81	28.43	28.43	28.74	28.74
$(\partial K_S/\partial T)_P$	-0.105	-0.105	-0.107	-0.107	-0.058	-0.058	-0.079	-0.079	-0.111	-0.111	-0.047	-0.047
$(\partial K_T/\partial T)_P$	-0.150	-0.150	-0.152	-0.152	-0.105	-0.105	-0.124	-0.124	-0.157	-0.157	-0.095	-0.095
$(\partial \mu/\partial T)_P$	-0.084	-0.074	-0.090	-0.077	-0.087	-0.073	-0.095	-0.083	-0.088	-0.076	-0.087	-0.073
$(\partial \sigma/\partial T)_P$	3.09	1.84	3.81	2.18	7.55	5.66	6.90	5.35	3.11	1.58	8.39	6.55
$(\partial V_p/\partial T)_P$	-0.844	-0.781	-0.888	-0.806	-0.626	-0.534	-0.788	-0.712	-0.889	-0.812	-0.572	-0.483
$(\partial V_s/\partial T)_P$	-0.594	-0.513	-0.645	-0.539	-0.627	-0.507	-0.695	-0.597	-0.621	-0.521	-0.625	-0.510
$(\partial V_\phi/\partial T)_P$	-0.519	-0.519	-0.526	-0.526	-0.197	-0.197	-0.342	-0.342	-0.553	-0.553	-0.127	-0.127
$(\partial P/\partial T)_{V_p}$	2.853	2.833	2.973	2.900	2.099	1.924	2.642	2.567	3.021	2.960	1.919	1.740
$(\partial P/\partial T)_{V_s}$	5.61	6.48	5.88	6.56	5.80	6.30	6.46	7.46	5.84	6.54	5.78	6.31
$(\partial P/\partial T)_{V_\phi}$	1.809	1.809	1.834	1.834	0.684	0.684	1.186	1.186	1.945	1.945	0.441	0.441
$(\partial P/\partial T)_\rho$	2.761	2.761	2.788	2.788	2.748	2.748	2.738	2.738	2.806	2.806	2.748	2.748
Y_{th}	1.556	1.556	1.573	1.573	1.550	1.550	1.541	1.541	1.583	1.583	1.546	1.546
Y_P	1.868	1.768	1.891	1.786	1.882	1.778	1.878	1.774	1.877	1.776	1.885	1.781
Y_S	1.289	1.053	1.331	1.086	1.313	1.067	1.306	1.060	1.306	1.067	1.317	1.071
Y_{LT}	1.340	1.114	1.379	1.146	1.362	1.128	1.355	1.121	1.355	1.127	1.366	1.131
Y_{HT}	1.462	1.291	1.518	1.320	1.503	1.304	1.496	1.298	1.496	1.303	1.506	1.308
δ_S	3.609	3.609	3.630	3.630	1.991	1.991	2.727	2.727	3.757	3.757	1.639	1.639
δ_T	5.428	5.428	5.468	5.468	3.804	3.804	4.533	4.533	5.605	5.605	3.448	3.448
θ	305.5	303.3	306.1	303.9	302.5	300.9	302.6	301.1	306.3	304.1	302.0	300.4
$(\partial K_S/\partial T)_V$	0.038	0.038	0.038	0.038	0.083	0.083	0.062	0.062	0.035	0.035	0.092	0.092
$(\partial K_T/\partial T)_V$	-0.004	-0.004	-0.005	-0.005	0.038	0.038	0.019	0.019	-0.009	-0.009	0.047	0.047
α_V/V_p	9.14	9.14	9.14	9.14	9.14	9.14	9.14	9.14	9.14	9.14	9.14	9.14
V_s/V_p	0.575	0.573	0.574	0.573	0.573	0.571	0.574	0.572	0.573	0.571	0.572	0.571
V_m	2.893	2.873	2.900	2.879	2.867	2.851	2.866	2.852	2.902	2.881	2.860	2.844
REF. E.C.	048[107]		034		101[107]		036[107]		107		007[107]	
REF. α, C_p	508; 613		508; 613		508; 613		508; 613		508; 613		508; 613	

	NaCl Rock salt (Cubic) BRIL (1976) 300 K	NaCl Rock salt (Cubic) PULS (1979) 293 K	NaCl Rock salt (Cubic) PULS (1979)	NaCl PULS (1979) ROOM	NaCl-NaBr(11.5%) Rock salt (Cubic) PULS (1973) 300 K	NaCl-NaBr(26%) Rock salt (Cubic) PULS (1973) 300 K	NaCl-NaBr(26%) Rock salt (Cubic) PULS (1973)	NaCl-NaBr(50.5%) Rock salt (Cubic) PULS (1973) 300 K	NaCl-NaBr(50.5%) Rock salt (Cubic) PULS (1973)
ρ_X	2.164	2.164		2.164	2.311	2.567		2.886	
ρ_B	*****	*****		*****	*****	*****		*****	
M	29.22	29.22		29.22	31.78	35.00		40.45	
α	117.52	117.52		117.52	119.47	121.94		126.10	
C_p	8.651	8.651		8.651	7.971	7.256		6.306	
	(HILL)	(HILL)	(REUSS)	(HILL)	(HILL)	(REUSS)	(HILL)	(REUSS)	(HILL)	(REUSS)
K_S	247.0	240.0	240.0	253.3	240.8	240.8	235.3	235.3	225.4	225.4
K_T	234.2	227.9	227.9	239.9	228.0	228.0	222.7	222.7	212.8	212.8
μ	145.0	147.0	144.0	157.8	139.9	138.3	134.8	133.3	127.9	126.4
σ	0.257	0.246	0.250	0.246	0.257	0.259	0.262	0.262	0.261	0.264
V_p	4.511	4.489	4.468	4.629	4.300	4.289	4.021	4.011	3.704	3.694
V_s	2.589	2.606	2.580	2.700	2.460	2.446	2.291	2.279	2.105	2.093
V_ϕ	3.378	3.330	3.330	3.421	3.228	3.228	3.027	3.027	2.795	2.795
$(\partial K_S/\partial P)_T$	5.91	5.10	5.13	3.72	*****	*****	*****	*****	*****	*****
$(\partial K_T/\partial P)_T$	5.90	5.13	5.13	3.82	*****	*****	*****	*****	*****	*****
$(\partial \mu/\partial P)_T$	1.93	1.68	1.36	1.43	*****	*****	*****	*****	*****	*****
$(\partial \sigma/\partial P)_T$	2.177	2.069	2.461	1.201	*****	*****	*****	*****	*****	*****
$(\partial V_p/\partial P)_T$	33.84	27.96	25.94	18.44	*****	*****	*****	*****	*****	*****
$(\partial V_s/\partial P)_T$	11.72	9.21	6.51	6.61	*****	*****	*****	*****	*****	*****
$(\partial V_\phi/\partial P)_T$	33.21	28.08	28.08	17.99	*****	*****	*****	*****	*****	*****
$(\partial K_S/\partial T)_P$	(-0.111)	(-0.111)	(-0.111)	(-0.111)	-0.044	-0.044	-0.055	-0.055	-0.094	-0.094
$(\partial K_T/\partial T)_P$	(-0.155)	(-0.153)	(-0.158)	-0.091	-0.091	-0.101	-0.101	-0.138	-0.138
$(\partial \mu/\partial T)_P$	(-0.088)	(-0.088)	(-0.076)	(-0.088)	(-0.076)	-0.074	-0.074	-0.087	-0.074	-0.077
$(\partial \sigma/\partial T)_P$	3.15	2.79	1.57	2.47	9.10	7.18	8.27	6.44	3.69	2.10
$(\partial V_p/\partial T)_P$	-0.903	-0.910	-0.834	-0.667	-0.552	-0.463	-0.581	-0.502	-0.685	-0.620
$(\partial V_s/\partial T)_P$	-0.630	-0.623	-0.525	-0.591	-0.625	-0.510	-0.597	-0.494	-0.499	-0.414
$(\partial V_\phi/\partial T)_P$	-0.563	-0.577	-0.577	-0.551	-0.100	-0.100	-0.169	-0.169	-0.406	-0.406
$(\partial P/\partial T)_V$	2.670	3.256	3.213	4.700	*****	*****	*****	*****	*****	*****
$(\partial P/\partial T)_{V_S}$	5.37	6.77	8.06	8.94	*****	*****	*****	*****	*****	*****
$(\partial P/\partial T)_{V_\phi}$	1.694	2.053	2.053	3.061	*****	*****	*****	*****	*****	*****
$(\partial P/\partial T)_\rho$	2.752	2.678	2.678	2.819	2.724	2.724	2.716	2.716	2.684	2.684
γ_{th}	1.551	1.507	1.507	1.590	1.562	1.562	1.540	1.540	1.562	1.562
γ_P	2.090	1.753	1.656	1.289	*****	*****	*****	*****	*****	*****
γ_S	1.394	1.139	0.909	0.920	*****	*****	*****	*****	*****	*****
γ_{LT}	1.221	1.193	0.974	0.740	*****	*****	*****	*****	*****	*****
γ_{HT}	1.454	1.343	1.158	0.953	*****	*****	*****	*****	*****	*****
δ_S	1.626	1.487	3.946	0.897	1.519	1.519	1.917	1.917	3.304	3.304
δ_T	3.834	3.834	5.711	3.739	3.348	3.348	3.726	3.726	5.142	5.142
θ	5.647	5.647	302.4	5.596	286.9	285.3	268.0	266.6	244.0	242.7
$(\partial K_S/\partial T)_V$	303.6	305.4	-0.016	316.2	-0.050	-0.050	*****	*****	*****	*****
$(\partial K_T/\partial T)_P$	0.050	0.024	0.024	313.7	-0.008	-0.008	*****	*****	*****	*****
V_s/V_p	0.007	-0.016	9.14	-0.050	9.42	9.42	9.78	9.78	10.38	10.38
V_M	9.14	9.14	0.577	9.14	0.572	0.570	0.570	0.568	0.566	
	0.574	0.581	2.864	0.583	2.734	2.719	2.547	2.533	2.340	2.327
	2.875	2.892		2.995						
REF. E.C.	118[107]	115[107]		063[107]	007		007		007	
REF. α, C_p	508, 613	508, 613		508, 613	507+508, 613		507+508, 613		507+508, 613	

63

Table 2 (continued)
CALCULATED AGGREGATE PROPERTIES OF SINGLE CRYSTAL ELASTIC CONSTANTS

	NaCl-NaBr(63%) Rock salt (Cubic) PULS (1973) 300 K		NaCl-NaBr(78.5%) Rock salt (Cubic) PULS (1973) 300 K		KCl Rock salt (Cubic) PULS (1960) 295 K		KCl Rock salt (Cubic) RESO (1960) 298 K		KCl Rock salt (Cubic) PULS (1965) 295 K		KCl Rock salt (Cubic) PULS (1967) ROOM	
ρ_x	2.883		3.044		1.987		1.987		1.987		1.987	
ρ_B	*****		*****		*****		*****		*****		*****	
M	43.23		46.67		37.28		37.28		37.28		37.28	
a	128.22		130.86		105.00		105.00		105.00		105.00	
C_p	5.913		5.492		6.887		6.887		6.887		6.887	
	(HILL)	(REUSS)	(HILL)	(REUSS)	(HILL)	(REUSS)	(HILL)	(REUSS)	(HILL)	(REUSS)	(HILL)	(REUSS)
K_s	219.9	219.9	217.2	217.2	182.5	182.5	164.1	164.1	181.5	181.5	183.3	183.3
K_T	206.7	203.6	203.6	174.8	174.8	157.8	157.8	173.9	173.9	175.5	175.5
μ	124.1	122.6	119.9	118.4	95.0	84.4	95.9	84.6	94.4	84.0	94.6	83.8
ν	0.263	0.265	0.267	0.269	0.278	0.300	0.255	0.280	0.278	0.300	0.280	0.302
V_p	3.656	3.646	3.520	3.510	3.945	3.853	3.833	3.733	3.933	3.843	3.946	3.853
V_s	2.075	2.062	1.985	1.972	2.187	2.061	2.197	2.064	2.180	2.056	2.182	2.054
V_ϕ	2.762	2.762	2.671	2.671	3.031	3.031	2.874	2.874	3.022	3.022	3.037	3.037
$(\partial K_s/\partial P)_T$	*****	*****	*****	*****	(5.34)	(5.34)	(5.34)	(5.34)	5.34	5.34	5.37	5.37
$(\partial K_T/\partial P)_T$	*****	*****	*****	*****	5.39	5.39	5.34	5.34	5.37	5.37	5.40	5.40
$(\partial \mu/\partial P)_T$	*****	*****	*****	*****	(1.08)	(0.15)	(1.08)	(0.15)	1.08	0.15	0.96	-0.04
$(\partial \sigma/\partial P)_T$	*****	*****	*****	*****	3.376	4.765	4.348	5.770	3.391	4.792	3.608	5.130
$(\partial V_p/\partial P)_T$	*****	*****	*****	*****	31.99	25.18	32.39	25.54	32.09	25.25	31.15	23.76
$(\partial V_s/\partial P)_T$	*****	*****	*****	*****	6.21	-4.03	5.45	-4.67	6.23	-4.04	4.81	-6.34
$(\partial V_\phi/\partial P)_T$	*****	*****	*****	*****	35.67	35.67	37.65	37.65	35.77	35.77	35.87	35.87
$(\partial K_s/\partial T)_P$	-0.109	-0.109	-0.117	-0.117	-0.093	-0.093	-0.066	-0.066	-0.083	-0.083	(-0.083)	(-0.083)
$(\partial K_T/\partial T)_P$	-0.154	-0.154	-0.163	-0.163	-0.121	-0.121	-0.089	-0.089	-0.111	-0.111	(-0.112)	(-0.112)
$(\partial \mu/\partial T)_P$	-0.074	-0.064	-0.072	-0.062	-0.058	-0.033	-0.056	-0.034	-0.056	-0.032	(-0.056)	(-0.032)
$(\partial \sigma/\partial T)_P$	2.05	0.55	1.22	-0.27	1.89	-2.04	3.84	0.08	2.61	-1.43	2.66	-1.33
$(\partial V_p/\partial T)_P$	-0.750	-0.689	-0.761	-0.702	-0.874	-0.689	-0.722	-0.554	-0.804	-0.617	-0.800	-0.614
$(\partial V_s/\partial T)_P$	-0.486	-0.406	-0.464	-0.387	-0.549	-0.293	-0.530	-0.309	-0.534	-0.278	-0.534	-0.278
$(\partial V_\phi/\partial T)_P$	-0.506	-0.506	-0.542	-0.542	-0.610	-0.610	-0.424	-0.424	-0.532	-0.532	-0.528	-0.528
$(\partial P/\partial T)_{Vp}$	*****	*****	*****	*****	2.733	2.736	2.230	2.167	2.505	2.442	2.568	2.584
$(\partial P/\partial T)_{Vs}$	*****	*****	*****	*****	8.85	-7.29	9.72	-6.61	8.57	-6.88	11.09	-4.39
$(\partial P/\partial T)_{V\phi}$	2.651	2.651	2.664	2.664	1.709	1.709	1.125	1.125	1.488	1.488	1.473	1.473
$(\partial P/\partial T)_\rho$	1.654	1.654	1.700	1.700	1.835	1.835	1.657	1.657	1.826	1.826	1.843	1.843
γ_{th}	1.654	1.654	1.700	1.700	1.400	1.400	1.259	1.259	1.392	1.392	1.406	1.406
γ_P	*****	*****	*****	*****	1.751	1.476	1.667	1.413	1.752	1.476	1.719	1.416
γ_s	*****	*****	*****	*****	0.830	-0.008	0.725	-0.024	0.903	-0.008	0.720	-0.209
γ_{LT}	*****	*****	*****	*****	0.902	0.097	0.806	0.088	0.903	0.097	0.798	-0.094
γ_{HT}	*****	*****	*****	*****	1.137	0.486	1.138	0.455	1.138	0.486	1.053	0.333
δ_s	3.855	3.855	4.102	4.102	4.832	4.632	3.807	3.807	4.355	4.355	4.313	4.313
δ_T	5.799	5.799	6.101	6.101	6.592	6.592	5.396	5.396	6.105	6.105	6.079	6.079
B_T	235.2	223.4	222.1	230.5	217.8	230.9	217.6	229.7	217.2	230.0	217.1
$(\partial K_s/\partial T)_V$	*****	*****	*****	*****	-0.022	-0.022	0.020	0.020	0.011	0.011	0.013	0.013
$(\partial K_P/\partial T)_V$	*****	*****	*****	*****	-0.003	-0.003	-0.001	-0.001	-0.013	-0.013	-0.012	-0.012
V_s/V_P	0.567	0.566	0.562	11.07	10.91	10.91	10.91	10.91	10.91	10.91	10.91	10.91
V_m	2.307	2.293	2.208	2.195	0.554	0.535	0.573	0.553	0.554	0.535	0.553	0.533
					2.436	2.302	2.440	2.299	2.428	2.296	2.431	2.294
REF. E.C.	007		007		052(011)		027(011)		011		026(011)	
REF. α, C_p	507+508; 613		507+508; 613		537; 613		537; 613		537; 613		537; 613	

	KCl Rock salt (Cubic) PULS (1967) 298 K		KCl Rock salt (Cubic) RESO (1968) 297 K		KCl Rock salt (Cubic) PULS (1969) ROOM		KCl Rock salt (Cubic) RESO (1970) 300 K		KCl Rock salt (Cubic) PULS (1970) 300 K		KCl-KBr(7.7%) Rock salt (Cubic) PULS (1976) ROOM	
ρ_X	1.984		1.987		1.987		1.987		1.986		2.040	
ρ_B	======		======		======		======		======		======	
M_a	37.28		37.28		37.28		37.28		37.28		39.00	
α	105.00		105.00		105.00		105.00		105.00		105.40	
C_p	6.887		6.887		6.887		6.887		6.887		6.593	
	(HILL)	(REUSS)	(HILL)	(REUSS)	(HILL)	(REUSS)	(HILL)	(REUSS)	(HILL)	(REUSS)	(HILL)	(REUSS)
K_s	183.0	183.0	180.3	180.3	179.0	179.0	179.1	179.1	181.3	181.3	181.0	181.0
K_T	175.2	175.2	172.8	172.8	171.6	171.6	171.7	171.7	173.7	173.7	173.2	173.2
μ	94.6	84.1	94.7	84.2	95.9	85.2	93.6	83.3	92.9	63.0	92.3	81.9
σ	0.280	0.301	0.276	0.298	0.273	0.295	0.281	0.299	0.281	0.301	0.282	0.303
V_p	3.947	3.857	3.928	3.837	3.929	3.837	3.910	3.821	3.919	3.834	3.861	3.772
V_s	2.183	2.059	2.183	2.059	2.196	2.071	2.170	2.047	2.162	2.044	2.127	2.004
V_ϕ	3.037	3.037	3.012	3.012	3.001	3.001	3.002	3.002	3.021	3.021	2.979	2.979
$(\partial K_s/\partial P)_T$	(5.34)	(5.34)	(5.34)	(5.34)	5.39	5.39	(5.34)	(5.34)	(5.34)	(5.34)	5.38	5.38
$(\partial K_T/\partial P)_T$	5.34	5.34	5.39	5.39	5.42	5.42	5.43	5.43	5.43	5.43	5.40	5.40
$(\partial \mu/\partial P)_T$	(1.08)	(0.15)	(1.08)	(0.15)	1.14	0.21	(1.08)	(0.15)	(1.08)	(0.15)	1.10	0.16
$(\partial \sigma/\partial P)_T$	4.728	4.728	4.861	4.861	4.897	4.897	4.877	4.877	4.756	4.756	4.746	4.746
$(\partial V_p/\partial P)_T$	3.333		3.459		3.504		3.458		3.325		3.327	
$(\partial V_s/\partial P)_T$	32.05	25.22	32.07	25.25	32.83	26.01	32.26	25.37	32.29	25.36	32.28	25.45
$(\partial V_\phi/\partial P)_T$	6.27	-4.00	6.15	-4.09	6.71	-3.46	6.23	-4.08	6.38	-4.00	6.48	-3.84
	35.65	35.65	35.89	35.89	36.44	36.44	36.01	36.01	35.79	35.79	35.67	35.67
$(\partial K_s/\partial T)_P$	-0.067	-0.067	-0.083	-0.089	-0.083	-0.083	-0.107	-0.107	-0.108	-0.108	(-0.076)	(-0.076)
$(\partial K_T/\partial T)_P$	-0.096	-0.096	-0.117	-0.117	-0.111	-0.111	-0.134	-0.134	-0.136	-0.136	(-0.105)	(-0.105)
$(\partial \mu/\partial T)_P$	-0.056	-0.029	-0.054	-0.033	(-0.056)	(-0.032)	-0.054	-0.032	-0.054	-0.031	-0.073	-0.031
$(\partial \sigma/\partial T)_P$	4.21		1.49		2.36	-1.67	-0.37	-3.67	-0.32	-3.92	3.10	-0.73
$(\partial V_p/\partial T)_P$	-0.691	-0.511	-0.825	-0.674	-0.805	-0.418	-0.951	-0.791	-0.951	-0.779	-0.735	-0.561
$(\partial V_s/\partial T)_P$	-0.527	-0.284	-0.509	-0.300	-0.530	-0.274	-0.516	-0.291	-0.514	-0.271	-0.510	-0.271
$(\partial V_\phi/\partial T)_P$	-0.393	-0.393	-0.584	-0.584	-0.538	-0.538	-0.742	-0.742	-0.744	-0.744	-0.467	-0.467
$(\partial P/\partial T)_{V_p}$	2.157	2.028	2.572	2.667	2.452	2.376	2.950	3.117	2.947	3.069	2.276	2.203
$(\partial P/\partial T)_{V_s}$	8.40	-7.09	8.26	-7.34	7.88	-7.93	8.27	-7.12	8.05	-6.77	7.87	-7.06
$(\partial P/\partial T)_{V_\phi}$	1.103	1.103	1.629	1.629	1.477	1.477	2.062	2.062	2.078	2.078	1.308	1.308
$(\partial P/\partial T)_\rho$	1.840	1.840	1.814	1.814	1.802	1.802	1.803	1.803	1.824	1.824	1.826	1.826
γ_{th}	1.406	1.406	1.383	1.383	1.373	1.373	1.374	1.374	1.392	1.392	1.418	1.418
γ_P	1.756	1.479	1.745	1.470	1.767	1.497	1.749	1.473	1.764	1.483	1.782	1.502
γ_S	0.857	-0.007	0.821	-0.010	0.857	0.047	0.826	-0.009	0.846	-0.007	0.861	0.001
γ_{LT}	0.909	0.098	0.894	0.096	0.930	0.152	0.899	0.097	0.917	0.098	0.932	0.106
γ_{HT}	1.143	0.488	1.129	0.484	1.161	0.530	1.134	0.485	1.152	0.490	1.168	0.502
δ_s	3.466	3.466	4.696	4.696	4.416	4.416	5.711	5.711	5.689	5.689	3.973	3.973
δ_T	5.232	5.232	6.435	6.435	6.143	6.143	7.439	7.439	7.438	7.438	5.749	5.749
θ_T	230.0	217.5	230.1	217.5	231.3	218.7	228.7	216.3	228.0	216.0	222.9	210.5
$(\partial K_s/\partial T)_V$	0.028	0.028	0.005	-0.005	0.013	0.017	-0.013	-0.013	-0.013	-0.013	0.019	0.019
$(\partial K_T/\partial T)_V$	0.002	0.002	0.005	-0.019	-0.013	-0.013	-0.036	-0.036	-0.037	-0.037	-0.006	-0.006
V_s/V_p	10.91	10.91	10.91	10.91	10.91	10.91	10.91	10.91	10.91	10.91	10.82	10.82
V_m	0.553	0.534	0.556	0.536	0.559	0.540	0.555	0.536	0.552	0.533	0.551	0.531
	2.432	2.300	2.432	2.299	2.445	2.311	2.417	2.286	2.410	2.283	2.371	2.239
REF. E.C.	104[011]		048[011]		025[011]		022[011]		101[011]		b16[104]	
REF. α, C_p	537, 613		537, 613		537, 613		537, 613		537, 613		537, 613	

Table 2 (continued)
CALCULATED AGGREGATE PROPERTIES OF SINGLE CRYSTAL ELASTIC CONSTANTS

	KCl-KBr (16.8%) Rock salt (Cubic) PULS (1967) 298 K		KCl-KBr (38.2%) Rock salt (Cubic) PULS (1967) 298 K		KCl-KBr (59.8%) Rock salt (Cubic) PULS (1967) 298 K		KCl-KBr (79.5%) Rock salt (Cubic) PULS (1967) 298 K		KCl-RbCl (25%) Rock salt (Cubic) RESO (1970) 300 K		KCl-RbCl (50%) Rock salt (Cubic) RESO (1970) 300 K	
ρ_X	2.129		2.302		2.473		2.613		2.218		2.434	
ρ_B	======		======		======		======		======		======	
M	41.01		45.77		50.57		54.95		43.07		48.87	
a	105.90		107.00		108.20		109.20		108.60		112.20	
C_p	6.281		5.652		5.137		4.745		5.968		5.266	
	(HILL)	(REUSS)	(HILL)	(REUSS)	(HILL)	(REUSS)	(HILL)	(REUSS)	(HILL)	(REUSS)	(HILL)	(REUSS)
K_S	176.7	169.3	169.3	162.1	163.0	156.0	159.1	152.1	173.2	165.5	169.0	161.0
K_T	169.2	169.2	162.1	162.1	156.0	156.0	152.1	152.1	165.5	165.5	161.0	161.0
μ	91.1	80.9	87.2	77.5	83.5	73.9	80.8	71.2	87.5	77.0	83.4	72.5
σ	0.280	0.301	0.280	0.301	0.281	0.303	0.283	0.305	0.284	0.306	0.288	0.312
v_p	3.742	3.656	3.522	3.441	3.331	3.252	3.195	3.118	3.615	3.527	3.393	3.304
v_s	2.068	1.950	1.947	1.835	1.838	1.728	1.758	1.650	1.986	1.863	1.851	1.726
v_ϕ	2.881	2.881	2.712	2.712	2.567	2.567	2.468	2.468	2.794	2.794	2.635	2.635
$(\partial K_S/\partial P)_T$	(5.38)	(5.38)										
$(\partial K_T/\partial P)_T$	5.40	5.40										
$(\partial \mu/\partial P)_T$	(1.10)	(0.16)										
$(\partial \sigma/\partial P)_T$	3.457	4.909										
$(\partial v_p/\partial P)_T$	31.87	25.11										
$(\partial v_s/\partial P)_T$	6.32	-3.65										
$(\partial v_\phi/\partial P)_T$	35.34	35.34										
$(\partial K_S/\partial T)_P$	-0.076	-0.076	-0.080	-0.080	-0.075	-0.075	-0.075	-0.075	-0.109	-0.109	-0.105	-0.105
$(\partial K_T/\partial T)_P$	-0.104	-0.104	-0.107	-0.107	-0.100	-0.100	-0.100	-0.100	-0.135	-0.135	-0.131	-0.131
$(\partial \mu/\partial T)_P$	-0.054	-0.031	-0.053	-0.031	-0.052	-0.029	-0.050	-0.028	-0.055	-0.033	-0.050	-0.027
$(\partial \sigma/\partial T)_P$	3.08	-0.83	-2.55	-1.33	-2.97	-1.04	-2.79	-1.28	-0.05	-3.42	-0.42	-4.00
$(\partial v_p/\partial T)_P$	-0.729	-0.557	-0.746	-0.583	-0.692	-0.533	-0.677	-0.525	-0.934	-0.780	-0.848	-0.695
$(\partial v_s/\partial T)_P$	-0.504	-0.268	-0.491	-0.266	-0.468	-0.250	-0.451	-0.240	-0.512	-0.293	-0.450	-0.229
$(\partial v_\phi/\partial T)_P$	-0.465	-0.465	-0.499	-0.499	-0.450	-0.450	-0.448	-0.448	-0.724	-0.724	-0.671	-0.671
$(\partial P/\partial T)_{V_P}$	2.289	2.218										
$(\partial P/\partial T)_{V_S}$	7.97	-6.96										
$(\partial P/\partial T)_{V_\phi}$	1.317	1.317										
$(\partial P/\partial T)_\rho$	1.792	1.792	1.734	1.734	1.688	1.688	1.661	1.661	1.798	1.798	1.806	1.806
γ_{th}	1.399	1.399	1.392	1.392	1.388	1.388	1.401	1.401	1.421	1.421	1.479	1.479
γ_P	1.774	1.495										
γ_S	0.851	-0.000										
γ_{LT}	0.923	0.105										
γ_{HT}	1.159	0.498										
δ_S	4.051	4.051	4.438	4.438	4.241	4.241	4.328	4.328	5.768	5.768	5.537	5.537
δ_T	5.797	5.797	6.162	6.162	5.946	5.946	6.036	6.036	7.491	7.491	7.269	7.269
θ_T	216.1	204.3	201.3	190.2	188.3	177.6	178.5	168.0	207.1	194.8	191.0	178.6
$(\partial K_S/\partial T)_V$	0.018	0.018										
$(\partial K_P/\partial T)_V$	-0.007	-0.007										
$(\partial \alpha/\partial T)_P$	10.72	10.72	10.47	10.47	10.22	10.22	9.99	9.99	9.73	9.73	8.56	8.56
v_R/v_P	0.553	0.533	0.553	0.533	0.552	0.532	0.550	0.529	0.549	0.528	0.546	0.522
V_m	2.304	2.178	2.169	2.050	2.048	1.931	1.960	1.885	2.214	2.083	2.065	1.931
REF. B.C.	i04(di8)		i04		i04		i04		b22		b22	
REF. α, C_p	537, 613		537, 613		537, 613		537, 613		537, 611+613		537, 611+613	

	KCl-RbCl(75%) Rock salt (Cubic) RESO (1970) 300 K	CuCl Zincblende(Cubic) PULS (1974)	RbCl Rock salt (Cubic) PULS (1960) 295 K	RbCl Rock salt (Cubic) PULS (1967) 298 K	RbCl Rock salt (Cubic) PULS (1967) 300 K	RbCl Rock salt (Cubic) PULS (1970) 295 K
ρ_X	2.636	4.138	2.825	2.818	2.797	2.818
ρ_B	******	******	******	******	******	******
M	54.67	49.50	60.46	60.46	60.46	60.46
a	115.80	46.20	119.40	119.40	114.40	119.40
$-C_p$	4.714	4.928	4.267	4.267	4.267	4.267
	(HILL) (REUSS)	(HILL) (REUSS)	(HILL) (REUSS)	(HILL) (REUSS)	(HILL) (REUSS)	(HILL) (REUSS)
K_S	164.9 156.5	393.3 388.5	162.1 162.1	164.1 155.1	164.8 156.3	162.0 153.2
K_T	156.5 156.5	388.5 388.5	153.3 153.3	155.1 155.1	156.3 156.3	153.2 153.2
μ	79.2 ******	87.8 ******	76.3 ******	76.1 64.7	77.3 65.7	(77.5) (65.6) A
σ	0.293 0.319	0.396 0.410	0.297 0.325	0.299 0.326	0.297 0.324	0.294 0.322
V_p	3.203 3.112	3.512 3.456	3.056 2.962	3.070 2.980	3.094 3.004	3.068 2.975
V_S	1.733 1.604	1.456 1.353	1.643 1.509	1.643 1.515	1.662 1.533	1.658 1.525
V_ϕ	2.501 2.501	3.083 3.083	2.396 2.396	2.413 2.413	2.427 2.427	2.398 2.398
$(\partial K_S/\partial P)_T$	******	4.21 4.39	(5.35) (5.35)	4.55 4.55	(5.35) (5.35)	5.48 5.48
$(\partial K_T/\partial P)_T$	******	4.39 4.39	5.38 5.38	4.62 4.62	5.51 5.51	5.50 5.50
$(\partial \mu/\partial P)_T$	******	-0.55 -0.55	(0.86) (-0.26)	0.96 -0.13	(0.86) (-0.26)	0.91 -0.20
$(\partial\sigma/\partial P)_T$	******	1.641 1.530	3.813 5.720	2.619 4.577	3.737 5.650	3.935 5.801
$(\partial V_p/\partial P)_T$	******	7.43 7.68	27.68 20.27	23.79 16.41	27.65 20.20	28.67 21.36
$(\partial V_S/\partial P)_T$	******	-6.45 -6.68	3.93 -7.92	5.09 -6.42	3.96 -7.89	4.29 -7.34
$(\partial V_\phi/\partial P)_T$	******	12.52 12.52	31.71 31.71	25.64 25.64	31.64 31.64	32.73 32.73
$(\partial K_S/\partial T)_P$	-0.098 -0.098	-0.328 -0.328	-0.082 -0.082	(-0.080) (-0.080)	-0.127 -0.127	(-0.080)B (-0.080)B
$(\partial K_T/\partial T)_P$	-0.124 -0.124	-0.344 -0.344	-0.109 -0.109	-0.109 -0.109	-0.152 -0.152	-0.108 -0.108
$(\partial\mu/\partial T)_P$	-0.046 -0.025	-0.009 -0.010	-0.051 -0.025	(-0.049) (-0.023)	-0.039 -0.018	(-0.049)B (-0.023)B
$(\partial\sigma/\partial T)_P$	-0.13 -3.66	-7.09 -5.99	2.79 -1.75	2.64 -1.97	-4.74 -7.70	2.38 -2.18
$(\partial V_p/\partial T)_P$	-0.760 -0.616	-1.089 -1.113	-0.680 -0.511	-0.855 -0.483	-0.654 -0.727	-0.654 -0.485
$(\partial V_S/\partial T)_P$	-0.407 -0.198	-0.040 -0.056	-0.446 -0.204	-0.427 -0.182	-0.321 -0.123	-0.421 -0.180
$(\partial V_\phi/\partial T)_P$	-0.597 -0.597	-1.215 -1.215	-0.460 -0.460	-0.444 -0.444	-0.797 -0.797	-0.449 -0.449
$(\partial P/\partial T)_{V_p}$	******	14.663 14.487	2.457 2.520	2.749 2.943	3.091 3.602	2.283 2.269
$(\partial P/\partial T)_{V_S}$	-0.62 -0.84	9.705 9.705	11.34 -2.58	8.39 -2.84	8.11 -1.156	9.82 -2.245
$(\partial P/\partial T)_{V_\phi}$	******	1.795 1.795	1.450 1.450	1.732 1.732	2.518 2.518	1.372 1.372
$(\partial P/\partial T)_\rho$	1.813 1.813	1.795 1.795	1.831 1.831	1.851 1.851	1.788 1.788	1.829 1.829
γ_{th}	1.537 1.537	0.891 0.891	1.606 1.606	1.629 1.629	1.579 1.579	1.609 1.609
γ_P	******	1.155 1.197	1.722 1.382	1.535 1.187	1.730 1.384	1.764 1.433
γ_S	******	-1.387 -1.584	0.700 -0.471	0.865 -0.231	0.706 -0.471	0.730 -0.404
γ_{LT}	******	-1.299 -1.503	0.774 -0.357	0.634 -0.324	0.779 -0.355	0.806 -0.288
γ_{HT}	******	-0.540 -0.657	1.041 0.146	1.054 0.180	1.047 0.148	1.075 0.208
δ_S	5.122 5.122	18.062 18.062	4.215 4.215	4.083 4.083	6.737 6.737	4.136 4.136
δ_T	6.859 6.859	19.148 19.148	5.970 5.970	5.862 5.862	8.479 8.479	5.894 5.894
Γ	177.0 164.3	181.1 168.6	166.2 153.1	166.1 153.6	167.5 155.6	167.4 154.6
$(\partial K_S/\partial T)_V$	******	-0.252 -0.265	-0.018 -0.018	0.006 0.006	-0.028 -0.028	-0.007 -0.022
$(\partial K_P/\partial T)_V$	******	-0.265 -0.265	-0.011 -0.011	-0.023 -0.023	-0.053 -0.053	-0.007 -0.007
$(\partial\mu/\partial T)_P$	7.38 7.38	3.60 3.60	6.20 6.20	6.20 6.20	6.20 6.20	6.20 6.20
V_S/V_p	0.541 0.515	0.415 0.391	0.538 0.509	0.535 0.508	0.537 0.510	0.540 0.513
$V_S V_m$	1.934 1.796	1.648 1.534	1.835 1.698	1.856 1.698	1.856 1.718	1.851 1.709
REF. E.C.	022	040	052(020)	114(035)	073(020)	093(020)A,035B
REF. α, Cp	537, 611+613	527, 613	537, 611	537, 611	073, 611	537, 611

Table 2 (continued)
CALCULATED AGGREGATE PROPERTIES OF SINGLE CRYSTAL ELASTIC CONSTANTS

	RbCl Rock salt (Cubic) RESO (1970) 300 K		RbCl Rock salt (Cubic) *PULS (1970) 300 K		RbCl Rock salt (Cubic) PULS (1970) 300 K		RbCl Rock salt (Cubic) *PULS (1971) 298 K		RbCl Rock salt (Cubic) *PULS (1977) ROOM		AgCl Rock salt (Cubic) PULS (1967) 295 K	
ρ_X	2.825		2.797		2.817		2.818		2.818		5.569	
ρ_B	******		******		******		******		******		******	
M	60.46		60.46		60.46		60.46		60.46		71.66	
a	119.40		114.40		114.40		106.20		119.40		105.00	
C_P	4.267		4.267		4.267		4.267		4.267		3.534	
	(HILL)	(REUSS)	(HILL)	(REUSS)	(HILL)	(REUSS)	(HILL)	(REUSS)	(HILL)	(REUSS)	(HILL)	(REUSS)
K_S	163.3	163.3	161.6	161.6	161.9	161.9	163.0	163.0	163.0^	163.0^	434.1	434.1
K_T	154.4	154.4	153.5	153.5	153.8	153.8	155.8	155.8	154.0^	154.0^	404.6	404.6
μ	76.9	65.2	76.4	64.6	76.0	64.4	77.5	65.6	(77.5^	65.6^)	79.4	76.0
a	0.296	0.324	0.296	0.324	0.297	0.324	0.295	0.323	0.295	0.323	0.114	0.417
V_P	3.068	2.976	3.070	2.976	3.057	2.966	3.074	2.981	3.074	2.981	3.114	3.101
V_S	1.650	1.519	1.653	1.520	1.642	1.512	1.658	1.525	1.658	1.525	1.194	1.168
V_ϕ	2.404	2.404	2.404	2.404	2.397	2.397	2.405	2.405	2.405	2.405	2.792	2.792
$(\partial K_S/\partial P)_T$	(5.35)	(5.35)	5.47	5.47	(5.35)	(5.35)	5.35	5.35	5.33	5.33	(6.57)	(6.57)
$(\partial K_T/\partial P)_T$	5.42	5.42	5.50	5.50	5.35	5.35	5.39	5.39	5.36	5.36	6.75	6.75
$(\partial \mu/\partial P)_T$	(0.86)	(−0.26)	0.93	−0.25	(0.86)	(−0.26)	0.86	−0.26	0.89	−0.23	(0.55)	(0.09)
$(\partial \sigma/\partial P)_T$	3.793	5.704	3.818	5.856	3.806	5.737	3.842	5.744	3.749	5.655	0.669	1.091
$(\partial V_P/\partial P)_T$	27.56	20.15	29.11	21.20	27.80	20.34	27.66	20.25	27.67	20.25	17.20	15.54
$(\partial V_S/\partial P)_T$	3.91	−7.90	4.71	−7.83	3.98	−7.92	3.91	−7.87	4.18	−7.59	2.64	−0.76
$(\partial V_\phi/\partial P)_T$	31.60	31.60	32.85	32.85	31.81	31.81	31.52	31.52	31.52	31.52	17.68	17.68
$(\partial K_S/\partial T)_P$	−0.093	−0.093	−0.080	−0.080	−0.069	−0.069	(−0.080)	(−0.080)	(−0.080)^B	(−0.080)^B	−0.294	−0.294
$(\partial K_T/\partial T)_P$	−0.121	−0.121	−0.106	−0.106	−0.095	−0.095	−0.105	−0.105	−0.108	−0.108	−0.391	−0.391
$(\partial \mu/\partial T)_P$	−0.043	−0.021	−0.049	−0.023	−0.053	−0.026	(−0.049)	(−0.023)	(−0.049)^B	(−0.023)^B	−0.089	−0.067
$(\partial \sigma/\partial T)_P$	−0.23	−3.81	2.49	−2.10	4.68	−0.38	2.43	−2.13	2.43	−2.13	3.63	1.63
$(\partial V_P/\partial T)_P$	−0.686	−0.547	−0.668	−0.497	−0.632	−0.449	−0.673	−0.503	−0.653	−0.483	−1.027	−0.948
$(\partial V_S/\partial T)_P$	−0.363	−0.157	−0.431	−0.187	−0.474	−0.216	−0.421	−0.190	−0.421	−0.180	−0.609	−0.456
$(\partial V_\phi/\partial T)_P$	−0.544	−0.544	−0.457	−0.457	−0.373	−0.373	−0.463	−0.463	−0.447	−0.447	−0.799	−0.799
$(\partial P/\partial T)_V \gamma_P$	2.490	2.713	2.295	2.343	2.275	2.206	2.433	2.482	2.359	2.385	5.973	6.104
$(\partial P/\partial T)_{VS}$	9.28	−1.99	9.17	−2.39	11.91	−2.73	11.06	−2.41	10.08	−2.37	23.02	−60.01
$(\partial P/\partial T)_{V\phi}$	1.722	1.722	1.393	1.393	1.172	1.172	1.457	1.457	1.417	1.417	4.519	4.519
$(\partial P/\partial T)_\rho$	1.843	1.843	1.756	1.756	1.759	1.759	1.655	1.655	1.839	1.839	4.248	4.248
γ_{th}	1.618	1.618	1.549	1.549	1.541	1.541	1.439	1.439	1.618	1.618	2.316	2.316
γ_P	1.720	1.378	1.788	1.426	1.732	1.388	1.735	1.392	1.720	1.380	2.568	2.360
γ_S	0.699	−0.469	0.770	−0.458	0.706	−0.472	0.701	−0.471	0.722	−0.433	1.229	0.070
γ_{LT}	0.772	−0.354	0.844	−0.340	0.780	−0.356	0.794	−0.354	0.794	−0.319	1.266	0.130
γ_{HT}	1.039	0.147	1.110	0.170	1.048	0.148	1.046	0.150	1.054	0.171	1.675	0.834
δ_S	4.790	4.790	4.327	4.327	3.720	3.720	4.622	4.622	4.111	4.111	6.450	6.450
δ_T	6.557	6.557	6.037	6.037	5.421	5.421	6.325	6.325	5.879	5.879	9.213	9.213
B	166.9	154.1	166.6	153.7	165.9	153.3	167.5	154.6	167.5	154.6	145.3	142.2
$(\partial K_S/\partial T)_V$	0.008	0.008	0.017	0.017	0.026	0.026	0.008	0.008	0.020	0.020	−0.014	−0.014
$(\partial K_P/\partial T)_V$	−0.021	−0.021	−0.009	−0.009	−0.001	−0.001	−0.015	−0.015	−0.010	−0.010	−0.105	−0.105
$(\partial \sigma/\partial T)_P$	6.20	6.20	6.20	6.20	6.20	6.20	8.40	8.40	6.20	6.20	9.80	9.80
V_S/V_P	0.538	0.510	0.539	0.511	0.537	0.510	0.539	0.512	0.539	0.512	0.384	0.377
V_m	1.843	1.702	1.846	1.703	1.834	1.694	1.851	1.709	1.851	1.709	1.355	1.326
REF. E.C.	022(020)		035		036(020)		020(035)		116(020^A,035^B)		111(070)	
REF. α, C_P	537, 611		035, 611		036, 611		020, 611		537, 611		111, 607	

	AgCl Rock salt (Cubic) PULS (1967) 293 K		AgCl Rock salt (Cubic) PULS (1970) 300 K		AgCl-AgBr (21.3%) Rock salt (Cubic) PULS (1977) 298 K		AgCl-AgBr (43.4%) Rock salt (Cubic) PULS (1977) 298 K		AgCl-AgBr (60.9%) Rock salt (Cubic) PULS (1977) 298 K		AgCl-AgBr (80.5%) Rock salt (Cubic) PULS (1977) 298 K	
ρ_X	5.589		5.570		5.600		5.650		5.689		5.733	
ρ_B	*****		*****		*****		*****		*****		*****	
M	71.66		71.66		76.40		81.31		85.20		89.55	
α	93.00		93.00		95.60		98.20		100.30		102.70	
$-C_P$	3.534		3.534		3.333		3.149		3.017		2.886	
	(HILL)	(REUSS)	(HILL)	(REUSS)	(HILL)	(REUSS)	(HILL)	(REUSS)	(HILL)	(REUSS)	(HILL)	(REUSS)
K_S	441.9	441.9	440.3	440.3	419.0	419.0	407.0	407.0	404.0	404.0	405.0	405.0
K_T	417.7	417.7	416.1	416.1	394.7	394.7	381.7	381.7	377.2	377.2	375.9	375.9
μ	77.7	76.0	81.0	77.0	81.4	78.0	82.6	79.6	84.3	81.5	86.1	83.4
σ	0.415	0.419	0.413	0.417	0.409	0.412	0.405	0.408	0.402	0.405	0.401	0.404
v_P	3.132	3.118	3.206	3.122	3.069	3.056	3.025	3.014	3.002	3.002	3.011	3.001
v_S	1.194	1.166	1.206	1.176	1.206	1.180	1.209	1.187	1.217	1.197	1.225	1.206
v_ϕ	2.812	2.812	2.812	2.812	2.735	2.735	2.684	2.684	2.665	2.665	2.658	2.658
$(\partial K_S/\partial P)_T$	(6.57)	(6.57)	6.57	6.57	6.63	6.63	6.65	6.65	6.74	6.74	6.76	6.76
$(\partial K_T/\partial P)_T$	6.79	(0.09)	6.79	6.79	6.90	6.90	6.97	6.97	7.09	7.09	7.12	7.12
$(\partial \mu/\partial P)_T$	(0.55)	1.054	0.55	0.09	0.60	0.18	0.68	0.29	0.73	0.34	0.82	0.44
$(\partial \sigma/\partial P)_T$	0.642	15.46	0.666	1.075	0.727	1.116	0.722	1.099	0.735	1.107	0.669	1.032
$(\partial v_P/\partial P)_T$	17.10	-0.71	17.12	15.48	17.71	16.20	18.14	16.70	18.50	17.09	18.73	17.35
$(\partial v_S/\partial P)_T$	2.67	17.54	2.63	-0.73	2.89	-0.14	3.19	0.58	3.64	0.92	4.18	1.56
$(\partial v_\phi/\partial P)_T$	17.54		17.60	17.60	18.18	18.18	18.41	18.41	18.70	18.70	18.65	18.65
$(\partial K_S/\partial T)_P$	-0.329	-0.329	-0.325	-0.325	-0.348	-0.348	-0.362	-0.362	-0.374	-0.374	-0.362	-0.362
$(\partial K_T/\partial T)_P$	-0.414	-0.414	-0.410	-0.410	-0.428	-0.428	-0.443	-0.443	-0.457	-0.457	-0.452	-0.452
$(\partial \mu/\partial T)_P$	-0.083	-0.062	-0.083	-0.061	-0.105	-0.081	-0.114	-0.090	-0.122	-0.098	-0.128	-0.103
$(\partial v_P/\partial T)_P$	2.41	0.53	2.34	0.45	3.99	1.73	4.34	2.01	4.78	2.43	5.45	3.08
$(\partial v_S/\partial T)_P$	-1.110	-1.035	-1.100	-1.024	-1.275	-1.187	-1.354	-1.265	-1.415	-1.326	-1.387	-1.297
$(\partial v_\phi/\partial T)_P$	-0.568	-0.420	-0.562	-0.413	-0.724	-0.557	-0.773	-0.608	-0.821	-0.658	-0.845	-0.683
	-0.915	-0.915	-0.907	-0.907	-1.005	-1.005	-1.062	-1.062	-1.100	-1.100	-1.051	-1.051
$(\partial P/\partial T)_V$	6.490	6.692	6.428	6.615	7.197	7.326	7.462	7.575	7.652	7.762	7.405	7.477
$(\partial P/\partial T)_{VS}$	21.22	-58.87	21.35	-56.36	25.01	71.73	22.77	105.30	22.59	71.73	20.23	43.90
$(\partial P/\partial T)_{V\phi}$	5.218	5.218	5.152	5.152	5.530	5.530	5.767	5.767	5.882	5.882	5.638	5.638
$(\partial P/\partial T)_{p}$	3.884	3.884	3.870	3.870	3.773	3.773	3.749	3.749	3.784	3.784	3.860	3.860
γ_{th}	2.081	2.081	2.080	2.080	2.146	2.146	2.246	2.246	2.359	2.359	2.514	2.514
γ_P	2.614	2.405	2.604	2.396	2.611	2.425	2.622	2.449	2.649	2.480	2.671	2.507
γ_S	1.269	0.078	1.242	0.074	1.281	0.286	1.405	0.519	1.460	0.622	1.615	0.818
γ_{LT}	1.305	0.137	1.279	0.134	1.320	0.346	1.442	0.576	1.498	0.680	1.649	0.871
γ_{HT}	1.717	0.853	1.696	0.848	1.724	0.999	1.811	1.162	1.856	1.242	1.967	1.381
δ_S	7.998	7.998	7.934	7.934	8.688	8.688	9.057	9.057	9.230	9.230	8.703	8.703
δ_T	10.650	10.650	10.586	10.586	11.344	11.344	11.808	11.808	12.092	12.092	11.718	11.718
δ_μ	145.5	142.2	146.7	143.2	143.8	140.8	141.6	139.0	140.6	138.3	139.5	137.4
$(\partial K_S/\partial T)_V$	-0.078	-0.078	-0.075	-0.075	-0.097	-0.097	-0.109	-0.109	-0.113	-0.113	-0.094	-0.094
$(\partial K_T/\partial T)_V$	-0.150	-0.150	-0.147	-0.147	-0.168	-0.168	-0.181	-0.181	-0.189	-0.189	-0.178	-0.178
$(\partial \alpha/\partial T)_P$	10.80	10.80	10.80	10.80	10.00	10.00	10.00	10.00	10.00	10.00	10.00	10.00
V_S/V_P	0.381	0.374	0.384	0.377	0.393	0.386	0.400	0.394	0.404	0.399	0.407	0.402
V_M	1.355	1.323	1.367	1.334	1.366	1.338	1.370	1.345	1.378	1.356	1.387	1.366
REF. E.C.	b56(d7d)		d7d		d17		d17		d17		d17	
REF. α, C_P	523, 607		523, 607		d17, 607		d17, 607		d17, 607		d17, 607	

Table 2 (continued)
CALCULATED AGGREGATE PROPERTIES OF SINGLE CRYSTAL ELASTIC CONSTANTS

	CsCl		CsCl		CsCl		TlCl		TlCl		$SrCl_2$	
	CsCl-str. (Cubic)		CsCl-str. (Cubic)		CsCl-str. (Cubic)		CsCl-str. (Cubic)		CsCl-str. (Cubic)		Fluorite (Cubic)	
	PULS (1960)		PULS (1967)		*PULS (1977)		PULS (1972)		PULS (1975)		RESO (1970)	
	293 K		ROOM		286 K		298 K		300 K		300 K	
ρ_x	3.990		3.988		3.991		7.018		7.018		3.097	
$\underline{\rho_B}$	******		******		******		******		******		******	
$\underline{M}$	84.18		84.18		84.18		119.91		119.91		52.84	
α	138.00		139.50		139.50		158.05		157.50		60.65	
C_P	3.118		3.118		3.118		2.198		2.198		5.941	
	(HILL)	(REUSS)	(HILL)	(REUSS)	(HILL)	(REUSS)	(HILL)	(REUSS)	(HILL)	(REUSS)	(HILL)	(REUSS)
K_s	182.7	182.7	180.9	180.9	182.2	182.2	236.3	236.3	240.4	240.4	378.8	378.8
K_T	168.6	168.6	166.8	166.8	167.9	167.9	212.0	212.0	215.5	215.5	370.4	370.4
μ	99.1	95.8	100.3	96.7	101.4	97.9	94.3	91.9	92.4	89.9	146.9	131.0
σ	0.270	0.277	0.266	0.273	0.265	0.272	0.324	0.328	0.330	0.334	0.328	0.345
V_P	2.809	2.789	2.809	2.788	2.820	2.800	2.271	2.261	2.276	2.266	4.307	4.227
V_s	1.576	1.550	1.586	1.557	1.594	1.567	1.159	1.144	1.147	1.132	2.178	2.057
V_ϕ	2.140	2.140	2.130	2.130	2.137	2.137	1.835	1.835	1.851	1.851	3.497	3.497
$(\partial K_s/\partial P)_T$	(5.64)	(5.64)	(5.64)	(5.64)	5.64	5.64	6.69	6.69	(6.69)	(6.69)	******	******
$(\partial K_T/\partial P)_T$	5.73	5.73	5.69	5.69	5.69	5.69	6.81	6.81	6.80	6.80	******	******
$(\partial \mu/\partial P)_T$	(2.87)	(3.24)	(2.87)	(3.24)	2.87	3.24	1.91	2.17	(1.91)	(2.17)	******	******
$(\partial \sigma/\partial P)_T$	0.377	-0.566	0.511	-0.453	0.530	-0.418	1.246	0.719	1.075	0.546	******	******
$(\partial V_P/\partial P)_T$	33.88	36.49	33.81	36.46	33.64	36.25	23.63	24.86	23.64	24.87	******	******
$(\partial V_s/\partial P)_T$	18.12	21.63	17.91	21.44	17.79	21.27	9.03	10.80	9.21	11.03	******	******
$(\partial V_\phi/\partial P)_T$	26.68	26.68	26.81	26.81	26.71	26.71	21.65	21.65	21.45	21.45	******	******
$(\partial K_s/\partial T)_P$	-0.108	-0.108	-0.097	-0.097	(-0.097)	(-0.097)	(-0.196)	(-0.196)	-0.196	-0.196	******	******
$(\partial K_T/\partial T)_P$	-0.157	-0.157	-0.147	-0.147	-0.147	-0.147	-0.262	-0.262	-0.264	-0.264	******	******
$(\partial \mu/\partial T)_P$	-0.085	-0.095	-0.085	-0.095	(-0.085)	(-0.095)	(-0.107)	(-0.114)	-0.107	-0.114	******	******
$(\partial \sigma/\partial T)_P$	5.28	7.72	6.26	8.60	6.17	8.47	4.76	6.20	5.19	6.64	******	******
$(\partial V_P/\partial T)_P$	-0.793	-0.861	-0.744	-0.810	-0.739	-0.804	-0.884	-0.917	-0.881	-0.915	******	******
$(\partial V_s/\partial T)_P$	-0.569	-0.664	-0.565	-0.655	-0.560	-0.650	-0.567	-0.617	-0.575	-0.627	******	******
$(\partial V_\phi/\partial T)_P$	-0.482	-0.482	-0.421	-0.421	-0.418	-0.418	-0.616	-0.616	-0.609	-0.609	******	******
$(\partial P/\partial T)_{V_P}$	2.339	2.360	2.200	2.221	2.196	2.217	3.739	3.688	3.729	3.678	******	******
$(\partial P/\partial T)_{V_s}$	3.14	3.07	3.15	3.06	3.15	3.05	6.28	5.71	6.24	5.68	******	******
$(\partial P/\partial T)_{V_\phi}$	1.806	1.806	1.569	1.569	1.565	1.565	2.847	2.847	2.839	2.839	******	******
$(\partial P/\partial T)_\rho$	2.326	2.326	2.326	2.326	2.342	2.342	3.350	3.350	3.393	3.393	2.246	2.246
γ_{th}	2.027	2.027	2.030	2.030	2.043	2.043	2.421	2.421	2.455	2.455	1.249	1.249
γ_P	2.366	2.538	2.341	2.514	2.336	2.507	2.539	2.663	2.571	2.698	******	******
γ_s	2.272	2.686	2.217	2.629	2.207	2.613	1.984	2.334	2.064	2.433	******	******
γ_{LT}	2.279	2.675	2.227	2.620	2.217	2.604	2.019	2.354	2.094	2.449	******	******
γ_{HT}	2.303	2.637	2.258	2.591	2.250	2.577	2.169	2.444	2.233	2.521	******	******
δ_s	4.264	4.264	3.831	3.831	3.805	3.805	5.251	5.251	5.178	5.178	******	******
δ_T	6.739	6.739	6.302	6.302	6.289	6.289	7.824	7.824	7.786	7.786	******	******
θ_D	159.6	157.0	160.5	157.7	161.3	158.7	126.8	125.2	125.6	123.9	238.4	225.7
$(\partial K_s/\partial T)_V$	0.022	0.022	0.032	0.032	0.033	0.033	0.043	0.043	0.046	0.046	******	******
$(\partial K_P/\partial T)_V$	-0.024	-0.024	-0.014	-0.014	-0.014	-0.014	-0.034	-0.034	-0.033	-0.033	******	******
$(\partial \alpha/\partial T)_P$	14.90	14.90	14.90	14.90	14.90	14.90	9.75	9.75	9.75	9.75	2.90	2.90
V_s/V_P	0.561	0.556	0.565	0.559	0.565	0.560	0.510	0.506	0.504	0.499	0.506	0.486
V_m	1.754	1.726	1.764	1.734	1.773	1.744	1.299	1.283	1.287	1.270	2.441	2.311
REF. E.C.	051(021)		106(021)		021(106)		064(037)		037(064)		041	
REF. α, Cp	051, 613		537, 613		537, 613		064, 064		530; 064		534; 606	

71

	SrCl$_2$ Fluorite (Cubic) PULS (1971) 300 K		SrCl$_2$ Fluorite (Cubic) BRIL (1977) ROOM		PbCl$_2$ (Ortho.) BRIL (1975) ROOM		Hg$_2$Cl$_2$ (Tetra.) PULS (1975) ROOM		Hg$_2$Cl$_2$ (Tetra.) BRIL (1977) ROOM		CsPbCl$_3$ Perovskite(Cubic) PULS (1978) 323 K	
ρ_X	3.052		3.052		5.850		7.190		7.190		4.168	
ρ_B	******		******		******		******		******		******	
M	52.84		52.84		92.71		118.03		118.03		89.29	
a	60.65		60.65				103.00		103.00		90.00	
C_p	5.941		5.941		2.631		2.162		2.162		2.900	
	(HILL)	(REUSS)	(HILL)	(REUSS)	(HILL)	(REUSS)	(HILL)	(REUSS)	(HILL)	(REUSS)	(HILL)	(REUSS)
K_S	335.0	335.0	368.1	368.0	289.4	287.5	209.4	179.7	208.3	178.5	205.0	205.0
K_T	328.3	328.3	360.0	360.0			200.8	173.3	199.8	172.2	196.7	196.9
μ	143.4	126.7	144.1	127.3	102.4	92.6	68.7	32.6	68.8	31.6	56.7	56.1
ν	0.313	0.332	0.327	0.345	0.342	0.355	0.352	0.414	0.351	0.416	0.373	0.375
V_P	4.152	4.063	4.284	4.198	2.698	2.650	2.046	1.762	2.043	1.751	2.594	2.591
V_S	2.168	2.037	2.173	2.042	1.323	1.258	0.978	0.674	0.978	0.663	1.166	1.160
V_ϕ	3.313	3.313	3.473	3.473	2.224	2.217	1.706	1.581	1.702	1.575	2.218	2.218
$(\partial K_S/\partial P)_T$	******	******	******	******	******	******	******	******	******	******	******	******
$(\partial K_T/\partial P)_T$	******	******	******	******	******	******	******	******	******	******	******	******
$(\partial \mu/\partial P)_T$	******	******	******	******	******	******	******	******	******	******	******	******
$(\partial \sigma/\partial P)_T$	******	******	******	******	******	******	******	******	******	******	******	******
$(\partial V_P/\partial P)_T$	******	******	******	******	******	******	******	******	******	******	******	******
$(\partial V_S/\partial P)_T$	******	******	******	******	******	******	******	******	******	******	******	******
$(\partial V_\phi/\partial P)_T$	******	******	******	******	******	******	******	******	******	******	******	******
$(\partial K_S/\partial T)_P$	-0.108	-0.108	-0.149	-0.149			-0.077	-0.048	-0.077	-0.048	-0.011	-0.011
$(\partial K_T/\partial T)_P$	-0.131	-0.131	-0.176	-0.176			-0.110	-0.073	-0.110	-0.073	-0.041	-0.041
$(\partial \mu/\partial T)_P$	-0.041	-0.035	-0.065	-0.065			-0.089	-0.154	-0.089	-0.154	0.026	0.021
$(\partial \sigma/\partial T)_P$	-0.65	-0.68	-0.72	1.50			12.43	36.26	12.43	36.26	-5.92	-5.02
$(\partial V_P/\partial T)_P$	-0.513	-0.500	-0.773	-0.796			-0.564	-0.915	-0.564	-0.915	0.226	0.198
$(\partial V_S/\partial T)_P$	-0.240	-0.220	-0.426	-0.463			-0.585	-1.579	-0.585	-1.579	0.319	0.275
$(\partial V_\phi/\partial T)_P$	-0.433	-0.433	-0.599	-0.599			-0.229	-0.132	-0.229	-0.132	0.040	0.040
$(\partial P/\partial T)_{V_P}$	******	******	******	******	******	******	******	******	******	******	******	******
$(\partial P/\partial T)_{V_S}$	******	******	******	******	******	******	******	******	******	******	******	******
$(\partial P/\partial T)_{V_\phi}$	1.991	1.991	2.184	2.184			2.068	1.785	2.058	1.773	1.772	1.772
γ_{th}	1.121	1.121	1.231	1.231			1.387	1.191	1.380	1.183	1.526	1.526
γ_P	******	******	******	******	******	******	******	******	******	******	******	******
γ_S	******	******	******	******	******	******	******	******	******	******	******	******
γ_{LT}	******	******	******	******	******	******	******	******	******	******	******	******
γ_{HT}	******	******	******	******	******	******	******	******	******	******	******	******
δ_S	5.311	5.311	6.687	6.687			3.612	2.628	3.612	2.628	0.596	0.596
δ_T	6.566	6.566	8.065	8.065			5.321	4.101	5.321	4.101	2.307	2.307
θ	235.7	222.1	236.7	223.0	148.7	141.7	108.8	75.6	108.8	74.4	119.0	118.5
$(\partial K_S/\partial T)_V$	******	******	******	******	******	******	******	******	******	******	******	******
$(\partial K_T/\partial T)_V$	2.90	2.90	2.90	2.90			10.00	10.00	10.00	10.00	5.00	5.00
$(\partial \mu/\partial T)_P$	0.522	0.501	0.507	0.486	0.490	0.475	0.478	0.382	0.479	0.378	0.449	0.448
V_S/V_P												
V_m	2.425	2.285	2.435	2.295	1.486	1.415	1.100	0.764	1.100	0.752	1.315	1.309
REF. E.C.	068		019		085		103		018		057	
REF. α, C_p	534, 606		534, 606		***, 613		518, 613		518, 613		057, 057	

Table 2 (continued)
CALCULATED AGGREGATE PROPERTIES OF SINGLE CRYSTAL ELASTIC CONSTANTS

	LiBr Rock salt (Cubic) PULS (1960) 295 K		LiBr Rock salt (Cubic) PULS (1969) 300 K		NaBr Rock salt (Cubic) PULS (1960) 295 K		NaBr Rock salt (Cubic) PULS (1967) 300 K		NaBr Rock salt (Cubic) PULS (1967) 298 K		NaBr Rock salt (Cubic) RESO (1970) 293 K	
ρ_X	3.470		3.468		3.205		3.202		3.203		3.192	
ρ_B	*****		*****		*****		*****		*****		*****	
M	43.42		43.42		51.45		51.45		51.45		51.45	
α	139.80		139.80		134.51		134.51		134.51		134.51	
C_p	5.643		5.643		5.001		5.001		5.001		5.001	
	(HILL)	(REUSS)	(HILL)	(REUSS)	(HILL)	(REUSS)	(HILL)	(REUSS)	(HILL)	(REUSS)	(HILL)	(REUSS)
K_S	255.0	255.0	256.7	256.7	206.5	206.5	199.1	199.1	202.1	202.1	219.5	219.5
K_T	236.6	236.3	238.3	238.3	193.0	193.0	186.5	186.5	189.1	189.1	204.2	204.2
μ	150.6	143.8	147.0	140.4	115.7	113.6	117.1	114.9	119.1	116.9	115.6	113.8
α	0.253	0.263	0.259	0.269	0.264	0.268	0.254	0.258	0.254	0.258	0.276	0.279
V_P	3.624	3.588	3.613	3.578	3.355	3.342	3.330	3.317	3.357	3.343	3.421	3.410
V_S	2.083	2.036	2.059	2.012	1.900	1.883	1.912	1.894	1.928	1.910	1.903	1.888
V_ϕ	2.711	2.711	2.721	2.721	2.538	2.538	2.493	2.493	2.512	2.512	2.622	2.622
$(\partial K_S/\partial P)_T$	*****	*****	*****	*****	(4.95)	(4.95)	(4.95)	(4.95)	4.95	4.95	(4.95)	(4.95)
$(\partial K_T/\partial P)_T$	*****	*****	*****	*****	5.02	5.02	4.99	4.99	4.99	4.99	5.28	5.28
$(\partial \mu/\partial P)_T$	*****	*****	*****	*****	(1.86)	(1.51)	(1.86)	(1.51)	1.86	1.51	(1.86)	(1.51)
$(\partial \sigma/\partial P)_T$	*****	*****	*****	*****	1.566	2.099	1.841	2.379	1.824	2.353	1.228	1.752
$(\partial V_P/\partial P)_T$	*****	*****	*****	*****	25.90	23.87	25.95	23.91	25.72	23.70	25.68	23.65
$(\partial V_S/\partial P)_T$	*****	*****	*****	*****	10.38	7.64	10.10	7.38	9.99	7.30	10.68	7.91
$(\partial V_\phi/\partial P)_T$	*****	*****	*****	*****	23.87	23.87	24.33	24.33	24.14	24.14	23.17	23.17
$(\partial K_S/\partial T)_P$	-0.149	-0.149	-0.037	-0.037	-0.107	-0.107	-0.095	-0.095	(-0.095)	(-0.095)	-0.219	-0.219
$(\partial K_T/\partial T)_P$	-0.205	-0.205	-0.102	-0.102	-0.153	-0.153	-0.138	-0.138	-0.140	-0.140	-0.263	-0.263
$(\partial \mu/\partial T)_P$	-0.151	-0.174	-0.154	-0.182	-0.070	-0.058	-0.072	-0.063	(-0.072)	(-0.063)	-0.058	-0.051
$(\partial \sigma/\partial T)_P$	8.63	12.49	18.30	22.54	1.60	-0.24	2.92	1.43	2.85	1.38	-9.39	-10.43
$(\partial V_P/\partial T)_P$	-1.141	-1.280	-0.716	-0.876	-0.705	-0.636	-0.675	-0.619	-0.666	-0.610	-1.131	-1.068
$(\partial V_S/\partial T)_P$	-0.900	-1.089	-0.937	-1.163	-0.443	-0.352	-0.464	-0.391	-0.457	-0.386	-0.354	-0.294
$(\partial V_\phi/\partial T)_P$	-0.604	-0.604	-0.005	-0.005	-0.489	-0.489	-0.427	-0.427	-0.421	-0.421	-1.133	-1.133
$(\partial P/\partial T)_{V_P}$	*****	*****	*****	*****	2.721	2.663	2.600	2.589	2.588	2.576	4.403	4.599
$(\partial P/\partial T)_{V_S}$	*****	*****	*****	*****	4.27	4.60	4.59	5.30	4.58	5.28	3.31	3.71
$(\partial P/\partial T)_{V_\phi}$	*****	*****	*****	*****	2.051	2.051	1.756	1.756	1.746	1.746	4.891	4.891
$(\partial P/\partial T)_\rho$	3.312	3.312	3.332	3.332	2.596	2.596	2.508	2.508	2.544	2.544	2.747	2.747
γ_{th}	1.820	1.820	1.834	1.834	1.733	1.733	1.672	1.672	1.697	1.697	1.849	1.849
γ_P	*****	*****	*****	*****	1.823	1.712	1.786	1.678	1.782	1.674	1.866	1.750
γ_S	*****	*****	*****	*****	1.388	1.117	1.318	1.060	1.313	1.056	1.480	1.189
γ_{LT}	*****	*****	*****	*****	1.424	1.166	1.359	1.113	1.354	1.109	1.511	1.233
γ_{HT}	*****	*****	*****	*****	1.533	1.315	1.474	1.266	1.470	1.262	1.609	1.376
δ_T	4.185	4.185	1.028	1.028	3.867	3.867	3.548	3.548	3.495	3.495	7.425	7.425
δ_S	6.192	6.192	3.049	3.049	5.905	5.905	5.520	5.520	5.494	5.494	9.591	9.591
B	250.6	245.1	247.8	242.4	210.6	208.7	211.6	209.7	213.4	211.5	210.0	209.4
$(\partial K_S/\partial T)_V$	*****	*****	*****	*****	0.020	-0.028	0.028	-0.028	0.029	-0.013	0.077	-0.077
$(\partial K_T/\partial T)_V$	*****	*****	*****	*****	-0.023	-0.023	-0.013	-0.013	-0.013	-0.013	-0.119	-0.119
V_s/V_P	8.70	8.70	8.70	8.70	11.60	11.60	11.60	11.60	11.60	11.60	11.60	11.60
V_M	0.575	0.567	0.570	0.562	0.566	0.563	0.574	0.571	0.574	0.571	0.556	0.554
	2.314	2.263	2.289	2.239	2.113	2.094	2.124	2.105	2.142	2.123	2.119	2.104
REF. E.C.	052		072		052 [064]		069 [054]		065 [069]		083 [055]	
REF. α, C_p	518, 613		518, 613		507, 613		507, 613		507, 613		507, 613	

	NaBr Rock salt (Cubic) PULS (1970) 295 K	NaBr Rock salt (Cubic) PULS (1973) 300 K	KBr Rock salt (Cubic) PULS (1960) 295 K	KBr Rock salt (Cubic) PULS (1965) 300 K	KBr Rock salt (Cubic) PULS (1967) 298 K	KBr Rock salt (Cubic) RESO (1969) 293 K
ρ_X	3.205	3.235	2.746	2.746	2.744	2.750
ρ_B	******	******	******	******	******	******
M	51.45	51.45	59.51	59.51	59.51	59.51
a	134.51	134.51	110.30	110.30	110.30	110.30
C_p	5.001	5.001	4.400	4.400	4.400	4.400
	(HILL) (REUSS)	(HILL) (REUSS)	(HILL) (REUSS)	(HILL) (REUSS)	(HILL) (REUSS)	(HILL) (REUSS)
K_S	206.5 206.5	207.0 207.0	153.9 153.9	148.6 148.6	154.3 154.3	147.4 147.4
K_T	193.0 193.0	193.5 193.5	147.0 147.0	142.2 142.2	147.4 147.4	141.1 141.1
μ	115.7 113.6	114.1 112.5	78.6 68.6	78.6 68.6	78.3 68.5	79.4 68.9
σ	0.264 0.268	0.267 0.270	0.282 0.306	0.275 0.300	0.283 0.307	0.272 0.298
v_p	3.355 3.342	3.332 3.322	3.069 2.949	3.038 2.957	3.071 2.992	3.035 2.950
v_s	1.900 1.883	1.878 1.865	1.691 1.580	1.691 1.580	1.690 1.580	1.699 1.583
v_ϕ	2.538 2.538	2.529 2.529	2.367 2.367	2.326 2.326	2.371 2.371	2.315 2.315
$(\partial K_S/\partial P)_T$	5.29 5.29	5.29 5.29	(5.38) (5.38)	5.38 5.38	(5.38) (5.38)	(5.38) (5.38)
$(\partial K_T/\partial P)_T$	5.30 5.30	5.11 5.11	5.41 5.41	5.42 5.42	5.41 5.41	5.45 5.45
$(\partial \mu/\partial P)_T$	1.87 1.53	1.86 (1.51)	(1.11) (1.11)	1.11 0.15	(1.11) (1.11)	(1.11) (0.15)
$(\partial v_p/\partial P)_T$	1.879 2.381	1.493 2.044	3.875 5.536	4.207 5.899	3.834 5.503	4.349 6.009
$(\partial v_s/\partial P)_T$	27.51 25.58	25.90 23.84	30.31 23.84	30.48 23.97	30.33 23.85	30.39 23.95
$(\partial v_\phi/\partial P)_T$	10.44 7.83	10.49 7.71	6.24 -3.64	6.05 -3.83	6.28 -3.63	5.90 -3.89
	25.94 25.94	23.73 23.73	33.34 33.34	33.94 33.94	33.31 33.31	34.06 34.06
$(\partial K_S/\partial T)_P$	(-0.095) (-0.095)	-0.147 -0.147	-0.073 -0.073	(-0.075) (-0.075)	-0.075 -0.075	-0.087 -0.087
$(\partial K_T/\partial T)_P$	-0.142 -0.142	-0.191 -0.191	-0.098 -0.097	(-0.097) (-0.097)	-0.099 -0.099	-0.109 -0.109
$(\partial \mu/\partial T)_P$	(-0.072) (-0.063)	-0.065 -0.057	-0.051 -0.028	(-0.046) (-0.026)	-0.048 -0.026	-0.046 -0.026
$(\partial \sigma/\partial T)_P$	3.31 1.84	-2.77 -4.02	-3.21 -1.18	2.08 -2.13	2.40 -1.74	0.35 -3.84
$(\partial v_p/\partial T)_P$	-0.666 -0.610	-0.863 -0.815	-0.670 -0.509	-0.665 -0.512	-0.655 -0.503	-0.722 -0.589
$(\partial v_s/\partial T)_P$	-0.468 -0.395	-0.410 -0.346	-0.456 -0.234	-0.425 -0.213	-0.426 -0.214	-0.395 -0.209
$(\partial v_\phi/\partial T)_P$	-0.413 -0.413	-0.731 -0.731	-0.434 -0.434	-0.457 -0.457	-0.444 -0.444	-0.559 -0.559
γ_{th}	2.420 2.386	3.332 3.421	2.210 2.135	2.183 2.135	2.160 2.108	2.376 2.458
γ_P	4.48 5.04	3.91 4.49	7.30 6.43	7.02 5.57	6.77 5.90	6.70 5.38
γ_s	1.593 1.593	3.079 3.079	1.302 1.302	1.347 1.347	1.333 1.333	1.643 1.643
γ_{LT}	2.596 2.596	2.603 2.603	1.622 1.622	1.569 1.569	1.626 1.626	1.557 1.557
γ_{HT}	1.733 1.733	1.721 1.721	1.405 1.410	1.357 1.357	1.410 1.410	1.344 1.344
δ_S	1.916 1.810	1.838 1.722	1.785 1.506	1.761 1.486	1.789 1.508	1.747 1.479
δ_T	1.394 1.136	1.415 1.133	0.876 -0.006	0.842 -0.011	0.882 -0.005	0.824 -0.013
$(\partial K_S/\partial T)_V$	1.437 1.191	1.449 1.181	0.946 0.098	0.915 0.095	0.951 0.099	0.898 0.094
$(\partial K_T/\partial T)_V$	1.568 1.361	1.556 1.330	1.179 0.498	1.148 0.488	1.184 0.499	1.131 0.484
V_s/V_P	3.420 3.420	5.295 5.295	4.325 4.325	4.563 4.563	4.395 4.395	5.382 5.382
V_m	5.459 5.459	7.320 7.320	6.023 6.023	6.206 6.206	6.099 6.099	7.009 7.009
	210.6 208.8	208.8 207.4	170.0 159.3	169.8 159.2	169.8 159.2	170.6 159.5
	0.041 0.041	-0.017 -0.017	-0.012 -0.012	-0.008 -0.008	-0.011 -0.011	-0.004 -0.004
	-0.004 -0.004	-0.058 -0.058	-0.010 -0.010	-0.012 -0.012	-0.011 -0.011	-0.024 -0.024
	11.60 11.60	11.60 11.60	9.75 9.75	9.75 9.75	9.75 9.75	9.75 9.75
	0.566 0.563	0.564 0.561	0.551 0.529	0.557 0.535	0.560 0.528	0.560 0.537
	2.113 2.094	2.089 2.075	1.885 1.766	1.883 1.766	1.891 1.766	1.891 1.768
REF. E.C.	094(069)	007(065)	052(088)	088(104)	104(088)	047(088)
REF. α, C_p	507, 613	507, 613	537, 613	537, 613	537, 613	537, 613

73

Table 2 (continued)
CALCULATED AGGREGATE PROPERTIES OF SINGLE CRYSTAL ELASTIC CONSTANTS

	KBr Rock salt (Cubic) PULS (1971) 300 K		KBr-KI(23.5%) Rock salt (Cubic) PULS (1972) 300 K		KBr-KI(61.5%) Rock salt (Cubic) PULS (1972) 300 K		KBr-KI(78%) Rock salt (Cubic) PULS (1972) 300 K		CuBr Zincblende (Cubic) PULS (1972) 300 K		RbBr Rock salt (Cubic) PULS (1960) 295 K	
ρ_X	2.747		2.850		2.997		3.054		5.169		3.359	
ρ_B	******		******		******		******		******		******	
M	59.51		65.03		73.96		77.83		71.72		82.69	
α	116.40		112.09		114.99		116.25		41.46		116.75	
C_p	4.400		4.034		3.559		3.387		3.829		3.130	
	(HILL)	(REUSS)	(HILL)	(REUSS)	(HILL)	(REUSS)	(HILL)	(REUSS)	(HILL)	(REUSS)	(HILL)	(REUSS)
K_S	150.4	143.2	140.1	133.9	127.0	121.0	122.7	117.1	138.4	187.3	138.4	131.3
K_T	143.2	68.7	133.9	63.4	121.2	121.2	117.1	117.1	186.4	161.8	131.3	53.2
μ	79.0	(0.115)	73.2		65.4	56.0	62.6	53.3	161.8	159.1	64.6	0.330
b	0.276	0.302	0.278	0.303	0.280	0.308	0.282	0.310	0.165	0.169	0.298	2.496
V_P	3.051	2.968	2.868	2.808	2.673	2.594	2.599	2.518	2.792	2.780	2.585	1.258
V_S	1.696	1.582	1.602	1.492	1.477	1.367	1.432	1.320	1.769	1.754	1.387	2.030
V_ϕ	2.340	2.340	2.217	2.217	2.058	2.058	2.004	2.004	1.904	1.904	2.030	
$(\partial K_S/\partial P)_T$	(5.38)	(5.38)									(5.30)	(5.30)
$(\partial K_T/\partial P)_T$	5.39	5.39									5.34	5.34
$(\partial \mu/\partial P)_T$	(1.11)	(0.15)									(0.91)	(-0.27)
$(\partial \sigma/\partial P)_T$	4.126	5.781									4.238	6.558
$(\partial V_P/\partial P)_T$	30.30	23.85									27.64	19.94
$(\partial V_S/\partial P)_T$	6.03	-3.80									4.47	-8.01
$(\partial V_\phi/\partial P)_T$	33.68	33.68									31.14	31.14
$(\partial K_S/\partial T)_P$	-0.069	-0.069	-0.077	-0.077	-0.063	-0.063	-0.069	-0.069			-0.072	-0.072
$(\partial K_T/\partial T)_P$	-0.094	-0.094	-0.099	-0.099	-0.084	-0.084	-0.089	-0.089			-0.094	-0.094
$(\partial \mu/\partial T)_P$	-0.043	-0.025	-0.044	-0.022	-0.039	-0.018	-0.038	-0.015			-0.044	-0.020
$(\partial \sigma/\partial T)_P$	1.63	-1.70	0.91	-3.40	1.98	-2.97	0.94	-4.53			2.68	-2.14
$(\partial V_P/\partial T)_P$	-0.575	-0.452	-0.659	-0.508	-0.568	-0.410	-0.602	-0.431			-0.601	-0.447
$(\partial V_S/\partial T)_P$	-0.363	-0.192	-0.389	-0.177	-0.360	-0.140	-0.353	-0.112			-0.388	-0.167
$(\partial V_\phi/\partial T)_P$	-0.400	-0.400	-0.484	-0.484	-0.393	-0.393	-0.444	-0.444			-0.413	-0.413
$(\partial P/\partial T)_V \gamma_P$	1.899	1.893									2.176	2.244
$(\partial P/\partial T)_V \gamma_S$	6.02	-5.06									8.69	-2.08
$(\partial P/\partial T)_V \gamma_\phi$	1.187	1.187	1.501	1.501	1.394	1.394	1.361	1.361	0.773	0.773	1.325	1.325
$(\partial P/\partial T)_P$	1.666	1.666									1.533	1.533
Y_{th}	1.448	1.448	1.366	1.366	1.369	1.369	1.379	1.379	0.392	0.392	1.537	1.537
Y_P	1.755	1.484									1.737	1.382
Y_S	0.842	-0.010									0.756	-0.502
Y_{LT}	0.914	0.095									0.827	-0.399
Y_{HT}	1.146	0.488									1.083	0.126
δ_S	3.936	2.936	4.898	4.898	4.322	4.322	4.809	4.809			4.482	4.482
δ_T	5.634	5.634	6.562	6.562	6.006	6.006	6.513	6.513			6.130	6.130
θ_T	170.4	159.4	158.2	147.8	142.1	132.0	136.4	126.2	203.6	202.0	133.8	122.0
$(\partial K_S/\partial T)_V$	-0.004	-0.004									0.011	0.011
$(\partial K_T/\partial T)_V$	-0.020	-0.020									-0.012	-0.012
$(\partial \alpha/\partial T)_P$	9.00	9.00	10.26	10.26	11.07	11.07	11.43	11.43	0.0	0.0	5.09	5.09
V_S/V_P	0.556	0.533	0.555	0.531	0.553	0.527	0.551	0.524	0.634	0.631	0.536	0.504
V_m	1.889	1.767	1.785	1.667	1.646	1.528	1.596	1.477	1.946	1.931	1.549	1.411
REF. E.C.	100(088)		014		014		014		039		D52[020]	
REF. α, C_p	100; 613		537; 613		537; 613		537; 613		527; 603		537; 602	

	RbBr Rock salt (Cubic) PULS (1965) 300 K		RbBr Rock salt (Cubic) PULS (1967) 300 K		RbBr Rock salt (Cubic) *PULS (1970) 300K		RbBr Rock salt (Cubic) PULS (1970) 295 K		RbBr Rock salt (Cubic) *PULS (1971) 298 K		AgBr Rock salt (Cubic) PULS (1970) 300 K	
ρ_X	3.359		3.349		3.350		3.359		3.359		6.476	
ρ_B	******		******		******		******		******		******	
M	82.69		82.69		82.69		82.69		82.69		93.89	
a	116.75		116.75		116.75		116.75		112.80		105.00	
C_p	3.130		3.130		3.130		3.130		3.130		2.797	
	(HILL)	(REUSS)	(HILL)	(REUSS)	(HILL)	(REUSS)	(HILL)	(REUSS)	(HILL)	(REUSS)	(HILL)	(REUSS)
K_s	138.0	138.0	137.9	137.9	138.4	138.4	138.4	138.4	136.6	136.6	405.0	405.0
K_T	131.0	131.0	130.9	130.9	131.3	131.3	131.3	131.3	130.1	130.1	377.1	377.1
μ	64.6	53.2	63.5	52.5	64.5	53.2	(64.6)	(53.2)	65.4	53.8	87.8	85.4
σ	0.297	0.329	0.301	0.331	0.298	0.330	0.298	0.330	0.294	0.326	0.399	0.401
V_p	2.584	2.494	2.578	2.492	2.588	2.500	2.585	2.496	2.581	2.490	2.839	2.831
V_s	1.387	1.259	1.377	1.252	1.388	1.260	1.387	1.258	1.395	1.265	1.165	1.149
V_ϕ	2.027	2.027	2.029	2.029	2.033	2.033	2.030	2.030	2.016	2.016	2.501	2.501
$(\partial K_s/\partial P)_T$	6.54	6.54	(5.30)	(5.30)	5.52	5.52	5.45	5.45	5.30	5.30	7.02	7.02
$(\partial K_T/\partial P)_T$	6.51	6.51	5.37	5.37	5.54	5.54	5.48	5.48	5.34	5.34	7.25	7.25
$(\partial \mu/\partial P)_T$	0.89	-0.09	(0.91)	(-0.27)	0.89	-0.30	0.91	-0.26	0.91	-0.27	0.93	0.56
$(\partial \sigma/\partial P)_T$	5.879	7.430	4.172	6.539	4.547	6.865	4.440	6.690	4.434	6.749	0.640	0.997
$(\partial V_p/\partial P)_T$	34.67	28.78	27.86	20.06	28.82	21.05	28.53	20.92	27.64	19.94	18.68	17.42
$(\partial V_s/\partial P)_T$	4.29	-5.88	4.59	-8.03	4.31	-8.33	4.50	-7.88	4.33	-8.06	4.60	2.21
$(\partial V_\phi/\partial P)_T$	40.28	40.28	31.24	31.24	32.77	32.77	32.24	32.24	31.38	31.38	18.36	18.36
$(\partial K_s/\partial T)_P$	(-0.070)	(-0.070)	-0.081	-0.081	-0.070	-0.070	(-0.072)	(-0.072)	(-0.070)	(-0.070)	-0.320	-0.320
$(\partial K_T/\partial T)_P$	-0.092	-0.092	-0.102	-0.102	-0.092	-0.092	-0.094	-0.094	-0.092	-0.092	-0.409	-0.409
$(\partial \mu/\partial T)_P$	-0.044	(-0.020)	-0.047	-0.025	-0.044	-0.020	(-0.044)	(-0.020)	(-0.044)	(-0.020)	-0.107	-0.088
$(\partial \sigma/\partial T)_P$	3.03	-2.08	2.52	-1.60	3.07	-2.05	2.68	-2.14	2.85	-2.26	4.08	2.22
$(\partial V_p/\partial T)_P$	-0.593	-0.431	-0.680	-0.543	-0.601	-0.447	-0.601	-0.447	-0.601	-0.438	-1.110	-1.045
$(\partial V_s/\partial T)_P$	-0.392	-0.161	-0.425	-0.229	-0.393	-0.161	-0.388	-0.167	-0.392	-0.162	-0.651	-1.532
$(\partial V_\phi/\partial T)_P$	-0.398	-0.398	-0.479	-0.479	-0.398	-0.398	-0.413	-0.413	-0.405	-0.405	-0.857	-0.857
γ_{th}	1.710	1.499	2.439	2.708	2.059	2.050	2.108	2.139	2.168	2.194	5.944	5.998
γ_P	9.15	-2.73	9.26	-2.85	9.13	-1.93	8.63	-2.11	9.05	-2.00	14.17	24.02
γ_s	0.988	0.988	1.533	1.533	1.213	1.213	1.279	1.279	1.291	1.291	4.667	4.667
γ_{LT}	1.529	1.529	1.528	1.528	1.533	1.533	1.533	1.533	1.468	1.468	3.960	3.960
γ_{HT}	1.533	1.533	1.536	1.536	1.541	1.541	1.537	1.537	1.465	1.465	2.348	2.348
δ_s	2.091	1.845	1.748	1.387	1.795	1.439	1.782	1.434	1.727	1.376	2.814	2.654
δ_T	0.738	-0.270	0.770	-0.506	0.741	-0.535	0.759	-0.489	0.737	-0.496	1.821	1.061
$(\partial K_s/\partial T)_V$	0.835	-0.150	0.839	-0.393	0.816	-0.416	0.832	-0.373	0.810	-0.381	1.854	1.112
$(\partial K_P/\partial T)_V$	1.189	0.429	1.096	0.125	1.092	0.123	1.100	0.152	1.067	0.128	2.152	1.592
$(\partial \sigma/\partial T)_P$	4.362	4.362	5.044	5.044	4.351	4.351	4.482	4.482	4.563	4.563	7.525	7.525
θ_T	6.007	6.007	6.692	6.692	6.004	6.004	6.130	6.130	6.238	6.238	10.336	10.336
$(\partial K_s/\partial T)_V$	133.8	122.0	132.8	121.2	133.8	122.0	133.8	122.0	134.6	122.6	135.9	134.1
$(\partial K_P/\partial T)_V$	0.032	0.032	0.002	0.002	0.016	0.016	0.013	0.013	0.008	0.008	-0.038	-0.038
$(\partial \alpha/\partial T)_P$	0.008	0.008	-0.020	-0.020	-0.007	-0.007	-0.010	-0.010	-0.013	-0.013	-0.122	-0.122
V_s/V_p	5.09	5.09	5.09	5.09	5.09	5.09	5.09	5.09	7.50	7.50	(10.00)	(10.00)+
V_m	1.537	0.505	0.536	0.503	0.536	0.504	0.536	0.504	0.541	0.508	0.410	0.406
	1.549	1.411	1.538	1.404	1.550	1.413	1.549	1.411	1.557	1.418	1.318	1.300
REF. E.C.	088(035)		084(020)		035		093(052)		020(035)		070	
REF. α, Cp	537, 602		537, 602		537, 602		537, 602		020, 602		070, 602	

Table 2 (continued)
CALCULATED AGGREGATE PROPERTIES OF SINGLE CRYSTAL ELASTIC CONSTANTS

	AgBr Rock salt (Cubic) PULS (1977) 298 K		CsBr CsCl-str.(Cubic) PULS (1960) 293 K		CsBr CsCl-str.(Cubic) PULS (1961) 300 K		CsBr CsCl-str.(Cubic) PULS (1961) 295 K		CsBr CsCl-str.(Cubic) PULS (1964) 300 K		CsBr CsCl-str.(Cubic) PULS (1965) 300 K	
ρ_X	6.476		4.450		4.454		4.454		4.472		4.454	
ρ_B	******		******		******		******		******		******	
M	93.89		106.41		106.41		106.41		106.41		106.41	
a	105.00		138.06		138.06		138.06		138.06		138.06	
C_p	2.797		2.434		2.434		2.434		2.434		2.434	
	(HILL)	(REUSS)	(HILL)	(REUSS)	(HILL)	(REUSS)	(HILL)	(REUSS)	(HILL)	(REUSS)	(HILL)	(REUSS)
K_S	406.0	406.0	159.3	159.3	153.6	153.6	163.4	163.4	155.7	155.7	159.1	159.1
K_T	378.0	378.0	146.9	146.9	142.1	142.1	150.5	150.5	144.0	144.0	146.8	146.8
μ	88.9	86.4	88.4	86.7	88.0	86.3	87.4	85.9	86.9	84.8	88.1	86.3
σ	0.398	0.401	0.266	0.270	0.259	0.263	0.273	0.276	0.265	0.270	0.266	0.270
V_p	2.846	2.837	2.496	2.485	2.468	2.456	2.507	2.498	2.464	2.451	2.492	2.481
V_s	1.172	1.155	1.409	1.396	1.408	1.392	1.401	1.388	1.394	1.377	1.406	1.392
V_ϕ	2.504	2.504	1.892	1.892	1.857	1.857	1.916	1.916	1.866	1.866	1.890	1.890
$(\partial K_S/\partial P)_T$	6.82	6.82	(5.38)	(5.36)	(5.38)	(5.38)	(5.38)	(5.38)	(5.38)	(5.38)	4.85	4.85
$(\partial K_T/\partial P)_T$	7.12	7.12	5.47	5.47	5.48	5.48	5.39	5.39	5.48	5.48	4.96	4.96
$(\partial \mu/\partial P)_T$	0.88	0.50	(2.78)	(3.08)	(2.78)	(3.08)	(2.78)	(3.08)	(2.78)	(3.08)	2.47	2.73
$(\partial \sigma/\partial P)_T$	0.661	1.017	0.457	-0.344	0.711	-0.132	0.210	-0.564	0.501	-0.351	0.480	-0.728
$(\partial V_p/\partial P)_T$	17.90	16.64	32.42	34.43	32.66	34.72	32.36	34.34	32.68	34.76	28.20	29.98
$(\partial V_s/\partial P)_T$	4.22	1.84	17.37	20.05	17.23	19.94	17.64	20.30	17.47	20.24	14.93	17.79
$(\partial V_\phi/\partial P)_T$	17.72	17.72	25.51	25.51	25.99	25.99	25.16	25.16	25.75	25.75	22.37	22.37
$(\partial K_S/\partial T)_P$	-0.356	-0.356	-0.090	-0.090	-0.092	-0.092	-0.066	-0.066	-0.090	-0.090	(-0.083)	(-0.083)
$(\partial K_T/\partial T)_P$	-0.443	-0.443	-0.134	-0.134	-0.133	-0.133	-0.114	-0.114	-0.132	-0.132	(-0.127)	(-0.127)
$(\partial \mu/\partial T)_P$	-0.130	-0.106	-0.079	-0.086	-0.068	-0.077	-0.082	-0.088	-0.079	-0.088	(-0.072)	(-0.080)
$(\partial V_p/\partial T)_P$	5.61	3.29	6.48	8.36	3.46	5.87	10.21	11.84	6.62	9.01	5.89	7.73
$(\partial V_s/\partial T)_P$	-1.288	-1.206	-0.708	-0.755	-0.661	-0.722	-0.610	-0.652	-0.720	-0.781	-0.638	-0.685
$(\partial V_\phi/\partial T)_P$	-0.798	-0.651	-0.532	-0.598	-0.544	-0.526	-0.541	-0.616	-0.541	-0.623	-0.481	-0.545
	-0.966	-0.966	-0.404	-0.404	-0.429	-0.429	-0.255	-0.255	-0.413	-0.413	-0.364	-0.364
$(\partial P/\partial T)_{V_p}$	7.195	7.249	2.182	2.193	2.024	2.079	1.884	1.899	2.205	2.246	2.263	2.286
$(\partial P/\partial T)_{V_s}$	18.92	35.34	3.06	2.98	2.28	2.64	3.16	3.04	3.10	3.08	3.22	3.15
$(\partial P/\partial T)_{V_\phi}$	5.454	5.454	1.585	1.585	1.649	1.649	1.012	1.012	1.603	1.603	1.629	1.629
$(\partial P/\partial T)_\rho$	3.969	3.969	2.029	2.029	1.962	1.962	2.077	2.077	1.987	1.987	2.026	2.026
Y_{th}	2.354	2.354	2.031	2.031	1.956	1.956	2.081	2.081	1.975	1.975	2.026	2.026
Y_p	2.711	2.550	2.242	2.213	2.213	2.374	2.276	2.402	2.242	2.374	1.995	2.107
Y_s	1.693	0.936	2.145	2.444	2.072	2.369	2.228	2.533	2.138	2.449	1.892	2.157
Y_{LT}	1.728	0.968	2.153	2.438	2.084	2.367	2.232	2.523	2.147	2.443	1.900	2.153
Y_{HT}	2.033	1.474	2.177	2.419	2.119	2.360	2.244	2.489	2.173	2.424	1.926	2.140
δ_S	8.351	8.351	4.097	4.097	4.343	4.343	2.925	2.925	4.205	4.205	3.792	3.792
δ_T	11.168	11.168	6.595	6.595	6.757	6.757	5.481	5.481	6.640	6.640	6.285	6.285
θ_D	136.7	134.8	136.8	135.6	136.6	135.1	136.1	135.0	135.5	133.9	136.5	135.2
$(\partial K_S/\partial T)_V$	-0.079	-0.079	0.017	0.017	0.011	0.011	0.041	0.041	0.014	0.014	0.012	0.012
$(\partial K_T/\partial T)_V$	-0.161	-0.161	-0.023	-0.023	-0.025	-0.025	-0.002	-0.002	-0.023	-0.023	-0.027	-0.027
$(\partial \alpha/\partial T)_P$	10.00	10.00	15.36	15.36	15.36	15.36	15.36	15.36	15.36	15.36	15.36	15.36
V_s/V_p	0.412	0.407	0.565	0.562	0.570	0.567	0.559	0.556	0.566	0.562	0.564	0.561
V_m	1.326	1.308	1.568	1.553	1.564	1.548	1.559	1.546	1.550	1.532	1.549	1.549
REF. E.C.	D17		D57 [021]		D71 [021]		D89 [021]		110 [021]		D88 [106]	
REF. α, C_p	070, 602		537, 602		537, 602		537, 602		537, 602		537, 602	

	CsBr CsCl-str.(Cubic) *PULS (1967) 286 K		CsBr CsCl-str.(Cubic) PULS (1967) ROOM		TlBr CsCl-str.(Cubic) PULS (1960) 293 K		TlBr CsCl-str.(Cubic) PULS (1966) 300 K		TlBr CsCl-str.(Cubic) PULS (1967) 298 K		Hg$_2$Br$_2$ (Tetra.) PULS (1977) ROOM	
ρ_x	4.454		4.456		7.560		7.462		7.453		7.307	
ρ_B	ooooo		ooooo		ooooo		ooooo		ooooo		ooooo	
$\overline{M}$	106.41		106.41		142.10		142.10		142.10		140.26	
a	138.06		138.06		151.80		169.90		148.08		ooooo	
C_p	2.434		2.434		1.849		1.849		1.849		1.667	
	(HILL)	(REUSS)	(HILL)	(REUSS)	(HILL)	(REUSS)	(HILL)	(REUSS)	(HILL)	(REUSS)	(HILL)	(REUSS)
K_s	157.7	155.9	155.9	155.9	224.7	224.7	224.3	224.3	222.5	222.5	203.1	154.3
K_T	145.6	144.1	144.1	144.1	202.2	202.2	196.6	196.6	201.2	201.2	ooooo	ooooo
α	89.0	86.6	88.4	86.6	87.5	87.6	87.9	86.2	89.6	87.7	60.5	23.2
σ	0.263	0.266	0.262	0.266	0.324	0.327	0.330	0.330	0.323	0.326	0.365	0.428
V_p	2.491	2.481	2.478	2.481	2.133	2.125	2.139	2.132	2.142	2.134	1.971	1.592
V_s	1.413	1.400	1.408	1.394	2.088	1.076	1.065	1.075	1.096	1.085	0.910	0.563
V_ϕ	1.882	1.882	1.870	1.870	1.724	1.724	1.734	1.734	1.728	1.728	1.667	1.453
$(\partial K_s/\partial P)_T$	5.38	5.38	5.38	5.38			(6.62)	(6.62)	6.62	6.62	ooooo	ooooo
$(\partial K_T/\partial P)_T$	5.45	5.45	5.45	5.45			6.73	6.73	6.67	6.67	ooooo	ooooo
$(\partial \sigma/\partial P)_T$	3.08	3.08	(2.78)	(3.08)			(2.41)	(2.63)	2.41	2.63	ooooo	ooooo
$(\partial V_p/\partial P)_T$	-0.230	-0.230	0.609	-0.210			-0.319	-0.160	-0.443	-0.046	ooooo	ooooo
$(\partial V_s/\partial P)_T$	34.41	34.41	32.54	34.57			25.35	26.41	25.46	26.53	ooooo	ooooo
$(\partial V_\phi/\partial P)_T$	17.89	19.89	17.27	19.96			12.12	13.69	12.02	13.59	ooooo	ooooo
	25.63	25.63	25.78	25.78			21.16	21.16	21.39	21.39	ooooo	ooooo
$(\partial K_s/\partial T)_P$	(-0.083)	(-0.083)	-0.083	-0.083			-0.181	-0.181	-0.155	-0.155	ooooo	ooooo
$(\partial K_T/\partial T)_P$	(-0.127)	(-0.080)	-0.126	-0.126			-0.251	-0.251	-0.215	-0.215	ooooo	ooooo
$(\partial \sigma/\partial T)_P$	5.71	7.54	-0.072	-0.080			-0.095	-0.099	-0.089	-0.093	ooooo	ooooo
$(\partial V_p/\partial T)_P$	-0.639	-0.685	5.71	7.59			4.11	5.14	4.59	5.63	ooooo	ooooo
$(\partial V_s/\partial T)_P$	-0.477	-0.541	-0.643	-0.690			-0.781	-0.803	-0.699	-0.721	ooooo	ooooo
$(\partial V_\phi/\partial T)_P$	-0.367	-0.367	-0.480	-0.544			-0.492	-0.526	-0.462	-0.497	ooooo	ooooo
			-0.371	-0.371			-0.553	-0.553	-0.475	-0.475	ooooo	ooooo
$(\partial P/\partial T)_{Vp}$	1.991	1.997	1.976	1.997			3.082	3.043	2.744	2.718	ooooo	ooooo
$(\partial P/\partial T)_{Vs}$	2.77	2.72	2.78	2.72			4.06	3.84	3.84	3.65	ooooo	ooooo
$(\partial P/\partial T)_{V\phi}$	1.432	1.437	1.437	1.437	2.440	2.440	2.615	2.615	2.221	2.221	ooooo	ooooo
$(\partial P/\partial T)_\rho$	2.010	1.989	1.789	1.989	3.070	3.070	3.341	3.341	2.979	2.979	ooooo	ooooo
γ_{th}	2.008	2.008	1.984	1.984			2.762	2.762	2.391	2.391	ooooo	ooooo
γ_p	2.227	2.353	2.225	2.352			2.663	2.768	2.724	2.034	ooooo	ooooo
γ_s	2.109	2.402	2.100	2.396			2.528	2.837	2.539	2.854	ooooo	ooooo
γ_{LT}	2.119	2.398	2.111	2.392			2.537	2.833	2.551	2.853	ooooo	ooooo
γ_{HT}	2.148	2.385	2.142	2.381			2.573	2.814	2.601	2.847	ooooo	ooooo
δ_s	3.826	3.826	3.870	3.870			4.757	4.757	4.713	4.713	ooooo	ooooo
δ_T	6.299	6.299	6.316	6.316			7.521	7.521	7.208	7.208	ooooo	ooooo
Γ	137.2	136.0	136.7	135.4			114.5	113.5	115.6	114.4	96.2	60.1
$(\partial K_s/\partial T)_V$	-0.022	-0.022	0.021	0.021			-0.062	-0.062	-0.054	-0.054	ooooo	ooooo
$(\partial K_T/\partial T)_V$	-0.017	-0.017	-0.017	-0.017	115.3	114.1	-0.026	-0.026	-0.016	-0.016	ooooo	ooooo
$(\partial \alpha/\partial T)_P$	15.36	15.36	15.36	15.36	9.80	9.80	8.00	8.00	7.62	7.62	ooooo	ooooo
V_s/V_p	0.567	0.565	0.568	0.565	0.510	0.506	0.507	0.504	0.512	0.508	0.462	0.354
V_m	1.571	1.558	1.566	1.551	1.219	1.207	1.217	1.205	1.228	1.216	1.025	0.640
REF. E.C.	021(106)		106(021)		051		109(079)		079		009	
REF. α, Cp	537, 602		537, 602		530, 603		109, 603		079, 603		***, 613	

Table 2 (continued)
CALCULATED AGGREGATE PROPERTIES OF SINGLE CRYSTAL ELASTIC CONSTANTS

	LiI Rock salt (Cubic) PULS (1972) 295 K		NaI Rock salt (Cubic) PULS (1960) 295 K		NaI Rock salt (Cubic) PULS (1960) 300 K		NaI Rock salt (Cubic) PULS (1970) 295 K		NaI Rock salt (Cubic) *PULS (1971) 298 K		NaI Rock salt (Cubic) RESO (1974) 300 K	
ρ_X	4.067		3.665		3.669		3.665		3.667		3.644	
ρ_B	-----		-----		-----		-----		-----		-----	
M	66.92		74.95		74.95		74.95		74.95		74.95	
a	180.00		137.70		137.70		137.70		137.70		137.70	
C_P	3.751		3.487		3.487		3.487		3.487		3.487	
	(HILL)	(REUSS)	(HILL)	(REUSS)	(HILL)	(REUSS)	(HILL)	(REUSS)	(HILL)	(REUSS)	(HILL)	(REUSS)
K_S	191.6	191.6	159.2	159.2	161.0	161.0	159.2	159.2	162.2	162.2	160.9	160.9
K_T	170.8	170.8	148.6	148.6	150.3	150.3	148.6	148.6	151.3	151.3	150.1	150.1
μ	108.9	103.6	86.0	84.5	84.6	83.3	86.0	84.5	85.6	84.3	91.3	89.9
σ	0.261	0.271	0.271	0.274	0.276	0.279	0.271	0.274	0.278	0.278	0.261	0.264
V_p	2.878	2.848	2.733	2.724	2.732	2.723	2.733	2.724	2.745	2.737	2.785	2.776
V_s	1.636	1.596	1.532	1.519	1.518	1.507	1.532	1.519	1.528	1.516	1.583	1.571
V_ϕ	2.170	2.170	2.084	2.084	2.095	2.095	2.084	2.084	2.103	2.103	2.101	2.101
$(\partial K_S/\partial P)_T$			(5.48)	(5.48)	(5.48)	(5.48)	5.40	5.40	5.48	5.48	(5.48)	(5.48)
$(\partial K_T/\partial P)_T$			5.53	5.53	5.44	5.44	5.45	5.45	5.52	5.52	5.43	5.43
$(\partial \mu/\partial P)_T$			(1.96)	(1.96)	(1.96)	(1.96)	1.98	1.66	1.96	1.66	(1.96)	(1.66)
$(\partial \sigma/\partial P)_T$			2.255	2.833	2.066	2.651	2.122	2.728	2.079	2.660	2.528	3.096
$(\partial V_p/\partial P)_T$			31.20	29.38	31.28	29.44	30.91	29.01	31.12	29.29	30.59	28.78
$(\partial V_s/\partial P)_T$			12.31	9.81	12.54	10.01	12.45	9.85	12.44	9.92	11.71	9.27
$(\partial V_\phi/\partial P)_T$			28.86	28.86	28.68	28.68	28.34	28.34	28.58	28.58	28.78	28.78
$(\partial K_S/\partial T)_P$	-0.140	-0.140	-0.091	-0.091	-0.064	-0.064	(-0.091)	(-0.091)	(-0.091)	(-0.091)	-0.061	-0.061
$(\partial K_T/\partial T)_P$	-0.197	-0.197	-0.127	-0.127	-0.102	-0.102	-0.127	-0.127	-0.128	-0.128	-0.099	-0.099
$(\partial \mu/\partial T)_P$	-0.127	-0.146	-0.058	-0.048	-0.064	-0.054	(-0.058)	(-0.048)	(-0.058)	(-0.048)	-0.068	-0.062
$(\partial \sigma/\partial T)_P$	8.82	13.14	1.94	-0.02	6.89	4.75	1.94	-0.02	2.16	0.21	7.32	6.19
$(\partial V_p/\partial T)_P$	-1.065	-1.188	-0.653	-0.593	-0.559	-0.495	-0.653	-0.593	-0.648	-0.588	-0.556	-0.521
$(\partial V_s/\partial T)_P$	-0.810	-0.980	-0.410	-0.330	-0.473	-0.386	-0.410	-0.330	-0.411	-0.331	-0.480	-0.435
$(\partial V_\phi/\partial T)_P$	-0.598	-0.598	-0.454	-0.454	-0.273	-0.273	-0.454	-0.454	-0.447	-0.447	-0.254	-0.254
$(\partial P/\partial T)_V$			2.092	2.018	1.788	1.681	2.112	2.045	2.082	2.007	1.817	1.809
$(\partial P/\partial T)_{V_S}$			3.33	3.37	3.77	3.86	3.30	3.35	3.31	3.33	4.10	4.69
$(\partial P/\partial T)_{V_\phi}$			1.574	1.574	0.951	0.951	1.603	1.603	1.565	1.565	0.883	0.883
$(\partial P/\partial T)_\rho$	3.074	3.074	2.047	2.047	2.069	2.069	2.047	2.047	2.083	2.083	2.067	2.067
Y_{th}	2.260	2.260	1.715	1.715	1.733	1.733	1.715	1.715	1.747	1.747	1.744	1.744
Y_P	2.030	2.030	2.054	1.937	2.054	1.958	2.049	1.916	2.049	1.953	1.982	1.890
Y_S	1.568	1.294	1.574	1.345	1.332	1.542	1.297	1.565	1.323	1.444	1.219	
Y_{LT}	1.568	1.508	1.612	1.380	1.542	1.346	1.603	1.373	1.489	1.275		
Y_{HT}	1.695	1.695	1.734	1.734	1.699	1.699	1.726	1.726	1.623	1.623		
δ_S	4.059	4.059	4.166	4.166	2.891	2.891	4.166	4.166	4.088	4.088	2.758	2.758
δ_T	6.410	6.410	6.186	6.186	4.931	4.931	6.186	6.186	6.143	6.143	4.809	4.809
Θ_D	179.8	175.6	156.7	155.5	155.5	154.4	156.7	155.5	156.5	155.5	161.5	160.3
$(\partial K_S/\partial T)_V$			-0.013	-0.021	0.047	0.047	-0.015	-0.019	-0.013	-0.023	0.050	0.050
$(\partial K_P/\partial T)_V$	(10.00)†	(10.00)†	-0.013	-0.013	0.011	0.011	-0.015	-0.015	-0.013	-0.013	0.013	0.013
$(\partial \alpha/\partial T)_P$			12.00	12.00	12.00	12.00	12.00	12.00	12.00	12.00	12.00	12.00
V_S/V_P	0.569	0.561	0.560	0.558	0.556	0.553	0.560	0.558	0.557	0.554	0.568	0.566
V_m	1.819	1.777	1.705	1.691	1.691	1.679	1.705	1.691	1.702	1.689	1.760	1.747
REF. E.C.	075		052[008]		024[008]		094[052]		008[052]		038[008]	
REF. α, C_P	075, 604		522, 613		522, 613		522, 613		522, 613		522, 613	

	KI Rock salt (Cubic) PULS (1960) 295 K		KI Rock salt (Cubic) *PULS (1965) 300 K		KI Rock salt (Cubic) PULS (1970) 295 K		KI Rock salt (Cubic) *PULS (1971) 298 K		KI Rock salt (Cubic) PULS (1972) 300 K		CuI Zincblende (Cubic) PULS (1972) 300 K	
ρ_X	3.125		3.125		3.125		3.126		3.125		5.686	
ρ_B	=====		=====		=====		=====		=====		=====	
M	83.00		83.00		83.00		83.00		83.00		95.22	
a	117.93		117.93		117.93		126.00		117.93		49.69	
C_p	3.182		3.182		3.182		3.182		3.182		2.848	
	(HILL)	(REUSS)	(HILL)	(REUSS)	(HILL)	(REUSS)	(HILL)	(REUSS)	(HILL)	(REUSS)	(HILL)	(REUSS)
K_s	121.3	121.1	116.2	116.2	121.3	121.3	121.5	121.5	118.5	118.5	198.3	198.3
K_T	115.4	115.4	110.8	110.8	115.4	115.4	114.8	114.8	112.9	112.9	196.5	196.5
M	59.7	50.9	59.1	50.6	59.7	50.9	60.1	51.2	60.3	51.1	185.0	184.9
σ	0.289	0.316	0.283	0.310	0.289	0.316	0.288	0.315	0.282	0.311	0.144	0.144
V_p	2.536	2.460	2.498	2.424	2.536	2.460	2.540	2.464	2.523	2.444	2.797	2.797
V_s	1.382	1.276	1.375	1.272	1.382	1.276	1.387	1.280	1.389	1.279	1.804	1.804
V_ϕ	1.970	1.970	1.929	1.929	1.970	1.970	1.972	1.972	1.948	1.948	1.867	1.867
$(\partial K_s/\partial P)_T$	(5.10)	(5.10)	6.28	6.28	5.47	5.47	5.10	5.10	(5.10)	(5.10)	=====	=====
$(\partial K_T/\partial P)_T$	5.14	5.14	6.27	6.27	5.50	5.50	5.14	5.14	5.15	5.15	=====	=====
$(\partial \mu/\partial P)_T$	(1.20)	(0.19)	1.18	0.19	1.23	0.19	1.20	0.19	(1.20)	(0.19)	=====	=====
$(\partial \sigma/\partial P)_T$	3.987	6.171	6.329	8.345	4.960	6.689	4.014	6.187	4.298	6.465	=====	=====
$(\partial V_p/\partial P)_T$	31.30	24.20	39.00	32.14	33.85	26.54	31.14	24.06	31.32	24.26	=====	=====
$(\partial V_s/\partial P)_T$	7.92	-3.08	7.51	-3.39	8.20	-3.18	7.81	-3.14	7.68	-3.22	=====	=====
$(\partial V_\phi/\partial P)_T$	32.88	32.88	43.36	43.36	35.89	35.89	32.79	32.79	33.27	33.27	=====	=====
$(\partial K_s/\partial T)_P$	-0.060	-0.060	-0.062	-0.062	-0.062	-0.062	-0.062	-0.062	-0.062	-0.062	=====	=====
$(\partial K_T/\partial T)_P$	-0.081	-0.081	-0.081	-0.081	-0.083	-0.083	-0.086	-0.086	-0.082	-0.082	=====	=====
$(\partial \mu/\partial T)_P$	-0.041	-0.020	-0.037	-0.014	-0.037	-0.014	-0.037	-0.014	-0.037	-0.014	=====	=====
$(\partial \sigma/\partial T)_P$	3.54	-1.72	1.79	-4.10	2.03	-3.66	1.97	-3.69	1.74	-3.96	=====	=====
$(\partial V_p/\partial T)_P$	-0.576	-0.389	-0.563	-0.389	-0.551	-0.380	-0.539	-0.368	-0.555	-0.384	=====	=====
$(\partial V_s/\partial T)_P$	-0.395	-0.173	-0.350	-0.105	-0.347	-0.104	-0.339	-0.098	-0.344	-0.103	=====	=====
$(\partial V_\phi/\partial T)_P$	-0.372	-0.372	-0.397	-0.397	-0.384	-0.384	-0.376	-0.376	-0.391	-0.391	=====	=====
$(\partial P/\partial T)_{V_p}$	1.841	1.725	1.444	1.212	1.626	1.430	1.730	1.531	1.771	1.582	=====	=====
$(\partial P/\partial T)_{V_s}$	5.00	-5.61	4.66	3.10	4.23	-3.27	4.34	-3.12	4.48	-3.21	=====	=====
$(\partial P/\partial T)_\phi$	1.131	1.131	0.916	0.916	1.070	1.070	1.145	1.145	1.176	1.176	0.976	0.976
	1.361	1.361	1.307	1.307	1.361	1.361	1.447	1.447	1.332	1.332		
γ_{th}	1.439	1.439	1.378	1.378	1.439	1.439	1.539	1.539	1.406	1.406	0.608	0.608
γ_P	1.758	1.469	2.064	1.803	1.874	1.578	1.741	1.454	1.735	1.454	=====	=====
γ_s	0.994	0.054	0.938	0.036	1.017	0.045	0.980	0.052	0.958	0.049	=====	=====
γ_{LT}	1.052	0.147	1.025	0.157	1.083	0.145	1.037	0.144	1.017	0.143	=====	=====
γ_{HT}	1.249	1.526	1.314	1.626	1.304	0.556	1.233	0.519	1.217	0.517	=====	=====
δ_s	4.201	4.201	4.494	4.494	4.306	4.306	4.024	4.024	4.407	4.407	=====	=====
δ_T	5.985	5.985	6.206	6.206	6.090	6.090	5.915	5.915	6.151	6.151	=====	=====
θ_D	129.9	120.4	129.1	119.9	129.9	120.4	130.4	120.8	130.5	120.6	194.6	194.5
$(\partial K_s/\partial T)_V$	-0.011	-0.011	0.019	0.019	-0.008	-0.008	-0.011	-0.011	-0.013	-0.013	(0.0)+	(0.0)+
$(\partial K_P/\partial T)_V$	0.008	0.008	0.001	0.001	-0.008	-0.008	-0.011	-0.011	-0.005	-0.005		
$(\partial \alpha/\partial T)_P$	11.90	11.90	11.90	11.90	11.90	11.90	12.60	12.60	11.90	11.90		
V_s/V_p	0.519	0.519	0.525	0.525	0.545	0.545	0.546	0.546	0.551	0.551	0.645	0.645
V_m	1.542	1.428	1.532	1.422	1.542	1.428	1.547	1.433	1.548	1.431	1.980	1.980
REF. E.C.	052(008) 537, 613		088(014) 537, 613		094(014) 537, 613		008(014) 008, 613		014(008) 537, 613		D39 527, 602	
REF. α, C_p												

Table 2 (continued)
CALCULATED AGGREGATE PROPERTIES OF SINGLE CRYSTAL ELASTIC CONSTANTS

	RbI Rock salt (Cubic) PULS (1960) 295 K		RbI Rock salt (Cubic) PULS (1967) 300 K		RbI Rock salt (Cubic) *PULS (1970) 295 K		RbI Rock salt (Cubic) PULS (1970) 295 K		RbI Rock salt (Cubic) PULS (1970) 295 K		RbI Rock salt (Cubic) *PULS (1971) 298 K	
ρ_X	3.566		3.549		3.551		3.566		3.565		3.564	
ρ_B	*****		*****		*****		*****		*****		*****	
M	106.19		106.19		106.19		106.19		106.19		106.19	
α	116.46		116.46		116.46		116.46		116.46		118.50	
C_p	2.442		2.442		2.442		2.442		2.442		2.442	
	(HILL)	(REUSS)	(HILL)	(REUSS)	(HILL)	(REUSS)	(HILL)	(REUSS)	(HILL)	(REUSS)	(HILL)	(REUSS)
K_S	110.8	110.8	107.7	107.7	110.7	110.7	(110.8)A	(110.8)A	112.5	112.5	110.9	110.9
K_T	105.3	105.3	102.5	102.5	105.2	105.2	105.3)A	(39.7)A	106.9	106.9	105.3	105.3
μ	39.7	39.7	50.2	39.6	49.9	39.6	(50.3)A	(39.7)A	49.7	39.5	50.2	39.8
σ	0.340	0.340	0.298	0.336	0.304	0.340	0.303	0.340	0.308	0.343	0.303	0.340
V_p	2.233	2.143	2.218	2.127	2.234	2.146	2.233	2.143	2.239	2.153	2.234	2.145
V_s	1.188	1.055	1.190	1.056	1.185	1.056	1.188	1.055	1.180	1.053	1.187	1.056
V_ϕ	1.763	1.763	1.742	1.742	1.766	1.766	1.763	1.763	1.776	1.776	1.764	1.764
$(\partial K_S/\partial P)_T$	(5.41)	(5.41)	(5.41)	(5.55)	5.34	5.34	5.44	5.44	5.49	5.49	5.41	5.41
$(\partial K_T/\partial P)_T$	5.46	5.46	5.55	5.55	5.38	5.38	5.48	5.48	5.50	5.50	5.45	5.45
$(\partial \mu/\partial P)_T$	(0.94)	(-0.28)	(0.94)	(-0.28)	0.89	-0.31	0.95	-0.30	0.84	-0.31	0.94	-0.28
$(\partial \sigma/\partial P)_T$	5.178	7.970	5.521	8.362	5.150	8.011	5.180	8.100	5.352	7.991	5.149	7.984
$(\partial V_p/\partial P)_T$	31.19	22.78	31.45	22.99	30.54	22.07	31.49	22.80	30.94	22.28	31.19	22.75
$(\partial V_s/\partial P)_T$	5.40	-8.74	5.27	-8.90	5.00	-9.20	5.55	-9.01	4.46	-9.10	5.42	-8.75
$(\partial V_\phi/\partial P)_T$	34.67	34.67	35.26	35.26	34.16	34.16	34.91	34.91	35.05	35.05	34.64	34.64
$(\partial K_S/\partial T)_P$	-0.062	-0.062	-0.082	-0.082	-0.059	-0.059	(-0.059)B	(-0.059)B	-0.051	-0.051	(-0.059)	(-0.059)
$(\partial K_T/\partial T)_P$	-0.080	-0.060	-0.098	-0.096	-0.077	-0.077	-0.077	-0.077	-0.070	-0.070	-0.077	-0.077
$(\partial \mu/\partial T)_P$	-0.036	-0.014	-0.030	-0.012	-0.036	-0.014	(-0.036)B	(-0.014)B	-0.035	-0.014	(-0.036)	(-0.014)
$(\partial \sigma/\partial T)_P$	-2.72	-2.89	-2.28	-6.56	3.30	-2.52	3.22	-2.53	4.11	-1.58	3.24	-2.53
$(\partial V_p/\partial T)_P$	-0.557	-0.400	-0.647	-0.527	-0.543	-0.383	-0.541	-0.382	-0.479	-0.324	-0.539	-0.379
$(\partial V_s/\partial T)_P$	-0.355	-0.125	-0.268	-0.103	-0.360	-0.125	-0.357	-0.125	-0.344	-0.118	-0.356	-0.123
$(\partial V_\phi/\partial T)_P$	-0.387	-0.387	-0.561	-0.561	-0.365	-0.365	-0.364	-0.364	-0.299	-0.299	-0.362	-0.362
$(\partial P/\partial T)_V; V_P$	1.784	1.755	2.056	2.294	1.779	1.734	1.717	1.673	1.548	1.410	1.726	1.666
$(\partial P/\partial T)_V; V_s$	6.57	-1.43	5.47	-1.15	7.19	-1.36	6.43	-1.38	7.71	-1.30	6.58	-1.41
$(\partial P/\partial T)_V; V_\phi$	1.115	1.115	1.591	1.591	1.070	1.070	1.044	1.044	0.854	0.854	1.046	1.046
$(\partial P/\partial T)_P$	1.227	1.227	1.194	1.194	1.226	1.226	1.227	1.227	1.245	1.245	1.248	1.248
γ_{th}	1.482	1.482	1.447	1.447	1.487	1.487	1.482	1.482	1.505	1.505	1.511	1.511
γ_P	1.805	1.453	1.787	1.442	1.772	1.416	1.819	1.455	1.474	1.474	1.803	1.450
γ_s	0.812	-0.540	0.788	-0.530	0.778	-0.584	0.826	-0.566	0.737	-0.591	0.814	-0.539
γ_{LT}	0.882	-0.427	0.859	-0.417	0.847	-0.472	0.895	-0.452	0.810	-0.476	0.683	-0.427
γ_{HT}	1.143	0.125	1.121	0.127	1.109	0.083	1.157	0.107	1.095	0.098	1.144	0.124
δ_S	4.766	4.766	6.530	6.530	4.553	4.553	4.549	4.549	3.893	3.893	4.465	4.465
δ_T	6.506	6.506	8.231	8.231	6.298	6.298	6.289	6.289	5.658	5.658	6.149	6.149
θ_D	107.6	96.1	107.6	96.0	107.3	96.0	107.6	96.1	107.0	95.9	107.6	96.2
$(\partial K_S/\partial T)_V$	0.005	0.005	-0.016	-0.016	0.006	0.006	0.008	0.008	0.017	0.017	0.010	0.010
$(\partial K_T/\partial T)_V$	-0.013	-0.013	-0.032	-0.032	-0.011	-0.011	-0.010	-0.010	-0.002	-0.002	-0.009	-0.009
$(\partial \alpha/\partial T)_P$	9.11	9.11	9.11	9.11	9.11	9.11	9.11	9.11	9.11	9.11	9.11	9.11
V_s/V_p	0.532	0.492	0.536	0.497	0.531	0.492	0.532	0.492	0.527	0.489	0.531	0.492
V_m	1.327	1.184	1.328	1.185	1.324	1.185	1.327	1.184	1.320	1.183	1.326	1.186
REF. E.C.	052(020)		069(020)		035		091(052A,035B)		030		020(035)	
REF. α, C_p	537, 602		537, 602		537, 602		537, 602		537, 602		020; 602	

	AgI Wurtzite (Hexa.) PULS (1974) 298 K		CsI CsCl-str.(Cubic) PULS (1960) 293 K		CsI CsCl-str.(Cubic) PULS (1961) 295 K		CsI CsCl-str.(Cubic) PULS (1964) 300 K		CsI CsCl-str.(Cubic) PULS (1965) 300 K		CsI CsCl-str.(Cubic) PUL (1967) ROOM	
ρ_X	5.683		4.520		4.529		4.537		4.529		4.525	
ρ_B	******		******		******		******		******		******	
M	117.39		129.91		129.91		129.91		129.91		129.91	
α	0.00		138.29		138.29		138.29		138.29		138.29	
C_p	2.327		1.983		1.983		1.983		1.983		1.983	
	(HILL)	(REUSS)	(HILL)	(REUSS)	(HILL)	(REUSS)	(HILL)	(RLUSS)	(HILL)	(REUSS)	(HILL)	(REUSS)
K_S	238.4	237.9	129.5	129.0	123.5	123.5	125.0	125.0	121.5	121.5	125.6	125.6
K_T	238.4	237.9	119.2	119.2	114.5	114.5	115.8	115.8	112.8	112.6	116.3	116.3
μ	43.9	42.5	71.0	70.1	72.8	71.7	72.8	71.6	73.7	72.6	72.4	71.3
σ	0.413	0.416	0.267	0.270	0.254	0.257	0.256	0.259	0.248	0.251	0.258	0.261
V_P	2.286	2.277	2.224	2.219	2.207	2.200	2.212	2.205	2.203	2.196	2.215	2.208
V_S	0.879	0.865	1.253	1.245	1.268	1.258	1.267	1.257	1.275	1.266	1.265	1.255
V_ϕ	2.048	2.046	1.689	1.689	1.652	1.652	1.660	1.660	1.638	1.638	1.666	1.666
$(\partial K_S/\partial P)_T$	(-2.00)	(-2.00)	(5.46)	(5.46)	(5.46)	(5.46)	(5.46)	(5.46)	(5.46)	(5.46)	(5.46)	(5.46)
$(\partial K_T/\partial P)_T$	-2.00	-2.00	5.54	5.54	5.53	5.53	5.52	5.52	5.51	5.51	5.51	5.51
$(\partial \mu/\partial P)_T$	(-1.40)	(-1.40)	(3.06)	(3.06)	(3.06)	(3.06)	(2.81)	(3.06)	(2.81)	(3.06)	(2.81)	(3.06)
$(\partial \sigma/\partial P)_T$	1.921	1.952	0.524	-0.266	1.133	0.298	1.020	0.185	2.64	2.76	6.926	0.103
$(\partial V_P/\partial P)_T$	-19.68	-19.73	36.46	38.26	36.43	38.28	36.32	36.16	43.60	44.61	36.40	38.23
$(\partial V_S/\partial P)_T$	-15.86	-16.06	19.58	21.97	18.97	21.37	19.01	21.43	17.21	18.47	19.15	21.55
$(\partial V_\phi/\partial P)_T$	-12.89	-12.90	28.64	28.64	29.27	29.27	29.06	29.06	40.76	40.76	29.03	29.03
$(\partial K_S/\partial T)_P$	-0.281	-0.282	-0.074	-0.074	-0.071	-0.071	-0.070	-0.070	-0.071	(-0.071)	-0.067	-0.067
$(\partial K_T/\partial T)_P$	-0.281	-0.282	-0.108	-0.108	-0.102	-0.102	-0.102	-0.102	-0.101	(-0.101)	-0.099	-0.099
$(\partial \mu/\partial T)_P$	-0.036	-0.030	-0.063	-0.068	-0.065	-0.070	-0.056	-0.061	(-0.065)	(-0.070)	-0.061	-0.066
$(\partial \sigma/\partial T)_P$	-2.98	-3.82	6.21	7.74	6.69	8.38	4.37	5.93	6.39	8.08	6.45	8.04
$(\partial V_P/\partial T)_P$	-1.264	-1.243	-0.637	-0.672	-0.635	-0.673	-0.637	-0.606	-0.587	-0.675	-0.623	-0.623
$(\partial V_S/\partial T)_P$	-0.357	-0.304	-0.473	-0.521	-0.480	-0.531	-0.403	-0.450	-0.476	-0.526	-0.449	-0.498
$(\partial V_\phi/\partial T)_P$	-1.206	-1.211	-0.370	-0.370	-0.357	-0.357	-0.351	-0.351	-0.362	-0.362	-0.327	-0.327
γ_{th}	-6.422	-6.299	1.746	1.750	1.743	1.758	1.588	1.572	1.460	1.512	1.613	1.631
$(\partial P/\partial T)_{V_P}$	-2.25	-1.89	2.242	2.37	2.53	2.48	2.112	2.10	2.77	2.85	2.35	2.31
$(\partial P/\partial T)_{V_S}$	-9.357	-9.390	1.293	1.293	1.220	1.220	1.207	1.207	0.888	0.888	1.125	1.125
$(\partial P/\partial T)_{V_\phi}$	0.000	0.000	1.648	1.648	1.583	1.583	1.601	1.601	1.560	1.560	1.608	1.608
γ_P	0.000	0.000	1.990	1.990	1.902	1.902	1.921	1.921	1.871	1.871	1.936	1.936
γ_P	-1.719	-1.728	2.286	2.388	2.224	2.326	2.234	2.337	2.565	2.624	2.244	2.346
γ_S	-3.968	-4.085	2.195	2.436	2.047	2.278	2.071	2.307	1.855	1.978	2.093	2.329
γ_{LT}	-3.906	-4.022	2.202	2.432	2.062	2.294	2.085	2.310	1.918	2.035	2.106	2.331
γ_{HT}	-3.218	-3.299	2.225	2.420	2.106	2.294	2.125	2.317	2.092	2.194	2.143	2.335
δ_S	******		4.171	4.171	4.127	4.127	4.055	4.055	4.195	4.195	3.834	3.834
δ_T	91.3	89.9	6.555		6.414		6.364		6.447		6.159	6.159
β_T	-0.281	-0.282	113.7	113.7	114.8	114.8	114.8	114.8	115.4	115.4	114.6	114.6
$(\partial K_S/\partial T)_V$	-0.281	-0.282	-0.015	-0.015	-0.015	-0.015	-0.016	-0.016	0.040	0.040	0.020	0.020
$(\partial K_P/\partial T)_V$	0.0	0.0	-0.017	-0.017	-0.014	-0.014	-0.013	-0.013	0.010	0.010	-0.010	-0.010
$(\partial \alpha/\partial T)_P$			13.70	13.70	13.70	13.70	13.70	13.70	13.70	13.70	13.70	13.70
V_S/V_P	0.385	0.380	0.563	0.561	0.574	0.572	0.573	0.570	0.579	0.577	0.571	0.568
V_m	0.997	0.981	1.394	1.386	1.408	1.398	1.407	1.397	1.416	1.406	1.405	1.396
REF: E.C.	029(102)		051(021)		089(021)		110(021)		066(089)		106(021)	
REF: α, C_p	520, 602		537, 602		537, 602		537, 602		537; 602		537, 602	

Table 2 (continued)
CALCULATED AGGREGATE PROPERTIES OF SINGLE CRYSTAL ELASTIC CONSTANTS

	CsI CsCl-str.(1967) *PULS (1967) 286 K		CdI$_2$ CdI$_2$-str.(Tri.) BRIL (1975) ROOM		HgI$_2$ (Tetra.) PULS (1975) 293 K		PbI$_2$ CdI$_2$-str.(Tri.) BRIL (1975) ROOM		Hg$_2$I$_2$ (Tetra.) PULS (1977) ROOM	
ρ_X	4.529		5.679		6.364		6.211		7.700	
ρ_B	*****		*****		*****		*****		*****	
M	129.91		122.07		151.44		153.67		163.76	
a	138.29		107.00		64.00		108.00			
C_p	1.983		2.152		1.714		1.762		1.618	
	(HILL)	(REUSS)	(HILL)	(REUSS)	(HILL)	(REUSS)	(HILL)	(REUSS)	(HILL)	(REUSS)
K_S	126.0	126.0	190.0	174.3	150.8	145.7	154.4	153.3	197.9	108.9
K_T	116.6	116.6	180.4	166.2	148.3	143.4	147.1	146.1		
μ	73.7	72.7	85.1	78.5	58.5	47.9	65.9	59.8	57.4	19.5
σ	0.255	0.258	0.305	0.304	0.328	0.352	0.313	0.327	0.368	0.416
V_P	2.225	2.219	2.312	2.216	1.896	1.815	1.975	1.937	1.888	1.324
V_S	1.276	1.267	1.224	1.176	0.959	0.868	1.030	0.981	0.863	0.503
V_ϕ	1.668	1.668	1.829	1.752	1.539	1.513	1.577	1.571	1.603	1.189
$(\partial K_S/\partial P)_T$	5.46	5.46								
$(\partial K_T/\partial P)_T$	5.53	5.53								
$(\partial \mu/\partial P)_T$	2.81	3.06								
$(\partial \sigma/\partial P)_T$	1.050	0.243								
$(\partial V_P/\partial P)_T$	36.15	37.95								
$(\partial V_S/\partial P)_T$	18.88	21.25								
$(\partial V_\phi/\partial P)_T$	28.97	28.97								
$(\partial K_S/\partial T)_P$	(-0.071)	(-0.071)			-0.061	-0.062				
$(\partial K_T/\partial T)_P$	-0.103	-0.103			-0.069	-0.068				
$(\partial \mu/\partial T)_P$	(-0.065)	(-0.070)			-0.028	-0.029				
$(\partial \sigma/\partial T)_P$	6.66	8.29			1.09	2.44				
$(\partial V_P/\partial T)_P$	-0.627	-0.664			-0.348	-0.376				
$(\partial V_S/\partial T)_P$	-0.476	-0.526			-0.199	-0.235				
$(\partial V_\phi/\partial T)_P$	-0.351	-0.351			-0.264	-0.271				
$(\partial P/\partial T)_V V_P$	1.735	1.751								
$(\partial P/\partial T)_V V_S$	2.52	2.47								
$(\partial P/\partial T)_V V_\phi$	1.213	1.213								
$(\partial P/\partial T)_\rho$	1.613	1.613	1.930	1.778	0.949	0.918	1.589	1.578		
γ_{th}	1.940	1.940	1.664	1.526	0.885	0.855	1.524	1.513		
γ_P	2.228	2.328								
γ_S	2.060	2.289								
γ_{LT}	2.074	2.292								
γ_{HT}	2.116	2.302								
δ_S	4.046	4.046			6.351	6.605				
δ_T	6.375	6.375			7.221	7.446				
θ_D	116.4	115.6	123.7	118.8	94.0	85.3	99.4	94.9	88.3	51.8
$(\partial K_S/\partial T)_V$	-0.016	0.016								
$(\partial K_T/\partial T)_V$	-0.014	-0.014								
V_{SE}/V_P	13.70	13.70	(10.00)†	(10.00)†	(0.01)†	(0.01)†	(10.00)†	(10.00)†		
V_M	0.573	0.571	0.530	0.530	0.506	0.478	0.522	0.507	0.457	0.380
	1.417	1.408	1.368	1.314	1.075	0.976	1.152	1.100	0.973	0.571
REF. E.C.	021(089)		098		050		098		009	
REF. α, C_p	537, 602		518, 602		050, 613		518, 602		***, 613	

B. Simple Oxide Series

	BeO Wurtzite (Hexa.) PULS (1966) ROOM		BeO Wurtzite (Hexa.) PULS (1967) 298 K		MgO Rock salt (Cubic) *PULS (1965) 298 K		MgO Rock salt (Cubic) *PULS (1966) 300 K		MgO Rock salt (Cubic) *PULS (1969) 298 K		MgO Rock salt (Cubic) *PULS (1970) 300 K	
ρ_X	3.010		3.010		3.584		3.584		3.581		3.584	
ρ_B	*****		*****		3.579		3.583		3.579		3.583	
M	12.51		12.51		20.15		20.15		20.15		20.15	
α	18.00		18.00		30.90		31.50		30.90		30.90	
C_p	10.282		10.282		9.258		9.258		9.258		9.258	
	(HILL)	(REUSS)	(HILL)	(REUSS)	(HILL)	(REUSS)	(HILL)	(REUSS)	(HILL)	(REUSS)	(HILL)	(REUSS)
K_S	2495.0	2495.0	2244.0	2243.9	1626.0	1626.0	1622.6	1622.0	1622.6	1622.6	1628.0	1628.0
K_T	2475.6	2475.0	2228.3	2228.2	1603.5	1603.5	1598.7	1598.7	1600.2	1600.2	1605.4	1605.4
μ	1535.0	1588.0	1653.3	1642.1	1310.4	1280.6	1308.4	1278.8	1308.4	1278.8	1311.1	1281.3
σ	0.237	0.237	0.204	0.206	0.182	0.188	0.182	0.188	0.182	0.188	0.183	0.188
V_p	12.391	12.379	12.157	12.136	9.708	9.651	9.693	9.635	9.699	9.642	9.707	9.649
V_s	7.279	7.263	7.411	7.386	6.051	5.982	6.043	5.973	6.046	5.977	6.049	5.980
V_ϕ	9.104	9.104	8.634	8.634	6.740	6.740	6.728	6.728	6.733	6.733	6.740	6.740
$(\partial K_S/\partial P)_T$	*****	*****	*****	*****	4.16	4.16	4.49	4.49	4.27	4.27	3.85	3.85
$(\partial K_T/\partial P)_T$	*****	*****	*****	*****	4.18	4.18	4.50	4.50	4.29	4.29	3.87	3.87
$(\partial \mu/\partial P)_T$	*****	*****	*****	*****	2.48	2.80	2.54	2.88	2.48	2.82	2.45	2.79
$(\partial \sigma/\partial P)_T$	*****	*****	*****	*****	0.167	0.092	0.208	0.127	0.185	0.106	0.124	0.047
$(\partial V_p/\partial P)_T$	*****	*****	*****	*****	7.71	8.41	8.30	9.05	7.88	8.61	7.21	7.94
$(\partial V_s/\partial P)_T$	*****	*****	*****	*****	3.83	4.67	3.97	4.86	3.84	4.71	3.77	4.64
$(\partial V_\phi/\partial P)_T$	*****	*****	*****	*****	6.52	6.52	7.21	7.21	6.76	6.76	5.87	5.87
$(\partial K_S/\partial T)_P$	*****	*****	*****	*****	(-0.153)	(-0.153)	(-0.160)		(-0.153)	(-0.153)	-0.153	-0.153
$(\partial K_T/\partial T)_P$	*****	*****	*****	*****	-0.272	-0.272	-0.278		-0.272	-0.272	-0.273	-0.273
$(\partial \mu/\partial T)_P$	*****	*****	*****	*****	(-0.229)	(-0.261)	-0.219	-0.249	-0.229	-0.261	-0.229	-0.261
$(\partial \sigma/\partial T)_P$	*****	*****	*****	*****	2.03	2.71	1.173	2.37	2.03	2.71	2.02	2.71
$(\partial V_p/\partial T)_P$	*****	*****	*****	*****	-0.510	-0.576	-0.499	-0.560	-0.511	-0.577	-0.509	-0.575
$(\partial V_s/\partial T)_P$	*****	*****	*****	*****	-0.436	-0.517	-0.411	-0.487	-0.436	-0.517	-0.435	-0.516
$(\partial V_\phi/\partial T)_P$	*****	*****	*****	*****	-0.213	-0.213	-0.226	-0.226	-0.213	-0.213	-0.213	-0.213
γ_{th}	*****	*****	*****	*****	6.613	6.842	6.185		6.485	6.693	7.071	7.246
γ_P	*****	*****	*****	*****	11.37	11.06	10.00		11.38	10.97	11.57	11.12
γ_S	*****	*****	*****	*****	3.266	3.266	3.134		3.159	3.159	3.621	3.621
γ_{LT}	*****	*****	*****	*****	4.955	4.955	5.036		4.944	4.944	4.961	4.961
γ_{HT}	4.456	4.456	4.011	4.011								
δ_S	1.451	1.451	1.305	1.305	1.516	1.516	1.540	1.540	1.513	1.513	1.516	1.516
δ_T	*****	*****	*****	*****	1.607	1.731	1.703	1.836	1.633	1.763	1.525	1.654
θ	*****	*****	*****	*****	1.349	1.586	1.384	1.635	1.349	1.595	1.333	1.579
	*****	*****	*****	*****	1.377	1.601	1.418	1.656	1.379	1.613	1.354	1.587
	*****	*****	*****	*****	1.435	1.634	1.490	1.702	1.443	1.651	1.397	1.604
	*****	*****	*****	*****	3.045	3.045	3.132	3.132	3.052	3.052	3.041	3.041
	*****	*****	*****	*****	5.499	5.499	5.517	5.517	5.500	5.500	5.495	5.495
	1261.8	1259.2	1280.0	1275.9	942.3	932.1	941.4	931.2	941.6	931.4	942.4	932.2
$(\partial K_S/\partial T)_V$	*****	*****	*****	*****	0.009	0.009	0.026	0.026	0.014	0.014	-0.006	-0.006
$(\partial K_T/\partial T)_V$	*****	*****	*****	*****	-0.065	-0.065	-0.051	-0.051	-0.060	-0.060	-0.080	-0.080
V_S/V_P	3.00	3.00	3.00	3.00	6.60	6.60	6.00	6.00	6.60	6.60	6.60	6.60
V_m	0.587	0.507	0.610	0.609	0.623	0.620	0.623	0.620	0.623	0.620	0.623	0.620
	8.069	8.052	8.186	8.159	6.668	6.595	6.658	6.586	6.662	6.591	6.666	6.593
REF. E.C.	217		230		220(279)		209		225(279)		279	
REF. α, C_p	535, 613		535, 613		540, 613		205, 613		540, 613		540, 613	

Table 2 (continued)
CALCULATED AGGREGATE PROPERTIES OF SINGLE CRYSTAL ELASTIC CONSTANTS

	MgO Rock salt (Cubic) PULS (1971) 300 K		MgO Rock salt (Cubic) RESO (1976) 293 K		MgO Rock salt (Cubic) RESO (1980) 293 K		CaO Rock salt (Cubic) PULS (1967) 273 K		CaO Rock salt (Cubic) PULS (1972) ROOM		CaO Rock salt (Cubic) *PULS (1977) 298 K	
ρ_X	3.584		3.584		3.584		3.295		3.346		3.346	
ρ_B	3.583		3.579		3.587		******		******		******	
M	20.15		20.15		20.15		28.04		28.04		28.04	
α	31.50		30.90		30.90		37.98		37.98		29.04	
C_p	9.258		9.258		9.258		7.717		7.717		7.717	
	(HILL)	(REUSS)	(HILL)	(REUSS)	(HILL)	(REUSS)	(HILL)	(REUSS)	(HILL)	(REUSS)	(HILL)	(REUSS)
K_S	1622.3	1622.3	1633.0	1633.0	1620.0	1620.0	1087.0	1087.0	1140.0	1140.0	1125.0	1125.0
K_T	1599.0	1599.0	1610.3	1610.3	1605.5	1605.5	1067.3	1067.3	1118.6	1118.6	1112.7	1112.7
μ	1296.0	1267.6	1305.3	1275.3	1303.8	1277.9	740.0	740.0	814.0	814.0	810.0	810.0
σ	0.185	0.190	0.184	0.190	0.183	0.189	0.223	0.223	0.212	0.212	0.210	0.210
V_p	9.670	9.615	9.709	9.651	9.696	9.638	7.933	7.933	8.155	8.155	8.118	8.118
V_s	6.014	5.948	6.039	5.969	6.040	5.969	4.739	4.739	4.932	4.932	4.920	4.920
V_ϕ	6.729	6.729	6.755	6.755	6.737	6.737	5.744	5.744	5.837	5.837	5.798	5.798
$(\partial K_S/\partial P)_T$	(3.85)	(3.85)	******	******	(3.85)	(3.85)	(4.83)	(4.83)	******	******	4.83	4.83
$(\partial K_T/\partial P)_T$	3.88	3.88	******	******	3.87	3.87	4.88	4.88	6.00	6.00	4.84	4.84
$(\partial \mu/\partial P)_T$	(2.45)	(2.79)	******	******	(2.45)	(2.79)	(1.76)	(1.74)	6.01	1.70	1.76	1.74
$(\partial \sigma/\partial P)_T$	0.120	0.043	******	******	0.123	0.045	0.468	0.474	0.737	0.740	0.498	0.503
$(\partial V_p/\partial P)_T$	7.24	7.97	******	******	7.21	7.94	10.00	9.95	11.53	11.50	9.55	9.50
$(\partial V_s/\partial P)_T$	3.80	4.68	******	******	3.77	4.65	3.40	3.34	2.98	2.95	3.12	3.06
$(\partial V_\phi/\partial P)_T$	5.88	5.68	******	******	5.87	5.67	10.07	10.07	12.75	12.75	9.84	9.84
$(\partial K_S/\partial T)_P$	-0.191	-0.191	******	******	-0.153	-0.153	-0.230	-0.230	-0.192	-0.192	-0.128	-0.128
$(\partial K_T/\partial T)_P$	-0.309	-0.309	******	******	-0.272	-0.272	-0.312	-0.312	-0.281	-0.281	-0.176	-0.176
$(\partial \mu/\partial T)_P$	-0.285	-0.310	******	******	-0.235	-0.264	-0.022	-0.022	-0.149	-0.149	-0.148	-0.147
$(\partial \sigma/\partial T)_P$	2.54	3.12	******	******	2.14	2.78	-5.46	-5.46	0.34	0.34	1.61	1.58
$(\partial V_p/\partial T)_P$	-0.672	-0.726	******	******	-0.521	-0.581	-0.233	-0.233	-0.561	-0.560	-0.482	-0.479
$(\partial V_s/\partial T)_P$	-0.567	-0.634	******	******	-0.449	-0.524	0.160	0.160	-0.358	-0.356	-0.378	-0.375
$(\partial V_\phi/\partial T)_P$	-0.290	-0.290	******	******	-0.212	-0.212	-0.499	-0.499	-0.381	-0.381	-0.246	-0.246
$(\partial P/\partial T)_{V_p}$	9.274	9.109	******	******	7.221	7.322	2.332	2.344	4.869	4.866	5.041	5.041
$(\partial P/\partial T)_{V_s}$	14.90	13.56	******	******	11.91	11.28	-4.72	-4.81	12.03	12.09	12.11	12.25
$(\partial P/\partial T)_{V_\phi}$	4.937	4.937	******	******	3.621	3.621	4.951	4.951	2.985	2.985	2.504	2.504
$(\partial P/\partial T)_\rho$	5.037	5.037	4.976	4.976	4.361	4.961	4.053	4.053	4.249	4.249	3.231	3.231
Y_{th}	1.541	1.541	1.523	1.523	1.515	1.515	1.624	1.624	1.677	1.677	1.265	1.265
Y_P	1.531	1.660	******	******	1.527	1.656	1.679	1.672	1.914	1.911	1.643	1.636
Y_S	1.364	1.591	******	******	1.336	1.584	1.100	1.085	1.008	1.001	1.039	1.026
Y_{LT}	1.407	1.598	******	******	1.356	1.592	1.155	1.142	1.099	1.092	1.100	1.087
Y_{HT}	1.614	1.614	******	******	1.400	1.608	1.293	1.281	1.310	1.305	1.241	1.229
δ_S	3.740	3.740	******	******	3.041	3.041	5.571	5.571	4.434	4.434	3.927	3.927
δ_T	6.126	6.126	******	******	5.493	5.493	7.694	7.694	6.626	6.626	5.438	5.438
θ	937.2	927.4	940.7	930.4	941.3	930.9	645.9	645.9	674.9	674.9	673.0	673.0
$(\partial K_S/\partial T)_V$	-0.037	-0.037	******	******	-0.006	-0.006	-0.050	-0.050	0.045	0.045	0.021	0.021
$(\partial K_T/\partial T)_V$	-0.113	-0.113	******	******	-0.080	-0.080	-0.114	-0.114	-0.026	-0.026	-0.019	-0.019
$(\partial \alpha/\partial T)_P$	6.00	6.00	6.60	6.60	6.60	6.60	4.20	4.20	4.20	4.20	2.01	2.01
V_s/V_p	0.622	0.619	0.622	0.619	0.623	0.619	0.597	0.597	0.605	0.605	0.606	0.606
V_m	6.629	6.559	6.656	6.583	6.656	6.582	5.245	5.245	5.452	5.452	5.438	5.437
REF. E.C.	261(279)		282		284(279)		244(227)		208+278		227	
REF. α, C_p	205; 613		540; 613		540; 613		536; 602		536; 602		227; 602	

	CaO Rock salt (Cubic) *PULS (1977) 298 K		MnO Rock salt (Cubic) PULS (1969) 291 K		MnO Rock salt (Cubic) PULS (1971) 296 K		MnO Rock salt (Cubic) PULS (1977) 280 K		MnO Rock salt (Cubic) RESO (1980) 303 K		$Fe_{0.92}O$ Rock salt (Cubic) RESO (1980) 298 K	
ρ_X	3.342		5.90		5.365		5.364		5.365		5.680	
ρ_B	3.340		5.30						5.372		5.681	
M	28.04		35.47		35.47		35.47		35.47		35.09	
α	37.98		34.50		34.50		34.50		34.50		36.40	
C_p	7.717		6.322		6.322		6.322		6.322		7.154	
	(HILL)	(REUSS)	(HILL)	(REUSS)	(HILL)	(REUSS)	(HILL)	(REUSS)	(HILL)	(REUSS)	(HILL)	(REUSS)
K_S	1170.0	1170.0	1543.0	1543.0	1472.7	1472.7	1516.0	1516.0	1586.0	1586.0	1814.0	1814.0
K_T	1147.5	1147.5	1518.6	1518.6	1450.2	1450.2	1492.2	1492.2	1560.0	1560.0	1782.4	1782.4
μ	811.2	811.2	666.0	651.0	684.9	675.7	690.0	683.0	689.0	679.0	461.0	460.0
σ	0.218	0.218	0.311	0.315	0.299	0.301	0.302	0.304	0.310	0.313	0.383	0.383
V_P	8.211	8.211	6.691	6.663	6.669	6.652	6.739	6.726	6.828	6.810	6.538	6.537
V_S	4.928	4.928	3.502	3.463	3.573	3.549	3.587	3.568	3.581	3.555	2.849	2.846
V_ϕ	5.919	5.919	5.331	5.331	5.239	5.239	5.316	5.316	5.434	5.434	5.651	5.651
$(\partial K_S/\partial P)_T$	5.90	5.90										
$(\partial K_T/\partial P)_T$	5.82	5.82										
$(\partial \mu/\partial P)_T$	2.11	2.10										
$(\partial \sigma/\partial P)_T$	0.558	0.561										
$(\partial V_P/\partial P)_T$	12.31	12.28										
$(\partial V_S/\partial P)_T$	4.26	4.23										
$(\partial V_\phi/\partial P)_T$	12.34	12.34										
$(\partial K_S/\partial T)_P$	-0.023	-0.023					-0.176	-0.176	-0.214	-0.214	-0.200	-0.200
$(\partial K_T/\partial T)_P$	-0.076	-0.076					-0.274	-0.274	-0.320	-0.320	-0.312	-0.312
$(\partial \mu/\partial T)_P$	-0.306	-0.306					-0.120	-0.153	-0.146	-0.182	0.124	0.127
$(\partial \sigma/\partial T)_P$	9.08	9.08					0.99	1.84	1.28	2.18	-4.10	-4.16
$(\partial V_P/\partial T)_P$	-0.546	-0.546					-0.349	-0.411	-0.439	-0.507	0.072	0.078
$(\partial V_S/\partial T)_P$	-0.836	-0.836					-0.250	-0.338	-0.318	-0.415	0.435	0.445
$(\partial V_\phi/\partial T)_P$	0.171	0.171					-0.217	-0.217	-0.273	-0.273	-0.209	-0.209
$(\partial P/\partial T)_{V_P}$	4.436	4.445										
$(\partial P/\partial T)_{V_S}$	19.61	19.75										
$(\partial P/\partial T)_{V_\phi}$	-1.382	-1.382										
$(\partial P/\partial T)_\rho$	4.358	4.358	5.239	5.239	5.003	5.003	5.148	5.148	5.382	5.382	6.488	6.488
γ_{th}	1.724	1.724	1.551	1.551	1.498	1.498	1.542	1.542	1.611	1.611	1.625	1.625
γ_P	2.054	2.050										
γ_S	1.326	1.319										
γ_{LT}	1.397	1.390										
γ_{HT}	1.568	1.562										
δ_S	-0.518	-0.518					3.365	3.365	3.911	3.911	3.029	3.029
δ_T	1.734	1.734					5.319	5.319	5.950	5.950	4.809	4.809
θ_D	674.4	674.4	526.9	521.2	534.5	531.1	536.8	534.2	536.8	533.1	440.8	440.4
$(\partial K_S/\partial T)_V$	0.257	0.257										
$(\partial K_T/\partial T)_V$	0.178	0.178										
$(\partial \alpha/\partial T)_P$	4.20	4.20	3.30	3.30	3.30	3.30	3.30	3.30	3.30	3.30	1.40	1.40
V_S/V_P	0.600	0.600	0.523	0.520	0.536	0.534	0.532	0.531	0.524	0.522	0.436	0.435
$V_s V_m$	5.452	5.452	3.918	3.875	3.990	3.965	4.005	3.988	4.005	3.978	3.217	3.214
REF. E.C.	233		267		289		243		283		283	
REF. α, C_p	536, 602		542; 602		542; 602		542; 602		542; 602		509; 613	

Table 2 (continued)
CALCULATED AGGREGATE PROPERTIES OF SINGLE CRYSTAL ELASTIC CONSTANTS

	CoO Rock salt (Cubic) PULS (1968) 303 K		CoO Rock salt (Cubic) PULS (1972) 295 K		CoO Rock salt (Cubic) RESO (1980) 300 K		NiO (Trigonal) PULS (1971) 300 K		NiO (Trigonal) PULS (1972) 296 K		ZnO Wurtzite (Hexa.) PULS (1962) 293 K	
ρ_x	6.440		6.394		6.433		6.853		6.790		5.676	
ρ_B					6.442							
M	37.47		37.47		37.47		37.35		37.35		40.65	
α	53.60		53.60		53.60		32.39		32.39		15.84	
C_p	7.036		7.036		7.036		5.943		5.943		4.970	
	(HILL)	(REUSS)	(HILL)	(REUSS)	(HILL)	(REUSS)	(HILL)	(REUSS)	(HILL)	(REUSS)	(HILL)	(REUSS)
K_S	1839.0	1839.0	1809.3	1809.3	1856.0	1856.0	1356.0	1356.0	1733.0	1733.0	1435.8	1435.1
K_T	1776.8	1776.8	1748.1	1748.2	1792.7	1792.7	1341.9	1341.9	1709.9	1709.9	1430.3	1429.6
μ	721.8	710.9	695.0	684.2	720.0	708.0	895.0	666.0	905.0	890.0	455.5	453.2
σ	0.326	0.329	0.330	0.332	0.328	0.331	0.229	0.237	0.278	0.281	0.357	0.357
V_p	6.595	6.570	6.541	6.524	6.612	6.593	6.099	6.053	6.580	6.557	6.000	5.994
V_s	3.348	3.322	3.297	3.271	3.343	3.315	3.614	3.855	3.651	3.620	2.833	2.826
V_ϕ	5.344	5.344	5.319	5.319	5.368	5.368	4.448	4.448	5.052	5.052	5.030	5.028
$(\partial K_S/\partial P)_T$												
$(\partial K_T/\partial P)_T$												
$(\partial \mu/\partial P)_T$												
$(\partial \sigma/\partial P)_T$												
$(\partial V_p/\partial P)_T$												
$(\partial V_s/\partial P)_T$												
$(\partial V_\phi/\partial P)_T$												
$(\partial K_S/\partial T)_P$					0.200	0.200	-0.820	-0.820				
$(\partial K_T/\partial T)_P$					1.046	1.046	-0.899	-0.899				
$(\partial \mu/\partial T)_P$					1.120	1.230	1.470	1.850				
$(\partial \sigma/\partial T)_P$					-22.02	-24.46	-49.82	-59.50				
$(\partial V_p/\partial T)_P$					2.165	2.343	1.462	2.083				
$(\partial V_s/\partial T)_P$					2.690	2.969	3.026	3.855				
$(\partial V_\phi/\partial T)_P$					0.433	0.433	-1.273	-1.273				
$(\partial P/\partial T)_{V_p}$												
$(\partial P/\partial T)_{V_s}$												
$(\partial P/\partial T)_\phi$	9.524	9.524	9.373	9.373	9.609	9.609	4.347	4.347	5.538	5.538	2.266	2.265
γ_{th}	2.175	2.175	2.156	2.156	2.195	2.195	1.078	1.078	1.391	1.391	0.806	0.806
γ_P												
γ_s												
i_{LT}												
γ_{HT}												
δ_S					-2.010	-2.010	18.670	18.670				
δ_T					20.681	20.681						
B_T	524.5	520.7	515.5	511.7	524.0	519.7	571.8	563.0	579.2	574.6	415.8	414.8
$(\partial K_S/\partial T)_V$												
$(\partial K_P/\partial T)_V$	-92.70	-92.70	-92.70	-92.70	-92.70	-92.70	9.55	9.55	9.55	9.55	0.70	0.70
$(\partial \alpha/\partial T)_P$	0.508	0.505	0.504	0.501	0.506	0.503	0.593	0.587	0.555	0.552	0.472	0.471
V_s/V_p												
V_m	3.752	3.725	3.697	3.669	3.748	3.718	4.003	3.940	4.067	4.034	3.188	3.180
REF. E;C.	201		289		283		270		289		210	
REF. α; C_p	509; 602		509; 602		509; 602		509; 602		509; 602		516; 602	

	ZnO Wurtzite(Hexa.) PULS (1975) ROOM		SrO Rock salt (Cubic) PULS (1969) 300 K		SrO Rock salt (Cubic) PULS (1972) ROOM		SrO Rock salt (Cubic) PULS (1976) 296 K		SrO Rock salt (Cubic) *PULS (1977) 298 K		BaO Rock salt (Cubic) PULS (1972) ROOM	
ρ_X	5.674		4.990		5.009		5.009		5.009		5.992	
ρ_B	******		******		******		******		******		******	
M	40.65		51.81		51.81		51.81		51.81		76.65	
α	15.84		27.60		42.00		41.70		41.70		38.40	
C_P	4.970		4.357		4.357		4.357		4.357		2.962	
	(HILL)	(REUSS)	(HILL)	(REUSS)	(HILL)	(REUSS)	(HILL)	(REUSS)	(HILL)	(REUSS)	(HILL)	(REUSS)
K_S	1425.6	1425.2	823.7	823.7	880.0	880.0	907.2	907.2	912.1	912.1	610.0	610.0
K_T	1420.2	1419.8	816.6	816.6	861.6	861.6	887.9	887.9	892.6	892.6	600.9	600.9
μ	463.0	461.9	587.2	587.2	591.0	589.0	587.8	587.8	586.9	585.9	355.5	355.0
σ	0.353	0.354	0.212	0.212	0.226	0.226	0.234	0.235	0.235	0.235	0.256	0.256
V_P	6.000	5.998	5.674	5.674	5.771	5.766	5.813	5.810	5.817	5.814	4.253	4.252
V_S	2.857	2.853	3.430	3.430	3.435	3.429	3.426	3.426	3.423	3.420	2.436	2.434
V_ϕ	5.012	5.012	4.063	4.063	4.191	4.191	4.256	4.256	4.267	4.267	3.191	3.191
$(\partial K_S/\partial P)_T$	******	******	(5.18)	(5.18)	6.00	6.00	******	******	5.18	5.18	(5.52)	(5.52)
$(\partial K_T/\partial P)_T$	******	******	5.22	5.22	5.96	5.96	******	******	5.22	5.22	5.51	5.51
$(\partial \mu/\partial P)_T$	******	******	(1.48)	(1.35)	1.35	1.22	******	******	1.48	1.35	(1.01)	(0.89)
$(\partial \sigma/\partial P)_T$	******	******	0.877	0.927	1.016	1.062	******	******	0.689	0.734	1.271	1.333
$(\partial V_P/\partial P)_T$	******	******	9.16	8.86	10.14	9.86	******	******	9.02	8.73	9.92	9.63
$(\partial V_S/\partial P)_T$	******	******	2.22	1.85	1.93	1.56	******	******	2.40	2.03	1.42	1.04
$(\partial V_\phi/\partial P)_T$	******	******	10.29	10.29	11.86	11.86	******	******	9.73	9.73	11.78	11.76
$(\partial K_S/\partial T)_P$	******	******	-0.190	-0.190	-0.071	-0.071	******	******	-0.178	-0.178	-0.070	-0.070
$(\partial K_T/\partial T)_P$	******	******	-0.224	-0.224	-0.151	-0.151	******	******	-0.260	-0.260	-0.111	-0.111
$(\partial \mu/\partial T)_P$	******	******	-0.174	-0.174	-0.114	-0.109	******	******	-0.122	-0.117	-0.172	-0.171
$(\partial \sigma/\partial T)_P$	******	******	1.53	1.53	-2.52	-2.35	******	******	0.27	0.11	7.54	7.49
$(\partial V_P/\partial T)_P$	******	******	-0.667	-0.667	-0.265	-0.255	******	******	-0.462	-0.452	-0.506	-0.503
$(\partial V_S/\partial T)_P$	******	******	-0.461	-0.461	-0.259	-0.247	******	******	-0.283	-0.271	-0.542	-0.539
$(\partial V_\phi/\partial T)_P$	******	******	-0.413	-0.413	-0.081	-0.081	******	******	-0.327	-0.327	-0.122	-0.122
$(\partial P/\partial T)_{V_P}$	******	******	7.282	7.528	2.610	2.583	******	******	5.120	5.177	5.097	5.223
$(\partial P/\partial T)_{V_S}$	******	******	20.74	24.89	13.44	15.80	******	******	11.80	13.32	38.31	51.90
$(\partial P/\partial T)_{V_\phi}$	2.250	2.249	4.010	4.010	0.684	0.684	******	******	3.359	3.359	1.034	1.034
$(\partial P/\partial T)_\rho$	******	******	2.254	2.254	3.619	3.619	3.703	3.703	3.722	3.722	2.307	2.307
γ_{th}	0.801	0.801	1.046	1.046	1.694	1.694	1.733	1.733	1.743	1.743	1.320	1.320
γ_P	******	******	1.651	1.608	1.848	1.806	******	******	1.717	1.674	1.735	1.695
γ_S	******	******	0.862	0.774	0.817	0.726	******	******	0.959	0.864	0.590	0.590
γ_{LT}	******	******	0.941	0.857	0.916	0.829	******	******	1.029	0.939	0.773	0.685
γ_{HT}	******	******	1.125	1.052	1.161	1.086	******	******	1.212	1.134	1.033	0.958
δ_S	******	******	8.357	8.357	1.921	1.921	******	******	4.672	4.672	2.988	2.988
δ_T	******	******	9.958	9.958	4.171	4.171	******	******	6.991	6.991	4.796	4.796
θ_D	419.1	418.6	437.0	437.0	438.1	438.1	438.5	438.0	437.8	437.4	290.9	290.7
$(\partial K_S/\partial T)_V$	******	******	-0.084	-0.084	0.127	0.127	******	******	-0.003	-0.003	0.047	0.047
$(\partial K_S/\partial T)_V$	******	******	-0.107	-0.107	-0.065	-0.065	******	******	-0.066	-0.066	0.016	0.016
$(\partial K_S/\partial T)_P$	******	******	(5.00)†	(5.00)†	(5.00)†	(5.00)†	(5.00)†	(5.00)†	(5.00)†	(5.00)†	(5.00)†	(5.00)†
V_S/V_P	0.476	0.476	0.605	0.605	0.595	0.595	0.590	0.590	0.589	0.588	0.573	0.572
V_S/V_m	3.213	3.209	3.792	3.792	3.803	3.797	3.800	3.796	3.794	3.791	2.706	2.704
REF. E.C.	286		247(227)		208+278		268		227		291(227)	
REF. α, C_P	516; 602		247; 603		278; 603		227, 603		227; 603		291; 602	

Table 2 (continued)
CALCULATED AGGREGATE PROPERTIES OF SINGLE CRYSTAL ELASTIC CONSTANTS

	BaO Rock salt (Cubic) PULS (1975) 296 K		BaO Rock salt (Cubic) PULS (1977) 280 K		BaO Rock salt (Cubic) *PULS (1977) 298 K		Al₂O₃ α-Al₂O₃ (Trigonal) RESO (1960) 298 K		Al₂O₃ α-Al₂O₃ (Trigonal) PULS (1961) 300 K		Al₂O₃ α-Al₂O₃ (Trigonal) PULS (1963) 300 K	
ρ_X	6.001		6.001		5.992		3.986		3.986		3.986	
ρ_B	*****		*****		*****		*****		*****		*****	
M	76.65		76.65		76.65		20.39		20.39		20.39	
α	38.40		38.40		38.40		15.70		15.70		15.70	
C_p	2.962		2.962		2.962		7.791		7.791		7.791	
	(HILL)	(REUSS)	(HILL)	(REUSS)	(HILL)	(REUSS)	(HILL)	(REUSS)	(HILL)	(REUSS)	(HILL)	(REUSS)
K_S	739.7	739.7	720.0	720.3	754.0	754.0	2511.5	2509.1	2480.0	2480.0	2501.2	2498.7
K_T	726.3	726.3	707.3	707.3	740.1	740.1	2496.6	2494.2	2465.4	2465.4	2486.4	2483.9
μ	367.9	367.5	367.0	366.1	353.7	353.1	1631.6	1606.8	1645.0	1616.0	1600.7	1574.5
σ	0.287	0.287	0.282	0.283	0.297	0.297	0.233	0.236	0.228	0.232	0.236	0.240
v_p	4.528	4.527	4.489	4.487	4.523	4.521	10.847	10.803	10.828	10.783	10.740	10.740
v_s	2.476	2.475	2.473	2.470	2.430	2.427	6.402	6.349	6.424	6.367	6.336	6.285
v_ϕ	3.511	3.511	3.464	3.464	3.547	3.547	7.938	7.934	7.888	7.888	7.921	7.918
$(\partial K_S/\partial P)_T$	*****	*****	*****	*****	*****	*****	*****	*****	*****	*****	*****	*****
$(\partial K_T/\partial P)_T$	*****	*****	*****	*****	*****	*****	*****	*****	*****	*****	*****	*****
$(\partial \mu/\partial P)_T$	*****	*****	(5.52)	(5.52)	5.52	5.52	*****	*****	*****	*****	*****	*****
$(\partial \sigma/\partial P)_T$	*****	*****	5.59	5.59	5.61	5.61	*****	*****	*****	*****	*****	*****
$(\partial v_p/\partial P)_T$	*****	*****	(1.01)	(0.89)	1.01	0.89	*****	*****	*****	*****	*****	*****
$(\partial v_s/\partial P)_T$	*****	*****	0.918	0.971	0.786	0.839	*****	*****	*****	*****	*****	*****
$(\partial v_\phi/\partial P)_T$	*****	*****	9.56	9.29	9.60	9.33	*****	*****	*****	*****	*****	*****
	*****	*****	1.64	1.27	1.81	1.43	*****	*****	*****	*****	*****	*****
	*****	*****	10.83	10.83	10.59	10.59	*****	*****	*****	*****	*****	*****
$(\partial K_S/\partial T)_P$	*****	*****	−0.203	−0.203	−0.239	−0.239	*****	*****	*****	*****	*****	*****
$(\partial K_T/\partial T)_P$	*****	*****	−0.257	−0.257	−0.298	−0.298	*****	*****	*****	*****	*****	*****
$(\partial \mu/\partial T)_P$	*****	*****	−0.111	−0.104	−0.115	−0.110	*****	*****	*****	*****	*****	*****
$(\partial \sigma/\partial T)_P$	*****	*****	0.38	0.04	0.13	−0.10	*****	*****	*****	*****	*****	*****
$(\partial v_p/\partial T)_P$	*****	*****	−0.565	−0.548	−0.637	−0.626	*****	*****	*****	*****	*****	*****
$(\partial v_s/\partial T)_P$	*****	*****	−0.326	−0.303	−0.348	−0.332	*****	*****	*****	*****	*****	*****
$(\partial v_\phi/\partial T)_P$	*****	*****	−0.422	−0.422	−0.495	−0.495	*****	*****	*****	*****	*****	*****
$(\partial P/\partial T)_{V,p}$	*****	*****	5.913	5.901	6.638	6.705	*****	*****	*****	*****	*****	*****
$(\partial P/\partial T)_{V,s}$	*****	*****	19.93	23.89	19.22	23.15	*****	*****	*****	*****	*****	*****
$(\partial P/\partial T)_{V,\phi}$	*****	*****	3.895	3.895	4.673	4.673	*****	*****	*****	*****	*****	*****
$(\partial P/\partial T)_{\rho}$	2.789	2.789	2.716	2.716	2.842	2.842	3.920	3.916	3.871	3.871	3.904	3.900
γ_{th}	1.598	1.598	1.555	1.555	1.631	1.631	1.270	1.268	1.254	1.254	1.264	1.263
γ_P	*****	*****	1.840	1.798	1.905	1.861	*****	*****	*****	*****	*****	*****
γ_S	*****	*****	0.802	0.697	0.885	0.770	*****	*****	*****	*****	*****	*****
γ_{LT}	*****	*****	0.882	0.782	0.958	0.849	*****	*****	*****	*****	*****	*****
γ_{HT}	*****	*****	1.148	1.064	1.225	1.134	*****	*****	*****	*****	*****	*****
δ_s	*****	*****	7.342	7.342	8.265	8.265	*****	*****	*****	*****	*****	*****
δ_T	*****	*****	9.467	9.467	10.492	10.492	*****	*****	*****	*****	*****	*****
θ	297.0	296.8	296.4	296.1	291.6	291.4	1035.0	1026.9	1038.1	1029.4	1024.8	1016.9
$(\partial K_S/\partial T)_V$	*****	*****	−0.065	−0.065	−0.095	−0.095	*****	*****	*****	*****	*****	*****
$(\partial K_T/\partial T)_V$	*****	*****	−0.105	−0.105	−0.139	−0.139	*****	*****	*****	*****	*****	*****
$(\partial \alpha/\partial T)_P$	(5.00)†	(5.00)†	(5.00)†	(5.00)†	(5.00)†	(5.00)†	*****	*****	*****	*****	*****	*****
v_s/v_p	0.547	0.547	0.551	0.550	0.537	0.537	5.25	5.25	5.25	5.25	5.25	5.25
v_m	2.761	2.760	2.756	2.753	2.713	2.710	0.590	0.588	0.593	0.590	0.588	0.585
							7.093	7.037	7.114	7.054	7.023	6.969
REF. E.C.	250		250 (227)		227		292		262		218	
REF. α, C_p	227, 602		227, 602		227, 602		545, 613		545, 613		545, 613	

	Al_2O_3 α-Al_2O_3(Trigonal) RESO (1963) 300 K		Al_2O_3 α-Al_2O_3(Trigonal) RESO (1966) 300 K		Al_2O_3 α-Al_2O_3(Trigonal) *PULS (1968) 298 K		Al_2O_3 α-Al_2O_3(Trigonal) PULS (1969) 298 K		Ti_2O_3 α-Al_2O_3(Trigonal) PULS (1973) 300 K		Ti_2O_3 α-Al_2O_3(Trigonal) PULS (1978) 296 K	
	(HILL)	(REUSS)	(HILL)	(REUSS)	(HILL)	(REUSS)	(HILL)	(REUSS)	(HILL)	(REUSS)	(HILL)	(REUSS)
ρ_X	3.986		3.986		3.986		3.986		4.578		4.580	
ρ_B	******		20.39		20.39		20.39		28.76		28.76	
M	20.39		15.70		15.70		15.70		17.00		17.00	
α	15.70		7.791		7.791		7.791		6.797		6.797	
C_p	7.791											
K_S	2529.0	2526.3	2520.6	2518.3	2543.9	2542.3	2511.5	2509.1	2072.9	2072.6	2076.3	2076.3
K_T	2513.9	2511.2	2505.5	2503.3	2528.6	2527.0	2496.6	2494.2	2061.0	2060.7	2064.4	2064.4
μ	1602.4	1577.4	1633.2	1606.4	1632.4	1607.5	1633.6	1606.8	939.2	919.3	945.1	931.0
σ	0.238	0.242	0.234	0.237	0.236	0.239	0.233	0.236	0.303	0.307	0.302	0.305
V_P	10.819	10.777	10.857	10.813	10.882	10.842	10.847	10.803	8.523	8.488	8.535	8.511
V_S	6.340	6.291	6.401	6.348	6.400	6.350	6.402	6.349	4.529	4.481	4.543	4.509
V_ϕ	7.965	7.961	7.952	7.949	7.989	7.986	7.938	7.934	6.729	6.729	6.733	6.733
$(\partial K_S/\partial P)_T$	******	******	(4.28)	(4.27)	4.28	4.27	4.37	4.36	(4.12)	(4.11)	4.12	4.11
$(\partial K_T/\partial P)_T$	******	******	4.28	4.28	4.29	4.29	4.38	4.37	4.13	4.13	4.14	4.14
$(\partial \mu/\partial P)_T$	******	******	(1.74)	(1.84)	1.74	1.84	1.77	1.88	(1.02)	(1.14)	1.02	1.14
$(\partial \sigma/\partial P)_T$	******	******	0.138	0.119	0.134	0.115	0.145	0.123	0.154	0.126	0.155	0.129
$(\partial V_P/\partial P)_T$	******	******	5.45	5.64	5.45	5.64	5.60	5.81	4.95	5.18	4.94	5.16
$(\partial V_S/\partial P)_T$	******	******	2.13	2.37	2.14	2.38	2.18	2.44	1.36	1.68	1.35	1.66
$(\partial V_\phi/\partial P)_T$	******	******	5.16	5.15	5.13	5.13	5.32	5.30	5.05	5.05	5.04	5.04
$(\partial K_S/\partial T)_P$	******	******	-0.115	-0.116	-0.170	(-0.171)	-0.170	-0.171	-0.187	-0.202	-0.235	-0.235
$(\partial K_T/\partial T)_P$	******	******	-0.214	-0.215	-0.271	(-0.271)	-0.268	-0.269	-0.225	-0.240	-0.273	-0.273
$(\partial \mu/\partial T)_P$	******	******	-0.194	-0.205	-0.191	(-0.204)	-0.191	-0.204	-0.453	-0.578	-0.208	-0.223
$(\partial \sigma/\partial T)_P$	******	******	1.60	1.76	1.09	1.28	1.08	1.28	6.70	8.94	1.83	2.15
$(\partial V_P/\partial T)_P$	******	******	-0.346	-0.367	-0.405	-0.427	-0.407	-0.429	-0.941	-1.179	-0.582	-0.611
$(\partial V_S/\partial T)_P$	******	******	-0.329	-0.355	-0.325	-0.353	-0.325	-0.353	-1.054	-1.371	-0.461	-0.502
$(\partial V_\phi/\partial T)_P$	******	******	-0.119	-0.121	-0.205	-0.205	-0.207	-0.208	-0.246	-0.271	-0.324	-0.323
$(\partial P/\partial T)_{V_P}$	******	******	6.346	6.498	7.433	7.574	7.262	7.391	19.007	22.757	11.789	11.837
$(\partial P/\partial T)_{V_S}$	******	******	15.45	14.96	15.15	14.82	14.91	14.46	77.58	81.63	34.17	30.32
$(\partial P/\partial T)_{V_\phi}$	******	******	2.307	2.349	3.990	4.007	3.893	3.917	4.875	5.364	6.411	6.416
$(\partial P/\partial T)_\rho$	3.947	3.943	3.934	3.930	3.970	3.967	3.920	3.916	3.504	3.503	3.509	3.509
γ_{th}	1.279	1.277	1.274	1.273	1.286	1.285	1.270	1.268	1.132	1.132	1.134	1.134
γ_P	******	******	1.592	1.640	1.600	1.647	1.623	1.674	1.531	1.592	1.528	1.584
γ_S	******	******	1.168	1.269	1.181	1.281	1.183	1.292	1.105	1.195	1.092	1.092
γ_{LT}	******	******	1.207	1.303	1.219	1.315	1.224	1.328	0.992	1.139	0.946	1.126
γ_{HT}	******	******	1.319	1.392	1.330	1.403	1.420	1.420	1.145	1.267	0.987	1.256
δ_S	******	******	2.906	2.939	4.266	4.277	4.321	4.333	5.307	5.733	6.655	6.652
δ_T	******	******	5.443	5.474	6.827	6.836	6.849	6.859	6.433	6.859	7.782	7.779
θ	1025.7	1018.1	1035.0	1026.9	1035.0	1027.4	1035.0	1026.9	689.6	682.6	691.7	686.7
$(\partial K_S/\partial T)_V$	******	******	0.004	0.003	-0.050	-0.051	-0.047	-0.048	-0.041	-0.056	-0.089	-0.089
$(\partial K_T/\partial T)_V$	******	******	-0.046	-0.047	-0.101	-0.101	-0.097	-0.097	-0.081	-0.096	-0.128	-0.128
V_s/V_m	******	******	(0.0)+	(0.0)+	(0.0)+	(0.0)+	(0.0)+	(0.0)+	(0.0)+	(0.0)+	(0.0)+	(0.0)+
V_m	5.25	5.25	5.25	5.25	5.25	5.25	5.25	5.25	5.061	5.010	5.076	5.039
	0.586	0.584	0.590	0.587	0.588	0.586	0.590	0.588	0.531	0.528	0.532	0.530
	7.030	6.977	7.093	7.093	7.093	7.093	7.093	7.093	5.061	5.010	5.076	5.039
REF: E.C.	218		285(238)		238(242)		242(292)		228(274)		274	
REF: α; C_p	545; 613		545; 613		545; 613		545; 613		274; 613		274; 613	

Table 2 (continued)
CALCULATED AGGREGATE PROPERTIES OF SINGLE CRYSTAL ELASTIC CONSTANTS

	V_2O_3 α-Al$_2$O$_3$(Trigonal) PULS (1974) ROOM		V_2O_3 α-Al$_2$O$_3$(Trigonal) PULS (1976) 273 K		Cr_2O_3 α-Al$_2$O$_3$(Trigonal) PULS (1976) 293 K		Fe_2O_3 α-Al$_2$O$_3$(Trigonal) RESO (1968) 298 K	Y_2O_3 (Cubic) RESO (1969) ROOM	Y_2O_3-ThO$_2$(9%) (Cubic) RESO (1968) 298 K
		(RUSS)	(HILL)	(RUSS)	(HILL)	(RUSS)			
ρ_X	4.870		4.870		5.236		5.274	5.030	5.290
ρ_B							5.254		5.286
M	29.98		29.98		30.40		31.94	45.16	47.56
a	31.80		31.80		19.30		32.88	19.70	19.98
C_p	6.913		6.913		6.894		6.527	4.569	4.338
	(HILL)	(RUSS)	(HILL)	(RUSS)	(HILL)	(RUSS)	(POLY)	(POLY)	(POLY)
K_S	1704.0	1644.0	1683.0	1608.3	2339.0	2339.0	2066.1	1357.7	1414.3
K_T	1678.2	1620.0	1657.9	1585.3	2322.0	2322.2	2026.5	1348.4	1403.9
μ	812.0	789.0	801.8	774.0	1232.0	1194.0	910.4	655.0	691.6
σ	0.294	0.293	0.294	0.293	0.276	0.282	0.308	0.292	0.290
V_P	7.440	7.517	7.517	7.363	8.720	8.665	7.901	6.660	6.648
V_S	4.025	4.058	4.058	3.987	4.851	4.775	4.163	3.609	3.617
V_ϕ	5.810	5.879	5.879	5.747	6.684	6.684	6.271	5.195	5.173
$(\partial K_S/\partial P)_T$							4.53		
$(\partial K_T/\partial P)_T$									
$(\partial \mu/\partial P)_T$							0.73		
$(\partial \sigma/\partial P)_T$							0.233		
$(\partial V_P/\partial P)_T$							4.68		
$(\partial V_S/\partial P)_T$							0.64		
$(\partial V_\phi/\partial P)_T$							5.33		
$(\partial K_S/\partial T)_P$	-1.501	-1.612						-0.148	-0.156
$(\partial K_T/\partial T)_P$	-1.561	-1.664						-0.182	-0.194
$(\partial \mu/\partial T)_P$	0.143	0.162						-0.079	-0.085
$(\partial \sigma/\partial T)_P$	-18.98	-21.65						0.20	0.21
$(\partial V_P/\partial T)_P$	-1.670	-1.829						-0.311	-0.316
$(\partial V_S/\partial T)_P$	0.426	0.481						-0.181	-0.185
$(\partial V_\phi/\partial T)_P$	-2.528	-2.789						-0.231	-0.234
$(\partial P/\partial T)_{V_P}$									
$(\partial P/\partial T)_{V_S}$									
$(\partial P/\partial T)_{V_\phi}$	5.337	5.152	5.272	5.041	4.482	4.482	6.663	2.656	2.805
γ_{th}	1.610	1.553	1.590	1.519	1.251	1.251	1.981	1.164	1.232
γ_P							1.533		
γ_S							0.646		
γ_{LT}							0.706		
γ_{HT}							0.942		
δ_S	28.046	31.519						5.522	5.524
δ_T	29.612	33.016						6.836	6.931
B_T	625.2	616.2	621.3	610.3	755.7	744.5	641.2	487.1	487.8
$(\partial K_S/\partial T)_V$	$(0.0)^+$	$(0.0)^+$	$(0.0)^+$	$(0.0)^+$	$(0.0)^+$	$(0.0)^+$	0.94	$(0.0)^+$	$(1.00)^+$
$(\partial K_P/\partial T)_V$	0.540	0.541	0.540	0.541	0.556	0.551	0.527	0.542	0.544
$(\partial \alpha/\partial T)_P$									
V_S/V_P	4.558	4.492	4.529	4.449	5.402	5.322	4.654	4.027	4.035
V_m									
REF. E.C.	234		206		204		252	258+259	232
REF. α, C_p	521, 602		521, 602		204, 602		511, 613	546, 602	545+546, 602+603

	Sm$_2$O$_3$ Mn$_2$O$_3$-str.(Cubic) RESO (1974) ROOM	Dy$_2$O$_3$ Mn$_2$O$_3$-str.(Cub c) RESO (1969) ROOM	Ho$_2$O$_3$ Mn$_2$O$_3$-str.(Cubic) RESO (1969) ROOM	Er$_2$O$_3$ Mn$_2$O$_3$-str.(Cubic) RESO (1969) ROOM	Tm$_2$O$_3$ Mn$_2$O$_3$-str.(Cubic) RESO (1970) 293 K	Yb$_2$O$_3$ Mn$_2$O$_3$-str.(Cubic) RESO (1971) ROOM
ρ_X	7.748	8.164	8.414	8.654	8.889	9.293
ρ_B	=====	=====	=====	=====	8.534	=====
M	69.76	74.60	75.57	76.48	77.17	78.80
a	27.80	20.40	21.60	18.30	19.90	19.50
C_p	3.284	3.101	3.049	2.765	3.029	2.931
K_S	(POLY) 1377.9	(POLY) 1506.2	(POLY) 1346.8	(POLY) 1407.2	(POLY) 1301.4	(POLY) 1443.7
K_T	1360.8	1495.1	1337.0	1398.9	1293.7	1435.0
μ	547.5	644.0	656.4	677.8	629.1	728.9
σ	0.325	0.313	0.290	0.292	0.292	0.284
V_P	5.216	5.382	5.139	5.168	5.008	5.098
V_S	2.658	2.809	2.793	2.799	2.715	2.801
V_ϕ	4.217	4.295	4.001	4.032	3.905	3.941
$(\partial K_S/\partial P)_T$	=====	=====	=====	=====	=====	=====
$(\partial K_T/\partial P)_T$	=====	=====	=====	=====	=====	=====
$(\partial \mu/\partial P)_T$	=====	=====	=====	=====	=====	=====
$(\partial \sigma/\partial P)_T$	=====	=====	=====	=====	=====	=====
$(\partial V_P/\partial P)_T$	=====	=====	=====	=====	=====	=====
$(\partial V_S/\partial P)_T$	=====	=====	=====	=====	=====	=====
$(\partial V_\phi/\partial P)_T$	=====	=====	=====	=====	=====	=====
$(\partial K_S/\partial T)_P$	-0.143	=====	-0.162	-0.168	-0.145	=====
$(\partial K_T/\partial T)_P$	-0.203	=====	-0.195	-0.199	-0.172	=====
$(\partial \mu/\partial T)_P$	-0.076	=====	-0.074	-0.076	-0.057	=====
$(\partial \sigma/\partial T)_P$	0.54	=====	-0.13	-0.13	-0.38	=====
$(\partial V_P/\partial T)_P$	-0.229	=====	-0.246	-0.253	-0.208	=====
$(\partial V_S/\partial T)_P$	-0.147	=====	-0.128	-0.131	-0.095	=====
$(\partial V_\phi/\partial T)_P$	-0.160	=====	-0.197	-0.204	-0.178	=====
$(\partial P/\partial T)_{V_P}$	=====	=====	=====	=====	=====	=====
$(\partial P/\partial T)_{V_S}$	=====	=====	=====	=====	=====	=====
$(\partial P/\partial T)_{V_\phi}$	3.783	3.050	2.8H8	2.560	2.574	2.798
γ_{th}	1.505	1.214	1.134	1.076	1.002	1.034
γ_P	=====	=====	=====	=====	=====	=====
γ_S	=====	=====	=====	=====	=====	=====
γ_{LT}	3.728	5.565	5.565	6.516	5.583	=====
γ_{HT}	5.359	6.754	6.754	7.761	6.669	=====
δ_T	360.0	377.9	376.9	377.8	365.6	384.9
θ_T	=====	=====	=====	=====	=====	=====
$(\partial K_S/\partial T)_V$	=====	=====	=====	=====	=====	=====
$(\partial K_P/\partial T)_P$	0.70	1.20	0.40	1.00	0.60	0.70
V_S/V_P	0.510	0.522	0.544	0.542	0.542	(.549
V_m	2.979	3.142	3.116	3.123	3.030	3.122
REF. E.C.	246	258	258+259	258+259	260	271
REF. α, C_p	546, 603	546, 603	538, 603	538, 603	538, 603	538, 603

Table 2 (continued)
CALCULATED AGGREGATE PROPERTIES OF SINGLE CRYSTAL ELASTIC CONSTANTS

	Lu₂O₃ Mn₂O₃-str.(Cubic) RESO (1970) 293 K	SiO₂ (Fused Qz) Glass (Isotropic) RESO (1962) ROOM	SiO₂ (Fused Qz) Glass (Isotropic) RESO (1962) ROOM	SiO₂ (Fused Qz) Glass (Isotropic) RESO (1962) ROOM	SiO₂ (Fused Qz) Glass (Isotropic) *PULS (1965) ROOM	SiO₂ (Fused Qz) Glass (Isotropic) *PULS (1980) ROOM
ρ_X	9.423	ooooo	ooooo	ooooo	ooooo	ooooo
ρ_B	9.022	2.203	2.201	2.203	2.203	2.195
M	79.59	20.03	20.03	20.03	20.03	20.03
α	17.60	1.62	1.62	1.62	1.62	1.62
C_p	2.566	7.387	7.367	7.387	7.387	7.387
K_S	(POLY) 1397.4	(GLASS) 363.0	(GLASS) 369.0	(GLASS) 371.2	(GLASS) 367.1	(GLASS) 360.5
K_T	1389.6	363.0	369.0	371.2	367.1	360.5
μ	693.1	312.6	310.8	311.6	312.6	311.5
σ	0.287	0.165	0.171	0.172	0.168	0.165
V_p	5.073	5.951	5.965	5.977	5.965	5.945
V_s	2.772	3.768	3.757	3.762	3.767	3.767
V_ϕ	3.936	4.060	4.094	4.105	4.082	4.053
$(\partial K_S/\partial P)_T$	ooooo	(-6.40)	(-6.40)	(-6.40)	-6.40	-5.89
$(\partial K_T/\partial P)_T$	ooooo	-6.41	-6.41	-6.41	-6.41	-5.89
$(\partial \mu/\partial P)_T$	ooooo	(-3.66)	(-3.66)	(-3.66)	-3.66	-3.49
$(\partial \sigma/\partial P)_T$	ooooo	-1.547	-1.434	-1.415	-1.403	-1.337
$(\partial V_p/\partial P)_T$	ooooo	-51.21	-51.02	-50.88	-51.03	-48.64
$(\partial V_s/\partial P)_T$	ooooo	-27.21	-27.19	-27.13	-27.16	-26.33
$(\partial V_\phi/\partial P)_T$	ooooo	-41.39	-41.06	-40.93	-41.15	-36.73
$(\partial K_S/\partial T)_P$	-0.135	0.113	0.119	0.107	0.113	(0.113)
$(\partial K_T/\partial T)_P$	-0.163	0.112	0.119	0.107	0.112	0.112
$(\partial \mu/\partial T)_P$	-0.072	0.045	0.047	0.044	(0.045)	(0.045)
$(\partial \sigma/\partial T)_P$	0.14	4.28	4.40	3.77	4.16	4.33
$(\partial V_p/\partial T)_P$	-0.208	0.665	0.598	0.633	0.663	0.668
$(\partial V_s/\partial T)_P$	-0.120	0.277	0.288	0.268	0.277	0.278
$(\partial V_\phi/\partial T)_P$	-0.155	0.632	0.665	0.594	0.629	0.636
$(\partial P/\partial T)_{V_p}$	ooooo	1.298	1.368	1.244	1.300	1.373
$(\partial P/\partial T)_{V_S}$	ooooo	1.02	1.06	0.99	1.02	1.05
$(\partial P/\partial T)_{V_\phi}$	ooooo	1.526	1.618	1.451	1.528	1.641
$(\partial P/\partial T)_\rho$	2.446	0.059	0.060	0.060	0.059	0.058
γ_{th}	1.062	0.036	0.037	0.037	0.037	0.036
γ_P	ooooo	-2.790	-2.822	-2.826	-2.807	-2.616
γ_S	ooooo	-2.288	-2.337	-2.343	-2.313	-2.186
γ_{LT}	ooooo	-2.345	-2.391	-2.396	-2.369	-2.235
γ_{HT}	ooooo	-2.455	-2.499	-2.504	-2.478	-2.329
δS	5.485	ooooo	ooooo	ooooo	ooooo	ooooo
δ_T	6.649	499.3	498.1	498.6	499.3	498.5
θ	376.1	0.109	0.115	0.103	0.109	0.109
$(\partial K_S/\partial T)_V$	ooooo	(0.0)+	(0.0)+	(0.0)+	(0.0)+	(0.0)+
$(\partial K_P/\partial T)_V$	0.60	0.633	0.630	0.629	0.631	0.634
V_S/V_P	0.546	4.145	4.136	4.141	4.145	4.144
V_m	3.091					
REF. E.C.	260	280(220)	280(220)	280(220)	220(280)	275(280)
REF. α, C_p	538, 603	535, 613	535, 613	535, 613	535, 613	535, 613

	SiO$_2$ (α-SiO$_2$) (Trigonal) RESO (1958) 293 K	SiO$_2$ (α-SiO$_2$) (Trigonal) RESO (1962) 293 K	SiO$_2$ (α-SiO$_2$) (Trigonal) *PULS (1965) 298 K	SiO$_2$ (α-SiO$_2$) (Trigonal) RESO (1975) 293 K	SiO$_2$ (α-SiO$_2$) (Trigonal) RE-CAL (1976) 298 K	SiO$_2$ (α-SiO$_2$) (Trigonal) RE-CAL (1979) 293 K
ρ_X	2.649	2.650	2.649	2.649	2.649	2.650
ρ_B	******	******	******	******	******	******
M	20.03	20.03	20.03	20.03	20.03	20.03
α	34.96	34.92	33.43	34.96	34.96	34.92
C_p	7.454	7.454	7.454	7.454	7.454	7.454
	(HILL) (REUSS)	(HILL) (REUSS)	(HILL) (REUSS)	(HILL) (REUSS)	(HILL) (REUSS)	(HILL) (REUSS)
K_s	377.0 374.5	377.6 374.8	376.5 374.1	376.5 374.2	377.1 374.3	(377.6)^A (374.8)^A
K_T	374.4 371.9	375.0 372.3	374.1 371.7	373.9 371.6	374.8 371.7	(374.5)^A (372.2)^A
μ	444.4 410.3	444.5 410.2	444.2 410.2	442.1 409.6	447.9 414.6	(444.5)^A (410.9)^A
σ	0.077 0.099	0.077 0.099	0.077 0.098	0.078 0.099	0.075 0.096	0.077 0.099
V_p	6.050 5.899	6.051 5.901	6.048 5.897	6.039 5.894	6.065 5.916	6.051 5.901
V_s	4.096 3.936	4.096 3.938	4.095 3.936	4.085 3.932	4.112 3.957	4.096 3.938
V_ϕ	3.773 3.760	3.775 3.761	3.775 3.758	3.770 3.758	3.773 3.759	3.775 3.761
$(\partial K_s/\partial P)_T$	(6.42) 6.32	(6.42) 6.32	6.42 6.32	(6.42) 6.32	(6.42) 6.32	(6.42)^B (6.32)^B
$(\partial K_T/\partial P)_T$	6.43 6.34	6.43 6.34	6.42 6.33	6.42 6.33	6.43 6.34	6.40 6.30
$(\partial \mu/\partial P)_T$	(0.41) 0.51	(0.41) 0.51	0.41 0.51	(0.41) 0.51	(0.41) 0.51	(0.41)^B (0.51)^B
$(\partial \sigma/\partial P)_T$	4.888 4.594	4.877 4.591	4.896 4.602	4.885 4.596	4.905 4.624	4.877 4.592
$(\partial V_p/\partial P)_T$	13.66 14.50	13.66 14.48	13.67 14.50	13.71 14.51	13.59 14.40	13.66 14.48
$(\partial V_s/\partial P)_T$	-3.56 -2.83	-3.55 -2.83	-3.56 -2.83	-3.55 -2.82	-3.55 -2.87	-3.55 -2.83
$(\partial V_\phi/\partial P)_T$	27.07 26.69	27.04 26.67	27.09 26.71	27.09 26.70	27.07 26.70	27.04 26.67
$(\partial K_s/\partial T)_P$	-0.103	-0.105	-0.072 -0.071	-0.085	-0.100	-0.032
$(\partial K_T/\partial T)_P$	-0.114	-0.116	-0.088 -0.087	-0.096	-0.087	-0.043
$(\partial \mu/\partial T)_P$	-0.008	-0.008	-0.009 -0.003	-0.011 -0.004	-0.017 -0.012	-0.005 0.016
$(\partial \sigma/\partial T)_P$	-7.50	-7.44	-5.23 -5.40	-6.13 -6.40	-6.86 -7.02	-2.98 -3.64
$(\partial V_p/\partial T)_P$	-0.280 -0.263	-0.281 -0.268	-0.160 -0.142	-0.187	-0.274 -0.264	-0.067 -0.144
$(\partial V_s/\partial T)_P$	-0.001 -0.029	-0.005 -0.031	-0.028 -0.052	-0.022 -0.050	-0.007 -0.013	0.027 0.096
$(\partial V_\phi/\partial T)_P$	-0.450 -0.453	-0.458 -0.464	-0.298 -0.295	-0.361 -0.362	-0.431 -0.434	-0.097 -0.095
$(\partial P/\partial T)_{Vp}$	2.049 1.816	2.060 1.850	1.174 0.977	1.498 1.288	2.016 1.832	-0.196 -0.465
$(\partial P/\partial T)_{Vs}$	0.02 1.01	0.13 1.09	0.80 1.85	0.62 1.75	-0.18 0.46	2.71 5.09
$(\partial P/\partial T)_{V\phi}$	1.662 1.697	1.693 1.738	1.102 1.106	1.332 1.357	1.592 1.626	0.357 0.358
$(\partial P/\partial T)_{V\phi}$	1.309 1.300	1.309 1.300	1.251 1.243	1.309 1.299	1.309 1.300	1.309 1.300
γ_{th}	0.668 0.663	0.668 0.663	0.638 0.633	0.667 0.663	0.668 0.663	0.667 0.663
γ_P	1.179 1.248	1.180 1.247	1.179 1.248	1.182 1.248	1.173 1.238	1.180 1.247
γ_S	0.008 0.066	0.008 0.066	0.008 0.066	0.008 0.067	0.006 0.064	0.008 0.066
γ_{LT}	0.165 0.219	0.165 0.219	0.165 0.219	0.166 0.219	0.164 0.217	0.165 0.219
γ_{HT}	0.398 0.460	0.399 0.460	0.398 0.460	0.400 0.460	0.395 0.455	0.399 0.460
δ_S	7.822 7.889	7.948 8.060	5.736 5.701	6.473 6.513	7.532 7.604	2.465 2.453
δ_T	8.672 8.733	8.792 8.898	7.006 6.963	7.321 7.356	8.382 8.447	3.309 3.290
$(\partial K_s/\partial T)_V$	572.4 551.1	572.4 551.4	572.3 551.0	571.0 550.6	574.5 553.8	572.4 551.4
$(\partial K_T/\partial T)_V$	-0.021 -0.023	-0.022 -0.025	-0.007 -0.008	-0.003 -0.005	-0.017 -0.019	0.049 0.048
$(\partial \alpha/\partial T)_P$	-0.029 -0.031	-0.031 -0.033	-0.007 -0.013	-0.012 -0.013	-0.026 -0.027	-0.040 -0.039
V_s/V_p	3.28	3.18	11.19 11.19	3.28	3.28	3.18
V_m	0.677	0.677	0.677 0.667	0.667	0.678	0.677
	4.469 4.302	4.468 4.304	4.468 4.302	4.457 4.298	4.486 4.324	4.468 4.304
REF. E;C;	249(263)	212+213(263)	263	277(263)	245(263)	276(212^A, 263^B)
REF. α, C_p	249; 613	213; 613	263; 613	249; 613	249; 613	213; 613

Table 2 (continued)
CALCULATED AGGREGATE PROPERTIES OF SINGLE CRYSTAL ELASTIC CONSTANTS

	SiO$_2$ (β-SiO$_2$) (Hexa.) RESO (1948) 1000 K	SiO$_2$ (Coesite) (Monoclinic) BRIL (1977) 298 K		SiO$_2$ (Stishovite) Rutile (Tetra.) PULS (1972) ROOM	SiO$_2$ (Stishovite) Rutile (Tetra.) PULS (1976) ROOM	SiO$_2$ (Stishovite) Rutile (Tetra.) OTHER (1976) ROOM	SiO$_2$ (Stishovite) Rutile (Tetra.) BRIL (1976) ROOM		SiO$_2$ (Stishovite) Rutile (Tetra.) BRIL (1980) ROOM	
ρx	2.533	2.711		4.287	4.287	4.287	4.287		4.287	
ρB	*****	*****		*****	*****	*****	*****		*****	
M	20.03	20.03		20.03	20.03	20.03	20.03		20.03	
α	−3.00	8.00		14.00	14.00	14.00	14.00		14.00	
Cp	11.480	7.593		7.196	7.196	7.196	7.196		7.196	
	(HILL)	(HILL)	(REUSS)	(POLY)		(HILL)	(HILL)	(REUSS)	(HILL)	(REUSS)
Ks	684.2	1137.9	1091.0	3460.0	2490.0	3160.0	3010.0	2805.0	2743.0
KT	684.2	1135.9	1090.0	3437.3	2478.2	3141.1	2992.8	2790.1	2728.7
μ	408.3	616.0	564.0	1300.0	2040.0	1195.0	1825.0	2351.0	2288.7
σ	0.251	0.271	0.280	0.333	0.178	0.332	0.248	0.172	0.174
Vp	6.964	8.202	7.957	11.006	11.024	10.530	11.268	11.771	11.625
Vs	4.015	4.600	4.402	5.507	6.898	5.280	6.525	7.405	7.306
Vφ	5.197	6.250	6.122	8.984	7.621	8.586	8.379	8.089	7.999
(∂Ks/∂P)T	*****	*****	*****	*****	*****	*****	*****	*****	*****	*****
(∂KT/∂P)T	*****	*****	*****	*****	*****	*****	*****	*****	*****	*****
(∂μ/∂P)T	*****	*****	*****	*****	*****	*****	*****	*****	*****	*****
(∂σ/∂P)T	*****	*****	*****	*****	*****	*****	*****	*****	*****	*****
(∂Vp/∂P)T	*****	*****	*****	*****	*****	*****	*****	*****	*****	*****
(∂Vs/∂P)T	*****	*****	*****	*****	*****	*****	*****	*****	*****	*****
(∂Vφ/∂P)T	*****	*****	*****	*****	*****	*****	*****	*****	*****	*****
(∂Ks/∂T)P	0.413	0.415								
(∂KT/∂T)P	0.413	0.415								
(∂μ/∂T)P	0.095	0.098								
(∂σ/∂T)P	7.70	7.53								
(∂Vp/∂T)P	1.519	1.539								
(∂Vs/∂T)P	1.461	0.478								
(∂Vφ/∂T)P	1.561	1.569								
(∂P/∂T)Vp	*****	*****	*****	*****	*****	*****	*****	*****	*****	*****
(∂P/∂T)Vs	*****	*****	*****	*****	*****	*****	*****	*****	*****	*****
(∂P/∂T)Vφ	*****	*****	*****	*****	*****	*****	*****	*****	*****	*****
(∂P/∂T)ρ	−0.205	0.909	0.872	4.812	3.470	4.398	4.190	3.906	3.820
Yth	−0.071	0.412	0.395	1.570	1.130	1.434	1.366	1.273	1.245
YP	−0.071	*****	*****	*****	*****	*****	*****	*****	*****	*****
Ys	*****	*****	*****	*****	*****	*****	*****	*****	*****	*****
YLT	*****	*****	*****	*****	*****	*****	*****	*****	*****	*****
YHT	*****	*****	*****	*****	*****	*****	*****	*****	*****	*****
δs	*****	*****	*****	*****	*****	*****	*****	*****	*****	*****
δT	562.6	676.7	648.2	929.0	1142.7	890.6	1089.1	1226.0	1209.6
θ	(0.0)+	(0.0)+	0.80	0.80	5.36	5.36	5.36	5.36	5.36
(∂Ks/∂T)v	0.576	0.561	0.553	0.500	0.626	0.501	0.579	0.629	0.628
(∂α/∂T)P	4.458	5.120	4.904	6.177	7.598	5.922	7.242	8.152	8.043
Vs/Vp										
Vm										
REF. E.C.	248	296		265	253	281	297			
REF. α, Cp	535, 613	535, 608		513, 608	513, 608	513, 608	513, 608		513, 608	

	TiO$_2$ Rutile (Tetra.) PULS (1960) ROOM		TiO$_2$ Rutile (Tetra.) RESO (1962) ROOM		TiO$_2$ Rutile (Tetra.) *PULS (1969) 298 K		TiO$_2$ Rutile (Tetra.) *PULS (1972) 298 K		TiO$_2$ Rutile (Tetra.) *PULS (1974) 298 K		TiO$_2$ Rutile (Tetra.) BRIL (1976) ROOM	
ρ_X	4.264		4.250		4.260		4.260		4.245		4.249	
ρ_B	*****		*****		*****		*****		*****		*****	
M	26.63		26.63		26.63		26.63		26.63		26.63	
α	23.57		23.57		23.57		23.57		23.57		23.57	
C_p	6.910		6.910		6.910		6.910		6.910		6.910	
	(HILL)	(REUSS)	(HILL)	(REUSS)	(HILL)	(REUSS)	(HILL)	(REUSS)	(HILL)	(REUSS)	(HILL)	(REUSS)
K_S	2152.0	2106.0	2064.4	2025.1	2155.1	2109.1	2155.2	2109.2	2140.4	2094.8	2137.1	2094.5
K_T	2126.1	2081.2	2040.5	2002.1	2129.2	2084.2	2129.2	2084.2	2114.7	2070.2	2111.5	2069.9
μ	1135.0	1012.0	1117.0	990.3	1124.4	995.0	1124.4	995.0	1120.4	992.8	1094.8	957.6
σ	0.276	0.293	0.271	0.290	0.278	0.296	0.278	0.296	0.277	0.295	0.281	0.302
v_p	9.271	9.002	9.144	8.872	9.262	8.981	9.262	8.981	9.253	8.974	9.200	8.907
v_s	5.159	4.872	5.127	4.827	5.138	4.833	5.138	4.833	5.137	4.836	5.076	4.747
v_ϕ	7.104	7.028	6.970	6.903	7.113	7.036	7.113	7.036	7.101	7.025	7.092	7.021
$(\partial K_S/\partial P)_T$					6.76	6.94	(6.76)	(6.94)	6.91	7.03		
$(\partial K_T/\partial P)_T$					6.80	6.99	6.82	7.00	6.98	7.10		
$(\partial \mu/\partial P)_T$					0.77	-0.34	(0.77)	(-0.34)	0.58	-0.48		
$(\partial\sigma/\partial P)_T$					0.463	0.639	0.463	0.639	0.513	0.679		
$(\partial v_p/\partial P)_T$					7.70	6.33	7.70	6.33	7.60	6.22		
$(\partial v_s/\partial P)_T$					0.56	-1.98	0.56	-1.98	0.13	-2.34		
$(\partial v_\phi/\partial P)_T$					9.48	9.89	9.48	9.89	9.78	10.09		
$(\partial K_S/\partial T)_P$					-0.413	-0.420	-0.491	-0.493	-0.531	-0.529		
$(\partial K_T/\partial T)_P$					-0.518	-0.520	-0.595	-0.592	-0.633	-0.626		
$(\partial \mu/\partial T)_P$					-0.273	-0.146	-0.153	-0.081	-0.221	-0.113		
$(\partial\sigma/\partial T)_P$					0.97	-0.93	-1.74	-2.68	-0.96	-2.46		
$(\partial v_p/\partial T)_P$					-0.876	-0.697	-0.772	-0.680	-0.943	-0.785		
$(\partial v_s/\partial T)_P$					-0.564	-0.296	-0.289	-0.140	-0.447	-0.217		
$(\partial v_\phi/\partial T)_P$					-0.598	-0.618	-0.726	-0.740	-0.797	-0.803		
$(\partial P/\partial T)_{V_P}$					11.384	10.999	10.026	10.735	12.415	12.619		
$(\partial P/\partial T)_{V_S}$					100.41	-14.99	51.48	7.08	353.55	79.28		
$(\partial P/\partial T)_{V_\phi}$					6.308	6.243	7.662	7.475	8.157	7.960		
	5.011	4.905	4.809	4.719	5.018	4.912	5.019	4.913	4.984	4.879	4.977	4.879
γ_{th}	1.721	1.685	1.657	1.625	1.726	1.689	1.726	1.689	1.720	1.683	1.715	1.681
γ_P					2.102	1.803	2.102	1.803	2.069	1.768		
γ_S					0.566	-0.519	0.566	-0.519	0.385	-0.668		
γ_{LT}					0.687	-0.351	0.687	-0.351	0.518	-0.491		
γ_{HT}					1.078	0.255	1.078	0.255	0.947	0.144		
δ_T					8.135	8.449	9.666	9.919	10.529	10.704		
δ_S					10.317	10.585	11.848	12.055	12.704	12.833		
θ	784.4	742.3	778.1	734.4	781.0	736.4	781.0	736.4	780.1	736.0	771.3	723.2
$(\partial K_S/\partial T)_V$					-0.092	-0.096	-0.169	-0.168	-0.203	-0.201		
$(\partial K_T/\partial T)_V$					-0.176	-0.177	-0.252	-0.248	-0.286	-0.280		
$(\partial\alpha/\partial T)_P$	2.20	2.20	2.20	2.20	2.20	2.20	2.20	2.20	2.20	2.20	2.20	2.20
v_S/v_P	0.556	0.541	0.561	0.544	0.555	0.538	0.555	0.538	0.555	0.539	0.552	0.533
v_m	5.745	5.437	5.706	5.385	5.723	5.396	5.723	5.396	5.722	5.399	5.656	5.304
REF. E.C.	290+219		293		255		256(255)		236		240	
REF. α, C_p	517; 613		517; 613		517; 613		517; 613		517; 613		517; 613	

Table 2 (continued)
CALCULATED AGGREGATE PROPERTIES OF SINGLE CRYSTAL ELASTIC CONSTANTS

	GeO₂ Rutile (Tetra.) PULS (1973) 293 K		ZrO₂-Y₂O₃(8%) Fluorite (Cubic) *PULS (1972) 273 K		ZrO₂-Y₂O₃(8%) Fluorite (Cubic) OPTI (1974) ROOM		ZrO₂-Y₂O₃(8%) Fluorite (Cubic) BRIL (1977) ROOM		ZrO₂-Y₂O₃(8%) Fluorite (Cubic) PULS (1977) ROOM		ZrO₂-Y₂O₃(10.3%) Fluorite (Cubic) OPTI (1974) ROOM	
ρ_X	6.286		5.990		5.990		6.010		6.010		5.910	
ρ_B	6.279											
M	34.86		41.59		41.59		41.59		41.59		41.73	
α	13.63		24.40(ZrO₂)		24.40(ZrO₂)		24.40(ZrO₂)		24.40(ZrO₂)		24.40(ZrO₂)	
C_P	4.818		4.568		4.568		4.568		4.568		4.568	
	(HILL)	(REUSS)	(HILL)	(REUSS)	(HILL)	(REUSS)	(HILL)	(REUSS)	(HILL)	(REUSS)	(HILL)	(REUSS)
K_S	2588.5	2511.0	1920.0	1920.0	1687.0	1687.0	1967.0	1967.0	2177.0	2177.0	1730.0	1730.0
K_T	2576.2	2499.4	1896.2	1896.2	1668.6	1668.6	1942.1	1942.1	2146.6	2146.6	1710.4	1710.4
μ	1509.0	1381.0	845.0	749.0	1169.0	1116.0	841.0	724.0	845.0	756.0	1118.0	1047.0
σ	0.256	0.268	0.308	0.327	0.219	0.229	0.313	0.336	0.328	0.344	0.234	0.248
V_P	8.560	8.326	7.132	6.980	7.361	7.280	7.168	6.985	7.414	7.280	7.382	7.273
V_S	4.902	4.690	3.756	3.536	4.418	4.316	3.741	3.471	3.750	3.547	4.349	4.209
V_ϕ	6.421	6.324	5.662	5.662	5.307	5.307	5.721	5.721	6.019	6.019	5.410	5.410
$(\partial K_S/\partial P)_T$	6.15	6.48										
$(\partial K_T/\partial P)_T$	6.18	6.51										
$(\partial \mu/\partial P)_T$	1.23	0.67										
$(\partial \sigma/\partial P)_T$	0.320	0.412										
$(\partial V_P/\partial P)_T$	5.58	5.39										
$(\partial V_S/\partial P)_T$	1.04	0.20										
$(\partial V_\phi/\partial P)_T$	6.39	6.89										
$(\partial K_S/\partial T)_P$	-0.360	-0.380	-0.104	-0.104								
$(\partial K_T/\partial T)_P$	-0.418	-0.435	-0.181	-0.181								
$(\partial \mu/\partial T)_P$	-0.120	-0.080	-0.110	-0.104								
$(\partial \sigma/\partial T)_P$	-1.122	-1.83	1.28	1.26								
$(\partial V_P/\partial T)_P$	-0.425	-0.409	-0.207	-0.204								
$(\partial V_S/\partial T)_P$	-0.162	-0.104	-0.200	-0.201								
$(\partial V_\phi/\partial T)_P$	-0.403	-0.435	-0.084	-0.084								
$(\partial P/\partial T)_{V_P}$	7.618	7.588										
$(\partial P/\partial T)_{V_S}$	15.55	52.08										
$(\partial P/\partial T)_{V_\phi}$	6.305	6.315	4.627	4.627	4.071	4.071	4.739	4.739	5.238	5.238	4.173	4.173
$(\partial P/\partial T)_\rho$	3.511	3.407										
γ_{th}	1.166	1.131	1.712	1.712	1.504	1.504	1.748	1.748	1.935	1.935	1.564	1.564
γ_P	2.014	1.950										
γ_S	0.879	0.440										
γ_{LT}	0.976	0.564										
γ_{HT}	1.257	0.943										
δ_S	10.204	11.103	2.222	2.222								
δ_T	11.914	12.762	3.913	3.913								
θ	773.3	740.8	553.5	522.4	644.0	630.0	552.2	513.9	554.6	525.7	631.6	612.3
$(\partial K_S/\partial T)_V$	-0.161	-0.175										
$(\partial K_P/\partial T)_V$	-0.201	-0.213										
$(\partial \alpha/\partial T)_P$	2.15	2.15	(0.0)⁺	(0.0)⁺	(0.0)⁺	(0.0)⁺	(0.0)⁺	(0.0)⁺	(0.0)⁺	(0.0)⁺	(0.0)⁺	(0.0)⁺
V_S/V_P	0.573	0.563	0.527	0.507	0.600	0.593	0.522	0.497	0.506	0.487	0.589	0.579
V_m	5.446	5.217	4.200	3.964	4.887	4.780	4.165	3.895	4.204	3.985	4.820	4.672
REF: E,C	295	603	235	602	203	602	229	602	229	602	203	602
REF: α, Cp	529, 603		519, 602		519, 602		519, 602		519, 602		519; 602	

	ZrO₂-Y₂O₃ (12%) Fluorite (Cubic) OPTI (1974) ROOM	ZrO₂-Y₂O₃ (12%) Fluorite (Cubic) BRIL (1977) ROOM	ZrO₂-Y₂O₃ (12%) Fluorite (Cubic) PULS (1977) ROOM	ZrO₂-Y₂O₃ (16.5%) Fluorite (Cubic) BRIL (1977) ROOM	ZrO₂-Y₂O₃ (16.5%) Fluorite (Cubic) PULS (1977) ROOM	NbO₂ (Tetra.) PULS (1976) ROOM
ρ_X	5.890	5.890	5.890	5.810	5.810	5.951
ρ_B	******	******	******	******	******	5.900
M	41.83	41.83	41.83	42.09	42.09	41.64
α	24.40 (ZrO₂)	24.40 (ZrO₂)	24.40 (ZrO₂)	24.40 (ZrO₂)	24.40 (ZrO₂)	14.30
C_p	4.568	4.568	4.568	4.568	4.568	4.614
K_S	(HILL) 1910.0	(HILL) 2010.0	(HILL) 2003.0	(HILL) 1940.0	(HILL) 1970.0	(HILL) 2358.0
	(REUSS) 1910.0	(REUSS) 2010.0	(REUSS) 1976.7	(REUSS) 1940.0	(REUSS) 1970.0	(REUSS) 2356.0
K_T	1886.1	1983.5	1976.7	1915.0	1944.2	2345.5
	1886.1	1983.5	1976.7	1915.0	1944.2	2343.6
μ	937.0	854.0	837.0	875.0	895.0	977.0
	771.0	760.0	766.0	796.0	841.0	919.0
ν	0.289	0.314	0.317	0.304	0.303	0.318
	0.322	0.332	0.330	0.320	0.313	0.327
V_P	7.324	7.311	7.277	7.312	7.379	7.877
	7.063	7.164	7.166	7.187	7.294	7.791
V_S	3.989	3.808	3.770	3.881	3.925	4.069
	3.618	3.592	3.606	3.701	3.805	3.947
V_ϕ	5.695	5.842	5.832	5.778	5.823	6.322
	5.695	5.842	5.832	5.778	5.823	6.319
$(\partial K_S/\partial P)_T$						
$(\partial K_T/\partial P)_T$						
$(\partial \mu/\partial P)_T$						
$(\partial \nu/\partial P)_T$						
$(\partial V_P/\partial P)_T$						
$(\partial V_S/\partial P)_T$						
$(\partial V_\phi/\partial P)_T$						
$(\partial K_S/\partial T)_P$						
$(\partial K_T/\partial T)_P$						
$(\partial \mu/\partial T)_P$						
$(\partial \nu/\partial T)_P$						
$(\partial V_P/\partial T)_P$						
$(\partial V_S/\partial T)_P$						
$(\partial V_\phi/\partial T)_P$						
$(\partial P/\partial T)_{V_P}$						
$(\partial P/\partial T)_{V_S}$						
$(\partial P/\partial T)_{V_\phi}$						
$(\partial P/\partial T)_\rho$	4.602	4.840	4.823	4.673	4.744	3.354
	4.602	4.840	4.823	4.673	4.744	3.351
Y_{th}	1.732	1.823	1.816	1.784	1.811	1.239
	1.732	1.823	1.816	1.784	1.811	1.238
Y_P						
Y_S						
Y_{LT}						
Y_{HT}						
δ_S						
δ_T						
θ	581.9	557.3	551.9	563.5	569.8	597.1
	530.1	527.0	529.0	538.6	553.1	579.9
$(\partial K_S/\partial T)_V$	(0.0)†	(0.0)†	(0.0)†	(0.0)†	(0.0)†	(0.0)†
$(\partial K_T/\partial T)_V$	0.545	0.521	0.518	0.515	0.522	0.517
$(\partial \mu/\partial T)_P$	0.512	0.501	0.503	0.531	0.532	0.507
V_S/V_P	4.449	4.261	4.220	4.337	4.385	4.556
V_m	4.053	4.029	4.044	4.145	4.257	4.424
REF. E.C.	203	229	229	229	229	215
REF. α, C_p	519; 602	519; 602	519; 602	519; 602	519; 602	273; 602

Table 2 (continued)
CALCULATED AGGREGATE PROPERTIES OF SINGLE CRYSTAL ELASTIC CONSTANTS

	NbO$_2$ (Tetra.) PULS (1978) 296 K		SnO$_2$ Rutile (Tetra.) *PULS (1975) 298 K		TeO$_2$ (Tetra.) PULS (1968) ROOM		TeO$_2$ (Tetra.) PULS (1969) ROOM		TeO$_2$ (Tetra.) *PULS (1970) 293 K		HfO$_2$-Y$_2$O$_3$ (10%) Fluorite (Cubic) OPTI (1973) ROOM	
ρ_X	5.951		6.990		6.018		5.990		5.990		9.650	
ρ_B	******		******		******		******		******		******	
M	41.64		50.23		53.20		53.20		53.20		66.26	
α	14.30		10.30		46.60		46.60		46.60		21.00 (HfO$_2$)	
C_p	4.614		3.513		4.010		4.010		4.010		3.053	
	(HILL)	(REUSS)	(HILL)	(REUSS)	(HILL)	(REUSS)	(HILL)	(REUSS)	(HILL)	(REUSS)	(HILL)	(REUSS)
K_S	2354.2	2351.5	2123.1	2080.2	473.5	470.3	437.3	433.6	449.2	447.9	1993.0	1993.0
K_T	2341.9	2339.2	2117.3	2074.6	467.5	464.4	432.2	428.6	444.5	442.5	1975.3	1975.3
μ	971.9	912.0	1016.7	883.1	201.5	87.3	189.9	89.1	204.2	89.1	841.0	774.0
b	0.319	0.328	0.294	0.314	0.314	0.413	0.310	0.404	0.303	0.407	0.315	0.328
V_p	7.832	7.743	7.062	6.834	3.512	3.122	3.395	3.037	3.472	3.076	5.681	5.599
V_s	4.041	3.915	3.818	3.558	1.830	1.204	1.781	1.220	1.846	1.220	2.952	2.832
V_ϕ	6.290	6.286	5.517	5.461	2.805	2.796	2.702	2.690	2.741	2.734	4.545	4.545
$(\partial K_S/\partial P)_T$	4.89	4.80	5.51	5.60	******	******	******	******	******	******	******	******
$(\partial K_T/\partial P)_T$	4.93	4.84	5.52	5.61	******	******	******	******	******	******	******	******
$(\partial \mu/\partial P)_T$	0.26	-0.18	0.44	-0.15	******	******	******	******	******	******	******	******
$(\partial \sigma/\partial P)_T$	0.289	0.340	0.385	0.467	******	******	******	******	******	******	******	******
$(\partial V_p/\partial P)_T$	3.95	3.29	4.51	4.01	******	******	******	******	******	******	******	******
$(\partial V_s/\partial P)_T$	-0.32	-1.22	-0.06	-1.17	******	******	******	******	******	******	******	******
$(\partial V_\phi/\partial P)_T$	5.19	5.07	5.85	6.04	******	******	******	******	******	******	******	******
$(\partial K_S/\partial T)_P$	-0.350	-0.351	-0.189	-0.188	******	******	******	******	-0.110	-0.111	******	******
$(\partial K_T/\partial T)_P$	-0.389	-0.390	-0.216	-0.214	******	******	******	******	-0.132	-0.133	******	******
$(\partial \mu/\partial T)_P$	-0.090	-0.079	-0.065	-0.035	******	******	******	******	-0.035	0.023	******	******
$(\partial \sigma/\partial T)_P$	-0.89	-0.95	-0.46	-0.83	******	******	******	******	-1.29	-4.46	******	******
$(\partial V_p/\partial T)_P$	-0.448	-0.440	-0.243	-0.210	******	******	******	******	-0.294	-0.145	******	******
$(\partial V_s/\partial T)_P$	-0.158	-0.142	-0.102	-0.051	******	******	******	******	-0.113	-0.189	******	******
$(\partial V_\phi/\partial T)_P$	-0.423	-0.424	-0.216	-0.216	******	******	******	******	-0.271	-0.275	******	******
$(\partial P/\partial T)_{V_p}$	11.359	13.355	5.391	5.235	******	******	******	******	******	******	******	******
$(\partial P/\partial T)_{V_s}$	-49.10	-11.57	-7.39	-4.39	******	******	******	******	******	******	******	******
$(\partial P/\partial T)_{V_\phi}$	8.143	8.363	3.719	3.614	2.179	2.164	2.014	1.997	2.071	2.062	4.148	4.148
$(\partial P/\partial T)_\rho$	3.349	3.345	2.181	2.137	******	******	******	******	******	******	******	******
γ_{th}	1.226	1.225	0.892	0.874	0.914	0.908	0.848	0.841	0.873	0.869	1.421	1.421
γ_P	1.513	1.328	1.686	1.552	******	******	******	******	******	******	******	******
γ_S	0.147	-0.398	0.288	-0.349	******	******	******	******	******	******	******	******
γ_{LT}	0.234	-0.293	0.391	-0.283	******	******	******	******	******	******	******	******
γ_{HT}	0.602	0.178	0.754	0.285	******	******	******	******	******	******	******	******
δ_S	10.397	10.438	8.656	8.760	******	******	******	******	5.247	5.313	******	******
δ_T	11.616	11.656	9.922	10.001	******	******	******	******	6.387	6.448	******	******
θ_D	594.8	576.9	554.8	518.4	249.0	166.1	241.8	167.7	250.5	167.8	437.0	420.0
$(\partial K_S/\partial T)_V$	-0.184	-0.188	-0.077	-0.075	******	******	******	******	******	******	******	******
$(\partial K_T/\partial T)_V$	-0.224	-0.228	-0.096	-0.094	******	******	******	******	******	******	******	******
$(\partial \alpha/\partial T)_P$	(0.0)+	(0.0)+	1.45	1.45	5.00	5.00	5.00	5.00	5.00	5.00	(0.0)+	(0.0)+
V_s/V_p	0.516	0.506	0.541	0.521	0.521	0.386	0.524	0.402	0.532	0.397	0.520	0.506
V_m	4.525	4.389	4.261	3.982	2.047	1.366	1.991	1.381	2.063	1.382	3.304	3.175
REF. E.C.	216+273		226		207		288		265		202	
REF. α, C_p	273, 602		528, 602		526, 603		526, 603		526, 603		519, 602	

	HfO$_2$-Y$_2$O$_3$(10%) Fluorite (Cubic) PULS (1977) ROOM		TiO$_2$ Fluorite (Cubic) PULS (1964) 2?8 K		UO$_2$ Fluorite (Cubic) PULS (1965) ROOM		UO$_2$ Fluorite (Cubic) PULS (1968) ROOM		UO$_2$ Fluorite (Cubic) *PULS (1976) 296 K		H$_2$O (Ice) (Hexa.) PULS (1956) 257 K	
ρ_X	9.650		10.370		10.970		10.970		10.970		0.920	
ρ_B	======		======		======		======		======		======	
M	66.26		88.01		90.01		90.01		90.01		6.01	
α	21.00 (HfO$_2$)		22.74		24.25		24.25		24.25		131.70	
C_p	3.053		2.345		2.369		2.369		2.369		19.915	
	(HILL)	(REUSS)	(HILL)	(REUSS)	(HILL)	(REUSS)	(HILL)	(REUSS)	(HILL)	(REUSS)	(HILL)	(REUSS)
K_s	2263.0	2263.0	1930.0	1930.0	2127.0	2127.0	(2127.0)	(2127.0)	2089.0	2089.0	81.5	81.5
K_T	2240.2	2240.2	1905.8	1905.8	2096.7	2096.7	2096.7	2096.7 A	2059.8	2059.8	79.6	79.6
μ	905.0	827.0	972.0	944.0	875.0	815.0	875.0	615.0 A	834.1	768.8	36.6	36.3
σ	0.324	0.337	0.284	0.290	0.319	0.330	0.319	0.330	0.324	0.336	0.305	0.306
V_p	5.996	5.906	5.660	5.627	5.479	5.412	5.479	5.412	5.402	5.328	3.761	3.756
V_s	3.062	2.927	3.107	3.062	2.824	2.726	2.824	2.726	2.757	2.647	1.993	1.985
V_ϕ	4.843	4.843	4.378	4.378	4.403	4.403	4.403	4.403	4.364	4.364	2.975	2.975
$(\partial K_s/\partial P)_T$							(4.68)^B	(4.68)^A	4.68	4.68		
$(\partial K_T/\partial P)_T$							4.72	4.72	4.72	4.72		
$(\partial \mu/\partial P)_T$							(1.42)^B	(1.68)^A	1.42	1.68		
$(\partial \sigma/\partial P)_T$							0.091	0.022	0.083	0.009		
$(\partial V_p/\partial P)_T$							4.17	4.53	4.24	4.62		
$(\partial V_s/\partial P)_T$							1.62	2.15	1.68	2.24		
$(\partial V_\phi/\partial P)_T$							3.80	3.80	3.83	3.83		
$(\partial K_s/\partial T)_P$							-0.245	-0.245	-0.245	-0.245		
$(\partial K_T/\partial T)_P$							-0.369	-0.369	-0.365	-0.365		
$(\partial \mu/\partial T)_P$							0.053	0.085	(0.053)	(0.085)		
$(\partial \sigma/\partial T)_P$							-2.79	-3.30	-2.81	-3.32		
$(\partial V_p/\partial T)_P$							-0.079	-0.046	-0.082	-0.048		
$(\partial V_s/\partial T)_P$							-0.119	-0.175	-0.121	-0.178		
$(\partial V_\phi/\partial T)_P$							-0.200	-0.200	-0.203	-0.203		
$(\partial P/\partial T)_{V_p}$							1.890	1.005	1.929	1.046		
$(\partial P/\partial T)_{V_s}$							-7.17	-8.11	-7.17	-7.93		
$(\partial P/\partial T)_{V_\phi}$							5.272	5.272	5.297	5.297		
$(\partial P/\partial T)_\rho$	4.704	4.704	4.334	4.334	5.085	5.085	5.085	5.085	4.995	4.995	1.049	1.049
γ_{th}	1.613	1.613	1.859	1.859	1.985	1.985	1.985	1.985	1.949	1.949	0.585	0.585
γ_P							1.928	2.090	1.951	2.121		
γ_s							1.539	1.989	1.592	2.079		
γ_{LT}							1.564	1.995	1.614	2.081		
γ_{HT}							1.669	2.023	1.711	2.093		
δ_s							4.750	4.750	4.836	4.836		
δ_T							7.258	7.258	7.300	7.300	299.7	298.5
B_{BT}	453.9	434.6	422.7	416.9	394.2	381.0	394.2	381.0	385.1	370.3		
$(\partial K_s/\partial T)_V$	(0.0)$^+$	(0.0)$^+$					-0.030	-0.030	-0.033	-0.033		
$(\partial K_T/\partial T)_P$							-0.129	-0.129	-0.129	-0.129		
$(\partial \alpha/\partial T)_P$			3.36	3.36	2.28	2.28	2.28	2.28	2.28	2.28	52.70	52.70
V_s/V_p	0.511	0.496	0.549	0.544	0.515	0.504	0.515	0.504	0.510	0.497	0.530	0.529
V_s/V_m	3.431	3.286	3.463	3.416	3.162	3.056	3.162	3.056	3.089	2.971	2.227	2.219
REF. E.C.	229		254		294		223(294^A,237^B)		237		239	
REF. α, C_p	519, 602		545, 603		547, 602		547, 602		547, 602		506, 615	

-60-

Table 2 (continued)
CALCULATED AGGREGATE PROPERTIES OF SINGLE CRYSTAL ELASTIC CONSTANTS

	H_2O (Ice) (Hexa.) RESO (1957) 257 K		H_2O (Ice) (Hexa.) PULS (1964) 258 K		H_2O (Ice) (Hexa.) PULS (1964) 257 K		H_2O (Ice) (Hexa.) PULS (1966) 200 K		H_2O (Ice) (Hexa.) PULS (1968) 250 K		D_2O (Ice) (Hexa.) PULS (1971) 200 K	
ρ_X	0.920		0.920		0.920		0.927		0.921		1.051	
ρ_B	******		******		******		******		******		******	
M	6.01		6.01		6.01		6.01		6.01		6.68	
α	131.70		131.70		131.70		108.40		126.30		109.77	
C_p	19.915		19.915		19.915		15.423		19.364		13.871	
	(HILL)	(REUSS)	(HILL)	(REUSS)	(HILL)	(REUSS)	(HILL)	(REUSS)	(HILL)	(REUSS)	(HILL)	(REUSS)
K_S	80.0	80.0	97.1	96.1	84.7	84.7	96.0	96.0	87.0	87.0	91.9	91.9
K_T	78.3	78.2	94.5	93.6	82.7	82.7	93.7	93.7	85.0	85.0	89.8	89.8
μ	35.6	35.1	34.1	33.9	35.3	34.7	37.2	36.7	33.0	32.7	41.9	40.9
σ	0.306	0.309	0.343	0.342	0.317	0.320	0.328	0.330	0.331	0.333	0.302	0.306
V_P	3.722	3.711	3.935	3.920	3.784	3.773	3.962	3.954	3.772	3.766	3.749	3.733
V_S	1.967	1.952	1.924	1.921	1.958	1.943	2.003	1.991	1.894	1.885	1.997	1.974
V_ϕ	2.949	2.948	3.248	3.232	3.034	3.034	3.217	3.217	3.073	3.073	2.957	2.957
$(\partial K_S/\partial P)_T$												
$(\partial K_T/\partial P)_T$												
$(\partial \sigma/\partial P)_T$												
$(\partial \mu/\partial P)_T$												
$(\partial V_P/\partial P)_T$												
$(\partial V_S/\partial P)_T$												
$(\partial V_\phi/\partial P)_T$												
$(\partial K_S/\partial T)_P$	-0.170	-0.171	-1.383	-1.379	-0.088	-0.087	-0.090	-0.090	-0.126	-0.126	-0.100	-0.100
$(\partial K_T/\partial T)_P$	-0.179	-0.180	-1.364	-1.361	-0.100	-0.100	-0.106	-0.106	-0.138	-0.138	-0.114	-0.114
$(\partial \mu/\partial T)_P$	-0.067	-0.068	-0.750	-0.779	-0.064	-0.063	-0.039	-0.039	-0.032	-0.032	-0.038	-0.039
$(\partial \sigma/\partial T)_P$	-4.19	-3.41	109.35	121.57	12.48	12.45	1.67	1.65	-7.47	-7.16	-2.88	-2.37
$(\partial V_P/\partial T)_P$	-3.541	-3.573			-2.232	-2.221	-1.725	-1.719	-2.185	-2.191	-1.712	-1.728
$(\partial V_S/\partial T)_P$	-1.718	-1.753			-1.644	-1.637	-0.944	-0.938	-0.783	-0.794	-0.808	-0.827
$(\partial V_\phi/\partial T)_P$	-2.942	-2.950			-1.369	-1.365	-1.341	-1.339	-2.038	-2.036	-1.444	-1.445
$(\partial P/\partial T)_{V_P}$												
$(\partial P/\partial T)_{V_S}$												
$(\partial P/\partial T)_{V_\phi}$	1.031	1.030	1.245	1.233	1.090	1.090	1.016	1.016	1.073	1.073	0.986	0.986
Y_{th}	0.575	0.575	0.698	0.691	0.609	0.609	0.727	0.727	0.616	0.616	0.692	0.692
Y_S												
Y_{LT}												
Y_{HT}												
δ_S	16.148	16.192			7.851	7.833	8.691	8.681	11.500	11.490	9.897	9.907
δ_T	17.385	17.429			9.159	9.141	10.438	10.428	12.855	12.846	11.579	11.589
θ_T	295.9	293.7	290.7	290.2	294.9	292.7	302.8	301.1	285.9	284.5	302.8	299.5
$(\partial K_S/\partial T)_V$												
$(\partial K_T/\partial T)_V$												
$(\partial \alpha/\partial T)_P$	52.70	52.70	52.70	52.70	52.70	52.70	52.70	52.70	52.70	52.70	54.40	54.40
V_S/V_P	0.529	0.526	0.489	0.490	0.517	0.515	0.505	0.503	0.502	0.501	0.533	0.529
V_m	2.199	2.183	2.161	2.157	2.191	2.176	2.245	2.232	2.124	2.114	2.231	2.207
REF. E.C.	209		221		224		272		231		264	
REF. α, C_p	506; 615		506; 615		506; 615		506; 615		506; 615		506; 615	

101

	Cu$_2$O Cu$_2$O-str.(Cubic) PULS (1970) 293 K		Cu$_2$O Cu$_2$O-str.(Cubic) *PULS (1974)		ReO$_3$ (Cubic) RESO (1976) 293 K		ReO$_3$ (Cubic) PULS (1976) 300 K		ReO$_3$ (Cubic) BRIL (1977) 354 K		U$_3$O$_8$ (Cubic) PULS (1966) ROOM	
ρX	6.100		6.100		7.424		7.424		7.424		11.351	
ρB	6.070						6.920		6.920			
M	47.70		47.70		58.55		58.55		58.55		84.32	
α	5.70		5.70		5.10		5.10		5.10		24.30 (UO$_2$)	
Cp	4.455		4.455		4.647		4.647		4.647		2.675	
	(HILL)	(REUSS)	(HILL)	(REUSS)	(HILL)	(REUSS)	(HILL)	(REUSS)	(HILL)	(REUSS)	(HILL)	(REUSS)
Ks	1057.0	1057.0	1119.6	1119.6	1953.0	1953.0	1550.0	1550.0	3077.0	3077.0	1870.0	1870.0
KT	1056.6	1056.6	1119.2	1119.2	1952.1	1952.1	1549.4	1549.4	3074.7	3074.7	1849.8	1849.8
μ	103.0	101.0	103.5	101.6	1257.6	977.3	1104.0	871.0	1341.0	1027.0	589.0	535.0
σ	0.453	0.454	0.455	0.456	0.235	0.286	0.212	0.263	0.310	0.350	0.357	0.369
Vp	4.436	4.431	4.540	4.536	6.992	6.623	6.608	6.259	8.385	8.016	4.837	4.771
Vs	1.303	1.290	1.302	1.291	4.116	3.628	3.994	3.548	4.402	3.852	2.278	2.171
Vφ	4.173	4.173	4.284	4.284	5.129	5.129	4.733	4.733	6.668	6.668	4.059	4.059
(∂Ks/∂P)T	(4.46)	(4.46)	4.46	4.47								
(∂KT/∂P)T	4.47	4.47	4.47	4.47								
(∂μ/∂P)T	(−0.67)	(−0.68)	−0.67	−0.68								
(∂σ/∂P)T	0.491	0.491	0.456	0.456								
(∂Vp/∂P)T	4.52	4.51	4.40	4.39								
(∂Vs/∂P)T	4.87	−4.95	−4.82	−4.90								
(∂Vφ/∂P)T	6.83	6.83	6.62	6.62								
(∂Ks/∂T)P	−0.192	−0.192	(−0.192)	(−0.192)	−0.760	−0.760						
(∂KT/∂T)P	−0.195	−0.195	−0.196	−0.196	−0.763	−0.763						
(∂μ/∂T)P	0.028	0.025	(0.028)	(0.025)	−0.259	−0.136						
(∂σ/∂T)P	−2.09	−1.94	−1.94	−1.80	−4.00	−4.60						
(∂Vp/∂T)P	−0.275	−0.283	−0.266	−0.274	−1.047	−0.940						
(∂Vs/∂T)P	−0.183	−0.165	−0.182	−0.164	−0.413	−0.242						
(∂Vφ/∂T)P	−0.368	−0.368	−0.356	−0.356	−0.985	−0.985						
(∂p/∂T) Vp	6.078	6.266	6.046	6.234	0.996	0.996	0.790	0.790	1.568	1.568	4.495	4.495
(∂p/∂T) Vs	3.76	3.34	3.79	3.36								
(∂p/∂T) Vφ	5.390	5.390	5.380	5.380								
(∂p/∂T)ρ	0.602	0.602	0.638	0.638								
γth	0.223	0.223	0.235	0.235	0.289	0.289	0.246	0.246	0.488	0.488	1.497	1.497
γP	1.409	1.409	1.419	1.418								
γs	−3.619	−3.724	−3.806	−3.912								
γLT	−3.556	−3.661	−3.745	−3.851								
γHT	−1.943	−2.013	−2.064	−2.135								
δs	31.951	31.951	30.164	30.164	76.303	76.303						
δT	32.420	32.420	30.658	30.658	76.591	76.591						
θ	187.8	186.00	186.4	186.4	576.1	511.0	544.8	486.7	607.4	534.4	330.3	315.4
(∂Ks/∂T)v	−0.167	−0.167	−0.166	−0.166	(0.0)+	(0.0)	(0.0)+	(0.0)	(0.0)+	(0.0)		
(∂KT/∂T)v	−0.168	−0.167	−0.167	−0.167	0.589	0.548	0.604	0.567	0.525	0.481	2.30	2.30
(∂α/∂T)P	2.10	2.10	2.10	2.10	4.561	4.045	4.923	3.945	4.331	4.331	0.471	0.455
Vs/Vp	0.294	0.291	0.287	0.285								2.564	2.447
V$_m$	1.485	1.471	1.485	1.472									
REF. E;C:	241(257)		257|241|		287		269		214		211	
REF. α, Cp	257, 613		257, 613		287, 603		287, 603		287, 603		547, 602	

Table 2 (continued)
CALCULATED AGGREGATE PROPERTIES OF SINGLE CRYSTAL ELASTIC CONSTANTS
C. Silicate Minerals Series

	MgSiO$_3$ (Ortho.) BRIL (1978) ROOM		(Mg$_{.8}$Fe$_{.2}$)SiO$_3$ (Ortho.) *PULS (1969) ROOM		(Mg$_{.9}$Fe$_{.1}$)SiO$_3$ (Ortho.) *PULS (1972) 298 K		(Ca,Mg$_{.5}$)SiO$_3$ Diopside (Mono.) BRIL (1979) ROOM		Mg$_2$SiO$_4$ Olivine (Ortho.) *PULS (1969) 298 K		Mg$_2$SiO$_4$ Olivine (Ortho.) *PULS (1969) 298 K	
ρ_x	3.198		*****		*****		3.277		3.214		3.214	
ρ_B	*****		3.335		3.354		*****		3.222		3.224	
M	20.08		21.05		21.34		21.65		20.10		20.12	
a	22.50		33.60		47.70		18.80		24.65		24.65	
C_p	8.194		7.924		7.851		7.213		8.472		8.472	
	(HILL)	(REUSS)	(HILL)	(REUSS)	(HILL)	(REUSS)	(HILL)	(REUSS)	(HILL)	(REUSS)	(HILL)	(REUSS)
K_S	1077.9	1072.9	1049.8	1038.4	1034.6	1021.3	1129.3	1081.9	1290.5	1288.9	1286.0	1285.0
K_T	1071.2	1066.3	1035.9	1024.6	1007.6	995.0	1123.6	1076.7	1279.5	1258.2	1275.1	1254.4
μ	756.7	751.8	752.0	745.4	747.0	739.0	670.9	651.9	816.4	800.9	810.8	794.4
b	0.216	0.216	0.211	0.210	0.209	0.209	0.252	0.249	0.239	0.239	0.240	0.240
V_P	8.078	8.056	7.845	7.806	7.781	7.735	7.859	7.716	8.593	8.517	8.569	8.491
V_S	4.864	4.849	4.749	4.728	4.719	4.694	4.525	4.460	5.034	4.986	5.015	4.964
V_ϕ	5.806	5.792	5.611	5.580	5.554	5.518	5.870	5.746	6.329	6.276	6.316	6.264
$(\partial K/\partial P)_T$	*****	*****	*****	*****	9.51	9.44	*****	*****	4.88	4.80	5.37	5.31
$(\partial K_T/\partial P)_T$	*****	*****	*****	*****	9.45	9.38	*****	*****	4.90	4.82	5.38	5.32
$(\partial \mu/\partial P)_T$	*****	*****	*****	*****	2.36	2.33	*****	*****	1.81	1.84	1.80	1.85
$(\partial \sigma/\partial P)_T$	*****	*****	*****	*****	1.413	1.430	*****	*****	0.337	0.320	0.421	0.401
$(\partial V_P/\partial P)_T$	*****	*****	*****	*****	20.40	20.28	*****	*****	9.80	9.83	10.70	10.82
$(\partial V_S/\partial P)_T$	*****	*****	*****	*****	5.13	5.03	*****	*****	3.61	3.75	3.60	3.80
$(\partial V_\phi/\partial P)_T$	*****	*****	*****	*****	22.76	22.72	*****	*****	9.48	9.37	10.71	10.65
$(\partial K_S/\partial T)_P$	*****	*****	*****	*****	-0.268	-0.262	*****	*****	-0.173	-0.173	-0.150	-0.149
$(\partial K_T/\partial T)_P$	*****	*****	*****	*****	-0.349	-0.340	*****	*****	-0.229	-0.227	-0.206	-0.203
$(\partial \mu/\partial T)_P$	*****	*****	*****	*****	-0.119	-0.119	*****	*****	-0.133	-0.135	-0.130	-0.132
$(\partial \sigma/\partial T)_P$	*****	*****	*****	*****	-2.33	-2.23	*****	*****	0.63	0.68	0.94	1.04
$(\partial V_P/\partial T)_P$	*****	*****	*****	*****	-0.633	-0.626	*****	*****	-0.528	-0.537	-0.480	-0.489
$(\partial V_S/\partial T)_P$	*****	*****	*****	*****	-0.265	-0.266	*****	*****	-0.349	-0.357	-0.340	-0.351
$(\partial V_\phi/\partial T)_P$	*****	*****	*****	*****	-0.587	-0.575	*****	*****	-0.347	-0.351	-0.290	-0.292
$(\partial P/\partial T)_{V_P}$	*****	*****	*****	*****	3.105	3.084	*****	*****	5.389	5.468	4.481	4.519
$(\partial P/\partial T)_{V_S}$	*****	*****	*****	*****	5.17	5.28	*****	*****	9.67	9.54	9.45	9.24
$(\partial P/\partial T)_{V_\phi}$	*****	*****	*****	*****	2.579	2.532	*****	*****	3.659	3.745	2.712	2.739
$(\partial P/\partial T)_\rho$	2.410	2.399	3.481	3.443	4.806	4.746	2.112	2.024	3.154	3.102	3.143	3.092
γ_{th}	0.926	0.921	1.335	1.320	1.874	1.850	0.898	0.861	1.165	1.146	1.161	1.142
γ_P	*****	*****	*****	*****	2.975	2.942	*****	*****	1.793	1.786	1.926	1.932
γ_S	*****	*****	*****	*****	1.428	1.400	*****	*****	1.251	1.279	1.249	1.294
γ_{LT}	*****	*****	*****	*****	1.584	1.555	*****	*****	1.300	1.325	1.310	1.352
γ_{HT}	*****	*****	*****	*****	1.944	1.914	*****	*****	1.432	1.448	1.474	1.507
δ_S	*****	*****	*****	*****	5.433	5.370	*****	*****	5.448	5.537	4.732	4.778
δ_T	733.1	730.7	714.0	710.9	707.6	703.8	673.2	663.4	7.264	7.324	6.541	6.558
	*****	*****	*****	*****	0.105	0.105	*****	*****	762.3	755.0	759.4	751.7
$(\partial K_S/\partial T)_V$	*****	*****	*****	*****	0.198	0.195	*****	*****	-0.039	-0.043	-0.000	-0.003
$(\partial K_T/\partial T)_V$	*****	*****	*****	*****	(0.0)+	(0.0)+	*****	*****	-0.075	-0.078	-0.036	-0.038
$(\partial \alpha/\partial T)_P$	4.50	4.50	(0.0)+	(0.0)+	0.607	0.607	7.30	7.30	4.70	4.70	4.70	4.70
V_S/V_P	0.602	0.605	0.605	0.606	0.215	0.187	0.576	0.578	0.586	0.585	0.585	0.585
V_m	5.379	5.362	5.248	5.225	5.215	5.187	5.024	4.951	5.581	5.528	5.561	5.505
REF. E.C.	328		311		305		114		307		312	
REF. α, C_p	535, 613		539, 602+613		510, 602+613		535, 603		312, 613		312, 613	

	Mg$_2$SiO$_4$ Olivine (Ortho.) RESO (1977) 298 K		(Mg$_{.92}$Fe$_{.072}$)$_2$ -SiO$_4$ Olivine (Ortho.) *P;LS(1969), 298K		(Mg$_{.92}$Fe$_{.075}$)$_2$ -SiO$_4$ Olivine (Ortho.) RESO(1976), ROOM		(Mg$_{.91}$Fe$_{.085}$)$_2$ -SiO$_4$ Olivine (Ortho.) PULS(1960), ROOM		(Mg$_{.91}$Fe$_{.081}$)$_2$ -SiO$_4$ Olivine (Ortho.) RESO(1976), ROOM		Mn$_2$SiO$_4$ Olivine (Ortho.) RESO (1979) 298 K	
ρ_X	3.215		3.311		3.299		3.324		3.316		4.128	
ρ_B	3.225		3.311		3.299		3.324		3.316		4.129	
M	20.10		20.77		20.82		20.85		20.88		28.85	
α	26.50		24.65		26.50		26.50		26.50		22.60	
C_p	8.472		8.275		8.257		8.249		8.239		6.654	
	(HILL)	(REUSS)	(HILL)	(REUSS)	(HILL)	(REUSS)	(HILL)	(REUSS)	(HILL)	(REUSS)	(HILL)	(REUSS)
K_S	1292.0	1271.0	1294.0	1272.0	1267.2	1232.3	1312.6	1288.9	1280.9	1255.5	1288.0	1266.0
K_T	1279.3	1258.7	1283.0	1261.3	1254.9	1230.5	1299.7	1268.4	1268.8	1243.5	1278.8	1257.1
μ	812.0	797.0	790.8	775.2	789.5	772.2	808.7	793.4	786.7	772.2	546.0	537.0
σ	0.240	0.241	0.246	0.247	0.242	0.242	0.244	0.245	0.245	0.245	0.314	0.314
V_p	8.581	8.507	8.422	8.345	8.386	8.303	8.481	8.402	8.382	8.301	6.988	6.928
V_s	5.018	4.971	4.887	4.839	4.892	4.844	4.932	4.886	4.871	4.826	3.636	3.606
V_ϕ	6.329	6.278	6.252	6.198	6.198	6.137	6.284	6.227	6.215	6.153	5.585	5.537
$(\partial K_S/\partial P)_T$	(4.88)	(4.80)	5.13	5.08								
$(\partial K_T/\partial P)_T$	4.89	4.81	5.14	5.09								
$(\partial \mu/\partial P)_T$	(1.81)	(1.84)	1.79	1.85								
$(\partial\sigma/\partial P)_T$	0.332	0.315	0.359	0.338								
$(\partial V_P/\partial P)_T$	9.81	9.84	10.20	10.35								
$(\partial V_S/\partial P)_T$	3.63	3.76	3.63	3.86								
$(\partial V_\phi/\partial P)_T$	9.47	9.36	9.96	9.92								
$(\partial K_S/\partial T)_P$	-0.160	-0.155	-0.156	-0.155							-0.195	-0.194
$(\partial K_T/\partial T)_P$	-0.224	-0.217	-0.212	-0.209							-0.241	-0.238
$(\partial \mu/\partial T)_P$	-0.135	-0.136	-0.130	-0.132							-0.104	-0.105
$(\partial\sigma/\partial T)_P$	0.91	1.04	0.92	1.02							0.64	0.69
$(\partial V_P/\partial T)_P$	-0.501	-0.500	-0.487	-0.496							-0.499	-0.505
$(\partial V_S/\partial T)_P$	-0.351	-0.358	-0.341	-0.352							-0.305	-0.312
$(\partial V_\phi/\partial T)_P$	-0.308	-0.300	-0.300	-0.301							-0.360	-0.362
$(\partial P/\partial T)_{V_P}$	5.101	5.086	4.774	4.794								
$(\partial P/\partial T)_{V_S}$	9.66	9.52	9.42	9.14								
$(\partial P/\partial T)_{V_\phi}$	3.253	3.203	3.011	3.037	3.325	3.261	3.444	3.382	3.361	3.295	2.890	2.81
$(\partial P/\partial T)_\rho$	3.390	3.335	3.162	3.109								
γ_{th}	1.253	1.233	1.164	1.144	1.233	1.209	1.269	1.246	1.242	1.218	1.059	1.041
γ_P	1.796	1.789	1.887	1.898								
γ_S	1.258	1.286	1.285	1.338								
γ_{LT}	1.307	1.332	1.339	1.388								
γ_{HT}	1.438	1.454	1.486	1.525								
δ_S	4.673	4.602	4.891	4.943							6.699	6.780
δ_T	6.616	6.514	6.705	6.727	738.2	731.0	746.0	739.0	735.8	729.0	8.337	8.391
θ_T	760.2	753.2	739.1	731.8							535.2	530.7
$(\partial K_S/\partial T)_V$	-0.017	-0.016	-0.013	-0.016								
$(\partial K_T/\partial T)_V$	-0.058	-0.057	-0.049	-0.051								
V_S/V_P	5.00	5.00	4.70	4.70	5.00	5.00	5.00	5.00	5.00	5.00	4.20	4.20
V_m	0.585	0.584	0.580	0.580	0.583	0.583	0.582	0.581	0.581	0.581	0.520	0.521
	5.564	5.513	5.423	5.370	5.426	5.373	5.472	5.421	5.404	5.354	4.069	4.036
REF. E.C.	323(307)		312		315		325		315		321	
REF. α, C_p	540, 613		312, 602+613		540, 602+613		312, 602+613		540, 602+613		524; 602	

Table 2 (continued)
CALCULATED AGGREGATE PROPERTIES OF SINGLE CRYSTAL ELASTIC CONSTANTS

	Fe₂SiO₄ Olivine (ortho.) RESO (1979) 298 K		Co₂SiO₄ Olivine (ortho.) RESO (1979) 298 K		Ni₂SiO₄ Olivine (Ortho.) BRIL (1980) ROOM		Ni₂SiO₄ Spinel (Cubic) BRIL (1980) ROOM		Mg₂Al₂Si₃O₁₂ Garnet (Cubic) BRIL (1980) ROOM		(Mg.₇₃Fe.₁₆)₃Al₂ -SiO₁₂ Garnet (Cubic) RESO(1978), ROOM	
ρx	4.397		4.702		4.923		5.350		3.563		3.703	
ρB	4.400		4.706		******		******		******		3.704	
M	29.11		29.99		29.93		29.93		20.16		21.42	
α	26.00		22.60(Mn₂SiO₄)		22.60(Mn₂SiO₄)		21.30(γ-Fe₂SiO₄)		20.30		19.50	
Cp	6.547		6.382		6.805		(5.882)**		(8.988)**		(8.512)**	
	(HILL)	(REUSS)	(HILL)	(REUSS)	(HILL)	(REUSS)	(HILL)	(REUSS)	(HILL)	(REUSS)	(HILL)	(REUSS)
Ks	1379.0	1356.0	1482.0	1458.0	1653.0	1627.0	1850.0	1850.0	1766.0	1766.0	1700.0	1700.0
KT	1365.7	1343.2	1470.9	1447.2	1640.6	1615.0	1835.3	1835.3	1754.0	1754.0	1689.6	1689.6
μ	509.0	487.0	620.0	605.0	807.0	796.0	1502.0	1499.0	896.0	896.0	926.3	926.2
ν	0.336	0.340	0.316	0.318	0.290	0.290	0.181	0.181	0.283	0.283	0.269	0.269
Vp	6.839	6.751	7.004	6.937	7.445	7.390	8.486	8.482	9.116	9.116	8.902	8.902
Vs	3.401	3.327	3.630	3.586	4.049	4.021	5.299	5.293	5.015	5.015	5.001	5.001
Vφ	5.598	5.551	5.612	5.566	5.795	5.749	5.880	5.880	7.040	7.040	6.775	6.775
(∂Ks/∂P)T	******	******	******	******	******	******	******	******	******	******	******	******
(∂KT/∂P)T	******	******	******	******	******	******	******	******	******	******	******	******
(∂μ/∂P)T	******	******	******	******	******	******	******	******	******	******	******	******
(∂σ/∂P)T	******	******	******	******	******	******	******	******	******	******	******	******
(∂Vp/∂P)T	******	******	******	******	******	******	******	******	******	******	******	******
(∂Vs/∂P)T	******	******	******	******	******	******	******	******	******	******	******	******
(∂Vφ/∂P)T	******	******	******	******	******	******	******	******	******	******	******	******
(∂Ks/∂T)P	-0.205	-0.207	-0.195	-0.191	******	******	******	******	******	******	******	******
(∂KT/∂T)P	-0.258	-0.258	-0.251	-0.245	******	******	******	******	******	******	******	******
(∂μ/∂T)P	-0.108	-0.100	-0.077	-0.075	******	******	******	******	******	******	******	******
(∂σ/∂T)P	-0.93	0.75	-0.12	-0.11	******	******	******	******	******	******	******	******
(∂Vp/∂T)P	-0.491	-0.485	-0.372	-0.367	******	******	******	******	******	******	******	******
(∂Vs/∂T)P	-0.317	-0.298	-0.184	-0.182	******	******	******	******	******	******	******	******
(∂Vφ/∂T)P	-0.343	-0.352	-0.306	-0.302	******	******	******	******	******	******	******	******
(∂P/∂T)Vp	******	******	******	******	******	******	******	******	******	******	******	******
(∂P/∂T)Vs	******	******	******	******	******	******	******	******	******	******	******	******
(∂P/∂T)Vφ	******	******	******	******	******	******	******	******	******	******	******	******
(∂P/∂T)ρ	3.551	3.492	3.324	3.271	3.708	3.650	3.909	3.909	3.561	3.561	3.295	3.295
γth	1.245	1.224	1.115	1.097	1.115	1.098	1.252	1.252	1.119	1.119	1.051	1.051
γP	******	******	******	******	******	******	******	******	******	******	******	******
γs	******	******	******	******	******	******	******	******	******	******	******	******
γLT	******	******	******	******	******	******	******	******	******	******	******	******
γHT	******	******	******	******	******	******	******	******	******	******	******	******
δs	5.718	5.871	5.822	5.797	******	******	******	******	******	******	******	******
δT	7.263	7.391	7.546	7.493	******	******	******	******	******	******	******	******
θ	511.2	500.3	551.0	544.3	622.2	617.9	826.8	826.0	788.6	788.6	779.5	779.4
(∂Ks/∂T)Vv	******	******	******	******	******	******	******	******	******	******	******	******
(∂KT/∂T)Vv	2.20	2.20	4.20	4.20	4.20	4.20	2.60	2.60	2.50	2.50	2.60	2.60
(∂α/∂T)P	0.497	0.493	0.518	0.517	0.544	0.544	0.624	0.624	0.550	0.550	0.562	0.562
Vs/Vp	3.817	3.735	4.063	4.014	4.317	4.466	5.838	5.832	5.589	5.589	5.565	5.564
Vm												
REF. E.C.	321		321		302		302		313		301	
REF. α, Cp	543; 602		524; 603		524; 603		541; (CAL)**		535; (CAL)**		535; (CAL)**	

	(Mg.73Fe.14)3Al2-SiO12 Garnet (Cubic) RESO(1978), ROOM		(Mg.73Fe.14)3Al2-SiO12 Garnet (Cubic) RESC(1978), ROOM		(Mg.70Fe.14)3Al2-SiO12 Garnet (Cubic) RESO(1978), ROOM		(Mg.61Fe.35)3Al2-SiO12 Garnet (Cubic) *PULS(1977), 298K		(Mg.55Fe.37)3Al2-SiO12 Garnet (Cubic) RESO(1976), 293K		(Mg.50Fe.46)3Al2-SiO12 Garnet (Cubic) RESO(1978), ROOM	
ρ_x	3.711		3.708		3.722				3.868		3.918	
ρ_B	3.705		3.699		3.723				3.859		3.916	
$\overline{M}/a$	21.46		21.47		21.54		21.93		22.10		22.48	
C_p	19.20		19.60		19.50		18.70		18.50		23.70	
a	(8.497)**		(8.509)**		(8.494)**		(8.367)**		(8.266)**		(8.188)**	
	(HILL)	(REUSS)	(HILL)	(REUSS)	(HILL)	(REUSS)	(HILL)	(REUSS)	(HILL)	(REUSS)	(HILL)	(REUSS)
K_S	1713.0	1713.0	1716.0	1716.0	1708.0	1708.0	1682.1	1682.1	1722.0	1722.0	1737.0	1737.0
K_T	1702.8	1702.8	1705.3	1705.3	1697.5	1697.5	1672.6	1672.6	1712.5	1712.5	1721.3	1721.3
μ	926.9	926.8	921.6	921.5	920.8	920.6	921.8	921.6	951.6	951.6	954.0	954.0
σ	0.271	0.271	0.272	0.272	0.272	0.272	0.268	0.268	0.267	0.267	0.268	0.268
V_p	8.921	8.921	8.922	8.922	8.879	8.879	8.839	8.839	8.804	8.804	8.766	8.766
V_s	5.002	5.001	4.991	4.991	4.972	4.972	4.974	4.974	4.966	4.966	4.936	4.936
V_ϕ	6.800	6.800	6.811	6.811	6.773	6.773	6.719	6.719	6.680	6.680	6.660	6.660
$(\partial K_S/\partial P)_T$	(4.74)	(4.74)					4.74	4.74				
$(\partial K_T/\partial P)_T$	4.76	4.76					4.76	4.76				
$(\partial \mu/\partial P)_T$	(1.47)	(1.47)					1.47	1.47				
$(\partial \sigma/\partial P)_T$	0.229	0.229					0.240	0.239				
$(\partial V_p/\partial P)_T$	7.52	7.52					7.53	7.53				
$(\partial V_s/\partial P)_T$	2.50	2.50					2.48	2.48				
$(\partial V_\phi/\partial P)_T$	7.41	7.41					7.46	7.46				
$(\partial K_S/\partial T)_P$	-0.225	-0.225					-0.188	-0.188			-0.227	-0.227
$(\partial K_T/\partial T)_P$	-0.258	-0.258					-0.232	-0.232			-0.277	-0.277
$(\partial \mu/\partial T)_P$	-0.088	-0.088					-0.087	-0.087			-0.107	-0.107
$(\partial \sigma/\partial T)_P$	-0.087	-0.072					-0.34	-0.34			-0.37	-0.37
$(\partial V_p/\partial T)_P$	-0.431	-0.431					-0.380	-0.380			-0.434	-0.434
$(\partial V_s/\partial T)_P$	-0.188	-0.188					-0.189	-0.189			-0.218	-0.218
$(\partial V_\phi/\partial T)_P$	-0.381	-0.381					-0.313	-0.313			-0.356	-0.356
$(\partial P/\partial T)_{V_p}$	5.735	5.739					5.047	5.047				
$(\partial P/\partial T)_{V_s}$	7.52	7.53					7.62	7.63				
$(\partial P/\partial T)_{V_\phi}$	5.145	5.145					4.200	4.200				
$(\partial P/\partial T)_\rho$	3.269	3.269	3.342	3.342	3.310	3.310	3.128	3.128	3.168	3.168	4.079	4.079
γ_{th}	1.045	1.045	1.069	1.069	1.053	1.053	1.009	1.009	0.999	0.999	1.284	1.284
γ_p	1.768	1.768					1.758	1.758				
γ_s	1.184	1.185					1.167	1.168				
γ_{LT}	1.231	1.232					1.215	1.216				
γ_{UT}	1.378	1.379					1.364	1.365				
δ_s	6.841	6.841					5.986	5.986			5.514	5.514
δ_T	7.880	7.880					7.424	7.424			6.786	6.786
θ_T	779.3	779.3	777.3	777.3	775.0	775.0	770.6	770.6	776.3	776.3	771.1	771.1
$(\partial K_S/\partial T)_V$	-0.068	-0.068					-0.052	-0.052				
$(\partial K_T/\partial T)_V$	-0.102	-0.102					-0.083	-0.083				
$(\partial \alpha/\partial T)_P$	(0.0)+	(0.0)+	2.60	2.60	2.60	2.60	2.70	2.70	2.70	2.70	(0.0)+	(0.0)+
V_s/V_p	0.561	0.561	0.559	0.559	0.560	0.560	0.563	0.563	0.564	0.564	0.563	0.563
V_M	5.567	5.566	5.556	5.556	5.534	5.534	5.534	5.534	5.524	5.524	5.491	5.491
REF. E;C	301+322 (304)		301		301		304		306		301+322	
REF. α, C_p	322; (CAL)**		535; (CAL)**		535; (CAL)**		535; (CAL)**		535; (CAL)**		322; (CAL)**	

Table 2 (continued)
CALCULATED AGGREGATE PROPERTIES OF SINGLE CRYSTAL ELASTIC CONSTANTS

	$(Mg_{.91}Fe_{.09})_3Al_2$ $-Si_3O_{12}$ Garnet (Cubic) RESO(1978), ROOM		$(Mg_{.15}Fe_{.50})_3Al_2$ $-Si_3O_{12}$ Garnet (Cubic) RESO(1976), 293K		$(Mg_{.13}Fe_{.51})_3Al_2$ $-Si_3O_{12}$ Garnet (Cubic) RESO(1978), ROOM		$(Mg_{.13}Fe_{.60})_3Al_2$ $-Si_3O_{12}$ Garnet (Cubic) RESO(1978), ROOM		$(Mg_{.28}Fe_{.60})_3Al_2$ $-Si_3O_{12}$ Garnet (Cubic) RESO(1978), ROOM		$(Mg_{.20}Fe_{.74})_3Al_2$ $-Si_3O_{12}$ Garnet (Cubic) *PULS(1967), ROOM	
ρ_X	3.934		3.937		3.952		3.977		4.043		4.160	
ρ_B	3.930		3.942		3.945		3.976		4.043			
M	22.74		22.80		22.85		22.93		23.46		23.79	
α	18.00		17.70		17.90		23.70		17.40		21.60	
C_p	(8.081)**		(8.049)**		(8.045)**		(8.066)**		(7.883)**		(7.876)**	
	(HILL)	(REUSS)	(HILL)	(REUSS)	(HILL)	(REUSS)	(HILL)	(REUSS)	(HILL)	(REUSS)	(HILL)	(REUSS)
K_s	1749.0	1749.0	1747.7	1747.7	1734.0	1734.0	1736.0	1736.0	1754.0	1754.0	1770.4	1770.4
K_T	1739.7	1739.7	1738.7	1738.7	1724.9	1724.9	1720.3	1720.3	1745.3	1745.3	1757.1	1757.1
μ	955.4	955.3	961.6	961.5	958.6	958.5	955.4	955.3	962.1	962.1	943.2	943.0
σ	0.267	0.269	0.268	0.266	0.267	0.267	0.267	0.266	0.268	0.268	0.274	0.274
V_p	8.770	8.770	8.767	8.767	8.738	8.738	8.701	8.700	8.667	8.667	6.531	6.531
V_s	4.931	4.930	4.939	4.939	4.929	4.929	4.902	4.902	4.878	4.878	4.762	4.761
V_ϕ	6.671	6.671	6.658	6.658	6.630	6.630	6.608	6.608	6.587	6.587	6.523	6.523
$(\partial K_s/\partial P)_T$							(5.43)	(5.43)			5.43	5.43
$(\partial K_T/\partial P)_T$							5.45	5.45			5.45	5.45
$(\partial \mu/\partial P)_T$							(1.40)	(1.40)			1.40	1.40
$(\partial \sigma/\partial P)_T$							0.327	0.328			0.305	0.305
$(\partial V_p/\partial P)_T$							8.02	8.01			7.85	7.85
$(\partial V_s/\partial P)_T$							2.16	2.16			2.17	2.17
$(\partial V_\phi/\partial P)_T$							8.42	8.42			8.15	8.15
$(\partial K_s/\partial T)_P$							-0.227	-0.227			-0.201	-0.201
$(\partial K_T/\partial T)_P$							-0.277	-0.277			-0.268	-0.266
$(\partial \mu/\partial T)_P$							-0.109	-0.109			-0.106	-0.106
$(\partial \sigma/\partial T)_P$							-0.33	-0.32			-0.02	-0.02
$(\partial V_p/\partial T)_P$							-0.435	-0.435			-0.391	-0.391
$(\partial V_s/\partial T)_P$							-0.222	-0.222			-0.217	-0.217
$(\partial V_\phi/\partial T)_P$							-0.354	-0.354			-0.300	-0.300
$(\partial P/\partial T)_{V_p}$							5.426	5.433			4.983	4.983
$(\partial P/\partial T)_{V_s}$							10.25	10.30			9.99	10.00
$(\partial P/\partial T)_{V_\phi}$							4.201	4.201			3.685	3.685
$(\partial P/\partial T)_\rho$	3.131	3.131	3.077	3.077	3.088	3.088	4.077	4.077	3.037	3.037	3.795	3.795
γ_{th}	0.991	0.991	0.975	0.975	0.978	0.978	1.283	1.283	0.958	0.958	1.167	1.167
γ_P							1.919	1.918			1.951	1.950
γ_S							1.092	1.090			1.136	1.134
γ_{LT}							1.160	1.158			1.201	1.199
γ_{HT}							1.368	1.366			1.407	1.406
δ_S							5.517	5.517			5.264	5.264
δ_T							6.789	6.789			7.066	7.066
θ	768.3	768.3	769.6	769.6	767.7	767.6	764.6	764.5	759.4	759.4	745.3	745.3
$(\partial K_s/\partial T)_V$							-0.003	-0.003			-0.018	-0.018
$(\partial K_P/\partial T)_V$							-0.055	-0.055			-0.062	-0.062
$(\partial \alpha/\partial T)_P$	2.80	2.80	2.80	2.80	2.80	2.80	(0.0)	(0.0)	2.80	2.80	4.00	4.00
V_s/V_p	0.562	0.562	0.563	0.563	0.564	0.564	0.563	0.563	0.563	0.563	0.558	0.558
V_m	5.486	5.486	5.495	5.494	5.483	5.483	5.453	5.453	5.427	5.427	5.301	5.301
REF: E;C;	301		306		301		301+322 (320)		301		320	
REF: α, C_p	535; (CAL)**		535; (CAL)**		535; (CAL)**		322; (CAL)**		535; (CAL)**		320; (CAL)**	

107

	$(Mg._{22}Fe._{61})_3Al_2$ $-Si_3O_{12}$ Garnet (Cubic) RESO(1978), ROOM	$(Mg._{78}Fe._{81})_3Al_2$ $-Si_3O_{12}$ Garnet (Cubic) PULS(1960), ROOM	$Mn_3Al_2Si_3O_{12}$ Garnet (Cubic) RESO(1978), ROOM	$(Fe._{18}Mn._{77})_3Al_2$ $-Si_3O_{12}$ Garnet (Cubic) RESO(1978), ROOM	$(Fe._{46}Mn._{55})_3Al_2$ $-Si_3O_{12}$ Garnet (Cubic) PULS(1960), ROOM	$(Fe._{46}Mn._{55})_3Al_2$ $-Si_3O_{12}$ Garnet (Cubic) PULS(1974), 293K
ρ_X	4.114	4.133	4.190	4.175	4.247	4.260
ρ_B	4.131	4.185	4.172	4.237		
M	23.81	24.13	24.75	24.60	24.77	24.90
α	17.10	16.70	20.00	19.20	18.20	18.20
C_p	(7.809)**	(7.748)**	(7.644)**	(7.611)**	(7.571)**	(7.547)**
	(HILL) (REUSS)	(HILL) (REUSS)	(HILL) (REUSS)	(HILL) (REUSS)	(HILL) (REUSS)	(HILL) (REUSS)
K_S	1768.0 1768.0	1764.7 1756.7	1718.0 1718.0	1764.0 1764.0	1755.7 1755.7	1777.0 1777.0
K_T	1759.5 1759.5	1756.7 1756.7	1707.0 1707.0	1753.2 1753.2	1746.2 1746.2	1767.2 1767.2
μ	958.9 958.8	951.4 951.1	933.5 933.3	964.4 964.4	966.2 966.1	961.1 960.9
σ	0.270 0.270	0.271 0.272	0.274 0.274	0.269 0.269	0.267 0.268	0.271 0.271
V_P	8.588 8.587	8.515 8.515	8.414 8.413	8.550 8.550	8.466 8.466	8.496 8.495
V_S	4.818 4.818	4.769 4.769	4.723 4.722	4.808 4.808	4.770 4.769	4.762 4.762
V_ϕ	6.542 6.542	6.495 6.495	6.407 6.407	6.502 6.502	6.430 6.430	6.476 6.476
$(\partial K_S/\partial P)_T$						4.95 4.95
$(\partial K_T/\partial P)_T$						4.96 4.96
$(\partial \mu/\partial P)_T$						1.44 1.44
$(\partial \sigma/\partial P)_T$						0.250 0.250
$(\partial V_P/\partial P)_T$						7.13 7.14
$(\partial V_S/\partial P)_T$						2.22 2.22
$(\partial V_\phi/\partial P)_T$						7.19 7.19
$(\partial K_S/\partial T)_P$						(-0.172) (-0.172)
$(\partial K_T/\partial T)_P$						(-0.217) (-0.217)
$(\partial \mu/\partial T)_P$						(-0.101) (-0.101)
$(\partial \sigma/\partial T)_P$						-0.16 0.17
$(\partial V_P/\partial T)_P$						-0.348 -0.348
$(\partial V_S/\partial T)_P$						-0.207 -0.207
$(\partial V_\phi/\partial T)_P$						-0.254 -0.254
$(\partial P/\partial T)_{V_P}$	3.009 3.009	2.934 2.934	3.414 3.414	3.366 3.366	3.178 3.178	4.880 4.876 9.33 9.33
$(\partial P/\partial T)_{V_S}$						3.530 3.530
$(\partial P/\partial T)_{V_\phi}$						3.216 3.216
γ_{th}	0.937 0.937	0.909 0.909	1.074 1.074	1.067 1.067	0.994 0.994	1.011 1.011
γ_P						1.817 1.819
γ_S						1.155 1.158
γ_{LT}						1.209 1.212
γ_{HT}						1.376 1.379
δ_S						5.306 5.306
δ_T	751.9 751.8	744.1 744.1	730.7 730.6	744.5 744.5	741.2 741.1	6.759 6.759 738.5 738.4
θ						-0.058 -0.058
$(\partial K_S/\partial T)_V$						-0.026 -0.026
$(\partial K_T/\partial T)_V$	2.90 2.90	2.90 2.90	2.50 2.50	2.60 2.60	2.70 2.70	2.70 2.70
$(\partial \mu/\partial T)_P$	0.561 0.561	0.560 0.560	0.561 0.561	0.562 0.563	0.563 0.563	0.561 0.561
V_S/V_P	5.362 5.361	5.308 5.308	5.256 5.255	5.350 5.350	5.306 5.306	5.300 5.300
V_m						
REF: E.C.	301	325	301	301	325	327(309)
REF: α, C_p	535, (CAL)**	535, (CAL)**	535, (CAL)**	535, (CAL)**	535, (CAL)**	535, (CAL)**

Table 2 (continued)
CALCULATED AGGREGATE PROPERTIES OF SINGLE CRYSTAL ELASTIC CONSTANTS

	(Fe.⁸⁵Mn.₁₅)₃Al₂-Si₃O₁₂ Garnet (Cubic) *PULS(1976), 298K		((Ca.⁸⁵Fe.₀₈)₃Al₂-Si₃O₁₂ Garnet (Cubic) *PLS(1973), 293K		Ca₃(Al.⁸⁰Fe.₁₄)₂-Si₃O₁₂ Garnet (Cubic) RESO(1978), ROOM		Ca₃(Al.⁷⁶Fe.₂₂)₂-Si₃O₁₂ Garnet (Cubic) RESO(1978), ROOM		Ca₃(Al.₂₂Fe.₇₀)₂-Si₃O₁₂ Garnet (Cubic) RESO(1978), ROOM		ZrSiO₄(Metamict) Zircon (Tetra.) PULS (1973) ROOM	
ρₓ	******		******		3.645		3.661		3.750		******	
ρ_B	4.240		3.617		3.659		3.667		3.775		4.531	
M	24.80		22.87		22.96		23.18		24.50		30.55	
α	17.90		16.70		17.20		17.60		20.10		11.80	
C_p	(7.581)**		(7.774)**		(7.806)**		(7.745)**		(7.664)**		5.371	
	(HILL)	(REUSS)	(HILL)	(REUSS)	(HILL)	(REUSS)	(POLY)	(POLY)	(HILL)	(REUSS)	(HILL)	(REUSS)
K_s	1763.3	1763.3	1714.3	1714.3	1612.0	1612.0	1624.5	1640.0	1473.0	1473.0	1654.7	1643.8
K_T	1754.1	1754.1	1705.6	1705.6	1604.0	1604.0	1615.4	1631.2	1464.0	1464.0	1650.0	1639.2
μ	956.4	955.4	1044.6	1043.7	1026.5	1025.4	1029.0	1034.0	927.0	925.0	756.4	730.4
σ	0.270	0.270	0.247	0.247	0.237	0.238	0.238	0.240	0.240	0.240	0.302	0.306
V_p	8.466	8.466	9.268	9.266	9.026	9.023	9.039	9.073	8.471	8.467	7.667	7.601
V_s	4.750	4.750	5.374	5.371	5.297	5.294	5.303	5.310	4.955	4.950	4.086	4.015
V_φ	6.449	6.449	6.884	6.884	6.637	6.637	6.655	6.688	6.247	6.247	6.043	6.023
(∂K_s/∂P)_T	4.59	4.59	4.25	4.25	******	******	******	******	******	******	******	******
(∂K_T/∂P)_T	4.60	4.60			******	******	******	******	******	******	******	******
(∂μ/∂P)_T	1.39	1.39	0.57	0.58	******	******	******	******	******	******	******	******
(∂σ/∂P)_T	0.224	0.223	0.407	0.406	******	******	******	******	******	******	******	******
(∂V_p/∂P)_T	6.56	6.57	4.77	4.77	******	******	******	******	******	******	******	******
(∂V_s/∂P)_T	2.09	2.10	-0.10	-0.09	******	******	******	******	******	******	******	******
(∂V_φ/∂P)_T	6.56	6.56	6.52	6.52	******	******	******	******	******	******	******	******
(∂K_s/∂T)_P	-0.172	-0.172	******	******	******	******	******	******	******	******	******	******
(∂K_T/∂T)_P	-0.216	-0.216	******	******	******	******	******	******	******	******	******	******
(∂μ/∂T)_P	-0.101	-0.101	******	******	******	******	******	******	******	******	******	******
(∂σ/∂T)_P	0.16	0.17	******	******	******	******	******	******	******	******	******	******
(∂V_p/∂T)_P	-0.351	-0.351	******	******	******	******	******	******	******	******	******	******
(∂V_s/∂T)_P	-0.208	-0.209	******	******	******	******	******	******	******	******	******	******
(∂V_φ/∂T)_P	-0.256	-0.256	******	******	******	******	******	******	******	******	******	******
(∂P/∂T)_Vp	5.345	5.349	******	******	******	******	******	******	******	******	******	******
(∂P/∂T)_Vs	9.93	9.93	******	******	******	******	******	******	******	******	******	******
(∂P/∂T)_Vφ	3.906	3.906	******	******	******	******	******	******	******	******	******	******
(∂P/∂T)_p	3.140	3.140	2.848	2.848	2.759	2.759	2.843	2.871	2.943	2.943	1.947	1.934
γ_th	0.982	0.982	1.018	1.018	0.971	0.971	1.006	1.016	1.023	1.023	0.802	0.797
γ_P	1.693	1.694	1.210	1.212								
γ_S	1.107	1.110	1.301	1.304								
γ_LT	1.154	1.157	0.382	0.385								
γ_HT	1.302	1.305	0.604	0.607								
δ_s	5.437	5.437										
δ_T	6.872	6.872										
θ_D	737.6	737.6	810.9	810.5	800.4	800.0	798.6	800.6	740.7	739.9	607.5	597.3
(∂K_s/∂T)_v	-0.041	-0.041										
(∂K_T/∂T)_v	-0.071	-0.071	3.00	3.00	2.70	2.70	2.50	2.50	1.30	1.30	(0.0)⁺	(0.0)⁺
(∂α/∂T)_P	2.80	2.80	0.580	0.580	0.587	0.587	0.586	0.585	0.585	0.585	0.533	0.528
V_s/V_p	0.561	0.561	5.961	5.964	5.869	5.872	5.873	5.888	5.495	5.489	4.565	4.488
V_m	5.286	5.286										
REF: E.C.	309		308		301		301		301		317	
REF: α, C_p	535, (CAL)**		535, (CAL)**		535, (CAL)**		535, (CAL)**		535, (CAL)**		501; 602	

	ZrSiO₄ (Tetra.) Zircon PULS (1974) ROOM	ZrSiO₄ (Metamict) Zircon (Tetra.) PULS (1976) ROOM	Al₂SiO₅ (Andalu.) (Ortho.) BRIL (1978) ROOM	Al₂SiO₅ (sillima.) (Ortho.) BRIL (1978) ROOM	Be₃Al₂Si₆O₁₈ (Beryl) (Hexa.) *PULS(1973), 298K (9.632)**	Be₃Al₂Si₆O₁₈ (Beryl) (Hexa.) *PULS(1973), 298K (9.656)**
ρ_X	4.668		3.145	3.241	2.640	2.640
ρ_B	4.675	4.598			2.698	2.724
M	30.55	30.55	20.25	20.25	18.53	18.53
α	11.80	11.80	18.90	11.00	7.60	7.60
$-C_p$	5.371	5.371	7.585	7.541	(9.632)**	(9.656)**
	(HILL) (REUSS)	(HILL) (REUSS)	(HILL) (REUSS)	(HILL) (REUSS)	(HILL) (REUSS)	(HILL) (REUSS)
K_S	2279.8 2253.0	1943.8 1923.9	1619.6 1580.2	1713.7 1670.8	1810.9 1808.3	1765.7 1763.0
K_T	2271.2 2244.6	1937.3 1917.7	1607.4 1569.1	1709.4 1666.7	1808.7 1806.7	1763.6 1761.0
μ	1089.2 982.4	922.4 863.9	990.1 976.2	928.6 891.8	791.5 782.7	787.6 778.1
σ	0.294 0.310	0.295 0.305	0.246 0.244	0.271 0.273	0.309 0.311	0.306 0.308
V_p	8.935 8.730	8.308 8.179	9.668 9.572	9.543 9.394	10.308 10.282	10.168 10.140
V_s	4.828 4.584	4.479 4.335	5.611 5.571	5.353 5.246	5.417 5.387	5.377 5.345
V_ϕ	6.983 6.942	6.502 6.469	7.176 7.088	7.272 7.180	8.193 8.187	8.051 8.045
$(\partial K_S/\partial P)_T$						
$(\partial K_T/\partial P)_T$						
$(\partial \sigma/\partial P)_T$						
$(\partial V_p/\partial P)_T$						
$(\partial V_s/\partial P)_T$						
$(\partial V_\phi/\partial P)_T$						
$(\partial K_S/\partial T)_P$	-0.207				3.91 3.90	
$(\partial K_T/\partial T)_P$	-0.235				0.01 -0.02	
$(\partial \mu/\partial T)_P$	-0.093				0.358 0.361	
$(\partial \sigma/\partial T)_P$	-0.09				4.21 4.12	
$(\partial V_p/\partial T)_P$	-0.345				-1.47 -1.57	
$(\partial V_s/\partial T)_P$	-0.178				6.59 6.55	
$(\partial V_\phi/\partial T)_P$	-0.277					
$(\partial \rho/\partial T)_{V_p}$						
$(\partial \rho/\partial T)_{V_s}$						
$(\partial \rho/\partial T)_{V_\phi}$						
$(\partial \rho/\partial T)_\rho$	2.680 2.649	2.286 2.263	3.039 2.966	1.880 1.833	1.375 1.373	1.340 1.338
γ_{th}	1.071 1.059	0.929 0.919	1.283 1.252	0.771 0.752	0.530 0.529	0.510 0.509
γ_P					1.071 1.057	
γ_S					-0.159 -0.192	
γ_{LT}					-0.075 -0.108	
γ_{HT}					0.251 0.224	
δ_S	7.713					
δ_T	8.781 7.873	668.7 647.9	841.4 835.3	813.2 797.2	801.2 796.9	797.6 792.9
	724.6 689.4					
$(\partial K_S/\partial T)_V$	(0.0)† (0.0)†	(0.0)† (0.0)†			-6.00 -6.00	-6.00 -6.00
$(\partial K_T/\partial T)_V$			8.00 8.00	2.00 2.00		
$(\partial K_S/\partial T)_P$	0.540 0.525	0.539 0.530	0.580 0.582	0.561 0.558	0.525 0.524	0.529 0.527
V_S/V_m	5.388 5.127	5.000 4.845	6.226 6.181	5.957 5.840	6.058 6.025	6.011 5.976
REF. E.C.:	319+318 501, 602	316 501, 602	324 535, 602	324 535, 602	329 535; (CAL)**	329 535; (CAL)** -70-
REF. α, C_p						

Table 2 (continued)
CALCULATED AGGREGATE PROPERTIES OF SINGLE CRYSTAL ELASTIC CONSTANTS

	(KAlSiO$_4$)(NaAlSi -O$_4$)$_3$(Nepheline) (Hexa.) *PULS(1975), 298K		Ba$_2$Si$_2$T (Tet RES) (19 ROOM		Pb$_5$(SiO$_4$)(VO$_4$)$_2$ (Hexa.) PULS (1977) ROOM	
	(HILL)	(REUSS)	(HILL)	(HEUSS)	(HILL)	(REUSS)
ρ_x	******		4.450		7.020	******
ρ_B	2.571		******		******	******
M	20.87		38.97		67.90	******
a	20.90		29.90		******	******
C_p	(7.568)**		(5.855)**		******	******
K_S	493.0	488.0	569.0	547.0	484.0	478.0
K_T	491.4	486.4	565.7	543.9	******	******
μ	332.0	321.0	421.0	406.0	234.0	232.0
σ	0.225	0.230	0.203	0.202	0.292	0.291
V_P	6.033	5.969	5.040	4.945	3.367	3.349
V_S	3.594	3.533	3.076	3.021	1.826	1.818
V_ϕ	4.379	4.357	3.576	3.506	2.626	2.609
$(\partial K_S/\partial P)_T$	******	******	******	******	******	******
$(\partial K_T/\partial P)_T$	******	******	******	******	******	******
$(\partial \mu/\partial P)_T$	******	******	******	******	******	******
$(\partial \sigma/\partial P)_T$	******	******	******	******	******	******
$(\partial V_P/\partial P)_T$	******	******	******	******	******	******
$(\partial V_S/\partial P)_T$	******	******	******	******	******	******
$(\partial V_\phi/\partial P)_T$	******	******	******	******	******	******
$(\partial K_S/\partial T)_P$	−0.038	−0.025	−0.164	−0.015	******	******
$(\partial K_T/\partial T)_P$	−0.043	−0.030	−0.177	−0.025	******	******
$(\partial \mu/\partial T)_P$	0.004	0.066	−0.070	−0.059	******	******
$(\partial \sigma/\partial T)_P$	−2.00	−5.68	−2.90	2.83	******	******
$(\partial V_P/\partial T)_P$	−0.042	0.268	−0.498	−0.138	******	******
$(\partial V_S/\partial T)_P$	−0.059	0.400	−0.210	−0.174	******	******
$(\partial V_\phi/\partial T)_P$	−0.123	−0.066	−0.462	0.006	******	******
$(\partial P/\partial T)_{V_P}$	******	******	******	******	******	******
$(\partial P/\partial T)_{V_S}$	******	******	******	******	******	******
$(\partial P/\partial T)_{V_\phi}$	******	******	******	******	******	******
$(\partial P/\partial T)_\rho$	1.027	1.017	1.691	1.626	******	******
γ_{th}	0.530	0.524	0.653	0.628	******	******
γ_P	******	******	******	******	******	******
γ_S	******	******	******	******	******	******
γ_{LT}	******	******	******	******	******	******
γ_{HT}	******	******	******	******	******	******
δ_S	3.688	2.451	9.640	0.893	******	******
δ_T	4.216	2.974	10.289	1.517	******	******
θ	497.7	489.6	414.3	406.9	240.4	239.3
$(\partial K_S/\partial T)_V$	******	******	******	******	******	******
$(\partial K_T/\partial T)_V$	(0.0)+	(0.0)+	(0.0)+	(0.0)+	******	******
$(\partial a/\partial T)_P$	0.596	0.610	0.611	0.611	0.542	0.543
V_S/V_P	3.978	3.914	3.397	3.336	2.037	2.028
V_M						
REF: Ei Ci	303		310		326	
REF: α, Cp	303; (CAL)**		310; (CAL)**		***, ***	

D. Nonsilicate Oxides Series

	FeBO$_3$ (Trigonal) BRIL (1976) ROOM		CaCO$_3$ Calcite(Trigonal) PULS (1968) 298 K		CaCO$_3$ Calcite(Trigonal) PULS (1972) 298 K		CaCO$_3$ Calcite(Trigonal) PULS (1972) ROOM		CaMg(CO$_3$)$_2$ Calcite(Trigonal) PULS (1972) ROOM		MgCO$_3$ Calcite(Trigonal) PULS (1972) ROOM	
ρ_X	4.280		2.712		2.712		2.712		2.866		3.009	
ρ_B	*****		*****		*****		*****		*****		*****	
M	22.93		20.02		20.02		20.02		18.44		16.86	
α	*****		16.52		16.52		16.52		27.80		32.00	
-C$_p$	*****		8.183		8.183		8.183		8.458		8.963	
	(HILL)	(REUSS)	(HILL)	(REUSS)	(HILL)	(REUSS)	(HILL)	(REUSS)	(HILL)	(REUSS)	(HILL)	(REUSS)
K$_S$	2235.0	2199.0	761.2	733.0	746.8	715.5	767.9	739.9	948.0	902.3	1138.0	1099.0
K$_T$	*****	*****	759.1	731.0	744.7	713.6	765.7	737.9	939.5	894.6	1123.4	1085.4
μ	1151.0	1110.0	317.4	266.1	318.1	268.9	322.8	274.6	457.2	396.6	679.3	636.4
σ	0.280	0.284	0.317	0.338	0.314	0.333	0.316	0.335	0.292	0.308	0.251	0.257
V$_P$	9.385	9.271	6.609	6.333	6.571	6.293	6.647	6.386	7.372	7.066	8.241	8.045
V$_S$	5.186	5.093	3.421	3.132	3.425	3.149	3.450	3.182	3.994	3.720	4.751	4.599
V$_\phi$	7.226	7.168	5.298	5.199	5.248	5.136	5.321	5.223	5.751	5.611	6.150	6.043
(∂K$_S$/∂P)$_T$	*****	*****	(5.38)	(5.37)	5.38	5.37	*****	*****	*****	*****	*****	*****
(∂K$_T$/∂P)$_T$	*****	*****	5.43	5.42	5.43	5.42	*****	*****	*****	*****	*****	*****
(∂μ/∂P)$_T$	*****	*****	(-1.50)	(-1.96)	-1.50	-1.96	*****	*****	*****	*****	*****	*****
(∂σ/∂P)$_T$	*****	*****	1.897	2.124	1.948	2.197	*****	*****	*****	*****	*****	*****
(∂V$_P$/∂P)$_T$	*****	*****	5.07	3.69	5.06	3.67	*****	*****	*****	*****	*****	*****
(∂V$_S$/∂P)$_T$	*****	*****	-10.35	-13.69	-10.39	-13.69	*****	*****	*****	*****	*****	*****
(∂V$_\phi$/∂P)$_T$	*****	*****	15.23	15.50	15.38	15.69	*****	*****	*****	*****	*****	*****
(∂K$_S$/∂T)$_P$	*****	*****	-0.285	-0.246	(-0.285)	(-0.246)	*****	*****	*****	*****	*****	*****
(∂K$_T$/∂T)$_P$	*****	*****	-0.295	-0.255	-0.295	-0.255	*****	*****	*****	*****	*****	*****
(∂μ/∂T)$_P$	*****	*****	-0.097	-0.076	(-0.097)	(-0.076)	*****	*****	*****	*****	*****	*****
(∂σ/∂T)$_P$	*****	*****	-1.13	-0.74	-1.27	-0.93	*****	*****	*****	*****	*****	*****
(∂V$_P$/∂T)$_P$	*****	*****	-1.102	-0.959	-1.109	-0.966	*****	*****	*****	*****	*****	*****
(∂V$_S$/∂T)$_P$	*****	*****	-0.493	-0.420	-0.493	-0.418	*****	*****	*****	*****	*****	*****
(∂V$_\phi$/∂T)$_P$	*****	*****	-0.950	-0.831	-0.960	-0.842	*****	*****	*****	*****	*****	*****
(∂P/∂T)$_V$	*****	*****	21.755	25.958	21.910	26.330	*****	*****	*****	*****	*****	*****
(∂P/∂T)V$_P$	*****	*****	-4.77	-3.07	-4.74	-3.05	*****	*****	*****	*****	*****	*****
(∂P/∂T)V$_S$	*****	*****	6.235	5.359	6.241	5.365	*****	*****	*****	*****	*****	*****
(∂P/∂T)$_\phi$	*****	*****	1.254	1.208	1.230	1.179	1.265	1.219	2.612	2.487	3.595	3.473
γ$_{th}$	*****	*****	0.567	0.546	0.556	0.533	0.572	0.551	1.087	1.035	1.350	1.304
γ$_P$	*****	*****	0.915	0.760	0.907	0.749	*****	*****	*****	*****	*****	*****
γ$_S$	*****	*****	-1.964	-2.862	-1.926	-2.770	*****	*****	*****	*****	*****	*****
γ$_{LT}$	*****	*****	-1.777	-2.655	-1.739	-2.562	*****	*****	*****	*****	*****	*****
γ$_{HT}$	*****	*****	-1.004	-1.655	-0.982	-1.597	*****	*****	*****	*****	*****	*****
δ$_S$	*****	*****	22.704	20.340	23.141	20.837	*****	*****	*****	*****	*****	*****
δ$_T$	*****	*****	23.536	21.141	23.958	21.619	*****	*****	*****	*****	*****	*****
θ$_D$	830.2	815.7	494.5	454.0	494.8	456.1	498.6	461.0	602.5	562.3	746.8	723.3
(∂K$_S$/∂T)$_V$	*****	*****	-0.221	-0.184	-0.222	-0.185	*****	*****	*****	*****	*****	*****
(∂K$_P$/∂T)$_V$	*****	*****	-0.227	-0.190	-0.228	-0.191	*****	*****	*****	*****	*****	*****
(∂α/∂T)$_P$	*****	*****	2.60	2.60	2.60	2.60	2.60	2.60	7.50	7.50	8.30	8.30
V$_S$/V$_P$	0.553	0.549	0.518	0.495	0.521	0.500	0.519	0.498	0.542	0.526	0.577	0.572
V$_m$	5.778	5.677	3.830	3.516	3.832	3.532	3.861	3.570	4.457	4.160	5.276	5.110
REF. E.C.	431		413+415 (414)		414 (413+415)		429		429		429	
REF. α, C$_p$	***, ***		413, 603		413, 603		413, 603		519, 603		519, 603	

-72-

Table 2 (continued)
CALCULATED AGGREGATE PROPERTIES OF SINGLE CRYSTAL ELASTIC CONSTANTS

	NaMgAl(C₂O₄)₃9H₂O (Trigonal) PULS (1979)		Ba²⁺ OP 293	H₂O a.) 1978	MgAl₂O₄ Spinel (Cubic) PULS (1966) ROOM		MgAl₂O₄ Spinel (Cubic) *PULS (1973) 298 K		MgAl₂O₄ Spinel (Cubic) OPTI (1975) 298 K		MgO·2.61Al₂O₃ Spinel (Cubic) *PULS (1967) 298 K	
ρ	1.620		3.17		3.581		3.582		3.582		3.619	
B	*****		*****		*****		3.578		3.578		3.619	
λ	10.43		24.7		20.32		20.32		20.32		20.36	
T	*****		106.6)		20.79		20.79		20.79		20.79 (MgAl₂O₄)	
Cp	*****		(9.961)**		8.152		8.152		8.152		(8.237)**	
	(HILL)	(REUSS)	(HILL)	(REUSS)	(HILL)	(REUSS)	(HILL)	(REUSS)	(HILL)	(REUSS)	(HILL)	(REUSS)
Kₛ	225.8	220.5	275.5	257.2	1950.0	1950.0	1974.3	1974.3	1969.0	1969.0	2020.0	2020.0
Kₜ	*****	*****	267.5	250.3	1933.3	1933.3	1957.1	1957.1	1951.9	1951.9	2002.4	2002.4
μ	47.8	27.4	119.6	117.5	1072.0	974.0	1084.2	985.2	1080.0	980.6	1153.5	1071.8
σ	0.401	0.440	0.310	0.302	0.268	0.286	0.268	0.286	0.268	0.286	0.260	0.275
v_p	4.228	3.983	3.699	3.608	9.714	9.525	9.776	9.586	9.760	9.569	9.915	9.762
v_s	1.718	1.301	1.939	1.922	5.471	5.215	5.504	5.247	5.494	5.235	5.645	5.442
v_ϕ	3.733	3.689	2.944	2.845	7.379	7.379	7.428	7.428	7.418	7.418	7.471	7.471
(∂Kₛ/∂P)ₜ	*****	*****	*****	*****	*****	*****	4.89	4.89	(4.89)	(4.89)	4.23	4.23
(∂Kₜ/∂P)ₜ	*****	*****	*****	*****	*****	*****	4.89	4.89	4.90	4.90	4.23	4.23
(∂μ/∂P)ₜ	*****	*****	*****	*****	*****	*****	0.51	0.40	(0.51)	(0.40)	0.69	0.68
(∂σ/∂P)ₜ	*****	*****	*****	*****	*****	*****	0.394	0.379	0.395	0.380	0.302	0.281
(∂vₚ/∂P)ₜ	*****	*****	*****	*****	*****	*****	5.46	5.46	5.47	5.47	4.71	4.83
(∂vₛ/∂P)ₜ	*****	*****	*****	*****	*****	*****	-0.12	-0.27	-0.12	-0.27	0.28	0.35
(∂v_φ/∂P)ₜ	*****	*****	*****	*****	*****	*****	7.30	7.30	7.31	7.31	5.97	5.97
(∂Kₛ/∂T)ₚ	*****	*****	-0.172	-0.176	*****	*****	-0.154	-0.154	-0.157	-0.157	*****	*****
(∂Kₜ/∂T)ₚ	*****	*****	-0.193	-0.194	*****	*****	-0.219	-0.219	-0.222	-0.222	*****	*****
(∂μ/∂T)ₚ	*****	*****	-0.189	-0.186	*****	*****	-0.092	-0.099	-0.094	-0.097	*****	*****
(∂σ/∂T)ₚ	*****	*****	15.78	15.50	*****	*****	0.14	0.41	0.14	0.35	*****	*****
(∂vₚ/∂T)ₚ	*****	*****	-1.604	-1.657	*****	*****	-0.294	-0.317	-0.302	-0.318	*****	*****
(∂vₛ/∂T)ₚ	*****	*****	-1.426	-1.421	*****	*****	-0.176	-0.209	-0.181	-0.204	*****	*****
(∂v_φ/∂T)ₚ	*****	*****	-0.762	-0.822	*****	*****	-0.212	-0.212	-0.219	-0.219	*****	*****
(∂P/∂T)_{vp}	*****	*****	*****	*****	*****	*****	5.377	5.796	5.528	5.811	*****	*****
(∂P/∂T)_{vs}	*****	*****	*****	*****	*****	*****	-77.93	-77.93	-76.71	-76.71	*****	*****
(∂P/∂T)_{vφ}	*****	*****	*****	*****	*****	*****	2.905	2.905	2.990	2.990	*****	*****
(∂P/∂T)ₚ	2.852	2.668	*****	*****	4.019	4.019	4.069	4.069	4.058	4.058	4.163	4.163
Yₜₕ	*****	*****	0.927	0.866	1.389	1.389	1.407	1.407	1.403	1.403	1.409	1.409
Yₚ	*****	*****	5.857	6.419	*****	*****	1.426	1.449	1.427	1.450	1.284	1.324
Yₛ	*****	*****	6.758	7.261	*****	*****	0.291	0.234	0.292	0.234	0.432	0.464
Y_{LT}	*****	*****	275.2	272.5	*****	*****	0.384	0.326	0.385	0.326	0.504	0.532
Y_{HT}	*****	*****	*****	*****	*****	*****	0.670	0.639	0.670	0.640	0.716	0.751
δₛ	*****	*****	(0.0)†	(0.0)†	*****	*****	3.747	3.747	3.835	3.835	*****	*****
δₜ	262.8	200.0	5.758	6.419	858.0	819.7	5.383	5.383	5.467	5.467	887.1	856.6
θ	*****	*****	275.2	272.5	*****	*****	863.0	824.5	861.4	822.6	*****	*****
(∂Kₛ/∂T)ᵥ	*****	*****	*****	*****	*****	*****	0.037	0.037	0.034	0.034	*****	*****
(∂Kₚ/∂T)ᵥ	*****	*****	(0.0)†	(0.0)†	1.20	1.20	-0.020	-0.020	-0.023	-0.023	1.20	1.20
(∂α/∂T)ₚ	0.406	0.326	0.524	0.533	0.563	0.548	0.563	0.547	0.563	0.547	0.569	0.557
Vₛ/Vₘ	1.945	1.480	2.169	2.148	6.087	5.615	6.128	5.851	6.118	5.837	6.275	6.059
REF. E.C.	442		425;	(CAL)††	433		408		434(408)		435	
REF. α, Cp	***, ***				532; 602		532; 602		532; 602		532; (CAL)††	

	MgO·3.5Al$_2$O$_3$ Spinel (Cubic) PULS (1960) ROOM		Mg$_{.75}$Fe$_{.25}$Al$_2$O$_4$ Spinel (Cubic) PULS (1972), 29.1K		FeAl$_2$O$_4$ Spinel (Cubic) PULS (1972) ROOM		BeAl$_2$O$_4$ Olivine (orth.) PULS (1975) ROOM		AlPO$_4$ α-Quartz (Trigonal) *PULS (1976) 298 K		KAl(SO$_4$)$_2$·12H$_2$O (Cubic) PULS (1978) ROOM	
ρx	******	(REUSS)	3.836	(REUSS)	4.280	(REUSS)	3.720	(REUSS)	2.618	(REUSS)	1.753	(REUSS)
ρB	3.630	2026.3	3.826	1987.0					2.620			
M̄	20.37	2008.6	21.80	1970.9	24.83		18.14		20.32		9.88	
a	20.79(MgAl$_2$O$_4$)	1083.1	20.20	854.0	18.40		16.50		41.50		42.30	
C$_p$	(8.210)**	0.273	7.796	0.312	7.363		8.352		7.629		13.747	
K$_S$	(HILL)	2026.3	(HILL)	(REUSS)	(HILL)	(REUSS)	(HILL)	(REUSS)	(HILL)	(REUSS)	(HILL)	(REUSS)
	2026.3	2026.3	1987.0	1987.0	2103.0	2103.0	2391.5	2391.5	293.0	289.9	150.5	150.5
K$_T$	2008.6	2008.6	1970.9	1970.9	2088.8	2088.8	2376.6	2376.6	290.8	287.7	150.0	150.0
μ	1164.2	1083.1	963.5	854.0	839.5	711.0	1585.8	1575.4	330.2	305.9	80.6	80.2
ν	0.259	0.273	0.291	0.312	0.324	0.348	0.229	0.230	0.090	0.110	0.273	0.274
V$_p$	9.929	9.778	9.247	9.039	8.677	8.443	11.011	10.989	5.290	5.161	3.836	3.832
V$_s$	5.663	5.462	5.018	4.725	4.429	4.076	6.529	6.508	3.550	3.417	2.144	2.139
V$_\phi$	7.471	7.471	7.207	7.207	7.010	7.010	8.025	8.018	3.344	3.326	2.930	2.930
(∂K$_S$/∂P)$_T$	******	******	4.92	4.92	******	******	******	******	******	******	7.01	7.01
(∂K$_T$/∂P)$_T$	******	******	0.27	0.11	******	******	******	******	******	******	6.92	6.92
(∂μ/∂P)$_T$	******	******	0.395	0.386	******	******	******	******	******	******	1.44	1.31
(∂σ/∂P)$_T$	******	******	5.12	5.03	******	******	******	******	******	******	5.523	5.806
(∂V$_p$/∂P)$_T$	******	******	-0.57	-0.89	******	******	******	******	******	******	53.69	52.45
(∂V$_s$/∂P)$_T$	******	******	7.09	7.09	******	******	******	******	******	******	12.08	10.38
(∂V$_\phi$/∂P)$_T$	******	******	******	******	******	******	******	******	******	******	58.50	58.50
(∂K$_S$/∂T)$_P$	******	******	******	******	******	******	******	******	-0.071	-0.070	0.139	0.139
(∂K$_T$/∂T)$_P$	******	******	******	******	******	******	******	******	-0.080	-0.079	0.135	0.135
(∂μ/∂T)$_P$	******	******	******	******	******	******	******	******	-0.023	-0.018	-0.084	-0.084
(∂σ/∂T)$_P$	******	******	******	******	******	******	******	******	-5.14	-5.25	37.90	37.97
(∂V$_p$/∂T)$_P$	******	******	******	******	******	******	******	******	-0.256	-0.239	-0.287	-0.283
(∂V$_s$/∂T)$_P$	******	******	******	******	******	******	******	******	-0.049	-0.029	-1.070	-1.077
(∂V$_\phi$/∂T)$_P$	******	******	******	******	******	******	******	******	-0.335	-0.331	1.419	1.419
(∂ρ/∂T)$_P$ V$_p$	******	******	******	******	******	******	******	******	******	******	-0.534	-0.540
(∂ρ/∂T)$_P$ V$_s$	******	******	******	******	******	******	******	******	******	******	8.85	10.38
(∂ρ/∂T)$_P$ V$_\phi$	******	******	******	******	******	******	******	******	******	******	-2.426	-2.426
(∂ρ/∂T)$_P$ ρ	4.176	4.176	3.981	3.981	3.843	3.843	3.928	3.921	1.207	1.194	0.634	0.634
γ$_{th}$	1.414	1.414	1.346	1.346	1.228	1.228	1.272	1.270	0.608	0.602	0.264	0.264
γ$_P$	******	******	1.424	1.431	******	******	******	******	******	******	2.433	2.386
γ$_s$	******	******	0.109	-0.040	******	******	******	******	******	******	1.179	1.061
γ$_{LT}$	******	******	0.207	0.058	******	******	******	******	******	******	1.279	1.167
γ$_{HT}$	******	******	0.548	0.450	******	******	******	******	******	******	1.597	1.503
δ$_s$	******	******	******	******	******	******	******	******	5.831	5.793	******	******
δ$_T$	******	******	******	******	******	******	******	******	6.631	6.585	******	******
θ	890.5	860.4	788.2	744.0	694.3	641.0	1072.1	1068.7	492.5	474.9	337.1	336.5
(∂K$_S$/∂T)$_V$	******	******	******	******	******	******	******	******	0.181	******	0.181	0.181
(∂K$_T$/∂T)$_V$	******	******	(0.0)†	(0.0)†	(0.0)†	(0.0)†	4.40	4.40	4.50	4.50	17.10	17.10
(∂a/∂T)$_P$	1.20	1.20	0.543	0.523	0.510	0.483	0.593	0.592	0.671	0.662	0.559	0.558
V$_s$/V$_p$	0.570	0.559										
V$_m$	6.294	6.081	5.599	5.285	4.962	4.581	7.231	7.208	3.878	3.739	2.386	2.381
REF. E,C,	438		441		441		440		409		428+423	
REF. a, C$_p$	532; (CAL)††		532;535,602+603		535, 603		519, 602		409, 603		423, 602	

Table 2 (continued)
CALCULATED AGGREGATE PROPERTIES OF SINGLE CRYSTAL ELASTIC CONSTANTS

	$NH_4Al(SO_4)_2$ $-12H_2O$ (Cubic) PULS(1978), ROOM		$CsAl(SO_4)_2 \cdot 12H_2O$ (Cubic) PULS (1978) ROOM		$CH_3NH_3Al(SO_4)_2$ $-12H_2O$ PULS (1978) ROOM		$Cs_2S_2O_6$ (Hexa.) OPTI (1978) 293 K		$NaClO_3$ (Cubic) RESO (1974) ROOM		$NaClO_3$ (Cubic) *PULS (1975) 298 K	
ρ_X	1.642		1.999		1.589		3.503		2.482		2.482	
ρ_B	******		******		******		******		******		******	
M	8.72		11.84		8.50		42.59		21.29		21.29	
α	28.80		84.00		81.30		138.20		132.90		132.90	
C_p	(26.757)**		(20.148)**		(28.036)**		(5.994)**		(11.618)**		(11.601)**	
	(HILL)	(REUSS)	(HILL)	(REUSS)	(HILL)	(REUSS)	(HILL)	(PLUSS)	(HILL)	(REUSS)	(HILL)	(REUSS)
K_S	156.7	156.7	206.4	206.4	214.5	214.5	149.7	140.1	258.9	258.9	255.8	255.8
K_T	156.6	156.6	204.2	204.2	212.5	212.5	143.6	134.9	247.1	247.1	244.3	244.3
μ	77.3	77.1	81.9	81.6	59.7	59.6	76.6	75.5	135.6	133.4	138.0	135.3
σ	0.288	0.289	0.325	0.325	0.373	0.373	0.272	0.272	0.277	0.280	0.271	0.275
V_P	3.978	3.976	3.973	3.972	4.303	4.302	2.681	2.621	4.209	4.195	4.209	4.192
V_S	2.170	2.167	2.024	2.023	1.939	1.937	1.479	1.468	2.337	2.318	2.358	2.335
V_ϕ	3.089	3.089	3.213	3.213	3.674	3.674	2.067	2.000	3.230	3.230	3.210	3.210
$(\partial K_S/\partial P)_T$	1.48	1.48	5.97	5.97	6.03	6.03	******	******	******	******	******	******
$(\partial K_T/\partial P)_T$	1.47	1.47	5.99	5.99	6.05	6.05	******	******	******	******	******	******
$(\partial \mu/\partial P)_T$	0.72	0.65	0.63	0.61	0.12	0.13	******	******	******	******	******	******
$(\partial \sigma/\partial P)_T$	0.028	0.189	3.285	3.316	3.037	3.025	******	******	******	******	******	******
$(\partial V_P/\partial P)_T$	5.96	5.26	33.18	33.03	35.25	35.25	******	******	******	******	******	******
$(\partial V_S/\partial P)_T$	3.15	2.19	2.85	2.63	-2.56	-2.49	******	******	******	******	******	******
$(\partial V_\phi/\partial P)_T$	4.72	4.72	38.63	38.63	43.02	43.02	******	******	******	******	******	******
$(\partial K_S/\partial T)_P$	0.021	0.021	-0.124	-0.124	-0.140	-0.140	-0.119	-0.102	-0.466	-0.466	-0.434	-0.434
$(\partial K_T/\partial T)_P$	-0.020	0.020	-0.136	-0.136	-0.133	-0.133	-0.133	-0.115	-0.466	-0.466	-0.466	-0.466
$(\partial \mu/\partial T)_P$	-0.058	-0.058	-0.032	-0.032	-0.010	-0.010	-0.071	-0.068	-0.087	-0.087	-0.083	-0.083
$(\partial \sigma/\partial T)_P$	16.07	16.13	-3.19	-3.20	-5.70	-5.63	2.40	3.40	-20.66	-20.66	-20.70	-20.70
$(\partial V_P/\partial T)_P$	-0.370	-0.372	-0.890	-0.889	-0.946	-0.949	-0.950	-0.872	-2.352	-2.352	-2.339	-2.339
$(\partial V_S/\partial T)_P$	-0.780	-0.784	-0.317	-0.316	-0.280	-0.285	-0.580	-0.564	-0.587	-0.587	-0.561	-0.561
$(\partial V_\phi/\partial T)_P$	0.254	0.254	-0.834	-0.834	-1.051	-1.051	-0.678	-0.592	-2.510	-2.510	-2.510	-2.510
$(\partial P/\partial T)_{V_P}$	6.205	7.073	2.681	2.691	2.688	2.694	******	******	******	******	******	******
$(\partial P/\partial T)_{V_S}$	24.78	35.86	11.10	12.02	-3.13	-3.42	******	******	******	******	******	******
$(\partial P/\partial T)_{V_\phi}$	-5.388	-5.388	2.159	2.159	2.444	2.444	******	******	******	******	******	******
$(\partial P/\partial T)_\rho$	0.451	0.451	1.715	1.715	1.727	1.727	1.987	1.864	3.285	3.285	3.247	3.247
γ_{th}	0.103	0.103	0.430	0.430	0.392	0.392	0.985	0.922	1.173	1.193	1.181	1.181
γ_P	0.568	0.540	2.038	2.031	2.071	2.074	******	******	******	******	******	******
γ_S	0.560	0.491	0.621	0.598	0.052	0.060	******	******	******	******	******	******
γ_{LT}	0.561	0.495	0.709	0.687	0.141	0.148	******	******	******	******	******	******
γ_{HT}	0.563	0.508	1.094	1.076	0.725	0.731	******	******	******	******	******	******
δ_S	-4.720	-4.720	7.181	7.181	8.040	8.040	5.749	5.285	12.766	12.766	12.766	12.766
δ_T	-4.370	-4.370	7.926	7.926	8.427	8.427	6.695	6.173	14.349	14.349	14.349	14.349
θ	348.7	348.3	315.2	315.2	314.3	314.0	180.2	178.7	319.7	317.3	322.3	319.3
$(\partial K_S/\partial T)_V$	0.027	0.027	-0.026	-0.026	-0.041	-0.041	$(0.01)^+$	$(0.01)^+$	******	******	******	******
$(\partial K_T/\partial T)_V$	0.026	0.026	-0.033	-0.033	-0.041	-0.041	$(0.01)^+$	$(0.01)^+$	******	******	******	******
$(\partial \alpha/\partial T)_P$	23.10	23.10	21.00	21.00	0.451	0.450	0.552	0.560	17.90	17.90	17.90	17.90
V_S/V_P	0.546	0.545	0.509	0.509	0.451	0.450	0.552	0.560	0.553	0.560	0.557	0.557
V_m	2.420	2.417	2.268	2.267	2.186	2.184	1.648	1.634	2.603	2.583	2.624	2.600
REF, E.C.	423;428		423;428		423;428		425;		407		437	
REF, α, C_P	423; (CAL)**		423; (CAL)**		423; (CAL)**		425; (CAL)**		519; (CAL)**		519; (CAL)**	

	LiClO₃·3H₂O (Hexa.) OPTI (1978) 293 K		LiClO₃·3D₂O (He:a.) OPTI (1978) 293 K		SrTiO₃ Perovskite(Cubic) PULS (1963,1971) 298 K		Y₃Fe₅O₁₂ Garnet (Cubic) PULS (1976) 293 K		Nd₃Ga₅O₁₂ Garnet (Cubic) PULS (1976) 293 K		Sm₃Ga₅O₁₂ Garnet (Cubic) PULS (1976) 293 K	
ρₓ	1.898		1.967		5.116		5.188		6.614		6.857	
ρB	*****		*****		*****		*****		*****		*****	
M̄	10.70		11.09		3..70		36.90		48.66		49.59	
α	186.40		185.70		24.70		24.40		20.10		19.20	
Cₚ	(22.729)**		(21.964)**		5.166		(5.733)**		(4.472)**		(4.389)**	
	(HILL)	(REUSS)	(HILL)	(REUSS)	(HILL)	(REUSS)	(HILL)	(REUSS)	(HILL)	(REUSS)	(HILL)	(REUSS)
Kₛ	184.9	169.2	183.8	175.0	1741.0	1741.0	1639.7	1639.7	1669.7	1669.7	1692.7	1692.7
K_T	176.9	169.0	176.1	168.0	1720.3	1720.3	1623.7	1623.7	1658.4	1658.4	1682.2	1682.2
μ	98.0	94.2	98.2	94.4	1167.8	1165.0	783.3	783.3	835.4	835.4	850.6	850.6
σ	0.275	0.271	0.273	0.271	0.226	0.226	0.294	0.294	0.286	0.286	0.285	0.285
Vₚ	4.077	3.987	4.000	3.911	8.029	8.025	7.193	7.193	6.487	6.487	6.421	6.421
Vₛ	2.272	2.227	2.234	2.190	4.778	4.772	3.886	3.886	3.554	3.554	3.522	3.522
Vφ	3.121	3.047	3.057	2.983	5.834	5.834	5.622	5.622	5.024	5.024	4.968	4.968
(∂Kₛ/∂P)_T	*****	*****	*****	*****	*****	*****	*****	*****	*****	*****	*****	*****
(∂K_T/∂P)_T	*****	*****	*****	*****	*****	*****	*****	*****	*****	*****	*****	*****
(∂μ/∂P)_T	*****	*****	*****	*****	*****	*****	*****	*****	*****	*****	*****	*****
(∂σ/∂P)_T	*****	*****	*****	*****	*****	*****	*****	*****	*****	*****	*****	*****
(∂Vₚ/∂P)_T	*****	*****	*****	*****	*****	*****	*****	*****	*****	*****	*****	*****
(∂Vₛ/∂P)_T	*****	*****	*****	*****	*****	*****	*****	*****	*****	*****	*****	*****
(∂Vφ/∂P)_T	*****	*****	*****	*****	*****	*****	*****	*****	*****	*****	*****	*****
(∂Kₛ/∂T)_P	-0.217	-0.205	-0.218	-0.206	-0.377	-0.377	-0.191	-0.191	-0.184	-0.184	-0.152	-0.152
(∂K_T/∂T)_P	-0.233	-0.220	-0.234	-0.220	-0.474	-0.474	-0.242	-0.242	-0.220	-0.220	-0.186	-0.186
(∂μ/∂T)_P	-0.115	-0.109	-0.112	-0.105	-0.251	-0.259	-0.111	-0.111	-0.095	-0.095	-0.053	-0.053
(∂σ/∂T)_P	-0.10	-0.25	-0.85	-1.18	-0.04	0.13	0.45	0.44	0.07	0.07	-0.53	-0.52
(∂Vₚ/∂T)_P	-2.012	-1.941	-1.968	-1.888	-0.767	-0.781	-0.367	-0.367	-0.296	-0.297	-0.191	-0.192
(∂Vₛ/∂T)_P	-1.118	-1.070	-1.070	-1.019	-0.454	-0.472	-0.228	-0.227	-0.166	-0.167	-0.075	-0.076
(∂Vφ/∂T)_P	-1.543	-1.491	-1.532	-1.478	-0.560	-0.560	-0.259	-0.259	-0.226	-0.226	-0.176	-0.176
(∂P/∂T)_Vp	*****	*****	*****	*****	8.554	8.517	*****	*****	*****	*****	*****	*****
(∂P/∂T)_Vs	*****	*****	*****	*****	11.24	10.99	*****	*****	*****	*****	*****	*****
(∂P/∂T)_Vφ	*****	*****	*****	*****	7.060	7.060	*****	*****	*****	*****	*****	*****
(∂P/∂T)_p	3.298	3.150	3.270	3.119	4.249	4.249	3.962	3.962	3.333	3.333	3.230	3.230
γth	0.799	0.761	0.790	0.752	1.627	1.627	1.345	1.345	1.135	1.135	1.080	1.080
γP	*****	*****	*****	*****	2.255	2.298	*****	*****	*****	*****	*****	*****
γs	*****	*****	*****	*****	1.790	1.881	*****	*****	*****	*****	*****	*****
γ_LT	*****	*****	*****	*****	1.834	1.920	*****	*****	*****	*****	*****	*****
γ_HT	*****	*****	*****	*****	1.945	2.020	*****	*****	*****	*****	*****	*****
δₛ	6.307	6.252	6.398	6.335	8.767	8.767	4.781	4.781	5.471	5.471	4.692	4.692
δ_T	7.071	6.982	7.155	7.057	11.156	11.156	6.113	6.113	6.598	6.598	5.766	5.766
θ	357.4	350.3	351.4	344.4	689.6	688.8	567.0	567.0	512.2	512.2	510.5	510.5
(∂Kₛ/∂T)_V	*****	*****	*****	*****	-0.161	-0.161	*****	*****	*****	*****	*****	*****
(∂K_T/∂T)_V	(0.0)+	(0.0)+	(0.0)+	(0.0)+	-0.227	-0.227	(0.0)+	(0.0)+	(0.0)+	(0.0)+	(0.0)+	(0.0)+
Vₛ/Vₚ	0.557	0.559	0.559	0.560	4.00	4.00	0.540	0.540	0.548	0.548	0.549	0.549
Vₘ	2.530	2.480	2.467	2.438	0.595	0.595	4.337	4.337	3.963	3.962	3.927	3.926
					5.290	5.283						
REF. E.C.	425		425		404+405		427		427		427	
REF. α, Cₚ	425; (CAL)**		425; (CAL)**		519, 602		427; (CAL)**		427; (CAL)**		427; (CAL)**	

Table 2 (continued)
CALCULATED AGGREGATE PROPERTIES OF SINGLE CRYSTAL ELASTIC CONSTANTS

	Gd$_3$Ga$_5$O$_{12}$ Garnet (Cubic) PULS (1970) 298 K		Gd$_3$Ga$_5$O$_{12}$ Garnet (Cubic) PULS (1972) 293 K		Pb$_5$Ge$_3$O$_{11}$ (Trigonal) RESO (1972) ROOM		Pb$_5$Ge$_3$O$_{11}$ (Trigonal) *PULS (1975) 298 K		Bi$_{12}$GeO$_{20}$ (Cubic) RESO (1978) 295 K		NaBrO$_3$ (Cubic) *PULS (1975) 298 K	
	(HILL)	(REUSS)	(HILL)	(REUSS)	(HILL)	(REUSS)	(HILL)	(REUSS)	(HILL)	(REUSS)	(HILL)	(REUSS)
ρ_X	7.094		7.102		7.326		7.326		9.200		3.339	
ρ_B	7.085				7.330		7.390					
M	50.61		50.61		75.24		75.24		87.89		30.18	
a	10.10		10.10		23.30		23.30		40.50		117.80	
C_p	(4.274)**		(4.273)**		(3.225)**		(3.226)**		(2.763)**		(8.233)**	
K_S	1719.0	1719.0	1730.2	1730.2	394.4	392.9	395.1	393.1	498.2	498.2	299.6	299.6
K_T	1716.0	1716.0	1727.2	1727.2	393.3	391.8	394.0	392.0	493.4	493.4	286.6	286.6
μ	882.5	882.1	884.1	883.8	239.1	234.0	238.2	233.9	349.5	329.1	166.8	165.6
σ	0.281	0.281	0.282	0.282	0.248	0.252	0.249	0.252	0.216	0.229	0.265	0.267
V_P	6.393	6.392	6.400	6.400	3.119	3.101	3.105	3.089	3.237	3.191	3.954	3.943
V_S	3.529	3.528	3.528	3.528	1.806	1.787	1.795	1.779	3.237	3.191	2.235	2.227
V_ϕ	4.926	4.926	4.936	4.936	2.320	2.315	2.312	2.306	2.327	2.327	2.995	2.995
$(\partial K_S/\partial P)_T$			-0.179	-0.179								
$(\partial K_T/\partial P)_T$			-0.189	-0.189								
$(\partial \mu/\partial P)_T$			-0.094	-0.094								
$(\partial \sigma/\partial P)_T$			0.04	0.05								
$(\partial V_P/\partial P)_T$			-0.302	-0.303								
$(\partial V_S/\partial P)_T$			-0.169	-0.170								
$(\partial V_\phi/\partial P)_T$			-0.231	-0.231								
$(\partial K_S/\partial T)_P$					-0.136	-0.133	-0.136	-0.133	-0.199	-0.199	-0.199	-0.199
$(\partial K_T/\partial T)_P$					-0.139	-0.137	-0.139	-0.137	-0.213	-0.213	-0.241	-0.241
$(\partial \mu/\partial T)_P$					-0.044	-0.042	-0.044	-0.042	-0.079	-0.073	-0.081	-0.079
$(\partial \sigma/\partial T)_P$					-3.31	-3.29	-3.31	-3.29	-3.96	-3.90	-3.59	-3.76
$(\partial V_P/\partial T)_P$					-0.388	-0.380	-0.388	-0.380	-0.446	-0.441	-0.930	-0.921
$(\partial V_S/\partial T)_P$					-0.146	-0.140	-0.146	-0.140	-0.182	-0.173	-0.410	-0.397
$(\partial V_\phi/\partial T)_P$					-0.370	-0.365	-0.370	-0.365	-0.417	-0.417	-0.820	-0.820
$(\partial P/\partial T)_{V_P}$												
$(\partial P/\partial T)_{V_S}$												
$(\partial P/\partial T)_{V_\phi}$	1.733	1.733	1.744	1.744	0.916	0.913	0.918	0.913	1.998	1.998	3.376	3.376
γ_{th}	0.573	0.573	0.576	0.576	0.389	0.387	0.386	0.384	0.794	0.794	1.284	1.284
γ_P												
γ_S												
γ_{LT}												
γ_{HT}	10.255	10.255	10.255	10.255	14.751	14.575	14.751	14.575	9.858	9.858	5.650	5.650
δ_S	10.830	10.830	10.830	10.830	15.137	14.959	15.137	14.959	10.644	10.644	7.128	7.128
δ_T	513.7	513.6	513.7	513.6	231.9	229.5	231.2	229.2	255.4	248.2	300.0	299.0
θ	513.4	513.3										
$(\partial K_S/\partial T)_V$	(0.0)$^+$	(0.0)$^+$	(0.0)$^+$	(0.0)$^+$	(0.0)$^+$	(0.0)$^+$	(0.0)$^+$	(0.0)$^+$	(0.0)$^+$	(0.0)$^+$	8.00	8.00
$(\partial K_P/\partial T)_V$	0.552	0.552	0.551	0.551	0.579	0.576	0.578	0.576	0.602	0.593	0.565	0.564
$(\partial a/\partial T)_P$												
V_S/V_P												
V_m	3.933	3.932	3.933	3.931	2.005	1.984	1.993	1.976	2.155	2.095	2.486	2.477
REF. E.C.	422		425		444		403		445		437	
REF. G, C_p	426, (CAL)**		426, (CAL)**		514, (CAL)**		514, (CAL)**		445, (CAL)**		519, (CAL)**	

	NaBrO₃ (Cubic) *PULS (1975) 300 K		LiNbO₃ (Trigonal) *PULS (1971) 298 K		LiNbO₃ (Trigonal) RESO (1971) 293 K		K₂.₈Li₁.₅₅-Nb₅.₁₁O₁₅ (Tetra.) RESO(1978), ROOM		KPb₂Nb₅O₁₅ (Ortho.) RESO (1975) ROOM		CaMoO₄ (Tetra.) PULS (1967) 298 K	
ρₓ	3.339		4.640		4.640		4.260		6.140		4.255	
ρB	******		******		******		******		******		******	
M	30.18		29.57		29.57		34.15		55.50		33.33	
α	117.80		38.30		38.30		******		******		26.90	
Cₚ	(8.229)**		(7.173)**		(7.184)**		******		******		(5.661)**	
	(HILL)	(REUSS)	(HILL)	(REUSS)	(HILL)	(REUSS)	(HILL)	(REUSS)	(HILL)	(REUSS)	(HILL)	(REUSS)
Kₛ	297.1	297.1	1173.8	1165.6	1149.0	1140.1	972.3	907.4	770.0	765.0	801.7	795.4
K_T	284.3	284.3	1155.9	1147.9	1131.8	1123.2	******	******	******	******	796.1	789.9
μ	166.9	165.6	668.6	659.7	662.0	654.2	628.7	607.4	443.0	419.0	400.0	368.7
σ	0.263	0.265	0.261	0.262	0.258	0.259	0.234	0.226	0.259	0.268	0.286	0.290
Vₚ	3.945	3.938	6.672	6.639	6.617	6.586	6.519	6.349	4.708	4.643	5.601	5.556
Vₛ	2.236	2.227	3.796	3.771	3.777	3.755	3.842	3.776	2.686	2.612	3.066	3.022
Vφ	2.983	2.983	5.030	5.012	4.976	4.957	4.777	4.615	3.541	3.530	4.341	4.324
(∂Kₛ/∂P)_T	******		******		******		******		******		******	
(∂K_T/∂P)_T	******		******		******		******		******		******	
(∂μ/∂P)_T	******		******		******		******		******		******	
(∂σ/∂P)_T	******		******		******		******		******		******	
(∂Vₚ/∂P)_T	******		******		******		******		******		******	
(∂Vₛ/∂P)_T	******		******		******		******		******		******	
(∂Vφ/∂P)_T	******		******		******		******		******		******	
(∂P/∂T)_Vp	-0.192	-0.192	-0.206	-0.208	******		******		******		******	
(∂P/∂T)_Vs	-0.232	-0.232	-0.263	-0.264	******		******		******		******	
(∂P/∂T)_Vφ	-0.111	-0.107	-0.116	-0.116	******		******		******		******	
(∂σ/∂T)_P	-0.41	-0.404	-0.05	-0.05	******		******		******		******	
(∂Vₚ/∂T)_P	-1.056	-1.039	-0.455	-0.461	******		******		******		******	
(∂Vₛ/∂T)_P	-0.612	-0.589	-0.256	-0.259	******		******		******		******	
(∂Vφ/∂T)_P	-0.786	-0.786	-0.346	-0.351	******		******		******		******	
γ_th	3.349	3.349	4.427	4.396	4.335	4.302	******		******		2.142	2.125
γ_P	1.274	1.274	1.351	1.341	1.320	1.310	******		******		0.865	0.858
γ_s	******		******		******		******		******		******	
γ_LT	******		******		******		******		******		******	
γ_UT	******		******		******		******		******		******	
δₛ	5.472	5.472	4.589	4.655	******		******		******		******	
δ_T	6.939	6.939	5.950	6.007	******		******		******		******	
θ	300.0	298.9	572.2	568.5	569.2	565.9	534.8	525.2	360.3	350.8	432.8	426.8
(∂Kₛ/∂T)_v	******		******		******		******		******		******	
(∂K_T/∂T)_v	******		******		******		******		******		******	
(∂α/∂T)_P	8.00	8.00	0.30	0.30	0.30	0.30	******		******		5.50	5.50
Vₛ/Vₚ	0.567	0.565	0.569	0.568	0.571	0.570	0.589	0.595	0.571	0.563	0.547	0.544
V_M	2.486	2.477	4.220	4.192	4.198	4.173	4.257	4.181	2.985	2.907	3.419	3.372
REF: E.C.	519; (CAL)**		436	436; (CAL)**	410	436; (CAL)**	401	*** ; ***	443	*** ; ***	402	519; 602
REF. α, Cₚ												

Table 2 (continued)
CALCULATED AGGREGATE PROPERTIES OF SINGLE CRYSTAL ELASTIC CONSTANTS

	CaMoO₄ (Tetra.) REJO (1968) 293 K		SrMoO₄ (Tet:a.) PULS (1972) 298 K		SrMoO₄ (Tetra.) PULS (1973) 29 K		PbMoO₄ (Tetra.) PULS (1971) ROOM		PbMoO₄ (Tetra.) PULS (1975) ROOM		LiIO₃ (Hexa.) PULS (1970) 293 K	
ρ_X	4.255		4.540		4.40		6.950		6.950		4.490	
ρ_B	*****		*****		*****		*****		*****		*****	
M	3.33		41.25		41.25		61.18		61.18		36.37	
α	26.90		30.60		30.60		45.00		45.00		95.00	
C_p	5.861		4.732		4.732		3.361		3.361		(6.710)**	
	(HILL)	(REUSS)	(HILL)	(REUSS)	(HILL)	(REUSS)	(HILL)	(REUSS)	(HILL)	(REUSS)	(HILL)	(REUSS)
K_S	819.2	815.7	698.6	694.8	726.0	722.0	722.9	714.8	707.1	702.6	335.3	319.5
K_T	813.4	809.9	692.3	688.5	719.2	715.2	709.6	701.8	694.3	690.0	325.5	310.6
μ	398.4	387.3	363.7	331.9	334.0	322.0	244.5	223.9	250.5	226.9	218.4	206.0
σ	0.291	0.295	0.278	0.294	0.301	0.306	0.348	0.358	0.342	0.354	0.232	0.255
V_P	5.634	5.595	5.106	5.005	5.079	5.036	3.885	3.818	3.870	3.803	3.735	3.638
V_S	3.060	3.017	2.830	2.704	2.712	2.663	1.876	1.795	1.899	1.807	2.205	2.142
V_ϕ	4.388	4.378	3.923	3.912	3.999	3.988	3.225	3.207	3.190	3.180	2.733	2.668
$(\partial K_S/\partial P)_T$	*****	*****	*****	*****	*****	*****	*****	*****	*****	*****	*****	*****
$(\partial K_T/\partial P)_T$	*****	*****	*****	*****	*****	*****	*****	*****	*****	*****	*****	*****
$(\partial \mu/\partial P)_T$	*****	*****	*****	*****	*****	*****	*****	*****	*****	*****	*****	*****
$(\partial \sigma/\partial P)_T$	*****	*****	*****	*****	*****	*****	*****	*****	*****	*****	*****	*****
$(\partial V_P/\partial P)_T$	*****	*****	*****	*****	*****	*****	*****	*****	*****	*****	*****	*****
$(\partial V_S/\partial P)_T$	*****	*****	*****	*****	*****	*****	*****	*****	*****	*****	*****	*****
$(\partial V_\phi/\partial P)_T$	*****	*****	*****	*****	*****	*****	*****	*****	*****	*****	*****	*****
$(\partial K_S/\partial T)_P$	*****	*****	*****	*****	*****	*****	*****	*****	*****	*****	−0.257	−0.258
$(\partial K_T/\partial T)_P$	*****	*****	*****	*****	*****	*****	*****	*****	*****	*****	−0.282	−0.280
$(\partial \mu/\partial T)_P$	*****	*****	*****	*****	*****	*****	*****	*****	*****	*****	−0.100	−0.043
$(\partial \sigma/\partial T)_P$	*****	*****	*****	*****	*****	*****	*****	*****	*****	*****	−6.80	−13.09
$(\partial V_P/\partial T)_P$	*****	*****	*****	*****	*****	*****	*****	*****	*****	*****	−0.989	−0.791
$(\partial V_S/\partial T)_P$	*****	*****	*****	*****	*****	*****	*****	*****	*****	*****	−0.401	−0.121
$(\partial V_\phi/\partial T)_P$	*****	*****	*****	*****	*****	*****	*****	*****	*****	*****	−0.920	−0.949
$(\partial p/\partial T)_{V_P}$	*****	*****	*****	*****	*****	*****	*****	*****	*****	*****	*****	*****
$(\partial p/\partial T)_{V_S}$	*****	*****	*****	*****	*****	*****	*****	*****	*****	*****	*****	*****
$(\partial p/\partial T)_\rho$	2.188	2.179	2.118	2.107	2.201	2.189	3.193	3.158	3.124	3.105	3.092	2.951
γ_{th}	0.884	0.880	0.995	0.990	1.034	1.028	1.393	1.377	1.362	1.354	1.057	1.007
γ_P	*****	*****	*****	*****	*****	*****	*****	*****	*****	*****	*****	*****
γ_S	*****	*****	*****	*****	*****	*****	*****	*****	*****	*****	*****	*****
γ_{LT}	*****	*****	*****	*****	*****	*****	*****	*****	*****	*****	*****	*****
γ_{HT}	*****	*****	*****	*****	*****	*****	*****	*****	*****	*****	*****	*****
δ_S	*****	*****	*****	*****	*****	*****	*****	*****	*****	*****	8.084	8.494
δ_T	432.2	426.4	379.9	363.6	365.1	358.7	256.7	246.0	259.6	247.5	9.110	9.473
$(\partial K_S/\partial T)_V$	*****	*****	*****	*****	*****	*****	*****	*****	*****	*****	305.9	297.2
$(\partial K_T/\partial T)_V$	*****	*****	4.20	4.20	4.20	4.20	(0.0)†	(0.0)†	(0.0)†	(0.0)†	(0.0)†	(0.0)†
$(\partial \alpha/\partial T)_P$	5.50	5.50	0.554	0.540	0.534	0.529	0.483	0.470	0.491	0.475	0.590	0.589
V_S/V_P	0.543	0.539	3.153	3.018	3.030	2.977	2.108	2.020	2.132	2.033	2.444	2.374
V_M	3.414	3.368										
REF: E.C.	439		411430		418		412		419		424	
REF: α, C_p	519, 602		519, 603		519, 603		412, 602		420, 602		424, (CAL)**	

−79−

119

	LiIO₃ (Hexa.) PULS (1977) ROOM		LiTaO₃ (Trigonal) *PULS (1971) 298 K		CaWO₄ (Tetra.) PULS (1971) 293 K		CaWO₄ (Tetra.) PULS (1972) 295 K		CaWO₄ (Tetra.) PULS (1973) 293 K		Na₀.₇WO₃ (Cubic) BRIL (1979) 436 K	
ρ	4.490		7.454		6.120		6.120		6.120		7.265	
ρ_B	******		******		******		******		******		******	
M	36.37		47.18		47.98		47.98		47.98		52.49	
α	35.00		36.30		35.20		35.20		35.20		******	
C_p	(5.720)**		(4.608)**		3.935		3.935		3.935		******	
	(HILL)	(REUSS)	(HILL)	(REUSS)	(HILL)	(REUSS)	(HILL)	(REUSS)	(HILL)	(REUSS)	(HILL)	(REUSS)
K_S	370.1	357.7	1263.6	1247.0	805.4	803.6	772.8	766.4	853.7	851.7	1390.0	1390.0
K_T	358.2	346.0	1245.5	1229.4	795.5	793.8	763.7	757.4	842.6	840.6	1102.0	1085.0
μ	225.3	220.2	920.2	912.2	374.1	350.5	371.8	346.7	372.3	358.3	1102.0	1085.0
σ	0.247	0.244	0.207	0.206	0.299	0.310	0.293	0.303	0.310	0.316	0.186	0.190
V_p	3.864	3.807	5.780	5.749	4.616	4.557	4.553	4.481	4.697	4.661	6.274	6.249
V_s	2.240	2.215	3.514	3.498	2.472	2.393	2.465	2.380	2.466	2.420	3.895	3.865
V_ϕ	2.871	2.820	4.117	4.090	3.628	3.624	3.554	3.539	3.735	3.731	4.374	4.374
$(\partial K_S/\partial P)_T$	******	******	******	******	******	******	******	******	******	******	******	******
$(\partial K_T/\partial P)_T$	******	******	******	******	******	******	******	******	******	******	******	******
$(\partial \mu/\partial P)_T$	******	******	******	******	******	******	******	******	******	******	******	******
$(\partial \sigma/\partial P)_T$	******	******	******	******	******	******	******	******	******	******	******	******
$(\partial V_p/\partial P)_T$	******	******	******	******	******	******	******	******	******	******	******	******
$(\partial V_s/\partial P)_T$	******	******	******	******	******	******	******	******	******	******	******	******
$(\partial V_\phi/\partial P)_T$	******	******	******	******	******	******	******	******	******	******	******	******
$(\partial K_S/\partial T)_P$	-0.369	-0.369	-0.139	-0.145	-0.200	-0.196	-0.146	-0.143	-0.172	-0.172	******	******
$(\partial K_T/\partial T)_P$	-0.395	-0.394	-0.199	-0.203	-0.251	-0.246	-0.194	-0.190	-0.230	-0.229	******	******
$(\partial \mu/\partial T)_P$	-0.174	-0.179	-0.068	-0.077	-0.046	-0.045	-0.067	-0.054	-0.081	-0.078	******	******
$(\partial \sigma/\partial T)_P$	-4.77	-4.67	-0.85	-0.74	-2.19	-1.92	-0.18	-0.51	0.29	0.27	******	******
$(\partial V_p/\partial T)_P$	-1.546	-1.599	-0.162	-0.185	-0.381	-0.377	-0.341	-0.315	-0.405	-0.402	******	******
$(\partial V_s/\partial T)_P$	-0.756	-0.796	-0.067	-0.085	-0.108	-0.110	-0.177	-0.145	-0.226	-0.221	******	******
$(\partial V_\phi/\partial T)_P$	-1.294	-1.325	-0.152	-0.163	-0.387	-0.377	-0.274	-0.269	-0.310	-0.311	******	******
$(\partial P/\partial T)_{V_p}$	******	******	******	******	******	******	******	******	******	******	******	******
$(\partial P/\partial T)_{V_s}$	******	******	******	******	******	******	******	******	******	******	******	******
$(\partial P/\partial T)_{V_\phi}$	******	******	******	******	******	******	******	******	******	******	******	******
$(\partial P/\partial T)_\rho$	3.403	3.287	4.521	4.463	2.800	2.794	2.688	2.666	2.966	2.959	******	******
γ_{th}	1.165	1.124	1.335	1.318	1.177	1.175	1.130	1.120	1.248	1.245	******	******
γ_P	******	******	******	******	******	******	******	******	******	******	******	******
γ_s	******	******	******	******	******	******	******	******	******	******	******	******
γ_{LT}	******	******	******	******	******	******	******	******	******	******	******	******
γ_{HT}	******	******	******	******	******	******	******	******	******	******	******	******
δ_S	10.492	10.889	3.037	3.197	7.058	6.911	5.374	5.316	5.720	5.734	******	******
δ_T	11.620	11.978	4.397	4.539	8.964	8.813	7.204	7.130	7.739	7.748	******	******
θ_D	311.2	307.6	527.6	525.3	349.5	338.7	348.1	336.6	349.1	342.7	558.4	554.3
$(\partial K_S/\partial T)_V$	******	******	******	******	******	******	******	******	******	******	******	******
$(\partial K_T/\partial T)_V$	(0.0)†	(0.0)†	0.40	0.40	7.50	7.50	7.50	7.50	7.50	7.50	******	******
$(\partial \alpha/\partial T)_P$	0.580	0.582	0.608	0.609	0.536	0.525	0.541	0.531	0.525	0.519	0.621	0.618
V_s/V_p												
V_M	2.486	2.457	3.882	3.864	2.761	2.676	2.751	2.660	2.758	2.708	4.294	4.262
REF. E.C.	432		435		416		417		420		406	
REF. α, C_p	424; (CAL)**		436; (CAL)**		548, 602		548, 602		520; 602		***; ***	

Table 2 (continued)
CALCULATED AGGREGATE PROPERTIES OF SINGLE CRYSTAL ELASTIC CONSTANTS

	Na$_{0.65}$WO$_3$ (Cubic) BRIL (1979) 431 K		Na$_{0.62}$WO$_3$ (Cubic) BRIL (1979) 508 K		Na$_{0.52}$WO$_3$ (Cubic) BRIL (1979) 521 K	
ρ_X	7.255		7.241		7.218	
ρ_B	*****		*****		*****	
M	52.77		53.21		53.91	
σ	*****		*****		*****	
C_p	*****		*****		*****	
	(HILL)	(REUSS)	(HILL)	(REUSS)	(HILL)	(REUSS)
K_S	1700.0	1700.0	2190.0	2190.0	2083.0	2083.0
K_T	*****	*****	*****	*****	*****	*****
μ	821.0	816.0	1225.0	1139.0	1296.0	1195.0
σ	0.292	0.293	0.264	0.278	0.242	0.259
V_p	6.206	6.199	7.266	7.157	7.266	7.137
V_s	3.364	3.354	4.113	3.966	4.237	4.069
V_ϕ	4.841	4.841	5.499	5.499	5.372	5.372
$(\partial K_S/\partial p)_T$	*****	*****	*****	*****	*****	*****
$(\partial K_T/\partial p)_T$	*****	*****	*****	*****	*****	*****
$(\partial \mu/\partial p)_T$	*****	*****	*****	*****	*****	*****
$(\partial \sigma/\partial p)_T$	*****	*****	*****	*****	*****	*****
$(\partial V_p/\partial p)_T$	*****	*****	*****	*****	*****	*****
$(\partial V_s/\partial p)_T$	*****	*****	*****	*****	*****	*****
$(\partial V_\phi/\partial p)_T$	*****	*****	*****	*****	*****	*****
$(\partial K_S/\partial T)_p$	*****	*****	*****	*****	*****	*****
$(\partial K_T/\partial T)_p$	*****	*****	*****	*****	*****	*****
$(\partial \mu/\partial T)_p$	*****	*****	*****	*****	*****	*****
$(\partial \sigma/\partial T)_p$	*****	*****	*****	*****	*****	*****
$(\partial V_p/\partial T)_p$	*****	*****	*****	*****	*****	*****
$(\partial V_s/\partial T)_p$	*****	*****	*****	*****	*****	*****
$(\partial V_\phi/\partial T)_p$	*****	*****	*****	*****	*****	*****
$(\partial \rho/\partial T)_{V_p}$	*****	*****	*****	*****	*****	*****
$(\partial \rho/\partial T)_{V_s}$	*****	*****	*****	*****	*****	*****
$(\partial \rho/\partial T)_{V_\phi}$	*****	*****	*****	*****	*****	*****
γ_{th}	*****		*****		*****	
γ_P	*****		*****		*****	
γ_S	*****		*****		*****	
γ_{LT}	*****		*****		*****	
γ_{HT}	*****		*****		*****	
δ_S	*****		*****		*****	
δ_T	*****		*****		*****	
θ_D	487.1	485.7	591.5	571.4	604.5	581.6
$(\partial K_S/\partial T)_V$	*****		*****		*****	
$(\partial K_T/\partial T)_V$	*****		*****		*****	
$(\partial \alpha/\partial T)_p$	*****		*****		*****	
V_s/V_p	0.542	0.541	0.566	0.554	0.583	0.570
V_m	3.754	3.743	4.574	4.418	4.700	4.522
REF. E.C.	406		406		406	
REF. α, C_p	***, ***		***, ***		***, ***	

Table 2 (continued)
CALCULATED AGGREGATE PROPERTIES OF SINGLE CRYSTAL ELASTIC CONSTANTS

INDEX OF SUBSTANCES

Note: O: Experimental data are available. X: Experimental data are not available. 1. Chemical formula of substance ((SS)* means solid solution). 2. (S): Single crystal data. (P): Polycrystalline data. (G): Glass' data. 3. Elastic constants. 4. Their pressure coefficient. 5. Their temperature coefficient. 6. Thermal expansivity. 7. Heat capacity.

Substance		C	∂C/∂P	∂C/∂T	α	C_P	Page
(1)	(2)	(3)	(4)	(5)	(6)	(7)	

(A1) XF (Fluoride)

Substance		C	∂C/∂P	∂C/∂T	α	C_P	Page
LiF	(S)	O	O	O	O	O	10
NaF	(S)	O	O	O	O	O	10
KF	(S)	O	O	O	X	O	12
RbF	(S)	O	O	O	O	O	12
MgF_2	(S)	O	O(P)	O	O	O	13
CaF_2	(S)	O	O	O	O	O	13
MnF_2	(S)	O	X	O	O	O	14
CoF_2	(S)	O	X	X	O	O	15
NiF_2	(S)	O	O	O	O	O	15
ZnF_2	(S)	O	O	O	O	O	15
SnF_2	(S)	O	O	O	O	O	16
CdF_2	(S)	O	O	O	O	O	16
SnF_2	(S)	O	X	O	O	X	17
BaF_2	(S)	O	O	O	O	O	17
EuF_2	(S)	O	X	O	X	X	17
PbF_2	(S)	O	X	X	X	O	18
$LiBaF_3$	(S)	O	X	O	X	X	18
$KMgF_3$	(S)	O	O	O	O	O	18
$KMnF_3$	(S)	O	X	O	O	O	18
$KCoF_3$	(S)	O	X	X	O	O	19
$KNiF_3$	(S)	O	X	X	O	O	19
$KZnF_3$	(S)	O	X	X	X	X	19
$RbCaF_3$	(S)	O	O	X	X	X	19
$RbMnF_3$	(S)	O	O	O	O	X	19
$RbCoF_3$	(S)	O	X	X	X	X	20
$RbCdF_3$	(S)	O	O	O	O	X	20
$CsCdF_3$	(S)	O	O	X	O	X	20
$TlCdF_3$	(S)	O	O	X	O	X	20
CeF_3	(S)	O	X	X	X	O	21
K_2CuF_4	(S)	O	X	X	X	X	21
$MgBaF_4$	(S)	O	X	O	O	X	21

(A2) XCl (Chloride)

Substance		C	∂C/∂P	∂C/∂T	α	C_P	Page
LiCl	(S)	O	O	O	O	O	21
NaCl	(S)	O	O	O	O	O	22
KCl	(S)	O	O	O	O	O	25
CuCl	(S)	O	O	O	O	O	28
RbCl	(S)	O	O	O	O	O	28
AgCl	(S)	O	O	O	O	O	29
CsCl	(S)	O	O	O	O	O	31
TlCl	(S)	O	O	O	O	O	31
NaCl-NaBr (ss)*	(S)	O	X	O	O	O	22

Table 2 (continued)
CALCULATED AGGREGATE PROPERTIES OF SINGLE CRYSTAL ELASTIC CONSTANTS

Substance	C	∂C/∂P		∂C/∂T	α	C_P	Page
(1)	(2)	(3)	(4)	(5)	(6)	(7)	
KCl-KBr (ss)*	(S)	O	O	O	O	O	26
KCl-RbCl (ss)*	(S)	O	X	O	O	O	27
AgCl-AgBr (ss)*	(S)	O	O	O	O	O	30
$SrCl_2$	(S)	O	X	O	O	O	31
$PbCl_2$	(S)	O	X	X	X	O	32
Hg_2Cl_2	(S)	O	X	O	O	O	32
$CsPbCl_3$	(S)	O	X	O	O	O	32
(A3) XBr (Bromide)							
LiBr	(S)	O	X	O	O	O	33
NaBr	(S)	O	O	O	O	O	33
KBr	(S)	O	O	O	O	O	34
CuBr	(S)	O	X	X	O	O	35
RbBr	(S)	O	O	O	O	O	35
AgBr	(S)	O	O	O	O	O	36
CsBr	(S)	O	O	O	O	O	37
TlBr	(S)	O	X	X	O	O	38
KBr-KI (ss)*	(S)	O	X	O	O	O	35
Hg_2Br_2	(S)	O	X	X	X	O	38
(A4) XI (Iodide)							
LiI	(S)	O	X	O	O	O	39
NaI	(S)	O	O	O	O	O	39
KI	(S)	O	O	O	O	O	40
CuI	(S)	O	X	X	O	O	40
RbI	(S)	O	O	O	O	O	41
AgI	(S)	O	O(P)	O	O	O	42
CsI	(S)	O	O	O	O	O	42
CdI_2	(S)	O	X	X	O	O	43
HgI_2	(S)	O	X	O	O	O	43
PbI_2	(S)	O	X	X	O	O	43
Hg_2I_2	(S)	O	X	X	X	O	43
(B1) XO							
BeO	(S)	O	X	X	O	O	44
MgO	(S)	O	O	O	O	O	44
CaO	(S)	O	O	O	O	O	45
MnO	(S)	O	X	O	O	O	46
Fe_xO	(S)	O	X	O	O	O	46
CoO	(S)	O	X	O	O	O	47
NiO	(S)	O	X	O	O	O	47
ZnO	(S)	O	X	X	O	O	47
SrO	(S)	O	O	O	O	O	48
BaO	(S)	O	O	O	O	O	48
(B2) X_2O_3							
Al_2O_3	(S)	O	O	O	O	O	49
Ti_2O_3	(S)	O	O	O	O	O	50

Table 2 (continued)
CALCULATED AGGREGATE PROPERTIES OF SINGLE CRYSTAL ELASTIC CONSTANTS

Substance	C	∂C/∂P		∂C/∂T	α	C_P	Page
(1)	(2)	(3)	(4)	(5)	(6)	(7)	
V_2O_3	(S)	O	X	O	O	O	51
Cr_2O_3	(S)	O	X	X	O	O	51
Fe_2O_3	(P)	O	X	X	O	O	51
Y_2O_3	(P)	O	X	O	O	O	51
Sm_2O_3	(P)	O	X	O	O	O	52
Dy_2O_3	(P)	O	X	X	O	O	52
Ho_2O_3	(P)	O	X	O	O	O	52
Er_2O_3	(P)	O	X	O	O	O	52
Tm_2O_3	(P)	O	X	O	O	O	52
Yb_2O_3	(P)	O	X	X	O	O	52
Lu_2O_3	(P)	O	X	O	O	O	53
Y_2O_3-ThO_2 (ss)*	(P)	O	X	O	O	O	51

(B3) XO_2

SiO_2 (Fused-Qz)	(G)	O	O	O	O	O	53
SiO_2 (α-Qz)	(S)	O	O	O	O	O	53
SiO_2 (β-Qz)	(S)	O	X	O	O	O	55
SiO_2 (Coesite)	(S)	O	X	X	O	O	55
SiO_2 (Stishovite)	(S)	O	X	X	O	O	55
TiO_2	(S)	O	O	O	O	O	56
GeO_2	(S)	O	O	O	O	O	57
NbO_2	(S)	O	O	O	O	O	58
SnO_2	(S)	O	O	O	O	O	59
TeO_2	(S)	O	X	O	O	O	59
ThO_2	(S)	O	X	X	O	O	60
UO_2	(S)	O	O	O	O	O	60
ZrO_2-Y_2O_3 (ss)*	(S)	O	X	O	X	O	57
HfO_2-Y_2O_3 (ss)*	(S)	O	X	X	X	O	59

(B4) Others (X_2O, XO_3, X_4O_9)

H_2O	(S)	O	X	O	O	O	61
D_2O	(S)	O	X	O	O	O	61
Cu_2O	(S)	O	O	O	O	O	62
ReO_3	(S)	O	X	O	O	O	62
U_4O_9	(S)	O	X	X	X	O	62

(C1) $XSiO_3$ (Pyroxene)

$MgSiO_3$	(S)	O	X	X	O	O	63
$(Mg,Fe)SiO_3$ (ss)*	(S)	O	O	O	O	O	63
$CaMg(SiO_3)_2$	(S)	O	X	X	O	O	63

(C2) X_2SiO_4 (Olivine)

Mg_2SiO_4	(S)	O	O	O	O	O	63
$(Mg,Fe)_2SiO_4$ (ss)*	(S)	O	O	O	O	O	64
Mn_2SiO_4	(S)	O	X	O	O	O	64
Fe_2SiO_4	(S)	O	X	O	O	O	65
Co_2SiO_4	(S)	O	X	O	X	O	65
Ni_2SiO_4	(S)	O	X	X	X	O	65
Ni_2SiO_4 (Spinel)	(S)	O	X	X	X	X	65

Table 2 (continued)
CALCULATED AGGREGATE PROPERTIES OF SINGLE CRYSTAL ELASTIC CONSTANTS

Substance	C	∂C/∂P		∂C/∂T	α	C_P	Page
(1)	(2)	(3)	(4)	(5)	(6)	(7)	

(C3) $X_3Al_2Si_3O_{12}$ (Garnet)

$Mg_3Al_2Si_3O_{12}$	(S)	O	X	X	O	X	65
$(Mg,Fe)_3Al_2Si_3O_{12}$ (ss)*	(S)	O	O	O	O	X	65
$Mn_3Al_2Si_3O_{12}$	(S)	O	X	X	O	X	68
$(Fe,Mn)_3Al_2Si_3O_{12}$ (ss)*	(S)	O	O	O	O	X	68
$(Ca,Fe)_3Al_2Si_3O_{12}$ (ss)*	(S)	O	O	X	O	X	69
$Ca_3(Al,Fe)_2Si_3O_{12}$ (ss)*	(S)	O	X	X	O	X	69

(C4) Other silicates

$ZrSiO_4$ (Metamict)	(S)	O	X	X	O	O	69
$ZrSiO_4$	(S)	O	X	O	O	O	70
Andalusite	(S)	O	X	X	O	O	70
Sillimanite	(S)	O	X	X	O	O	70
Beryl	(S)	O	O	X	O	X	70
Nepheline	(S)	O	X	O	O	X	71
$Ba_2Si_2TiO_8$	(S)	O	X	O	O	X	71
$Pb_5(SiO_4)(VO_4)_2$	(S)	O	X	X	X	X	71

(D1) XBO_3 (Borate)

$FeBO_3$	(S)	O	X	X	X	X	72

(D2) XCO_3 (Carbonate)

$CaCO_3$	(S)	O	O	O	O	O	72
$CaMg(CO_3)_2$	(S)	O	X	X	O	O	72
$MgCO_3$	(S)	O	X	X	O	O	72
$NaMgAl(C_2O_4)_3 9H_2O$	(S)	O	X	X	X	X	73

(D3) XNO_2 (Nitrate)

$Ba(NO_2)_2H_2O$	(S)	O	X	O	O	X	73

(D4) XAl_2O_4 (Aluminate)

$MgAl_2O_4$	(S)	O	O	O	O	O	73
$MgO \cdot nAl_2O_3$	(S)	O	O	X	X	X	73
$(Mg,Fe)Al_2O_4$	(S)	O	O	X	O	O	74
$FeAl_2O_4$	(S)	O	X	X	O	O	74
$BeAl_2O_4$	(S)	O	X	X	O	O	74

(D5) XPO_4 (Phosphate)

$AlPO_4$	(S)	O	X	O	O	O	74

(D6) XSO_4 (Sulfate)

$KAl(SO_4)_2 12H_2O$	(S)	O	O	O	O	O	74
$NH_4Al(SO_4)_2 12H_2O$	(S)	O	O	O	O	X	75
$CsAl(SO_4)_2 12H_2O$	(S)	O	O	O	O	X	75
$CH_3NH_3Al(SO_4)_2 12H_2O$	(S)	O	O	O	O	X	75
$Cs_2S_2O_6$	(S)	O	X	O	O	X	75

Table 2 (continued)
CALCULATED AGGREGATE PROPERTIES OF SINGLE CRYSTAL ELASTIC CONSTANTS

Substance	C	∂C/∂P	∂C/∂T	α	C_P	Page
(1)	(2)	(3) (4)	(5)	(6)	(7)	
(D7) XClO$_3$ (Chlorate)						
NaClO$_3$	(S)	O X	O	O	X	75
LiClO$_4$3H$_2$O	(S)	O X	O	O	X	76
LiClO$_4$3D$_2$O	(S)	O X	O	O	X	76
(D8) XTiO$_3$ (Titanate)						
SrTiO$_3$	(S)	O O	O	O	O	76
(D9) XFe$_2$O$_4$ (Iron oxide)						
Y$_3$Fe$_5$O$_{12}$	(S)	O X	O	O	X	76
(D10) XGa$_2$O$_4$ (Gallium oxide)						
Nd$_3$Ga$_5$O$_{12}$	(S)	O X	O	O	X	76
Sm$_3$Ga$_5$O$_{12}$	(S)	O X	O	O	X	76
Gd$_3$Ga$_5$O$_{12}$	(S)	O X	O	O	X	77
(D11) XGeO$_3$ (Germanate)						
Pb$_5$Ge$_3$O$_{11}$	(S)	O X	O	O	X	77
Bi$_{12}$GeO$_{20}$	(S)	O X	O	O	X	77
(D12) XBrO$_3$ (Bromate)						
NaBrO$_3$	(S)	O X	O	O	X	77
(D13) XNbO$_3$ (Niobate)						
LiNbO$_3$	(S)	O X	O	O	X	78
K$_{2.9}$Li$_{1.6}$Nb$_{5.1}$O$_{15}$	(S)	O X	X	X	X	78
KPb$_2$Nb$_5$O$_{12}$	(S)	O X	X	X	X	78
(D14) XMoO$_4$ (Molybdate)						
CaMoO$_4$	(S)	O X	X	O	X	78
SrMoO$_4$	(S)	O X	X	O	O	79
PbMoO$_4$	(S)	O X	X	O	O	79
(D15) XIO$_3$ (Iodate)						
LiIO$_3$	(S)	O X	O	O	X	79
(D16) XTaO$_3$ (Tantalate)						
LiTaO$_3$	(S)	O X	O	O	X	80
(D17) XWO$_3$ (Tungstate)						
CaWO$_3$	(S)	O X	O	O	O	80
Na$_x$WO$_3$	(S)	O X	X	X	X	80

REFERENCES FOR TABLE 2

Alkali Halide Series

1. **Acker, E., Recker, K., Haussuhl, S., and Siegert, H.**, Elastic and thermoelastic constants of monoclinic tin fluoride (SnF_2), *Z. Naturforsh.*, 26a, 1766, 1971.
2. **Aleksandrov, K. S., Reshchikova, L. M., Beznosikov, B. V.**, Behaviour of the elastic constants of $KMnF_3$ single crystals near the transition of puckering, *Phys. Status Solidi*, 18, K17, 1966.
3. **Aleksandrov, R. S., Shabanova, L. A., and Zinenko, V. I.**, Elastic constants of MgF_2 single crystals, *Phys. Status Solidi*, 33(2), K1, 1969.
4. **Aleksiejuk, M. and Kraska, D.**, Elastic properties of potassium cobalt (II) trifluoride ($KCoF_3$), *Phys. Status Solidi*, 31, K65, 1975.
5. **Alterovitz, S. and Gerlich, D.**, Third-order elastic moduli of strontium fluoride, *Phys. Rev.*, 1B, 2718, 1970.
6. **Alterovitz, S. and Gerlich, D.**, Thermoelastic properties of cadmium fluoride, *Phys. Rev.*, 4136, 1970.
7. **Avericheva, V. E., Botaki, A. A., Dvornikov, G. A., and Sharko, A. V.**, Elastic constants lattice dimensions and Debye teperature of single-crystal NaCl-NaBr solid solutions, *Sov. Phys. J.*, 16, 583, 1973.
8. **Barsch, G. R., and Shull, H. E.**, Pressure dependence of elastic constants and crystal stability of alkali halides: NaI and KI, *Phys. Status Solidi*, 43(2), 637, 1971.
9. **Barta, C., Silvestrova, I. M., Jr., Pisarevskij, V., Moiseeva, N. A., and Beljzev, L. M.**, Acoustical properties of single crystals of mercurous halides, *Krist. Tech.*, 12, 987, 1977.
10. **Bartels, R. A., Potter, W. N., and Watson, R. W.**, The pressure derivatives of the elastic constants of LiCl and RbCl, *Bull. Am. Phys. Soc.*, 15, 333, 1970.
11. **Bartels, R. A. and Schuele, D. E.**, Pressure derivatives of the elastic constants of NaCl and KCl at 295 K and 195 K, *J. Phys. Chem. Solids*, 26, 537, 1965.
12. **Bensch, W. A.**, Third-order elastic constants of NaF, *Phys. Rev. B*, 6(4), 1504, 1972.
13. **Berger, J., Hauret, G., and Rousseau, M.**, Brillouin scattering investigation of the structural phase transition of $TlCdF_3$, *Solid State Commun.*, 25, 569, 1978.
14. **Botaki, A. A., Gyrbu, I. N., and Sharko, A. V.**, Temperature change of elastic constants and Debye temperature of single crystals of KBr-KI solid solutions, *Sov. Phys. J.*, 15, 917, 1972.
15. **Briells, J. and Vidal, D.**, Variation des constantes elastiques de la fluorine CaF_2 avec la pression jusqu'a 12 kbar, *High Temp. High Pressures*, 7, 29, 1975.
16. **Cain, L. S.**, Elastic constants and their pressure derivatives for a KCl-KBr mixed crystal, *J. Phys. Chem. Solids*, 37(12), 1178, 1976.
17. **Cain, L. S.**, The elastic constants and their temperature and pressure derivatives of AgBr-AgCl mixed crystals, *J. Phys. Chem. Solids*, 38(1), 73, 1977.
18. **Cao, X. A., Hauret, G., and Chapelle, J. P.**, Brillouin scattering in Hg_2Cl_2, *Solid State Commun.*, 24, 443, 1977.
19. **Cao, X. A.**, Determination of the elastic constants of $SrCl_2$ by Brillouin scattering and study of their variations with temperature, *Phys. Status Solidi A*, 43, K69, 1977.
20. **Chang, Z. P. and Barsch, G. R.**, Pressure dependence of the elastic constants of RbCl, RbBr and RbI, *J. Phys. Chem.*, 32(1), 27, 1971.
21. **Chang, Z. P., Barsch, G. R., and Miller, D. L.**, Pressure dependence of elastic constants of cesium halides, *Phys. Status Solidi*, 577, 1967.
22. **Cholokov, K. S., Novikov, E. N., Grishukov, V. A., and Botaki, A. A.**, Temperature dependence of the elastic constants of KCl-RbCl solid solutions, *Sov. Phys. J.*, 13, 1706, 1970.
23. **Ckavin, C. R., Pederson, D. O., and Marshall, B. J.**, Elastic constants of RbF from 300 to 4.2 K, *Phys. Rev. B*, 5(8), 3193, 1972.
24. **Claytor, R. N. and Marshall, B. J.**, Specific heat and elastic constants of sodium iodine at low temperatures, *Phys. Rev.*, 120, 332, 1960.
25. **Dobretsov, A. I. and Peresada, G. I.**, Pressure dependence of elastic moduli of KCl, *Sov. Phys. Solid State*, 11, 1401, 1969.
26. **Drabble, J. R. and Strathen, R. E. B.**, Third-order elastic constant of potassium chloride, sodium chloride, and lithium fluoride, *Proc. Phys. Soc.*, 92, 1090, 1967.
27. **Enck, F. D.**, Behavior of the principal elastic moduli and specific heat at constant volume of KCl at elevated temperatures, *Phys. Rev.*, 119, 1873, 1960.
28. **Fischer, M., Perrin, B., Zarembowitch, A., and Rousseau, M.**, Unusual non-linear elastic behavior of some ionic crystals, Proc. of the Int. Conf. Lattice Dynamics, Paris, Sept. 1977, 118.
29. **Fjeldly, T. A. and Hanson, R. C.**, Elastic and piezoelectric constants of silver-iodide: study of a material at the covalent-ionic phase transition, *Phys. Rev. B*, 10(8), 3569, 1974.

30. **Fontanella, J. J. and Schuele, D. E.,** Low temperature Grüneisen parameter of RbI from elasticity data, *J. Phys. Chem. Solids,* 31(4), 647, 1970.
31. **Gerlich, D.,** Third-order elastic moduli of barium fluoride, *Phys. Rev.,* 168, 947, 1968.
32. **Gerlich, D.,** Elastic constants of strontium fluoride between 4.2 and 300 K, *Phys. Rev.,* 136, A1366, 1964.
33. **Gesland, J. Y., Binois, M., and Nouet, J.,** Constantes elastiques de la fluoperovskite $KZnF_3$, *C. R. Acad. Sci. B, (Paris),* 275, 551, 1972.
34. **Ghafelehbashi, M. and Koliwad, K. M.,** Pressure dependence of the elastic constants of NaCl at low temperatures, *J. Appl. Phys.,* 41(10), 4010, 1970.
35. **Ghafelehbashi, M., Dandekar, D. P., and Ruoff, A. L.,** Pressure and temperature of the elastic constants of RbCl, RbBr, and RbI, *J. Appl. Phys.,* 41, 652, 1970.
36. **Gluyas, M., Hughes, F. D., and James, B. W.,** The elastic constants of sodium chloride and rubidium chloride in the range 140-300 K, *J. Phys. D,* 3(10), 1451, 1970.
37. **Gluyas, M., Hunter, R., and James, B. W.,** The elastic constants of thallium chloride in the range 150 to 300 K, *J. Phys. C,* 8(3), 271, 1975.
38. **Gybrbu, I. N., Ullyanov, V. I., and Botaki, A. A.,** Temperature dependence of the elastic constants and infrared dispersion frequency of NaI single crystals, *Sov. Phys. Solid State,* 15(11), 2252, 1974.
39. **Hanson, R. C., Hallberg, J. R., and Schwab, C.,** *Appl. Phys. Lett.,* 21, 490, 1972.
40. **Hanson, R. C., Helliwell, K., and Schwab, C.,** Anharmonicity in CuCl-elastic, dielectric and piezoelectric constants, *Phys. Rev. B,* 9(6), 2649, 1974.
41. **Hart, S.,** The elastic compliance of strontium chloride, *Phys. Status Solidi,* 3, K187, 1970.
42. **Hart, S.,** The elastic constants of rutile structure fluoride, *S. Agr. J. Phys.,* 1, 65, 1978.
43. **Hart, S.,** The elastic constants of cerium fluoride, *Phys. Status Solidi,* 17(2), K107, 1973.
44. **Hart, S. and Stevenson, R. W. H.,** The elastic constants of manganese fluoride, *J. Phys. D,* 5, 160, 1972.
45. **Hart, S.,** The elastic compliances of lead fluoride, *J. Phys. D.,* 3, 430, 1970.
46. **Hart, S. and Stevenson, R. W. H.,** The elastic compliance of CoF_2, *J. Phys. D,* 3, 1789, 1970.
47. **Hart, S.,** The temperature dependence of elastic compliances of KBr, *J. Phys. D,* 2, 621, 1969.
48. **Hart, S.,** The temperature dependence of the elastic compliances of some alkali halides, *J. Phys. D,* 1, 1285, 1968.
49. **Hart, S.,** The high-temperature elastic moduli of alkali halides, *J. Phys. D,* 10(18), L261, 1977.
50. **Haussühl, S. and Scholz, H.,** Thermoelastic and elastic properties of tetragonal mercury iodide, *Krist. Tech.,* 10(11), 1175, 1975.
51. **Haussühl, S.,** Elastische eigenschaften von kristallen des CsCl-typs, *Acta Cryst.,* 13, 685, 1960.
52. **Haussühl, S.,** Thermo-elastic Konstant der Alkalihalogenide vom NaCl-Typ, *Z. Phys.,* 159, 223, 1960.
53. **Haussühl, S., Leckebush, R., and Recker, K.,** Elastic and thermoelastic constants of $LiBaF_3$, *Z. Naturforsch.,* 27a, 1022, 1972.
54. **Haussühl, S.,** Elastisches und thermoelastisches Verhalten von MgF_2 und MnF_2, *Phys. Status Solidi,* 28(1), 127, 1968.
55. **Haussühl, S.,** Das elastische verhalten von flusspat und strukturver-wandten kristallen, *Phys. Status Solidi,* 3, 1072, 1963.
56. **Hidshaw, W., Lewis, J. T., and Briscoe, C. V.,** Elastic constants of silver chloride from 4.2 to 300 K, *Phys. Rev.,* 163, 876, 1967.
57. **Hirotsu, T. S.,** Elastic constants and thermal expansion of $CsPbCl_3$, *Phys. Soc. Jpn.,* 44, 1604, 1978.
58. **Ho, P. S. and Ruoff, A. L.,** Pressure dependence of the elastic constants and an experimental equation of state for CaF_2, *Phys. Rev.,* 161, 864, 1967.
59. **Jones, L. E. A.,** Pressure and temperature dependence of the single-crystal elastic moduli of the cubic perovskite $KMgF_3$, *Phys. Chem. Miner.,* 4, 23, 1979.
60. **Jones, L. E. A.,** High-temperature elasticity of the fluorite-structure compounds CaF_2, SrF_2, and BaF_2, *Phys. Earth Planet. Inter.,* 15, 77, 1977.
61. **Jones, L. E. A.,** High-temperature elasticity of rutile structure MgF_2, *Phys. Chem. Miner.,* 1, 179, 1977.
62. **Jones, L. E. A.,** High-temperature behavior of the elastic moduli of LiF and NaFi comparison with MgO and CaO, *Phys. Earth Planet. Inter.,* 1976.
63. **Kinoshita, H., Hamaya, N., and Fujisawa, H.,** Elastic properties of single-crystal NaCl under high pressures to 80 Kbar, *J. Phys. Earth,* 27, 337, 1979.
64. **Kodama, M., Saito, S., and Minomura, S.,** Pressure dependence of the elastic constants of TlCl, *J. Phys. Soc. Jpn.,* 33(5), 1361, 1972.
65. **Koliwad, K. M., Ghate, P. B., and Ruoff, A. L.,** Pressure derivatives of the elastic constants of NaBr and KF, *Phys. Status Solidi,* 21, 507, 1967.
66. **Koliwad, K. M. and Ruoff, A. L.,** CsI and CsBr at 300 K, *Bull. Am. Phys. Soc.,* 10, 1113, 1965.
67. **Kukkonen, A., Laiho, R., and Levola, T.,** Brillouin scattering and ultrasonic measurements of phonons in K_2CuF_4, *Semicond. Insul.,* 5(1), 77, 1979.

68. **Lauer, H. V., Jr., Solberg, K. A., Kuhner, D. H., and Born, W. E.,** Elastic constants of EuF$_2$ and SrCl$_2$, *Phys. Lett. A*, 35A, 219, 1977.
69. **Lewis, J. T., Lehoczky, A., and Briscoe, C. V.,** Elastic constants of the alkali halides at 4.2 K, *Phys. Rev.*, 161, 877, 1970.
70. **Loje, K. F. and Schule, D. E.,** The pressure and temperature derivatives of the elastic constants of AgBr and AgCl, *J. Phys. Chem. Solids*, 31(9), 2051, 1970.
71. **Marshall, B. J.,** Elastic constants of CsBr from 4.2 K to 300 K, *Phys. Rev.*, 121, 72, 1961.
72. **Marshall, B. J. and Cleavelin, C. R.,** Elastic constants of LiBr from 300 K to 4.2 K, *J. Phys. Chem. Solids*, 30, 1905, 1969.
73. **Marshall, B. J., Pederson, D. O., and Dorris, G. G.,** Elastic constants of LiCl and RbCl from 300 K to 4.2 K, *J. Phys. Chem. Solids*, 28, 1061, 1967.
74. **Marshall, B. J. and Miller, R. E.,** Elastic constants of KF from 300 K to 4.2 K, *J. Appl. Phys.*, 38, 4749, 1967.
75. **McLean, K. O. and Smith, C. S.,** LiI elastic constants and temperature derivatives at 295 K, *J. Phys. Chem. Solids*, 33(2), 275, 1972.
76. **Melcher, R. L.,** Elastic properties of MnF$_2$, *Phys. Rev.*, B2, 733, 1970.
77. **Melcher, R. L. and Bolef, D. I.,** Ultrasonic propagation in RbMnF$_3$. I. Elastic properties, *Phys. Rev.*, 178, 864, 1969.
78. **Miller, R. A. and Smith, C. S.,** Pressure derivatives of the elastic constants of LiF and NaF, *J. Phys. Solids*, 25, 1279, 1964.
79. **Morse, G. E. and Lawson, A. W.,** The temperature and pressure dependence of the elastic constants of thallium bromide, *J. Phys. Chem. Solids*, 939, 1967.
80. **Naimon, E. R. and Granato, A. V.,** Third-order elastic constants of RbMnF$_3$, *Phys. Rev.*, B7, 2091, 1973.
81. **Nouet, J. and Plicque, F.,** Propagation d'ondes ultrasonores au voisinage de la temperature de Neel dans la perovskite antiferromagnetique RbCoF$_3$, Int. Congr. on Acoustics, Budapest, 1971.
82. **Nouet, J.,** Thesis, Paris IV University, Paris, 1973.
83. **Novikov, E. N. and Botaki, A. A.,** Temperature change of the elastic properties of sodium bromide, *Sov. Phys. J.*, 13, 256, 1970.
84. **Pederson, D. O. and Brewer, J. A.,** Elastic constants of cadmium fluoride from 4.2 K to 295 K, *Phys. Rev.*, 16(10), 4546, 1977.
85. **Popkov, Y. A., Beznosikcy, B. V., and Kharchenko, L. T.,** Measurement of the elastic constants of PbCl$_2$ by Mandel'shtam-Brillouin light scattering, *Sov. Phys. Crystallogr.*, 20, 406, 1975.
86. **Rai, C. S. and Manghanani, M. H.,** Pressure and temperature dependence of the elastic moduli of polycrystalline MgF$_2$, *J. Am. Ceram. Soc.*, 59, 499, 1976.
87. **Recker, K., Wallrafen, F., and Haussuhl, S.,** Single crystal growth and optical, elastic, and piezoelectric properties of polar magnesium barium fluoride, *J. Cryst. Growth*, 26(1), 97, 1974.
88. **Reddy, P. J. and Ruoff, A. L.,** Pressure derivatives of the elastic constants in some alkali halides, in *Physics of Solids at High Pressures*, Tomizuka, C. T. and Emrick, R. M., Eds., Academic Press, New York, 1965, 510.
89. **Reinitz, K.,** Elastic constants of CsBr, CsI, RbBr, and RbI, *Phys. Rev.*, 123, 1615, 1961.
90. **Reschikova, L. M.,** Elastic properties of a KMgF$_3$ single crystal, *Sov. Phys. Solid State*, 10, 2019, 1969.
91. **Rimai, D. S.,** Elastic properties of ZnF$_2$ between 4.2 and 300 K, *Phys. Rev. B*, 16(9), 4069, 1977.
92. **Rimai, D. S.,** Pressure dependence of the elastic moduli of single crystal ZnF$_2$, *Phys. Rev. B*, 16(5), 2200, 1977.
93. **Roberts, R. W. and Smith, C. S.,** Ultrasonic parameters in the Born model of Rubidium halides, *J. Phys. Chem. Solids*, 31, 2397, 1970.
94. **Roberts, R. W. and Smith, C. S.,** Ultrasonic parameters in the Born model of the sodium and potassium halides, *J. Chem. Solids*, 31, 619, 1970.
95. **Rousseau, M.,** Thèse de 3ème Cycle Orsay, 1972.
96. **Rousseau, M., Gesland, J. Y., Julliard, J., Nouet, J., Zarembowitch, J., and Zarembowitch, A.,** Crystallographic, elastic and Raman scattering investigations of structural phase transition in RbCdF$_3$ and TlCdF$_3$, *J. Phys. Chem. Solids*, B12, 1579, 1975.
97. **Rousseau, M., Nouet, J., and Zarembowitch, A.,** Interatomic force constants studies of AMF$_3$ perovskite-type crystals, *J. Phys. Chem. Solids*, 35, 921, 1974.
98. **Sandercock, J.,** Some recent applications of Brillouin scattering in solid state physics, *Festkorperprobleme*, 15, 183, 1975.
99. **Sharko, A. V. and Botaki, A. A.,** Temperature dependence of the elastic constants and of the Debye temperature of KI single crystals, *Sov. Phys. Solid State*, 12, 2171, 1971.
100. **Sharko, A. V. and Botaki, A. A.,** Temperature dependence of the elastic constants and of the Debye temperature of KBr single crystal, *Sov. Phys. Solid State*, 1796, 1971.

101. **Sharko, A. V. and Botaki, A. A.,** Temperature dependence of the elastic constants and Debye temperature of NaCl and KCl single crystals, *Sov. Phys. J.*, 10, 708, 1970.
102. **Shaw, G. H.,** Elastic behavior near phase transitions with negative dP/dt, *J. Geophys. Res.*, 83(B7), 3519, 1978.
103. **Silvestrova, I. M., Barta, C. H., Dobrzhanskii, G. F., Belyaev, L. M., and Pisarevskii, Y. V.,** Elastic properties of Hg_2Cl_2 crystals, *Sov. Phys. Crystallogr.*, 20, 359, 1975.
104. **Slagle, O. D. and McKinstry, H. A.,** Temperature dependence of the elastic constants of the alkali halides. II. The solid solution KCl-KBr, *J. Appl. Phys.*, 38, 446, 1967.
105. **Slagle, O. D. and McKinstry, H. A.,** Temperature dependence of the elastic constants of the alkali halides. I. NaCl, KCl, and KBr, *J. Appl. Phys.*, 38, 437, 1967.
106. **Slagle, O. D. and McKinstry, H. A.,** Temperature dependence of the elastic constants of the alkali halides. III. CsCl, CsBr, and CsI, *J. Appl. Phys.*, 38, 451, 1967.
107. **Spetzler, H., Sammis, C. G., O'Connell, R. J.,** Equation of state of NaCl: ultrasonic measurements to 8Kbar and 800 K and static lattice theory, *J. Phys. Chem. Solids*, 33, 1727, 1922.
108. **Swartz, K. D.,** Anharmonicity in sodium chloride, *J. Acoust. Soc. Am.*, 41, 1083, 1967.
109. **Vallin, J., Marklund, K., and Sikstrom, J. O.,** Elastic constants and thermal expansion of TlBr, *Ark. Fys.*, 33, 345, 1966.
110. **Vallin, J., Beckman, O., and Solama, K.,** Elastic constants of CsBr and CsI from 4.2 K to room temperature, *J. Appl. Phys.*, 35, 1222, 1964.
111. **Vallin, J.,** Elastic constants of AgCl, *Ark. Fys.*, 34, 367, 1967.
112. **Vallin, J., Marklund, K., Sikstrom, J. O., and Beckman, O.,** Elastic properties of NaF, *Ark. Fys.*, 32, 515, 1966.
113. **Vidal, D.,** Mesure des constantes elastiques du fluorure de calcium monocritallin de 20 à 850°C, *C. R. Acad. Sci. Paris*, 279, 345, 1974.
114. **Voronov, F. F., Goncharova, V. A., and Agapova, T. A.,** Elastic constants of a RbCl single crystal under pressure, *Sov. Phys. Solid State*, 8, 2726, 1967.
115. **Voronov, F. F., Chernysheva, E. V., and Goncharova, V. A.,** Elastic properties of NaCl single crystals under pressure up to 9 GPa at 293 K, *Sov. Phys. Solid State*, 21(1), 59, 1979.
116. **Wallat, R. J. and Holder, J.,** Third order elastic constants of rubidium chloride, *J. Phys. Chem. Solids*, 38(11), 1227, 1977.
117. **Wasilik, J. H. and Wheat, M. L.,** Elastic constants of cubic lead fluoride at room temperature, *J. Appl. Phys.*, 36, 791, 1965.
118. **Whitfield, C. H., Brody, E. M., and Bassett, W. A.,** Elastic moduli of NaCl by Brillouin scattering at high pressure in a diamond anvil cell, *Rev. Sci. Instrum.*, 47(8), 942, 1976.
119. **Wong, C. and Schule, D. E.,** Pressure and temperature derivatives of the elastic constants of CaF_2 and BaF_2, *J. Phys. Chem. Solids*, 29, 1309, 1968.
120. **Wu, A. Y.,** The elastic properties of single crystal NiF_2, *Phys. Rev.*, B13, 4857, 1967.
121. **Wu, A. Y.,** The pressure dependence of elastic moduli of NiF_2 to 10 Kbar, *Phys. Lett.*, 60A, 260, 1977.

Simple Oxide Series

1. **Aleksandrov, K. S., Shabanova, L. A., and Reshchikova, L. M.,** Anomalies of elastic properties and internal friction of a CoO single crystal, *Sov. Phys. Solid State*, 10, 1316, 1968.
2. **Aleksandrov, V. I., Kitaeva, V. F., Kozlov, I. V., Osiko, V. V., Sobolev, N. N., Tatarintsev, V. M., and Chistyi, I. L.,** Molecular light scattering of hafnium oxide, *Kristallografiya*, 18, 1085, 1973.
3. **Aleksandrov, V. I., Kitaeva, V. F., Kozlov, I. V., Osiko, V. V., Sobolev, N. N., Tatarintsev, V. M., and Chistyi, I. L.,** Light scattering and elastic characteristic of monocrystal ZrO_2 stabilized by yttrium, *Fiz. Tverd. Tela (Leningrad)*, 16, 2230, 1974.
4. **Alterts, H. L. and Boeyens, J. C. A.,** The elastic constants and distance dependence of the magnetic interactions of Cr_2O_3, *J. Magn. Mater.*, 2(4), 327, 1976.
5. **Anderson, O. L. and Andreatch, P., Jr.,** Pressure derivatives of elastic constants of single-crystal MgO at 23° and −195.8°C, *J. Am. Ceramic Soc.*, 49, 404, 1966.
6. **Andrianov, G. O. and Drichko, I. L.,** Elastic constants of V_2O_3 in the temperature range 150-273 K, *Sov. Phys. Solid State*, 18(5), 803, 1976.
7. **Arlt, G. and Schweppe, H.,** Paratellurite, a new piezoelectric material, *Solid State Commun.*, 6, 783, 1968.
8. **Bartels, R. A. and Vetler, V. H.,** The temperature dependence of the elastic constants of CaO and SrO, *J. Phys. Chem. Solids*, 33(10), 1991, 1972.
9. **Bass, R., Rossberg, D., and Ziecgler, G.,** Die elastischen konstanten des eises, *Z. Phys.*, 149, 199, 1957.
10. **Bateman, T. B.,** Elastic moduli of single-crystal zinc oxide, *J. Appl. Phys.*, 33, 3309, 1962.
11. **De Batist, R.,** Room temperature elastic constants of single-crystal U_4O_9, *Mater. Res. Bull.*, 1, 75, 1966.
12. **Bechmann, R.,** Elastic and piezoelectric constants of alpha-quartz, *Phys. Rev.*, 110, 1060, 1958.

13. **Bechmann, R., Ballato, A. D., and Lukaszek, T. J.,** Higher-order temperature coefficients of the elastic stiffness and compliances of alpha-quartz, *Proc. IRE,* 50, 1812, 1962.
14. **Benner, R. E. and Brody, E. M.,** Elastic moduli of ReO_3 by Brillouin scattering, *J. Solid State Chem.,* 22(4), 361, 1977.
15. **Bennet, J. G., Boyle, W. F., Shin, S. H., and Sladek, R. J.,** Elastic constants of NbO_2 at room temperature, *Phys. Rev.,* 14(2), 526, 1976.
16. **Bennett, J. G. and Sladek, R. J.,** Low temperature elastic constants and Debye temperature of NbO_2, *Solid State Commun.,* 25(12), 1035, 1978.
17. **Bentle, G. G.,** Elastic constants of single-crystal BeO at room temperature, *J. Am. Ceram. Soc.,* 49, 125, 1966.
18. **Bernstein, B. T.,** Elastic constants of synthetic sapphire at 27°C, *J. Appl. Phys.,* 34, 169, 1963.
19. **Birch, F.,** Elastic constants of rutile — a correction to a paper by R. K. Verma, "elasticity of some high-density crystals", *J. Geophys. Res.,* 65, 3855, 1960.
20. **Bogardus, E. H.,** Third-order elastic constants of Ge, MgO, and fused SiO_2, *J. Appl. Phys.,* 36, 2504, 1965.
21. **Bogorodskii, V. V.,** Elastic moduli of ice crystals, *Sov. Phys. Acoust.,* 10, 124, 1964.
22. **Bonszar, L. J. and Graham, E. K.,** The pressures and temperature dependence of the elastic properties of polycrystal magnesiowustite, *J. Geophys. Res.,* 1980.
23. **Brandt, O. G. and Walker, C. T.,** Ultrasonic attenuation and elastic constants for uranium dioxide, *Phys. Rev.,* 170, 528, 1968.
24. **Brockamp, B. and Querfurth, H.,** Untersuchungen uber die elastizitats konstanten von see und kunsteis, *Polarforschung,* 34, 253, 1964.
25. **Chang, Z. P. and Barsch, G. R.,** Pressure dependence of the elastic constants of single-crystalline magnesium oxide, *J. Geophys. Res.,* 74, 3291, 1969.
26. **Chang, E. and Graham, E. K.,** The elastic constants of cassiterite SnO_2 and their pressure and temperature dependence, *J. Geophys. Res.,* 80(17), 2595, 1975.
27. **Chang, Z. P. and Graham, E. K.,** Elastic properties of oxides in the NaCl structure, *J. Phys. Chem. Solids,* 38(12), 1355, 1977.
28. **Chi, T. C. and Sladek, R. J.,** Elastic constants and the electrical transition in Ti_2O_3 (U.S. Wave Measurements), *Phys. Rev.,* 7(12), 5080, 1973.
29. **Chistyi, I. L., Fabelinskii, I. L., Kitaeva, V. F., Osiko, V. V., Pisarevskii, Y. V., Sil'vestrova, I. M., and Sobolev, N. N.,** Experimental study of the properties of ZrO_2-Y_2O_3 solid solutions, *J. Raman. Spectrosc.,* 6(4), 183, 1977.
30. **Cline, C. F., Dunegan, H. L., and Henderson, G. W.,** Elastic constants of hexagonal BeO, ZnS, and CdSe, *J. Appl. Phys.,* 38, 1944, 1967.
31. **Dantl, G.,** Die elastischen moduln von eis-einkristallen, *Phys. Kondens Mater.,* 7, 390, 1968.
32. **Dickson, R. W. and Anderson, R. C.,** Temperature dependence of the elastic moduli of 91 Y_2O_3 + 9 ThO_2 from 25° to 1100°C, *J. Am. Ceram. Soc.,* 51(4), 233, 1968.
33. **Dragoo, A. L.,** The elastic moduli and their pressure and temperature derivatives for calcium oxide, *J. Phys. Chem. Solids,* 38(7), 705, 1977.
34. **Drichko, I. L. and Kogan, S. I.,** Determination of elastic moduli of V_2O_3 in the metallic phase, *Sov. Phys. Solid State,* 16(4), 656, 1974.
35. **Farley, J. M., Throp, J. S., Ross, J. S., and Saunders, G. A.,** Effect of current-blackening on the elastic constants of yttria-stabilized zircona, *J. Mater. Sci.,* 7, 475, 1972.
36. **Fritz, I. J.,** Pressure and temperature dependences of the elastic properties of rutile (TiO_2), *J. Phys. Chem. Solids,* 35(7), 817, 1974.
37. **Fritz, I. J.,** Elastic properties of UO_2 at high pressure, *J. Appl. Phys.,* 47(10), 4353, 1976.
38. **Gieske, J. H. and Barsch, G. R.,** Pressure dependence of the elastic constants of single crystalline aluminum oxide, *Phys. Status Solidi,* 29(1), 212, 1968.
39. **Green, R. E. and Mackinnon, L.,** Determination of the elastic constants of ice single crystals by an ultrasonic pulse method, *J. Accoust. Soc. Am.,* 28(6), 1292, 1956.
40. **Grimsditch, M. H. and Ramdas, A. K.,** Elastic and elasto-optic constants of rutile from a Brillouin scattering study, *Phys. Rev.,* 14(4), 1670, 1976.
41. **Halberg, J. and Hanson, R. C.,** The elastic constants of cuprous oxide, *Phys. Status Solidi,* 42, 305, 1970.
42. **Hankey, R. E. and Schuele, D. E.,** Third-order elastic constants of Al_2O_3, *J. Acoust. Soc. Am.,* 48(2), 190, 1970.
43. **Herrmann-Ronzaud, D. A., Pavlovic, A. S., and Waintal, A.,** Critical and elastic behavior of paramagnetic manganese oxide, *Physica,* 86, 570, 1977.
44. **Hite, H. E. and Kearney, R. J.,** Elastic constants of CaO in the temperature range 80° to 270°K, *J. Appl. Phys.,* 38, 5424, 1967.

45. **Holland, R.,** Temperature coefficients of stiffness in quartz, *IEEE Trans. Sonics Ultrason.*, SU-23(1), 72, 1976.
46. **Hunter, O., Jr., Korklan, H. J., and Suchomel, R. R.,** Elastic properties of polycrystalline monoclinic Sm_2O_3, *J. Am. Ceram. Soc.*, 57(6), 267, 1974.
47. **Johnston, D. L., Thrasher, P. H., and Kearney, R. J.,** Elastic constants of SrO, *J. Appl. Phys.*, 41, 427, 1970.
48. **Krammer, E. W., Pardue, T. E., and Frissel, H. F.,** A determination of the elastic constants for beta-quartz, *J. Appl. Phys.*, 19, 265, 1948.
49. **Koga, I., Aruga, M., and Yoshinaka, Y.,** Theory of plane elastic waves in a piezoelectric crystalline medium and determination of elastic and peizoelectric constants of quartz, *Phys. Rev.*, 109, 1467, 1958.
50. **Kwang-Oh Park and Sivertsen, J. M.,** Elastic constants and attenuation change in annealed BaO crystals, *Phys. Lett.*, 55A(1), 62, 1975.
51. **Kwang-Oh Park and Sivertsen, J. M.,** Temperature dependence of the bulk modulus of BaO single crystals, *J. Am. Ceram. Soc.*, 60(11), 537, 1977.
52. **Lieberman, R. C. and Schreiber, E.,** Elastic constants of polycrystalline hematite as a function of pressure to 3 kbar, *J. Geophys. Res.*, 73, 6586, 1968.
53. **Lieberman, R. C., Ringwood, A. E., and Major, A.,** Elasticity of polycrystalline stishovite, *Earth Planet. Sci. Lett.*, 32, 127, 1976.
54. **Macedo, P. M., Capps, W., and Wachtman, J. B., Jr.,** Elastic constants of single-crystal ThO_2 at 25°C, *J. Am. Ceram. Soc.*, 47, 651, 1964.
55. **Manghanani, M. H.,** Elastic constants of single-crystal rutile under pressures to 7.5 kbar, *J. Geophys. Res.*, 74, 4317, 1969.
56. **Manghanani, M. H., Fisher, E. S., and Brower, W. S., Jr.,** Temperature dependence of the elastic constants of single-crystal rutile between 4 and 584 K, *J. Phys. Chem. Solids*, 33(11), 2149, 1972.
57. **Manghanani, M. H., Brower, W. S., Jr., and Parker, H. S.,** Anomalous elastic behavior in Cu_2O under pressure, *Phys. Status Solidi*, 25(1), 69, 1974.
58. **Manning, W. R., Hunter, O., Jr., and Powell, B. R., Jr.,** Elastic properties of polycrystalline yttrium oxide, dysprosium oxide, holmium oxide, and erbium oxide: room temperature measurements, *J. Am. Ceram. Soc.*, 52(8), 436, 1969.
59. **Manning, W. R. and Hunger, O., Jr.,** Elastic properties of polycrystalline yttrium, holmium oxide, and erbium oxide: high-temperature measurements, *J. Am. Ceram. Soc.*, 52(9), 492, 1969.
60. **Manning, W. R. and Hunter, O., Jr.,** Elastic properties of polycrystalline thulium oxide and lutetium oxide from 20° to 1000°C, *J. Am. Ceram. Soc.*, 53(5), 279, 1970.
61. **Marklund, K. and Mahmouds, S. A.,** Elastic constants of magnesium oxide, *Phys. Scripta*, 3(2), 75, 1971.
62. **Mayer, W. G. and Hiedeman, E. A.,** Corrected values of elastic constants of sapphire, *Acta Crystallogr.*, 14, 323, 1961.
63. **McSkimin, H. J., Andreatch, P., Jr., and Thurston, R. N.,** Elastic moduli of quartz vs. hydrostatic pressure at 25° and −195.8°C, *J. Appl. Phys.*, 36, 1632, 1965.
64. **Mitzdorf, V. and Helmreich, D.,** Elastic constants of D_2O ice and variations of intermolecular forces on denteration, *J. Acoust. Soc. Am.*, 49(3), 723, 1971.
65. **Mizutani, H., Hamano, Y., and Akimoto, S.,** Elastic-wave velocities of polycrystalline stishovite, *J. Geophys. Res.*, 77, 3744, 1972.
66. **Ohmachi, Y. and Uchida, N.,** Temperature dependence of elastic, dielectric, and piezoelectric constants in TeO_2 single crystals, *J. Appl. Phys.*, 41(6), 2307, 1970.
67. **Oliver, D. W.,** The elastic moduli of MnO, *J. Appl. Phys.*, 40, 893, 1969.
68. **Pai, S. Y. and Sivertsen, J. M.,** The influence of excess oxygen on the elastic properties of nonstoichiometric SrO cyrstals, *J. Phys. Chem. Solids*, 37(1), 17, 1976.
69. **Pearsall, T. P. and Coldren, L. A.,** Stiffness matrix and Debye temperature of ReO_3 from ultrasonic measurements, *Solid State Commun.*, 18(8), 1093, 1976.
70. **Plessis, P. V., Tonder, S. J., and Alberts, L.,** Elastic constants of a NiO single crystal = I, *J. Phys. C*, 4, 1983, 1971.
71. **Powell, B. R., Jr., Hunter, O., Jr., and Manning, W. R.,** Elastic properties of polycrystalline ytterbium oxide, *J. Am. Ceram. Soc.*, 54(10), 488, 1971.
72. **Proctor, T. M., Jr.,** Low temperature speed of sound in single-crystal ice, *J. Acoust. Soc. Am.*, 39, 972, 1966.
73. **Rimai, D. S. and Sladek, R. J.,** Pressure dependences of the elastic constants of semiconducting NbO_2 at 296 K, *Phys. Rev.*, 18(6), 2807, 1978.
74. **Rimai, D. S., Sladek, R. J., and Nichols, D. N.,** Pressure dependence of the elastic constants of single-crystal Ti_2O_3 at 296 K, *Phys. Res.*, 18(12), 6807, 1978.

75. **Sato, Y. and Anderson, O. L.,** A comparison of the acoustic and thermal Grüneisen constants for three glasses at elevated pressure, *J. Phys. Chem. Solids,* 41, 401, 1980.
76. **Sinha, B. K. and Tiersten, H. F.,** First temperature derivatives of the fundamental elastic constants of quartz, *J. Appl. Phys.,* 50(4), 2732, 1979.
77. **Smagin, A. G. and Mil'shtein, B. G.,** Elastic constants of -quartz single crystals, *Sov. Phys. Crystallogr.,* 19(4), 514, 1975.
78. **Son, P. R. and Bartels, R. A.,** CaO and SrO single-crystal elastic constants and their pressure derivatives (Born model for cohesive energy), *J. Phys. Chem. Solids,* 33(4), 819, 1972.
79. **Spetzler, H.,** Equation of state of polycrystalline and single-crystal MgO to 8 kbar and 800 K, *J. Geophys. Res.,* 75, 2073, 1970.
80. **Spinner, S.,** Temperature dependence of elastic constants of vitreous silica, *J. Am. Ceram. Soc.,* 45(8), 394, 1962.
81. **Striefler, M. E. and Barsch, G. R.,** Elastic and optical properties of stishovite, *J. Geophys. Res.,* 81, 2453, 1976.
82. **Sumino, Y., Ohno, I., Goto, T., and Kumazawa, M.,** Measurement of elastic constants and internal frictions on single-crystal MgO by rectangular parallelpiped resonance, *J. Phys. Earth,* 24(3), 263, 1976.
83. **Sumino, Y., Kumazawa, M., Nishizawa, O., and Pluschkell, W.,** The elastic constants of single crystal $Fe_{1-x}O$, MnO and CoO, and the elasticity of stoichiometric magnesiowustite, *J. Phys. Earth,* 28, 475, 1980.
84. **Sumino, Y., Anderson, O. L., and Suzuki, I.,** Temperature coefficients of elastic constants of single-crystal MgO between 80 and 1300 K, *Phys. Chem. Miner.,* 9, 38, 1983.
85. **Teft, W. E.,** Elastic constants of synthetic single crystal corundrum, *J. Res. Nat. Bur. Stand.,* 70A, 277, 1966.
86. **Tokarev, E. F., Kobyakov, I. B., Kuzmina, I. P., Lobachev, A. N., and Pado, G. S.,** Elastic, dielectric, and piezoelectric properties of zincite in the 4.2 — 800 temperature range, *Sov. Phys. Solid State,* 17(4), 629, 1975.
87. **Tsuda, N., Sumino, Y., Ohno, I., and Akahane, T.,** Elastic constants of ReO_3, *J. Phys. Soc. Jpn.,* 41(4), 1153, 1976.
88. **Uchida, N. and Ohmachi, Y.,** Elastic and photoelastic properties of TeO_2 single crystal, *J. Appl. Phys.,* 40, 4692, 1969.
89. **Uchida, N. and Saito, S.,** Elastic constants and acoustic absorption coefficients in MnO, CoO, and NiO single crystals at room temperature, *J. Acoust. Soc. Am.,* 51(5), 1602, 1972.
90. **Verma, R. K.,** Elasticity of some high-density crystals, *J. Geophys. Res.,* 65, 757, 1960.
91. **Vetter, V. H. and Bartels, R. A.,** BaO single-crystal elastic constants and their temperature dependence, *J. Phys. Chem. Solids,* 34(8), 1448, 1973.
92. **Wachtman, J. B., Jr., Tefft, W. E., Lam, D. G., Jr., and Stinchfield, R. P.,** Elastic constants of synthetic single-crystal corundum at room temperature, *J. Res. Nat. Bur. Stand.,* 64A, 213, 1960.
93. **Wachtman, J. B., Jr., Tefft, W. E., and Lam, D. G., Jr.,** Elastic constants of rutile (TiO_2), *J. Res. Nat. Bur. Stand.,* 66A, 465, 1962.
94. **Wachtman, J. B., Jr., Wheat, M. L., Anderson, H. J., and Bates, J. L.,** Elastic constants of single-crystal UO_2 at 25°C, *J. Nucl. Mater.,* 16, 39, 1965.
95. **Wang, H. and Simmons, G.,** Elasticity of some mantle crystal structures. II. Rutile GeO_2, *J. Geophys. Res.,* 78(8), 1262, 1973.
96. **Weidner, D. J. and Carleton, H. R.,** Elasticity of coesite, *J. Geophys. Res.,* 82, 1334, 1977.
97. **Weidner, D. J., Bass, J. D., Ringwood, A. E., and Sinclair, W.,** Elasticity of stishovite, *EOS,* 61(17), 379, 1980.

Silicate Minerals Series

1. **Babuska, V., Fiala, J., Kumazawa, M., Ohno, I., and Sumino, Y.,** Elastic properties of garnet solid-solution series, *Phys. Earth Planet. Inter.,* 16, 157, 1978.
2. **Bass, J. D., Weidner, D. J., and Akimoto, S.,** Elasticity of Ni_2SiO_4 spinel, *EOS,* 61, 397, 1980.
3. **Bonczar, L. J. and Barsch, G. R.,** Elastic and thermoelastic constants of nepheline, *J. Appl. Phys.,* 46, 4339, 1975.
4. **Bonczar, L. J., Graham, E. K., and Wang, H.,** The pressure and temperature dependence of the elastic constants of pyrope garnet, *J. Geophys. Res.,* 82, 2529, 1977.
5. **Frisillo, A. L. and Barsch, G. R.,** Measurement of single-crystal elastic constants of bronzite as a function of pressure and temperature, *J. Geophys. Res.,* 10, 6360, 1972.
6. **Goto, T., Ohno, I., and Sumino, Y.,** The determination of the elastic constants of natural almandine-pyrope garnet by rectangular parallelepiped resonance method, *J. Phys. Earth,* 24, 149, 1976.
7. **Graham, E. K. and Barsch, G. R.,** Elastic constants of single-crystal forsterite as a function of temperature and pressure, *J. Geophys. Res.,* 74, 5949, 1969.

8. **Halleck, P. M.,** The Compression and Compressibility of Grossularite Garnet: A Comparison of X-Ray and Ultrasonic Methods, Ph.D. thesis, University of Chicago, Chicago, Ill., 1973.
9. **Isaak, D. G. and Graham, E. K.,** The elastic properties of an almandine-spessartine garnet and elasticity in garnet solid solution series, *J. Geophys. Res.*, 81, 2483, 1976.
10. **Kimura, M.,** Elastic and piezoelectric properties of $Ba_2Si_2TiO_8$, *J. Appl. Phys.*, 48, 2850, 1977.
11. **Kumazawa, M.,** The elastic constants of single-crystal orthopyroxene, *J. Geophys. Res.*, 74, 5973, 1969.
12. **Kumazawa, M. and Anderson, O. L.,** Elastic moduli, pressure derivatives, and temperature derivatives of single-crystal olivine and single-crystal forsterite, *J. Geophys. Res.*, 74, 5961, 1969.
13. **Leitner, B. J., Weidner, D. J., and Liebermann, R. C.,** Elasticity of single crystal pyrope and implications for garnet solid solution series, *Phys. Earth Planet. Inter.*, 22, 111, 1980.
14. **Levien, L., Weidner, D. J., and Prewitt, C. T.,** Elasticity of diopside, *Phys. Chem. Miner.*, 4, 105, 1979.
15. **Ohno, I.,** Free vibration of a rectangular parallelepiped crystal and its application to determination of elastic constants of orthohombic crystal, *J. Phys. Earth.*, 24, 355, 1976.
16. **Ozkan, H.,** Effect of nuclear radiation on the elastic moduli of zircon, *J. Appl. Phys.*, 47, 4772, 1976.
17. **Ozkan, H. and Cartz, L.,** Anisotropic thermophysical properties of zircons, *AIP Conf. Proc.*, 17, 21, 1973.
18. **Ozkan, H., Cartz, L., and Fisher, E. S.,** Temperature dependence of the elastic constants of zircon, *Rev. Int. Hautes Temp. Refract.*, 12, 52, 1975.
19. **Ozkan, H., Cartz, L., and Jamieson, J. C.,** Elastic constants of nonmetamict zirconium silicate, *J. Appl. Phys.*, 45, 555, 1974.
20. **Soga, N.,** Elastic constants of garnet under pressure and temperature, *J. Geophys. Res.*, 72, 4227, 1967.
21. **Sumino, Y.,** The elastic constants of Mn_2SiO_4, Fe_2SiO_4 and Co_2SiO_4, and the elastic properties of olivine group minerals at high temperature, *J. Phys. Earth*, 27, 209, 1979.
22. **Sumino, Y. and Nishizawa, O.,** Temperature variation of elastic constants of pyrope-almandine garnet, *J. Phys. Earth*, 26, 239, 1978.
23. **Sumino, Y., Nishizawa, O., Goto, T., and Ozima, M.,** Temperature variation of elastic constants of single-crystal forsterite between $-190°$ and $400°C$, *J. Phys. Earth*, 25, 377, 1977.
24. **Vaughan, M. T. and Weidner, D. J.,** The relationship of elasticity and crystal structure in andalusite and stillimanite, *Phys. Chem. Miner.*, 3, 133, 1978.
25. **Verma, R. K.,** Elasticity of some high-density crystals, *J. Geophys. Res.*, 65, 757, 1960.
26. **Volnyanskii, M. D. and Grzhegorzhevskii, O. A.,** Growth and elastic properties of $Pb_5(SiO_4)(VO_4)_2$ single crystals, *Sov. Phys. Crystallogr.*, 22, 230, 1977.
27. **Wang, H. and Simmons, G.,** Elasticity of some mantle crystal structures. III. Spessartite-almandine garnet, *J. Geophys. Res.*, 79, 2607, 1974.
28. **Weidner, D. J., Wang, H., and Ito, J.,** Elasticity of orthoenstatite, *Phys. Earth Planet. Inter.*, 17, 7, 1978.
29. **Yoon, H. S. and Newnham, R. E.,** The elastic properties of beryl, *Acta Crystallogr. A*, A29, 507, 1973.

Nonsilicate Minerals Series

1. **Adachi, M. and Kawabata, A.,** Elastic and piezoelectric properties of potassium lithium niobate (KLN) crystals, *Jpn. J. Appl. Phys.*, 17, 1969, 1978.
2. **Alton, W. J. and Barlow, A. J.,** Acoustic-wave propagation in tetragonal crystals and measurements of the elastic constants of calcium molybdate, *J. Appl. Phys.*, 38, 3817, 1967.
3. **Barsch, G. R., Bonczar, L. J., and Newnham, R. E.,** Elastic constants of $Pb_5Ge_3O_{11}$ from 25 to $240°C$, *Phys. Status Solidi*, 29, 241, 1975.
4. **Beattie, A. G. and Samara, G. A.,** Pressure dependence of the elastic constants of $SrTiO_3$, *J. Appl. Phys.*, 42, 2376, 1971.
5. **Bell, R. O. and Rupprecht, G.,** Elastic constants of strontium titanate, *Phys. Rev.*, 129, 90, 1963.
6. **Benner, R. E., Brody, E. M., and Shanks, H. R.,** Composition dependence of elasticity in Na_xWO_3, *J. Solid State Chem.*, 27, 383, 1979.
7. **Budak, M.,** The change of elastic constants of natrium chlorate single crystals by gamma radiation, *Rev. Fac. Sci. Univ. Istanbul*, C39, 145, 1974.
8. **Chang, Z. P. and Barsch, G. R.,** Pressure dependence of single-crystal elastic constants and anharmonic properties of spinel, *J. Geophys. Res.*, 78, 2418, 1973.
9. **Chang, Z. P. and Barsch, G. R.,** Elastic constants and thermal expansion of berlinite, *IEEE Trans. Sonics Ultrason.*, SU-23, 127, 1976.
10. **Cnkalova, V. V., Bondarenko, V. S., Fokina, G. O., and Strizlevskaya, F. S.,** Temperature dependence of the dielectric, piezoelectric, and elastic properties of lithium niobate single crystals, *Izv. Akad. Nauk. SSR Ser. Fiz.*, 35, 1886, 1971.

11. **Chung, D. Y. and Li, Y.,** Elastic constants of single crystal strontium molybdate (SrMoO$_4$), *Phys. Lett.,* 34a, 392, 1971.
12. **Coquin, G. A., Pinnow, D. A., and Warner, A. W.,** Physical properties of lead molybdate relevant to acoustic-optic device applications, *J. Appl. Phys.,* 42, 2162, 1971.
13. **Dandekar, D. P.,** Variation in the elastic constants of calcite with temperature, *J. Appl. Phys.,* 39, 3694, 1968.
14. **Dandekar, D. P.,** Pressure dependence of the elastic constants of calcite, *Phys. Rev.,* 172, 873, 1968.
15. **Dandekar, D. P. and Ruoff, A. L.,** Temperature dependence of the elastic constants of calcite between 160 and 300 K, *J. Appl. Phys.,* 39, 6004, 1968.
16. **Farley, J. M. and Saunders, G. A.,** The elastic constants of CaWO$_4$, *Solid State Commun.,* 9, 965, 1971.
17. **Farley, J. M. and Saunders, G. A.,** Ultrasonic study of the elastic behavior of calcium tungstate between 1.5 K and 300 K, *J. Phys. C,* 5, 3021, 1972.
18. **Farley, J. M., Saunders, G. A., and Chung, D. Y.,** The elastic constants of strontium molybdate, *J. Phys. C,* 6, 2010, 1973.
19. **Gabrielyan, V. T., Kludzin, V. V., Kulakov, S. V., and Razzhivin, B. P.,** Elastic and photoelastic properties of lead molybdate single crystals, *Sov. Phys. Solid State,* 17, 388, 1975.
20. **Gluyas, M., Hughes, F. D., and James, B. W.,** The elastic constants of calcium tungstate, 4.2 — 300 K, *J. Phys. D,* 6, 2025, 1973.
21. **Gluyas, M., Hunter, R., and James, B. W.,** The elastic constants of sodium bromate from 150 to 300 K, *J. Phys. D,* 8, 1, 1975.
22. **Graham, L. J. and Chang, R.,** Elastic moduli of single-crystal gadolinium gallium garnet, *J. Appl. Phys.,* 41, 2247, 1970.
23. **Haussühl, S.,** Kristallographie der alaune, *Z. Kristallogr.,* 116, 371, 1961.
24. **Haussühl, S.,** The propagation of elastic waves in hexagonal lithium iodate, *Acoustica,* 23, 165, 1970.
25. **Haussühl, S.,** Piezoelectric electro-optic, dielectric, elastic and thermoelastic properties of hexagonal Cs$_2$S$_2$O$_6$, LiClO$_4$·3H$_2$O, LiClO$_4$·D$_2$O, and Ba(NO$_2$)$_2$·H$_2$O, *Acta Crystallogr.,* A34, 547, 1978.
26. **Haussühl, S. and Mateika, D.,** The elastic and thermoelastic constants of Gd$_3$Ga$_3$O$_{12}$, *Z. Naturforsch. A,* 27A, 1521, 1972.
27. **Haussühl, S., Mateika, D., and Tolksdorf, W.,** Elastic and thermoelastic constants of Y$_3$Fe$_5$O$_{12}$, Nd$_3$Ga$_5$O$_{12}$, and Sm$_3$Ga$_5$O$_{12}$ garnets, *Z. Naturforsch. A,* 31A, 390, 1976.
28. **Haussühl, S. and Preu, P.,** Determination of third-order elastic constants from stress-shifted resonance frequencies, observed by diffraction of light. Examples: aluminum alums of K, NH$_4$, Cs, and CH$_3$NH$_3$, *Acta Crystallogr.,* A34, 442, 1978.
29. **Humbert, P. and Plicque, F.,** Elastic properties of monocrystalline rhombohedral carbonates: calcite magnesite, dolomite, *C. R. Seances Sci.,* 275, 391, 1972.
30. **James, B. W.,** Comments of the paper, "Ultrasonic wave propatation in tetragonal crystals and measurements of the elastic constants of strontium molybdate, *Phys. Status Solidi,* 13, 89, 1972.
31. **Jantz, W., Sandercock, J. R., and Wettling, W.,** Determination of magnetic and elastic properties of FeBO$_3$ by light scattering, *J. Phys. C; Solid State Phys.,* 9, 2229, 1976.
32. **Lec, R. and Soluch, W.,** The elastic, piezoelectric, dielectric, and acoustic properties of LiIO crystals, in *Ultrasonic Symp. Proc.,* IEEE, New York, 1978, 389.
33. **Lewis, M. F.,** Elastic constants of magnesium aluminate spinel, *J. Acoust. Soc. Am.,* 40, 728, 1966.
34. **Liu, H-P., Schock, R. N., and Anderson, D. L.,** Temperature dependence of single-crystal spinel (MgAl$_2$O$_4$) elastic constants from 293 to 423 K measured by light-sound scattering in the Raman-Nath region, *Geophys. J. R. Astron. Soc.,* 42, 217, 1975.
35. **Schreiber, E.,** Elastic moduli of single-crystal spinel at 25°C and to 2 kbar, *J. Appl. Phys.,* 38, 2508, 1967.
36. **Smith, R. T. and Welsh, F. S.,** Temperature dependence of the elastic, piezoelectric, and dielectric constants of lithium tantalate and lithium niobate, *J. Appl. Phys.,* 42, 2219, 1971.
37. **Srinivasan, K. R. and Gopal, E. S. R.,** The elastic constants of isomorphous sodium bromate and sodium chlorate from 77 to 350 K, *Solid State Commun.,* 17, 1119, 1975.
38. **Verma, R. L.,** Elasticity of some high-density crystals, *J. Geophys. Res.,* 65, 757, 1960.
39. **Wachtman, J. B., Jr., Brower, W. S., Jr., and Farabaugh, E. N.,** Elastic constants of single crystal calcium molybdate (CaMoO$_4$), *J. Am. Ceram. Soc.,* 51, 341, 1968.
40. **Wang, H., Gupta, M. C., and Simmons, G.,** Chrysoberyl (Al$_2$BeO$_4$): anomaly in velocity-density systematics, *J. Geophys. Res.,* 80, 3761, 1975.
41. **Wang, H. and Simmons, G.,** Elasticity of some mantle crystal structures. I. Pleonaste and hercynite spinel, *J. Geophys. Res.,* 77, 4379, 1972.
42. **Witek, A., Wosik, J., and Zbieranowski, W.,** The elastic constants and Debye temperature of the monocrystal NaMgAl(C$_2$O$_4$)·9H$_2$O, *Phys. Status Solidi,* 53, K27, 1979.
43. **Yamada, T.,** Elastic and piezoelectric properties of lead potassium niobate, *J. Appl. Phys.,* 46, 2894, 1975.

44. **Yamada, T., Iwasaki, H., and Niizeki, N.,** Elastic and piezoelectric properties of ferroelectric 5PbO·3GeO$_2$ crystals, *J. Appl. Phys.,* 43, 771, 1972.
45. **Zelenka, J.,** Electro-mechanical properties of bismuth germanium oxide (Bi$_{12}$GeO$_{20}$), *Czech. J. Phys.,* B28, 165, 1978.

Thermal Expansivity

1. **Bayer, G.,** Thermal expansion of ABO$_4$ compounds with zircon and scheelite structures, *J. Less-Common Metals,* 26, 255, 1972.
2. **Bailey, D. M., Calderwood, F. W., Greiner, J. D., Hunter, O., Jr., Smith, J. F., and Schiltz, R. J., Jr.,** Reproducibilities of some physical properties of MgF$_2$, *J. Am. Ceram. Soc.,* 58, 498, 1975.
3. **Bailey, A. C. and Yate, B.,** The low temperature thermal expansion and vibration properties of alkaline earth fluorides, *Proc. Phys. Soc.,* 91, 390, 1967.
4. **Buffington, R. M. and Latimer, W. M.,** The measurement of coefficients of expansion at low temperatures. Some thermodynamic applications of expansion data, *J. Am. Chem. Soc.,* 48, 2305, 1926.
5. **Carter, R. E.,** Thermal expansion of MgFe$_2$O$_4$, FeO, and MgO·2FeO, *J. Am. Ceram. Soc.,* 42, 324, 1959.
6. **Dantl, G.,** Warmeausdehung von H$_2$O and D$_2$O einkristallen, *Z. Phys.,* 166, 115, 1962; 169, 466, 1962.
7. **Deshpande, V. T.,** Thermal expansion of sodium fluorides and sodium bromide, *Acta Crystallogr.,* 14, 794, 1961.
8. **Enck, F. D. and Dommel, J. G.,** Behavior of the thermal expansion of NaCl at elevated temperatures, *J. Appl. Phys.,* 36, 839, 1965.
9. **Foëx, M.,** A type of transformation common to manganous, ferrous, cobaltous, and nickelous oxides, *C. R. Acad. Sci.,* 227, 193, 1948.
10. **Frisillo, L. A. and Buljan, S. T.,** Linear thermal expansion coefficients of orthopyroxene to 1000°C, *J. Geophys. Res.,* 77, 7115, 1972.
11. **Gorton, A. T., Bitisianes, X., and Joseph, T. L.,** Thermal expansion coefficients for iron and its oxides from X-ray diffraction measurements at elevated temperatures, *Trans. AIME,* 233, 1519, 1965.
12. **Huggins, M. L.,** Lattice energies, equilibrium distances, compressibilities and characteristic frequencies of alkali halide crystal, *J. Chem. Phys.,* 5, 143, 1937.
13. **Ito, H., Kawada, K., and Akimoto, S.,** Thermal expansion of stishovite, *Phys. Earth Planet. Inter.,* 8, 277, 1974.
14. **Iwasaki, H., Miyazawa, S., Koizumi, H., Sugii, K., and Niizeki, N.,** Ferroelectric and optical properties of Pb$_5$Ge$_3$O$_{11}$ and its isomorphous compound Pb$_5$Ge$_2$SiO$_{11}$, *J. Appl. Phys.,* 43, 4907, 1972.
15. **Julliard, J. and Nouet, J.,** Analyse radiocristallographique de la distorsion magnetostrictive dans les antiferromagnetiques KCoF$_3$, RbCoF$_3$, et TlCoF$_3$, *Rev. Phys. Appl.,* 10, 325, 1975.
16. **Khan, A. A.,** X-ray determination of thermal expansion of zinc oxides, *Acta Crystallogr,* 24, 403, 1968.
17. **Kirby, R. K.,** Thermal expansion of rutile from 100 to 700 K, *J. Res. N.B.Stand. Phys. Chem.,* 17A, 363, 1967.
18. **Krishman, R. S.,** *Progress in Crystal Physics, Volume I: Thermal, Elastic, and Optical Properties,* Interscience, New York, 1958.
19. **Krishnan, R. S., Srinivasan, R., and Devanarayanan, S.,** *Thermal Expansion of Crystals,* Pergamon Press, New York, 1979, 115.
20. **Lawn, R. B.,** The thermal expansion of silver iodide and the cuprous halides, *Acta Crystallogr.,* 17, 1341, 1964.
21. **McWhan, D. B. and Remeika, J. P.,** Metal-insulator transition in (v$_{1-x}$Cr$_x$)$_2$O$_3$, *Phys. Rev.,* B2, 3734, 1970.
22. **Meincke, P. P. M. and Graham, G. M.,** The thermal expansion of alkali halides, *Canad. J. Phys.,* 43, 1853, 1965.
23. **Nicklow, R. M. and Young, R. A.,** Thermal expansion of AgCl, *Phys. Rev.,* 129, 1936, 1963.
24. **Okajima, S., Suzuki, I., Seya, K., and Sumino, Y.,** Thermal expansion of single-crystal tephroite, *Phys. Chem. Miner.,* 3, 111, 1978.
25. **Okazaki, A. and Snemune, J.,** The crystal structures of KMnF$_3$, KFeF$_3$, KCoF$_3$, KNiF$_3$, and KCuF$_3$ above and below their Neel temperatures, *J. Phys. Soc. Jpn.,* 16, 671, 1961.
26. **Peercy, P. S., Fritz, I. J., and Samara, G. A.,** Temperature and pressure dependences of the properties and phase transition in para-tellurite (TeO$_2$): ultrasonic, dielectric, and raman and Brillouin scattering results, *J. Phys. Chem. Solids,* 36, 1105, 1975.
27. **Plendl, J. N. and Mansur, L. C.,** Anomalous thermal expansion with infrared spectroscopy, *Appl. Opt.,* 11, 1194, 1972.
28. **Rao, K. V. K.,** Thermal expansion and crystal structure, *Am. Inst. Phys. Conf. Proc. (USA),* 17, 219, 1973.
29. **Rao, K. V. K., Naidu, S. V. N., and Iyengar, L.,** Thermal expansion of rutile-type GeO$_2$ by the x-ray method, *J. Am. Ceram. Soc.,* 51, 467, 1968.

30. **Redmond, A. D. and Yates, B.,** The low temperature thermal expansion of thallous chloride and thallous bromide, *J. Phys. Solid State Phys.,* 5, 1589, 1972.
31. **Rice, R.,** CaO. II. Properties, *J. Am. Ceram. Soc.,* 52, 428, 1969.
32. **Rigby, G. R., Lovell, G. H. B., and Green, A. T.,** Some properties of the spinels associated with chrome ores, *Trans. Br. Ceram. Soc.,* 45, 137, 1946.
33. **Rubin, T., Jonston, H. L., and Altman, H. W.,** Thermal expansion of rock salt, *J. Phys. Chem.,* 65, 65, 1961.
34. **Sirdeshmukh, D. B. and Deshpande, V. T.,** Temperature variations of the lattice constants and the coefficients of thermal expansion of some fluorite type crystals, *Ind. J. Pure Appl. Phys.,* 2, 405, 1964.
35. **Skinner, B. J.,** X-ray crystallographic data of minerals, in *Handbook of Physical Constants,* Clark, S. P., Jr., Ed., Geological Society of America, New York, 1966, 30.
36. **Smith, D. K. and Leider, H. R.,** Low temperature thermal expansion of LiH, MgO, and CaO, *J. Appl. Crystallogr.,* 1, 246, 1968.
37. **Srivastava, K. K. and Merchant, H. D.,** Thermal expansion of alkali halides above 300 K, *J. Phys. Chem. Solids,* 34, 2069, 1973.
38. **Stecura, S. and Campbell, W. J.,** Thermal expansion and phase inversion of rare-earth oxides, *U.S. Bur. Mines Rep. Invest.,* 5847, 1, 1961.
39. **Suzuki, I.,** Cell parameters and linear thermal expansion coefficients of orthopyroxene, *Zisin (Japan),* 28, 1, 1975.
40. **Suzuki, I.,** Thermal expansion of periclase and olivine, and their amharmonic properties, *J. Phys. Earth,* 23, 145, 1975.
41. **Suzuki, I., Ohtani, E., and Kumazawa, M.,** Thermal expansion of γ-Mg_2SiO_4, *J. Phys. Earth,* 27, 53, 1979.
42. **Suzuki, I., Okajima, S., and Seya, K.,** Thermal expansion of single-crystal manganosite, *J. Phys. Earth,* 27, 63, 1979.
43. **Suzuki, I., Seya, K., Takei, H., and Sumino, Y.,** Thermal expansion of fayalite, Fe_2SiO_4, *Phys. Chem. Miner.,* 7, 60, 1981.
44. **Teaney, D. T., Moruzzi, V. L., and Argyle, B. E.,** Critical point of the cubic antiferromagnet $RbMnF_3$, *J. Appl. Phys.,* 37, 1122, 1966.
45. **Wachtman, J. B., Jr., Scuderi, T. G., and Cleek, G. W.,** Linear thermal expansion of aluminum oxide and thorium oxide from 100 to 1100 K, *J. Am. Ceram. Soc.,* 45, 319, 1962.
46. **Wilfong, R. L., Domingnes, L. P., Furlong, L. R., and Finlayson, J. A.,** Thermal expansion of the oxides of yttrium, cerium, samarium, europium, and dysprosium, *U.S. Bur. Mines Rep. Invest.,* 6180, 1, 1963.
47. **Winslow, G. H.,** Thermomechanical properties of real materials: the thermal expansion of UO_2 and ThO_2, *High Temp. Sci.,* 3, 361, 1971.
48. **Yates, B. and Bailey, A. C.,** The low-temperature anisotropic thermal expansion of calcium tungstate, *J. Low Temp. Phys.,* 4, 117, 1971.

Specific Heat

1. **Bailey, A. C. and Yates, B.,** The low-temperature thermal expansion and vibrational properties of alkaline earth fluorides, *Proc. Phys. Soc. London,* 91, 390, 1967.
2. **Barin, I. and Knacke, O.,** *Thermochemical Properties of Inorganic Substances,* Springer-Verlag, Berlin, 1973.
3. **Barin, J., Knacke, O., and Kubaschewski, O.,** *Thermochemical Properties of Inorganic Substances,* Springer-Verlag, Berlin, 1977.
4. **Clusius, K., Goldman, J., and Perlick, A.,** Ergebnisse der tieftemperaturforschung. VII. Die molwarmen der alkalihologenide LiF, NaCl, KCl, KBr, KI, RbBr, und RbI, von 10 bis 273° abs., *Z. Naturforsch.,* 4a, 424, 1949.
5. **Dechadas, C., Keer, H. V., Kao, R. V. G., and Biswas, A. B.,** Thermal anomalies and antiferromagnetic ordering in $KCoF_3$, $KNiF_3$, and $KCuF_3$, *Ind. J. Pure Appl. Phys.,* 5, 148, 1967.
6. **Dworkin, A. S. and Bredig, M. A.,** The heats of fusion and transition of alkaline earth and rare earth material halides, *J. Phys. Chem.,* 67, 697, 1963.
7. **Eastman, E. D. and Miller, R. T.,** The entropy of a crystalline solution of silver bromide and silver chloride in relation to the third law of thermodynamics, *J. Chem. Phys.,* 1, 444, 1933.
8. **Holm, J. L., Kleppa, O. J., and Westrum, E. F., Jr.,** Thermodynamics of polymorphic transformations in silica. Thermal properties from 5 to 1070 K and pressure-temperature stability fields for coesite and stishovite, *Geochim. Cosmochim. Acta,* 31, 2289, 1967.
9. *Landolt/Börnstein Tables,* Vol. 2, 6th ed., Part 4, Springer-Verlag, Berlin, 1961.
10. **Robie, R. A. and Waldbaum, D. R.,** Thermodynamic properties of minerals and related substances at 298.15 K (25.0°C) and one atmospheres, *U.S. Geol. Surv. Bull.,* 1259, 1, 1968.

11. **Smith, C. S. and Cain, L. S.**, Born model repulsive interations in the alkali halides determined from ultrasonic data, *J. Phys. Chem. Solids,* 36, 205, 1975.
12. **Stout, J. W. and Catalano, E.**, Heat capacity of zinc fluoride from 11 to 300 K. Thermodynamic functions of zinc fluoride. Entropy and heat capacity associated with the antiferromagnetic ordering of manganous fluoride and nickelous fluoride, *J. Chem. Phys.,* 23, 2013, 1955.
13. **Stull, D. R. and Prophet, H.**, JANAF Thermochemical Tables, 2nd ed., National Bureau of Standards Rep. No. NSRDS-NBS 37, Washington, D.C., 1971.
14. **Touloukian, Y. S.**, *Thermophysical Properties of High Temperature Solid Material, Volume 15: Non-Oxides and their Solutions and Mixtures Including Miscellaneous Ceramic Materials,* Thermophysical Properties Research Center, Purdue University, Lafayette, Ind., 1967.
15. **Weast, R. C., Ed.**, *Handbook of Chemistry and Physics,* 53rd ed., CRC Press, Boca Raton, Fla., 1972, D-129.

REFERENCES

1. **Alexandrov, K. S. and Ryzhova, T. V.**, The elastic properties of crystals, *Sov. Phys. Crystallogr.,* 6, 228, 1961.
2. **Alexandrov, K. S., Altykov, V. V., Belikov, B. P., Zaslavsky, B. I., and Krupny, A. I.**, Elastic wave velocity of minerals at atmospheric pressure and the refinement of elastic constant by means of EVM, *Izv. Akad. Nauk SSSR Ser. Geol.,* 10, 15, 1974.
3. **Anderson, D. L.**, A seismic equation of state, *R. Astron. Soc. Geophys. J.,* 13, 9, 1967.
4. **Anderson, D. L. and Anderson, O. L.**, The bulk-modulus-volume relationship for oxides, *J. Geophys. Res.,* 75, 3493, 1970.
5. **Anderson, O. L. and Soga, N.**, A restriction to the law of corresponding states, *J. Geophys. Res.,* 66, 2199, 1961.
6. **Anderson, O. L.**, Determination and some use of isotropic elastic constants of polycrystalline aggregate using single-crystal data, *Physical Acoustics,* Academic Press, New York, 1965, 43.
7. **Anderson, O. L. and Nafe, J. E.**, Bulk modulus-volume relationship for oxide compounds and related geophysical problems, *J. Geophys. Res.,* 70, 3951, 1965.
8. **Anderson, O. L.**, A proposed law of corresponding states for oxide compounds, *J. Geophys. Res.,* 71, 4963, 1966.
9. **Anderson, O. L. and Soga, N.**, A restriction to the law of corresponding states, *J. Geophys. Res.,* 72, 5754, 1967.
10. **Anderson, O. L., Schreiber, E., Liebermann, R. C., and Soga, N.**, Some elastic constant data on minerals relevant to geophysics, *Rev. Geophys.,* 6, 491, 1968.
11. **Anderson, O. L., Boehler, R., and Sumino, Y.**, Anharmonicity in the EOS at high temperature for some geophysically important solids, in *Proc. U.S.-Japan 1981 High Pressure Conf. 1981,* Akimoto, S. and Manghnani, M. H., Eds., Center for Academic Publications, Tokyo, 1982.
12. **Belikov, B. P., Alexandrov, K. S., and Ryzhova, T. V.**, *Elastic Properties of Rock-Forming Minerals and Rocks,* Publishing Office, NAUKA, Moscow, 1970.
13. **Birch, F.**, The velocity of compressional waves in rocks to 10 kilobars, *J. Geophys. Res.,* 66, 2199, 1961.
14. **Birch, F.**, Compressibility; Elastic constants, in *Handbook of Physical Constants,* Clark, S. P., Jr., Ed., Geological Society of America, Boulder, CO, 1966, 97.
15. **Chung, D. H.**, Birch's law: why is it so good? *Science,* 177, 261, 1972.
16. **Hearmon, R. F. S.**, The elastic constants of anisotropic materials, *Rev. Mod. Phys.,* 18, 409, 1946.
17. **Hearmon, R. F. S.**, The elastic constants of anisotropic materials II, *Adv. Phys.,* 5, 323, 1956.
18. **Hearmon, R. F. S.**, The elastic constants of non-piezoelectric crystals, in *Landolt-Börnstein Tables, Numerical Data and Functional Relationships in Science and Technology,* Vol. 1, New Series, Group III, Hellwege, K. H., Ed., Springer-Verlag, New York, 1966.
19. **Hearmon, R. F. S.**, The elastic constants of non-piezoelectric crystals, in *Landolt-Börnstein Tables, Numerical Data and Functional Relationships in Science and Technology,* Vol. 2, New Series, Group III, Hellwege, K. H., Ed., Springer-Verlag, New York, 1969.
20. **Hill, R.**, The elastic behaviour of a crystalline aggregate, *Proc. Phys. Soc. London, Sect. A,* 65, 349, 1952.
21. **Huntington, H. B.**, The elastic constants of crystals, in *Solid State Physics,* Seitz, F. and Turnbull, D., Ed., Academic Press, New York, 1958, 213.

22. **Kumazawa, M.,** The elastic constants of rocks in terms of elastic constants of constituent mineral grains, petrofabric and interface structures, *J. Earth Sci. Nagoya Univ.*, 12, 147, 1964.
23. **Reuss, A.,** Berechnung der fliessgrenze von mischkristallen auf grund der plastizitätsbedingun für einkristalle, *Z. Angew. Math. Mech.*, 9, 49, 1929.
24. **Shankland, T. J. and Chung, D. H.,** General relationships amoung sound speeds, *Phys. Earth Planet. Inter.*, 121, 1974.
25. **Simmons, G.,** Velocity of compressional waves in various minerals at pressures up to 10 kilobars, *J. Geophys. Res.*, 69, 1117, 1964.
26. **Simmons, G.,** Single crystal elastic constants and calculated aggregate properties, *J. Grad. Cent.*, 34, 1, 1965.
27. **Simmons, G. and Wang, H.,** *Single Crystal Elastic Constants and Calculated Aggregate Properties,* M.I.T. Press, Cambridge, Mass., 1971.
28. **Voigt, W.,** *Lehrbuch der Krystallphysik,* B. G. Teubner, Leipzig, 1928.

Chapter 3

INELASTIC PROPERTIES OF ROCKS AND MINERALS: STRENGTH AND RHEOLOGY

Stephen H. Kirby and John W. McCormick

TABLE OF CONTENTS

Introduction	140
Laboratory Testing of Rock and Mineral Strength	140
General Mechanical Behavior of Rocks in Short-Term Triaxial Tests	143
Effects of Water and Other Fluids	144
Time-Dependent Strength Effects	146
Brittle Creep	147
Semi-Brittle Creep	148
Ductile Creep	148
Rock Friction	151
References	270

INTRODUCTION

Handin's[110] chapter on rock strength and ductility in the *Handbook of Physical Constants* was a major attempt to summarize data pertaining to rock strength. Written in the early 1960s, it is the most comprehensive collection of rock strength data published up to about 1964. Since it was written, a massive volume of rock strength data has appeared in the scientific literature, and periodic reviews and several excellent books on experimental rock mechanics have been written.[149,150,183-185,215,225,292] Given these facts and practical limitations of this chapter, it is not possible or even desirable to attempt to produce a summary with the scope of the Handin review. We rather view this work as a source on the science of rock mechanics and a representative summary of data pertaining to experimental rock strength which have appeared since 1964. No attempt has been made to summarize the engineering properties of rocks, such as the room temperature compressive strength, since comprehensive summaries of this kind already exist (see references cited in Handin,[110] Lama and Vukutari[183,184] Deere and Miller,[68] Hendron,[140] Ohnaka[218]).

Since the Handin review, there have been several major developments in the science of experimental rock mechanics:

1. The time-dependent aspects of rock strength have been extensively explored, not only in ductile flow regime, but also in brittle deformation and in rock friction.
2. The weakening effects of water on plastic flow, crack propagation, and related phenomena have led to the widespread belief that water plays a major, if not dominating role, in controlling deformation in the crust of the earth.
3. The phenomenon of brittle failure by faulting under compressive load has been illuminated by careful measurement of axial, radial, and volumetric strains and by detection of acoustical events associated with microfracturing. These developments have emphasized the important role of microfracturing prior to failure and have led to fundamental changes in prevailing ideas of the physics of brittle fracture. Recent work has emphasized the intrinsic propagation properties of cracks and the statistical interactions of three-dimensional arrays of microcracks.
4. The development of the solid-medium, piston-cylinder apparatus by David Griggs in the mid 1960s greatly expanded the pressure range for rock strength measurements, although the accuracies in stress and temperature measurement still do not rival those of fluid medium apparatus. It has been demonstrated that the pressure accommodated by most gas apparatus (up to about 8 kbar) is insufficient to suppress the weakening effects of microfracturing in most silicate rocks at temperatures below 1000°C. Thus the piston cylinder data are the only information available on the intrinsic plastic strength of most silicate rocks below 1000°C.
5. The conviction that rock friction measurements are relevant to the mechanics of large-scale faulting and earthquakes and to the engineering stability of rock structures prompted an explosion of data on rock friction. Recent work has focused on time-dependent effects and on the frictional behavior of artificial and natural fault gouge.

LABORATORY TESTING OF ROCK AND MINERAL STRENGTH

It is clearly desirable in experimental testing of rocks to maintain conditions in the parameters which control rock strength as uniformly as possible. In particular a uniform state of stress should be strived for, an objective which has probably never been fully realized in rock testing. Certain loading geometries approach this ideal most closely; specifically those experiments which have circular cylindrical geometry with a fluid pressure applied to the cylindrical surface and the specimen loaded differentially along the cylinder axis by compression or subject to a moment (Figure 1).* Cylindrical samples are usually enclosed in tubes of plastic or soft metal to deny the confining fluid accesses to the sample. Since the confining fluid cannot sustain significant shear stresses, the cylindrical surface bears no shear tractions and therefore, two of the principal stresses are normal to this surface and equal to the confining pressure, P, and the third is parallel to the cylinder axis. Following the usual convention, compressive stresses are considered positive and ranked $\sigma_1 > \sigma_2 > \sigma_3$. The principal sources of nonuniformity in the states of stress in cylindrical samples are nonuniformities in the elastic and inelastic properties of the sample material and nonuniformity due to end effects. The latter are thought to be due to mismatches in the elastic and thermal properties of the sample and pistons used to load the sample and due to the resulting frictional stresses at the sample-piston interfaces (see reviews on end effects by Jaeger and Cook,[150] Vukuturi et al.,[292] Paterson[225]). One of the ways of minimizing end effects is to increase the length ℓ to diameter d ratio. In triaxial compression tests ($\sigma_1 > \sigma_2 = \sigma_3 = P$, Figure 1A), ℓ/d is usually less than three to avoid buckling and greater than two to minimize end effects. Data on the buckling of rocks beams under confining pressure with $\ell/d \geqslant 3$ may be found in the papers on experimental folding by Handin et al.[114,115] In triaxial extension tests ($\sigma_1 = \sigma_2 = P > \sigma_3$, Figure 1B), end effects due to friction are lessened since the normal stress across the sample-piston interface is minimized, and evidently the limitations of ℓ/d due to buckling problems do not apply. In triaxial torsion tests (Figure 1C and D), a circular cylinder (solid or hollow), is subject to a confining pressure, P, on the cylindrical surfaces and is torqued by a moment, M, and compressed along its axis by a stress σ_x.

In a simple torsion experiment on a solid cylinder where σ_x and P are zero, the maximum shearing stress $(\tau_{xy})_{max}$ on the cylindrical surface is:

$$(\tau_{xy})_{max} = 2M/(\pi r_o^3) \tag{1}$$

and τ_{xy} varies within the cylinder as the radial distance. This uncertainty due to the radial dependence is reduced if torque is applied to a thin-walled hollow cylinder and

$$(\tau_{xy})_{max} = 2M/[\pi r_o^3(1 - r_o^3/r_o^4)] \tag{2}$$

where again τ_{xy} within the cylinder wall varies as the radial distance. Both of these calculations rely on an elastic solution, but to a good approximation in a thin-walled hollow cylinder

$$\tau_{xy} = 3M/[2\pi(r_o^3 - r_i^3)] \tag{3}$$

and the radial dependence can be neglected. By combining torsion with axial compression or extension, and confining pressure P, the magnitude of σ_2 (always radially directed and equal to P) can be made to arbitrarily vary between the bounds of σ_1 and σ_3 (see Table 1). The relative values of σ_x, P, and M also determine the angle β between σ_1 and the x axis along the cylinder:

$$\tan \beta = 2\tau_{xy}/(\sigma_x - P) \tag{4}$$

Thus triaxial torsion-compression tests can be performed such that $\sigma_1 > \sigma_2 > \sigma_3$. The principal uncertainties are in the end effects, as in compression and extension tests. An

---

* All figures and tables follow the text.

empirical relationship between the results from solid and hollow cylinders has been put forward by Handin et al.,[117] which may permit solid cylinder testing in lieu of the more difficult tests on hollow cylinders. Data on the triaxial torsion of solid cylinders is summarized in Table 5.

The usual measure of rock strength in triaxial compression and extension tests is the sustained differential stress $\sigma = (\sigma_1 - \sigma_3) = |\sigma_x - P|$, which is directly related to the maximum shear stress $\tau_{max} = \sigma/2$ and the octahedral shear stress $\tau_{oct} = \sigma\sqrt{2/3}$. The latter is a measure of the average shear stress responsible for inelastic deformation.

Various attempts have been made to achieve a polyaxial state of stress ($\sigma_1 > \sigma_2 > \sigma_3$) in rectangular parallelopiped samples which are independently loaded normal to the three pairs of surfaces. Here, end effects are especially important and can pervade the whole sample. Typically, experiments where σ_2 is held equal to σ_3 compare poorly with triaxial compression tests under the same nominal conditions.[150] Other types of tests, such as three-point bending of beams, diametrical loading of circular discs, internal pressurization and axial compression of thick-wall cylinders, and indentation testing are much more difficult to interpret, because the stresses at failure or yield rely on an elastic solution of the stress distribution. In particular where failure occurs under local tensile stresses, the elastic properties of rocks are particularly difficult to estimate since the elastic moduli are strongly dependent on the elastic strain.[121,293,294] Data from experiments of these types are tabulated in Vukutari et al.[292] and in Jaeger and Cook.[150] Specialized loading geometries are used for friction measurements and are reviewed in a later section.

An elastic apparatus deflection accompanies the nonhydrostatic loading of a rock sample (Figure 2). This distortion includes the axial compression of the loading column and the elastic deflection in the force generating system (transmission driven by an electric motor or a hydraulic ram, etc.) Typically, the relationship between the differential axial load ΔF_x and the apparatus elastic distortion $\Delta \ell_d$ is strongly nonlinear at low load, but to a good approximation, the elastic deflection is given by $\Delta \ell_d = (k_a \Delta F_x) + \Delta \ell_t$ where k_a is the apparatus spring constant, and $\Delta \ell_t$ is the nonlinear apparatus take up at low load. The elastic deflection $\Delta \ell_d$ is usually subtracted from the total piston displacement $\Delta \ell_T$ and the relative shortening is defined as $\epsilon = (\Delta \ell_T - \Delta \ell_d)/\ell_o$ where ℓ_o is the original length.

The differential stress $\sigma = (\Delta F_x - \Delta F_c)/A_i$ where ΔF_x is the piston force above (or below in extension) that corresponding to the confining pressure P, ΔF_c is a correction for piston friction and for the force borne by the specimen jacket and A_i is the cross-sectional area of the specimen at the strain in question. In experiments on mineral single crystals, A_i depends on the specific geometry of plastic deformation. In rocks that are approximately isotropic, it is usually assumed that strain is homogeneous and constant volume, for which $A_i = A_0(1 + \epsilon)$, where A_0 is the zero strain cross-sectional area, and compression is considered as positive strain. The uniform strain assumption may be judged by specimen shape. Paterson and Edmond[226] warn that the constant volume assumption may be substantially in error in experiments on specimens taken to large strain (>10%) where stable microfracturing and associated dilatancy are important.

The stress-strain-time relations may be programed in a number of useful ways.

Nominally constant strain rate tests — Here, the force generator (synchronous motor, hydraulic pump, etc.) is set at constant speed such that the total shortening rate of the sample plus apparatus load column is constant. Since the apparatus distortion is nonlinear and the load changes with time, the axial strain rate, $\dot{\epsilon}$, is not fixed but varies with time and strain. In experiments where the stress drops due to plastic yielding or brittle fracture, the shape of the stress-strain curve after yield or failure can depend strongly on the apparatus distortion coefficient k_a.[90,100] (see also review by Paterson[225]).

Creep (constant stress) tests — Here, the differential stress σ is fixed and the specimen shortening is monitored with time (Figures 14 and 16). Usually, the elastic strains upon loading are not included since time-dependent elastic strains are typically not significant. Constant load tests, in which changes in cross-sectional area with strain are not compensated by changes in axial load, are typically used in testing of mineral single crystals, since the compensation depends on the specific geometry of plastic strain and since it is more convenient to hold the axial load constant in dead load apparatuses. These type of experiments are used to explore the effects of time on rock strength.

Stress relaxation tests — These are performed by loading at constant strain rate and then turning off the force generating system. The load on the specimen is sustained by the elastic deflection of the apparatus and specimen $\Delta\ell_d + \Delta\ell_e$, and as the specimen shortens plastically by an amount $\Delta\ell_p$, the elastic distortion of the apparatus and sample decrease by a like amount, and the force on the specimen relaxes by $\Delta\ell_p/(k_a + k_s)$. A relationship between the differential stress σ and axial strain rate $\dot{\varepsilon}$ can therefore be derived from the force-time record, the apparatus distortion coefficient, and the specimen dimensions. Relaxation tests are useful in exploring rheological relationships between stress and strain rate and may follow a conventional constant strain rate test. Although there are substantial problems of interpretation of such experiments, the technique has been applied to a wide range of rocks and minerals.[9,99,100,102,144,171,212,238,239,253,259,260]

Cyclic loading experiments — These tests, at low frequency ($\ll 1$ Hz), have been used to determine the time-dependent (anelastic) elastic properties of rocks and to explore the cyclic fatigue failure of rocks under brittle conditions (see reviews by Paterson[225] and Brace[41]).

GENERAL MECHANICAL BEHAVIOR OF ROCKS IN SHORT-TERM TRIAXIAL TESTS

In the context of short-term constant strain rate (5×10^{-4} to 10^{-5} sec^{-1}) triaxial tests, "yield strength" is fundamentally defined as the differential stress σ_y above which a significant permanent change in length is sustained by the test specimen (Figure 3). This definition corresponds to the elastic limit or offset yield strength in tensile tests on metals and relates to a critical stress at onset of plastic deformation or brittle fracture. In practice, other definitions are often used. The "ultimate strength" is the maximum differential stress supported by a sample over a specified range of strain and can represent a relative maximum in strength or simply the strength at the end of a test. Strength can also be defined as the "stress at some specified strain". In constant strain rate experiments at high temperature and/or low strain rate, the stress-strain curve is flat over a wide range of strain; this stress is the "steady-state strength" (Figure 3).

Even in the earliest controlled triaxial experiments on rocks, it was recognized that rock strength increases markedly with increasing confining pressure (Figures 4, 5, and 8). Prominent changes in the mechanisms by which permanent changes in length are accommodated by test specimens also accompany increases in confining pressure (illustrated schematically in Figure 6). Broadly speaking, there are three major regimes of rock behavior.

Brittle regime — Displacements and strains are localized along discrete surfaces (fractures or faults). At the lowest pressures, extension fractures (axial splitting in compression tests) occur in orientations perpendicular to the least principal stress σ_3 and movement is primarily normal to such surfaces. Failure occurs apparently due to locally tensile stress to which rocks are weakly resistant. At yet higher pressures, shear fractures are developed at an angle θ to σ_1 (θ usually ranges from 10 to 35° depending on material and type of test). At elevated temperatures and pressures, loss of cohesion often does not accompany the localization of strain along shear surfaces; this process has been termed "faulting".[104] Collectively, the pressure interval over which extension and shear fracturing and faulting occur is the "brittle regime". In low porosity rocks, significant positive inelastic volumetric strains (dilatancy) occur prior to fracture (Figure 7). Stress-strain curves usually are characterized by stress drops or peaked curves corresponding to the development of fractures or faults and stresses in the post-failure segments of the curves typically decrease with increasing strain. The pressure sensitivity of strength is very high. The pressure sensitivity of fracture strength in triaxial tests is generally analyzed in terms of the Coulomb-Mohr failure criterion: $\tau_f = f(\sigma_n)$ where τ_f is the shear stress at failure on the shear fracture or fault and σ_n is the normal stress on the shear surface (at angle θ to σ_1) where $d\tau_f/d\sigma_n$ usually decreases with increasing σ_n. While useful as an empirical failure criterion relating τ, P, and θ at failure for a given type of test (see reviews by Handin,[110] Jaeger and Cook,[150] Paterson[225]), the experiments using general states of stress $\sigma_1 > \sigma_2 > \sigma_3$ clearly show that this criterion is inadequate to account for the systematic effects of σ_2.[111,117,206]

Semi-brittle regime — Macroscopic strains due to stable microfracturing (cataclasis) and to the mechanisms of crystal plasticity are distributed throughout the specimens. Large increases in volume typically are associated with the microfracturing in low porosity rocks and strains exceeding 20% can be sustained without fracture or faulting (Figure 8). Stress-strain curves are shifted upward in stress with increasing confining pressure. Strength increases nonlinearly with increasing confining pressure (Figures 4 and 5) and increasing confining pressure progressively increases the slope of the stress-strain curve in the post yield regime (Figure 8).

Ductile regime — At yet higher confining pressure, microfracturing can be essentially suppressed and the mechanisms of plastic glide (slip, twinning, and transformation glide) dominate at low to intermediate temperatures. The pressure sensitivity of strength (Figures 4 and 5) is usually very small ($d\sigma/dP < 0.1$) and the slope of the stress-strain curve (i.e., the work hardening rate $d\sigma/d\epsilon$) is insensitive to changes in confining pressure (Figure 8A). Inelastic volumetric strains are unimportant in low porosity rocks deformed in this regime (Figure 8B). Even though confining pressure is the principal factor influencing which deformation regime corresponds to the behavior of a rock in a given type of test, the state of stress has a marked effect on the magnitudes of the confining pressures at the transitions between the three regimes (Figures 5A and 5C). Paterson[225] has reviewed some of the recent literature on the brittle to semi-brittle transition. A review of the data on carbonate rocks by Kirby[165] suggests that transition data for various states of stress are consistent if it is assumed that the transitions occur at critical values of the least principal stress, independent of the state of stress (Figure 5B and 5D). We are not aware of data on crystalline rocks with which we can further test this hypothesis.

EFFECTS OF WATER AND OTHER FLUIDS

Five major weakening effects of water and other fluids have been identified.[99,225]

The effective stress phenomenon — The marked weakness of unjacketed specimens in triaxial tests on porous rocks compared to experiments on specimens jacketed to deny entry by the confining medium was recognized almost at the beginning of the modern stage of rock mechanics testing. The lack of such weakening effects in nonporous materials (crystals, metals) clearly established that the effect is related to pore pressure. Controlled pore pressure triaxial tests, where the pore pressure is independently controlled through a hollow piston, were first inspired by the application of Karl Terzaghi's effective stress law for soils to rocks by Hubbert and Rubey.[147] In porous rocks with sufficient permeability to equilibrate the pore pressure of an inert fluid during deformation, the effect of confining pressure P on rock strength is modified in such a way as if the effective confining pressure were $(P - p)$ or $(\sigma_3 - p)$ where p is the pore pressure (Figure 9). To a good approximation, this effective stress law accounts for the pore pressure effects on fracture strength (through the reduction of σ_n to $(\sigma_n - p)$), on frictional strength (also as an effect on σ_n (Figure 26), and on the ultimate strength of rocks in the semi-brittle regime (Figure 9). In rocks with low porosity, failure of the pore fluid pressure to communicate throughout a sample can lead to diminished weakening effect of fluids,[116] and concurrent increase in pore volume during deformation (dilatency) can locally reduce pore pressure and lead to a strengthening called dilatency hardening. Apparently, the strain rate (and thus the rate of increase of porosity) must be below some critical value relative to the viscosity of the fluid in order for the pore pressure to communicate throughout the pore space and render the pore pressure effective.[43,251] The effective stress phenomenon is purely mechanical and does not take into account any weakening due to chemical reaction of the pore fluid with a rock sample (see review by Paterson[225] on pore fluid chemical effects). In long-term creep tests (see next section), water often shows such chemical effects. Dramatic drops in strength upon heating hydrous minerals above their dehydration temperatures are observed in triaxial tests on sealed (undrained) samples (serpentine,[213,214,240] alabaster,[136,213] amphibole,[242] choritite and microdiorite[213,214]). Although some reduction in strength is observed in vented specimens[213,240] the major weakening effect appears to be associated with the generation of a pore water pressure approximately equal to the confining pressure (i.e., $\lambda = 1.0$) in the sealed tests, and the observed strengths are comparable with the uniaxial strengths of the same material (Figure 10), as in the controlled pore pressure triaxial tests. Also similar to controlled pore pressure tests, reductions of the effective confining pressure by dehydration in sealed capsules leads to an embrittlement[213,214,240] under conditions of confining pressure alone which would produce ductile or semi-brittle behavior. Provided that the pore fluid and sample do not react chemically, that the permeability is high enough for the pore fluid to equilibrate in the pore space, and that the rate of creation of porosity by dilatency during deformation is low relative to the permeability, the effective stress law provides a good approximation of the weakening effects of neutral pore fluids on porous rocks. Presumably, as the effective confining pressure $(P - p)$ increases and the porosity and permeability decrease, rocks in the "ductile field" as defined earlier will not exhibit such pore pressure effects, no matter what the imposed strain rate.

Hydrolytic weakening — Most single crystals and aggregates of high purity dry silicates are remarkably strong in triaxial tests at high confining pressures and temperatures below about half their melting temperatures. Typical strengths are greater than 10 kbars. In apparent contrast, crustal rocks subject to dynamic metamorphism deform plastically at tectonic stresses that are likely to be more than two orders of magnitude lower. Griggs and co-workers[27,29,99-102] have identified an intrinsic lowering of the plastic yield strength associated with water dissolved in the silicate structure. The source of the weakening is thought to be a chemical corrosion effect on the Si–O–Si links in silicates by a hydrolysis reaction to Si–OH:HO–Si. Slip would therefore only require breaking the weak hydrogen bond links. The magnitude of this hydrolytic weakening effect is most striking in single crystal quartz experiments, where "wet" crystals yield at stresses nearly two orders of magnitude lower than high purity "dry" crystals (Figure 11). Quartz crystals are rendered wet and weak by hydrothermal synthesis or by high-pressure hydrothermal treatment of initially "dry" quartz by water released from dehydration of a hydrous mineral used as a confining medium or by water sealed in capsule with sample.[99,101,102,156] Much recent work on the hydrolytic weakening process has centered on hydrothermally grown synthetic crystals with water incorporated during growth.[18,19,21,22,99,100,102,132,145,156,161,168,209,227] A systematic decrease in yield stress with increasing hydroxyl concentration C_{OH} has been identified in short-term triaxial tests on oriented single crystals of synthetic quartz (Figure 12). Time-dependent effects are clearly evident[18,25,161,168] and are reviewed in a later section. Application of these measurements are difficult without information on the equilibrium solubilities of water in the principal silicates as functions of hydrothermal pressure and temperature. The effects of the chemistry of aqueous fluids on the solubility also need to be established.

Stress corrosion of cracks — The importance of microfractures in the development of macroscopic fractures and faults and in semi-brittle behavior was noted earlier. Water has a specific and clear role in promoting crack growth in silicates by the corrosion of crack tips by a hydration reaction analgous to that in the hydrolytic weakening process. Here the replacement of Si–O–Si links across the crack tip by Si–OH: HO–Si links degrades the strength at the crack tip; only weak hydrogen bonds need be broken to sever the Si to Si links and extend the crack. Early experiments on rocks and minerals[60,270,271] established that time to failure of specimens subject to constant uniaxial load was systematically and strongly reduced by environmental water. In similar experiments on precracked quartz crystals,[197,198] the rate of extension of axial tensile cracks at a fixed uniaxial load increased systematically with the partial pressure of water vapor, and the temperature dependence matched that observed in the time to failure data in the static fatigue tests on quartz crystals of Scholz.[271] In controlled double torsion experiments in quartz, Atkinson[10] observed systematically higher velocities of stable crack growth in samples saturated with liquid water compared to those samples saturated with humid air (Figure 13). No significant stable cracking was observed below the critical stress intensity factor for catastrophic tensile failure in carefully vacuum-dried quartz samples. Similar effects were measured on novaculite[11] granite,[14] (Figure 13), and gabbro.[15] For many rock types, carefully dried samples have significantly higher fracture strengths than air-dired or saturated samples with atmospheric pore pressure (see references cited in Paterson,[225] p. 78). Indentation hardnesses of carefully dried minerals is significantly higher than samples exposed to air or liquid water.[302] Similar drying effects are observed in rock friction experiments.[72] As we note below, creep rates in carefully dried samples at room temperature are dramatically lower than saturated or air-exposed samples. The above phenomena may all be manifestations of stress corrosion effects on cracking associated with a hydration reaction at crack tips.

Solution transport — Silicates are generally very soluble in hydrothermal fluids, and the rates of mass transport of silicates in solution are far greater than the solid state diffusivities of the same species at moderate temperatures. In a saturated porous aggregate which is nonhydrostatically loaded, the stress distribution around grains is nonuniform, and considerable field evidence indicates that grain contacts at high normal stress are dissolved and repreciptation occurs at grain contacts with water filled pores. Although theoretical work has been devoted to this problem (see reviews by Paterson,[223] Elliot,[83] and Robin[246]), and there is persuasive textural evidence that something like pressure solution is associated with reduction of porosity during compaction, convincing mechanical data are lacking which link nonhydrostatic stresses to distortional strains produced by this mechanism. This is a very difficult mechanism to explore experimentally since it is known to occur geologically at relatively low temperatures (T < 400°C). At similar conditions in the laboratory, strain rates associated with the process are exceedingly low. Increasing test temperature does not selectively aid in promoting the process, since it also helps to promote plastic deformation, stress corrosion cracking, and the reduction of porosity.

Other effects of water — At high temperature, water promotes recrystallization and deformation processes associated with bulk diffusion. Part of the weakening effect of water during high-temperature and high-pressure deformation may be related to the hydrolytic weakening process, since structurally incorporated water could aid diffusive mass transfer. Post[235,236] observed greater recrystallization and higher creep rates in creep tests on dunite exposed to water of dehydration compared to dry dunite. A similar contrast was noted by Tullis[285] and by Parrish et al.[221]

TIME-DEPENDENT STRENGTH EFFECTS

Engineers recognized almost at the inception of modern materials testing at the beginning of this century that the load-bearing capabilities of metal parts depend on the time duration of loading. The great range in load duration in geologic deformation and the great contrast in load duration between laboratory and geologic deformation compelled Griggs to initiate a program of creep tests on rocks in the 1930s[98,310] and this represents the beginning of modern work on the subject. The effects of the time scale of load duration generally is revealed by the effects of strain rate on strength in constant strain rate tests or by the variation of strain rate with time at constant differential stress in creep tests. Fundamentally, these time-dependent effects stem from the aid that thermal vibrations of atoms provide to deformation processes: the longer the duration of load, the greater the probability that a thermal vibration of sufficient amplitude to aid the deformation process will occur.

The subdivisions of rock behavior into brittle, semi-brittle, and ductile regimes based on differences in pressure sensitivity, strain distribution, and deformation mechanisms are also paralleled by differences in time-dependent effects, which we review below.

Brittle Creep

The time-dependent behavior of rocks in the brittle regime depend strongly on the initial porosity. The creep of high-porosity rocks is dominated by the elimination of porosity by consolidation processes. Brittle processes are undoubtedly involved in consolidation, but the strains realized from pore collapse are difficult to separate from the strains directly due to microcracking. The brittle creep of porous rocks is poorly understood for this reason.

Low-porosity crystalline rocks loaded to a constant differential stress near the short-term breaking strength generally show a time-delayed failure, or "static fatigue". Careful strain measurements indicate that a small amount of inelastic strain (generally less than 0.5% shortening) occurs prior to failure by fracture or faulting. That creep strains are due to extension of preexisting cracks and the production and growth of new cracks is clear from the direct measurement of cracks in crept rocks[179] and from a large number of indirect measurements, such as the measurement of time-dependent dilatant strains,[120,179,181,182,296,297,307] the detection and location of acoustical emissions associated with microfracturing,[120,192,193,307] and indirect measurements, such as the velocity of elastic waves and permeability.

A considerable literature on brittle creep has developed in the last 10 years, from which we can draw some general conclusions:

1. The form of the creep curves in experiments taken to near failure is sigmoidal or S-shaped, with an initial "hardening stage", where creep rates decrease with time followed by a "stage of accelerating creep", where creep rates increase continuously with time until failure (see Figure 14). This general form applies to axial, radial, and volumetric strains, and the creep rates at the inflection point are among the characteristic parameters of the creep curves. The reproducibility of the time to onset of tertiary creep and the time to failure typically are poor, often varying by as much as a factor of two. Nonetheless, Cruden[66] and Kranz[181] have analyzed the existing hardening stage creep curves using statistical fitting and criteria for goodness of fit and concluded that strain rates are proportional to power "m" of the time under load, where $m \simeq -1$. The transition between the hardening and accelerating creep stages occurs above some critical strain, which is a characteristic of the material and experimental conditions, especially pressure.[67,98,181,182,245] Kranz and Scholz[182] have emphasized that the fundamental strain parameter at the transition is the inelastic volumetric strain, since it is most closely related to the crack density or crack area per unit volume, which is extremely difficult to measure directly.[179]

2. Detection of acoustical emissions during creep is an indirect way of monitoring crack growth and development. The rate of emissions correspond to the changes in creep rates in the two stages of creep.[120,192,193,307] Lockner and Byerlee[193] show that the locations of microshocks in the hardening stage are randomly located throughout the

uniformly stressed sections of samples, and that they tend to localize on the future surface of failure only in the accelerating stage.
3. The principal factors controlling brittle creep rates are applied differential stress,[98,120,182,270,296,297] effective confining pressure,[181,244,297] and moisture content.[60,98,296,297,307] The powerful effects of applied stress and confining pressure on the inflection point axial strain rates of water-saturated Westerly granite[296,297] are shown in Figure 15. The strong effect of confining pressure[218] and weak effect of strain rate on fracture strength[42] in constant strain rate tests are consistent with the above generalizations.

The mechanism responsible for the time dependence of brittle creep is thought to be corrosion of crack tips by chemical hydration,[60,65,67,179,181,182,270,271] a process reviewed in an earlier section. The brittle creep of rocks under constant load is considered to be controlled by the rate of slow growth of tensile cracks. At low strains, tensile cracks extend from stress concentrators (cracks, pores, grain boundaries, etc.), and the rates of growth decrease as the number of concentrators is exhausted by cracking, and thus creep rates decrease with increasing time in the hardening stage. If the crack density (or crack area per unit volume) exceeds some critical value such that cracks are close enough to interact on a large scale, crack coalescence occurs to form a macroscopic fracture on which failure occurs. Although many of the microstructural observations and macroscopic mechanical data in short-term constant strain rate tests have their counterparts in samples under constant load, Kranz[179] has suggested that there may be fundamental differences in crack growth and development in the two types of tests.

We noted earlier that brittle creep is limited to total axial strain to about 0.5% in silicate rocks, and so the process is not capable of accommodating significant tectonic strains. Its importance lies in the insight that it provides into the process of brittle fracture and into the premonitory phenomena which are associated with it.

Semi-Brittle Creep

Carter and Kirby[59] have recently reviewed the meager data on the creep of rocks in the semi-brittle regime. This complex regime, in which both brittle and ductile processes operate, is very poorly understood, not only because of the limited amount of creep data available, but also due to lack of insight into how brittle and ductile processes interact. Kirby and Raleigh[171] and Carter and Kirby[59] have argued that most of the data on the high-temperature, room-pressure creep tests on fine-grained ceramics and crystalline rocks are dominated by microfracturing and by grain boundary sliding accommodated by void formation. The latter process is unlikely to be important at significant confining pressures within the Earth.

Griggs et al.[105] reported on an extensive series of short-term constant strain rate tests on crystalline rocks at a confining pressure of 5 kbars and at temperatures up to 800°C. The stress-strain curves from 500 to 800°C approached a steady-state stress by 5% strain. Stable microfracturing (cataclasis) and plastic deformation both occurred under these conditions, and subsequent work at higher pressure on these rock types indicates that true steady-state flow associated with ductile mechanisms could not have occurred under those conditions. Work hardening rates ($d\sigma/d\epsilon$) progressively increase with increasing confining pressure (Figure 8), with negative values at low pressure. At higher pressures, ($d\sigma/d\epsilon$) asymtotically approaches the intrinsic work hardening rates associated with crystal plasticity. This suggests that a progression of creep response should range from sigmoidal creep at low pressure, and to a quasi-steady-state creep at intermediate pressures, and to transient work hardening creep curves at higher pressures approaching the ductile regime.

Ductile Creep

The time-dependent behavior of rocks and minerals in the ductile regime has been reviewed extensively in the last decade,[55,95,112,171,215,286,301] so the topic will only be briefly outlined here.

In general terms, creep curves of rocks and minerals may be divided into two stages: an initial "transient stage" in which strain rates change continuously with time and a subsequent "steady-state stage" in which creep rates are constant (Figure 16). These creep stages have their counterparts in the stress-strain curves of constant strain rate tests; the variation of stress following the yield deflection from the elastic slope corresponds to the transient stage and the flat part of the stress-strain curve (such as in the bottom curve of Figure 3) corresponds to the steady-state stage. The transient stage in mineral single crystals can take on quite complex topologies, depending on the mineral, the orientation of the compression direction, the initial density of crystal defects, chemical composition, and details of the geometry of the plastic deformation mechanism.[19,22,25,38-40,103,145,168,290,299] The transient regime in rocks is generally of the decelerating type where creep rates decrease from a maximum just after loading and asymtotically approach steady-state creep rates with increasing strain and time (See Figure 16). In general, low temperature and high stresses (or high strain rates) promote transient flow relative to steady-state flow.

It is convenient and useful to consider the total creep strain under ductile conditions $\epsilon(t)$ as the sum of the "instantaneous" elastic and plastic strains upon loading ($\epsilon_e^\circ + \epsilon_p^\circ$), the transient creep strain (ϵ_t), and the steady-state strain ($\dot{\epsilon}_s t$):

$$\epsilon(t) = (\epsilon_e^\circ + \epsilon_p^\circ) + \epsilon_t(t) + \dot{\epsilon}_s t \tag{5}$$

A major objective of rock rheology is to establish the effects of experimental conditions (temperature T, applied differential stress σ, confining pressure P, etc.) on the inelastic components of the total creep strain. Considerable progress has been made in recent years in understanding the effects of the environmental conditions on steady-state creep at high temperatures (T > 0.5 T_m where T_m is a melting temperature in °K). In this high-temperature range, creep is dominated by the steady-state component, and the steady-state creep rate generally follows a thermally activated power law rheology:

$$\dot{\epsilon}_s = A \sigma^n \exp[-(E^* + P V^*)/RT] \tag{6}$$

where A, n, E*, and V* are material parameters and R is the gas constant (Figure 17). The pressure effect, through the PV* term, is generally small relative to E* and is very difficult to measure directly. The apparent activation energy for creep Q* at a given pressure is defined the sum Q* = E* + PV*. The above material parameters for rocks and minerals are summarized in Tables 6, 7, and 8.

The values of the material parameter A, n, E*, and V* are characteristic of the mechanisms which are responsible for creep. Broadly speaking, there are two classes of creep mechanisms:

1. Those due to the production and movement of defects within crystals. These defects include point defects (vancancies, interstitials impurities), dislocations (line defects that are defined by the localization of intracrystalline glide), and interfaces (twin boundaries, stacking faults, arrays of dislocations). These imperfections can strongly interact in crystals under stress at high temperature, and the nature of this interaction can lead to a rich variation of rheological behavior between materials of different composition and structure, and for a given material with variations of temperature and other experimental conditions.
2. Phenomena at grain boundaries can contribute to creep strains in two fundamental ways: the transport of mass along grain boundaries in polycrystalline media under

stress can change crystal shape by redistribution of crystal, a process called Coble creep. Grains can change relative positions by grains boundary sliding, a process largely responsible for superplastic behavior (a form of extreme ductility) in polyphase metal alloys. Fine grain size promotes Coble creep, grain boundary sliding, and Nabarro Herring creep (the bulk crystal counterpart of Coble creep).

The relative contributions to deformation mechanisms generally change with experimental conditions, and this is generally considered to be a result of competition of the various mechanisms, each with its own distinctive rheological laws.[272] For independent deformation mechanisms, the mechanism which contributes the largest creep rate at a given set of experimental conditions will dominate the rheological behavior and contribute the largest creep strain, and display the most microstructural evidence for its activity. The principal factors influencing this competition between mechanisms are the applied stress σ, the temperature T, and the grain size d. A useful technique for comparison between different materials is to predict the ranges of σ/μ and T/T_m over which a given mechanism will dominate (μ is the shear modulus and T_m the temperature of melting).[3,300] The creep rates associated with the operative mechanisms are contoured over the σ/μ–T/T_m field. This technique has been widely applied to rocks and minerals[6,8,273,281,301] and an example is shown in Figure 18. Deformation maps are generally constructed from limited experimental data and from theoretical predictions even for extensively explored crystalline materials. Nonetheless, general conclusions that can be drawn from the deformation maps of rocks are that the processes involving grain size (Nabarro-Herring creep, Coble creep, and superplastic creep) are promoted largely by low stresses and fine grain size and that the transition from high-stress to low-stress mechanisms involves a marked lowering of the stress effect on steady-state creep rates (i.e., the n parameter decreases).

Although transient creep has been predicted for the grain-size sensitive mechanisms (Nabarro-Herring creep, Coble creep, and superplastic creep),[97,201] transient creep is generally lacking under conditions where these processes operate (see, for example, Schmid et al.[261]). Dislocation creep mechanisms produce significant transient creep strains in polycrystalline aggregates, and it is generally held that it represents the strain and time necessary to change the dislocation microstructure from that produced immediately upon loading to that appropriate to steady-state flow under the applied test conditions. Thus, the specific transient creep response depends on the dislocation microstructure of the starting material compared to the steady-state microstructure.[59] The limited ductile creep data on rocks taken to large creep strain indicate that the likely form of the transient creep equation is

$$\epsilon_t(t) = \epsilon_T (1 - \exp(-t/t_r)) \qquad (7)$$

where ϵ_T is the total transient creep strain and t_r is a characteristic relaxation time which is the time necessary for the total transient strain to reach (1–1/e) of its final value.[59] If $t = 4t_r$, 98% of ϵ_T is achieved and this time can be taken as that necessary to reach steady, state creep $t_s = 4t_r$. Rearranging Equation 7,

$$\Delta\epsilon(t) \equiv \epsilon_T - \epsilon_t(t) = \epsilon_T \exp(-4t/t_s) \qquad (8)$$

which is tested in Figure 19. The fit is satisfactory over all but the earliest part of transient creep.

The high-temperature rheology of Equation 6 generally does not apply at high stresses and low temperatures (note breakdown of this relationship (dashed lines) in the Yule marble data of Figure 17). This is generally interpreted to represent a change in the form of the steady-state rheological law,[163,212,236] but it is more likely to involve the greater importance of transient creep under high-stress and low-temperature conditions (note transient work hardening of low temperature stress-strain curves for Yule marble in Figure 3).

The important weakening effects of water on the ductile deformation of silicates was noted earlier. Time-dependent strength effects are associated with the hydrolytic weakening process[18,21,22,25,27,100,158,161,168] and flow laws of the form of Equation 6 have been applied to single crystal synthetic quartz creep test results (see Table 7). Recently, Kirby and Linker[167] have shown that creep rates of synthetic quartz crystals increase systematically with increasing grown-in hydroxyl concentration. It is generally recognized that the principal factors influencing the uptake of water by silicates are hydrothermal pressure PH_2O and temperature. Until these effects are measured, the hydrolytic weakening effect cannot be quantitatively applied to flow in the Earth.

ROCK FRICTION

Since the early work by Jaeger, the study of rock friction has enjoyed a renaissance. A remarkable number of papers have been published even in the last 5 years, and excellent recent reviews of the topic are available.[49,149,150,194,218,225] Especially noteworthy is the collection of papers of the Conference on Rock Friction, edited by Byerlee and Wys.[52]

The resistance to sliding of one material over another can be reduced to the mechanical elements of Figure 20. A mass M having nominal contact area A with a nominally flat substrate surface is subject to a normal force F_y and to a tangential force F_x through a loading column with spring constant k. The loading column is generally moved at a constant velocity V_x, and the tangential force F_x' necessary to produce an inelastic sliding displacement is a measure of the frictional resistance between mass and substrate. The coefficient of friction μ is the defined as

$$F_x' = \mu F_y \qquad (9)$$

and to a good approximation μ is independent of the nominal area of contact A, hence

$$\tau = \mu \sigma_n \qquad (10)$$

where $\tau = \tau_{xy}$ and $\sigma_n = \sigma_{yy}$.

Two general types of frictional behavior are observed. Following a small inelastic sliding marked by the deflection from the elastic behavior, sudden jerky sliding motion or stick slip can be observed. Byerlee[49] defines the frictional resistance at initial sliding as "initial friction" and the maximum resistance as "maximum friction" (Figure 21). Stable sliding occurs where sliding motion is smooth and initial and maximum friction can be defined in much the same way. Obviously, the frictional resistance to initial sliding (the static friction) is greater than the resistance to continued sliding (kinetic friction) and in general, the kinetic frictional resistance for a given velocity V_x is only clearly defined for the stable sliding case.

Some of the actual loading and sample configurations used are shown in Figure 22. Direct shear, double shear, and biaxial shear are generally limited to low normal stresses (a few hundred bars), and the triaxial and biaxial configurations suffer from the fact that τ and σ_n cannot be independently varied. All except the rotary shear technique are limited to relatively small displacements, but that technique is difficult to adapt to high-pressure testing. Jaeger and Cook[149,150] review the advantages and drawbacks of each technique.

The reproducibility of friction measurements, from sample to sample and between techniques, is generally no better than ±10%. By far, the largest effects on the frictional resistance of rocks are through the normal stress, the pore pressure, and the sliding displacement. All other effects are generally second order. Byerlee[49,50] and Jaeger and Cook[149,150] show that the frictional resistance of most rocks is rather independent of their mineralogical composition. In particular, Byerlee[49] shows that maximum friction for rocks follows the following friction laws at room temperature

$$\tau = 0.85\, \sigma_n \qquad \sigma_n < 2 \text{ kbar} \qquad (11a)$$
$$\tau = 0.5 + 0.6\, \sigma_n \qquad 2 < \sigma_n < 17 \text{ kbar} \qquad (11b)$$

The data on which these correlations are based are shown in Figures 23 and 24. The initial friction data show considerably more scatter, especially in rocks which show some ductility at room temperature. This suggests that plastic deformation is involved in the initial sliding of these rocks. Temperature has a very small effect on these frictional laws up to 300 or 400°C (Figure 25).[220,277-280] Decreasing displacement rate V_x or delaying loading between slip cycles can increase frictional resistance, but these effects are small and often masked by the significant effects of total displacement.[69-71,219,220,269,284]

The principal effect of water on rock friction is through the effective stress law where σ_n in Equation 10 is replaced by $(\sigma_n - p)$ where p is the pore pressure (Figure 26).[51,84,251,280,309] Careful drying of quartz and quartzite tends to remove the time-dependent aspects of friction in these materials, suggesting that chemical weakening effects may be important in friction experiments on nominally dry (air dried, etc.) specimens.[72]

ACKNOWLEDGMENTS

Hugh Heard, J. A. Tullis, Neville Carter, Hans Ave'Lallemant, Jim Blacic, John Ross, Barry Atkinson, John Handin, John Logan, Chris Williame, and John Christie generously provided tabulations of unpublished data. Barry Raleigh and Jim Byerlee furnished helpful reviews of the text. Permission to republish figures was universally granted by the authors and publishers.

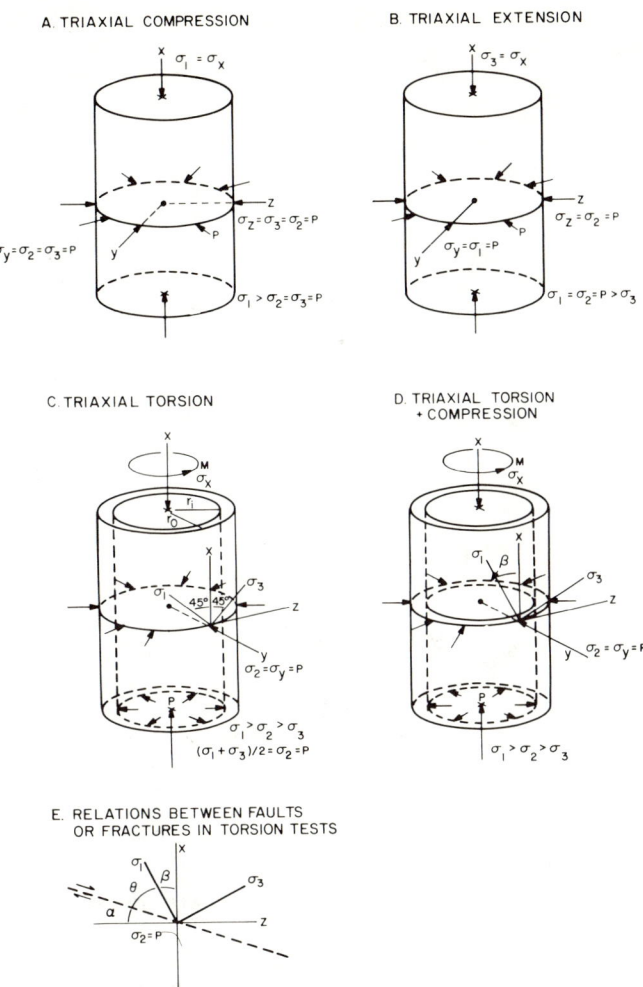

FIGURE 1. States of stress and angular relations in conventional tests on samples with cylindrical geometry. Principal stress magnitudes given in Table 1.

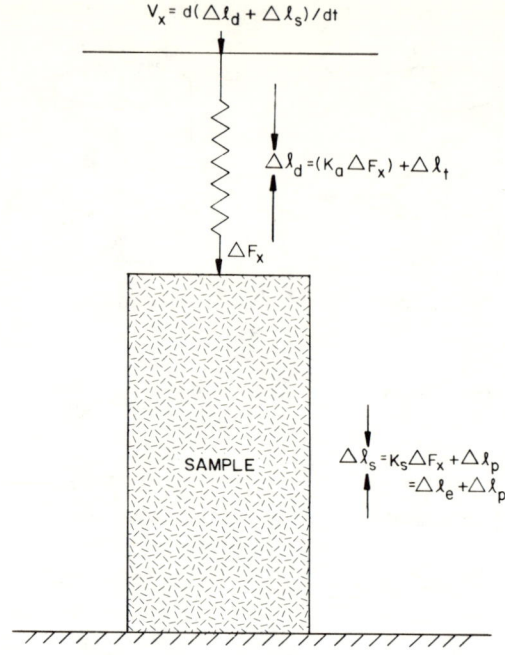

FIGURE 2. Schematic representation of relationships between axial differential force ΔF_x and sample shortening $\Delta \ell_s$. See text.

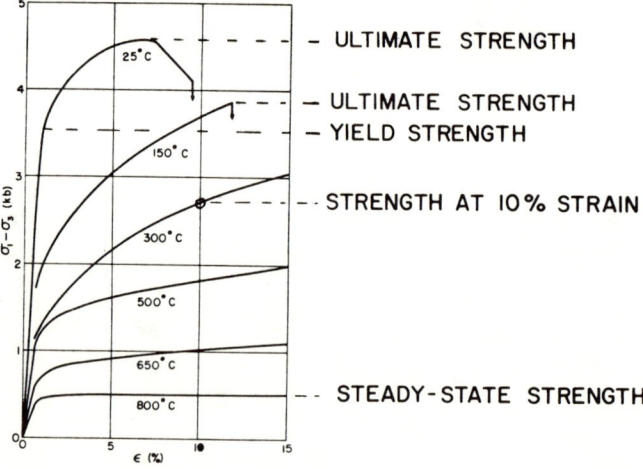

FIGURE 3. Definitions of strength parameters in constant strain rate triaxial tests, using as examples the stress-strain relations of Yule marble in extension at 5 kbar confining pressure. (From Griggs, D. T., Turner, F. J., and Heard, H. C., *Geol. Soc. Am. Mem.*, 79, 39, 1960. With permission.)

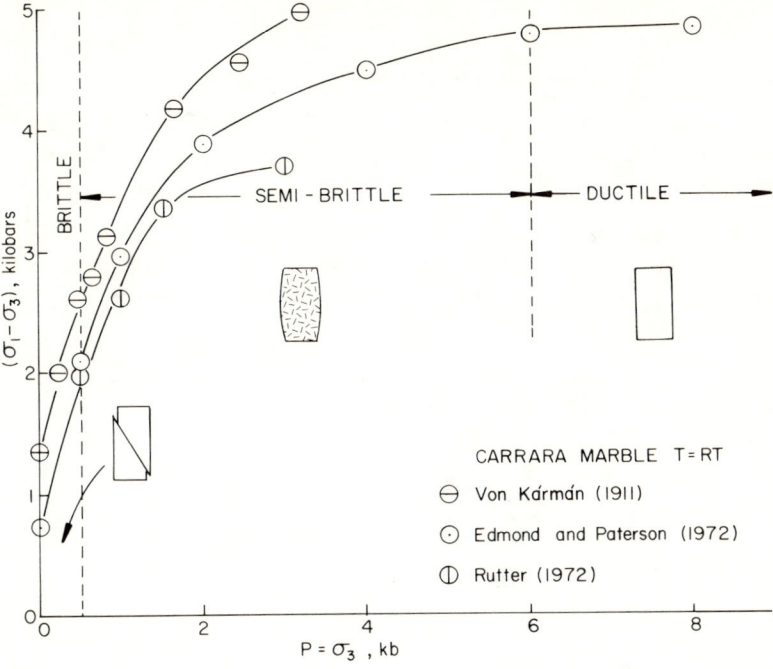

FIGURE 4. Influence of confining pressure on rock strength and regimes of rock deformation behavior. Carrara marble[155,82,251] at room temperature, strain rate = 10^{-4} to $10^{-5} s^{-1}$. Strength taken as ultimate strength or stress at 5% strain, whichever is greater.

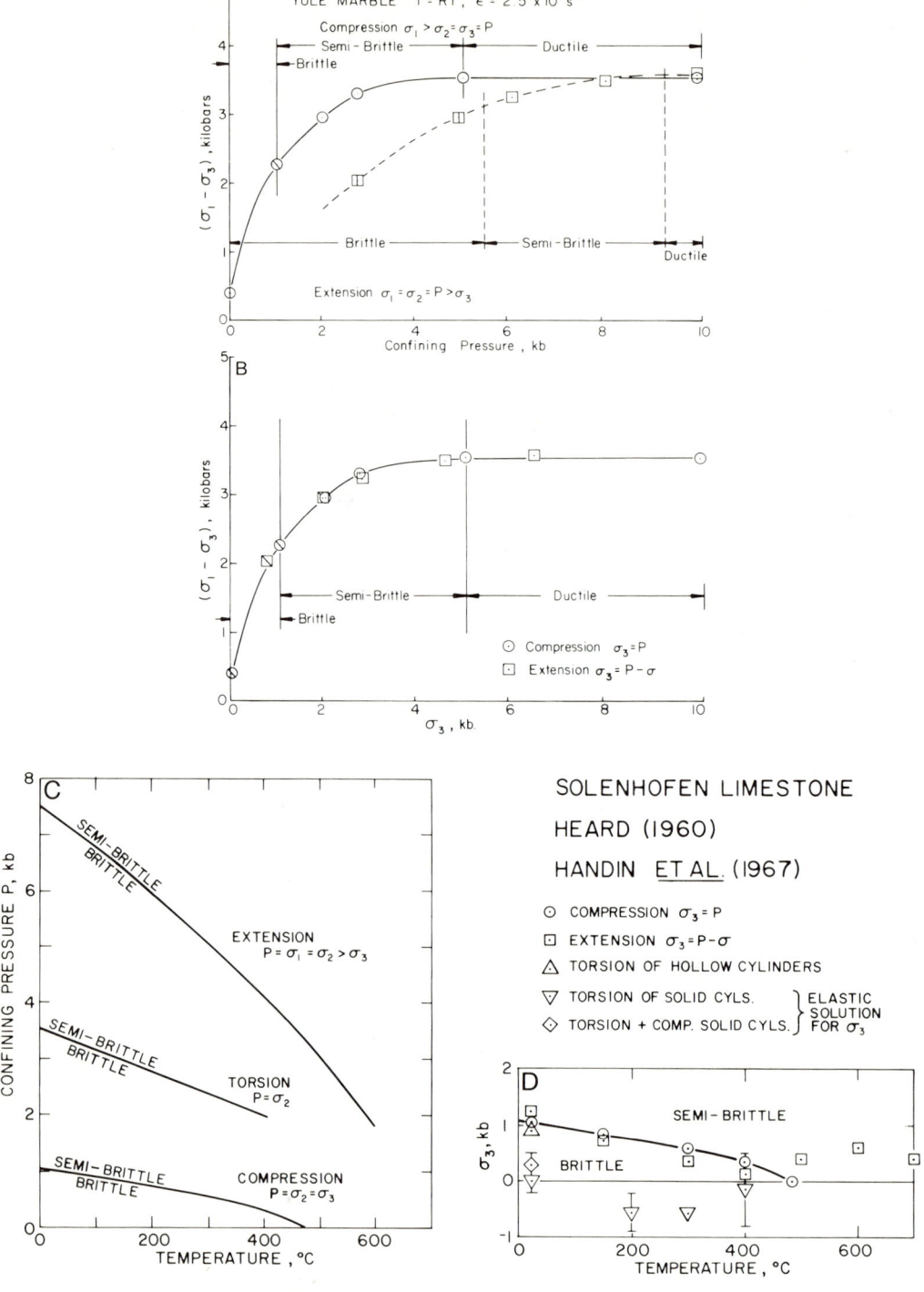

FIGURE 5. (A-B) Influence of confining pressure and state of stress on rock strength. Yule marble at room temperature in extension and compression, averaged for the two principal sample orientations. Same definitions of strength as in Figure 4. Slash mark through symbols indicates fracture or faulting. Data from Griggs and Miller[311] and Handin.[108,110] (A) Strength vs. confining pressure. (B) Strength vs. least principal compressive stress, (C-D) Influence of the state of stress on the brittle to semi-brittle transition in Solenhofen limestone at various temperatures. Diagram after Handin et al.[117] and Kirby.[165] (C) Variation of the critical confining pressure at the brittle to semi-brittle transition with state of stress and temperature. (D) Critical least principal stresses at the transition.

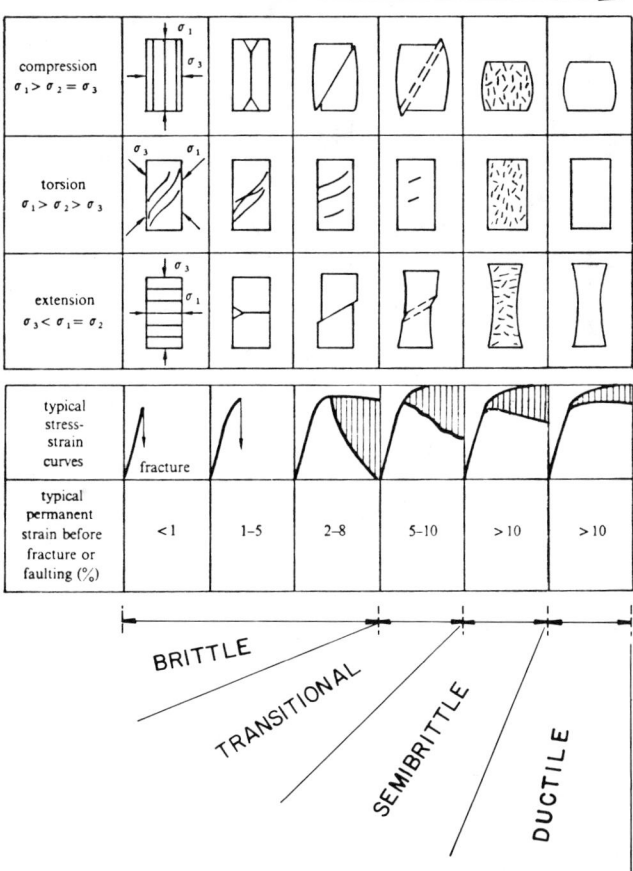

FIGURE 6. Schematic representation of the influences of environmental parameters on the macroscopic behavior, stress-strain relations, and ductility of rocks in triaxial tests. (From Heard, H. C., *Philos. Trans. R. Soc. London A*, 283, 173, 1976. With permission.)

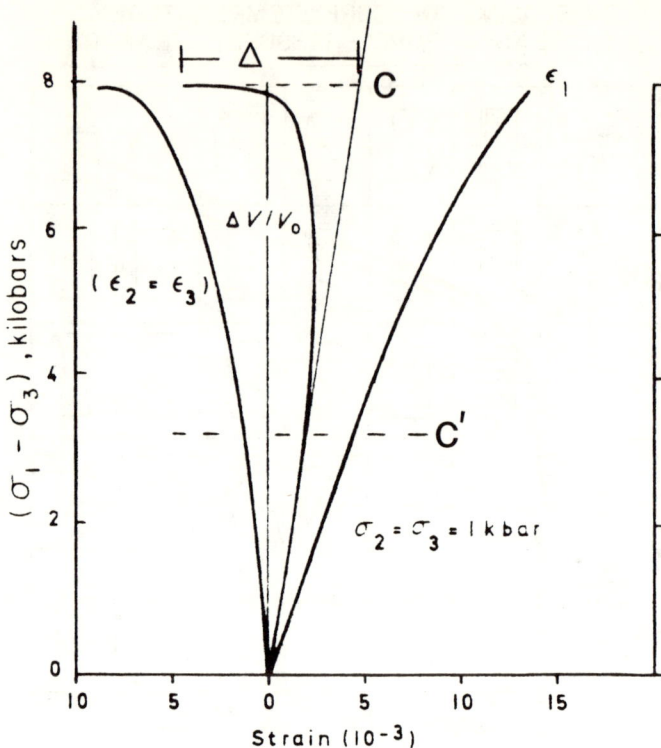

FIGURE 7. Complete stress-strain relations for Westerly granite in triaxial compression at room temperature. Strain homogeneity is assumed and compression is considered positive. An anomalous radial expansion $\epsilon_2 = \epsilon_3$ above a differential stress C' leads to a departure of the volumetric strain from an elastic slope by a maximum of Δ at the fracture strength C. See Table 11 for tabulated values of Δ for various rock types. (From Brace, W. F., *J. Geophys. Res.*, 71, 3939, 1966. With permission.)

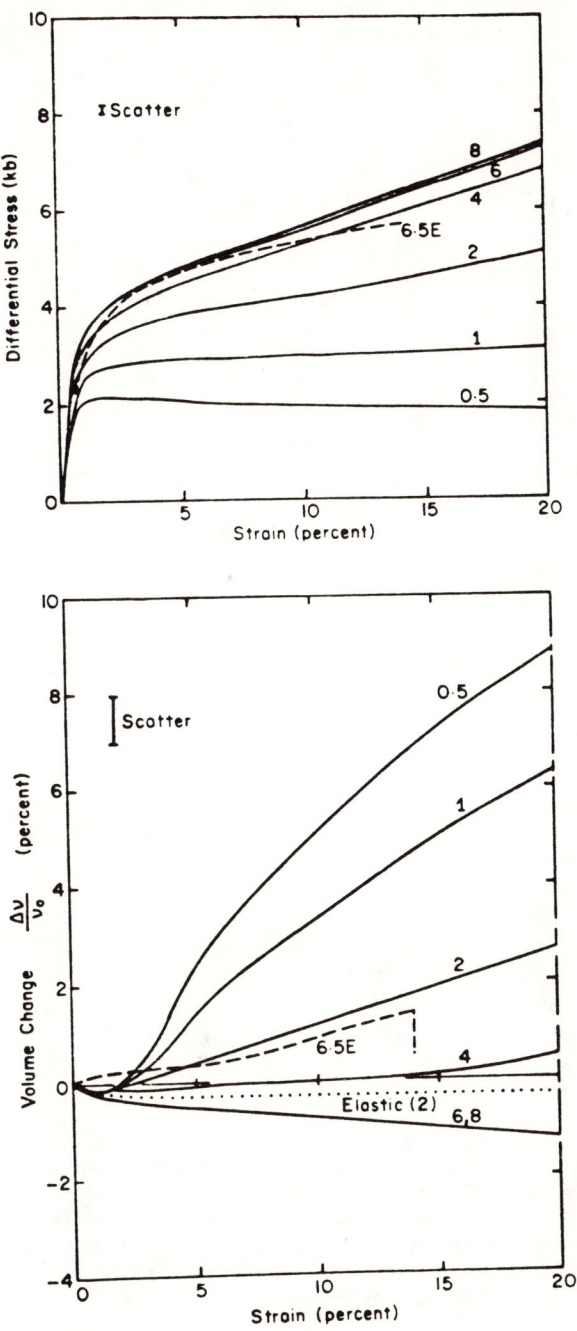

FIGURE 8. Differential stress vs. axial strain and volumetric strain vs. axial strain data for Carrara marble in triaxial compression at confining pressures between 0.5 and 8 kbar. Note large volumetric expansion at confining pressures below 4 kbar. (From Edmond, J. M. and Paterson, M. S., *Int. J. Rock Mech. Min. Sci.*, 9, 161, 1972. With permission.)

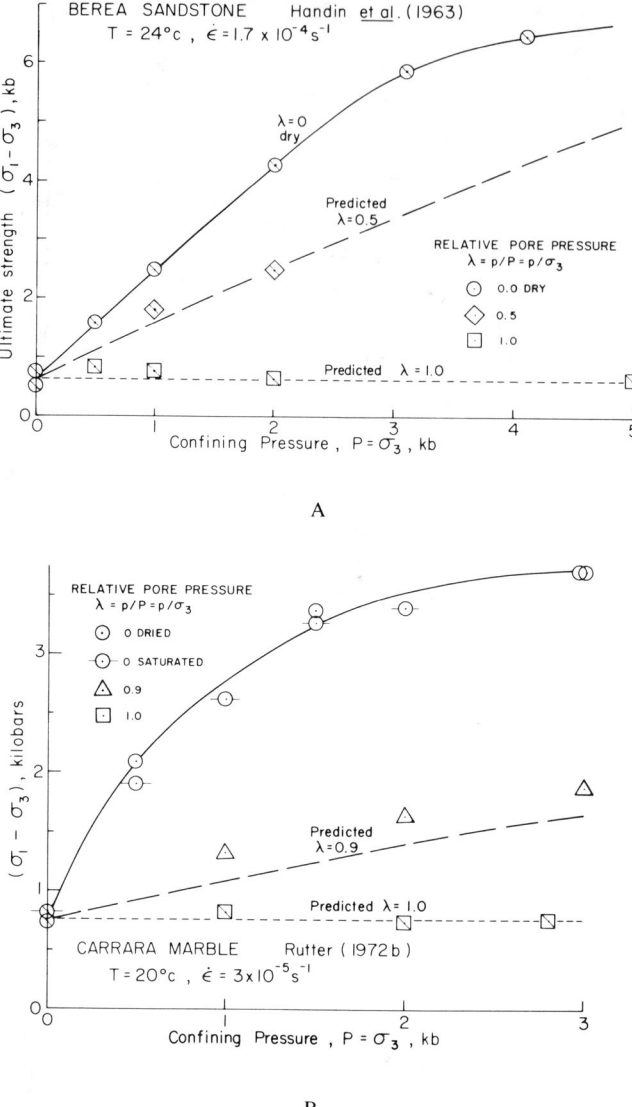

FIGURE 9. Pore pressure effects on the ultimate strengths of two rock types tested in triaxial compression: (A) Berea sandstone,[116] (B) Carrara marble.[251] Fluid medium: water. Slash mark through symbol indicates that specimen fractured or faulted. The pore pressure p is represented as a fraction λ of the confining pressure P, and the strengths for nonzero values of λ are predicted from the effective stress law (see text).

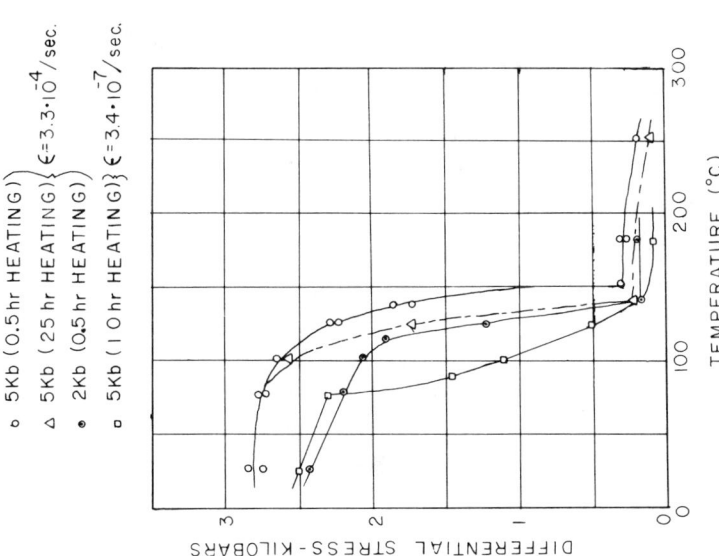

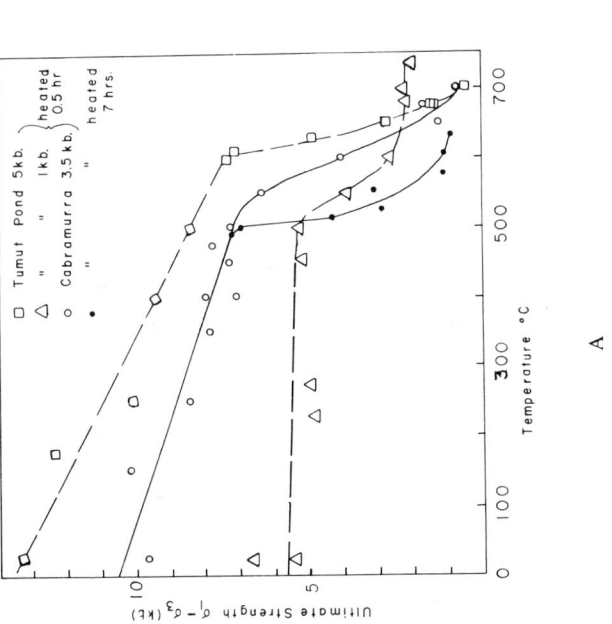

FIGURE 10. Effects of pore pressure generated by dehydration on the strengths of rocks containing hydrous minerals in sealed (undrained) triaxial compression tests. (A) Ultimate strength vs. temperature of two serpentinites at various confining pressures and heating times prior to testing. These serpentinites dehydrate above about 500°C. (From Raleigh, C. B. and Paterson, M. S., *J. Geophys. Res.*, 70, 3965, 1965. With permission. (B) Yield strength vs. temperature of alabaster at various confining pressures, strain rates, and heating times prior to testing. Gypsum dehydrates above about 80°C. (From Heard, H. C. and Rubey, W. W., *Geol. Soc. Am. Bull.*, 77, 741, 1966. With permission.)

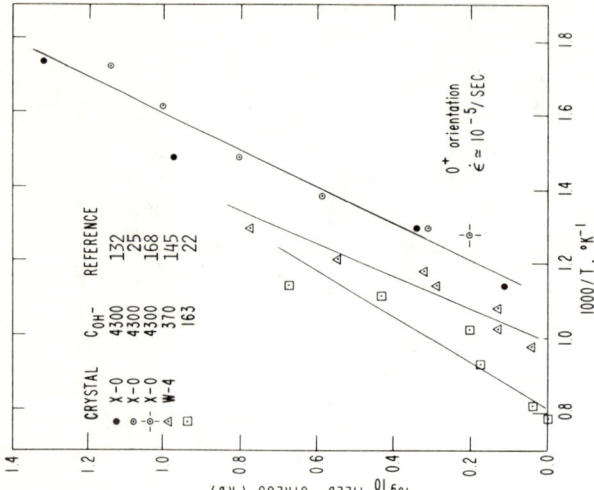

FIGURE 12. Yield strengths of three synthetic quartz crystals with different concentrations of hydroxyl. Crystals compressed at 45° to "a" and "c" at various confining pressures. Note systematically higher yield strengths for drier crystals.

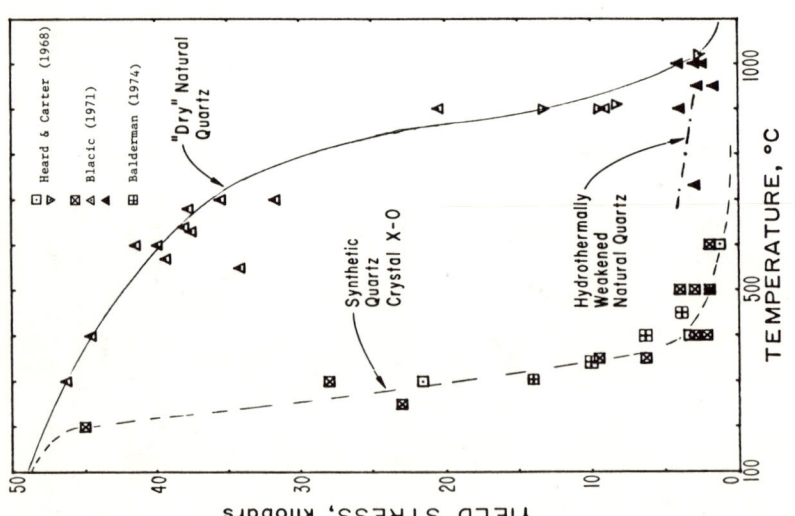

FIGURE 11. Comparative yield strengths of dry natural quartz, hydrothermally treated natural quartz, and a synthetic quartz crystal (with about 4000 ppm hydroxyl included during growth). Note dramatically lower yield strengths for "wet" quartz crystals. All crystals compressed at 45° to "a" and "c".

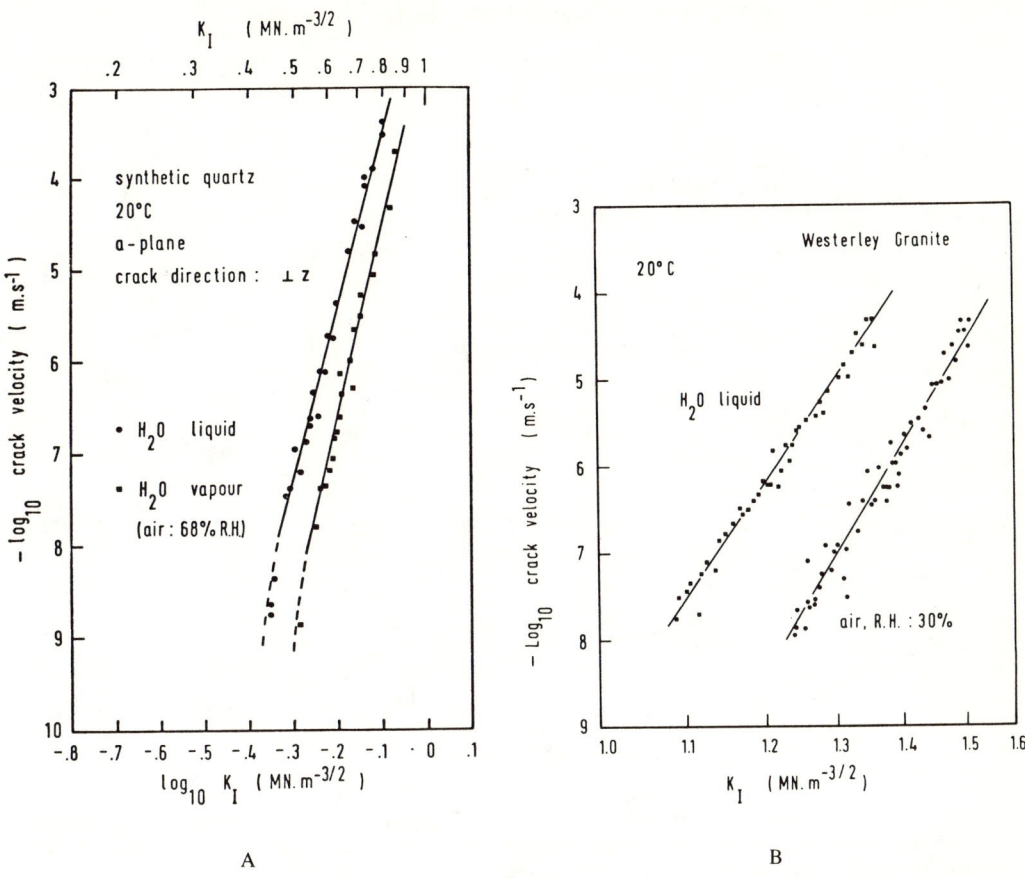

FIGURE 13. Crack velocity as a function of stress intensity factor K_I for (A) synthetic quartz and (B) Westerly granite in humid air and in liquid water.[10,13] K_I is a measure of the intensity of tensile stress at the crack tip (see Paterson[225]). Note systematically higher crack velocity in liquid water, which is interpreted to be a result of higher water concentration at crack tips.

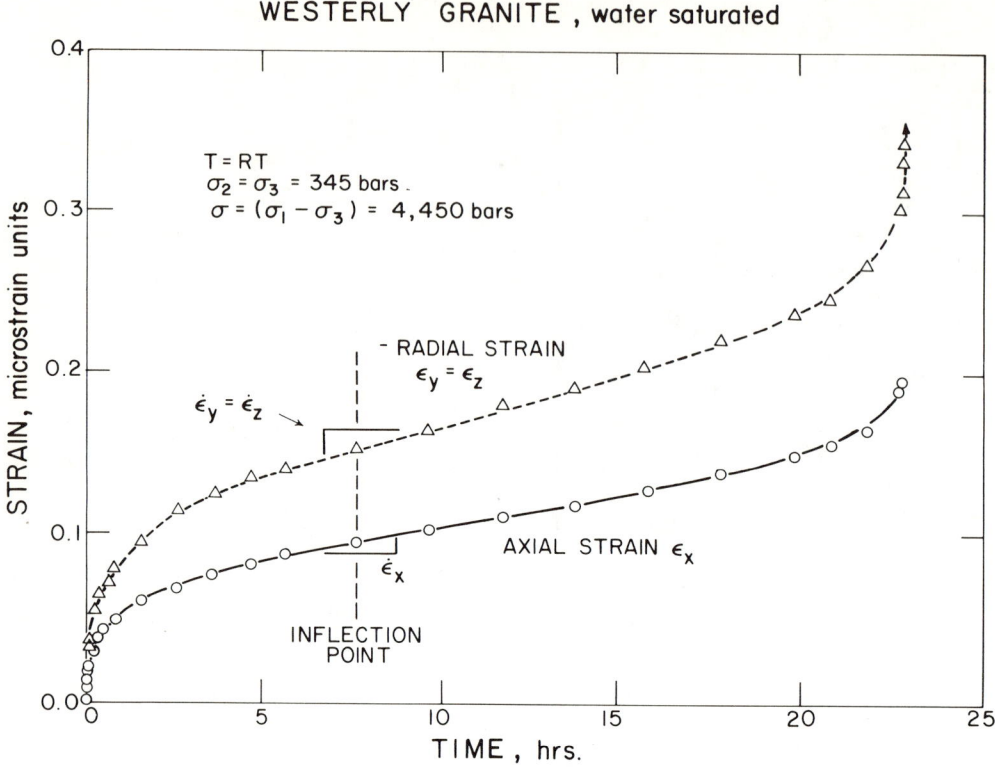

FIGURE 14. Complete creep curves for water-saturated Westerly granite at room temperature in triaxial compression. Note the characteristic brittle creep sigmoidal shape of the curves and large radial strain due to dilatancy (the radial strains should be half of the axial strains for volume to be conserved).[296,297]

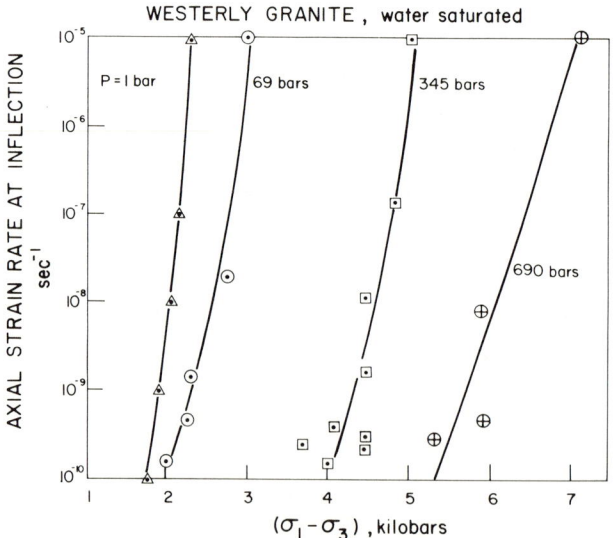

FIGURE 15. Influence of creep stress and confining pressure on the inflection point axial creep rates (defined in Figure 14) of water-saturated Westerly granite at room temperature[296,297]

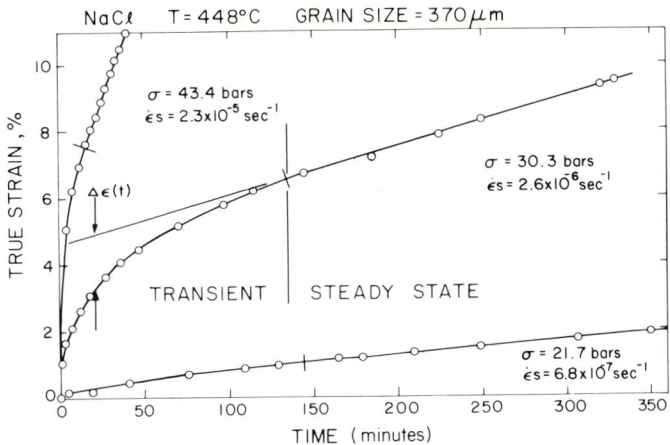

FIGURE 16. Ductile creep curves for polycrystalline halite. Note characteristic transient and steady-state creep stages and definition of the transient creep decay parameter $\Delta\epsilon(t)$ of Equation 8 in the text. (Courtesy of P.M. Burke, Department of Materials Science, Stanford University, 1968.)

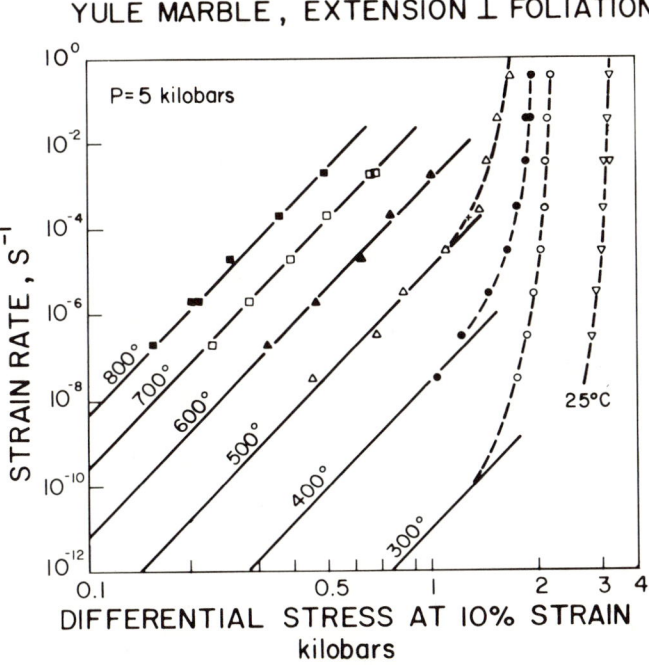

FIGURE 17. Ductile strength of Yule marble in triaxial extension as a function of temperature and strain rate. Note fit of the data to a steady-state flow law of Equation 6 (solid lines) at stresses below about 1 kbar. The departure from this law (dotted lines) probably represents a transition to another rate-controlling mechanism of flow. (From Heard, H. C. and Raleigh, C. B., *Geol. Soc. Am. Bull.*, 83, 935, 1972. With permission.)

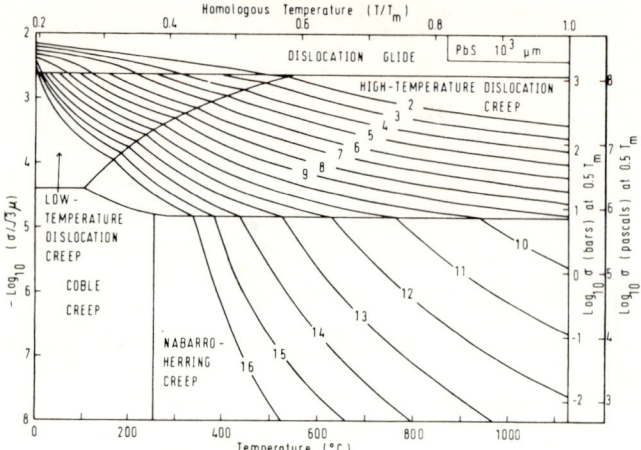

FIGURE 18. Deformation mechanism map for polycrystalline galena with 1 mm grain size. Creep rates (in units of $-\log_{10} \dot{\epsilon}(\text{sec}^{-1})$) are contoured over the normalized stress and temperature fields. Differential stress σ is normalized by the shear modulus μ and by $\sqrt{3}$ (to approximately transform σ to a shear stress), and temperature by the temperature of melting T_m. The mechanism fields are assigned the $\sigma/\mu\sqrt{3}$ vs. T/T_m fields over which they contribute the largest creep rate compared with those competing mechanisms. (From Atkinson, B. K., *Geol. Foreningens Stockholm Forhandlingar*, 99, 186, 1977. With permission.)

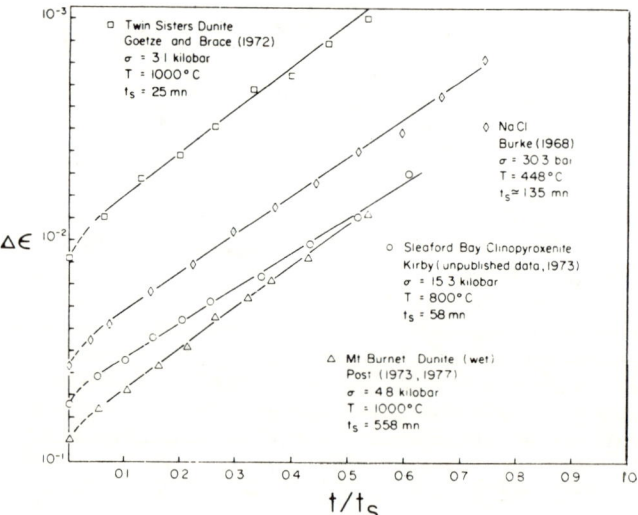

FIGURE 19. Fit of the large strain transient creep data for rocks in the ductile regime to an exponential decay law (Equation 7 in the text). (From Carter, N. L. and Kirby, S. H., *Pure Appl. Geophys.*, 116, 807, 1978. With permission.)

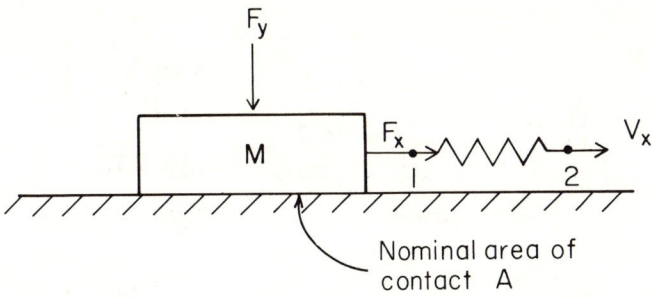

FIGURE 20. Schematic representation of the key physical elements in friction experiments. A slider with mass M is subject to a normal force F_y across a nominal area of contact A with a substrate and to a tangential force F_x. The tangential force necessary to produce an inelastic sliding displacement is a measure of the friction between the slider and substrate. V_x is the driving velocity on the tangential force generating column.

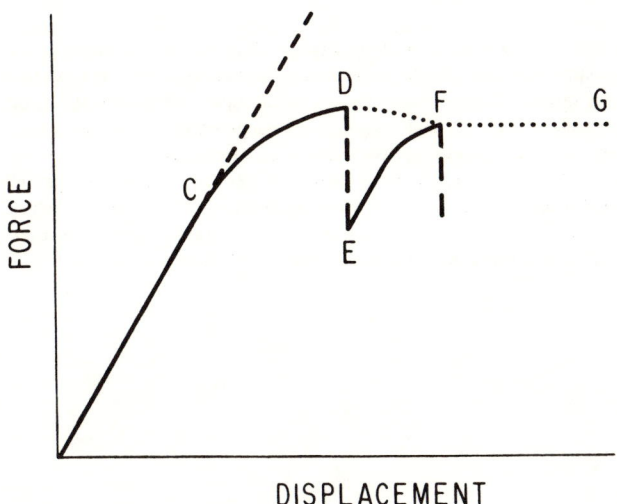

FIGURE 21. Tangential force vs. tangential force column displacement (measured at 2 in Figure 20) in a hypothetical friction experiment. The curve deflects from an elastic segment at C (initial friction), reaches a maximum at D (maximum friction) and stable sliding may ensue (dotted line) or stick slip (solid line) may occur. (From Byerlee, J., *Pageoph*, 116, 615, 1978. With permission.)

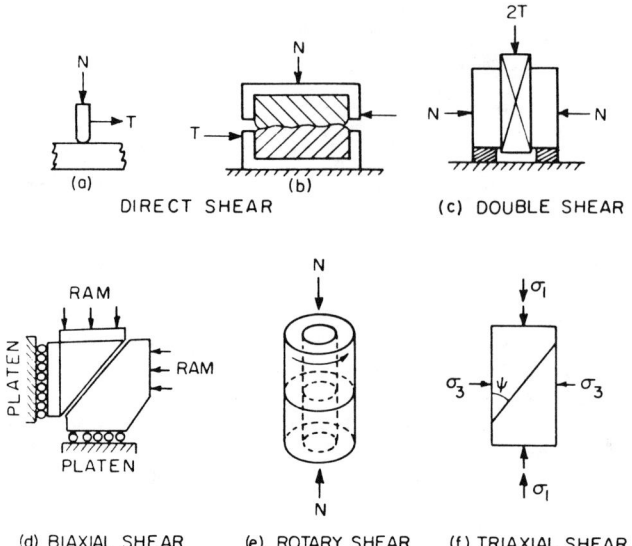

FIGURE 22. Types of loading arrangements in friction experiments. Techniques (a) through (d) are generally limited to a few hundred bars normal stress (N) since specimens are unconfined normal to N and to the tangential force (T). N and T cannot be independently varied in (d) and (f) and all techniques except (e) are limited to relatively small total displacements in a simple frictional loading cycle. Jaeger and Cook list additional complications in triaxial shear friction tests.[96,149,150] (From Jaeger, J. C. and Cook, N. G. W., *Fundamentals of Rock Mechanics*, first and 2nd ed., John Wiley & Sons, New York, 1969. With permission.)

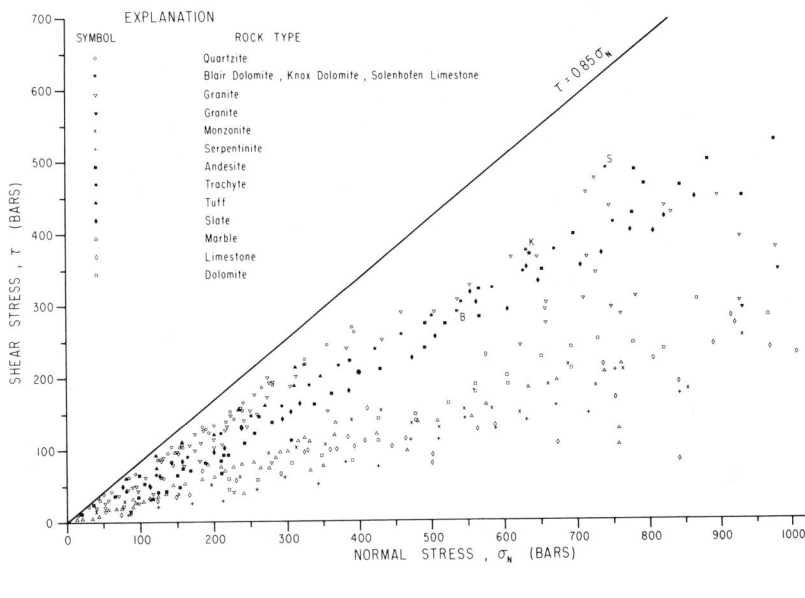

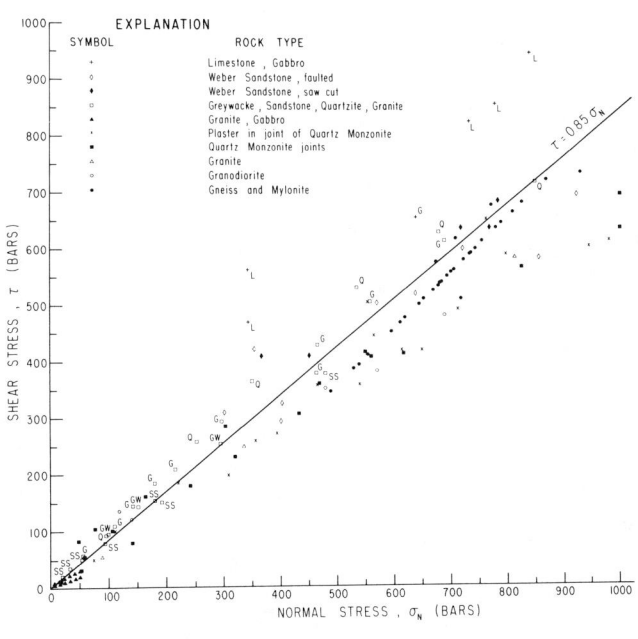

FIGURE 23. Shear stress at initial (A) and maximum (B) friction for rocks loaded to normal stresses up to 1000 bars (From Byerlee, J., *Pageoph*, 116, 615, 1978. With permission.)

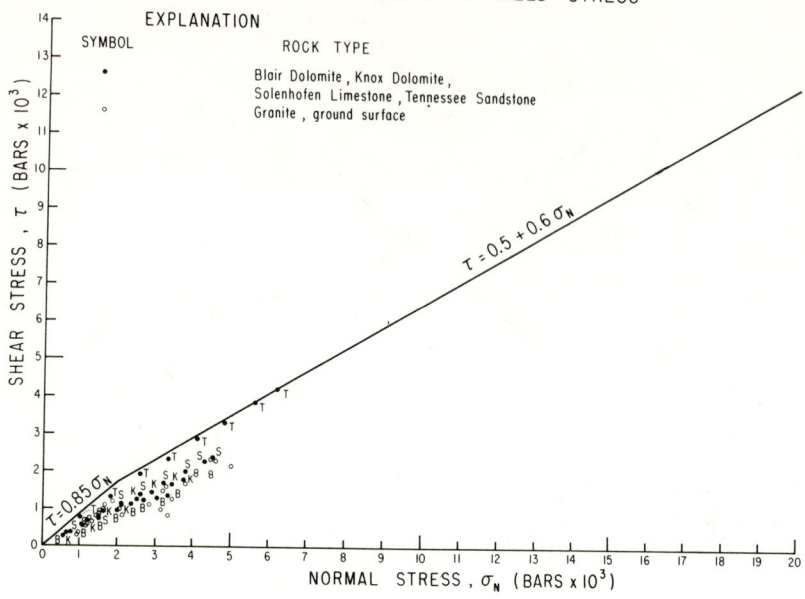

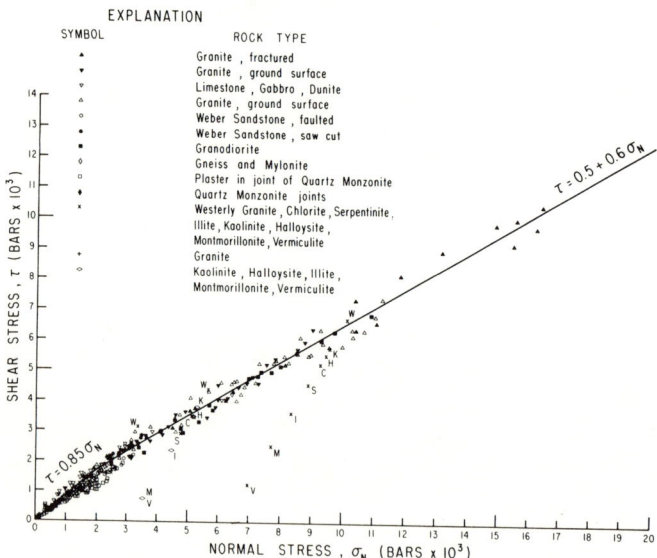

FIGURE 24. Shear stress at initial (A) and maximum (B) friction for rocks loaded to normal stresses up to 1000 bars (From Byerlee, J., *Pageoph*, 116, 615, 1978. With permission.)

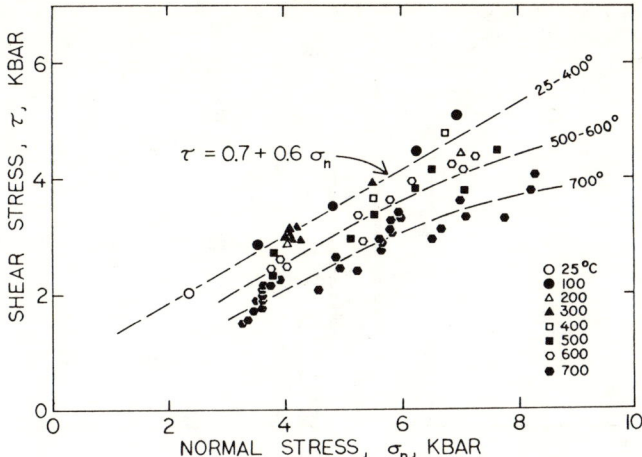

FIGURE 25. Effect of temperature on the friction of gabbro without water. Note that gabbro friction is temperature independent up to 400°C. (From Stesky, R. M., Brace, W. F., Riley, D. K., and Robin, P.-Y. F., *Tectonophysics*, 23, 177, 1974. With permission.)

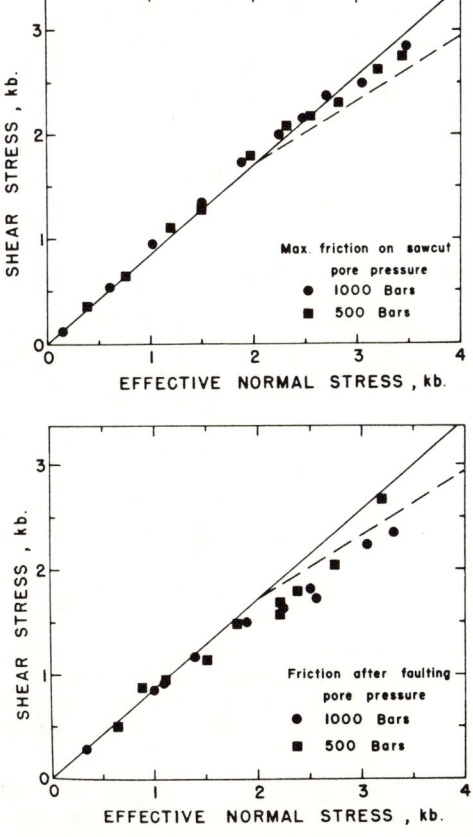

FIGURE 26. Effect of pore water pressure on the friction of Weber sandstone at room temperature. The effective normal stress is the calculated normal stress minus the pore pressure. Note that the data follow the trends of Figure 24 and 25, independent of pore pressure. (From Byerlee, J. D., *Int. J. Rock Mech. Min. Sci.*, 12, 1, 1975. With permission.)

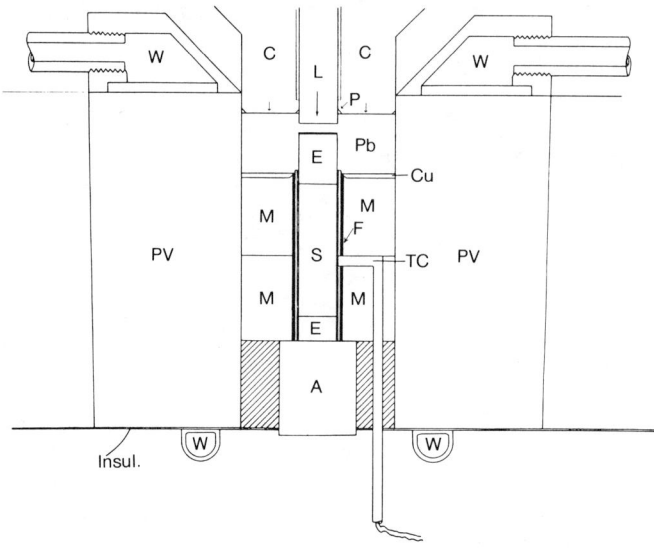

FIGURE 27. Piston cylinder apparatus schematic. Sample S loaded by axial piston L pushing through packing P and impinging on refractory end pieces E and base anvil A. Sample heated by graphite resistance furnace F and temperature measured by side thermocouple TC. Pressure generated by advance of annular piston C, compressing contents of pressure vessel (PV), including confining medium M. Pressure and axial force measured from external forces on pistons L and C, respectively. (Courtesy of J. D. Blacic, University of California, Los Angeles, 1971.)

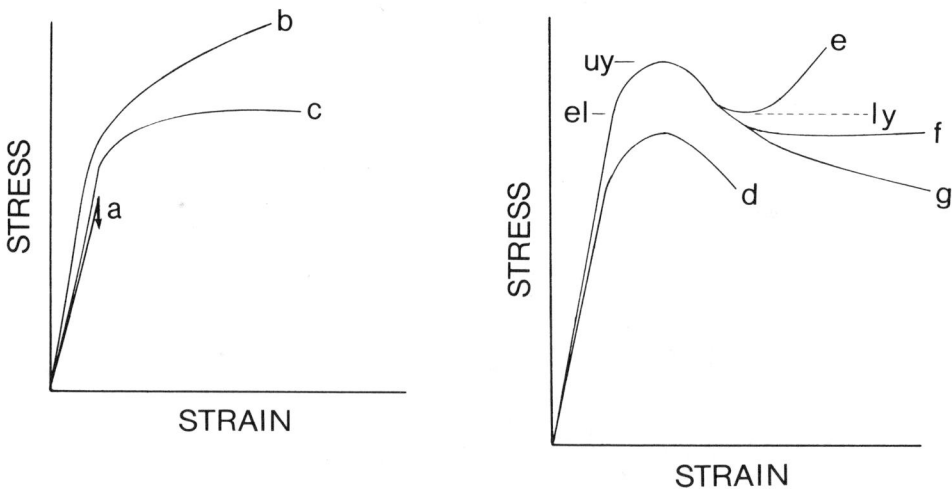

FIGURE 28. Key to stress-strain curve shapes (Table 2 and 3 and definitions of yield stress parameters tabulated in Table 3 for mineral single crystals. Yield stress symbols: el, elastic limit; uy, upper yield stress; ly, lower yield stress.

Table 1
PRINCIPAL STRESS COMPONENTS IN TESTS USING CYLINDRICAL SAMPLE GEOMETRY

Type of test	Principal stresses			Mean stress
	σ_1	σ_2	σ_3	σ_m
Uniaxial compression $\sigma_y = \sigma_z = \tau_{xy} = 0$	σ_x	P	0	$\sigma_x/3$
Uniaxial tension $\sigma_y = \sigma_z = \tau_{xy} = 0$	0	0	$-\sigma_x$	$-\sigma_x/3$
Triaxial compression $\sigma_x \neq 0; \sigma_y = \sigma_z = P$	$\sigma_x = \Delta\sigma_x + P$	P	$P = \sigma_y = \sigma_z$	$P + \Delta\sigma_x/3$
Triaxial extension $\sigma_x \neq 0; \sigma_y = \sigma_z = P$	$P = \sigma_y = \sigma_z$	P	$\sigma_x = P - \Delta\sigma$	$P - \Delta\sigma_x/3$
Simple torsion $\tau_{xy} \neq 0$ $\sigma_x = \sigma_y = \sigma_z = 0$	τ_{xy}	0	$-\tau_{xy}$	0
Triaxial torsion $\tau_{xy} \neq 0$ $\sigma_x = \sigma_y = \sigma_z = P$	$P + \tau_{xy}$	P	$P - \tau_{xy}$	P
Triaxial compression and torsion $\sigma_x \neq 0$ $\tau_{xy} \neq 1$ $\sigma_y = \sigma_x = P$	a	P	b	$P + \Delta\sigma_x/3$

Note: Compressive stresses positive, coordinate system, and angular relations as shown in Figure 1. In the tests involving torsional moment M, τ_{xy} is calculated from Equations 1, 2, or 3 in text. P = confining pressure and σ_m is the mean of the three principal stresses. Compressive stresses considered positive in sign. $\Delta\sigma_x \equiv$ axial differential stress; P ≡ confining pressure; τ_{xy} in torsion tests calculated from Equations 1, 2, or 3 in the text. Modified from Handin et al.[117]

a $\sigma_1 = (\sigma_x + \sigma_y)/2 + \{[(\sigma_x - \sigma_y)/2]^2 + \tau_{xy}^2\}^{1/2}$
b $\sigma_3 = (\sigma_x + \sigma_y)/2 - \{[(\sigma_x - \sigma_y)/2]^2 + \tau_{xy}^2\}^{1/2}$

Table 2
STRESS-STRAIN RELATIONS FROM CONSTANT STRAIN RATE TRIAXIAL TESTS ON ROCKS IN APPARATUS USING FLUID-CONFINING MEDIA

Material	Or	Temp (°C)	Pressure (kbar)	Strain rate (s^{-1})	Differential stress — kbar strain (%)					Ultimate strength (kbar)	Total strain (%)	Fault angle (°)	Comment	Ref.
					1	2	5	10						
Alabaster, Glebe Mine, Gotham, Nottinghamshire, England, >98% gypsum (gypsum dehydrated above about 110°C)	U	20	2.76	1.0×10^{-5}	1.25	1.74	2.24		2.51	7.3	NF	(b) Undrained test	213
	U	20	5.52	1.0×10^{-5}	1.36	2.27	3.39		3.58	6.7	NF	(b) Undrained test	
	U	100	5.52	1.0×10^{-5}	1.32	1.88	2.09		2.09	5.8	NF	(c) Undrained test	
	U	110	2.76	1.0×10^{-5}	1.07	1.35	1.60		2.21	5.4	NF	(b) Undrained test	
	U	120	2.76	1.0×10^{-5}	1.14	1.89	2.80		2.91	5.8	NF	(b)	
	U	120	2.76	1.0×10^{-5}	0.482	0.613	0.772		0.775	4.8	NF	(b) Undrained test, 5% data extrapolated	
	U	120	5.52	1.0×10^{-5}	0.87	1.32	1.26		1.53	6.2	NF	(d) Undrained test	
	U	145	5.52	1.0×10^{-5}	0.406	0.505	0.812		0.823	5.2	NF	(b) Undrained test	
	U	170	2.76	1.0×10^{-5}	1.00	1.66			1.93	4.4	NF	(c)	
	U	170	2.76	1.0×10^{-5}	0.346	0.471			0.567	3.6	F	(b) Undrained test	
	U	170	5.52	1.0×10^{-5}	0.318	0.362	0.450		0.450	5.2	NF	(b) Undrained test	
	U	270	5.52	1.0×10^{-5}	0.225	0.241			0.280	3.8	NF	(b) Undrained test	
	U	470	2.76	1.0×10^{-5}	0.74	1.26	2.13		2.18	5.3	NF	(b)	
	U	470	2.76	1.0×10^{-5}	0.182	0.323			0.431	3.5	F	(b) Undrained test	
	U	470	5.52	1.0×10^{-5}	0.077	0.115			0.154	3.3	F	(c) Undrained test	
Alabaster, Italy, preheated 0.5 hr before loading unless noted, undrained tests (gypsum dehydrated above about 77°C)	U	26	2.00	3.2×10^{-4}	2.22	2.40	2.38		2.43	8.8	NF	(f)	136
	U	26	5.00	3.1×10^{-4}	2.66	2.94	3.15			8.8	NF	(b) 10% Data extrapolated	
	U	26	5.00	3.1×10^{-4}	2.64	2.96	3.22				NF	(b) 10% Data extrapolated	
	U	26	5.00	3.4×10^{-7}	2.15	2.72	2.94				NF	(b)	
	U	77	2.00	3.2×10^{-4}	2.04	2.27	2.32				NF	(c)	
	U	77	5.00	3.1×10^{-4}	2.60	2.93	3.16			6.9	NF	(b) 10% Data extrapolated	
	U	77	5.00	3.1×10^{-4}	2.65	2.97	3.12			6.9	NF	(b) 10% Data extrapolated	
	U	77	5.00	3.5×10^{-7}	2.14	1.86	1.47					(d)	
	U	90	5.00	3.6×10^{-7}	1.43	0.92			2.30		NF	(d)	
	U	101	5.00	3.3×10^{-4}	2.34	2.71	2.58		1.45		NF	(c)	
	U	101	2.00	3.2×10^{-4}	1.93	2.16	2.22				NF	(c)	
	U	101	5.00	3.2×10^{-4}	2.38	2.78	2.80				NF	(b)	
	U	101	5.00	3.2×10^{-4}	2.18	2.77	2.80				NF	(c) Heated 25 hr before test	
	U	101	5.00	3.4×10^{-7}	1.06	5.80	5.00		1.11		NF	(f)	

Material													
	U	114	2.00	3.2 × 10⁻⁴		1.86	1.96	1.84	2.22		NF	(d)	
	U	125	5.00	3.5 × 10⁻⁴		1.88	2.02	1.43	2.26		NF	(d)	
	U	125	5.00	3.4 × 10⁻⁴		2.10	2.08	1.68	1.23		NF	(d)	
	U	125	2.00	3.3 × 10⁻⁴		1.13	1.18	0.89	1.74		NF	(d)	
	U	125	5.00	3.3 × 10⁻⁴		1.50	1.73	1.47	0.500		NF	(d) Heated 25 hr before test	
	U	125	5.00	3.4 × 10⁻⁷		0.360	0.220	0.080	1.72		NF	(d)	
	U	138	5.00	3.4 × 10⁻⁴		1.62	1.17	0.64	0.180		NF	(g)	
	U	138	2.00	3.3 × 10⁻⁴		0.170	0.140	0.100	1.85		NF	(d)	
	U	138	5.00	3.3 × 10⁻⁴		1.85	1.29	0.89	0.240		NF	(g)	
	U	138	5.00	3.3 × 10⁻⁴		0.230	0.200	0.130			NF	(d) Heated 25 hr before test	
	U	152	5.00	3.2 × 10⁻⁴		0.310	0.330	0.290			NF	(c)	
	U	152	5.00	3.2 × 10⁻⁴		0.300	0.290	0.230	0.180		NF	(d)	
	U	177	2.00	3.3 × 10⁻⁴		0.170	0.150	0.090	0.300		NF	(c)	
	U	177	5.00	3.3 × 10⁻⁴		0.220	0.260	0.240	0.250		NF	(d)	
	U	177	5.00	3.3 × 10⁻⁴		0.220	0.170	0.140	0.070		NF	(d)	
	U	177	5.00	3.3 × 10⁻⁷		0.060	0.050		0.170		NF	(d)	
	U	250	5.00	3.3 × 10⁻⁴		0.160	0.140	0.120	0.170		NF	(f)	
	U	250	5.00	3.3 × 10⁻⁴		0.140	0.120	0.060	0.170		NF	(g)	
	U	250	5.00	3.3 × 10⁻⁴		0.100	0.060	0.020	0.100		NF	(g) Heated 25 hr before test	
Amphibolite, "Hudson Highland", Putnam Co., New York	N	150	1.00	1.7 × 10⁻⁴					6.54	2.9	21	(b)	36
	N	500	5.00	1.7 × 10⁻⁴					11.37	20.0	35	(d)	
	P	150	1.00	1.7 × 10⁻⁴					6.59	3.2	30	(a)	
	P	500	5.00	1.7 × 10⁻⁴					13.50	3.6	35	(d)	
Andesite, "Mount Hood", Oregon	U	25	0.001	1.0 × 10⁻⁴	0.84				1.50	2.2	F	(d)	113
	U	25	0.001	1.0 × 10⁻⁴	0.740				1.00	1.8	F	(d)	
	U	25	0.001	1.0 × 10⁻⁴	0.670				0.700	1.2	F	(b) Water saturated, undrained test	
	U	25	0.001	1.0 × 10⁻⁴	0.580				0.700	1.1	F	(b) Water saturated, undrained test	
	U	25	0.500	1.0 × 10⁻⁴	1.15	2.26			3.20	4.2	27	(d)	
	U	25	0.500	1.0 × 10⁻⁴	1.15	2.03			2.90	4.5	26	(b)	
	U	25	0.500	1.0 × 10⁻⁴	1.01	2.01	2.56		3.00	8.8	26	(g) Water saturated, undrained test	
	U	25	0.500	1.0 × 10⁻⁴	1.09	1.89			2.00	4.0	27	(b) Water saturated, undrained test	
	U	25	0.001	1.0 × 10⁻⁷					1.11		F	(d)	
	U	25	0.001	1.0 × 10⁻⁷					0.910		F	(d)	
	U	25	0.001	1.0 × 10⁻⁷					1.16		23	(d) Water saturated, undrained test	
	U	25	0.500	1.0 × 10⁻⁷	1.01	1.92	2.20		2.20	6.7	34	(d)	
	U	25	0.500	1.0 × 10⁻⁷	1.01	1.82	2.16		2.20	6.8	32	(d)	
	U	25	0.500	1.0 × 10⁻⁷	0.670	0.770	0.670		0.770	5.0	35	(d) Water saturated, undrained test	

175

Table 2 (continued)
STRESS-STRAIN RELATIONS FROM CONSTANT STRAIN RATE TRIAXIAL TESTS ON ROCKS IN APPARATUS USING FLUID-CONFINING MEDIA

Material	Or	Temp (°C)	Pressure (kbar)	Strain rate (s^{-1})	Differential stress — kbar strain (%) 1	2	5	10	Ultimate strength (kbar)	Total strain (%)	Fault angle (°)	Comment	Ref.
	U	25	0.500	1.0×10^{-7}	0.87	1.24	1.16		1.24	6.3	F	(d) Water saturated, undrained test	
	U	400	0.001	1.0×10^{-4}	0.35	1.01			1.06	3.2	F	(d)	
	U	400	0.001	1.0×10^{-4}	0.54	1.36			1.40	2.6	F	(d)	
	U	400	0.001	1.0×10^{-4}	0.35	1.01			1.02	4.0	23	(d)	
	U	400	0.500	1.0×10^{-4}	0.93	1.79			2.30	4.6	32	(d)	
	U	400	0.500	1.0×10^{-4}	0.98	2.03			3.00	4.5	32	(b)	
	U	400	0.500	1.0×10^{-4}	0.370				0.400	2.9	42	(g) Water saturated, undrained test	
	U	400	0.500	1.0×10^{-4}	1.15	1.77	2.20	2.38	2.40	10.6	35	(b) Water saturated, undrained test	
	U	400	0.001	1.0×10^{-7}					1.13		F	(d)	
	U	400	0.001	1.0×10^{-7}					1.36		30	(d)	
	U	700	0.001	1.0×10^{-4}	0.760				1.12	1.5	25	(d)	
	U	700	0.001	1.0×10^{-4}	0.930				1.09	1.3	F	(d)	
	U	700	0.500	1.0×10^{-4}	1.56				2.30	1.9	F	(d)	
	U	700	0.500	1.0×10^{-4}	1.60	2.35			2.39	3.1	F	(d)	
	U	1000	0.001	1.0×10^{-4}	0.460	0.590			0.830	3.8	F	(d)	
	U	1000	0.001	1.0×10^{-4}	0.460	0.590			0.740	2.9	F	(d)	
Anhydrite, "Tafeljura", Riburg, Switzerland, 0.3 × 0.05 mm needles	N	300	1.50	8.2×10^{-5}	2.48	2.81	3.27	4.03	4.52	13.2	NF	(b)	212
	N	300	1.50	4.5×10^{-5}	2.56	2.88	3.39	4.08	4.46	13.6	NF	(b)	
	N	300	1.50	2.2×10^{-5}	2.42	2.72	3.16	3.75	4.35	16.0	NF	(b)	
	N	300	1.50	1.3×10^{-5}	2.32	2.57	3.06	3.69	3.78	11.2	NF	(b)	
	N	300	1.50	9.5×10^{-6}	2.18	2.36	2.73	3.32	3.85	14.6	NF	(b)	
	N	300	1.50	5.0×10^{-6}	1.92	2.22	2.63	3.20	3.32	11.1	NF	(b)	
	N	300	1.50	1.6×10^{-6}	1.98	2.18	2.56	3.09	3.16	10.7	NF	(b)	
	N	350	1.50	8.2×10^{-5}	2.51	2.74	3.18	3.72	3.76	1.0	NF	(b)	212
	N	350	1.50	4.5×10^{-5}	2.04	2.42	2.74	3.26	3.36	10.7	NF	(b)	
	N	350	1.50	2.2×10^{-5}	2.03	2.23	2.56	3.07	3.20	11.2	NF	(b)	
	N	350	1.50	9.5×10^{-6}	1.66	1.82	2.07	2.46	2.56	11.3	NF	(b)	
	N	350	1.50	3.6×10^{-6}	1.64	1.79	1.93	2.12	2.18	11.5	NF	(b)	

	N	350	1.50	1.6×10^{-6}	1.59	1.66	1.70	1.75	1.79	11.8	NF	(b)
	N	350	1.50	9.3×10^{-7}	1.53	1.60	1.64	1.66	1.67	12.2	NF	(c)
	N	400	1.50	8.2×10^{-5}	1.81	1.95	2.24	2.58	2.63	10.7	NF	(b)
	N	400	1.50	4.5×10^{-5}	1.68	1.84	2.06	2.32	2.32	9.7	NF	(b) 10% Data extrapolated
	N	400	1.50	2.2×10^{-5}	1.60	1.70	1.81	1.98	2.09	13.2	NF	(b)
	N	400	1.50	1.3×10^{-5}	1.53	1.60	1.72	1.85	1.94	13.0	NF	(b)
	N	400	1.50	5.0×10^{-6}	1.33	1.41	1.59	1.67	1.68	13.2	NF	(b)
	N	400	1.50	3.6×10^{-6}	1.22	1.23	1.40	1.47	1.47	13.2	NF	(c)
	N	400	1.50	2.6×10^{-6}	1.20	1.21	1.20	1.20	1.21	13.2	NF	(c)
	N	400	1.50	1.6×10^{-6}	0.984	0.991	0.991	0.984	0.991	13.5	NF	(c)
	N	400	1.50	9.3×10^{-7}	0.760	0.760	0.760	0.760	0.760	13.0	NF	(c)
	N	450	1.50	8.2×10^{-5}	1.54	1.69	1.84	1.97	2.07	12.6	NF	(b)
	N	450	1.50	3.5×10^{-5}	1.41	1.50	1.56	1.65	1.66	11.5	NF	(b)
	N	450	1.50	5.0×10^{-6}	1.11	1.12	1.12	1.12	1.12	11.8	NF	(c)
	N	450	1.50	3.6×10^{-6}	1.03	1.04	1.04	1.04	1.04	12.1	NF	(c)
	N	450	1.50	1.6×10^{-6}	0.712	0.712	0.712	0.712	0.712	9.2	NF	(c) 10% Data extrapolated
	N	450	1.50	1.3×10^{-6}	1.18	1.26	1.27	1.28	1.28	12.1	NF	(c)
	N	450	1.50	9.3×10^{-7}	0.528	0.528	0.534		0.534	9.2	NF	(c) 10% Data extrapolated
Anhydrite, "Werra", Osterode, Germany. Cores parallel to <001> point maximum of original fabric	N	25	0.001	5.0×10^{-4}					0.760	0.9	F	(c) Ultimate strength at 1.5%
	N	25	0.200	5.0×10^{-4}	1.94	1.83			1.21	3.5	NF	(c)
	N	25	0.300	5.0×10^{-4}	2.18	2.29	1.74		2.29	5.9	NF	(e) Ultimate strength at 2%
	N	25	0.400	5.0×10^{-4}	2.32	2.55			2.55	4.6	NF	(e) Ultimate strength at 2%
	N	25	0.500	5.0×10^{-4}	2.59	2.82	2.56		2.82	7.6	NF	(e) Ultimate strength at 2%
	N	25	0.750	5.0×10^{-4}	2.73	3.18	3.30	3.03	3.45	14.2	NF	(e) Ultimate strength at 3.5%
	N	25	1.00	5.0×10^{-4}	2.76	3.35	3.79	3.47	3.79	20.5	NF	(e) Ultimate strength at 5%
	N	25	1.50	5.0×10^{-4}	3.36	3.94	4.39	4.41	4.41	20.0	NF	(c)
	N	25	2.00	5.0×10^{-4}	3.41	3.97	4.71	4.97	5.14	23.5	NF	(b)
	N	25	2.50	5.0×10^{-4}	3.42	4.09	4.92	5.50	5.91	18.5	NF	(b)
	N	25	3.00	5.0×10^{-4}	3.44	4.12	5.29	6.03	6.67	23.4	NF	(b)
	N	25	3.50	5.0×10^{-4}	3.45	4.39	5.45	6.24	6.97	21.5	NF	(b)
	N	25	4.00	5.0×10^{-4}	3.48	4.67	5.85	6.85	8.33	27.2	NF	(b)
	N	25	5.00	5.0×10^{-4}	3.64	4.85	6.23	7.29	9.41	27.7	NF	(b)
	N	150	1.00	5.0×10^{-4}	1.73	2.28	3.25	3.28	3.46	20.0	NF	(f)
	N	150	1.50	5.0×10^{-4}	2.52	3.11	3.91	4.48	4.58	20.5	NF	(c)
	N	150	2.00	5.0×10^{-4}	2.18	3.22	4.48	5.26	5.75	20.2	NF	(b)
	N	150	3.00	5.0×10^{-4}	2.79	3.56	4.85	6.16	7.35	16.2	NF	(b)
	N	300	0.500	5.0×10^{-4}	1.05	1.64	2.80		3.10	8.2	NF	(b)
	N	300	1.00	5.0×10^{-4}	1.82	2.42	3.44	4.16	4.37	14.0	NF	(b)
	N	300	2.00	5.0×10^{-4}	2.11	2.78	4.02	5.07	6.43	26.0	NF	(b)

211

Table 2 (continued)
STRESS-STRAIN RELATIONS FROM CONSTANT STRAIN RATE TRIAXIAL TESTS ON ROCKS IN APPARATUS USING FLUID-CONFINING MEDIA

Material	Or	Temp (°C)	Pressure (kbar)	Strain rate (s⁻¹)	Differential stress — kbar strain (%) 1	2	5	10	Ultimate strength (kbar)	Total strain (%)	Fault angle (°)	Comment	Ref.
Anhydrite, "Werra", Osterode, Germany, Cores parallel to <010> point maximum of original fabric		300	3.00	5.0 × 10⁻⁴	2.11	2.78	4.05	5.23	7.18	24.2	NF	(b)	211
		25	0.500	5.0 × 10⁻⁴	1.76	2.48	2.98		2.98	6.4	NF	(d)	
		25	1.00	5.0 × 10⁻⁴	1.97	3.03	3.80	4.03	4.03	15.2	NF	(d)	
		25	2.00	5.0 × 10⁻⁴	2.33	3.47	4.27	5.00	5.15	12.3	NF	(b)	
		25	3.00	5.0 × 10⁻⁴	2.33	3.55	4.77	5.62	6.85	28.7	NF	(b)	
		25	5.00	5.0 × 10⁻⁴	2.33	3.77	5.26	6.53	9.21	26.7	NF	(d)	
		150	0.500	5.0 × 10⁻⁴	1.09	2.17	2.67		2.67	5.4	NF	(b)	
		150	1.00	5.0 × 10⁻⁴	1.09	2.19	3.19	3.55	3.61	14.2	NF	(c)	
		150	2.00	5.0 × 10⁻⁴	1.09	2.19	3.81	4.77	5.68	23.0	NF	(b)	
		150	3.00	5.0 × 10⁻⁴	1.09	2.19	4.05	5.31	7.59	21.7	NF	(b)	
		300	1.00	5.0 × 10⁻⁴	0.59	1.21	2.61	3.64	4.25	15.2	NF	(b)	
		300	1.50	5.0 × 10⁻⁴	0.76	1.44	2.78	3.78	5.02	20.0	NF	(b)	
		300	2.00	5.0 × 10⁻⁴	1.09	1.90	3.19	4.34	6.22	24.4	NF	(b)	
		300	3.00	5.0 × 10⁻⁴	1.09	1.90	3.34	4.61	6.54	21.5	NF	(b)	
Anorthosite, "Marcy", Essex Co., New York	N	150	1.00	1.7 × 10⁻⁴					5.94	2.6	29	(a)	36
	N	500	5.00	1.7 × 10⁻⁴					9.39	32.1	28	(d)	
Basalt Breccia, Amchitka Island, Alaska, 5410 ft below surface	U	23	0.001	5.0 × 10⁻⁵					0.240		F		137
	U	23	1.00	5.0 × 10⁻⁵					0.420		F		
	U	23	2.00	5.0 × 10⁻⁵					0.420		F		
	U	23	3.00	5.0 × 10⁻⁵			0.600				NF		
Basalt, altered, Amchitka Island, Alaska, 5705 ft below surface	U	23	5.00	5.0 × 10⁻⁵		1.00					NF		137
	U	23	7.00	5.0 × 10⁻⁵			0.980				NF		
	U	23	0.001	5.0 × 10⁻⁵					0.340		F		
	U	23	0.001	5.0 × 10⁻⁵					0.860		F		
	U	23	0.001	5.0 × 10⁻⁵					0.480		F		
	U	23	0.500	5.0 × 10⁻⁵					1.40		F		
	U	23	1.00	5.0 × 10⁻⁵					1.90		F		
	U	23	2.00	5.0 × 10⁻⁵			2.32				NF		
	U	23	2.00	5.0 × 10⁻⁵			1.92				NF		
	U	23	3.00	5.0 × 10⁻⁵			2.14				NF		
	U	23	3.00	5.0 × 10⁻⁵			3.34				NF		

Material										Ref	Notes
Basalt, altered, Amchitka Island, Alaska, 5850 ft below surface	U	23	4.00	5.0 × 10⁻⁵		4.90			NF		
	U	23	5.00	5.0 × 10⁻⁵		4.50			NF		
	U	23	5.00	5.0 × 10⁻⁵		3.74			NF		
	U	23	6.00	5.0 × 10⁻⁵		4.90			NF		
	U	23	7.00	5.0 × 10⁻⁵		3.60			NF		
	U	23	7.00	5.0 × 10⁻⁵		2.76			NF		
	U	23	0.001	5.0 × 10⁻⁵			0.580		F	137	
	U	23	0.001	5.0 × 10⁻⁵			0.340		F		
	U	23	1.00	5.0 × 10⁻⁵			0.960		F		
	U	23	2.00	5.0 × 10⁻⁵			0.680		F		
	U	23	3.00	5.0 × 10⁻⁵			1.66		F		
	U	23	4.00	5.0 × 10⁻⁵		1.64			NF		
	U	23	5.00	5.0 × 10⁻⁵		1.60			NF		
	U	23	6.00	5.0 × 10⁻⁵		1.96			NF		
	U	23	7.00	5.0 × 10⁻⁵		2.86			NF		
Basalt, altered, Amchitka Island, Alaska, 5900 ft below surface	U	23	0.250	5.0 × 10⁻⁵			1.24		F	137	
	U	23	0.500	5.0 × 10⁻⁵			1.30		F		
	U	23	1.00	5.0 × 10⁻⁵			1.40		F		
	U	23	3.00	5.0 × 10⁻⁵		1.76			NF		
	U	23	5.00	5.0 × 10⁻⁵		1.90			NF		
	U	23	7.00	5.0 × 10⁻⁵		3.16			NF		
Breccia, "Banjo Point", Amchitka Island, Alaska, 898 ft below surface	U	23	0.001	5.0 × 10⁻⁵			0.160		F	137	
	U	23	1.00	5.0 × 10⁻⁵			0.360		F		
	U	23	2.00	5.0 × 10⁻⁵			0.360		F		
	U	23	3.00	5.0 × 10⁻⁵		0.600			NF		
	U	23	4.00	5.0 × 10⁻⁵		0.440			NF		
	U	23	5.00	5.0 × 10⁻⁵		0.980			NF		
	U	23	6.00	5.0 × 10⁻⁵		0.740			NF		
	U	23	7.00	5.0 × 10⁻⁵	0.75	0.860	3.70		NF		
Chalcopyrite ore, Creighton mine, Sudbury, Ontario, Canada, <10% impurities	U	24	1.00	7.2 × 10⁻⁵	2.65	3.72	3.73	6.5	F	137	(b)
	U	24	2.00	7.2 × 10⁻⁵	3.03	4.00	2.59	1.5	F		(b)
	U	100	1.00	7.2 × 10⁻⁵	2.84	3.15	4.01	8.5	F		(b)
	U	100	1.00	7.2 × 10⁻⁵				10.0	NF		(b)
	U	200	0.500	7.2 × 10⁻⁵			3.18	6.5	F		(b)
	U	200	1.00	7.2 × 10⁻⁵	2.68	2.96	4.70 3.18	23.0	NF		(b)
	U	200	1.00	7.2 × 10⁻⁵	2.51	2.98	3.23	22.5	NF		(b)
	U	300	0.500	7.2 × 10⁻⁵	1.26	1.64	2.05	11.7	NF		(b)
	U	300	1.00	7.2 × 10⁻⁵	1.93	2.23	2.67	9.5	NF		(b)
	U	300	2.00	7.2 × 10⁻⁵	1.35	1.48	1.66	23.5	NF		(b) 10% Data extrapolated
	U	400	1.00	7.2 × 10⁻⁵	0.900	0.940	0.940	5.4	NF		(b)
	U	400	1.00	7.2 × 10⁻⁵	1.97	2.17	2.51	13.3	NF		(b) 10% Data extrapolated

179

Table 2 (continued)
STRESS-STRAIN RELATIONS FROM CONSTANT STRAIN RATE TRIAXIAL TESTS ON ROCKS IN APPARATUS USING FLUID-CONFINING MEDIA

Material	Or	Temp (°C)	Pressure (kbar)	Strain rate (s^{-1})	Differential stress — kbar strain (%) 1	2	5	10	Ultimate strength (kbar)	Total strain (%)	Fault angle (°)		Comment	Ref.
Chalcopyrite ore, Icon mine, Mistas-	U	400	2.00	7.2 × 10^{-5}	0.73	1.05		1.44		10.8	NF	(b)		137
sini region, Quebec, Canada,	U	24	0.500	7.2 × 10^{-5}					4.70	0.8	F	(a)		
<15% impurities	U	24	0.500	7.2 × 10^{-5}	3.92				3.92	2.0	F	(b)		
	U	24	1.00	7.2 × 10^{-5}					4.99	1.8	F	(b)		
	U	24	1.00	7.2 × 10^{-5}	4.01	4.03			4.03	5.7	F	(b)		
	U	24	1.00	7.2 × 10^{-5}	3.58				3.63	2.4	F	(b)		
	U	24	1.50	7.2 × 10^{-5}	4.00	4.27			4.27	6.3	F	(b)		
	U	24	1.50	7.2 × 10^{-5}	4.54	5.27			5.37	7.4	F	(b)		
	U	24	1.50	7.2 × 10^{-5}	3.84	4.77			5.03	7.0	F	(b)		
	U	24	2.00	7.2 × 10^{-5}	3.92	4.07		5.81		9.8	NF	(b)	10% Data extrapolated	
	U	24	2.00	7.2 × 10^{-5}	4.40	5.29		5.88		6.9	NF	(b)	10% Data extrapolated	
	U	100	1.00	7.2 × 10^{-5}	4.10	4.62			4.62	5.1	F	(b)		
	U	100	1.00	7.2 × 10^{-5}	4.55				4.59	2.5	F	(b)		
	U	200	0.500	7.2 × 10^{-5}	2.63	2.97			2.98	7.1	F	(b)		
	U	200	1.00	7.2 × 10^{-5}	3.33	3.67		4.06		10.5	NF	(b)	10% Data extrapolated	
	U	200	1.00	7.2 × 10^{-5}	3.86	4.17		4.42		7.8	NF	(b)	10% Data extrapolated	
	U	200	2.00	7.2 × 10^{-5}	3.70	4.10		4.87		7.1	NF	(b)	10% Data extrapolated	
	U	300	0.500	7.2 × 10^{-5}	2.39	2.80		2.98		10.6	NF	(b)		
	U	300	0.500	7.2 × 10^{-5}	2.03	2.28		2.55		11.2	NF	(b)		
	U	300	1.00	7.2 × 10^{-5}	1.77	2.11		2.45		10.3	NF	(b)		
	U	300	1.00	7.2 × 10^{-5}	2.53	2.91		3.41		8.7	NF	(b)	10% Data extrapolated	
	U	300	1.00	7.2 × 10^{-5}	2.41	2.80		3.28		8.2	NF	(b)	10% Data extrapolated	
	U	300	1.00	7.2 × 10^{-5}	1.90	2.26		2.49		5.9	NF	(b)	10% Data extrapolated	
	U	300	1.00	7.2 × 10^{-5}	2.12	2.60		3.01		8.2	NF	(b)	10% Data extrapolated	
	U	300	1.50	7.2 × 10^{-5}	1.92	2.34		2.77		8.3	NF	(b)	10% Data extrapolated	
	U	300	1.50	7.2 × 10^{-5}	1.78	2.15		2.49		10.2	NF	(b)	10% Data extrapolated	
	U	300	2.00	7.2 × 10^{-5}	1.62	1.22		2.27		3.9	NF	(b)	5% and 10% Data extrapolated	
	U	300	2.00	7.2 × 10^{-5}	2.21	2.58		3.08		10.1	NF	(b)		
	U	300	2.00	7.2 × 10^{-5}	1.78	2.13		2.47		8.7	NF	(b)	10% Data extrapolated	
	U	400	1.00	7.2 × 10^{-5}	1.39	1.55		1.57		5.6	NF	(c)	10% Data extrapolated	

	U	400	1.00	7.2×10^{-5}		2.02	2.42	2.83		8.5	NF	(b) 10% Data extrapolated
	U	400	1.00	7.2×10^{-5}		1.06	1.16	1.16		5.3	NF	(c) 10% Data extrapolated
	U	400	2.00	7.2×10^{-5}		1.39	1.55	1.71		9.5	NF	(b) 10% Data extrapolated
	U	500	0.500	7.2×10^{-5}		1.07	1.09	1.11		3.1	NF	(b) 5% and 10% Data extrapolated
	U	500	1.00	7.2×10^{-5}		0.670	0.680	0.680	0.990	5.0	NF	(c) 10% Data extrapolated
	U	500	1.00	7.2×10^{-5}		0.850	0.960	0.960	0.880	10.2	NF	(b) 4
Chalcopyrite ore, Mt. Isa, Australia, 80% chalcopyrite, 13% gangue, 3.5% pyrrhotite, 2% sphalerite	U	20	0.001	3.0×10^{-5}	3.72				3.93	0.4	F	(a)
	U	20	0.510	3.0×10^{-5}	4.63	4.85	4.45		4.88	1.7	F	(b)
	U	20	0.790	3.0×10^{-5}	4.42	4.85	5.24		5.24	5.1	F	(d)
	U	20	1.03	3.0×10^{-5}	4.02	4.73	5.49	5.88	5.92	6.5	F	(c)
	U	20	1.47	3.0×10^{-5}	4.65	5.12	6.01	7.01	7.20	11.0	NF	(c)
	U	20	2.92	3.0×10^{-5}	0.840				0.840	11.1	NF	(b)
	U	200	0.001	3.0×10^{-5}	2.39	2.67	2.90	3.00	3.00	1.0	F	(a)
	U	200	0.570	3.0×10^{-5}	2.29	2.68	3.20	3.81	3.92	11.2	NF	(c)
	U	200	1.41	3.0×10^{-5}	2.29	2.70	3.34	4.02	4.15	11.1	NF	(b)
	U	200	2.67	3.0×10^{-5}	0.760	0.630	0.380		0.760	11.1	NF	(b)
	U	300	0.001	3.0×10^{-5}	1.16	1.47	1.76	1.98	2.02	7.8	F	(d)
	U	300	0.540	3.0×10^{-5}	1.39	1.70	2.02	2.32	2.37	11.1	NF	(b)
	U	300	1.45	3.0×10^{-5}	1.56	1.94	2.35	2.69	2.72	11.1	NF	(b)
	U	300	2.75	3.0×10^{-5}	0.600	0.680	0.420		0.680	11.1	NF	(b)
	U	400	0.001	3.0×10^{-5}	0.73	0.95	1.21	1.38	1.40	8.2	F	(d)
	U	400	0.530	3.0×10^{-5}	0.82	1.04	1.27	1.44	1.46	11.1	NF	(b)
	U	400	1.42	3.0×10^{-5}	0.69	1.01	1.43	1.60	1.62	11.1	NF	(b)
	U	400	1.92	3.0×10^{-5}	0.95	1.21	1.59	1.86	1.91	11.1	NF	(b)
	U	400	3.40	1.2×10^{-5}	3.22	3.71	4.50	5.05	5.06	12.1	NF	(d) 247
Chalcopyrite ore, Termacami Lake, Ontario, Canada, 93% chalcopyrite, 6% calcite, 1% quartz and sphalerite, G.S. = 1mm	N	25	1.50	8.3×10^{-6}	1.94	3.13	4.24	5.14	5.13	9.8	NF	(b) 10% Data extrapolated
	N	25	1.50	2.3×10^{-4}	3.15	3.62	4.45	5.25	5.19	9.7	NF	(b) 10% Data extrapolated
	N	100	1.50	7.4×10^{-5}	2.96	3.47	4.25	5.07	5.37	13.2	NF	(b)
	N	100	1.50	7.1×10^{-6}	3.03	3.57	4.24	4.86	4.86	10.0	NF	(b)
	N	150	1.50	2.3×10^{-5}	2.88	3.21	3.70	4.25	4.63	14.3	NF	(b)
	N	150	1.50	7.4×10^{-6}	2.88	3.11	3.35	3.83	3.97	11.7	NF	(b)
	N	200	1.50	5.6×10^{-3}	2.83	3.60	4.23	4.75	5.01	15.0	NF	(b)
	N	200	1.50	4.5×10^{-4}	2.83	3.16	3.60	4.01	4.05	10.2	NF	(b)
	N	200	1.50	4.0×10^{-5}	2.71	2.83	2.70	2.84	2.89	10.6	NF	(c)
	N	200	1.50	7.1×10^{-6}	2.51	2.42	2.49	2.76	2.81	10.5	NF	(b)
	N	200	1.50	1.0×10^{-6}		1.75				3.6		(f)
	N	250	1.50	3.0×10^{-3}	2.84	2.97	3.10	3.46	3.47	10.6	NF	(b)
	N	250	1.50	1.3×10^{-3}	2.62	2.70	2.85	3.21	3.46	12.7	NF	(b)

181

Table 2 (continued)
STRESS-STRAIN RELATIONS FROM CONSTANT STRAIN RATE TRIAXIAL TESTS ON ROCKS IN APPARATUS USING FLUID-CONFINING MEDIA

Material	Or	Temp (°C)	Pressure (kbar)	Strain rate (s^{-1})	Differential stress — kbar strain (%) 1	2	5	10	Ultimate strength (kbar)	Total strain (%)	Fault angle (°)	Comment	Ref.
	N	250	1.50	1.4×10^{-4}	2.25	2.21	2.31	2.58	2.83	14.7	NF	(b)	247
	N	300	1.50	2.5×10^{-3}	1.46	1.49	1.84	2.20	2.31	14.3	NF	(b)	
	N	300	1.50	1.2×10^{-3}	1.67	1.55	1.97	2.57	2.93	14.8	NF	(b)	
	N	300	1.50	1.5×10^{-4}	0.99	1.01	1.18		1.19	6.0	NF	(b)	
	N	300	1.50	7.2×10^{-5}	1.18	1.27	1.67	2.06	2.20	11.6	NF	(b)	
	N	300	1.50	1.1×10^{-5}	0.80	0.84	1.00	1.18	1.30	12.3	NF	(b)	
	N	300	1.50	9.0×10^{-7}	0.797	0.835	0.604		0.848	4.1	NF	(f) 5% Data extrapolated	
Chalcopyrite ore, Timmins, Ontario, 70—80% chalcopyrite, 5—10% pyrite, 10—25% sphalerite, pyrrhotite, quartz, sericite, and chlorite	N	25	1.50	7.1×10^{-5}		4.56	5.50	6.40	6.54	11.6	NF	(b)	247
	N	25	1.50	4.5×10^{-5}		3.67	4.84	5.35	5.56	14.1	NF	(b)	
	N	25	1.50	3.3×10^{-5}		4.50	5.39	6.15	6.21	11.2	NF	(b)	
	N	25	1.50	9.0×10^{-6}		4.46	5.19	5.92	5.89	9.8	NF	(b) 10% Data extrapolated	
	N	100	1.50	7.9×10^{-4}	3.44	4.09	4.74	5.38	5.57	13.0	NF	(b)	
	N	100	1.50	6.8×10^{-5}	3.44	4.19	4.90	5.48	5.49	10.7	NF	(b)	
	N	100	1.50	7.1×10^{-6}	3.13	3.78	4.24		4.38	8.6	NF	(b)	
	N	200	1.50	7.9×10^{-4}	3.47	3.77	3.96	4.16	4.35	15.0	NF	(b)	
	N	200	1.50	1.1×10^{-4}	3.21	3.36	3.32	3.60	3.60	10.0	NF	(b)	
	N	200	1.50	4.4×10^{-5}	2.33	2.54	2.70	3.05	3.13	13.6	NF	(b)	
	N	200	1.50	7.1×10^{-6}	2.81	2.92	2.90	2.65	3.01	10.0	NF	(d)	
Chloritite, Piedmont Alps, Montenevre, Italy, 85% chlorite, 6% sphene, 4% magnetite, 4% ilmenite, chlorite dehydrated at 618°C	U	20	1.38	1.0×10^{-5}	2.15	2.34	2.29		2.46	8.3	F	(e) Undrained test	213
	U	20	5.52	1.0×10^{-5}	2.42	4.42	4.83		4.95	6.7	F	(b) Undrained test	
	U	320	1.38	1.0×10^{-5}	1.19	2.03	1.87		1.88	5.2	F	(b) Undrained test	
	U	420	1.38	1.0×10^{-5}	0.96	1.27	1.62		1.62	5.0	F	(b) Undrained test	
	U	420	5.52	1.0×10^{-5}	1.69	2.59	3.38		3.29	4.6	NF	(b) Undrained test, 5% data extrapolated	
	U	580	5.52	1.0×10^{-5}	1.63	2.38	2.89		2.93	5.6	NF	(b) Undrained test	
	U	620	1.38	1.0×10^{-5}	0.269	0.297			0.600	4.6	F	(f) Undrained test	
	U	620	3.45	1.0×10^{-5}	1.55	2.42	2.83		2.89	5.6	NF	(b)	
	U	620	3.45	1.0×10^{-5}	1.42	2.04	2.52		2.56	5.7	NF	(b) Undrained test	
	U	620	5.52	1.0×10^{-5}	1.29	1.94	2.46		2.53	5.5	NF	(b) Undrained test	
	U	670	3.45	1.0×10^{-5}	1.39	1.78	2.00		2.09	6.0	NF	(b)	
	U	670	3.45	1.0×10^{-5}	0.850	0.850	0.730		1.19	5.2	F	(e) Undrained test	

										NF	(e) Undrained test	
Coal, subbituminous, Kemmerer, Wyoming, partially water saturated, undrained tests	U	670	5.52		0.81	0.78	1.04		1.05	5.1	NF	34
	N	23	0.001	1.0×10^{-4}					0.180	2.3	F	
	N	23	0.500	1.0×10^{-4}					0.530	3.5	F	
	N	25	1.00	1.0×10^{-4}					0.500	3.4	F	
	N	25	2.00	1.0×10^{-4}					0.590	4.0	F	
	N	25	3.00	1.0×10^{-4}					0.520	3.3	F	
	N	25	5.00	1.0×10^{-4}					0.720	5.4	F	
	N	25	5.00	1.0×10^{-4}					0.680	5.7	F	
	N	25	7.00	1.0×10^{-4}					0.600	5.7		
	P	25	1.00	1.0×10^{-4}					0.510	3.5	F	
	P	25	3.00	1.0×10^{-4}					0.500	3.3	F	
	P	25	5.00	1.0×10^{-4}					0.640	4.6	F	
Coal, subbituminous, Lincoln Co., Wyoming	N	20	0.001	5.0×10^{-5}					0.340		F	130
	N	20	0.001	5.0×10^{-5}					0.320		F	130
	N	20	0.001	5.0×10^{-5}					0.430		F	
	N	20	0.500	5.0×10^{-5}					0.370		F	
	N	20	1.00	5.0×10^{-5}					0.630		F	
	N	20	1.00	5.0×10^{-5}					0.630		F	
	N	20	2.00	5.0×10^{-5}					0.730		F	
	N	20	3.00	5.0×10^{-5}					0.840		F	
	N	20	4.00	5.0×10^{-5}					1.05		F	
	N	20	4.00	5.0×10^{-5}					0.750		F	
	N	20	5.00	5.0×10^{-5}					1.27		F	
	N	20	5.00	5.0×10^{-5}					0.930		F	
	N	20	5.00	5.0×10^{-5}					1.09		F	
	N	20	6.00	5.0×10^{-5}					1.29		F	
	N	20	6.00	5.0×10^{-5}					1.37		F	
	N	20	6.70	5.0×10^{-5}					1.56		F	
	N	20	7.00	5.0×10^{-5}					1.38		F	
	P	20	0.001	5.0×10^{-5}					0.230		F	
	P	20	0.001	5.0×10^{-5}					0.190		F	
	P	20	0.001	5.0×10^{-5}					0.240		F	
	P	20	0.001	5.0×10^{-5}					0.300		F	
	P	20	0.500	5.0×10^{-5}					0.440		F	
	P	20	1.00	5.0×10^{-5}					0.590		F	
	P	20	1.00	5.0×10^{-5}					0.490		F	
	P	20	2.00	5.0×10^{-5}					0.670		F	
	P	20	3.00	5.0×10^{-5}					0.750		F	
	P	20	4.00	5.0×10^{-5}					0.950		F	
	P	20	5.00	5.0×10^{-5}					0.850		F	
	P	20	5.00	5.0×10^{-5}					0.880		F	

Table 2 (continued)
STRESS-STRAIN RELATIONS FROM CONSTANT STRAIN RATE TRIAXIAL TESTS ON ROCKS IN APPARATUS USING FLUID-CONFINING MEDIA

Material	Or	Temp (°C)	Pressure (kbar)	Strain rate (s^{-1})	Differential stress — kbar strain (%) 1	2	5	10	Ultimate strength (kbar)	Total strain (%)	Fault angle (°)	Comment	Ref.
Diabase, "Tishomingo", Johnston Co., Oklahoma	P	20	5.00	5.0×10^{-5}					1.32		F		
	P	20	6.00	5.0×10^{-5}					1.40		F		
	P	20	6.00	5.0×10^{-5}					1.27		F		
	P	20	7.00	5.0×10^{-5}					1.31		F		
	N	150	1.00	1.7×10^{-4}					5.10	1.9	28	(a)	36
	N	500	5.00	1.7×10^{-4}					5.46	17.7	31	(e)	
Diorite, "Salem", Essex Co., Massachusetts	N	150	1.00	1.7×10^{-4}					6.13	2.6	29	(a)	36
	N	500	5.00	1.7×10^{-4}					7.10	24.0	38	(d)	
Dolomite, "Blair"	2	23	2.00	1.0×10^{-4}					10.46		27		117
	2	23	2.00	1.0×10^{-4}					10.87		18		
	2	23	2.00	1.0×10^{-4}					11.45		30		
	2	23	3.00	1.0×10^{-4}					13.07		34		
	2	23	3.00	1.0×10^{-4}					11.98		32		
	2	23	4.00	1.0×10^{-4}					13.24		38		
	2	23	4.50	1.0×10^{-4}					13.66		30		
	2	23	4.50	1.0×10^{-4}					13.10		31		
	2	23	1.00	-1.0×10^{-4}					1.37		0		
	2	23	2.00	-1.0×10^{-4}					2.16		0		
	2	23	3.00	-1.0×10^{-4}					3.15		0		
	2	23	4.00	-1.0×10^{-4}					4.30		0		
	2	23	3.00	1.0×10^{-7}					8.01		21		
	2	25	3.50	1.0×10^{-7}					8.94		22		117
	2	100	2.50	1.0×10^{-7}					9.52		34		
	2	100	3.00	1.0×10^{-7}					10.48		31		
	2	100	3.50	1.0×10^{-7}					10.10		31		
	2	200	2.50	1.0×10^{-7}					9.24		30		
	2	200	3.00	1.0×10^{-7}					8.87		23		
	2	300	1.50	1.0×10^{-7}					7.92		27		
	2	300	2.00	1.0×10^{-7}					8.88		32		
	2	300	8.89	-1.0×10^{-7}					7.35		0		
	2	300	10.00	-1.0×10^{-7}					7.65		0		

	Temp	Stress	Strain rate		Value	Ref	Ref2
2	400	1.50	1.0×10^{-7}		10.02	27	
2	400	2.00	1.0×10^{-7}		8.42	21	
2	400	10.00	-1.0×10^{-7}		7.50	F	
U	23	0.001	1.0×10^{-4}		4.82	F	
U	23	0.001	1.0×10^{-4}		5.66	F	134
U	23	0.001	1.0×10^{-4}		4.38	F	
U	23	0.001	1.0×10^{-4}		6.02		117
U	23	0.001	1.0×10^{-4}		1.81	37	
U	23	0.500	1.0×10^{-4}		2.80	32	134
U	23	0.750	1.0×10^{-4}		4.99	26	117
U	23	1.00	1.0×10^{-4}		8.92	24	134
U	23	1.00	1.0×10^{-4}		9.10		
U	23	1.00	1.0×10^{-4}		9.90	24	
U	23	1.00	1.0×10^{-4}		7.04		
U	23	1.50	1.0×10^{-4}		6.76		
U	23	2.00	1.0×10^{-4}		10.34		
U	23	3.00	1.0×10^{-4}		8.44		
U	23	3.00	1.0×10^{-4}		9.37		
U	23	4.00	1.0×10^{-4}		9.86		
U	23	5.00	1.0×10^{-4}		10.48		
U	23	5.00	1.0×10^{-4}		11.67		
U	23	6.88	1.0×10^{-4}		11.86		
U	23	6.29	-1.0×10^{-4}		14.00		
U	23	8.60	-1.0×10^{-4}		6.48		
U	23	9.80	-1.0×10^{-4}		8.39		
U	23	10.30	-1.0×10^{-4}		8.75		
U	23	11.41	-1.0×10^{-4}		9.24		
U	23	12.69	-1.0×10^{-4}		9.72		
U	23	15.05	-1.0×10^{-4}		9.87		
U	23	16.97	-1.0×10^{-4}		11.70		
U	23	21.20	-1.0×10^{-4}		12.72		
N	700	7.20	1.6×10^{-5}		15.12		

Dolomite, "Crevola Martle", Simplon, Switzerland (stresses given at 6% and 10% strain)

	Temp	Stress	Strain rate	σ (6%)	σ (10%)	Ref
N	700	7.20	1.6×10^{-6}	6.27	7.51	124–126
N	700	7.20	1.5×10^{-6}	5.60	6.68	
N	800	7.75	6.6×10^{-4}	5.49	6.43	
N	800	7.75	1.7×10^{-4}	5.93	6.48	
N	800	7.75	1.8×10^{-5}	6.40	6.82	
U	800	7.75	1.7×10^{-5}	5.55	5.85	
N	800	7.75	1.7×10^{-5}	5.79	6.00	
N	800	7.75		5.90	5.03	

Table 2 (continued)
STRESS-STRAIN RELATIONS FROM CONSTANT STRAIN RATE TRIAXIAL TESTS ON ROCKS IN APPARATUS USING FLUID-CONFINING MEDIA

Material	Or	Temp (°C)	Pressure (kbar)	Strain rate (s^{-1})	\multicolumn{4}{c}{Differential stress — kbar strain (%)}				Ultimate strength (kbar)	Total strain (%)	Fault angle (°)	Comment	Ref.
					1	2	5	10					
	U	800	7.75	1.8×10^{-6}			4.62	4.62					124–126
	N	800	7.75	1.8×10^{-7}			3.55	3.55					
	N	900	9.00	7.0×10^{-4}			4.70	4.01					
	N	900	9.00	1.8×10^{-4}			4.62	4.65					
	N	900	9.00	1.7×10^{-4}			4.69	4.70					
	N	900	9.00	1.7×10^{-5}			3.89	3.90					
	N	900	9.00	1.8×10^{-6}			3.12	3.12					
Feldspar rock, various sources, plagioclase compositions	U	600	8.00	2.0×10^{-5}	3.44	6.48	8.40		8.55	7.5	NF	(d) An (44)	39
	U	600	10.00	2.0×10^{-5}	1.30	2.57	5.09	6.63	6.37	9.7	NF	(b) An (77) 10% data extrapolated	
	U	800	9.00	2.0×10^{-5}	2.78	4.75	6.57	6.67	6.65	9.0	NF	(b) An (44) 10% data extrapolated	
	U	800	9.00	2.0×10^{-5}	4.12	6.40	6.12		6.50	8.1	NF	(g) An (2) low	
	U	800	9.00	2.0×10^{-5}	2.74	4.60	6.48		6.54	8.5	NF	(c) An (44)	
	U	800	9.00	2.0×10^{-5}	1.18	2.30	3.59		3.72	7.6	NF	(c) An (95)	
	U	800	9.00	2.0×10^{-5}	0.63	1.31	2.93	3.82	3.86	11.7	NF	(b) An (77)	
	U	800	10.00	2.0×10^{-5}	0.66	1.30	3.02	3.94	4.04	11.5	NF	(b) An (77)	
	U	800	10.00	2.0×10^{-5}	4.34	6.58	6.21		6.58	8.0	NF	(g) An (2) low	
	U	800	10.00	2.0×10^{-5}	2.69	4.61	8.14		8.69	8.2	NF	(e) An (77) high	
	U	800	10.00	2.0×10^{-5}	1.68	3.31	7.43	9.88	9.97	11.5	NF	(b) An (2) high	
	U	800	10.00	2.0×10^{-5}	0.64	1.32	2.90	3.81	3.93	11.5	NF	(b) An (77) low	
Gabbro, "Elizabethtown", Essex Co., New York	N	150	1.00	1.7×10^{-4}					5.29	2.2	32	(a)	36
	N	500	5.00	1.7×10^{-4}					8.16	17.0	30	(d)	
Galena ore, Bunker hill Mine, Kellog, Idaho	U	20	1.00	3.0×10^{-3}	1.15	1.58	2.18	2.62	2.79	18.9	NF	(b)	274
	U	20	1.00	3.0×10^{-4}	0.99	1.37	1.95	2.33	2.60	18.2	NF	(b)	
	U	20	0.001	3.0×10^{-5}	0.620	0.510	0.290		0.650	5.1	F	(e)	
	U	20	0.100	3.0×10^{-5}	0.98	1.22	1.01		1.31	8.7	F	(e)	
	U	20	0.200	3.0×10^{-5}	0.98	1.23	1.43	1.32	1.45	13.0	F	(e)	
	U	20	0.250	3.0×10^{-5}	0.99	1.24	1.55	1.54	1.59	23.0	NF	(d)	
	U	20	0.300	3.0×10^{-5}	1.04	1.28	1.64	1.74	1.74	19.0	NF	(d)	

Sample													
	U	20	0.350	3.0×10^{-5}	1.05	1.30	1.65	1.84	1.86	18.7	NF	(d)	
	U	20	0.500	3.0×10^{-5}	1.06	1.35	1.73	1.92	1.99	25.0	NF	(d)	
	U	20	1.00	3.0×10^{-5}	1.03	1.39	1.91	2.27	2.62	24.0	NF	(b)	
	U	20	1.00	3.0×10^{-5}	1.15	1.48	2.01	2.34	2.47	13.7	NF	(b)	
	U	20	1.00	3.0×10^{-5}	1.15	1.49	2.01	2.35	2.61	37.0	NF	(d)	
	U	20	1.00	3.0×10^{-5}	1.15	1.50	2.02	2.38	2.62	18.2	NF	(b)	
	U	20	1.00	3.0×10^{-5}	1.15	1.66	2.32	2.67	2.81	35.5	NF	(d)	
	U	20	3.00	3.0×10^{-5}	1.58	1.98	2.46	2.74	3.10	26.9	NF	(b)	
	U	20	1.00	3.0×10^{-6}	0.99	1.45	2.00	2.35	2.42	13.7	NF	(b)	
Galena ore, Federal Division Mine #12, St. Joseph Mineral Corp., Southeast Missouri, <10% impurities	U	24	0.500	7.2×10^{-5}		0.84	1.31	1.58		12.6	NF	(b)	254
	U	24	1.00	7.2×10^{-5}		0.86	1.37	1.75		11.3	NF	(b)	
	U	24	1.00	7.2×10^{-5}		0.86	1.23	1.55		26.5	NF	(b)	
	U	24	1.00	7.2×10^{-5}		0.89	1.25	1.56		20.5	NF	(b)	
	U	24	2.00	7.2×10^{-5}		0.73	1.20	1.68		13.2	NF	(b)	
	U	100	0.500	7.2×10^{-5}		0.61	0.90	1.17		12.5	NF	(b)	
	U	100	1.00	7.2×10^{-5}		0.77	1.22	1.52		14.7	NF	(b)	254
	U	100	1.00	7.2×10^{-5}		0.85	1.33	1.62		25.7	NF	(b)	
	U	100	2.00	7.2×10^{-5}		0.56	0.87	1.18		13.0	NF	(b)	
	U	200	2.00	7.2×10^{-5}		0.81	1.05	1.20		15.7	NF	(b)	
	U	200	0.500	7.2×10^{-5}		0.520	0.650	0.790		12.5	NF	(b)	
	U	200	1.00	7.2×10^{-5}		0.63	0.83	1.00		14.7	NF	(b)	
	U	200	1.00	7.2×10^{-5}		0.440	0.600	0.710		28.0	NF	(b)	
	U	200	2.00	7.2×10^{-5}		0.610	0.720	0.820		13.0	NF	(b)	
	U	200	2.00	7.2×10^{-5}		0.67	0.92	1.04		25.7	NF	(b)	
	U	300	0.500	7.2×10^{-5}		0.410	0.510	0.590		15.7	NF	(b)	
	U	300	1.00	7.2×10^{-5}		0.390	0.480	0.570		12.5	NF	(b)	
	U	300	1.00	7.2×10^{-5}		0.310	0.380	0.510		25.5	NF	(b)	
	U	300	2.00	7.2×10^{-5}		0.270	0.370	0.450		25.0	NF	(b)	
	U	300	2.00	7.2×10^{-5}		0.320	0.360	0.410		12.5	NF	(b)	
	U	400	0.500	7.2×10^{-5}		0.310	0.390	0.410		13.0	NF	(b)	
	U	400	1.00	7.2×10^{-5}		0.310	0.420	0.500		13.5	NF	(b)	
	U	400	2.00	7.2×10^{-5}		0.260	0.290	0.320		13.1	NF	(b)	
Galena ore, Mendota, Colo., only a few percent impurities	U	24	0.500	7.2×10^{-5}		1.11	1.68	1.96		16.4	NF	(b)	254
	U	24	1.00	7.2×10^{-5}		1.19	1.67	2.08		12.2	NF	(b)	
	U	100	1.00	7.2×10^{-5}		1.16	1.57	1.78		22.5	NF	(b)	
Galena ore, Minnie Moore Mine, Bellevue, Idaho. Specimens from three dissimilar blocks	U	20	0.001	3.0×10^{-5}	0.670	0.430	0.380		0.700	6.7	F	(g) Block A	274
	U	20	0.100	3.0×10^{-5}	0.830	0.910	0.700		0.910	11.8	F	(f) Block A	
	U	20	0.200	3.0×10^{-5}	0.92	1.06	1.18	0.720	1.18	12.2	F	(d) Block A	
	U	20	0.500	3.0×10^{-5}	0.99	1.16	1.44	1.08	1.81	19.5	NF	(b) Block A	
	U	20	0.500	3.0×10^{-5}	1.28	1.68	2.58	1.66	2.69	14.2	NF	(d) Block B	
	U	20	0.500	3.0×10^{-5}	1.21	1.66	2.09	2.33	2.38	17.9	NF	(d) Block C	

Table 2 (continued)
STRESS-STRAIN RELATIONS FROM CONSTANT STRAIN RATE TRIAXIAL TESTS ON ROCKS IN APPARATUS USING FLUID-CONFINING MEDIA

Material	Or	Temp (°C)	Pressure (kbar)	Strain rate (s⁻¹)	Differential stress — kbar strain (%)						Ultimate strength (kbar)	Total strain (%)	Fault angle (°)	Comment	Ref.
					1	2	5	10							
Galena ore, Mt. Isa, Australia, 78% galena, 10% sphalerite, 10% gangue, 1% pyrrhotite	U	20	1.00	3.0×10^{-5}	0.84	1.17	1.66	2.03			2.22	20.0	NF	(d) Block A	196
	U	20	1.00	3.0×10^{-5}	1.65	2.12	2.78	3.10			3.12	11.1	NF	(b) Block B	
	U	20	1.00	3.0×10^{-5}	1.44	1.88	2.50	2.84			3.03	18.0	NF	(b) Block C	
	U	20	0.500	5.0×10^{-4}	0.65	1.11	1.84	2.50					NF		
	U	20	1.00	5.0×10^{-4}	0.76	1.26	2.09	2.71					NF		
	U	20	2.50	5.0×10^{-4}	0.92	1.51	2.41	3.06					NF		
	U	20	5.00	5.0×10^{-4}	1.30	1.96	2.83	3.60					NF		
	U	20	0.001	3.0×10^{-5}	0.890						0.890	1.0	F	(a)	4
	U	20	0.300	3.0×10^{-5}	1.71	2.36					2.36	5.4	F	(d)	
	U	20	0.500	3.0×10^{-5}	2.48	2.79	2.73	2.30			2.86	11.1	F	(d) No sharp stress drop	
	U	20	1.00	3.0×10^{-5}	2.38	2.73	3.25	3.62			3.71	11.2	NF	(b)	
	U	20	1.49	3.0×10^{-5}	2.49	2.94	3.52	3.89			3.95	11.2	NF	(b)	
	U	20	2.50	3.0×10^{-5}	3.02	3.62	4.24	4.52			4.59	11.2	NF	(b)	
	U	200	0.001	3.0×10^{-5}	0.530						0.640	1.5	F	(b)	
	U	200	0.360	3.0×10^{-5}	1.73	2.04	1.46	1.36			2.62		F	(d) >11.4% strain, no sharp stress drop	
	U	200	0.620	3.0×10^{-5}	2.18	2.43	2.60	2.47			2.61	11.2	NF	(d)	
	U	200	0.720	3.0×10^{-5}	2.06	2.33	2.60	2.64			2.65	11.2	NF	(c)	
	U	200	1.52	3.0×10^{-5}	1.97	2.27	2.54	2.70			2.70		NF	(c) >11.4% strain	
	U	200	2.59	3.0×10^{-5}	1.81	2.12	2.48	2.76			2.81	11.3	NF	(b)	
	U	300	0.001	3.0×10^{-5}	0.360	0.330	0.310	0.400			0.400	5.7	F	(d) No sharp stress drop	
	U	300	0.100	3.0×10^{-5}	0.540	0.610	0.480				0.610	11.2	F	(d)	4
	U	300	0.370	3.0×10^{-5}	0.61	1.27	1.47	1.50			1.51	11.3	NF	(d)	
	U	300	1.45	3.0×10^{-5}	0.56	1.21	1.45	1.59			1.60	11.3	NF	(b)	
	U	300	2.38	3.0×10^{-5}	0.47	1.07	1.38	1.66			1.72	11.3	NF	(b)	
	U	400	0.001	3.0×10^{-5}	0.190	0.210	0.070	0.040			0.210	10.7	F	(d) No sharp stress drop	
	U	400	0.150	3.0×10^{-5}	0.390	0.380	0.350	0.300			0.390	10.8	NF	(d)	
	U	400	0.500	3.0×10^{-5}	0.470	0.550	0.600	0.610			0.610	11.1	NF	(c)	
	U	400	1.44	3.0×10^{-5}	0.600	0.610	0.670	0.700			0.710	11.2	NF	(c)	
	U	400	2.40	3.0×10^{-5}	0.470	0.550	0.670	0.750			0.770	11.1	NF	(b)	

Galena ore, Mt. Isa, Australia, 87.6% galena, 6.4% quartz, 5.1% sphalerite, 0.9% pyrite, G.S. = 0.07 mm	U	20	1.50	2.5×10^{-4}	1.42	1.93	2.53	3.00	3.12	13.0	NF (b)
	U	20	1.50	2.5×10^{-5}	1.54	1.93	2.39	2.82	2.93	13.0	NF (b)
	U	20	1.50	2.5×10^{-6}	1.21	1.59	2.16	2.63	2.75	12.8	NF (b)
	U	20	1.50	2.4×10^{-7}	1.21	1.59	2.12	2.39	2.45	13.0	NF (b)
	U	200	1.50	2.5×10^{-4}	0.99	1.24	1.48	1.68	1.76	13.0	NF (b)
	U	200	1.50	2.5×10^{-5}	0.88	1.09	1.40	1.59	1.66	12.8	NF (b)
	U	200	1.50	2.5×10^{-6}	0.77	1.01	1.25	1.38	1.42	13.0	NF (b)
	U	200	1.50	2.5×10^{-7}	0.84	0.98	1.14	1.25	1.27	13.0	NF (b)
	U	200	1.50	3.0×10^{-8}	0.59	0.78	0.97	1.00	1.02	12.7	NF (b)
	U	300	1.50	2.5×10^{-4}	0.86	1.01	1.13	1.24	1.29	12.2	NF (b)
	U	300	1.50	2.6×10^{-5}	0.68	0.78	0.91	1.06	1.09	12.2	NF (b)
	U	300	1.50	2.6×10^{-6}	0.525	0.611	0.728	0.833	0.863	12.2	NF (b)
	U	300	1.50	2.6×10^{-7}	0.349	0.450	0.566	0.641	0.656	12.2	NF (b)
	U	300	1.50	3.1×10^{-8}	0.225	0.300	0.379	0.450	0.458	12.2	NF (b)
	U	400	1.50	3.1×10^{-4}	0.59	0.72	0.90	1.05	1.12	12.5	NF (b)
	U	400	1.50	3.2×10^{-5}	0.698	0.735	0.784	0.825	0.829	12.8	NF (b)
	U	400	1.50	3.2×10^{-6}	0.326	0.450	0.551	0.596	0.600	12.5	NF (b)
	U	400	1.50	3.5×10^{-7}	0.203	0.281	0.371	0.413	0.416	12.2	NF (b)
	U	400	1.50	3.4×10^{-8}	0.105	0.169	0.251	0.311	0.319	12.3	NF (b)
Galena ore, No. 8 Mine, Bonne Terre, Mo., About 10% porosity	U	20	0.100	5.0×10^{-4}	0.430	0.570	0.760	0.750	0.770	13.6	F (d) 274
	U	20	0.200	5.0×10^{-4}	0.450	0.610	0.860	0.940	0.960	21.0	F (d)
	U	20	0.300	5.0×10^{-4}	0.46	0.62	0.91	1.09	1.18	23.9	NF (b)
	U	20	0.400	5.0×10^{-4}	0.48	0.67	0.96	1.23	1.47	24.0	NF (b)
	U	20	0.500	5.0×10^{-4}	0.50	0.72	1.05	1.36	1.65	31.4	NF (d)
	U	20	0.750	5.0×10^{-4}	0.50	0.80	1.17	1.56	2.11	35.0	NF (d)
	U	20	1.00	5.0×10^{-4}	0.54	0.88	1.34	1.80	2.40	36.5	NF (d)
	U	20	1.50	5.0×10^{-4}	0.60	0.91	1.43	1.92	2.77	36.3	NF (b)
	U	20	2.00	5.0×10^{-4}	0.68	1.01	1.53	2.12	2.93	36.5	NF (b)
	U	20	2.50	5.0×10^{-4}	0.72	1.25	1.68	2.36	3.08	36.5	NF (b)
	U	20	3.00	5.0×10^{-4}	0.88	1.25	1.87	2.40	3.20	36.5	NF (b)
	U	20	3.50	5.0×10^{-4}	1.00	1.37	2.10	2.68	3.38	32.4	NF (b)
	U	20	4.00	5.0×10^{-4}	1.00	1.36	1.97	2.43	2.88	36.1	NF (b)
	U	20	5.00	5.0×10^{-4}	1.24	1.61	2.12	2.35	2.72	36.3	NF (b)
Gneiss, biotite, "Engel and Engel", St. Lawrence Co., New York	N	150	1.00	1.7×10^{-4}					5.89	2.5	31 (a) 36
	N	500	5.00	1.7×10^{-4}					11.29	14.8	35 (d)
	P	150	1.00	1.7×10^{-4}					7.03	3.4	26 (a)
	P	500	5.00	1.7×10^{-4}					10.75	8.6	35 (d)
Gneiss, biotite, "Fordham", Manhattan, N.Y.	22	500	5.00	1.7×10^{-4}					4.32	10.2	NF (b) 36
	45	500	5.00	1.7×10^{-4}					5.66	17.4	42 (d)
	N	500	5.00	1.7×10^{-4}					7.65	11.2	36 (d)

Table 2 (continued)
STRESS-STRAIN RELATIONS FROM CONSTANT STRAIN RATE TRIAXIAL TESTS ON ROCKS IN APPARATUS USING FLUID-CONFINING MEDIA

Material	Or	Temp (°C)	Pressure (kbar)	Strain rate (s^{-1})	Differential stress — kbar strain (%) 1	2	5	10	Ultimate strength (kbar)	Total strain (%)	Fault angle (°)	Comment	Ref.
Gneiss, granite, "Diana", St. Lawrence Co., New York	P	500	5.00	1.7×10^{-4}					8.79	13.5	34	(d)	36
	N	150	1.00	1.7×10^{-4}					6.32	2.9	31	(b)	36
	N	500	5.00	1.7×10^{-4}					11.50	10.8	33	(d)	
	P	150	1.00	1.7×10^{-4}					6.11	2.8	32	(a)	
	P	500	5.00	1.7×10^{-4}					12.89	7.9	32	(d)	
Granite, "Hoggar", Taburit Tan Afella Massif, Algeria	U	25	0.001	5.0×10^{-5}					2.09		F		265
	U	25	0.001	5.0×10^{-5}					2.16		F		
	U	25	0.250	5.0×10^{-5}					5.44		F		
	U	25	0.510	5.0×10^{-5}					7.24		F		
	U	25	1.00	5.0×10^{-5}					9.27		F		
	U	25	1.00	5.0×10^{-5}					8.89		F		
	U	25	2.00	5.0×10^{-5}					13.03		F		
	U	25	2.01	5.0×10^{-5}					12.36		F		
	U	25	3.00	5.0×10^{-5}					13.89		F		
	U	25	3.01	5.0×10^{-5}					14.24		F		
	U	25	3.02	5.0×10^{-5}					14.46		F		
	U	25	3.67	5.0×10^{-5}					15.35		F		
	U	25	4.00	5.0×10^{-5}					15.94		F		
	U	25	5.05	5.0×10^{-5}					16.59		F		
	U	25	5.10	5.0×10^{-5}					16.07		F		
	U	25	6.06	5.0×10^{-5}					17.55		F		
	U	25	7.06	5.0×10^{-5}					18.70		F		
	U	25	7.06	5.0×10^{-5}					18.40		F		
	U	25	12.35	5.0×10^{-5}					21.50		F		
	U	25	15.36	5.0×10^{-5}					21.75		F		
	U	25	20.25	5.0×10^{-5}					22.53		F		
	U	25	21.93	5.0×10^{-5}					23.40		F		
Granite, "Silver Plume", Lyons, Colo.	N	150	1.00	1.7×10^{-4}					3.29	2.7	33	(d)	36
	N	500	5.0	1.7×10^{-4}					8.27	17.0	36	(d)	
Granite, "Westerly", Rhode Island	U	20	0.001	1.0×10^{0}					4.74	0.6	F	(b)	195
	U	20	1.00	1.0×10^{0}	8.79				11.23	1.4	F	(b)	

U	20	3.00	1.0×10^{0}			19.27	20.04	2.2	F	(b)	
U	20	5.00	1.0×10^{0}	14.00		22.13	23.45	2.4	F	(b)	
U	20	0.001	1.0×10^{-1}	14.80			4.21	.6	F	(b)	
U	20	1.00	1.0×10^{-1}	7.25			10.48	1.8	F	(b)	
U	20	3.00	1.0×10^{-1}	14.41			18.68	1.9	F	(b)	
U	20	5.00	1.0×10^{-1}	14.55	22.50		24.44	2.5	F	(b)	
U	20	0.001	1.0×10^{-2}				3.52	0.5	F	(a)	
U	20	1.00	1.0×10^{-2}	7.13			8.77	1.5	F	(b)	
U	20	2.00	1.0×10^{-2}	7.98	12.95		13.05	2.0	F	(b)	
U	20	5.00	1.0×10^{-2}	12.44	20.90		22.81	2.3	F	(b)	
U	23	0.001	1.0×10^{-4}				2.00			20% Water saturated, undrained test	76
U	23	0.001	1.0×10^{-4}				1.90			1.3% Water saturated, undrained test	
U	23	0.022	1.0×10^{-4}				2.36			0.8% Water saturated, undrained test	76
U	23	0.500	1.0×10^{-4}				6.00			0.8% Water saturated, undrained test	
U	23	0.500	1.0×10^{-4}				6.10			0.8% Water saturated, undrained test	
U	23	0.500	1.0×10^{-4}				5.90			0.8% Water saturated, undrained test	
U	23	1.00	1.0×10^{-4}				7.60			Kerosene saturated, undrained test	266
U	23	1.00	1.0×10^{-4}				2.10				76
U	23	1.00	1.0×10^{-4}				4.00			2.5% Water saturated, undrained test	
U	23	1.00	1.0×10^{-4}				7.20			1.3% Water saturated, undrained test	
U	23	1.00	1.0×10^{-4}				7.84			1.0% Water saturated, undrained test	
U	23	1.00	1.0×10^{-4}				8.10			0.8% Water saturated, undrained test	
U	23	2.00	1.0×10^{-4}				2.36			Kerosene saturated, undrained test	
U	23	2.00	1.0×10^{-4}				10.36			1.3% Water saturated, undrained test	
U	23	2.00	1.0×10^{-4}				10.53			1.0% Water saturated, undrained test	
U	23	3.00	1.0×10^{-4}				12.77				266
U	23	3.00	1.0×10^{-4}				13.50				

Table 2 (continued)
STRESS-STRAIN RELATIONS FROM CONSTANT STRAIN RATE TRIAXIAL TESTS ON ROCKS IN APPARATUS USING FLUID-CONFINING MEDIA

Material	Or	Temp (°C)	Pressure (kbar)	Strain rate (s^{-1})	Differential stress — kbar strain (%)				Ultimate strength (kbar)	Total strain (%)	Fault angle (°)	Comment	Ref.
					1	2	5	10					
	U	23	3.00	1.0×10^{-4}					1.72			20% Water saturated, undrained test	76
	U	23	3.00	1.0×10^{-4}					2.36			Kerosene saturated, undrained test	
	U	23	3.00	1.0×10^{-4}					4.40			2.5% Water saturated, undrained test	
	U	23	3.00	1.0×10^{-4}					12.50			1.0% Water saturated, undrained test	
	U	23	3.00	1.0×10^{-4}					15.39			0.8% Water saturated, undrained test	
	U	23	4.00	1.0×10^{-4}					4.20			Kerosene saturated, undrained test	
	U	23	4.00	1.0×10^{-4}					5.32			2.5% Water saturated, undrained test	
	U	23	4.00	1.0×10^{-4}					13.03			1.3% Water saturated, undrained test	
	U	23	4.00	1.0×10^{-4}					13.84			1.0% Water saturated, undrained test	
	U	23	5.00	1.0×10^{-4}					18.00				266
	U	23	5.00	1.0×10^{-4}					1.10			20% Water saturated, undrained test	76
	U	23	5.00	1.0×10^{-4}					5.20			Kerosene saturated, undrained test	
	U	23	5.00	1.0×10^{-4}					8.24			2.5% Water saturated, undrained test	
	U	23	5.00	1.0×10^{-4}					9.72			2.5% Water saturated, undrained test	
	U	23	5.00	1.0×10^{-4}					14.36			1.0% Water saturated, undrained test	
	U	23	6.00	1.0×10^{-4}					2.30			20% Water saturated, undrained test	

U	23	6.00	1.0×10^{-4}			8.60	Kerosene saturated, undrained test
U	23	6.00	1.0×10^{-4}			11.44	2.5% Water saturated, undrained test
U	23	6.00	1.0×10^{-4}			13.60	1.3% Water saturated, undrained test
U	23	7.00	1.0×10^{-4}			21.09	266
U	23	9.29	1.0×10^{-4}			23.79	
U	23	11.89	1.0×10^{-4}			24.79	
U	23	12.57	1.0×10^{-4}			24.31	
U	23	14.58	1.0×10^{-4}			25.09	
U	23	17.91	1.0×10^{-4}			23.94	
U	23	19.02	1.0×10^{-4}			25.21	
U	23	20.14	1.0×10^{-4}			27.29	
U	23	0.001	5.0×10^{-5}	F	(b)	1.48	129
U	23	0.001	5.0×10^{-5}	F	(b)	2.08	
U	23	0.001	5.0×10^{-5}	F	(b)	1.68	
U	23	0.001	5.0×10^{-5}	F	(b)	1.38	
U	23	0.001	5.0×10^{-5}	F	(b)	1.66	
U	23	0.001	5.0×10^{-5}	F	(b)	1.40	
U	23	0.001	5.0×10^{-5}	F	(b)	1.82	
U	23	0.001	5.0×10^{-5}	F	(b)	1.72	
U	23	0.005	5.0×10^{-5}	F	(b)	2.38	
U	23	0.200	5.0×10^{-5}	F	(b)	4.36	
U	23	1.00	5.0×10^{-5}	F	(b)	8.08	
U	23	2.00	5.0×10^{-5}	F	(b)	11.25	
U	23	3.00	5.0×10^{-5}	F	(b)	13.20	
U	23	4.00	5.0×10^{-5}	F	(b)	15.53	
U	23	5.00	5.0×10^{-5}	F	(b)	16.98	
U	23	6.00	5.0×10^{-5}	F	(b)	18.50	
U	23	7.00	5.0×10^{-5}	F	(b)	20.00	126
U	23	3.32	-1.0×10^{-4}			3.40	
U	23	4.12	-1.0×10^{-4}			4.18	
U	23	6.81	-1.0×10^{-4}			6.88	
U	23	7.36	-1.0×10^{-4}			7.52	
U	23	7.81	-1.0×10^{-4}			7.92	
U	23	10.19	-1.0×10^{-4}			10.20	
U	23	12.22	-1.0×10^{-4}			12.39	
U	23	13.24	-1.0×10^{-4}			13.55	
U	23	14.71	-1.0×10^{-4}			13.74	
U	23	15.79	-1.0×10^{-4}			13.84	

Table 2 (continued)
STRESS-STRAIN RELATIONS FROM CONSTANT STRAIN RATE TRIAXIAL TESTS ON ROCKS IN APPARATUS USING FLUID-CONFINING MEDIA

Material	Or	Temp (°C)	Pressure (kbar)	Strain rate (s^{-1})	Differential stress — kbar strain (%) 1	2	5	10	Ultimate strength (kbar)	Total strain (%)	Fault angle (°)	Comment	Ref.
Granodiorite, "Charcoal" or "St. Cloud Gray", Stevins County, Minnesota	U	23	17.75	-1.0×10^{-4}					15.48				126
	U	23	18.58	-1.0×10^{-4}					16.90				
	U	23	20.44	-1.0×10^{-4}					19.03				
	N	150	1.00	1.7×10^{-4}					8.22	3.7	26	(b)	36
	N	500	5.00	1.7×10^{-4}					9.32	19.2	30	(d)	
	U	23	4.50	6.0×10^{0}					13.07	2.8	F		30
	U	23	2.50	3.7×10^{0}					12.70	2.0	F		
	U	23	3.47	3.6×10^{0}					8.39	1.1	F		
	U	23	3.47	3.5×10^{0}					8.39	1.3	F		
	U	23	4.50	3.3×10^{0}					12.70	2.7	F		
	U	23	4.50	2.9×10^{0}					12.50	2.7	F		
	U	23	0.500	2.9×10^{0}					6.70	1.3	F		
	U	23	0.001	2.7×10^{0}					4.09	0.4	F		
	U	23	0.500	2.6×10^{0}					5.60	1.1	F		
	U	23	0.001	2.3×10^{0}					3.48	0.5	F		
	U	23	0.001	2.2×10^{0}					3.68	0.3	F		
	U	23	0.001	2.0×10^{0}					3.17	0.5	F		
	U	23	4.50	1.5×10^{0}					13.50	2.8	F		
	U	23	2.50	1.5×10^{0}					10.00	2.0	F		
	U	23	0.500	9.5×10^{-1}					5.90	1.1	F		
	U	23	0.001	8.5×10^{-1}					2.96	0.6	F		
	U	23	2.50	3.5×10^{-1}					10.00	2.3	F		
	U	23	0.001	1.9×10^{-1}					2.96	0.5	F		
	U	23	4.50	8.1×10^{-2}					12.50	2.6	F		
	U	23	0.001	6.3×10^{-2}					2.86	0.5	F		
	U	23	0.500	5.9×10^{-2}					5.50	1.2	F		
	U	23	2.50	3.6×10^{-2}					10.20	1.0	F		
	U	23	0.500	2.2×10^{-2}					5.60	1.2	F		
	U	23	4.50	1.7×10^{-2}	6.19	10.94			13.05	2.8	F	(b)	
	U	23	0.001	1.7×10^{-2}					2.86	0.5	F		
	U	23	4.50	1.6×10^{-2}					12.70	2.5	F		

Description												Ref
	U	23	0.001	1.4×10^{-2}			2.76	0.5	F	(a)		
	U	23	0.500	1.3×10^{-2}			5.60	1.1	F	(a)		
	U	23	0.500	1.3×10^{-2}			5.90	1.1	F	(b)		
	U	23	2.50	8.7×10^{-3}	5.62		10.78	2.2	F	(b)		
	U	23	2.50	7.6×10^{-3}	6.15	10.36	10.20	2.1	F	(a)		113
	U	25	0.001	1.0×10^{-4}	1.39	2.83	3.60	2.5	F	(a)		
	U	25	0.001	1.0×10^{-4}	1.53	3.10	3.40	2.2	F	(b) Water saturated, undrained test		
	U	25	0.001	1.0×10^{-4}	1.44	2.20	2.30	2.3	F	(a) Water saturated, undrained test		
	U	25	0.001	1.0×10^{-4}	1.51	3.11	3.20	2.2	F	(a)		
	U	25	5.00	1.0×10^{-4}	1.44	2.87	6.29	4.4	29	(a)		
	U	25	5.00	1.0×10^{-4}	1.84	3.67	6.20	2.9	F	(a)		
	U	25	5.00	1.0×10^{-4}	1.78	3.59	6.30	3.0	35	(a)		
	U	250	5.00	1.0×10^{-4}			4.90		F	(d)		
	U	400	0.001	1.0×10^{-4}	0.43	1.49	1.68	2.2	F	(d)		
	U	400	0.001	1.0×10^{-4}	0.57	1.66	1.66	3.4	F	(a)		
	U	400	5.00	1.0×10^{-4}	1.34	2.61	4.60	3.6	24	(a)		
	U	400	5.00	1.0×10^{-4}	1.25	2.45	5.10	3.8	F	(a)		
	U	400	5.00	1.0×10^{-4}	1.61	3.18	4.40	2.8	F	(a)		
	U	400	5.00	1.0×10^{-7}	1.81	3.58	5.27	3.0	F	(a)		
	U	400	5.00	1.0×10^{-4}	1.34	2.81	4.40	3.4	32	(a) Water saturated, undrained test		
	U	400	5.00	1.0×10^{-4}	1.59	3.22	5.20	3.9	26	(a) Water saturated, undrained test		113
	U	400	0.001	1.0×10^{-4}			1.63		F	(d)		
	U	400	0.001	1.0×10^{-7}			1.64		F	(d)		
	U	700	0.001	1.0×10^{-4}	0.380	0.170	0.470	1.8	F	(a)		
	U	700	0.001	1.0×10^{-4}	0.540		0.690	2.4	F	(a)		
	U	700	5.00	1.0×10^{-4}	1.46	2.93	3.42	3.5	29	(a)		
	U	700	5.00	1.0×10^{-4}	1.42	2.79	3.30	4.3	29	(a)		
	U	1000	0.001	$f381.0 \times 10^{-4}$	0.100	0.320	0.410	3.4	30			
	U	1000	0.001	1.0×10^{-4}	0.130	0.300	0.300	3.5	30			
Granodiorite, "Climax Stock", Nevada	U	20	0.001	1.0×10^{-4}	0.58	1.26	2.19	3.3	F	(b)		268
	U	20	0.200	1.0×10^{-4}		1.42	2.99	4.1	F	(b)		
	U	20	0.500	1.0×10^{-4}		1.53	3.15	4.3	F	(b)		
Granodiorite, "microgranodiorite", Penmaenmawr, Caernarvonshire, England, chlorite dehydrated between 506 and 870°C	U	20	4.48	1.0×10^{-5}	1.86	4.16	10.64	8.0	F	(d) Undrained test	9.76	214
	U	20	4.48	1.0×10^{-5}	0.93	2.33	3.49	5.6	F	(d) Water saturated, undrained test	3.44	
	U	20	4.48	1.0×10^{-5}	1.33	2.28	3.58	5.5	F	(b) Water saturated, undrained test	3.49	

195

Table 2 (continued)
STRESS-STRAIN RELATIONS FROM CONSTANT STRAIN RATE TRIAXIAL TESTS ON ROCKS IN APPARATUS USING FLUID-CONFINING MEDIA

Material	Or	Temp (°C)	Pressure (kbar)	Strain rate (s^{-1})	Differential stress — kbar strain (%) 1	2	5	10	Ultimate strength (kbar)	Total strain (%)	Fault angle (°)	Comment	Ref.
	U	130	4.48	1.0×10^{-5}	1.07	1.33			1.49	3.8	F	(c) Water saturated, undrained test	
	U	320	4.48	1.0×10^{-5}	0.67	1.53	2.79		2.79	5.4	F	(b) Water saturated, undrained test	
	U	320	4.48	1.0×10^{-5}	1.88	4.14	8.84		9.12	6.5	F	(d)	
	U	320	4.48	1.0×10^{-5}	1.14	2.35			2.67	4.9	F	(e) Undrained test	
	U	520	4.48	1.0×10^{-5}	0.58	1.00			1.09	4.7	NF	(b) Water saturated, undrained test	
	U	520	4.48	1.0×10^{-5}	0.91	1.47			1.86	4.9	F	(e) Undrained test	
	U	670	4.48	1.0×10^{-5}	0.349	0.488	0.256		0.535	5.0	NF	(d) Undrained test	
	U	720	4.48	1.0×10^{-5}	0.163	0.302	0.558		0.605	7.8	NF	(b) Water saturated, undrained test	
Graphite, strong preferred orientation	P	20	1.00	4.0×10^{-4}	0.27	0.51	1.01	1.34	1.58	20.0	NF	(b)	226
	P	20	2.00	4.0×10^{-4}	0.35	0.62	1.14	1.59	2.06	20.0	NF	(b)	
	P	20	4.00	4.0×10^{-4}	0.43	0.76	1.48	2.10	2.79	20.0	NF	(b)	
	P	20	6.00	4.0×10^{-4}	0.49	0.87	1.60	2.28	3.09	20.0	NF	(b)	
	P	20	8.00	4.0×10^{-4}	0.60	1.02	1.76	2.52	3.38	20.0	NF	(b)	
Halite, annealed isotropic aggregates with 0.5—1.0 mm average crystal size	U	23	0.001	1.0×10^{-4}					0.600		F		128
	U	23	0.001	1.0×10^{-4}					0.560		F		
	U	23	0.001	1.0×10^{-4}					0.670		F		
	U	23	0.001	1.0×10^{-4}					0.640		F		
	U	23	0.001	1.0×10^{-4}					0.590		F		
	U	23	0.001	1.0×10^{-4}					0.530		F		
	U	23	0.001	1.0×10^{-4}					0.690		F		
	U	23	0.005	1.0×10^{-4}					.620		F		
	U	23	0.015	1.0×10^{-4}					.770		F		
	U	23	0.100	1.0×10^{-4}		0.810	0.840				NF	Stresses at 3% and 5% strain	
	U	23	0.200	1.0×10^{-4}		0.750	0.780				NF	Stresses at 3% and 5% strain	
	U	23	0.250	1.0×10^{-4}		0.820	0.820	0.870			NF	Stresses at 3%, 5%, and 10% strain	

	Temp (°C)		Strain rate						Notes	Ref
U	23	0.500	1.0×10^{-4}			0.780			NF	Stresses at 3%, 5%, and 10% strain	
U	23	0.750	1.0×10^{-4}			0.790	0.820	0.890	NF	Stresses at 3%, 5%, and 10% strain	
U	23	1.00	1.0×10^{-4}			0.790	0.830	0.900	NF	Stresses at 3%, 5%, and 10% strain	
U	23	1.00	1.0×10^{-4}			0.710	0.830	0.880	NF	Stresses at 3%, 5%, and 10% strain	
U	23	1.00	1.0×10^{-4}			0.750	0.750	0.810	NF	Stresses at 3%, 5%, and 10% strain	
U	23	1.00	1.0×10^{-4}			0.740	0.790	0.840	NF	Stresses at 3%, 5%, and 10% strain	
U	23	1.00	1.0×10^{-4}			0.850	0.770	0.830	NF	Stresses at 3% and 5% strain	
U	23	1.00	1.0×10^{-4}			0.850	0.900		NF	Stresses at 3% and 5% strain	
U	23	1.00	1.0×10^{-4}			0.810	0.890		NF	Stresses at 3% and 5% strain	
U	23	1.00	1.0×10^{-4}			0.780	0.840		NF	Stresses at 3% and 5% strain	
U	23	2.00	1.0×10^{-4}			0.780	0.830		NF	Stresses at 3%, 5%, and 10% strain	
U	23	3.00	1.0×10^{-4}			0.820	0.820	0.910	NF	Stresses at 3%, 5%, and 10% strain	
U	23	4.00	1.0×10^{-4}			0.850	0.870	0.910	NF	Stresses at 3% and 5% strain	
U	23	4.00	1.0×10^{-4}			0.860	0.880		NF	Stresses at 3%, 5%, and 10% strain	

Halite, annealed isotropic aggregates with 2–3 mm average crystal size

	Temp (°C)		Strain rate						Notes	Ref
U	23	2.00	-1.5×10^{-8}	0.200	0.280	0.310	0.340	NF	(b) 10% Data extrapolated	123
U	23	2.00	-1.5×10^{-7}	0.280	0.280	0.320	0.340	0.480	NF	(b)	11.1
U	23	2.00	-1.5×10^{-5}	0.100	0.330	0.410	0.470	0.120	NF	(b)	10.5
U	100	2.00	-1.5×10^{-8}	0.120	0.110	0.110	0.120	0.190	NF	(b)	11.2
U	100	2.00	-1.5×10^{-7}	0.130	0.140	0.160	0.180	0.230	NF	(b)	11.7
U	100	2.00	-1.5×10^{-6}	0.160	0.160	0.190	0.220	0.280	NF	(b)	12.2
U	100	2.00	-1.5×10^{-5}	0.140	0.200	0.240	0.270	0.320	NF	(b)	12.5
U	100	2.00	-1.5×10^{-3}	0.220	0.190	0.260	0.310	0.390	NF	(b)	12.6
U	200	2.00	-1.2×10^{-8}	0.032	0.270	0.340	0.380	0.032	NF	(b)	12.3
U	200	2.00	-1.2×10^{-7}	0.046	0.050	0.054	0.054	0.054	NF	(c)	1.2
U	200	2.00	-1.2×10^{-6}	0.069	0.073	0.082	0.090	0.090	NF	(c)	11.3
U	200	2.00	-1.2×10^{-5}	0.082	0.100	0.120	0.140	0.140	NF	(b)	11.5
U	200	2.00	-1.2×10^{-4}	0.100	0.120	0.150	0.170	0.180	NF	(b)	11.1
U	200	2.00	-1.5×10^{-4}	0.110	0.140	0.160	0.180	0.180	NF	(b)	11.3
U	200	2.00	-1.5×10^{-3}	0.160	0.170	0.200	0.220	0.220	NF	(b)	11.3
U	200	2.00	-1.8×10^{-2}	0.170	0.200	0.240	0.280	0.290	NF	(b)	11.2
U	248	2.00	-1.1×10^{-7}	0.036	0.037	0.040	0.041	0.041	NF	(c)	11.1

Table 2 (continued)
STRESS-STRAIN RELATIONS FROM CONSTANT STRAIN RATE TRIAXIAL TESTS ON ROCKS IN APPARATUS USING FLUID-CONFINING MEDIA

Material	Or	Temp (°C)	Pressure (kbar)	Strain rate (s⁻¹)	Differential stress — kbar strain (%) 1	2	5	10	Ultimate strength (kbar)	Total strain (%)	Fault angle (°)	Comment	Ref.
	U	248	2.00	-1.1×10^{-6}	0.044	0.049	0.057	0.059	0.059	10.6	NF	(c)	126
	U	248	2.00	-1.1×10^{-5}	0.066	0.071	0.081	0.090	0.090	11.2	NF	(b)	
	U	248	2.00	-1.1×10^{-4}	0.089	0.102	0.122	0.134	0.136	10.8	NF	(b)	
	U	248	2.00	-1.5×10^{-3}	0.126	0.140	0.162	0.182	0.186	11.3	NF	(b)	
	U	248	2.00	-1.8×10^{-2}	0.134	0.161	0.192	0.220	0.227	11.7	NF	(b)	
	U	248	2.00	-1.8×10^{-1}		0.157	0.205	0.246	0.249	10.7	NF	(b)	
	U	300	2.00	-1.1×10^{-8}	0.015	0.016			0.016	3.9	NF	(c)	
	U	300	2.00	-1.1×10^{-7}	0.020	0.021	0.021	0.022	0.022	10.8	NF	(c)	
	U	300	2.00	-1.2×10^{-6}	0.023	0.024	0.027	0.031	0.031	11.2	NF	(b)	
	U	300	2.00	-1.2×10^{-5}	0.027	0.031	0.041	0.049	0.049	11.0	NF	(b)	
	U	300	2.00	-1.5×10^{-4}	0.032	0.043	0.061	0.074	0.075	11.0	NF	(b)	
	U	300	2.00	-1.1×10^{-3}	0.057	0.069	0.091	0.110	0.112	11.2	NF	(b)	
	U	300	2.00	-1.8×10^{-2}	0.072	0.083	0.110	0.142	0.150	12.0	NF	(b)	
	U	300	2.00	-1.8×10^{-1}	0.082	0.110	0.150	0.176	0.181	11.7	NF	(b)	
	U	400	2.00	-1.1×10^{-7}	0.015	0.016	0.016	0.016	0.016	10.3	NF	(c)	
	U	400	2.00	-1.2×10^{-6}	0.019	0.020	0.021	0.022	0.022	11.3	NF	(c)	
	U	400	2.00	-1.2×10^{-5}	0.023	0.027	0.033	0.035	0.035	11.1	NF	(b)	
	U	400	2.00	-1.2×10^{-4}	0.035	0.039	0.047	0.052	0.052	11.2	NF	(b)	
	U	400	2.00	-1.1×10^{-3}	0.047	0.054	0.067	0.075	0.077	11.6	NF	(b)	
	U	400	2.00	-1.4×10^{-2}	0.058	0.071	0.092	0.110	0.110	11.2	NF	(b)	
	U	400	2.00	-1.9×10^{-1}	0.054	0.073	0.100	0.130	0.130	10.6	NF	(b)	
Limestone, "Annona Chalk", Caddo Parish, Louisiana (stresses at 3% and 5% strain)	N	23	0.001	1.0×10^{-4}		0.280					F		298
	N	23	0.001	1.0×10^{-4}		0.270					F		
	N	23	0.100	1.0×10^{-4}		0.470					F		
	N	23	0.250	1.0×10^{-4}		0.660	0.680				NF		
	N	23	0.500	1.0×10^{-4}		0.840	0.970				NF		
	N	23	1.00	1.0×10^{-4}		1.02	1.30				NF		
	N	23	1.00	1.0×10^{-4}		0.700	0.700				NF		
	N	23	2.00	1.0×10^{-4}		1.24	1.32				NF		
	N	23	3.00	1.0×10^{-4}		1.34	1.42				NF		
	N	23	3.00	1.0×10^{-4}		2.02	2.28				NF		

Limestone, "Carrara Marble", Italy	N	23	3.00						NF	(d)	82
	N	23	5.00						NF	(c)	
	U	20	0.500	1.0×10^{-4}	2.04	0.980	0.960	1.96	2.16	NF	(b)	
	U	20	1.00	1.0×10^{-4}	2.53	1.39	1.31	3.00	3.10	NF	(b)	
	U	20	2.00	4.0×10^{-4}	2.86	2.15	2.09	4.26		NF	(b)	
	U	20	3.00	4.0×10^{-4}	3.18	2.76	2.98	5.33		NF	(b)	
	U	20	4.00	4.0×10^{-4}	3.36	3.36	3.90	5.33		NF	(b)	
	U	20	6.00	4.0×10^{-4}	3.40	3.73	4.51	5.61		NF	(b)	
	U	20	8.00	4.0×10^{-4}	3.41	4.00	4.78	5.73		NF	(b)	
	U	20	0.001	4.0×10^{-4}		4.00	4.86		0.730	F	(d)	251
	U	20	0.500	3.0×10^{-5}	1.87	1.92	1.98		1.98	NF	(c)	
	U	20	0.500	3.0×10^{-5}	1.87	1.89	1.89		1.89	NF	(c) wet	
	U	20	1.00	3.0×10^{-5}	2.04	2.26	2.62	2.81	2.87	NF	(b)	
	U	20	1.00	3.0×10^{-5}	1.38	1.38	1.32		1.38	NF	(d) Wet, lamda = 0.9	
	U	20	1.50	3.0×10^{-5}	2.39	2.76	3.36	3.76	3.88	NF	(b) Wet	
	U	20	1.50	3.0×10^{-5}	2.36	2.73	3.26	3.63	3.67	NF	(b) Wet	
	U	20	2.00	3.0×10^{-5}	2.43	2.83	3.38	4.00	4.07	NF	(d) Wet, lamda = 0.9	
	U	20	2.00	3.0×10^{-5}	1.64	1.69	1.63		1.69	NF	(b)	
	U	20	3.00	3.0×10^{-5}	2.56	3.01	3.71	4.41	4.74	NF	(b) Wet	
	U	20	3.00	3.0×10^{-5}	2.56	3.01	3.71	4.41	4.74	NF	(a) Wet, lamda = 0.9	
	U	20	3.00	3.0×10^{-5}	1.80	1.88			1.88	NF	(b)	
	U	500	0.001	3.0×10^{-5}	0.420	0.570	0.640		0.640	F	(b)	251
	U	500	0.250	3.0×10^{-5}	0.68	0.96	1.25	1.35	1.36	NF	(b)	
	U	500	0.500	3.0×10^{-5}	1.10	1.28	1.71		1.99	NF	(b)	
	U	500	1.00	3.0×10^{-5}	1.23	1.42	1.75	1.96	1.96	NF	(b)	
	U	500	1.50	3.0×10^{-5}	1.23	1.40	1.66		1.91	NF	(b)	
	P	500	3.00	1.0×10^{-3}	1.36	2.01	2.18	2.32	2.54	NF	(b)	261
	P	600	3.00	1.0×10^{-3}	1.36	1.52	1.68	1.76	1.84	NF	(b)	
	P	700	3.00	1.0×10^{-3}	0.409	0.627	0.737	0.818	0.968	NF	(b)	
	P	800	3.00	1.0×10^{-3}	0.372	0.429	0.472	0.503	0.544	NF	(b)	
	P	800	3.00	1.0×10^{-5}	0.060	0.068	0.082	0.101	0.134	NF	(b)	
	P	900	3.00	1.0×10^{-5}	0.016	0.018	0.027	0.035	0.055	NF	(b)	
Limestone, "Hauptrogenstein", oolitic	U	23	0.001	1.0×10^{-4}					0.620	F	(b)	127
	U	23	0.001	1.0×10^{-4}					0.640	F	(b)	
	U	23	0.250	1.0×10^{-4}					0.990	F	(b)	
Limestone, "Indiana"	U	23	0.500	1.0×10^{-4}						NF	(b)	
	U	23	1.00	1.0×10^{-4}		1.23				NF	(b)	
	U	23	2.00	1.0×10^{-4}		1.71				NF	(b)	
	U	23	3.00	1.0×10^{-4}		2.58				NF	(b)	
	U	23	4.00	1.0×10^{-4}		3.12				NF	(b)	
	U	23	5.00	1.0×10^{-4}		3.62				NF	(b)	
	U	23	6.00	1.0×10^{-4}		4.30				NF	(b)	
						4.93				NF	(b)	

Table 2 (continued)
STRESS-STRAIN RELATIONS FROM CONSTANT STRAIN RATE TRIAXIAL TESTS ON ROCKS IN APPARATUS USING FLUID-CONFINING MEDIA

Material	Or	Temp (°C)	Pressure (kbar)	Strain rate (s^{-1})	\multicolumn{4}{c|}{Differential stress — kbar strain (%)}				Ultimate strength (kbar)	Total strain (%)	Fault angle (°)	Comment	Ref.
					1	2	5	10				
Limestone, "Indiana", 50% saturated	U	23	7.00	1.0×10^{-4}			5.23				NF		127
	U	23	0.001	1.0×10^{-4}					0.400		F		
	U	23	0.001	1.0×10^{-4}					0.420		F		
	U	23	0.250	1.0×10^{-4}					0.880		F		
	U	23	0.500	1.0×10^{-4}							NF		
	U	23	1.00	1.0×10^{-4}			1.18				NF		
	U	23	2.00	1.0×10^{-4}			1.72				NF		
	U	23	3.00	1.0×10^{-4}			2.24				NF		
	U	23	4.00	1.0×10^{-4}			2.92				NF		
	U	23	5.00	1.0×10^{-4}			2.92				NF		
	U	23	6.00	1.0×10^{-4}			2.96				NF		
	U	23	7.00	1.0×10^{-4}			3.20				NF		
	U	23					3.26				NF		
Limestone, "Indiana", 100% saturated	U	23	0.001	1.0×10^{-4}					0.380		F		127
	U	23	0.001	1.0×10^{-4}					0.420		F		
	U	23	0.250	1.0×10^{-4}					0.480		F		
	U	23	0.500	1.0×10^{-4}			0.870				NF		
	U	23	1.00	1.0×10^{-4}			0.870				NF		
	U	23	1.00	1.0×10^{-4}			1.03				NF		
	U	23	2.00	1.0×10^{-4}			0.960				NF		
	U	23	3.00	1.0×10^{-4}			1.13				NF		
	U	23	4.00	1.0×10^{-4}			1.08				NF		
	U	23	5.00	1.0×10^{-4}			1.17				NF		
	U	23	6.00	1.0×10^{-4}			1.38				NF		
	U	23	7.00	1.0×10^{-4}			1.53				NF		
Limestone, "Indiana", medium grained bioclastic	U	23	0.500	3.2×10^0	2.01						NF		30
	U	23	2.50	3.2×10^0	2.07						NF		
	U	23	0.200	3.1×10^0					1.66	0.6	F		
	U	23	2.50	1.9×10^0	1.36						NF		
	U	23	0.500	1.9×10^0	1.36						NF		
	U	23	0.001	1.7×10^0					0.890	0.3	F		
	U	23	0.001	1.7×10^0					1.30	0.2	F		

Sample		T	P									Ref
	U	23	0.001	1.5 × 10⁰				0.830	0.3	F		
	U	23	0.001	1.5 × 10⁰				1.01	0.3	F		
	U	23	0.001	1.4 × 10⁰				0.710	0.3	F		
	U	23	0.001	1.1 × 10⁰				1.42	0.3	F		
	U	23	0.001	7.8 × 10⁻¹				0.590	0.4	F		
	U	23	0.500	5.7 × 10⁻¹	1.01					NF		
	U	23	0.001	5.6 × 10⁻¹				0.830	0.5	F		
	U	23	0.001	5.5 × 10⁻¹				0.590	0.4	F		
	U	23	2.50	5.2 × 10⁻¹	1.24					F		
	U	23	0.200	4.1 × 10⁻¹				0.950	0.6	F		
	U	23	2.50	1.5 × 10⁻¹	1.07					F		
	U	23	0.500	1.5 × 10⁻¹	0.950					NF		
	U	23	0.001	1.2 × 10⁻¹				0.530	0.4	F		
	U	23	0.001	1.1 × 10⁻¹				0.590	0.4	F		
	U	23	2.50	5.7 × 10⁻²	1.05	1.49				NF		
	U	23	0.050	5.4 × 10⁻²				1.76	2.8	F		
	U	23	2.50	5.1 × 10⁻²	1.07					NF	(b)	
	U	23	0.500	3.8 × 10⁻²	0.99	1.12		0.650	0.5	F		
	U	23	0.500	3.8 × 10⁻²	1.07					NF	(b)	
	U	23	0.001	2.9 × 10⁻²				1.15	2.9	F		
	U	23	0.100	2.9 × 10⁻²	0.580	0.480				NF		
	U	23	0.050	2.7 × 10⁻²				0.530	0.3	F	(f)	
	U	23	0.001	2.6 × 10⁻²				0.640	3.0	F		
	U	23	0.001	6.6 × 10⁻³				0.710	0.5	NF		
Limestone, "Solenhofen", Bavaria, Germany	N	600	3.00	3.4 × 10⁻³				0.590	0.3	NF	(a)	259
	N	600	3.00	1.0 × 10⁻³	1.23	1.82	2.05	2.42		NF	(c)	260
	N	600	3.00	9.9 × 10⁻⁴				2.47	13.2	NF	(c)	259
	N	600	3.00	9.8 × 10⁻⁴				2.09		NF	(c)	
	N	600	3.00	9.5 × 10⁻⁴				2.19		NF	(c)	
	N	600	3.00	3.1 × 10⁻⁴				2.14		NF	(c)	
	N	600	3.00	1.5 × 10⁻⁴				2.04		NF	(c)	
	N	600	3.00	8.6 × 10⁻⁵				1.89		NF	(c)	
	N	600	3.00	3.5 × 10⁻⁵				1.87		NF	(c)	
	N	600	3.00	1.0 × 10⁻⁵	0.65	0.89	0.97	1.66		NF	(c)	260
	N	600	3.00	1.0 × 10⁻⁵				1.31	12.1	NF	(c)	259
	N	600	3.00	1.0 × 10⁻⁵				1.02		NF	(c)	
	N	600	3.00	5.4 × 10⁻⁶				1.07		NF	(c)	
	N	600	3.00	6.3 × 10⁻³				0.990		NF	(c)	
	N	700	3.00	2.0 × 10⁻³				0.640		NF	(c)	
	N	700	3.00	1.0 × 10⁻³	1.02	1.17	1.17	1.69		NF	(c)	260
	N	700	3.00	1.0 × 10⁻³				1.23		NF	(c)	
	N	700	3.00	1.0 × 10⁻³				1.17	12.5	NF	(c)	
	N	700	3.00	1.0 × 10⁻³				1.02		NF	(c)	

Table 2 (continued)
STRESS-STRAIN RELATIONS FROM CONSTANT STRAIN RATE TRIAXIAL TESTS ON ROCKS IN APPARATUS USING FLUID-CONFINING MEDIA

Material	Temp (°C)	Pressure (kbar)	Strain rate (s^{-1})	Differential stress — kbar strain (%) 1	2	5	10	Ultimate strength (kbar)	Total strain (%)	Fault angle (°)	Comment	Ref.
N	700	3.00	1.0×10^{-3}					1.15		NF	(c)	259
N	700	3.00	9.9×10^{-4}					1.14		NF	(c)	
N	700	3.00	3.5×10^{-4}					0.930		NF	(c)	259
N	700	3.00	1.5×10^{-4}					0.680		NF	(c)	
N	700	3.00	1.1×10^{-4}					0.560		NF	(c)	
N	700	3.00	2.1×10^{-5}					0.350		NF	(c)	
N	700	3.00	1.4×10^{-5}					0.230		NF	(c)	
N	700	3.00	1.0×10^{-5}	0.090	0.110	0.140	0.200	0.220	11.6	NF	(c)	260
N	700	3.00	1.0×10^{-5}					0.210		NF	(c)	259
N	700	3.00	5.2×10^{-6}					0.150		NF	(c)	
N	800	3.00	6.4×10^{-3}					0.860		NF	(c)	
N	800	3.00	6.3×10^{-3}					0.770		NF	(c)	
N	800	3.00	2.0×10^{-3}					0.650		NF	(c)	
N	800	3.00	1.0×10^{-3}	0.460	0.610	0.620	0.630	0.630	12.3	NF	(c)	260
N	800	3.00	1.0×10^{-3}					0.620		NF	(c)	259
N	800	3.00	7.6×10^{-4}					0.620		NF	(c)	
N	800	3.00	6.1×10^{-4}					0.450		NF	(c)	
N	800	3.00	3.5×10^{-4}					0.400		NF	(c)	
N	800	3.00	1.4×10^{-4}					0.180		NF	(c)	
N	800	3.00	1.3×10^{-4}					0.310		NF	(c)	
N	800	3.00	1.1×10^{-4}					0.220		NF	(c)	260
N	800	3.00	1.1×10^{-4}					0.150		NF	(c)	
N	800	3.00	1.0×10^{-4}					0.145		NF	(c)	
N	800	3.00	8.5×10^{-5}					0.240		NF	(c)	259
N	800	3.00	7.4×10^{-5}					0.120		NF	(c)	260
N	800	3.00	7.1×10^{-5}					0.120		NF	(c)	
N	800	3.00	7.1×10^{-5}					0.120		NF	(c)	259
N	800	3.00	3.3×10^{-5}					0.090		NF	(c)	260
N	800	3.00	3.2×10^{-5}					0.090		NF	(c)	
N	800	3.00	3.1×10^{-5}					0.070		NF	(c)	
N	800	3.00	1.1×10^{-5}					0.040		NF	(c)	

N	800	3.00	1.0×10^{-5}	0.020	0.030	0.030	0.040	0.040		11.5	NF	(c)	259
N	800	3.00	9.4×10^{-6}						0.090		NF	(c)	
N	800	3.00	9.0×10^{-6}						0.090		NF	(c)	260
N	800	3.00	7.1×10^{-3}						0.370		NF	(c)	259
N	900	3.00	1.0×10^{-3}	0.230	0.270	0.280	0.280	0.280		12.6	NF	(c)	260
N	900	3.00	6.7×10^{-4}						0.280		NF	(c)	
N	900	3.00	3.8×10^{-4}						0.130		NF	(c)	
N	900	3.00	2.5×10^{-4}						0.060		NF	(c)	
N	900	3.00	1.2×10^{-4}						0.050		NF	(c)	
N	900	3.00	9.9×10^{-5}						0.030		NF	(c)	
N	900	3.00	2.1×10^{-5}						0.020		NF	(c)	
N	900	3.00	1.1×10^{-5}						0.010		NF	(c)	
U	20	0.001	1.0×10^{-1}	4.77				4.09	0.9	F	(b)		195
U	20	1.00	1.0×10^{-1}	4.77	5.91	5.83		5.66	1.8	F	(b)		
U	20	1.00	1.0×10^{-1}	4.78	6.79	7.55		6.00	5.5	NF	(d)		
U	20	2.00	1.0×10^{-1}	4.52	5.57	7.56		7.65	5.8	NF	(b)		
U	20	3.00	1.0×10^{-1}	3.24	3.48	3.41	3.38	8.13	9.0	NF	(b)		
U	20	1.00	4.0×10^{-4}	1.45				3.49	12.3		(c)	Wet	250
U	20	0.300	3.0×10^{-4}					2.89	1.8		(f)	Wet	
U	20	0.600	3.0×10^{-4}	2.89	3.03	2.73	2.26	3.05	9.1		(g)	Wet, 10% data extrapolated	
U	20	0.600	3.0×10^{-4}	2.46	2.87	2.92	2.56	2.97	12.5		(g)	Wet, lamda = 0.5	250
U	20	0.600	1.6×10^{-4}	2.81	3.09	2.96	2.22	3.11	12.2		(g)	Wet, lamda = 0.5	
U	20	0.600	4.0×10^{-5}	3.13	3.14	2.85	2.14	3.16	12.1		(g)	Wet	
U	20	0.300	3.0×10^{-5}	2.50	1.90			2.65	4.3		(g)	Wet	
U	20	0.600	3.0×10^{-5}	2.82	3.12	2.56	1.25	3.12	11.2		(g)	Wet, lamda = 0.5	
U	20	3.00	3.0×10^{-5}	3.32	3.92	4.72	5.72	5.91	11.6	NF	(b)	Wet	251
U	20	3.00	3.0×10^{-5}	3.32	3.80	4.37	5.02	5.18	11.7	NF	(b)	Wet	
U	20	3.00	3.0×10^{-5}	2.82	3.19	3.46	3.82	3.91	11.7	NF	(b)	Wet, lamda = 0.5	
U	20	3.00	3.0×10^{-5}	2.57	2.68	2.67		2.68	7.7	NF	(c)	Wet, lamda = 0.9	
U	20	3.00	3.0×10^{-5}	2.04	1.40			2.43	2.3	F	(d)	Wet, lamda = 1.0	
U	20	3.00	4.5×10^{-5}	3.03	3.26	3.36	3.46	3.46	12.3		(b)	Wet	250
U	20	1.00	4.2×10^{-6}	2.61	2.55	1.36		2.64	8.3		(f)	Wet	
U	20	0.300	3.0×10^{-6}	2.75	3.13	3.00	1.45	3.13	9.7		(g)	Wet, 10% data extrapolated	
U	20	0.600	1.5×10^{-6}	2.63	2.71	2.00		2.71	8.0		(g)	Wet, lamda = 0.5	
U	20	0.600	6.0×10^{-7}	2.61	2.66	1.30		2.72	7.6		(g)	Wet, lamda = 0.5	
U	20	1.00	3.3×10^{-7}	2.88	3.15			3.26	3.8		(b)	Wet	
U	20	0.300	3.0×10^{-7}	2.55	2.64	1.54		2.69	8.1		(f)	Wet	
U	20	0.600	3.0×10^{-7}	2.49	2.88	2.85	1.96	2.89	9.7		(g)	Wet, 10% data extrapolated	

Table 2 (continued)
STRESS-STRAIN RELATIONS FROM CONSTANT STRAIN RATE TRIAXIAL TESTS ON ROCKS IN APPARATUS USING FLUID-CONFINING MEDIA

Material	Or	Temp (°C)	Pressure (kbar)	Strain rate (s^{-1})	Differential stress — kbar strain (%) 1	2	5	10	Ultimate strength (kbar)	Total strain (%)	Fault angle (°)	Comment	Ref.
	U	20	1.00	6.0×10^{-8}	2.58	3.03	3.33	3.54	3.54	12.5		(b) Wet	117
	U	20	0.300	4.5×10^{-8}	2.23	2.60	1.89		2.63	7.3		(g) Wet	
	U	20	0.600	4.2×10^{-8}	2.53	2.75	2.74	1.89	2.76	9.7		(g) Wet, 10% data extrapolated	
	U	23	0.001	1.0×10^{-4}					3.47				
	U	23	0.001	1.0×10^{-4}					3.98		F		
	U	23	0.001	1.0×10^{-4}					4.09		F		
	U	23	0.001	1.0×10^{-4}					3.98		F		
	U	23	0.001	1.0×10^{-4}					2.75		F		
	U	23	0.001	1.0×10^{-4}					2.72		F		
	U	23	0.200	1.0×10^{-4}					4.73		F		
	U	23	0.300	1.0×10^{-4}					3.53		25		
	U	23	0.350	1.0×10^{-4}					3.68		24		
	U	23	0.350	1.0×10^{-4}					4.30		16		
	U	23	0.350	1.0×10^{-4}					3.71		25		
	U	23	0.400	1.0×10^{-4}					4.93		20		
	U	23	0.600	1.0×10^{-4}					4.85		22		
	U	23	0.690	1.0×10^{-4}					4.44		26		
	U	23	0.690	1.0×10^{-4}					4.40				
	U	23	0.690	1.0×10^{-4}					3.93		26		
	U	23	0.760	1.0×10^{-4}					4.75		25		
	U	23	0.800	1.0×10^{-4}					5.14		NF		
	U	23	0.980	1.0×10^{-4}					3.92		NF		
	U	23	1.00	1.0×10^{-4}					4.65				
	U	23	1.00	1.0×10^{-4}					5.35		NF		
	U	23	1.03	1.0×10^{-4}					4.90		F		
	U	23	1.03	1.0×10^{-4}					4.60		17		
	U	23	1.03	1.0×10^{-4}					4.85		31		
	U	23	1.03	1.0×10^{-4}					4.63		30		
	U	23	1.04	1.0×10^{-4}					4.27		F		
	U	23	1.27	1.0×10^{-4}					5.03		30		

U	23	1.38	1.0×10^{-4}						5.25		26		
U	23	1.38	1.0×10^{-4}						4.59		NF		
U	23	1.53	1.0×10^{-4}						5.07		NF	117	
U	23	1.96	1.0×10^{-4}						5.98		NF		
U	23	2.94	1.0×10^{-4}						5.98		NF		
U	23	3.00	1.0×10^{-4}						4.76		NF		
U	23	3.92	1.0×10^{-4}						7.94		NF		
U	23	5.00	1.0×10^{-4}						7.64		NF		
U	23	1.00	-1.0×10^{-4}						1.11		0		
U	23	1.00	-1.0×10^{-4}						1.15		0		
U	23	2.00	-1.0×10^{-4}						2.12		0		
U	23	2.00	-1.0×10^{-4}						2.11		0		
U	23	3.00	-1.0×10^{-4}						3.05		0		
U	23	3.00	-1.0×10^{-4}						3.14		0		
U	23	4.06	-1.0×10^{-4}						4.02		10		
U	23	5.08	-1.0×10^{-4}						4.66		25		
U	23	7.10	-1.0×10^{-4}						5.84		F		
U	23	7.62	-1.0×10^{-4}						6.30		22		
U	25	0.750	1.0×10^{-7}						4.85		31		
U	25	1.00	1.0×10^{-7}						4.80		27		
U	25	5.90	-1.0×10^{-7}						4.95		19		
U	25	6.40	-1.0×10^{-7}						5.45		22		
U	150	0.300	1.0×10^{-7}						3.80		26		
U	150	0.400	1.0×10^{-7}						4.35		26		
U	150	0.500	1.0×10^{-7}						4.30		NF		
U	150	0.750	1.0×10^{-7}						4.85		NF		
U	200	1.50	3.0×10^{-5}	2.85	3.20	3.61	4.11	4.30		11.7	NF	251	(b)
U	200	1.50	3.0×10^{-5}	1.94	2.29	2.49	2.76	2.80		11.3	NF		(b) Wet, lamda = 0.1
U	200	1.50	3.0×10^{-5}	1.90	2.09	2.30	2.48	2.49		11.2	NF		(b) Wet, lamda = 0.5
U	200	1.50	3.0×10^{-5}	2.17	2.29	2.27	2.17	2.29		10.8	NF		(d) Wet, lamda = 0.9
U	200	1.50	3.0×10^{-5}	1.57	0.89			1.74		2.2	F		(d) Wet, lamda = 1.0
U	225	0.001	1.0×10^{-7}						4.35		30	117	
U	300	2.20	3.0×10^{-5}	2.67	3.04	3.54	4.07	4.14		11.2	NF	251	(b)
U	300	2.20	3.0×10^{-5}	1.58	2.03	2.44	2.81	2.86		11.3	NF		(b) Wet, lamda = 0.1
U	300	2.20	3.0×10^{-5}	1.65	2.18	2.67	2.77	2.78		10.8	NF		(b) Wet, lamda = 0.5
U	300	2.20	3.0×10^{-5}	1.95	2.12	2.21	2.22			11.3	NF		(c) Wet, lamda = 0.9
U	300	0.001	3.0×10^{-5}	1.84	0.57			1.84		2.0	F	117	(d) Wet, lamda = 1.0
U	300	0.300	1.0×10^{-7}						3.85		NF		
U	300	0.400	1.0×10^{-7}						4.50		NF		
U	300	0.500	1.0×10^{-7}						4.00		NF		
U	300		1.0×10^{-7}						4.05		NF		

Table 2 (continued)
STRESS-STRAIN RELATIONS FROM CONSTANT STRAIN RATE TRIAXIAL TESTS ON ROCKS IN APPARATUS USING FLUID-CONFINING MEDIA

Material	Or	Temp (°C)	Pressure (kbar)	Strain rate (s^{-1})	Differential stress — kbar strain (%)				Ultimate strength (kbar)	Total strain (%)	Fault angle (°)	Comment	Ref.
					1	2	5	10					
Limestone, "Yule Marble", "Leadville Limestone", Colorado	U	300	4.00	-1.0×10^{-7}					3.92		0		
	U	300	4.00	-1.0×10^{-7}					4.04		0		
	U	400	3.00	3.0×10^{-5}	2.17	2.60	3.32	3.96	4.09	12.5	NF	(b)	251
	U	400	3.00	3.0×10^{-5}	2.17	2.48	2.67	2.67	2.67	11.5	NF	(c) Wet, lamda = 0.1	
	U	400	3.00	3.0×10^{-5}	1.99	2.35	2.71	2.94	2.99	11.8	NF	(b) Wet, lamda = 0.5	
	U	400	3.00	3.0×10^{-5}	1.97	2.16	2.30	2.37	2.37	10.2	NF	(b) Wet, lamda = 0.9	
	U	400	3.00	3.0×10^{-5}	1.89				1.93	1.9	F	(d) Wet, lamda = 1.0	
	U	400	2.50	-1.0×10^{-7}					2.06		0		117
	U	400	3.00	-1.0×10^{-7}					2.83		0		
	U	400	3.00	-1.0×10^{-7}					2.67		0		
	U	400	3.50	-1.0×10^{-7}					3.26		0		
	U	450	2.00	-1.0×10^{-7}					1.26		0		
	U	500	0.001	3.0×10^{-5}	1.35	2.22	2.54	2.75	2.79	10.7	NF	(b)	251
	U	500	0.250	3.0×10^{-5}	2.21	2.56	2.87	3.11	3.12	11.2	NF	(b)	251
	U	500	0.500	3.0×10^{-5}	2.21	2.61	2.97	3.23	3.24	11.0	NF	(b)	
	U	500	1.50	3.0×10^{-5}	2.21	2.51	2.81	3.11	3.18	11.3	NF	(b)	117
	U	500	2.00	-1.0×10^{-7}					0.480		NF		135
	N	25	5.00	-3.3×10^{-7}				2.94					
	N	25	5.00	-3.3×10^{-6}				3.02					
	N	25	5.00	-3.3×10^{-5}				3.13					
	N	25	5.00	-3.3×10^{-4}				3.15					
	N	25	5.00	-4.0×10^{-3}				3.14					
	N	25	5.00	-4.0×10^{-3}				3.27					
	N	25	5.00	-4.0×10^{-2}				3.18					
	N	25	5.00	-4.0×10^{-1}				3.28		8.0		10% Data extrapolated	
	N	300	5.00	-3.3×10^{-8}				1.76					
	N	300	5.00	-3.3×10^{-7}				1.87					
	N	300	5.00	-3.3×10^{-6}				1.96					
	N	300	5.00	-3.3×10^{-5}				2.06		8.0		10% Data extrapolated	
	N	300	5.00	-3.3×10^{-4}				2.11					
	N	300	5.00	-4.0×10^{-3}				2.13					

Type	T		Field	Val 1	Val 2	Val 3	Notes
N	300	5.00	-4.0×10^{-2}			2.15	
N	300	5.00	-4.0×10^{-1}			2.21	
N	400	5.00	-3.3×10^{-8}			1.04	
N	400	5.00	-3.3×10^{-7}			1.21	
N	400	5.00	-3.3×10^{-6}			1.46	
N	400	5.00	-3.3×10^{-5}			1.66	
N	400	5.00	-3.3×10^{-4}			1.77	
N	400	5.00	-4.0×10^{-3}			1.87	
N	400	5.00	-4.0×10^{-2}			1.93	
N	400	5.00	-4.0×10^{-1}			1.88	
N	500	5.00	-3.3×10^{-8}			1.94	
N	500	5.00	-3.3×10^{-7}			0.450	
N	500	5.00	-3.3×10^{-6}			0.690	
N	500	5.00	-3.3×10^{-5}			0.820	
N	500	5.00	-3.3×10^{-5}			1.10	
N	500	5.00	-1.8×10^{-4}	0.96	1.13	1.28	5% Data interpolated
N	500	5.00	-1.8×10^{-4}	0.92	1.11	1.28	5% Data interpolated
N	500	5.00	-3.3×10^{-4}			1.34	
N	500	5.00	-3.3×10^{-4}			1.32	
N	500	5.00	-4.0×10^{-3}			1.45	
N	500	5.00	-4.0×10^{-3}			1.42	
N	500	5.00	-4.0×10^{-2}			1.55	
N	500	5.00	-4.0×10^{-1}	6.0		1.69	10% Data extrapolated
N	600	5.00	-1.9×10^{-7}	0.320	0.330	0.330	5% Data interpolated
N	600	5.00	-1.9×10^{-6}	0.410	0.450	0.460	5% Data interpolated
N	600	5.00	-1.9×10^{-5}	0.550	0.590	0.620	5% Data interpolated
N	600	5.00	-1.9×10^{-4}	0.600	0.680	0.750	5% Data interpolated
N	600	5.00	-1.9×10^{-3}	0.750	0.880	0.980	5% Data interpolated
N	700	5.00	-1.9×10^{-7}	0.230	0.230	0.230	5% Data interpolated
N	700	5.00	-1.9×10^{-6}	0.280	0.280	0.280	5% Data interpolated
N	700	5.00	-1.9×10^{-5}	0.350	0.380	0.390	5% Data interpolated
N	700	5.00	-1.9×10^{-4}	0.440	0.470	0.490	5% Data interpolated
N	700	5.00	-1.9×10^{-3}	0.580	0.630	0.680	5% Data interpolated
N	700	5.00	-1.9×10^{-3}	0.560	0.610	0.660	5% Data interpolated
N	800	5.00	-1.9×10^{-7}	0.140	0.150	0.150	5% Data interpolated
N	800	5.00	-1.9×10^{-6}	0.190	0.210	0.210	5% Data interpolated
N	800	5.00	-1.9×10^{-5}	0.170	0.190	0.200	5% Data interpolated
N	800	5.00	-1.9×10^{-4}	0.240	0.250	0.260	5% Data interpolated
N	800	5.00	-1.9×10^{-3}	0.320	0.340	0.360	5% Data interpolated
N	800	5.00	-1.9×10^{-3}	0.420	0.460	0.490	5% Data interpolated
P	300	5.00	-3.3×10^{-8}			2.24	

Table 2 (continued)
STRESS-STRAIN RELATIONS FROM CONSTANT STRAIN RATE TRIAXIAL TESTS ON ROCKS IN APPARATUS USING FLUID-CONFINING MEDIA

Material	Or	Temp (°C)	Pressure (kbar)	Strain rate (s^{-1})	Differential stress — kbar strain (%) 1	2	5	10	Ultimate strength (kbar)	Total strain (%)	Fault angle (°)	Comment	Ref.
	P	300	5.00	-3.3×10^{-7}				2.48					
	P	300	5.00	-3.3×10^{-6}				2.65		6.5		10% Data extrapolated	
	P	300	5.00	-3.3×10^{-6}				2.71		6.0		10% Data extrapolated	
	P	300	5.00	-3.3×10^{-6}				2.70		9.2		10% Data extrapolated	
	P	300	5.00	-3.3×10^{-5}				2.79					
	P	300	5.00	-3.3×10^{-4}				2.93					
	P	350	5.00	-3.3×10^{-7}				2.12					
	P	350	5.00	-3.3×10^{-7}				2.01					
	P	400	5.00	-3.3×10^{-8}				1.19					
	P	400	5.00	-3.3×10^{-7}				1.50					
	P	400	5.00	-3.3×10^{-7}				1.53					
	P	400	5.00	-3.3×10^{-6}				1.86					
	P	400	5.00	-3.3×10^{-5}				2.22					
	P	400	5.00	-3.3×10^{-4}				2.53					
	P	450	5.00	-3.3×10^{-7}				1.07					
	P	500	5.00	-3.3×10^{-8}				0.540		9.5		10% Data extrapolated	
	P	500	5.00	-3.3×10^{-7}				0.770					
	P	500	5.00	-3.3×10^{-7}				0.830					
	P	500	5.00	-3.3×10^{-6}				1.08					
	P	500	5.00	-3.3×10^{-5}				1.43					
	P	500	5.00	-3.3×10^{-4}				1.68					
	P	500	5.00	-4.0×10^{-3}				1.97					
	P	500	5.00	-4.0×10^{-2}				2.14					
	P	500	5.00	-4.0×10^{-1}				2.27					
	P	600	5.00	-1.9×10^{-6}	0.460	0.490		0.510				5% Data interpolated	
	P	600	5.00	-1.9×10^{-5}	0.620	0.650		0.670				5% Data interpolated	
	P	600	5.00	-1.9×10^{-4}	0.880	0.950		0.980				5% Data interpolated	
	P	600	5.00	-1.9×10^{-3}	1.02	1.16		1.22				5% Data interpolated	
	P	700	5.00	-1.9×10^{-6}	0.310	0.330		0.340				5% Data interpolated	
	P	700	5.00	-1.9×10^{-5}	0.420	0.440		0.450				5% Data interpolated	
	P	700	5.00	-1.9×10^{-4}	0.540	0.570		0.580				5% Data interpolated	

	P	700	5.00	-1.9×10^{-3}		0.710	0.770	0.800		5% Data interpolated
	P	800	5.00	-1.9×10^{-6}		0.210	0.210	0.220		5% Data interpolated
	P	800	5.00	-1.9×10^{-5}		0.280	0.290	0.290		5% Data interpolated
	P	800	5.00	-1.9×10^{-4}		0.370	0.390	0.400		5% Data interpolated
Limestone, Lithographic (presumed "Solenhofen")	P	800	5.00	-1.9×10^{-3}		0.490	0.530	0.550		5% Data interpolated
	U	20	1.00	4.0×10^{-4}	3.94	4.24	4.28	4.16	4.31	(d)
	U	20	2.00	4.0×10^{-4}	3.95	4.60	5.00	5.40		(b)
	U	20	4.00	4.0×10^{-4}	3.73	4.26	5.16	6.21		(b)
	U	20	6.00	4.0×10^{-4}	2.90	3.96	5.30	6.61		(b)
	U	20	8.00	4.0×10^{-4}	2.55	3.54	5.31	6.86		(b)	82
	U	20	0.001	5.0×10^{-4}					1.04	0.9 NF (a) Series 3
	U	20	0.001	5.0×10^{-4}					0.760	0.9 F (a) Series 4
	U	20	0.500	5.0×10^{-4}	5.40	6.60			6.73	2.0 F (d) Series 3
	U	20	0.500	5.0×10^{-4}	3.78	5.02			5.14	2.1 F (d) Series 4
	U	20	1.00	5.0×10^{-4}	5.02	6.53			6.70	2.7 22 F (d) Series 3
	U	20	1.00	5.0×10^{-4}	7.49	8.88			9.05	2.5 F (d) Series 3
	U	20	1.50	5.0×10^{-4}	5.32	6.97			7.78	3.5 F (d) Series 4
	U	20	1.50	5.0×10^{-4}	7.68	9.83			9.87	2.2 F (b) Series 3
	U	20	2.00	5.0×10^{-4}	6.87	8.89	9.83		9.87	7.4 F (d) Series 4
	U	20	2.00	5.0×10^{-4}		10.25			11.10	2.9 F (b) Series 3
	U	20	2.50	5.0×10^{-4}		11.14			12.04	3.5 F (d) Series 3
Magnetite ore, Kiruna-type. Scandinavia, 3% (series 4) to 35% (series 3) impurities	U	20	3.00	5.0×10^{-4}	6.17	8.87	11.05		12.17	16.5 F (d) Series 4	210
	U	20	3.00	5.0×10^{-4}	9.14	12.32			12.50	2.8 F (d) Series 3
	U	20	3.00	5.0×10^{-4}		6.81	8.54	9.17	9.19	12.8 NF (d) Series 1
	U	20	3.00	5.0×10^{-4}		7.07	9.73	10.23	10.29	11.1 NF (d) Series 6
	U	20	3.00	5.0×10^{-4}	5.39	8.29	10.85		11.24	8.8 NF (d) Series 2
	U	20	3.00	5.0×10^{-4}	7.57	11.11			11.55	3.2 F (d) Series 8
	U	20	4.00	5.0×10^{-4}		10.01	12.30	14.12	14.87	16.2 NF (b) Series 4
	U	20	4.00	5.0×10^{-4}	10.79	13.20	13.83	14.00	14.02	11.1 NF (d) Series 3
	U	20	5.00	5.0×10^{-4}		10.02	14.49	15.72	18.88	19.5 NF (b) Series 4
	U	20	5.00	5.0×10^{-4}		12.34	13.98	15.72	16.08	18.2 NF (d) Series 3
	U	20	5.00	5.0×10^{-4}	5.40	8.13	9.94	11.55	12.89	19.2 NF (d) Series 1
	U	20	5.00	5.0×10^{-4}	4.08	7.35	11.32	13.23	15.50	19.2 NF (b) Series 6
	U	20	5.00	5.0×10^{-4}	7.57	10.32	12.59	14.24	15.71	15.2 NF (b) Series 2
	U	20	5.00	5.0×10^{-4}	6.70	9.42	12.36	14.70	16.98	17.0 NF (b) Series 8
	U	25	2.00	5.0×10^{-4}	6.80	8.69	9.79		9.86	7.5 F (d) Series 4
	U	25	2.00	5.0×10^{-4}	7.57	10.59			11.42	3.4 F (d) Series 3
	U	25	3.00	5.0×10^{-4}	6.14	8.05	10.42	11.10	11.20	18.9 NF (d) Series 7
	U	25	3.00	5.0×10^{-4}	7.57	10.82			11.13	2.8 F (b) Series 8
	U	25	3.00	5.0×10^{-4}	10.59	11.69			12.50	2.5 F (d) Series 3
	U	300	2.00	5.0×10^{-4}	1.25	1.53	6.42	7.66	7.71	11.7 NF (d) Series 4

Table 2 (continued)
STRESS-STRAIN RELATIONS FROM CONSTANT STRAIN RATE TRIAXIAL TESTS ON ROCKS IN APPARATUS USING FLUID-CONFINING MEDIA

Material	Or	Temp (°C)	Pressure (kbar)	Strain rate (s^{-1})	\multicolumn{5}{c	}{Differential stress — kbar strain (%)}	Ultimate strength (kbar)	Total strain (%)	Fault angle (°)	Comment	Ref.
					1	2	5	10						
	U	300	2.00	5.0 × 10^{-4}	1.34	3.66				7.49	3.9	F	(d) Series 3	
	U	300	3.00	5.0 × 10^{-4}	4.40	6.14	7.54	8.92		10.00	15.7	NF	(b) Series 7	228
	U	300	3.00	5.0 × 10^{-4}	1.83	4.36	9.63	9.83		10.08	9.8	NF	(d) Series 3, 10% data extrapolated	
MgO, sintered synthetic, 0.3—0.5 mm grains, 1% porosity	U	300	3.00	5.0 × 10^{-4}	4.54	6.55	8.83	10.28		10.61	11.2	NF	(b) Series 8	
	U	23	0.001	1.0 × 10^{-3}						2.36	0.3	F	(a) Thick rubber jacket	
	U	23	1.00	1.0 × 10^{-3}	4.19	4.78				4.78	2.1	F	(b) Thick rubber jacket	
	U	23	1.50	1.0 × 10^{-3}	6.18	6.46				6.46	4.2	F	(d) Thick rubber jacket	
	U	23	2.00	1.0 × 10^{-3}	6.97					7.13	1.4	F	(b) Thick rubber jacket	
	U	23	2.00	1.0 × 10^{-3}	4.49	4.78	5.17			5.17	5.0	NF	(b) Latex jacket	
	U	23	3.00	1.0 × 10^{-3}	7.33	7.87	8.42	8.71		8.71	13.0	NF	(d) Thick rubber jacket	
	U	23	5.00	1.0 × 10^{-3}	8.02	8.67	9.51	10.45		10.78	12.3	NF	(b) Thick rubber jacket	
	U	23	5.00	1.0 × 10^{-3}	8.39	8.71	9.24			9.65	8.0	NF	(b) Latex jacket	
	U	23	8.00	1.0 × 10^{-3}	10.78	11.49	12.38	13.75		14.61	13.5	NF	(b) Thick rubber jacket	
	U	23	10.00	1.0 × 10^{-3}	11.17	11.90	13.67	16.00		16.38	11.0	NF	(b) Thick rubber jacket	
	U	23	10.00	1.0 × 10^{-3}	8.92	9.44	10.45	11.71		12.08	11.8	NF	(b) Later jacket	
	U	100	2.00	1.0 × 10^{-3}	6.52	6.83	7.30	7.30		7.33	10.8	NF	(c)	
	U	100	5.00	1.0 × 10^{-3}	8.48	8.67	9.24	9.88		10.13	11.7	NF	(b)	228
	U	300	2.00	1.0 × 10^{-3}	7.22	7.81	8.39	8.14		8.42	9.5	NF	(d) 10% Data extrapolated	
	U	300	5.00	1.0 × 10^{-3}	9.77	10.64	12.11	12.91		12.98	10.8	NF	(b)	
	U	400	2.00	1.0 × 10^{-3}	7.81	8.25	8.67			8.67	4.5	NF	(b) 5% Data extrapolated	
	U	400	5.00	1.0 × 10^{-3}	7.89	8.87	10.66	12.08		12.15	10.7	NF	(b)	
	U	500	2.00	1.0 × 10^{-3}	6.12	6.91	7.89	7.78		8.02	9.5	NF	(d) 10% Data extrapolated	
	U	500	5.00	1.0 × 10^{-3}	7.02	7.92	9.79	10.92		10.96	10.0	NF	(b)	
	U	600	2.00	1.0 × 10^{-3}	5.11	5.87	7.05	7.98		8.09	10.8	NF	(b)	
	U	600	5.00	1.0 × 10^{-3}	5.98	6.69	7.95	8.78		8.89	10.5	NF	(b)	
	U	750	2.00	1.0 × 10^{-3}	4.24	4.94	6.26	7.13		7.08	9.2	NF	(b) 10% Data extrapolated	
	U	750	5.00	1.0 × 10^{-3}	4.02	4.75	6.15	7.13		7.22	10.6	NF	(b)	
	U	23	0.001	1.0 × 10^{-3}						2.53	0.3	F	(a) Latex jacket	
MgO, sintered synthetic, 10—15-μm grains, nearly theoretical density	U	23	0.500	1.0 × 10^{-3}						8.78	0.6	F	(a) Thick rubber jacket	228
	U	23	0.500	1.0 × 10^{-3}						6.94	0.6	F	(a) Latex jacket	

211

Material												Ref
	U	23	1.00	1.0×10^{-3}				9.79	0.6	F	(a) Thick rubber jacket	
	U	23	1.00	1.0×10^{-3}				8.14	0.6	F	(a) Latex jacket	
	U	23	2.00	1.0×10^{-3}				12.36	0.6	F	(a) Thick rubber jacket	
	U	23	2.00	1.0×10^{-3}				9.49	0.7	F	(a) Latex jacket	
	U	23	3.00	1.0×10^{-3}			11.21	13.02	10.0	NF	(e) Thick rubber jacket U.S. at upper yield	
	U	23	3.00	1.0×10^{-3}				10.62	0.7	F	(a) Latex jacket	
	U	23	4.00	1.0×10^{-3}		11.65	12.27	13.02	10.0	NF	(e) Thick rubber jacket U.S. at upper yield	
	U	23	4.00	1.0×10^{-3}	12.36	12.11	11.87	12.41	7.2	F	(g) Latex jacket	
	U	23	5.00	1.0×10^{-3}		13.30	14.03	14.94	11.6	NF	(e) Thick rubber jacket U.S. at 11.6% strain	
	U	23	5.00	1.0×10^{-3}	13.16	13.25	14.03	15.87	12.6	F	(e) Latex jacket	
	U	23	8.00	1.0×10^{-3}	17.19	17.44	17.42	18.30	10.0	NF	(e) Thick rubber jacket U.S. at 10% strain	
MgO, sintered synthetic, 30-μm grains, 97% of theoretical density	U	23	8.00	1.0×10^{-3}	15.02	15.00	16.84	18.48	12.7	F	(e) Latex jacket	228
	U	23	0.001	1.0×10^{-3}				4.21	0.3	F	(a) Latex jacket	
	U	23	1.00	1.0×10^{-3}	7.42	7.58		7.58	3.4	F	(a) Latex jacket	
	U	23	2.50	1.0×10^{-3}	8.23	8.85	9.51	9.54	8.0	F	(d) Latex jacket	
	U	23	5.00	1.0×10^{-3}	11.46	12.19	12.95	13.28	11.3	NF	(b) Latex jacket	
	U	23	8.00	1.0×10^{-3}	14.91	15.50	16.00	16.28	8.7	NF	(b) Latex jacket	
	U	23	10.00	1.0×10^{-3}	16.79	17.16	17.64	17.70	7.5	NF	(b) Latex jacket	
Migmatite, "Engel and Engel", St. Lawrence Co., New York	N	150	1.00	1.7×10^{-4}				7.25	2.9	25	(a)	36
	N	500	5.00	1.7×10^{-4}				9.86	16.0	35	(d)	
	P	150	1.00	1.7×10^{-4}				7.58	2.2	29	(a)	
	P	500	5.00	1.7×10^{-4}				6.70	11.3	27	(b)	
Monzonite, San Juan Co., Colorado	N	150	1.00	1.7×10^{-4}				6.40	7.5	26	(d)	36
	N	500	5.00	1.7×10^{-4}				9.64	14.0	35	(d)	
Peridotite, "Fidalgo" Fidalgo Island, partly serpentinized	U	25	3.50	7.0×10^{-4}				7.90		NF	Preheated 1.0 hr	240
	U	200	3.50	7.0×10^{-4}				6.90		NF	Preheated 1.0 hr	
	U	300	3.50	7.0×10^{-4}				6.40		NF	Preheated 1.0 hr	
	U	355	3.50	7.0×10^{-4}				4.90				
	U	405	3.50	7.0×10^{-4}				2.80		F		
Peridotite, olivine and pyroxene, 60% altered to serpentine, amphibole, and brucite, (serpentine dehydrated above 702°C)	N	20	3.10	1.0×10^{-5}	2.74	5.79	8.00	8.41	10.0	F	(f) Undrained test	213
	N	20	5.52	1.0×10^{-5}	2.93	6.33	12.47	13.26	9.5	NF	(b) Undrained test, 10% data extrapolated	
	N	170	5.52	1.0×10^{-5}	2.71	5.64	9.36	9.58	6.9	NF	(b) Undrained test	
	N	320	3.10	1.0×10^{-5}	2.45	4.50	5.79	5.86	6.0	NF	(b) Undrained test	
	N	420	3.10	1.0×10^{-5}	1.80	2.69	3.38	3.41	5.1	NF	(b) Undrained test	
	N	420	5.52	1.0×10^{-5}	2.24	3.58	5.07	5.11	6.2	NF	(b) Undrained test	
	N	520	5.52	1.0×10^{-5}	1.13	1.76		2.38	3.7	NF	(e) Undrained test	

Table 2 (continued)
STRESS-STRAIN RELATIONS FROM CONSTANT STRAIN RATE TRIAXIAL TESTS ON ROCKS IN APPARATUS USING FLUID-CONFINING MEDIA

Material	Or	Temp (°C)	Pressure (kbar)	Strain rate (s^{-1})	Differential stress — kbar strain (%)				Ultimate strength (kbar)	Total strain (%)	Fault angle (°)	Comment	Ref.
					1	2	5	10					
Peridotite, serpentinized, Lowell, Vt	N	670	3.10	1.0×10^{-5}	0.178	0.378			0.623	2.7	F	(e) Undrained test	36
	N	670	3.10	1.0×10^{-5}	1.62	2.24			2.71	4.8	F	(b)	
	N	780	5.52	1.0×10^{-5}	0.222	0.267			0.644	2.0	F	(f) Undrained test	
	N	150	1.00	1.7×10^{-4}					5.08	2.4	29	(b)	
	N	500	5.00	1.7×10^{-4}					3.97	13.2	29	(d)	
	P	150	1.00	1.7×10^{-4}					4.48	1.7	32	(a)	
	P	500	5.00	1.7×10^{-4}					3.64	22.5	34	(d)	
Peridotite, xenolith from basalt in Snowy Mountains, Australia, olivine, enstatite, and diopside, G.S. = 0.5 mm	U	800	5.00	5.0×10^{-5}	6.64	8.50			9.16	3.9	NF	(b)	237
	U	1000	5.00	2.0×10^{-4}	3.57	4.73			6.32	4.8	NF	(b)	
Pyrite, 89.2% pyrite, 4% sphalerite, 6.8% gangue, 1% porosity, G.S. = 0.04 mm	U	20	0.001	3.0×10^{-5}					2.89		F	(a)	5
	U	20	0.500	3.0×10^{-5}					6.89		F	(a)	
	U	20	1.00	3.0×10^{-5}					8.41		F	(a)	
	U	20	1.95	3.0×10^{-5}					9.97		F	(a)	
Pyrite, 91.7% pyrite, 4.7% sphalerite, 3.6% gangue, 8% porosity, G.S. = 0.04 mm	U	20	0.001	3.0×10^{-5}	1.16				1.38	1.2	F	(a)	5
	U	20	0.620	3.0×10^{-5}	4.17				4.39	1.3	F	(b)	
	U	20	0.790	3.0×10^{-5}	4.94				4.99	1.7	F	(d)	
	U	20	1.46	3.0×10^{-5}	6.15	6.84	6.32	5.52	6.90	10.7	F	(a)	
	U	20	1.93	3.0×10^{-5}	7.09	7.37	6.07	5.79	7.50	10.8	F	(e)	
	U	20	2.43	3.0×10^{-5}	8.44	8.36	8.00	7.42	8.50	11.0	NF	(d)	
	U	20	2.91	3.0×10^{-5}	6.84	7.81	8.79	8.44	8.83	11.1	NF	(d)	
	U	200	0.001	3.0×10^{-5}					1.32	0.7	F	(a)	
	U	200	0.530	3.0×10^{-5}					4.04	0.2	F	(a)	
	U	200	1.38	3.0×10^{-5}	4.95	6.10	4.67	3.85	6.16	11.5	NF	(d)	
	U	200	2.65	3.0×10^{-5}	4.87	5.77	6.96	7.51	7.56	11.3	NF	(b)	
	U	300	0.001	3.0×10^{-5}					1.05	0.5	F	(a)	
	U	300	0.520	3.0×10^{-5}	3.72	3.53	2.54		3.89	6.1	F	(d)	
	U	300	1.46	3.0×10^{-5}	6.01	5.99	4.74	4.03	6.15	11.5	NF	(d)	
	U	300	2.48	3.0×10^{-5}	6.32	6.98	7.14	6.73	7.23	11.3	NF	(f)	
	U	400	0.001	3.0×10^{-5}					0.910	0.7	F	(a)	

Sample													
	U	400	0.500	3.0×10^{-5}	3.28	2.48			3.56	2.0	F	(d)	5
	U	400	1.43	3.0×10^{-5}	5.77	6.34			6.37	3.2	F	(d)	
	U	400	1.99	3.0×10^{-5}	6.34	6.90			7.01	6.3	F	(d)	
	U	400	2.43	3.0×10^{-5}	5.21	6.12			7.48	11.2	NF	(d)	
	U	400	2.88	3.0×10^{-5}	4.91	5.93	6.07	7.48	7.92	11.3	NF	(b)	
Pyroxenite, Webster, N.C.	N	150	1.00	1.7×10^{-4}			7.23	7.92	5.31	3.1	28	(b)	36
	N	500	5.00	1.7×10^{-4}			7.50		6.40	14.3	36	(d)	
Pyrrhotite ore, Araca Mine, Bolivia, only a few percent impurities	U	100	1.00	7.2×10^{-5}		3.70			4.21	4.9	F		63
	U	200	1.00	7.2×10^{-5}		2.24	2.17	2.38			NF		
	U	200	1.00	7.2×10^{-5}		2.20	2.60	2.85			NF		
	U	300	1.00	7.2×10^{-5}		1.00	1.08	1.24			NF		
	U	400	1.00	7.2×10^{-5}		0.370	0.460	0.610			NF		The 10% data is extrapolated
Pyrrhotite ore, Strathcona Mine, Sudbury, Ontario, Canada, <10% impurities	U	24	0.500	7.2×10^{-5}		3.21			4.32	3.1	F	(b)	63
	U	24	1.00	7.2×10^{-5}		3.24			5.89	4.9	NF	(b)	
	U	24	1.50	7.2×10^{-5}		3.68	6.47	6.89			NF	(d)	
	U	24	2.00	7.2×10^{-5}		2.80	5.73	6.72			NF	(d)	
	U	100	1.00	7.2×10^{-5}		2.96			4.32	4.0	F		
	U	200	0.500	7.2×10^{-5}		2.73			3.69	4.7	F		
	U	200	1.00	7.2×10^{-5}		2.44	3.45	3.90	3.45	8.2	F	(d)	
	U	200	1.50	7.2×10^{-5}		2.70	3.45	3.82			NF		
	U	200	2.00	7.2×10^{-5}		2.96	3.86	1.93	3.86		NF		
	U	250	0.500	7.2×10^{-5}		1.86	1.88	2.28			NF		
	U	250	1.00	7.2×10^{-5}		2.33	2.40	2.28	2.43		NF		
	U	250	2.00	7.2×10^{-5}		2.00	2.20	2.42			NF		
	U	300	0.500	7.2×10^{-5}		1.04	1.04	1.01	1.05		NF	(c)	
	U	300	1.00	7.2×10^{-5}		0.570	0.650	0.870			NF	(b)	
	U	300	1.50	7.2×10^{-5}		0.74	0.96	1.26			NF	(b)	
	U	300	2.00	7.2×10^{-5}		1.15	1.31	1.43			NF	(b)	
	U	400	0.500	7.2×10^{-5}		0.630	0.650	0.820			NF		
	U	400	1.00	7.2×10^{-5}		0.520	0.580	0.600			NF		
	U	500	1.00	7.2×10^{-5}		0.200	0.270	0.280			NF		
Pyrrhotite ore, Sudbury, Ontario, Canada, 80% pyrrhotite, 8% pentlandite, 8% gangue, 1% pyrite, 1% sphalerite, 1% chalcopyrite	U	20	1.50	3.1×10^{-4}	4.31	4.97	5.55	5.63	5.63	13.1	NF	(c)	7
	U	20	1.50	1.5×10^{-5}	3.52	4.19	4.82	5.01	5.09	12.7	NF	(c)	
	U	20	1.50	3.0×10^{-6}	3.29	3.95	4.65	4.89	4.94	12.6	NF	(b)	
	U	20	1.50	3.0×10^{-7}	3.11	3.77	4.50	4.77	4.86	13.2	NF	(b)	
	U	200	1.50	3.1×10^{-5}	2.53	2.98	3.35	3.41	3.42	13.1	NF	(b)	
	U	200	1.50	3.2×10^{-5}	1.86	2.35	2.80	2.89	2.92	12.7	NF	(c)	
	U	200	1.50	3.3×10^{-6}	1.44	1.94	2.41	2.53	2.53	13.0	NF	(c)	
	U	200	1.50	2.7×10^{-7}	1.12	1.53	1.98	2.07	2.08	13.2	NF	(c)	
	U	300	1.50	3.0×10^{-4}	0.80	1.04	1.33	1.48	1.56	12.8	NF	(b)	
	U	300	1.50	3.1×10^{-5}	0.67	0.86	1.06	1.24	1.33	12.7	NF	(b)	

Table 2 (continued)
STRESS-STRAIN RELATIONS FROM CONSTANT STRAIN RATE TRIAXIAL TESTS ON ROCKS IN APPARATUS USING FLUID-CONFINING MEDIA

Material	Or	Temp (°C)	Pressure (kbar)	Strain rate (s⁻¹)	Differential stress — kbar strain (%) 1	2	5	10	Ultimate strength (kbar)	Total strain (%)	Fault angle (°)	Comment	Ref.
	U	300	1.50	3.2×10^{-6}	0.62	0.81	1.02	1.10	1.11	12.5	NF (b)		7
	U	300	1.50	3.3×10^{-7}	0.659	0.763	0.852	0.881	0.889	11.6	NF (c)		
	U	300	1.50	6.1×10^{-8}	0.511	0.637	0.733	0.741	0.748	11.6	NF (c)		
	U	400	1.50	3.2×10^{-4}	0.469	0.615	0.755	0.857	0.901	12.5	NF (b)		
	U	400	1.50	3.6×10^{-5}	0.557	0.637	0.733	0.806	0.828	12.5	NF (c)		
	U	400	1.50	3.2×10^{-6}	0.344	0.476	0.630	0.681	0.696	12.5	NF (b)		
	U	400	1.50	3.5×10^{-7}	0.256	0.350	0.484	0.579	0.601	12.3	NF (b)		
	U	400	1.50	3.5×10^{-8}	0.271	0.352	0.469	0.505	0.520	12.5	NF (b)		
Pyrrhotite ore, Sudbury, Ontario, Canada, 80% pyrrhotite, 8% pentlandite, 8% gangue, 1% pyrite, 1% sphalerite, 1% chalcopyrite	U	20	0.001	3.0×10^{-5}					0.610	.7	F (a)		4
	U	20	0.180	3.0×10^{-5}	2.04	2.16			2.16	10.7	F (d)	No sharp stress drop	
	U	20	0.310	3.0×10^{-5}	2.13	2.41	1.89	1.59	2.44	11.3	F (d)	No sharp stress drop	
	U	20	0.710	3.0×10^{-5}	2.47	2.91	3.02	2.62	3.14	11.3	F (d)	No sharp stress drop	
	U	20	0.950	3.0×10^{-5}	2.77	3.32	3.72	3.48	3.72	11.3	NF (d)		
	U	20	1.46	3.0×10^{-5}	3.11	3.48	3.96	4.12	4.15	11.3	NF (c)		
	U	20	2.17	3.0×10^{-5}	3.35	3.90	4.73	5.24	5.27	11.2	NF (b)		
	U	20	2.91	3.0×10^{-5}	3.99	4.66	5.61	6.25	6.31	11.1	NF (b)		
	U	200	0.001	3.0×10^{-5}	0.390				0.470	1.8	F (d)		
	U	200	0.530	3.0×10^{-5}	1.32	1.57	1.73	1.60	1.74	11.3	NF (c)		
	U	200	1.48	3.0×10^{-5}	1.70	2.03	2.44	2.55	2.56	11.3	NF (b)		
	U	200	2.55	3.0×10^{-5}	1.81	2.19	2.64	2.78	3.03	11.3	NF (b)		
	U	300	0.001	3.0×10^{-5}	0.180	0.250	0.250	0.140	0.260	11.2	F (d)	No sharp stress drop	
	U	300	0.530	3.0×10^{-5}	0.690	0.760	0.800	0.800	0.800	11.0	NF (c)		
	U	300	1.51	3.0×10^{-5}	0.57	0.74	0.93	1.10	1.12	11.1	NF (b)		
	U	300	2.61	3.0×10^{-5}	0.88	1.11	1.35	1.46	1.47	11.0	NF (b)		
	U	400	0.001	3.0×10^{-5}	0.080	0.120	0.120	0.050	0.130	11.1	F (d)	No sharp stress drop	
	U	400	0.520	3.0×10^{-5}	0.330	0.410	0.500	0.550	0.560	11.1	NF (b)		
	U	400	1.49	3.0×10^{-5}	0.470	0.550	0.650	0.710	0.710	11.2	NF (b)		
	U	400	2.41	3.0×10^{-5}	0.520	0.600	0.700	0.770	0.780	11.0	NF (b)		
	U	400	2.88	3.0×10^{-5}	0.570	0.650	0.760	0.820	0.830	11.2	NF (b)		
Rhyolite, "Tishomingo", Johnston Co., Oklahoma	N	150	1.00	1.7×10^{-4}					8.00	2.6	24 (a)		36
	N	500	5.00	1.7×10^{-4}					10.47	30.5	33 (a)		

Rock									
Sandstone, "Berea", medium grained	U	23	0.001	2.9 × 10⁰			1.18	0.3	F
	U	23	0.001	2.3 × 10⁰			0.070	0.4	F
	U	23	0.001	2.3 × 10⁰			0.120	0.4	F
	U	23	0.001	2.0 × 10⁰			0.830	0.4	F
	U	23	0.001	1.9 × 10⁰			0.770	0.3	F
	U	23	0.001	6.5 × 10⁻¹			0.650	0.4	F
	U	23	0.001	1.7 × 10⁻¹			0.530	0.5	F
	U	23	2.50	4.7 × 10⁻²	1.75		2.64	3.0	NF
	U	23	0.001	3.7 × 10⁻²			0.470	0.5	F (b)
	U	23	0.001	3.5 × 10⁻²			0.470	0.5	F (a)
	U	23	0.500	2.4 × 10⁻²	1.71		1.89	3.0	NF (d)
Sandstone, "Fort Union", Rio Blanco County, Colorado, medium to fine-grained graywacke, 50% water saturated, undrained tests	U	25	0.001	1.0 × 10⁻⁴			0.680		F
	U	25	0.001	1.0 × 10⁻⁴			0.840		F
	U	25	0.001	1.0 × 10⁻⁴			0.920		F
	U	25	1.00	1.0 × 10⁻⁴			4.72		F
	U	25	2.00	1.0 × 10⁻⁴			6.78		F
	U	25	3.00	1.0 × 10⁻⁴		8.55			NF
	U	25	4.00	1.0 × 10⁻⁴		10.08			NF
	U	25	5.00	1.0 × 10⁻⁴		12.00			NF
	U	25	6.00	1.0 × 10⁻⁴		13.89			NF
Sandstone, "Gosford", New South Wales, Australia	U	20	1.00	4.0 × 10⁻⁴	1.79	2.22	2.17	2.29	NF (d)
	U	20	2.00	4.0 × 10⁻⁴	1.41	2.97	3.24	3.50	NF (c)
	U	20	4.00	4.0 × 10⁻⁴	1.79	4.77	6.05	6.23	NF (c)
	U	20	6.00	4.0 × 10⁻⁴	2.06	6.58	8.51	8.61	NF (c)
Sandstone, "Kayenta", Mesa County, Colorado	U	23	0.001	1.0 × 10⁻⁴				0.320	F
	U	23	0.001	1.0 × 10⁻⁴				0.320	F
	U	23	0.250	1.0 × 10⁻⁴				1.24	F
	U	23	0.500	1.0 × 10⁻⁴				1.74	F
	U	23	1.00	1.0 × 10⁻⁴				2.10	F
	U	23	1.00	1.0 × 10⁻⁴		2.46			NF Prepressurized to 7 kb
	U	23	2.00	1.0 × 10⁻⁴		3.88			NF Prepressurized to 7 kb
	U	23	3.00	1.0 × 10⁻⁴		3.00			NF
	U	23	3.00	1.0 × 10⁻⁴		6.08			NF Prepressurized to 7 kb
	U	23	3.00	1.0 × 10⁻⁴		5.06			NF Prepressurized to 7 kb
	U	23	4.00	1.0 × 10⁻⁴		3.94			NF
	U	23	4.00	1.0 × 10⁻⁴		6.30			NF Prepressurized to 7 kb
	U	23	4.50	1.0 × 10⁻⁴		5.90			NF
	U	23	4.50	1.0 × 10⁻⁴		6.98			NF Prepressurized to 7 kb
	U	23	5.00	1.0 × 10⁻⁴		8.29			NF
	U	23	5.00	1.0 × 10⁻⁴		8.34			NF
	U	23	6.00	1.0 × 10⁻⁴		9.10			NF

30

267

82

75

Table 2 (continued)
STRESS-STRAIN RELATIONS FROM CONSTANT STRAIN RATE TRIAXIAL TESTS ON ROCKS IN APPARATUS USING FLUID-CONFINING MEDIA

Material	Or	Temp (°C)	Pressure (kbar)	Strain rate (s^{-1})	Differential stress — kbar strain (%) 1	2	5	10	Ultimate strength (kbar)	Total strain (%)	Fault angle (°)	Comment	Ref.
Sandstone, "Lance", Wyoming	U	23	6.00	1.0×10^{-4}			8.60		1.39	0.5	NF		264
	U	23	7.00	1.0×10^{-4}			10.34		4.48	1.6	NF		
	N	20	0.001	1.0×10^{-4}	3.65				6.40	5.4	F	(a)	
	N	20	1.00	1.0×10^{-4}	3.65	5.36			8.79	4.5	F	(b)	
	N	20	3.00	1.0×10^{-4}	3.65	5.84	6.40		13.03	7.3	F	(c)	
	N	20	5.00	1.0×10^{-4}	3.65	5.84	10.32		24.66	11.5	NF	(b)	
	N	20	7.00	1.0×10^{-4}	3.65	5.88	13.37	22.91	0.710	0.6	NF	(b)	
	N	20	9.00	1.0×10^{-4}	2.97						NF	(b)	
Sandstone, "Laurencekirk"	U	23	0.001	2.5×10^{-5}					0.710	0.6		(a)	255
	U	23	0.172	2.5×10^{-5}					1.13	0.8		(b)	
	U	23	0.372	2.5×10^{-5}	1.51				1.53	1.1		(b)	
	U	23	0.690	2.5×10^{-5}	1.66				1.92	1.8		(b)	
	U	23	1.03	2.5×10^{-5}	1.66	2.12						(b)	
	U	23	1.38	2.5×10^{-5}	1.68	2.28						(b)	
Sandstone, "Mesa Verde", Rio Blanco County, Colorado, medium to fine-grained graywacke, 50% water saturated, undrained tests	U	25	0.001	1.0×10^{-4}					0.700		F		267
	U	25	0.001	1.0×10^{-4}					0.780		F		
	U	25	0.001	1.0×10^{-4}					0.680		F		
	U	25	0.001	1.0×10^{-4}					0.720		F		
	U	25	0.001	1.0×10^{-4}					0.920		F		
	U	25	1.00	1.0×10^{-4}					3.82		F		
	U	25	2.00	1.0×10^{-4}					5.44		F		
	U	25	3.00	1.0×10^{-4}			7.06				NF		
	U	25	4.00	1.0×10^{-4}			9.37				NF		
	U	25	5.00	1.0×10^{-4}			11.15				NF		
	U	25	6.00	1.0×10^{-4}			11.87				NF		
Sandstone, "Nugget", Utah, orthoquartzite	U	25	0.001	5.0×10^{-5}					2.30		F		264
	U	25	0.001	5.0×10^{-5}					2.60		F		
	U	25	1.00	5.0×10^{-5}					8.60		F		
	U	25	2.03	5.0×10^{-5}					12.10		F		
	U	25	3.00	5.0×10^{-5}					13.96		F		
	U	25	3.00	5.0×10^{-5}					13.77		F		

217

Material												
Sandstone, "Simpson Orthoquartzite", Oklahoma	U	25	3.00	5.0×10^{-5}					14.50		F	
	U	25	3.00	5.0×10^{-5}					14.24		F	
	U	25	3.01	5.0×10^{-5}					14.51		F	
	U	25	4.02	5.0×10^{-5}					16.01		F	
	U	25	5.02	5.0×10^{-5}					18.75		F	
	U	25	6.07	5.0×10^{-5}					20.85		F	
	U	25	7.01	5.0×10^{-5}					22.50		F	
	U	500	6.09	6.0×10^{-6}					21.40		NF		132
	U	500	8.00	6.0×10^{-6}	6.02	11.04	19.14	21.64	21.79	9.2	F	(f)
	U	500	10.00	6.0×10^{-6}					24.90			
	U	500	8.00	7.2×10^{-7}	4.97	9.37	19.25	18.67	22.17	11.7	NF	(d)
	U	600	8.00	6.4×10^{-5}			15.91		18.67		NF	(c)
	U	600	10.00	6.7×10^{-6}					18.29			
	U	600	8.00	6.5×10^{-6}			14.74	16.60	16.65	11.2	NF	(d)
	U	600	6.00	6.4×10^{-6}					14.70			
	U	600	6.00	6.3×10^{-6}					14.00			
	U	600	8.00	7.0×10^{-7}	4.38	8.28	17.49	15.27	18.42	10.3	F	
	U	700	8.00	6.4×10^{-5}	3.32	6.23	13.75	16.30	16.69	13.1	NF	(d)
	U	700	6.00	7.1×10^{-6}					13.50			
	U	700	10.00	6.6×10^{-6}					13.10			
	U	700	8.00	6.4×10^{-6}			12.86	13.78	13.95	9.2	NF	(d) 10% Data extrapolated
	U	700	8.00	3.3×10^{-5}			11.78	13.25	13.12	8.7	NF	(b) 10% Data extrapolated
	U	700	8.00	5.1×10^{-7}			9.80		10.86	6.3	F	
	U	800	8.00	6.6×10^{-4}	3.67	7.43	14.87	16.48	16.49	14.5	NF	(d)
	U	800	8.00	3.7×10^{-5}			11.25		12.25	8.2	NF	(b)
	U	800	8.00	3.0×10^{-5}		6.23	12.30		13.01	6.1	NF	(b)
	U	800	8.00	3.0×10^{-5}			12.44		13.47	6.9	NF	(b)
	U	800	10.00	3.9×10^{-6}					7.80			
	U	800	8.00	3.7×10^{-6}					8.10			
	U	800	8.00	3.4×10^{-6}		6.63	8.89		9.51	7.0	F	(b)
	U	800	8.00	2.5×10^{-6}					8.39			
	U	800	8.00	5.9×10^{-7}		5.50	5.90		6.78	5.3	F	
	U	900	8.00	6.7×10^{-4}			9.74		11.17	11.1	NF	(d)
	U	900	8.00	3.7×10^{-4}	2.51	4.94	8.53	10.82	9.49	11.5	NF	(d)
	U	900	8.00	3.7×10^{-5}		4.29	6.95	9.41	7.16	8.0	NF	(d)
	U	900	8.00	3.7×10^{-5}					8.79			
	U	900	8.00	3.7×10^{-5}					8.50			
	U	900	8.00	3.6×10^{-5}					9.20			
	U	900	8.00	3.9×10^{-6}	2.16	3.80	5.32		5.35	7.5	NF	(d)
	U	10.00	3.9×10^{-6}					5.20				
	U	900	6.00	3.5×10^{-6}					11.10			

Table 2 (continued)
STRESS-STRAIN RELATIONS FROM CONSTANT STRAIN RATE TRIAXIAL TESTS ON ROCKS IN APPARATUS USING FLUID-CONFINING MEDIA

Material	Or	Temp (°C)	Pressure (kbar)	Strain rate (s^{-1})	Differential stress — kbar strain (%) 1	2	5	10	Ultimate strength (kbar)	Total strain (%)	Fault angle (°)	Comment	Ref.
	U	900	10.00	3.5×10^{-6}					5.00				
	U	900	8.00	2.5×10^{-6}					5.60				
	U	900	8.00	2.5×10^{-6}						2.9	F	Strain rate approximate	132
	U	900	8.00	4.5×10^{-7}	2.28	3.38			11.35	10.7	NF	(d)	
	U	950	8.00	4.0×10^{-4}	3.58	7.15	10.51	11.30	6.60	5.0	NF	(b)	
	U	950	8.00	2.5×10^{-5}	3.20	4.92	6.60		10.40	14.7	NF	(d) Strain rate approximate	
	U	1000	8.00	3.5×10^{-4}	2.84	5.85	9.57	10.40	4.73	6.5	NF	(c) Strain rate approximate	
	U	1000	8.00	3.0×10^{-5}	2.50	3.69	4.71		2.40			Strain rate approximate	
	U	1000	6.00	3.0×10^{-6}					2.10			Strain rate approximate	
	U	1000	10.00	3.0×10^{-6}									
Sandstone, "Sulfur Creek", Rio Blanco County, Colorado, graywacke	U	25	0.001	1.0×10^{-4}					0.560		F		267
	U	25	1.00	1.0×10^{-4}					1.86		F		
	U	25	2.00	1.0×10^{-4}			2.76						
	U	25	3.00	1.0×10^{-4}			3.58				NF		
	U	25	4.00	1.0×10^{-4}			4.64				NF		
	U	25	5.00	1.0×10^{-4}			5.18				NF		
	U	25	5.00	1.0×10^{-4}			5.32				NF		
	U	25	6.00	1.0×10^{-4}			6.70				NF		
	U	25	7.00	1.0×10^{-4}			7.78				NF		
Schist, mica, Keystone, S.D.	N	150	1.00	1.7×10^{-4}					2.24	8.2	32	(f)	36
	N	500	5.00	1.7×10^{-4}					6.10	22.2	NF	(d)	
	N	500	5.00	-1.7×10^{-4}					2.69	31.4	F	(d)	
	P	150	1.00	1.7×10^{-4}					1.76	7.9	33	(c)	
	P	500	5.00	1.7×10^{-4}					5.31	19.2	NF	(d)	
Serpentinite, "Cabramurra", New South Wales, antigorite-chrysotile, undrained tests unless noted (dehydration above about 500°C)	U	25	1.00	7.0×10^{-4}					6.00		F		240
	U	25	2.00	7.0×10^{-4}					8.20				
	U	25	3.50	7.0×10^{-4}	5.94	10.58	10.30		11.10	4.5	NF	(d) 5% Data extrapolated	
	U	25	3.50	7.0×10^{-4}					9.70				
	U	25	5.00	7.0×10^{-4}					11.10		NF		
	U	150	3.50	7.0×10^{-4}	7.81	10.13	9.20		10.20	5.3	F	(d) Preheated 0.5 hr	
	U	250	3.50	7.0×10^{-4}					8.50			preheated 0.5 hr	
	U	350	3.50	7.0×10^{-4}	5.11	7.63	7.23		7.90		NF	(d) Preheated 0.5 hr	

	Temp	P	$\dot{\varepsilon}$							Notes
U	400	3.50	7.0×10^{-4}				8.00			Preheated 0.5 hr
U	400	3.50	7.0×10^{-4}				7.00			Preheated 0.5 hr
U	450	3.50	7.0×10^{-4}				7.20			Preheated 0.5 hr
U	475	3.50	7.0×10^{-4}				7.70			Preheated 0.5 hr
U	500	3.50	7.0×10^{-4}	4.31			7.20	6.3	F	(d) Preheated 0.5 hr
U	500	3.50	7.0×10^{-4}				6.90			Preheated 7.0 hr
U	513	3.50	7.0×10^{-4}				4.30		F	Preheated 7.0 hr
U	527	3.50	7.0×10^{-4}				2.90		F	Preheated 7.0 hr
U	550	3.50	7.0×10^{-4}				6.30		F	Preheated 0.5 hr
U	550	3.50	7.0×10^{-4}				3.10		F	Preheated 7.0 hr
U	575	3.50	7.0×10^{-4}				1.10		F	Preheated 7.0 hr
U	600	3.50	7.0×10^{-4}	3.31		3.09	4.00	3.0	F	(d) Preheated 0.5 hr
U	600	3.50	7.0×10^{-4}				1.10		F	Preheated 7.0 hr
U	630	3.50	7.0×10^{-4}				0.900		F	Preheated 7.0 hr
U	650	3.50	7.0×10^{-4}				1.20	.5	F	(a) Preheated 0.5 hr
U	675	3.50	7.0×10^{-4}				1.70		F	Preheated 0.5 hr
U	700	3.50	7.0×10^{-4}				0.700		F	Preheated 0.5 hr
U	700	3.50	7.0×10^{-4}				3.60		NF	Preheated 0.5 hr, vented specimen

Serpentinite, "Fidalgo", Fidalgo Island, undrained tests unless noted (dehydration above about 300°C)

U	25	3.50	7.0×10^{-4}				8.00		NF	
U	200	3.50	7.0×10^{-4}				6.30		NF	Preheated 1.0 hr
U	340	3.50	7.0×10^{-4}				5.70		NF	Preheated 0.5 hr
U	340	3.50	7.0×10^{-4}				2.40		F	Preheated 7.0 hr
U	365	3.50	7.0×10^{-4}				2.10		F	Preheated 7.0 hr
U	380	3.50	7.0×10^{-4}				2.80		F	Preheated 0.5 hr
U	390	3.50	7.0×10^{-4}				1.50		F	Preheated 1.0 hr
U	425	3.50	7.0×10^{-4}				3.20		F	Preheated 0.5 hr
U	445	3.50	7.0×10^{-4}				2.50		F	Preheated 0.5 hr
U	565	3.50	7.0×10^{-4}				0.800		F	Preheated 0.5 hr
U	605	3.50	7.0×10^{-4}				0.600		F	Preheated 2.0 hr
U	25	0.200	7.0×10^{-4}				3.90		F	
U	25	0.500	7.0×10^{-4}				4.70		F	
U	25	1.00	7.0×10^{-4}				5.50		F	
U	25	1.00	7.0×10^{-4}				6.60		F	
U	25	2.00	7.0×10^{-4}				7.80		F	
U	25	3.50	7.0×10^{-4}				11.20		F	
U	25	5.00	7.0×10^{-4}	5.13	10.30	14.22	14.05	4.1	NF	(b) 5% Data extrapolated 240
U	175	5.00	7.0×10^{-4}				12.39		NF	Preheated 0.5 hr
U	230	1.00	7.0×10^{-4}				4.90		F	Preheated 0.5 hr
U	250	5.00	7.0×10^{-4}	5.13	9.08	9.69	10.10	5.7	NF	(d) Preheated 0.5 hr 240
U	275	1.00	7.0×10^{-4}				4.90		F	Preheated 0.5 hr

Serpentinite, "Tumut Pond", New South Wales, antigorite-chrysotile, undrained tests unless noted (dehydrated above about 500°C)

Table 2 (continued)
STRESS-STRAIN RELATIONS FROM CONSTANT STRAIN RATE TRIAXIAL TESTS ON ROCKS IN APPARATUS USING FLUID-CONFINING MEDIA

Material	Or	Temp (°C)	Pressure (kbar)	Strain rate (s^{-1})	Differential stress — kbar strain (%) 1	2	5	10	Ultimate strength (kbar)	Total strain (%)	Fault angle 1.9(°)	Comment	Ref.
	U	400	5.00	7.0×10^{-4}					9.50		NF	Preheated 0.5 hr	
	U	454	1.00	7.0×10^{-4}					5.30		F	Preheated 0.5 hr	
	U	500	1.00	7.0×10^{-4}					5.30		F	Preheated 0.5 hr	
	U	500	5.00	7.0×10^{-4}	4.23	7.63	8.59		8.89	5.3	NF	(d) Preheated 0.5 hr	
	U	550	1.00	7.0×10^{-4}					4.00		F	Preheated 0.5 hr	
	U	600	1.00	7.0×10^{-4}					2.70		F	Preheated 0.5 hr	
	U	600	5.00	7.0×10^{-4}	3.39	5.98	6.59		7.30	7.0		(d) Preheated 0.5 hr	
	U	605	5.00	7.0×10^{-4}					7.10			Preheated 0.5 hr	
	U	625	5.00	7.0×10^{-4}	3.53	4.81	3.89		4.90	4.6	F	(d) 5% Data extrapolated preheated 0.5 hr	
	U	650	1.00	7.0×10^{-4}					4.20		F	Preheated 0.5 hr, vented specimen	
	U	650	5.00	7.0×10^{-4}	2.69	1.88	1.23		2.80	4.3	F	(d) 5% Data extrapolated preheated 0.5 hr	
	U	675	5.00	7.0×10^{-4}					1.50		F	Preheated 0.5 hr	
	U	675	5.00	7.0×10^{-4}					1.20		F	Preheated 0.5 hr	
	U	680	1.00	7.0×10^{-4}					2.20		F	Preheated 0.5 hr	
	U	695	1.00	7.0×10^{-4}					2.20		F	Preheated 0.5 hr	
	U	700	5.00	7.0×10^{-4}					0.500	0.6	F	(a)	
	U	735	1.00	7.0×10^{-4}					2.10		F	Preheated 0.5 hr	
Serpentinite, Mayaquez, Puerto Rico, 49-m core, undrained tests unless noted	N	25	1.25	1.7×10^{-4}					3.58	1.7	26	(a)	109
	N	25	1.25	1.7×10^{-4}					3.40	1.6	30	(a)	
	P	25	0.750	1.7×10^{-4}					3.12	1.5	22	(a)	
	P	25	0.750	1.7×10^{-4}					3.15	1.3	22	(a)	
	P	25	1.25	1.7×10^{-4}					3.38	1.7	26	(a)	
	P	25	1.75	1.7×10^{-4}	3.64				3.64	1.0	30	(a)	
	P	25	1.75	1.7×10^{-4}					3.45	1.3	27	(a)	
	P	100	1.75	1.7×10^{-4}					2.63	1.9	31	(a)	
	P	200	1.75	1.7×10^{-4}		2.46			2.46	2.0	23	(a) Vented specimen	
	P	200	1.75	1.7×10^{-4}					1.55	7.3	24		

Sample												Ref
Serpentinite, Mayaquez, Puerto Rico, 180-m core, undrained tests unless noted	N	25	1.25	1.7×10^{-4}				5.30	1.2	33	(a)	109
	N	25	1.25	1.7×10^{-4}				5.11	1.1	27	(a)	
	P	25	0.750	1.7×10^{-4}				2.40	2.4	21	(a)	
	P	25	0.750	1.7×10^{-4}	3.50			4.35	1.2	25	(a)	
	P	25	1.25	1.7×10^{-4}	4.12			6.15	1.5	27	(a)	
	P	25	1.25	1.7×10^{-4}				5.98	1.1	27	(a)	
	P	25	1.75	1.7×10^{-4}	6.20			6.72	1.1	35	(a)	
	P	100	1.75	1.7×10^{-4}				4.65	0.8	26	(a)	
	P	200	1.75	1.7×10^{-4}	4.60			4.60	1.0	35	(a) Vented specimen	
	P	200	1.75	1.7×10^{-4}	2.76	2.50		2.76	6.1	22	(f)	
Serpentinite, Mayaquez, Puerto Rico, 270-m core, undrained tests unless noted	N	25	1.25	1.7×10^{-4}				3.30	1.8	32	(a)	109
	N	25	1.25	1.7×10^{-4}				3.38	1.2	28	(a)	
	P	25	0.750	1.7×10^{-4}				4.45	1.3	24	(a)	
	P	25	0.750	1.7×10^{-4}				4.14	1.8	F	(a)	
	P	25	1.25	1.7×10^{-4}				5.10	1.7	22	(a)	
	P	25	1.25	1.7×10^{-4}				4.92	1.3	33	(a)	
	P	25	1.75	1.7×10^{-4}				5.90	0.8	30	(a)	
	P	100	1.75	1.7×10^{-4}	3.69			3.69	1.0	35	(a)	
	P	200	1.75	1.7×10^{-4}				3.54	6.6	30	Vented specimen	
	P	200	1.75	1.7×10^{-4}				2.33	5.2	32		
Serpentinite, Piedmont Alps, Montgenevre, Italy, 90% serpentine (lizardite), 8% magnetite, 2% olivine and pyroxene	U	20	0.690	1.0×10^{-5}	1.60	3.68	2.81	4.21	7.9	F	(f) Undrained test	213
	U	20	3.31	1.0×10^{-5}	1.98	4.11	6.56	6.56	8.3	NF	(c) Undrained test	
	U	20	4.83	1.0×10^{-5}	3.12	4.38	9.48	9.50	8.6	NF	(c) Undrained test	
	U	120	0.690	1.0×10^{-5}	1.60	3.34	2.77	3.45	7.2	F	(g) Undrained test	
	U	220	0.690	1.0×10^{-5}	1.60	3.45		3.45	4.2	F	(g) Undrained test	
	U	320	0.690	1.0×10^{-5}	2.14	1.69		2.96	2.4	F	(c) Undrained test	
	U	320	3.31	1.0×10^{-5}	1.98	4.11	6.22	6.22	6.5	NF	(c) Undrained test	
	U	320	4.83	1.0×10^{-5}	2.39	4.55	7.12	7.25	6.5	NF	(c) Undrained test	
	U	420	0.690	1.0×10^{-5}	2.14	1.74		2.81	3.3	F	(g) Undrained test	
	U	420	3.31	1.0×10^{-5}	1.98	4.11	5.87	6.00	5.9	NF	(c) Undrained test	
	U	420	4.83	1.0×10^{-5}	2.39	4.38	6.90	7.45	6.5	F	(b) Undrained test	
	U	520	0.690	1.0×10^{-5}	1.60	1.83		2.55	2.9	F	(g) Undrained test	
	U	520	3.31	1.0×10^{-5}	1.87	3.31	4.60	4.60	5.4	NF	(c) Undrained test	
	U	520	4.83	1.0×10^{-5}	1.94	2.36	2.67	2.67	5.0	F	(b) Undrained test	
	U	520	4.83	1.0×10^{-5}	1.66	3.20	2.96	3.70	5.9	F	(f)	
	U	620	0.690	1.0×10^{-5}	0.577	0.526		0.798	3.3	F	(e) Undrained test	
	U	620	3.31	1.0×10^{-5}	1.29	1.22		1.38	2.9	F	(e) Undrained test	
	U	620	4.83	1.0×10^{-5}	1.52	1.39		1.97	4.0	F	(f) Undrained test	
	U	620	4.83	1.0×10^{-5}	0.95	1.57	2.65	2.86	7.0	NF	(b)	
	U	720	0.690	1.0×10^{-5}	0.441	0.554	0.311	0.673	4.8	F	(g) Undrained test, 5% data extrapolated	

Table 2 (continued)
STRESS-STRAIN RELATIONS FROM CONSTANT STRAIN RATE TRIAXIAL TESTS ON ROCKS IN APPARATUS USING FLUID-CONFINING MEDIA

Material	Or	Temp (°C)	Pressure (kbar)	Strain rate (s^{-1})	Differential stress — kbar strain (%) 1	2	5	10	Ultimate strength (kbar)	Total strain (%)	Fault angle (°)	Comment	Ref.
Shale, "Middle Gust", Colorado	U	720	3.31	1.0×10^{-5}	0.578	0.311			0.689	3.6	F	(e) Undrained test	35
	U	720	4.83	1.0×10^{-5}	0.420	0.243			0.420	2.6	F	(f) Undrained test	
	N	23	0.001	1.0×10^{-4}					0.017		F		
	N	23	0.001	1.0×10^{-4}					0.018		F		
	N	23	0.020	1.0×10^{-4}					0.046		F		
	N	23	0.500	1.0×10^{-4}					0.003		F		
	N	23	1.00	1.0×10^{-4}					0.003		F		
	N	23	1.00	1.0×10^{-4}					0.012		F		
	N	23	1.00	1.0×10^{-4}					0.017		F		
	N	23	1.00	1.0×10^{-4}					0.075		F		
	N	23	2.00	1.0×10^{-4}					0.026		F		
	N	23	2.00	1.0×10^{-4}					0.004		F		
	N	23	2.00	1.0×10^{-4}					0.008		F		
	N	23	2.00	1.0×10^{-4}					0.011		F		
	N	23	3.00	1.0×10^{-4}					0.091		F		
	N	23	5.00	1.0×10^{-4}			0.102		0.044		F		
	N	23	6.00	1.0×10^{-4}			0.142				NF		
Shale, "Pierre", Colorado	N	23	0.020	1.0×10^{-4}			0.018				NF		1
	N	23	0.250	1.0×10^{-4}			0.006				NF		
	N	23	0.250	1.0×10^{-4}			0.022				NF		
	N	23	0.500	1.0×10^{-4}			0.028				NF		
	N	23	0.500	1.0×10^{-4}			0.008				NF		
	N	23	0.500	1.0×10^{-4}			0.028				NF		
	N	23	0.500	1.0×10^{-4}			0.028				NF		
	N	23	0.500	1.0×10^{-4}			0.028				NF		
	N	23	0.500	1.0×10^{-4}			0.016				NF		
	N	23	1.00	1.0×10^{-4}			0.014				NF		
	N	23	1.00	1.0×10^{-4}			0.010				NF		
	N	23	1.00	1.0×10^{-4}			0.034				NF		
	N	23	1.00	1.0×10^{-4}			0.028				NF		

Sample											
	N	23	2.00	1.0×10^{-4}		0.016			NF		
	N	23	2.00	1.0×10^{-4}		0.050			NF		
	N	23	2.00	1.0×10^{-4}		0.066			NF		
	N	23	3.00	1.0×10^{-4}		0.050			NF		
	N	23	3.00	1.0×10^{-4}		0.094			NF		
	N	23	3.00	1.0×10^{-4}		0.104			NF		
	N	23	3.50	1.0×10^{-4}		0.082			NF		
	N	23	5.00	1.0×10^{-4}		0.164			NF		
	N	23	5.00	1.0×10^{-4}		0.218			NF		
	N	23	5.00	1.0×10^{-4}		0.186			NF		
	N	23	7.00	1.0×10^{-4}		0.038			NF		
	N	23	7.00	1.0×10^{-4}		0.420			NF		
	N	23	7.00	1.0×10^{-4}		0.410			NF		
	N	23	7.00	1.0×10^{-4}		0.440			NF		
	N	23	7.00	1.0×10^{-4}		0.280			NF		
Slate, "Mettawee", Granville, N.Y.	N	45	5.00	1.7×10^{-4}			3.50	24.2	45	(d)	36
	N	500	5.00	1.7×10^{-4}			5.04	2.7	29	(a)	
	N	150	1.00	1.7×10^{-4}			6.43	21.0	30	(d)	
	N	500	5.00	1.7×10^{-4}			5.19	2.9	22	(a)	
	P	150	1.00	1.7×10^{-4}			5.82	27.0	NF	(d)	36
	P	500	5.00	1.7×10^{-4}			6.32	23.4	NF	(d)	
	P	500	5.00	1.7×10^{-4}			5.90	11.8	NF	(d)	
	P	500	5.00	1.7×10^{-4}			4.82	5.4	NF	(d)	
	P	500	5.00	1.7×10^{-4}			2.38	2.1	NF		
	P	500	5.00	1.7×10^{-4}			3.37	6.0	F		
Sphalerite ore, Central Tennessee–Knox District, <1% iron, <20% impurities	U	24	0.250	7.2×10^{-5}	2.38	3.31			F		63
	U	24	0.500	7.2×10^{-5}	3.04	3.76			NF		
	U	24	1.00	7.2×10^{-5}	3.10	3.66			NF		
	U	24	1.50	7.2×10^{-5}	2.97	4.02	4.19		NF		
	U	24	2.00	7.2×10^{-5}	3.05	2.90	4.46		NF		
	U	100	1.00	7.2×10^{-5}	2.18		5.02		NF		
	U	200	0.250	7.2×10^{-5}	1.88	2.68	3.64		F		
	U	200	1.00	7.2×10^{-5}	2.31	2.18	3.37	2.9	NF		
	U	300	0.500	7.2×10^{-5}	1.79	2.57	2.60		NF		
	U	300	1.00	7.2×10^{-5}	1.74	2.09	3.33		NF		
	U	300	2.00	7.2×10^{-5}	1.67	2.11	2.69		NF		
	U	400	1.00	7.2×10^{-5}	1.85	1.88	2.49		NF		
	U	500	0.500	7.2×10^{-5}	1.47	1.83	2.24		NF		
	U	500	1.00	7.2×10^{-5}	1.60	5.47	2.16		NF		
Sphalerite ore, East Tennessee, <1% iron	U	24	1.50	7.2×10^{-5}	3.02	4.52		5.81	8.6	F	63
	U	24	2.00	7.2×10^{-5}	2.86	4.68	5.21			NF	
	U	100	0.500	7.2×10^{-5}	3.26			3.74	4.2	F	
	U	100	1.00	7.2×10^{-5}	2.66			5.04	9.0	F	

Table 2 (continued)
STRESS-STRAIN RELATIONS FROM CONSTANT STRAIN RATE TRIAXIAL TESTS ON ROCKS IN APPARATUS USING FLUID-CONFINING MEDIA

Material	Or	Temp (°C)	Pressure (kbar)	Strain rate (s^{-1})	Differential stress — kbar strain (%) 1	2	5	10	Ultimate strength (kbar)	Total strain (%)	Fault angle (°)	Comment	Ref.
	U	100	1.50	7.2 × 10^{-5}		2.20	4.03	4.43			NF	<10% Strain 10% data extrapolated	
	U	100	2.00	7.2 × 10^{-5}		2.71	4.18	5.20			NF		
	U	200	1.00	7.2 × 10^{-5}		2.11	2.87		2.87	8.2	F		
	U	200	1.50	7.2 × 10^{-5}		2.81	4.06	4.76			NF		
	U	200	2.00	7.2 × 10^{-5}		1.83	2.75	3.18			NF		
	U	300	0.500	7.2 × 10^{-5}		2.38	2.96		3.04	7.2	F		
	U	300	1.00	7.2 × 10^{-5}		2.52	3.10	3.50			NF		
	U	350	2.00	7.2 × 10^{-5}		1.47	1.92	2.32			NF		
	U	400	1.00	7.2 × 10^{-5}		2.86	2.91		2.91	5.6	F		
Sphalerite ore, Hurnigskopf mine, Hurnig/Ahr, Germany, very fine grained	U	20	4.00	3.0 × 10^{-4}	1.54	5.57	7.83		8.83	8.0	NF	(b)	258
	U	20	5.00	3.0 × 10^{-4}	3.48	6.17	8.02	9.50	10.45	16.0	NF	(b)	
	U	20	5.00	3.0 × 10^{-4}	3.48	6.51	8.37	9.99	11.04	19.7	NF	(d)	
Sphalerite ore, Nikolaus-Phonix mine, Markelsbach/Siegkreis, Germany	U	20	0.001	3.0 × 10^{-4}	0.450				0.460	1.6	0	(d)	258
	U	20	0.001	3.0 × 10^{-4}	0.720				0.740	1.7	0	(d)	
	U	20	0.050	3.0 × 10^{-4}							15	(d)	
	U	20	0.100	3.0 × 10^{-4}	2.77	1.89			2.80	2.3	20	(d)	
	U	20	0.100	3.0 × 10^{-4}	2.82	2.45			3.02	2.4	25	(d)	
	U	20	0.250	3.0 × 10^{-4}	3.95	3.62			4.17	2.5	26	(d)	
	U	20	0.500	3.0 × 10^{-4}	3.64	4.48			4.48	4.0	29	(d)	
	U	20	0.750	3.0 × 10^{-4}	3.68	4.44	4.47		4.64	6.2	27	(d)	
	U	20	1.00	3.0 × 10^{-4}	4.05	4.53	4.98	3.75	5.04	10.5	34	(d)	
	U	20	1.50	3.0 × 10^{-4}							34		
	U	20	1.50	3.0 × 10^{-4}		4.80	5.85	6.92	6.05	7.5	NF	(b)	258
	U	20	2.00	3.0 × 10^{-4}		4.88	6.25	6.18	6.93	13.5	32	(d)	
	U	20	2.00	3.0 × 10^{-4}	3.16	4.32	5.57	6.18	6.18	9.8	NF	(b) 10% Data extrapolated	
	U	20	3.00	3.0 × 10^{-4}	3.89	4.99	6.43	7.37	7.38	10.3	NF	(d)	
	U	20	3.00	3.0 × 10^{-4}	4.01	5.27	6.83	7.70	7.76	13.5	NF	(d)	
	U	20	4.00	3.0 × 10^{-4}	3.95	5.51	7.30	8.29	8.95	16.9	NF	(d)	
	U	20	5.00	3.0 × 10^{-4}		4.80	6.32	7.72	8.89	18.4	34	(d)	
	U	20	5.00	3.0 × 10^{-4}	4.00	5.14	6.52	8.08	9.37	21.5	NF	(d)	

Material													Ref
Sphalerite ore, Sullivan Mine, British Columbia, "iron rich"	U	20	5.00	3.0 × 10⁻⁴	4.00	5.14	6.52	8.15	9.33	20.7	NF	(d)	
	U	20	5.00	3.0 × 10⁻⁴	4.08	5.27	6.95	8.49	10.16	20.9	NF	(d)	
	U	100	1.00	7.2 × 10⁻⁵		2.56	3.02	3.63			NF		63
	U	200	1.00	7.2 × 10⁻⁵		1.13	1.67	2.28			NF		
	U	300	1.00	7.2 × 10⁻⁵		1.22	1.62	2.24			NF		
	U	400	1.00	7.2 × 10⁻⁵		1.19	1.47	1.86			NF		
Syenite, Victor, Colo.	N	150	1.00	1.7 × 10⁻⁴					5.32	2.4	25	(a)	36
	N	500	5.00	1.7 × 10⁻⁴					4.19	17.4	37	(d)	
Talc, "Three Springs", West Australia	U	20	2.00	4.0 × 10⁻⁴	1.20	1.28	1.20	1.10	1.29		NF	(f)	82
	U	20	4.00	4.0 × 10⁻⁴	1.26	1.60	1.66	1.66			NF	(c)	
	U	20	6.00	4.0 × 10⁻⁴	1.44	1.85	1.96	2.03			NF	(b)	
	U	20	8.00	4.0 × 10⁻⁴	1.44	1.90	2.05	2.21			NF	(b)	
Tuff, "Indian Trail", Nevada, partially water saturated, undrained tests unless noted	U	23	0.001	5.0 × 10⁻⁵					0.090		F		276
	U	23	0.001	5.0 × 10⁻⁵					0.060		F		
	U	23	0.001	5.0 × 10⁻⁵					0.080		F		
	U	23	0.001	5.0 × 10⁻⁵					0.060		F		
	U	23	0.500	5.0 × 10⁻⁵			0.380				NF		
	U	23	0.500	5.0 × 10⁻⁵			0.680				NF		
	U	23	0.500	5.0 × 10⁻⁵			0.520				NF		
	U	23	0.500	5.0 × 10⁻⁵			0.200				NF		
	U	23	0.500	5.0 × 10⁻⁵			0.200				NF		
	U	23	1.00	5.0 × 10⁻⁵			0.660				NF		
	U	23	1.00	5.0 × 10⁻⁵			0.900				NF		
	U	23	1.00	5.0 × 10⁻⁵			0.440				NF		
	U	23	1.00	5.0 × 10⁻⁵			0.120				NF		
	U	23	1.00	5.0 × 10⁻⁵			0.160				NF		
	U	23	1.50	5.0 × 10⁻⁵			0.380				NF		
	U	23	1.50	5.0 × 10⁻⁵			0.900				NF		
	U	23	1.50	5.0 × 10⁻⁵			0.280				NF		
	U	23	1.50	5.0 × 10⁻⁵			0.200				NF		
	U	23	2.00	5.0 × 10⁻⁵			0.700				NF		
	U	23	2.00	5.0 × 10⁻⁵			0.840				NF		
	U	23	2.00	5.0 × 10⁻⁵			0.860				NF		
	U	23	2.00	5.0 × 10⁻⁵			0.220				NF		
	U	23	2.50	5.0 × 10⁻⁵			0.560				NF		
	U	23	2.50	5.0 × 10⁻⁵			0.800				NF		
	U	23	2.50	5.0 × 10⁻⁵			0.500				NF		
	U	23	2.50	5.0 × 10⁻⁵			0.240				NF		
	U	23	2.50	5.0 × 10⁻⁵			0.200				NF		
	U	23	2.70	5.0 × 10⁻⁵			0.280				NF		276

Table 2 (continued)
STRESS-STRAIN RELATIONS FROM CONSTANT STRAIN RATE TRIAXIAL TESTS ON ROCKS IN APPARATUS USING FLUID-CONFINING MEDIA

Material	Or	Temp (°C)	Pressure (kbar)	Strain rate (s⁻¹)	Differential stress — kbar strain (%)					Ultimate strength (kbar)	Total strain (%)	Fault angle (°)	Comment	Ref.
					1	2	5		10					
Tuff, "Mt. Helen", Nevada, 2% water saturation, dry density 1.51 g/cc, undrained tests unless noted	U	23	3.00	5.0×10^{-5}			0.460					NF		131
	U	23	3.00	5.0×10^{-5}			0.280					NF		
	U	23	3.20	5.0×10^{-5}			1.04					NF		
	U	23	3.50	5.0×10^{-5}			1.24					NF		
	U	23	3.50	5.0×10^{-5}			0.540					NF		
	U	23	3.50	5.0×10^{-5}			0.360					NF		
	U	23	3.50	5.0×10^{-5}			0.480					NF		
	U	25	0.001	1.0×10^{-4}						0.460		F		
	U	25	0.001	1.0×10^{-4}						0.400		F		
	U	25	0.001	1.0×10^{-4}						0.400		F		
	U	25	0.250	1.0×10^{-4}			0.580					NF		
	U	25	0.490	1.0×10^{-4}			0.980					NF		
	U	25	0.500	1.0×10^{-4}			1.00					NF		
	U	25	1.00	1.0×10^{-4}			0.840					NF		
	U	25	1.50	1.0×10^{-4}			1.42					NF		
	U	25	2.00	1.0×10^{-4}			1.50					NF		
	U	25	2.50	1.0×10^{-4}			1.94					NF		
	U	25	2.50	1.0×10^{-4}			2.62					NF		
	U	25	3.00	1.0×10^{-4}			2.78					NF		
	U	25	4.00	1.0×10^{-4}			3.58					NF		
	U	25	5.00	1.0×10^{-4}			4.88					NF	Dry	
	U	25	5.00	1.0×10^{-4}			4.78					NF	Dry	
	U	25	5.00	1.0×10^{-4}			3.94					NF		
	U	25	6.00	1.0×10^{-4}			4.44					NF		
	U	25	7.00	1.0×10^{-4}			4.90					NF		
Tuff, "Mt. Helen", Nevada, 90% water saturation, dry density 1.51 g/cc, undrained tests unless noted	U	25	0.500	1.0×10^{-4}			0.440					NF		131
	U	25	1.00	1.0×10^{-4}			0.800					NF		
	U	25	3.00	1.0×10^{-4}			1.26					NF		
	U	25	3.00	1.0×10^{-4}			1.46					NF		
	U	25	5.00	1.0×10^{-4}			1.82					NF		
	U	25	7.00	1.0×10^{-4}			2.00					NF		

Material	Jacket	T (°C)	P (kbar)	Strain rate	ε	ε	Fracture	Ultimate strength
Tuff, "Mt. Helen", Nevada, 100% water saturation, dry density 1.51 g/cc, undrained tests unless noted	U	25	0.001	1.0 × 10⁻⁴		0.200	F	131
	U	25	0.001	1.0 × 10⁻⁴		0.260	F	
	U	25	0.001	1.0 × 10⁻⁴		0.220	F	
	U	25	0.500	1.0 × 10⁻⁴		0.220	F	
	U	25	0.500	1.0 × 10⁻⁴		0.260	F	
	U	25	1.00	1.0 × 10⁻⁴	0.260		NF	
	U	25	3.00	1.0 × 10⁻⁴	0.400		NF	
	U	25	3.00	1.0 × 10⁻⁴	0.360		NF	
	U	25	5.00	1.0 × 10⁻⁴	0.580		NF	
	U	25	7.00	1.0 × 10⁻⁴	0.760		NF	
	U	25	7.00	1.0 × 10⁻⁴	0.580		NF	
	U	25	7.00	1.0 × 10⁻⁴	0.680		F	
Tuff, Nevada, 100% water saturated, dry density 1.54 g/cc, undrained tests unless noted	U	25	0.001	1.0 × 10⁻⁴		0.120	F	74
	U	25	0.250	1.0 × 10⁻⁴		0.120	F	
	U	25	0.500	1.0 × 10⁻⁴		0.140	F	
	U	25	0.750	1.0 × 10⁻⁴		0.140	F	
	U	25	1.00	1.0 × 10⁻⁴		0.200	F	
	U	25	2.00	1.0 × 10⁻⁴		0.220	F	
	U	25	3.00	1.0 × 10⁻⁴	0.240		NF	

Note: This table follows the general format of Handin's[110] Table 11-3. We also include the test strain rate and an indication of the stress-strain curve shape. The tabulated data cover the period 1966 to 1979. The rock material description includes rock type, common name, locality, and (when available) mineral modes, porosity, and grain size. The orientations of the test cylinders are usually referenced to bedding or foliation and the following symbols apply: P, cylinder parallel to bedding or foliation; N, cylinder normal to bedding or foliation; U, cylinders not uniformly oriented or no orientation given. The nominal strain rate is usually not corrected for apparatus elastic distortion and is indicated as a positive quantity for triaxial compression and negative for triaxial extension. The axial force-displacement data are generally corrected for apparatus friction and elastic distortion of the loading column, and for perminent strains greater than 5%, the differential stress is corrected for changes in specimen cross-sectional area. The ultimate strength is the maximum strength over the indicated total strain. Fault or fracture characteristics are noted as follows under the column "fault angle": NF, no through-going fault or fracture observed; F, fault or fracture observed but angle with specimen axes not recorded; X, through-going fault or fracture observed at an angle X to maximum principal compressive stress. A curve-shape index letter is provided when original stress-grain curves are available (Figure 27). In controlled pore pressure tests, the pore pressure is indicated as a fraction λ of the confining pressure. In tests at elevated temperature, rocks with water included as pore water or in hydrous minerals, the specimens are typically vented to the atmosphere (the so-called drained test), unless otherwise noted. Experimental accuracies in the tabulated data vary in the data tabulated here, but the following values may be used as a guide: temperature ± 1% of the temperature in °C. Confining and pore pressure ± 1/2 to 1%. Strain rate ± 10% excluding elastic distortion correction. Differential stress ± 1 to 2% or ± 20 bars. Strain ± 3 to 5% of the total strain. Fault angle ± 5°. Reproducibility of stress-strain curves varies with rock type and specific apparatus but often is no better than ± 5% in differential stress at a given strain.

Table 3
STRESS-STRAIN RELATIONS IN CONSTANT STRAIN RATE TESTS ON MINERAL SINGLE CRYSTALS

Material	Orientation angles (°)		Temp (°C)	Conf press (kbar)	Strain rate (s⁻¹)	Differential stress — Kbar strain (%)					Strengths (kbar)		Strain (%)	Comment	Ref.
						1	2	5	10		Elastic limit	Ultimate			
Biotite, Mt. Isa, Queensland, Australia	90	0	400	3.00	1.0×10^{-4}	0.980	0.750	0.710	0.660			1.11	20.0	NF (g)	85
	90	0	600	3.00	1.0×10^{-4}	0.570	0.650	0.600	0.490		0.590	0.650	20.0	NF (g)	
	90	0	700	3.00	1.0×10^{-4}	0.340	0.250	0.210	0.300			0.350	20.0	NF (e) UY = 0.35 kbar, LY = 0.20 kbar	
Calcite	39	90	300	5.00	-3.3×10^{-7}	0.96	1.25					1.25	2.0	F (b)	291
	39	90	300	5.00	-3.3×10^{-7}	1.31	1.79	2.44				2.47	9.2	NF (d)	
	39	90	300	5.00	-4.0×10^{-1}	1.75	1.84	1.41	1.26			1.92	10.2	NF (g)	
	39	90	300	5.00	-4.0×10^{-1}	1.75	2.02	1.49				2.10	7.4	NF (g)	
	39	90	300	5.00	-4.0×10^{-1}	2.15	2.15	1.77	1.64			2.22	12.2	NF (g)	
	39	90	400	5.00	-3.3×10^{-7}	0.760						0.950	1.6	F (b)	
	39	90	400	5.00	-3.3×10^{-7}	0.750	0.970	0.840	0.830			0.970	9.8	NF (e) UY = 0.97 kbar, LY = 0.79 kbar, 10% data extrapolated	
	39	90	400	5.00	-4.0×10^{-1}	1.05	0.98	0.90	0.80			1.05	10.7	NF (g)	
	39	90	500	5.00	-3.3×10^{-7}	0.450	0.530	0.500	0.420			0.550	10.6	NF (g)	
	39	90	500	5.00	-4.0×10^{-1}	0.610	0.610	0.500	0.580			0.610	10.3	NF (e) UY = 0.61 kbar, LY = 0.50 kbar	
	113	90	25	5.00	-3.3×10^{-7}	0.130	0.140	0.160	0.190		0.180	0.260	11.2	NF (b)	
	113	90	25	5.00	-4.0×10^{-1}	0.220	0.250	0.280	0.310		0.065	0.330	11.0	NF (b)	
	113	90	300	5.00	-3.3×10^{-7}	0.120	0.140	0.180	0.200			0.280	10.7	NF (b)	
	113	90	300	5.00	-4.0×10^{-1}	0.098	0.120	0.150	0.220			0.260	11.5	NF (b)	
	113	90	300	5.00	-4.0×10^{-1}	0.130	0.150	0.140	0.180			0.200	10.3	NF (b)	
	113	90	500	5.00	-3.3×10^{-7}	0.130	0.160	0.180	0.190		0.150	0.200	10.0	NF (b)	
	113	90	500	5.00	-4.0×10^{-1}	0.150	0.220	0.300	0.390			0.390	10.0	NF (b)	
	113	90	500	5.00	-4.0×10^{-1}	0.120	0.180	0.290	0.420			0.540	12.7	NF (b)	
	113	90	500	5.00	-4.0×10^{-1}	0.120	0.170	0.270				0.460	9.0	NF (b)	
Dolomite, Pyrennees Spain, twin-free	90	0	700	7.20	1.3×10^{-5}	3.68								NF	139
			800	7.75	1.3×10^{-5}	2.66								NF	
			800	7.75	1.3×10^{-5}	1.84								NF	
			800	7.75	1.3×10^{-5}	1.95								NF	

147	119	75	20	7.75	1.3×10^{-5}	3.25	NF	139
			20	7.00	1.3×10^{-5}	1.31	NF	
			20	7.00	1.3×10^{-5}	1.82	NF Annealed 1 hr at 500°C before test	
			150	7.00	1.3×10^{-5}	1.18	NF	
			150	7.00	1.3×10^{-5}	1.36	NF Annealed at 500°C for 1 hr before test	
			150	7.00	1.3×10^{-5}	1.09	NF Annealed for 1 hr at 500°C before test	
			300	7.00	1.3×10^{-5}	1.66	NF Annealed for 1 hr at 500°C before test	
			300	7.00	1.3×10^{-5}	1.86	NF	
			400	7.00	1.3×10^{-5}	2.06	NF	
			500	7.00	1.3×10^{-5}	2.16	NF	
			600	7.00	1.3×10^{-5}	3.05	NF	
			700	7.20	1.3×10^{-5}	2.36	NF	
139	116	75	20	7.0	1.3×10^{-5}	1.28	NF	139
			300	7.00	1.3×10^{-5}	1.94	NF	
			500	7.00	1.3×10^{-5}	2.38	NF	
			700	7.00	1.3×10^{-5}	3.25	NF	
			150	7.00	1.3×10^{-5}	1.4	NF	
41	64	60	20	7.00	1.3×10^{-5}	1.78	NF Annealed 2.5 hr at 500°C before test	139
			20	7.00	1.3×10^{-5}	0.88	NF	
			20	7.00	1.3×10^{-5}	1.98	NF	
			150	7.00	1.3×10^{-5}	1.82	NF	
			150	7.00	1.3×10^{-5}	1.38	NF Annealed 1 hr at 500°C before test	
			225	7.00	1.3×10^{-5}	2.00	NF	
			3000	7.00	1.3×10^{-5}	2.27	NF	
			300	7.00	1.3×10^{-5}	1.87	NF Annealed 1 hr at 500°C before test	
			400	7.00	1.3×10^{-5}	2.58	NF	
			400	7.00	1.3×10^{-5}	2.63	NF	
			420	7.00	1.3×10^{-5}	2.90	NF	
			500	7.00	1.3×10^{-5}	3.03	NF	
			600	7.00	1.3×10^{-5}	3.26	NF	
			700	7.20	1.3×10^{-5}	3.22	NF	
			800	7.75	1.3×10^{-5}	3.32	NF	
			800					
Dolomite, Pyrennees, Spain, twin-free	90	90	0	20	7.00	1.3×10^{-5}	3.60	NF	139

Table 3 (continued)
STRESS-STRAIN RELATIONS IN CONSTANT STRAIN RATE TESTS ON MINERAL SINGLE CRYSTALS

Material	Orientation angles (°)			Temp (°C)	Conf press (kbar)	Strain rate (s^{-1})	Differential stress — Kbar strain (%)				Strengths (kbar)		Strain (%)	Comment	Ref.
							1	2	5	10	Elastic limit	Ultimate			
Dolomite, Pyrennees Spain, twin-free	0	90	90	20	7.00	1.3×10^{-5}		3.38						NF	
				20	7.00	1.3×10^{-5}		0.88						NF Annealed 2 hr at 500°C before test	
				150	7.00	1.3×10^{-5}		2.20						NF	
				150	7.00	1.3×10^{-5}		2.39						NF	
				300	7.00	1.3×10^{-5}		2.20						NF	
				300	7.00	1.3×10^{-5}		2.32						NF	
				300	7.00	1.3×10^{-5}		2.39						NF Annealed 2 hr at 500°C before test	
				400	7.00	1.3×10^{-5}		2.60						NF	
				500	7.00	1.3×10^{-5}		2.42						NF	
				600	7.00	1.3×10^{-5}		3.25						NF	
				20	7.00	1.3×10^{-5}		3.60						NF	139
				300	7.00	1.3×10^{-5}		2.84						NF	
				400	7.00	1.3×10^{-5}		2.54						NF	
				500	7.0	1.3×10^{-5}		2.60						NF	
				600	7.00	1.3×10^{-5}		2.49						NF	
				700	7.20	1.3×10^{-5}		1.95						NF	
				150	7.00	1.3×10^{-5}		3.01						NF	
				20	7.20	1.3×10^{-5}		4.14						NF	
Dolomite, Pyrennees, Spain, twin-free	45	90	45	20	7.00	1.3×10^{-5}		1.46						NF	139
				300	7.00	1.3×10^{-5}		1.80						NF	
				500	7.00	1.3×10^{-5}		2.10						NF	
				700	7.20	1.3×10^{-5}		2.76						NF Annealed 1 hr at 500°C before test	
Galena	83	83	10	20	1.50	4.0×10^{-5}	1.82	2.73	3.64	3.46	2.70	3.69	18.2	NF (g)	199
	83	83	10	100	1.50	4.0×10^{-5}	1.55	2.10	2.61	2.59	1.34	2.64	15.2	NF (d)	
	83	83	10	100	1.50	4.0×10^{-7}	1.86	2.05	2.21	2.22	1.70	2.24	17.0	NF (d)	
	83	83	10	200	1.50	4.0×10^{-5}	1.29	1.36	1.36	1.29	1.32	1.38	27.0	NF (d)	
	83	83	10	200	1.50	4.0×10^{-5}	1.11	1.33	1.33	1.22	1.33	1.36	19.4	NF (d)	
	83	83	10	200	1.50	4.0×10^{-5}	1.24	1.40	1.46	1.45	1.15	1.46	21.2	NF (d)	

83	83	10	200	1.50	4.0×10^{-7}	0.740	0.790	0.770	0.700	0.810	19.9	NF (g)
83	83	10	300	1.50	4.0×10^{-5}	0.510	0.560	0.600	0.570	0.650	19.4	NF (b)
83	83	10	300	1.50	4.0×10^{-5}	0.510	0.540	0.560	0.620	0.620	15.8	NF (d)
83	83	10	300	1.50	4.0×10^{-5}	0.510	0.560	0.590	0.580	0.640	15.5	NF (b)
83	83	10	300	1.50	4.0×10^{-7}	0.300	0.360	0.400	0.350	0.390	20.0	NF (d)
90	90	0	20	2.50	5.0×10^{-4}	1.52	2.16			2.99	4.9	(b) Specimen length/area = 196; 0.35
90	90	0	20	2.50	5.0×10^{-4}	1.98	2.62	3.57		3.68	6.7	(b) Specimen length/area = 0.70
90	90	0	20	2.50	5.0×10^{-4}	2.50	3.20	4.28		4.58	9.0	(b) Specimen length/area = 1.2
90	90	0	20	5.00	5.0×10^{-4}	1.80	2.60	3.59		3.78	7.5	(b) Specimen length/area = 0.30
90	90	0	20	5.00	5.0×10^{-4}	2.47	3.20	4.20		4.50	8.5	(b) Specimen length/area = 0.70
90	90	0	20	5.00	5.0×10^{-4}	3.02	4.82	4.94		5.47	8.7	(b) Specimen length/area = 1.00
90	90	0	20	5.00	5.0×10^{-4}	0.68	1.29	3.20	5.15	5.24	12.0	(b) Crystal preannealed, specimen length/area = 0.49
90	90	0	20	5.00	5.0×10^{-4}	1.40	2.62			3.70	3.2	(b) Crystal preannealed, specimen length/area = 0.85
90	90	0	20	5.00	5.0×10^{-4}	1.98	3.62			4.67	2.7	(b) Crystal initially twinned, specimen length/area = 0.90
90	90	0	20	5.00	5.0×10^{-4}	1.98	3.62	5.42		5.60	6.2	(b) Crystal initially twinned, specimen length/area = 0.30

Halite (stresses at 1%, 3%, 5%, and 10% strain), synthetic (melt grown)

45	90	45	25	2.00	-2.3×10^{-6}	0.198	0.296	0.350	0.405			NF (b) 58
45	90	45	25	2.00	-2.4×10^{-4}	0.292	0.490	0.552	0.614			NF (b)
45	90	45	100	2.00	-1.5×10^{-7}	0.142	0.184	0.198	0.208			NF (b)
45	90	45	100	2.00	-1.5×10^{-6}	0.166	0.218	0.230	0.249			NF (b)
45	90	45	100	2.00	-1.5×10^{-6}	0.142	0.237	0.254	0.280			NF (b)
45	90	45	100	2.00	-1.4×10^{-4}	0.202	0.305	0.333	0.366			NF (b)
45	90	45	200	2.00	-1.5×10^{-7}	0.127	0.136	0.140	0.142			NF (b)
45	90	45	200	2.00	-1.5×10^{-6}	0.144	0.164	0.174	0.184			NF (b)
45	90	45	200	2.00	-1.5×10^{-4}	0.142	0.182	0.199	0.214			NF (b)
45	90	45	300	2.00	-1.1×10^{-8}	0.038						NF (b)
45	90	45	300	2.00	-1.2×10^{-7}	0.049	0.053	0.054	0.057		3.2	NF (b) 5% and 10% Data extrapolated

Table 3 (continued)
STRESS-STRAIN RELATIONS IN CONSTANT STRAIN RATE TESTS ON MINERAL SINGLE CRYSTALS

Material	Orientation angles (°)		Temp (°C)	Conf press (kbar)	Strain rate (s^{-1})	Differential stress — Kbar strain (%)				Strengths (kbar)		Strain (%)	Comment	Ref.
						1	2	5	10	Elastic limit	Ultimate			
	45	45	300	2.00	-1.5×10^{-6}	0.068	0.076	0.080	0.082				NF (b)	
	45	45	300	2.00	-1.5×10^{-4}	0.079	0.102	0.112	0.118				NF (b)	
	45	45	400	2.00	-1.1×10^{-8}	0.018							NF (b)	
	45	45	400	2.00	-1.1×10^{-7}	0.022	0.023	0.025	0.025			7.2	NF (c) 10% Data extrapolated	
	45	45	400	2.00	-1.2×10^{-6}	0.034	0.036	0.037	0.037				NF (c)	
	45	45	400	2.00	-1.2×10^{-4}	0.038	0.044	0.048	0.053				NF (b)	
	45	45	500	2.00	-1.1×10^{-6}	0.016	0.018	0.020	0.021				NF (b)	
	45	45	500	2.00	-1.1×10^{-4}	0.027	0.030	0.033	0.035				NF (b)	
	90	0	25	2.00	-1.5×10^{-7}	0.042	0.079	0.100	0.128				NF (b)	
	90	0	25	2.00	-1.4×10^{-6}	0.058	0.101	0.138	0.200				NF (b)	58
	90	0	25	2.00	-1.5×10^{-6}	0.044	0.099	0.143	0.187				NF (b)	
	90	0	25	2.00	-1.4×10^{-5}	0.074	0.129	0.173	0.242				NF (b)	
	90	0	25	2.00	-1.4×10^{-4}	0.047	0.116						NF (b)	
	90	0	25	2.00	-1.4×10^{-4}	0.045	0.083	0.130	0.193			3.2	NF (b)	
	90	0	25	2.00	-1.5×10^{-4}	0.052	0.108	0.159					NF (b)	
	90	0	25	2.00	-1.8×10^{-4}	0.052	0.135	0.192	0.267			5.9	NF (b)	
	90	0	25	2.00	-1.8×10^{-4}	0.055	0.135	0.204	0.303				NF (b)	
	90	0	25	2.00	-1.8×10^{-2}	0.074	0.195	0.282	0.411				NF (b)	
	90	0	25	2.00	-1.8×10^{-2}	0.051	0.153	0.242	0.375				NF (b)	
	90	0	25	2.00	-1.8×10^{-1}	0.051	0.121	0210	0.368				NF (b)	
	90	0	100	2.00	-1.1×10^{-7}	0.036	0.055	0.068	0.091				NF (b)	
	90	0	100	2.00	-1.1×10^{-6}	0.042	0.067	0.078	0.095				NF (b)	
	90	0	100	2.00	-1.1×10^{-5}	0.038	0.071	0.087	0.112				NF (b)	
	90	0	100	2.00	-1.1×10^{-4}	0.042	0.081	0.099	0.133			8.2	NF (b) 10% Data extrapolated	
	90	0	100	2.00	-1.3×10^{-2}	0.052	0.113	0.150	0.185				NF (b)	
	90	0	100	2.00	-1.5×10^{-1}	0.043	0.084	0.128	0.200				NF (b)	
	90	0	100	2.00	-1.8×10^{-1}	0.052	0.103	0.157	0.256				NF (b)	
	90	0	200	2.00	-1.1×10^{-7}	0.030	0.033	0.040	0.048				NF (b)	
	90	0	200	2.00	-1.1×10^{-6}	0.038	0.049	0.057	0.065				NF (b)	
	90	0	200	2.00	-1.1×10^{-5}	0.038	0.055	0.065	0.083				NF (b)	

90	0	200	2.00	-1.1×10^{-4}	0.036	0.052	0.060	0.072		NF (b)
90	0	200	2.00	-1.5×10^{-4}	0.038	0.059	0.070	0.090		NF (b)
90	0	200	2.00	-1.4×10^{-2}	0.037	0.082				NF (b)
90	0	200	2.00	-1.8×10^{-2}	0.050	0.097	0.118	0.148		NF (b)
90	0	200	2.00	-1.8×10^{-2}	0.050	0.093	0.118	0.158	3.5	NF (b)
90	0	200	2.00	-1.8×10^{-1}	0.046	0.088	0.114	0.156		NF (b) 10% Data extrapolated
90	0	200	2.00	-1.1×10^{-8}	0.021					NF
90	0	300	2.00	-1.1×10^{-7}	0.017	0.021	0.021	0.021		NF (c)
90	0	300	2.00	-1.1×10^{-7}	0.018	0.021	0.022	0.025		NF (b)
90	0	300	2.00	-1.1×10^{-6}	0.034	0.038	0.040	0.040		NF (c)
90	0	300	2.00	-1.1×10^{-6}	0.024	0.029	0.031	0.033	8.2	NF (b)
90	0	300	2.00	-1.1×10^{-5}	0.030	0.038	0.043	0.054		NF (b)
90	0	300	2.00	-1.1×10^{-5}	0.025	0.033				NF (b)
90	0	300	2.00	-1.1×10^{-5}	0.030	0.036	0.040	0.046		NF (b)
90	0	300	2.00	-1.1×10^{-4}	0.036	0.043	0.050	0.060	3.2	NF (c)
90	0	300	2.00	-1.1×10^{-4}	0.030	0.040	0.046	0.053		NF (b)
90	0	300	2.00	-1.4×10^{-2}	0.051					NF (b)
90	0	300	2.00	-1.4×10^{-2}	0.051	0.075	0.090	0.100	1.6	NF (b)
90	0	300	2.00	-1.4×10^{-1}	0.054	0.077	0.095	0.123	8.2	NF (b) 10% Data extrapolated
90	0	400	2.00	-1.1×10^{-8}	0.011				8.2	NF (b) 10% Data extrapolated
90	0	400	2.00	-1.2×10^{-7}	0.012	0.013	0.013	0.014		NF
90	0	400	2.00	-1.2×10^{-6}	0.016	0.016	0.017	0.018		NF (c)
90	0	400	2.00	-1.2×10^{-5}	0.021	0.023	0.025	0.027		NF (b)
90	0	400	2.00	-1.1×10^{-4}	0.028	0.031	0.033	0.036		NF (b)
90	0	400	2.00	-1.4×10^{-2}	0.043	0.056	0.061	0.061		NF (b)
90	0	400	2.00	-1.4×10^{-1}	0.040	0.054	0.065	0.078	8.2	NF (c) 10% Data extrapolated
90	0	500	2.00	-1.1×10^{-6}	0.014	0.014	0.015	0.015		NF (b)
90	0	500	2.00	-1.1×10^{-5}	0.015	0.018	0.019	0.019		NF (c)
90	0	500	2.00	-1.1×10^{-4}	0.016	0.017	0.017	0.022		NF (c)
120	52	25	2.00	-2.1×10^{-6}	0.276	0.400	0.454	0.512		NF (b)
120	52	25	2.00	-2.3×10^{-4}	0.320	5.30	0.628	0.768		NF (b)
120	52	100	2.00	-2.3×10^{-6}	0.240	0.294	0.310	0.360		NF (b)
120	52	100	2.00	-2.3×10^{-4}	0.260	0.380	0.434	0.495		NF (b)
120	52	200	2.00	-1.5×10^{-7}	0.082	0.105	0.117	0.130		NF (b)
120	52	200	2.00	-1.5×10^{-6}	0.122	0.140	0.152	0.167		NF (b)
120	52	200	2.00	-1.5×10^{-4}	0.120	0.172	0.192	0.225		NF (b)
120	52	300	2.00	-1.5×10^{-8}	0.035					NF (b)
120	52	300	2.00	-1.1×10^{-7}	0.043	0.051	0.054	0.058		NF (b)
120	52	300	2.00	-1.1×10^{-6}	0.069	0.078	0.083	0.090		NF (b)
120	52	300	2.00	-1.5×10^{-4}	0.058	0.085	0.100	0.117		NF (b)
120	52	400	2.00	-1.1×10^{-8}	0.017					NF (b)

58

Table 3 (continued)
STRESS-STRAIN RELATIONS IN CONSTANT STRAIN RATE TESTS ON MINERAL SINGLE CRYSTALS

Material	Orientation angles (°)			Temp (°C)	Conf press (kbar)	Strain rate (s⁻¹)	Differential stress — Kbar strain (%)					Strengths (kbar)		Strain (%)	Comment	Ref.
							1	2	5	10		Elastic limit	Ultimate			
Ice (stresses in bars unless noted), synthetic grown from boiled, deionized and distilled water	120	52	52	400	2.00	-1.2×10^{-7}	0.021	0.025	0.028	0.030					NF (b)	
	120	52	52	400	2.00	-1.1×10^{-6}	0.026	0.028	0.031	0.041					NF (b)	
	120	52	52	400	2.00	-1.1×10^{-4}	0.039	0.048	0.054	0.061				7.1	NF (b) 10% Data extrapolated	
	120	52	52	500	2.00	-1.1×10^{-6}	0.017	0.019	0.020	0.020					NF (c)	
	120	52	52	500	2.00	-1.2×10^{-4}	0.026	0.032	0.037	0.044					NF (b)	
	45	110	45	−70	0.001	2.7×10^{-7}	16.58	30.81	20.75				31.18	8.5	NF (f)	153
	45	110	45	−60	0.001	2.7×10^{-7}	16.50	13.60	8.87				18.40	6.9	NF (g)	
	45	110	45	−55	0.001	2.7×10^{-7}	12.69	11.77	7.43				15.23	6.2	NF (g)	
	45	110	45	−50	0.001	2.7×10^{-7}	9.05	5.26	3.53				9.05	6.3	NF (g)	
	45	110	45	−40	0.001	2.7×10^{-7}	4.71	2.99					5.44	4.3	NF (g)	
	45	110	45	−20	0.001	2.7×10^{-7}	1.09	0.63					1.27	7.4	NF (f)	142
	45	110	45	−15	0.001	-4.8×10^{-4}	0.600		.45				1.04	1.1	NF (f)	
	45	110	45	−15	0.001	-1.2×10^{-3}	0.860						1.39	1.3	NF (g)	
	45	110	45	−15	0.001	-2.4×10^{-3}	1.17	0.74					1.98	2.5	NF (g)	
	45	110	45	−15	0.001	-4.8×10^{-3}	1.72	0.98					2.43	3.0	NF (g)	
	45	110	45	−15	0.001	-6.0×10^{-3}	2.35	1.15					3.05	4.0	NF (g)	
	45	110	45	−15	0.001	-9.6×10^{-3}	3.50	1.49					4.31	4.2	NF (g)	
	45	110	45	−10	0.001	1.2×10^{-3}	38.59	29.90	24.09			77.30	78.10	4.7	NF (g) 5% Data extrapolated	241, 291
	45	110	45	−10	0.001	1.3×10^{-4}	11.39	10.00	8.50			10.79	10.89	4.9	NF (g) 5% Data extrapolated	
	45	110	45	−10	0.001	1.5×10^{-5}	5.20	4.70	3.70			8.70	9.00	4.9	NF (g) 5% Data extrapolated	
	45	110	45	−10	0.001	1.7×10^{-6}	2.30	1.90	1.30				2.60	4.9	NF (d) 5% Data extrapolated	
	60	60	90	−20	0.001	-3.0×10^{-6}	0.114	0.157				0.103	0.185	3.6	F (b) Stress in kbars	142
	60	60	90	−15	0.001	-7.5×10^{-7}	85.00					68.00	88.00	1.6	F (b)	
	60	60	90	−15	0.001	-1.5×10^{-6}	0.091					0.078	0.110	1.8	F (b) Stress in kbars	
	60	60	90	−15	0.001	-3.0×10^{-6}	0.098	0.125				0.084	0.125	2.4	F (b) Stress in kbars	
	60	60	90	−10	0.001	-3.0×10^{-6}	89.00					73.00	93.00	1.7	F (b)	
	75	45	90	−19	0.001	-3.0×10^{-6}	0.103	0.110	0.129			0.108	0.130	6.4	F (d) Stress in kbars	
	90	30	90	−19	0.001	-3.0×10^{-6}	0.121	0.155	0.177			0.121	0.182	7.0	F (d) Stress in kbars	

235

Material															
Kyanite, Kenya	90	90	0	800	3.00	1.0×10^{-5}		1.30	1.40		2.20	16.5	Kinking associated with (100)[001] slip and twinning. Yield drop at 0.5% strain	33
	90	90	0	900	3.00	1.0×10^{-5}	0.800	.700			2.50	2.0	Kinking associated with (100)[001] slip and twinning. Yield drop at 0.5% strain	
MgO	55	55		23	5.00	1.0×10^{-3}				23.08			Kinked	228
	55	55		23	5.00	1.0×10^{-3}				24.43			Kinked	
	55	55		100	5.00	1.0×10^{-3}				12.95			Kinked	
	55	55		100	5.00	1.0×10^{-3}				16.71			Kinked	
	55	55		150	5.00	1.0×10^{-3}				21.69			Kinked	
	55	55		200	1.00	1.0×10^{-3}				20.15			Kinked	
	55	55		200	5.00	1.0×10^{-3}				19.25				
	55	55		200	5.00	1.0×10^{-3}				20.50			Kinked	
	55	55		300	1.00	1.0×10^{-3}				10.62				
	55	55		300	5.00	1.0×10^{-3}				10.21				
	55	55		300	5.00	1.0×10^{-3}				12.45				
	55	55		300	5.00	1.0×10^{-3}				13.10				
	55	55		300	5.00	1.0×10^{-3}				14.59				
	55	55		350	5.00	1.0×10^{-3}				9.75				
	55	55		400	1.00	1.0×10^{-3}				10.26				
	55	55		400	5.00	1.0×10^{-3}				9.22				
	55	55		400	5.00	1.0×10^{-3}				10.62				
	55	55		600	1.00	1.0×10^{-3}				4.64				
	55	55		610	5.00	1.0×10^{-3}				4.17				
	55	55		610	5.00	1.0×10^{-3}				4.41				1.6
	55	55		750	5.00	1.0×10^{-3}				3.14				
MgO (constant loading rate experiments, 1.38 bars/sec)	0	90		26	0.001	1.4×10^{0}	1.09	1.111			1.29	3.6	F (b)	186
	0	90		1000	0.001	1.4×10^{0}	0.360	0.430	0.660				(b)	
	0	90		1100	0.001	1.4×10^{0}	0.370	0.440	0.700				(b)	
	0	90		1200	0.001	1.4×10^{0}	0.370	0.440	0.590				(b)	
	0	90		1300	0.001	1.4×10^{0}	0.400	0.490	0.640				(b)	
	0	90		1400	0.001	1.4×10^{0}	0.420	0.480	0.580				(b)	
	0	90		1510	0.001	1.4×10^{0}	0.260	0.300	0.370				(b)	
	0	90		1600	0.001	1.4×10^{0}	0.250	0.280	0.330				(b)	
	55	55		1300	0.001	1.4×10^{0}	1.36	1.55	1.92	2.26			(b)	
	55	55		1400	0.001	1.4×10^{0}	1.21	1.41	1.74	1.98			(b)	
	55	55		1500	0.001	1.4×10^{0}	0.08	0.09	1.19	1.40			(b)	
	55	55		1600	0.001	1.4×10^{0}	0.600	0.670	0.830				(b)	

Table 3 (continued)
STRESS-STRAIN RELATIONS IN CONSTANT STRAIN RATE TESTS ON MINERAL SINGLE CRYSTALS

Material	Orientation angles (°)		Temp (°C)	Conf press (kbar)	Strain rate (s^{-1})	Differential stress — Kbar strain (%)					Strengths (kbar)		Strain (%)	Comment	Ref.
						1	2	5	10		Elastic limit	Ultimate			
Plagioclase (oriented so compression direction was normal to an a-axis and bisected the acute angle between {010} and {001})	0	0	500	5.00	5.0×10^{-5}						6.50			An(11.2) Or(1.35)	38
	0	0	500	5.00	5.0×10^{-5}						6.00			An(20.3) Or(3.9)	
	0	0	800	8.00	5.0×10^{-5}						1.90			An(13.8) Or(3.8)	
	0	0	800	8.00	5.0×10^{-5}						2.00			An(53.4) Or(4.1)	
	0	0	800	10.00	5.0×10^{-5}						2.10			An(58.5) Or(1.5)	
	0	0	800	10.00	5.0×10^{-5}						2.20			An(31.9) Or(2.1)	
	0	0	800	10.00	5.0×10^{-5}						2.40			An(38.6) Or(1.7)	
	0	0	500	5.00	1.0×10^{-4}	6.07	6.90	12.48			5.80		5.0	F (b) An(6) preannealed	39
	0	0	500	5.00	1.0×10^{-4}	2.15	3.31	4.89	10.49		3.04		11.5	NF (b) An(13) preannealed	
	0	0	600	8.00	2.0×10^{-5}	2.83	3.80	4.36			3.49		5.0	NF (b) An(55)	
	0	0	600	10.00	2.0×10^{-5}	1.82	3.46	4.56			4.09			NF (b) An(30)	
	0	0	700	5.00	1.0×10^{-4}	2.51	4.20	6.63	7.18		4.14		14.2	NF (b) An(6)	
	0	0	700	5.00	1.0×10^{-4}	1.38	1.99	2.79	3.04				10.0	NF (b) An(13)	
	0	0	800	8.00	2.0×10^{-5}	1.08	1.65	1.80			1.44		9.1	NF (b) An(55)	
	0	0	800	9.00	2.0×10^{-5}	1.86	2.19	4.75			1.70		7.2	NF (b) An(59)	
	0	0	800	9.00	2.0×10^{-5}		2.17	2.81					6.8	NF (b) An(30)	
	0	0	800	9.00	2.0×10^{-5}	1.89	2.33	2.76			1.73		6.8	NF (b) An(13)	
	0	0	800	9.00	2.0×10^{-5}	1.05	1.64	2.27			.980		8.8	NF (b) An(55)	
	0	0	800	9.00	2.0×10^{-5}	1.46	2.08	2.09			1.82		7.8	NF (e) An(37)	
	0	0	800	10.00	2.0×10^{-5}	1.45	2.15	2.75			2.00		6.5	NF (b) An(30)	
Quartz, natural crystal	0	120	800	8.00	7.0×10^{-5}							15.70		NF	132
	0	120	900	8.00	7.0×10^{-5}							16.20		NF	
	30	90	800	8.00	6.0×10^{-6}							14.60		NF	
	30	90	900	8.00	7.0×10^{-5}							17.20		NF	
	45	110	800	8.00	6.2×10^{-4}			21.29			25.00	28.20	8.2	F (d)	
	45	110	800	8.00	6.9×10^{-5}						25.59	27.90	8.7	F (d)	
	45	110	800	8.00	6.9×10^{-5}							27.90		NF	
	45	110	800	8.00	4.0×10^{-5}		8.50	19.70			18.59	24.00	6.3	F (b)	
	45	110	800	8.00	7.3×10^{-6}			16.00			16.09	16.09	5.9	F (e) Loaded at 1×10^{-5}/sec	
	45	110	800	8.00	7.0×10^{-6}							15.60		NF	
	45	110	800	8.00	7.0×10^{-6}							15.50		NF	

45	110	45	800	8.00	6.4×10^{-6}				11.50		F
45	110	45	800	8.00	1.0×10^{-6}				12.10	5.2	NF (g) Loaded at 1×10^{-5}/sec
45	110	45	900	8.00	7.0×10^{-5}		7.70	12.10	14.79	8.1	NF (d)
45	110	45	900	8.00	7.0×10^{-6}		7.60	8.29	9.39		NF
45	110	45	900	10.00	6.5×10^{-4}				13.20		NF
45	110	45	900	8.00	6.6×10^{-4}				15.89		F
45	110	45	910	8.00	5.0×10^{-4}	4.60	8.50	10.29	21.00	6.7	F (b)
45	110	45	910	8.00	6.0×10^{-5}				17.20		NF
45	110	45	910	8.00	7.0×10^{-6}	2.80	5.50	10.89	10.89	8.7	NF (g) Loaded at 1×10^{-5}/sec 132
45	110	45	910	8.00	7.0×10^{-7}			6.90	6.90	4.3	NF (f) Loaded at 1×10^{-5}/sec 5% data extrapolated
45	110	45	1020	8.00	4.5×10^{-4}	2.40	4.60	4.50	7.60	9.3	NF (b)
45	110	45	1020	8.00	2.5×10^{-5}	1.73	2.50	2.20	2.60	7.1	NF (c)
60	104	30	900	8.00	7.0×10^{-5}				20.29		F
60	104	30	900	8.00	6.0×10^{-5}				11.20		NF
90	0	0	800	8.00	6.6×10^{-5}				11.70		NF
90	0	0	900	8.00	6.0×10^{-5}				12.10		F
124	45	90	900	8.00	7.0×10^{-6}				6.80		NF
124	45	90	910	8.00	6.0×10^{-5}				10.70		NF
30	90	90	450	3.00	1.0×10^{-5}	9.42	17.66		17.50	1.9	NF (a) 2% Data extrapolated 145
30	90	90	550	3.00	1.0×10^{-5}	4.03	7.61		15.33	3.2	NF (b)
30	90	90	600	3.00	7.0×10^{-5}	7.84	12.82		17.70	3.1	NF (b)
30	90	90	600	3.00	1.0×10^{-5}	1.97	3.64			3.9	NF
30	90	90	600	3.00	1.0×10^{-6}	0.86	1.16	0.53	1.36	3.2	NF (e) UY = 0.58 kbar LY = 0.55 kbar
30	90	90	800	3.00	1.0×10^{-5}	0.97	1.17	1.72	2.51	0.69	2.63	10.7	NF (e) UY = 0.85 kbar LY = 0.77 kbar
45	110	45	500	3.00	1.0×10^{-5}	9.67	9.87		6.00	16.88	1.1	NF (b)
45	110	45	550	3.00	1.0×10^{-5}	5.54			3.49	13.53	2.9	NF (b)
45	110	45	575	3.00	1.0×10^{-5}	3.41	6.15		2.05	10.12	3.1	NF (b)
45	110	45	600	3.00	1.0×10^{-5}	2.23	3.19	10.38	1.88	13.28	6.1	NF (b)
45	110	45	650	3.00	1.0×10^{-5}	2.08	2.65	6.45	1.85	12.60	8.5	NF (e)
45	110	45	700	3.00	1.0×10^{-5}	1.85	2.48	5.03	1.33	7.74	7.9	NF (b)
45	110	45	750	3.00	1.0×10^{-5}	1.51	2.11	3.40	1.00	3.38	13.1	NF (b)
90	90	0	550	3.00	1.0×10^{-5}	8.51	15.61		8.22	17.50	2.2	NF (b)
90	90	0	600	3.00	1.0×10^{-5}	7.59	12.66			13.77	2.2	NF (b)
90	90	0	650	3.00	1.0×10^{-5}	6.25	9.37			13.66	3.8	NF (b)
90	90	0	700	3.00	1.0×10^{-5}	4.82	7.67		5.45	10.77	3.3	NF (b)
90	90	0	750	3.00	1.0×10^{-5}	6.34	7.57	11.14	6.03	11.58	5.3	NF (b)
90	90	0	700	3.00	1.0×10^{-5}	5.09	5.99	6.60	8.00	5.26	7.78	9.2	NF (b) 10% Data extrapolated
90	90	0	900	3.00	1.0×10^{-5}	4.82	5.48	5.36	5.25	5.09	5.48	9.0	NF (d) 10% Data extrapolated

Quartz, synthetic, 365 ppm H (crystal W4)

Table 3 (continued)
STRESS-STRAIN RELATIONS IN CONSTANT STRAIN RATE TESTS ON MINERAL SINGLE CRYSTALS

Material	Orientation angles (°)			Temp (°C)	Conf press (kbar)	Strain rate (s^{-1})	Differential stress — Kbar strain (%)					Strengths (kbar)		Strain (%)	Comment	Ref.
							1	2	5	10		Elastic limit	Ultimate			
	131	47	52	400	3.00	1.0×10^{-5}	10.23						17.42	1.8	NF (a)	
	131	47	52	425	3.00	1.0×10^{-5}	7.44	13.70				5.59	17.19	2.5	NF (b)	
	131	47	52	550	3.00	1.0×10^{-5}	3.18	4.55	12.47			2.44	15.14	5.9	NF (b)	
	131	47	52	600	3.00	1.0×10^{-5}	1.40	1.68	4.07	11.96		1.39	11.44	9.7	NF (c) UY = 1.51 kba Y = 1.4 kbar, 10% dat extrapolated	
	131	47	52	650	3.00	1.0×10^{-5}	1.02	1.33	2.68	8.62		0.70	7.60	9.2	NF (e) UY = 0.8 kbar, LY = 0.74 kbar, 10% data extrapolated	
Quartz, synthetic, 800 ppm H (crystal W2, away from seed)	131	47	52	700	3.00	1.0×10^{-5}	0.9	1.09	1.78	3.44			5.16	14.3	NF (b)	209
	131	47	52	900	3.00	1.0×10^{-5}	0.52	0.81	1.28	1.93			2.29	12.5	NF (b)	
	131	47	52	500	3.00	1.0×10^{-5}	7.82	15.92				4.21	18.03	2.4	NF (b)	
	131	47	52	550	3.00	1.0×10^{-5}	3.43	5.44					10.58	4.4	(b)	
	131	47	52	575	3.00	1.0×10^{-5}	2.31	3.25					3.88	2.5	(b)	
	131	47	52	600	3.00	1.0×10^{-5}	4.21						5.08	1.9	(b)	
	131	47	52	650	3.00	1.0×10^{-5}	2.04	2.68	4.15				4.42	5.8	(b)	
	131	47	52	700	3.00	1.0×10^{-5}	2.19	2.46	3.94				5.47	9.6	(e) UY = 2.19 kbar, LY = 2.16 kbar	
	131	47	52	800	3.00	1.0×10^{-5}	1.35	2.13	3.79				3.91	5.3	(b)	209
	131	47	52	475	3.00	1.0×10^{-5}	8.33	15.34				6.23	18.78	2.5	NF (b)	
	131	47	52	500	3.00	1.0×10^{-5}	3.87	6.36					19.67	4.8	NF (b)	
	131	47	52	525	3.00	1.0×10^{-5}	3.87	4.52	12.78			3.41	15.57	6.2	NF (e)	
	131	47	52	550	3.00	1.0×10^{-5}	3.28	3.31	8.85			3.02	16.75	8.3	NF (e) UY = 3.28 kbar, LY = 3.2 kbar	
	131	47	52	575	3.00	1.0×10^{-5}	2.20	2.00	3.80	11.08		1.64	11.79	11.7	NF (e) UY = 2.2 kbar, LY = 1.97 kar	
	131	47	52	600	3.00	1.0×10^{-5}	1.80	1.31	2.66	9.14		1.54	11.76	13.2	NF (e) UY = 1.84 kbar, LY = 1.31 kbar	
	131	47	52	700	3.00	1.0×10^{-5}	1.54	1.25	2.16	6.89		1.25	10.59	14.5	NF (e) UY = 1.54 kbar, LY = 1.25 kbar	
	131	47	52	800	3.00	1.0×10^{-5}			1.54	2.72			3.67	15.5	NF (e)	

239

Quartz, synthetic, 925 ppm H (crystal W1)														
131	47	52	900	3.00	1.0×10^{-5}	1.21	1.22	1.34	2.03		3.64	20.5	NF (b)	145
131	47	52	500	3.00	1.0×10^{-5}	4.41	3.67	2.09	2.88	4.10	4.45	2.5	NF (d)	
131	47	52	530	3.00	1.0×10^{-5}	2.94	1.89			3.30	3.52	9.3	NF (e) UY = 3.52 kbar, LY = 1.77 kbar, 10% data extrapolated	
131	47	52	600	3.00	1.0×10^{-5}	1.11	0.98	1.19		1.44	1.52	8.2	NF (e) UY = 1.52 kbar, LY = 0.96 kbar	
131	47	52	740	3.00	1.0×10^{-5}	0.96	1.21	1.25		1.01	1.27	5.6	NF (e) UY = 1.06 kbar, LY = 0.81 kbar	
131	47	52	900	3.00	1.0×10^{-5}					0.340	0.380	0.7	(f) UY = 0.38 kbar, LY = 0.27 kbar	
Quartz, synthetic, 3250 ppm H (crystal S1)														
131	47	52	400	3.00	1.0×10^{-5}	9.52	10.16			10.27	17.45	4.1	NF (e) UY = 10.51 kbar, LY = 10.13 kbar	145
131	47	52	430	3.00	1.0×10^{-5}	9.00	8.04	9.60		8.83	11.17	6.0	NF (e) UY = 9.08 kbar, LY = 7.7 kbar	
131	47	52	450	3.00	1.0×10^{-5}	5.08	4.21	3.69	5.16	4.64	5.14	8.8	NF (e) UY = 5.14 kbar, LY = 3.49 kbar, 10% data extrapolated	
131	47	52	500	3.00	1.0×10^{-5}	4.43	3.18	3.28	3.60	4.30	4.63	9.8	NF (e) UY = 4.6 kbar, LY = 2.99 kbar, 10% data extrapolated	
131	47	52	550	3.00	1.0×10^{-5}	2.72	2.38	2.48	2.72	2.74	2.98	10.3	NF (e) UY = 2.98 kbar, LY = 2.38 kbar	
131	47	52	600	3.00	1.0×10^{-5}	1.56	1.37	1.58	1.70	1.42	1.77	12.1	NF (e) UY = 1.74 kbar, LY = 1.36 kbar	
131	47	52	700	3.00	1.0×10^{-5}	1.25	1.34	1.51	1.58	0.97	1.58	12.1	NF (b)	
131	47	52	900	3.00	1.0×10^{-6}	0.450	0.570	0.700	0.970		1.03	12.0	NF (b)	
45	110	45	250	5.00	6.0×10^{-6}	10.17	15.79			15.65	17.28	2.5	F (b)	24, 25
Quartz, synthetic, 4000 ppm H (crystal X-00)														
45	110	45	300	8.00	6.7×10^{-6}	4.10	7.70	17.00	18.79	6.60	21.50	16.5	NF (e) UY = 20.9 kbar, LY = 18.7 kbar, loaded at 1×10^{-5}/sec	132
45	110	45	305	2.00	6.0×10^{-6}	11.29	13.90			13.07	15.69	3.8	F (b)	24, 25
45	110	45	343	2.00	6.00×10^{-6}	8.70	9.99	7.89		9.36	10.04	8.2	F (e)	132
45	110	45	400	8.00	7.0×10^{-6}			4.90	3.40			11.2	NF (g)	24, 25
45	110	45	400	2.00	6.0×10^{-6}	6.29	5.38			5.73	6.30	2.2	NF (g)	
45	110	45	451	2.00	6.0×10^{-6}	3.75	3.00			3.15	3.75	4.1	F (g)	
45	110	45	500	5.00	7.0×10^{-3}	8.28	10.26				11.48	4.7	F (b)	
45	110	45	500	5.00	5.8×10^{-4}	7.89					7.98	1.1	F (d)	

Table 3 (continued)
STRESS-STRAIN RELATIONS IN CONSTANT STRAIN RATE TESTS ON MINERAL SINGLE CRYSTALS

Material	Orientation angles (°)		Temp (°C)	Conf press (kbar)	Strain rate (s⁻¹)	Differential stress — Kbar strain (%)					Strengths (kbar)		Strain (%)	Comment	Ref.
						1	2	5	10		Elastic limit	Ultimate			
	45 110	45	500	5.00	5.4×10^{-4}	6.90	7.28					7.50	2.9	F (d)	
	45 110	45	500	5.00	5.8×10^{-5}	2.07	3.02				2.64	3.02	2.6	F (d)	
	45 110	45	500	5.00	5.7×10^{-5}	3.07	2.90	1.81			2.78	3.12	6.2	F (g)	
	45 110	45	500	5.00	5.5×10^{-5}	3.85	3.56	3.50	3.75		3.67	3.86		F (e) UY = 3.8 kbar, LY = 3.41 kbar	
	45 110	45	500	0.001	1.0×10^{-5}	4.05	3.06	2.83			3.37	4.07	3.4	NF (f) 5% Data extrapolated	200
	45 110	45	500	8.00	6.9×10^{-6}	2.10	2.15	1.90				2.16	8.1	NF (e) UY = 2.16 kbar, LY = 1.89 kbar	132
	45 110	45	500	5.00	5.9×10^{-6}	2.07	1.84				1.66	2.07	1.7	NF (e) UY = 2.07 kbar, LY = 1.77 kbar, 2% data extrapolated	24, 25
	45 110	45	500	2.00	5.7×10^{-6}	2.09					1.60	2.10	.6	NF (b) 1% Data extrapolated	
	45 110	45	500	2.00	5.6×10^{-7}							1.19	.6	NF (b)	
	45 110	45	600	8.00	7.1×10^{-6}	1.25	1.31	1.05				1.31	8.2	NF (g)	132
	45 110	45	700	8.00	7.4×10^{-7}	3.78	7.29	15.85			16.59	16.59	5.3	F (g)	
Sphalerite	0 90		23	5.00	5.0×10^{-4}		0.68	1.10				1.93	12.2	NF (b) Prismatic specimen	275
	0 90		23	5.00	5.0×10^{-4}		0.91	1.54				2.49	11.3	NF (b) Prismatic specimen	
	0 90		23	5.00	5.0×10^{-4}		1.74	1.90	2.48			4.56	24.0	NF (b) Cylindrical specimen	
	45 45	90	23	5.00	5.0×10^{-4}		0.92	1.27			0.89	1.31	5.3	NF (b) Prismatic specimen	
	45 45	90	23	5.00	5.0×10^{-4}		1.19	1.63			1.12	2.74	9.6	NF (b) Prismatic specimen	
	45 45	90	23	5.00	5.0×10^{-4}	1.12	1.27	1.87			1.06	3.19	9.7	NF (b) Prismatic specimen	
	45 45	90	23	5.00	5.0×10^{-4}		1.50	2.33	2.89			7.63	34.5	NF (b) Cylindrical specimen	
	45 45	90	23	5.00	5.0×10^{-4}		1.47	2.06	3.24			5.59	18.4	NF (b) Cylindrical specimen	
	45 45	90	23	5.00	5.0×10^{-4}		1.51	2.20	3.59			6.21	19.9	NF (b) Cylindrical specimen	
	45 45	90	23	5.00	5.0×10^{-4}		1.20	1.68	3.11			7.76	33.9	NF (b) Cylindrical specimen	
	45 45	90	23	5.00	5.0×10^{-4}		1.26	1.95	3.43			6.87	23.0	NF (b) Cylindrical specimen	
	45 45	90	23	5.00	5.0×10^{-4}		1.55	2.41	3.93			6.89	21.2	NF (b) Cylindrical specimen	
	55 55	55	23	5.00	5.0×10^{-4}		1.72	2.54			1.52	3.54	8.6	NF (b) Prismatic specimen	
	55 55	55	23	5.00	5.0×10^{-4}		2.04	3.12	4.52			6.26	18.2	NF (b) Cylindrical specimen	
	55 55	55	23	5.00	5.0×10^{-4}		2.39	3.70	4.94			6.99	19.7	ER (b) Cylindrical specimen	
	55 55	55	23	5.00	5.0×10^{-4}		2.14	3.18	4.38			5.71	16.5	NF (b) Cylindrical specimen	

Sphene	66	66	35	23	5.00	5.0×10^{-4}	0.54	1.35	2.03		3.13	9.5	NF (b) Prismatic specimen	
	8	84	66	25	8.00	3.0×10^{-5}	4.45	4.55	4.12	4.00	4.60	8.1	NF (d)	40
	16	80	74	500	8.00	3.0×10^{-5}	3.04	3.23	3.90	2.39	4.53	7.2	NF (b)	
	32	83	90	300	8.00	3.0×10^{-5}	6.25	6.96	7.33	5.90	7.67	7.6	NF (b)	
	66	82	56	25	8.00	3.0×10^{-5}	9.74	11.32	13.54	8.46	13.87	5.9	NF (b)	
	68	23	87	25	8.00	3.0×10^{-5}	9.53	14.96		11.27	17.75	3.6	NF (b)	
	90	63	25	25	8.00	3.0×10^{-5}	12.39	15.60		10.62	15.85	2.6	NF (d)	
Uranium dioxide	92	47	43	1327	0.001	1.0×10^{-4}	0.863	0.898	0.777	0.514	0.902	4.9	NF (d) 5% Data extrapolated	257
	92	89	2	1327	0.001	1.0×10^{-4}	1.31	1.36	1.31	0.63	1.36	4.9	NF (d) 5% Data extrapolated	
	94	62	29	1327	0.001	1.0×10^{-4}	1.18	1.21		0.90	1.22	3.1	NF (b)	257
	99	81	13	1327	0.001	1.0×10^{-4}	1.06	1.10	1.10	0.67	1.11	4.9	NF (d) 5% Data extrapolated	
	107	72	26	1327	0.001	1.0×10^{-4}	0.73	0.82	1.00	0.42	1.03	6.0	NF (b)	
	114	65	36	1327	0.001	1.0×10^{-4}	0.657	0.722	0.803	0.413	0.797	4.9	NF (b) 5% Data extrapolated	
	119	61	44	1327	0.001	1.0×10^{-4}	0.530	0.551		0.321	0.551	2.7	NF (d)	
	124	56	54	1327	0.001	1.0×10^{-4}	0.602	0.667	0.630	0.303	0.669	4.8	NF (e) 5% Data extrapolated	

Note: General format follows Table 2. Two additional explanations apply to tests on crystallographically oriented single crystals. The orientation of the compression or the extension direction (i.e., the long direction of the specimen) is referred to the angle between that direction and cartesian coordinate axes defined as follows:

Cubic: $\quad x \parallel a_1, y \parallel a_2, z \parallel a_3$
Hexagonal and
trigonal: $\quad x^+ \parallel a_1^+, y \parallel (z \times x) \parallel [01\bar{1}0], z \parallel c$
Monoclinic: $\quad x^+ \perp (100)$ in obtuse β angle, $y \parallel b, z \parallel c$
Triclinic: $\quad x^+ \parallel a^+, y \perp x$ in (001) in obtuse γ angle, $z \perp (001)$

See Nye[216] (p. 281) for additional explanation of these orientation conventions. Yield stresses are defined as in Figure 28. Experimental accuracies are about the same as in Table 2, except that plastic strain inhomogeneities can be extreme and can lead to large uncertainties in the differential stress. Crystal orientation angles accurate to $\pm 5°$.

Table 4
STRESS-STRAIN RELATIONS IN CONSTANT STRAIN RATE TRIAXIAL COMPRESSION TESTS ON ROCKS AND MINERALS: PISTON-CYLINDER SOLID MEDIUM APPARATUS

Material	Or	Temp (°C)	Conf. pressure (Kb)	Strain rate (s^{-1})	Conf. media	Pist. Mtrl.	Wet dry	Differential stress — Kb strain (%) 5	10	15	Flow stress (Kb)	F/NF	Comment	Ref.
Amphibolite, Hope, B.C., Canada, magnesiahastingsite	P	700	9.79	1.1×10^{-5}	Talc	WC	W:TD	20.09	25.90					249
	P	700	10.20	1.1×10^{-6}	Talc	WC	W:TD	22.00						
	P	800	10.10	1.1×10^{-4}	Talc	WC	W:TD	15.50	15.50	14.60				
	P	800	10.00	1.1×10^{-5}	Talc	WC	W:TD	15.20	16.00					
	P	800	10.10	1.1×10^{-6}	Talc	WC	W:TD	21.00	21.59					
	P	825	10.00	1.1×10^{-4}	Talc	WC	W:TD	15.20	16.70	18.50				
	P	850	10.10	1.1×10^{-5}	Talc	WC	W:TD	9.89	12.20					
	P	850	10.00	1.1×10^{-6}	Talc	WC	W:TD	7.10	7.20	6.60				
	P	900	10.20	1.1×10^{-4}	Talc	WC	W:TD	6.60	7.30					
	P	950	10.10	1.1×10^{-5}	Talc	WC	W:TD	3.20	5.10					
	P	950	10.20	1.1×10^{-6}	Talc	WC	W:TD	5.50	5.30					
	P	1000	10.10	1.1×10^{-4}	Talc	WC	W:TD	6.50	6.20					
Amphibolite, Mt. Stuart Batholith, Washington, >70% hornblende, <30% plagioclase, G.S. = 0.4mm	U	600	10.00	1.0×10^{-5}	Talc	WO	D:A	13.70				NF	"5%" Data taken at 3% strain	73
	U	650	10.00	1.0×10^{-5}	Talc	WO	D:A	13.00				NF	5% Data taken at 3% strain	
	U	750	10.00	1.0×10^{-5}	Talc	WO	D:A	6.60				NF	5% Data taken at 3% strain	
	U	750	10.00	1.0×10^{-5}	Talc	WO	D:A	9.20				NF	5% Data taken at 3% strain	
	U	750	10.00	1.0×10^{-5}	Talc	WO	D:A	8.10				NFs		
	U	800	10.00	1.0×10^{-5}	Talc	WO	D:A	3.60				NFs		
	U	800	10.00	1.0×10^{-5}	Talc	WO	D:A	3.20				NFs		
	U	850	10.00	1.0×10^{-5}	Talc	WO	D:A	.900				NFs		
Anhydrite	N	500	5.10	1.2×10^{-5}	ASM	WC	D:O	11.60	12.79			NF		249
	N	600	4.80	1.2×10^{-5}	ASM	WC	D:O	7.40	7.30			NF		
	N	650	5.10	1.2×10^{-5}	ASM	AlO	D:O	7.40	7.60			NF		
	N	700	5.00	1.2×10^{-5}	ASM	WC	D:O	6.30	6.10			NF		
	N	750	5.00	1.2×10^{-5}	ASM	AlO	D:O	11.00	12.70	12.39		NF		

Aplite, veins cutting quarry granite, Enfield, Vermont, 36% quartz, 36% microcline, 26% plagioclase, 2% muscovite, G.S. = 0.2mm	N	750	5.10	1.2×10^{-6}	ASM	WC	D:O	11.20	12.89	12.60	NF	
	N	800	4.90	1.2×10^{-6}	ASM	WC	D:O	5.40	5.50		NF	
	N	850	4.90	1.2×10^{-5}	ASM	WC	D:O	4.60	4.80		NF	
	N	900	5.00	1.2×10^{-6}	ASM	WC	D:O	4.10	4.30		NF	
	N	950	4.90	1.2×10^{-5}	ASM	WC	D:O	3.80	3.60		NF	
	N	1000	4.90	1.2×10^{-6}	ASM	WC	D:O	4.70	4.50		NF	
	U	25	5.00	3.0×10^{-6}	NaCl	AlO	D:O	21.20	24.00		F	289, 287
	U	300	5.00	3.0×10^{-6}	NaCl	AlO	D:O	15.20	14.50	14.39	F	
	U	600	7.50	3.0×10^{-6}	NaCl	AlO	D:O	17.70	18.09	17.59	NF	
	U	600	10.00	3.0×10^{-6}	NaCl	AlO	D:O	16.59	17.79	16.79	NF	
	U	600	15.00	3.0×10^{-6}	NaCl	AlO	D:O	16.79	18.09	18.09	NF	
	U	700	5.00	3.0×10^{-6}	NaCl	AlO	D:O	7.20	8.39	8.79	F	
	U	900	5.00	3.0×10^{-6}	NaCl	AlO	D:O	9.39			F	
Clinopyroxene crystal, Finland, Cr-diopside, oriented 45° to [001] & 45° to a* in acute angle between [100] & [001]		500	10.00	7.0×10^{-8}	NaCl	AlO	D:O				3.80	Twinned on (100)[001]	176—178
		600	10.00	5.0×10^{-7}	NaCl	AlO	D:O				2.00	Twinned	
		800	10.00	9.0×10^{-8}	NaCl	AlO	D:O				1.80	Twinned	
		800	10.00	5.0×10^{-7}	KCl	AlO	D:O				1.60	Twinned	
		800	10.00	7.0×10^{-8}	NaCl	AlO	D:O				3.60	Twinned	
		800	10.00	9.0×10^{-9}	NaCl	AlO	D:O				1.40	Twinned	
		1000	10.00	5.0×10^{-7}	KCl	AlO	D:O				1.40	Twinning and slip	
		1200	10.00	5.0×10^{-7}	KCl	AlO	D:O				.300	Twinning and slip	
Clinopyroxene crystal, Finland, Cr-diopside, oriented 45° to [001] & 45° to a* in obtuse angle between [100] & [001]		500	10.00	7.0×10^{-6}	KCl	AlO	D:O				8.89	Slip on (100)[001]	176—178
Clinopyroxene crystal, hedenbergite, oriented at 45° to [001] & 45° to a* in acute angle between [100] & [001]		400	10.00	9.0×10^{-8}	KCl	AlO	D:O				2.75	Twinned	176—178
		700	10.00	9.0×10^{-8}	NaCl	AlO	D:O				3.30	Twinned on (100)[001]	
		700	10.00	8.0×10^{-8}	NaCl	AlO	D:O				2.70	Twinned on (100)[001]	
		700	10.00	9.0×10^{-8}	NaCl	AlO	D:O				3.20	Twinned on (100)[001]	
		800	10.00	8.0×10^{-8}	NaCl	AlO	D:O				2.70	Twinned on (100)[001]	
		900	10.00	8.0×10^{-8}	NaCl	AlO	D:O				2.50	Twinned on (100)[001]	
		1000	10.00	8.0×10^{-8}	NaCl	AlO	D:O				1.50	Twinning and slip	
Clinopyroxene, hedenbergite, oriented at 45° to [001] & 45° to a* in obtuse angle between [100] & [001]		600	10.00	8.0×10^{-7}	NaCl	AlO	D:O				12.10	Slip on (100)[001]	176—178
		700	10.00	9.0×10^{-7}	NaCl	AlO	D:O				10.20	Slip on (100)[001]	
		700	10.00	8.0×10^{-7}	NaCl	AlO	D:O				5.10	Slip on (100)[001]	
		800	10.00	9.0×10^{-7}	NaCl	AlO	D:O				7.10	Slip on (100)[001]	

Table 4 (continued)
STRESS-STRAIN RELATIONS IN CONSTANT STRAIN RATE TRIAXIAL COMPRESSION TESTS ON ROCKS AND MINERALS: PISTON-CYLINDER SOLID MEDIUM APPARATUS

Material	Or	Temp (°C)	Conf. pressure (Kb)	Strain rate (s^{-1})	Conf. media	Pist. Mtrl.	Wet dry	___ 5	10	15	Flow stress (Kb)	F/NF	Comment	Ref.
Diabase, Frederick, Maryland, 36% plagioclase (An70), 58% clinopyroxene, 3% chlorite, 3% opaque minerals	U	600	5.00	3.0×10^{-6}	NaCl	AlO	D:O	10.00	11.50			F		287
	U	600	10.00	3.0×10^{-6}	NaCl	AlO	D:O	12.89	10.00	8.79		F		
	U	600	15.00	3.0×10^{-6}	NaCl	AlO	D:O	20.09	23.20			NF		
	U	15.00		3.0×10^{-6}	NaCl	AlO	D:O	16.29	19.29	20.00		NF		
	U	800	5.00	3.0×10^{-6}	NaCl	AlO	D:O	10.00	8.29	8.39		F		
	U	800	10.00	3.0×10^{-6}	NaCl	AlO	D:O	7.00				NF		
	U	800	15.00	3.0×10^{-6}	NaCl	AlO	D:O	10.00	12.20	12.60		NF		
	U	800	15.00	3.0×10^{-5}	NaCl	AlO	D:O	6.40	7.30	7.30		NF		
	U	900	15.00	3.0×10^{-6}	NaCl	AlO	D:O	7.20	7.90	8.10		NF		
	U	900	5.00	3.0×10^{-6}	NaCl	AlO	D:O	8.50	8.39	7.20		NF		
	U	900	15.00	3.0×10^{-6}	NaCl	AlO	D:O	5.00	5.30	4.90		NF		
Dunite, Mt. Burnet, Alaska, 99% olivine (Fo 92), 1% chromite, grain size = 1mm	U	975	15.00	2.2×10^{-5}	Talc	WC	W:TD		5.12			NF		57, 55
	U	975	15.00	1.9×10^{-5}	Talc	WC	W:TD		5.98			NF		
	U	975	15.00	1.8×10^{-5}	Talc	WC	W:TD		6.10			NF		
	U	975	15.00	2.6×10^{-6}	Talc	WC	W:TD	7.33				NF		
	U	975	15.00	2.1×10^{-6}	Talc	WC	W:TD	2.06				NF		
	U	975	15.00	1.8×10^{-6}	Talc	WC	W:TD	2.01				NF		
	U	975	15.00	1.8×10^{-7}	Talc	WC	W:TD			1.53		NF		
	U	1100	15.00	3.4×10^{-4}	Talc	WC	W:TD		4.00			NF		
	U	1100	15.00	3.2×10^{-4}	Talc	WC	W:TD	4.77				NF		
	U	1100	15.00	2.6×10^{-4}	ASM	WC	D:A	7.76				NF		
	U	1100	15.00	2.1×10^{-4}	Talc	WC	W:TD		7.97			NF		
	U	1100	15.00	4.5×10^{-5}	Talc	WC	W:TD	2.83				NF		
	U	1100	15.00	4.1×10^{-5}	Talc	WC	W:TD	2.11				NF		
	U	1100	15.00	4.0×10^{-5}	ASM	WC	D:A	1.20				NF		
	U	1100	15.00	3.9×10^{-5}	ASM	WC	D:A	7.59				NF		
	U	1100	15.00	3.4×10^{-5}	Talc	WC	W:TD		2.13			NF		
	U	1100	15.00	3.2×10^{-5}	Talc	WC	W:TD		3.56			NF		

Sample		Temp		Strain rate	Medium							Notes	Ref
Feldspar crystal, Eifel mountains, West Germany, Sanidine, oriented 41° to [100], 45° to [010], & 71° to [001]	U	1100	15.00	2.7×10^{-5}	ASM	WC	D:A	5.62	3.76		NF		
	U	1100	15.00	2.6×10^{-5}	Talc	WC	W:TD		6.17		NF		
	U	1100	15.00	2.5×10^{-5}	ASM	WC	D:A			5.89	NF		
	U	1100	15.00	1.7×10^{-5}	ASM	WC	D:A		6.03		NF		
	U	1100	15.00	1.4×10^{-5}	ASM	WC	D:A		.690		NF		
	U	1100	15.00	3.5×10^{-6}	Talc	WC	W:TD		4.37		NF		
	U	1100	15.00	2.5×10^{-6}	ASM	WC	D:A			4.17	NF		
	U	1100	15.00	1.9×10^{-6}	ASM	WC	D:A		4.57		o		
	U	1100	15.00	1.5×10^{-6}	ASM	WC	D:A		2.69		NF		
	U	1100	15.00	2.5×10^{-7}	ASM	WC	D:A			2.09	NF		
	U	1100	15.00	1.9×10^{-7}	ASM	WC	D:A				NF		
	U	1225	15.00	4.5×10^{-4}	ASM	WC	D:A	3.72	4.27		NF		
	U	1225	15.00	3.0×10^{-4}	ASM	WC	D:A		2.53		NF		
	U	1225	15.00	2.4×10^{-4}	Talc	WC	W:TD			3.90	NF		
	U	1225	15.00	2.2×10^{-4}	Talc	WC	W:TD				NF		
	U	1225	15.00	3.7×10^{-5}	Talc	WC	W:TD	.850	1.14		NF		
	U	1225	15.00	3.2×10^{-5}	Talc	WC	W:TD			.730	NF		
	U	1225	15.00	2.8×10^{-5}	ASM	WC	D:A	4.47			NF		
	U	1225	15.00	2.5×10^{-5}	Talc	WC	W:TD				NF		
	U	1225	15.00	2.2×10^{-5}	ASM	WC	D:A	3.72			NF		
	U	1225	15.00	2.1×10^{-5}	ASM	WC	D:A		3.47		NF		
	U	1225	15.00	2.8×10^{-6}	ASM	WC	D:A		2.57		NF		
	U	1225	15.00	2.2×10^{-6}	ASM	WC	D:A		2.09		NF		
	U	1225	15.00	2.1×10^{-6}	ASM	WC	D:A		2.09		NF		
	U	1225	15.00	2.8×10^{-7}	ASM	WC	D:A		1.78		NF		
	U	1225	15.00	2.2×10^{-7}	ASM	WC	D:A		.910	.930	NF		
	U	1225	15.00	2.3×10^{-7}	Talc	WC	W:TD		1.21		NF		
	U	1350	15.00	2.2×10^{-4}	Talc	WC	W:TD			1.84	NF		
	U	1350	15.00	1.9×10^{-4}	ASM	WC	D:A	2.24			NF		
	U	1350	15.00	2.0×10^{-5}	ASM	WC	D:A		1.55		NF		
	U	1350	15.00	2.0×10^{-6}	ASM	WC	D:A		.810		NF		
	U	700	15.00	1.7×10^{-6}	NaCl	AlO	D:O	6.80			NF		
	U	800	15.00	1.7×10^{-6}	NaCl	AlO	D:O	4.80			NF		
Feldspar crystal, Eifel mountains, West Germany, Sanidine, oriented 64° to [100], 50° to [010], & 68° to [001]	U	700	15.00	1.7×10^{-6}	NaCl	AlO	D:O	9.39			NF	5% Data extrapolated	304—306
	U	900	15.00	1.5×10^{-6}	NaCl	AlO	D:O	2.80			NF	5% Data extrapolated	304—306

Table 4 (continued)
STRESS-STRAIN RELATIONS IN CONSTANT STRAIN RATE TRIAXIAL COMPRESSION TESTS ON ROCKS AND MINERALS: PISTON-CYLINDER SOLID MEDIUM APPARATUS

Material	Or	Temp (°C)	Conf. pressure (Kb)	Strain rate (s^{-1})	Experimental set-up Conf. media	Pist. Mtrl.	Wet dry	Differential stress — Kb strain (%) 5	10	15	Flow stress (Kb) F/NF	Comment	Ref.
Feldspar rock, Adirondack Mountains, New York, anorthite composition	U	600	15.00	3.0×10^{-6}	NaCl	AlO	D:O	10.60	11.39	12.50	NF		287
	U	800	15.00	3.0×10^{-4}	NaCl	AlO	D:O	9.70	10.10		NF		
	U	800	15.00	3.0×10^{-6}	NaCl	AlO	D:O	3.70	4.30	4.40	NF		
	U	900	15.00	3.0×10^{-6}	NaCl	AlO	D:O	2.60	3.00	3.10	NF		
Feldspar rock, Hale pegmatite quarry, Middletown, Conn. (Ab96, An3, Or1), G.S. = 0.2mm	U	500	5.00	3.0×10^{-6}	NaCl	AlO	D:O	13.00	12.60	12.89	F		287
	U	600	15.00	3.0×10^{-6}	NaCl	AlO	D:O	18.50	19.70	19.70	NF		
	U	700	5.00	3.0×10^{-6}	NaCl	AlO	D:O	9.39	8.10	7.50	F		
	U	700	15.00	3.0×10^{-6}	NaCl	AlO	D:O	16.50	17.00	16.70	NF		
	U	700	15.00	3.0×10^{-6}	NaCl	AlO	D:O	2.00	14.79	14.39	NF		
	U	800	10.00	3.0×10^{-6}	NaCl	AlO	D:O	10.39	0.79	8.89	NF		
	U	800	15.00	3.0×10^{-6}	NaCl	AlO	D:O	13.29	12.39	12.00	NF		
	U	900	7.50	3.0×10^{-6}	NaCl	AlO	D:O	4.70			NF		
	U	900	10.00	3.0×10^{-6}	NaCl	AlO	D:O	4.30	4.30	4.10	NF		
	U	900	15.00	3.0×10^{-6}	NaCl	AlO	D:O	4.40	4.20	4.40	NF		
	U	900	15.00	3.0×10^{-6}	NaCl	AlO	D:O	3.60	3.80	3.80	NF		
Granite, Bonner Quarry, Westerly, Rhode Island, 30% quartz, 30% oligoclase, 30% microcline, 5-10% biotite, G.S. = 0.75 mm	45	25	5.00	3.0×10^{-6}	NaCl	AlO	D:O	15.29	16.00	16.40	F		289
	45	200	5.00	3.0×10^{-6}	NaCl	AlO	D:O	13.00	13.79	14.00	F		
	45	200	10.00	3.0×10^{-6}	NaCl	AlO	D:O	17.09	19.59	20.70	F		
	45	300	5.00	3.0×10^{-6}	NaCl	AlO	D:O	12.50	13.00	13.20	F		
	45	300	10.00	3.0×10^{-6}	NaCl	AlO	D:O	15.79	18.00	18.79	NF		
	45	400	5.00	3.0×10^{-6}	NaCl	AlO	D:O	12.10	12.29	12.29	F		
	45	500	5.00	3.0×10^{-6}	NaCl	AlO	D:O	10.39	10.79	11.20	F		
	45	500	7.50	3.0×10^{-6}	NaCl	AlO	D:O	13.39	14.29	14.29	F		
	45	500	10.00	3.0×10^{-6}	NaCl	AlO	D:O	14.60	16.29	16.00	NF		
	45	600	5.00	3.0×10^{-6}	NaCl	AlO	D:O	9.89	10.60	11.50	F		
	45	600	7.50	3.0×10^{-6}	NaCl	AlO	D:O	11.89	11.39	10.10	F		
	45	600	10.00	3.0×10^{-6}	NaCl	AlO	D:O	12.60	12.70	12.39	NF		
	45	600	15.00	3.0×10^{-6}	NaCl	AlO	D:O	15.00	16.70	16.20	NF		289
	45	600	15.00	3.0×10^{-6}	NaCl	AlO	D:O	14.00	15.20	15.10	NF		

Sample	Orient.	T	P	ε̇	Medium	Assy	Type	σ (1)	σ (2)	σ (3)	extra	F/NF	Ref
Olivine crystal, gem quality, phenocrysts in basalt, St. John's Island, Red Sea, Fo 92, oriented 45° to [010] and [001]	45	600	5.00	3.0×10^{-7}	NaCl	AIO	D:O	8.00	7.00	7.80		F	
	45	700	5.00	3.0×10^{-6}	NaCl	AIO	D:O	8.10	8.00	8.10		F	
	45	700	5.00	3.0×10^{-6}	NaCl	AIO	D:O	7.40	7.10	6.90		F	
	45	700	5.00	3.0×10^{-6}	NaCl	AIO	D:O	7.40	5.80	4.60		F	
	45	700	10.00	3.0×10^{-6}	NaCl	AIO	D:O	8.70	8.70	8.20		NF	
	45	700	15.00	3.0×10^{-6}	NaCl	AIO	D:O	11.79	12.00	11.39		NF	
	45	900	5.00	3.0×10^{-6}	NaCl	AIO	D:O	5.40	4.60			F	
	45	900	7.50	3.0×10^{-6}	NaCl	AIO	D:O	2.40	2.30			NF	
	45	900	10.00	3.0×10^{-6}	NaCl	AIO	D:O	4.00	3.60	2.90		NF	
	45	900	15.00	3.0×10^{-6}	NaCl	AIO	D:O	4.50	4.50	4.10		NF	
	45	900	15.00	3.0×10^{-6}	NaCl	AIO	D:O	4.80	4.00	3.10		NF	
	45	900	15.00	3.0×10^{-6}	NaCl	AIO	D:O	1.80	2.30	2.30		NF	
	N	800	10.00	5.0×10^{-5}	Talc*	AIO	D:A	6.50					232
Olivine crystal, gem quality, phenocrysts in basalt, St. John's Island, Red Sea, Fo 92, oriented 45° to [100] and [001]	45	600	10.00	5.0×10^{-5}	Talc	AIO	D:A	4.20					
	45	600	10.00	5.0×10^{-5}	Talc	AIO	D:A	4.20					
	45	800	10.00	5.0×10^{-5}	Talc	AIO	D:A	4.40					
	45	800	10.00	5.0×10^{-5}	Talc	AIO	D:A	5.90					
	45	1000	10.00	5.0×10^{-5}	Talc	AIO	D:A	4.90					
	45	1000	10.00	5.0×10^{-5}	Talc	AIO	D:A	3.80					232
Olivine crystals, gem quality, phenocrysts in basalt, St. John's Island, Red Sea, Fo 92, oriented 45° to [100] & [010]	45	800	10.00	5.0×10^{-5}	Talc	AIO	D:A	10.89					
	45	1000	10.00	5.0×10^{-5}	Talc	AIO	D:A	4.30					232
Orthopyroxene single crystal, Bamble, Norway, oriented about 45° to [100] and [001]	45	900	15.00	8.0×10^{-6}	NaCl	AIO	D:O				3.10		176–178
Pyroxene single crystal (diopside), Canyon Mountain Ophiolite Complex, Oregon, 20° to [100], 80° to [010], 45° to [001]	45	200	5.50	7.8×10^{-5}	Talc	WC	D:A	6.50	8.50	9.70		NF	16
	45	500	6.00	7.8×10^{-5}	Talc	WC	D:A	5.00	6.40	7.10		NF	
	45	600	17.00	7.8×10^{-5}	Talc	WC	D:A	7.90	10.70	12.39		NF	
	45	800	8.00	7.8×10^{-5}	Talc	WC	W:TD	5.10	5.90	6.40		NF	
	45	800	18.00	7.8×10^{-5}	Talc	WC	D:A	3.80	5.00	5.70		NF	
	45	950	8.00	7.8×10^{-5}	Talc	WC	W:TD	3.70	4.60	5.20		NF	
	45	1000	7.50	7.8×10^{-5}	Talc	WC	W:TD	3.30	3.80	4.30		NF	
	45	1000	17.00	7.8×10^{-5}	Talc	WC	W:TD	2.80	3.20	3.50		NF	
	45	1050	6.50	7.8×10^{-5}	Talc	WC	W:TD	2.10	3.20	3.50		NF	

Table 4 (continued)
STRESS-STRAIN RELATIONS IN CONSTANT STRAIN RATE TRIAXIAL COMPRESSION TESTS ON ROCKS AND MINERALS: PISTON-CYLINDER SOLID MEDIUM APPARATUS

Material	Or	Temp (°C)	Conf. pressure (Kb)	Strain rate (s^{-1})	Conf. media	Pist. Mtrl.	Wet dry	Differential stress — Kb strain (%) 5	10	15	Flow stress (Kb)	F/NF	Comment	Ref.
Pyroxene single crystal (diopside), Canyon Mountain Ophiolite Complex, Oregon, 61° to [100], 90° to [010], 45° to [001]		400	6.00	7.8×10^{-5}	Talc	WC	D:A	8.79	12.70	15.20		F		16
		700	7.00	7.8×10^{-5}	Talc	WC	D:A	11.00	13.00	13.60		F		
		1000	8.00	7.8×10^{-5}	Talc	WC	W:TD	1.90	3.00	3.40		NF		
Pyroxenite, Sleaford Bay, South Australia, >99% clinopyroxene (salite), G.S. = 0.6mm	U	400	14.39	1.1×10^{-3}	NaCl	AlO	D:VO	18.70	19.59	20.40		NF		166
	U	400	14.89	1.1×10^{-4}	NaCl	AlO	D:VO	17.09	18.20	19.00		NF		
	U	400	14.89	1.1×10^{-5}	NaCl	AlO	D:VO	16.79	18.00	19.29		NF		
	U	400	14.70	1.1×10^{-6}	NaCl	AlO	D:VO	16.79	17.70	18.29		NF		
	U	400	14.39	1.1×10^{-7}	NaCl	AlO	D:VO	14.60	16.00	17.00		NF		
	U	600	14.39	1.1×10^{-3}	NaCl	AlO	D:VO		17.50			NF		
	U	600	14.20	1.1×10^{-4}	NaCl	AlO	D:VO	16.29	17.00	17.20		NF		
	U	600	1.70	1.1×10^{-5}	NaCl	AlO	D:VO	4.50	5.00	4.90		F		
	U	600	3.80	1.1×10^{-5}	NaCl	AlO	D:VO	8.79	9.29	9.60		F		
	U	600	5.00	1.1×10^{-5}	NaCl	AlO	D:VO	10.20	10.70	10.89		NF		
	U	600	7.30	1.1×10^{-5}	NaCl	AlO	D:VO	11.89	12.60	13.10		NF		
	U	600	8.60	1.1×10^{-5}	NaCl	AlO	D:VO	11.60	12.79	13.50		NF		
	U	600	10.00	1.1×10^{-5}	NaCl	AlO	D:VO	13.60	14.60	15.29		NF		
	U	600	13.89	1.1×10^{-5}	NaCl	AlO	D:VO	14.89	16.20	16.59		NF		
	U	600	14.79	1.1×10^{-5}	NaCl	AlO	D:VO	16.09	16.70	17.50		NF		
	U	600	14.79	1.1×10^{-5}	NaCl	AlO	D:VO		16.70			NF		
	U	600	20.09	1.1×10^{-5}	NaCl	AlO	D:VO	16.00	17.20	18.29		NF		
	U	600	14.60	1.1×10^{-6}	NaCl	AlO	D:VO	15.00	16.20	17.00		NF		
	U	800	14.79	1.1×10^{-3}	NaCl	AlO	D:VO	15.20	16.20	16.50		NF		
	U	800	16.09	1.1×10^{-4}	NaCl	AlO	D:VO	15.29	15.60	15.79		NF		
	U	800	15.20	1.1×10^{-5}	NaCl	AlO	D:VO	14.79	15.20	14.70		NF		
	U	800	14.60	1.1×10^{-6}	NaCl	AlO	D:VO	10.89	11.20	10.50		NF		
	U	800	15.10	1.1×10^{-7}	NaCl	AlO	D:VO	8.70	7.60					

	U	900	14.70	1.1×10^{-3}	NaCl	AlO	D:VO	15.60	16.29	17.09	
	U	900	14.29	1.1×10^{-4}	NaCl	AlO	D:VO	13.10	13.10	13.89	
	U	900	15.39	1.1×10^{-5}	NaCl	AlO	D:VO	13.39	13.00	11.10	
	U	900	15.00	3.0×10^{-6}	NaCl	AlO	D:O	6.30	5.70	5.20	
	U	900	14.70	1.1×10^{-6}	NaCl	AlO	D:VO	8.79	8.10	7.40	NF
	U	900	14.89	1.1×10^{-6}	NaCl	AlO	D:VO	8.79	6.80	5.50	
	U	900	15.39	1.1×10^{-6}	NaCl	AlO	D:VO	10.10	8.60	6.90	
	U	900	14.60	1.1×10^{-7}	NaCl	AlO	D:VO	5.70	4.80	4.00	
	U	1000	15.50	1.1×10^{-3}	NaF	AlO	D:VO	11.79	13.10	13.29	
	U	1000	15.70	1.0×10^{-3}	NaF	AlO	D:VO	15.50	16.29	16.59	
	U	1000	14.60	1.1×10^{-4}	NaF	AlO	D:VO	8.39	8.79	9.10	
	U	1000	14.89	1.1×10^{-5}	NaF	AlO	D:VO	6.60	7.00	6.90	
	U	1000	15.89	1.1×10^{-5}	NaF	AlO	D:VO	5.70	4.70	3.90	
	U	1000	12.60	1.1×10^{-6}	NaF	AlO	D:VO	4.00	3.50	3.30	
	U	1000	13.60	1.1×10^{-6}	NaF	AlO	D:VO	4.50	4.80	3.20	
	U	1100	15.29	1.1×10^{-3}	NaF	AlO	D:VO	12.10	14.00	16.50	287
	U	1100	15.70	1.1×10^{-5}	NaF	AlO	D:VO	5.40	5.40	5.10	166
Pyroxenite, Stillwater Complex, Montana, 90% orthopyroxene (bronzite), 10% clinopyroxene, G.S. = 1—2mm	U	600	15.00	1.1×10^{-4}	NaCl	AlO	D:VO	12.70	13.50	14.00	NF
	U	600	1.50	1.1×10^{-5}	NaCl	AlO	D:VO	5.00	5.20	5.30	F
	U	600	5.00	1.1×10^{-5}	NaCl	AlO	D:VO	9.20	9.60	9.89	NF
	U	600	10.00	1.1×10^{-5}	NaCl	AlO	D:VO	11.89	12.20	12.20	NF
	U	600	10.00	1.1×10^{-5}	NaCl	AlO	D:VO	12.89	13.70	14.29	NF
	U	600	15.00	1.1×10^{-6}	NaCl	AlO	D:VO	11.70	12.70	13.39	NF
	U	900	15.00	1.1×10^{-5}	NaCl	AlO	D:VO	11.39	12.29	12.29	NF
Pyroxenite, Webster, N.C., orthopyroxene, G.S. = 1mm	N	1000	10.10	1.1×10^{-5}	Talc	WC	W:TD	8.50	9.10		NF	173
	N	1000	9.79	1.1×10^{-6}	Talc	WC	W:TD	4.20	4.40	4.30	NF
	N	1050	10.29	1.1×10^{-5}	Talc	WC	W:TD	5.90	6.50	6.50	NF
	N	1050	10.00	1.1×10^{-5}	Talc	WC	W:TD	2.60	2.70	2.70	NF
	N	1100	9.89	1.1×10^{-4}	Talc	WC	W:TD	9.50	10.39		NF
	N	1100	9.70	1.1×10^{-5}	Talc	WC	W:TD	4.30	4.70	4.50	NF	249
	N	1150	10.10	1.1×10^{-6}	Talc	WC	W:TD	2.00	2.20	2.10	NF
	N	1150	10.10	1.1×10^{-6}	Talc	WC	W:TD	1.30	1.50	1.50	NF
	N	1200	9.89	1.1×10^{-4}	Talc	WC	W:TD	6.30	6.40		NF	Stress drop at 3.5% strain and 5.7 Kb stress
	N	1200	10.20	1.1×10^{-5}	Talc	WC	W:TD	2.60	2.80	2.70	NF
	N	1250	10.10	1.1×10^{-4}	Talc	WC	W:TD	4.40	4.70		NF
	N	1250	10.29	1.1×10^{-5}	Talc	WC	W:TD	1.90	2.10	2.00	NF
	N	1280	10.00	1.1×10^{-4}	Talc	WC	W:TD	3.60	4.00		NF
	N	1300	10.20	1.1×10^{-4}	Talc	WC	W:TD	2.20	2.20		NF
	N	1300	10.10	1.1×10^{-5}	Talc	WC	W:TD	1.50	1.70	1.70	NF

Table 4 (continued)
STRESS-STRAIN RELATIONS IN CONSTANT STRAIN RATE TRIAXIAL COMPRESSION TESTS ON ROCKS AND MINERALS: PISTON-CYLINDER SOLID MEDIUM APPARATUS

Material	Or	Temp (°C)	Conf. pressure (Kb)	Strain rate (s^{-1})	Conf. media	Pist. Mtrl.	Wet dry	Differential stress — Kb strain (%) 5	10	15	Flow stress (Kb)	F/NF	Comment	Ref.
Quartz crystal, Brazil, dry (<50ppm OH), compression at 45° to [a] and [c], designated 0+	0+	300	14.50	7.8×10^{-6}	Talc	WC	D:O				46.30			27, 28
	0+	300	15.00	7.7×10^{-8}	Talc	WC	D:O				41.09			
	0+	400	15.50	7.7×10^{-5}	Talc	WC	D:O				46.69			
	0+	400	15.00	8.2×10^{-6}	Talc	WC	D:O				44.59			
	0+	450	15.00	7.8×10^{-7}	Talc	WC	D:O				38.40			
	0+	500	15.50	1.0×10^{-5}	KCl	AlO	D:O				40.00			
	0+	600	14.50	7.7×10^{-6}	Talc	WC	D:O				39.90			
	0+	600	14.50	7.7×10^{-7}	Talc	WC	D:O				31.29			
	0+	600	16.00	7.7×10^{-8}	Talc	WC	D:O				30.59			
	0+	700	14.79	1.1×10^{-5}	NaCl	AlO	D:O				38.00			
	0+	700	9.00	7.7×10^{-6}	Talc	WC	D:O				35.69			
	0+	800	15.50	7.7×10^{-5}	Talc	WC	D:O				41.69			
	0+	800	14.00	1.1×10^{-5}	Talc	WC	W:SC				1.00			
	0+	1000	13.50	1.1×10^{-5}	Talc	WC	W:TD				2.30			
	0+	1000	14.50	1.0×10^{-5}	NaCl	AlO	D:O				33.00			
	0+	1100	14.00	1.1×10^{-5}	NaCl	AlO	D:O				24.00			
Quartz crystal, Brazil, dry (<50ppm OH), compression normal to first order rhombohedron (10$\bar{1}$1) = ⊥r	⊥r	300	14.00	7.7×10^{-6}	Talc	WC	D:O				50.30			27, 28
	⊥r	400	14.50	7.7×10^{-6}	Talc	WC	D:O				45.30			
	⊥r	500	15.00	7.8×10^{-6}	Talc	WC	D:O				45.50			
	⊥r	600	14.00	7.8×10^{-6}	Talc	WC	D:O				44.00			
	⊥r	740	15.00	7.7×10^{-6}	Talc	WC	D:O				35.09			
	⊥r	850	15.50	7.7×10^{-6}	Talc	WC	W:TD				19.40			
	⊥r	870	15.50	7.7×10^{-6}	Talc	WC	W:TD				13.89			
	⊥r	900	17.50	7.9×10^{-6}	ASM	WC	D:O				28.59			27, 28
	⊥r	900	15.50	7.7×10^{-6}	Talc	WC	W:TD				25.20			
	⊥r	1000	14.50	7.8×10^{-6}	ASM	WC	D:O				15.10			
Quartzite, "Black Hills", Northern Black Hills, South Dakota, G.S. = 0.075mm	U	600	15.00	1.0×10^{-5}	NaCl	WC	D:A		20.00					285
Quartzite, "Canyon Creek", Big Hole	U	960	10.10	5.1×10^{-5}	Talc	WC	W:TD	3.47	3.45	3.46				248
	U	960	10.10	2.1×10^{-5}	Talc	WC	W:TD	2.45	2.44	2.44				

Sample	Orient.	Temp	P	Rate	Medium	Assembly	Type	σ₁	σ₂	σ₃	Fault	Ref	Notes
Canyon, Montana	U	1060	10.10	5.1 × 10⁻⁶	NaCl/CaF	WC	W:SC	.890	.880	.780			
	U	1060	10.10	5.1 × 10⁻⁶	Talc	WC	W:TD	.780	.790	.710			
	U	1060	10.10	5.1 × 10⁻⁶	Talc	WC	W:TD	.720	.710	.560			
	U	1060	9.89	2.1 × 10⁻⁶	Talc	WC	W:SC	.580	.560	.460			
	U	1060	10.10	2.1 × 10⁻⁴	NaCl/CaF	WC	W:SC	.480	.460				
	U	1160	9.89	2.1 × 10⁻⁶	NaCl/CaF	WC	W:SC	1.91	1.90	1.91			
	U	1160	9.79	2.1 × 10⁻⁵	NaCl/CaF	WC	W:SC	1.55	1.54	1.54			
	U	1160	10.00	5.1 × 10⁻⁶	Talc	WC	W:TD	1.48	1.46	1.46			
	U	1160	10.10	5.1 × 10⁻⁵	Talc	WC	W:TD	.560	.550	.550			
	U	1160	10.10	5.1 × 10⁻⁷	NaCl/CaF	WC	W:SC	.370	3.80	.380		287	
Quartzite, "Heavitree", Australia, grain size = 0.2mm	U	600	15.00	3.0 × 10⁻⁶	NaCl	AIO	D:O	15.50	21.00		NF		
	U	900	15.00	3.0 × 10⁻⁵	NaCl	AIO	D:O	5.00	6.00	6.40	NF		
	U	900	15.00	3.0 × 10⁻⁶	NaCl	AIO	D:O	2.00	2.10		NF	285	
Quartzite, "Quadrant" or "Canyon Creek", Beaverhead County, Montana, G.S. = 0.15mm	U	400	14.50	1.0 × 10⁻⁵	Talc	WC	D:A		40.00		F		
	U	400	14.00	1.0 × 10⁻⁶	Talc	WC	D:A		36.69		NF		
	U	400	14.50	1.0 × 10⁻⁷	Talc	WC	D:A		30.09		NF		
	U	400	15.00	1.0 × 10⁻⁵	Talc	WC	D:A		32.80		NF		
	U	500	14.50	1.0 × 10⁻⁶	Talc	WC	D:A		34.50		NF		
	U	500	15.00	1.0 × 10⁻⁷	Talc	WC	D:A		23.59		NF		
	U	600	14.50	1.0 × 10⁻⁵	Talc	WC	D:A		26.29		NF		
	U	600	13.60	1.0 × 10⁻⁶	NaCl	WC	D:A		20.29		NF		
	U	600	15.00	1.0 × 10⁻⁶	Talc	WC	D:A		19.59		NF		
	U	600	14.50	1.0 × 10⁻⁵	Talc	WC	D:A		15.00		NF		
	U	700	14.50	1.0 × 10⁻⁶	Talc	WC	D:A		22.90		NF		
	U	700	14.50	1.0 × 10⁻⁷	Talc	WC	D:A		23.90		NF		
	U	700	15.00	1.0 × 10⁻⁵	Talc	WC	D:A		9.20		NF		
	U	800	14.50	1.0 × 10⁻⁶	Talc	WC	D:A		15.50		NF		
	U	800	15.00	1.0 × 10⁻⁵	Talc	WC	D:A		7.00		NF		
	U	800	14.50	1.0 × 10⁻⁶	Talc	WC	D:A		4.60		NF		
	U	850	14.50	1.0 × 10⁻⁵	Talc	WC	D:A		7.40		NF		
	U	850	15.50	1.0 × 10⁻⁶	Talc	WC	W:TD		4.00		NF		
	U	850	15.50	1.0 × 10⁻⁵	Talc	WC	W:TD		6.80		NF		
	U	900	14.50	1.0 × 10⁻⁶	Talc	WC	W:TD		2.70		NF		
	U	900	15.00	1.0 × 10⁻⁵	Talc	WC	W:TD		4.10		NF		
	U	1000	14.50	1.0 × 10⁻⁵	Talc	WC	D:A		21.29		NF	285	
Quartzite, "Simpson", 12,956 ft level in Sunray Cullen well, Oklahoma, G.S. = 0.2mm	U	700	15.00	1.0 × 10⁻⁵	Talc	WC	W:TD		7.70				
	U	850	15.00	1.0 × 10⁻⁵	Talc	WC	W:TD		3.10				
	U	1000	15.00	1.0 × 10⁻⁵	Talc	WC	W:TD						
Spinel single crystal, synthetic	<001>	400	14.00	2.0 × 10⁻⁵	NaCl	AIO	D:O			19.40	NF	172	Activated {110}<1̄10> slip
(Union Carbide), MgO: 1.1(Al₂O₃)	<011>	400	14.00	2.0 × 10⁻⁵	NaCl	AIO	D:O			43.00	NF		Activated {111}<1̄10> slip

Table 4 (continued)
STRESS-STRAIN RELATIONS IN CONSTANT STRAIN RATE TRIAXIAL COMPRESSION TESTS ON ROCKS AND MINERALS: PISTON-CYLINDER SOLID MEDIUM APPARATUS

Material	Or	Temp (°C)	Conf. pressure (Kb)	Strain rate (s^{-1})	Conf. media	Pist. Mtrl.	Wet dry	Differential stress — Kb strain (%)				Flow stress (Kb)	F/NF	Comment	Ref.
								5	10	15					
Websterite, Webster Co., North Carolina, 68% clinopyroxene (diopside, 0.4—1.7mm), 32% orthopyroxene (bronzite, 1.7mm)	<111>	400	14.00	2.0 × 10^{-5}	NaCl	AlO	D:O					37.19	NF	Activated {100}<1$\bar{1}$0> slip	16
	P	200	5.80	1.0 × 10^{-4}	Talc	WC	D:A	17.79	20.09	21.50			NF		
	P	200	4.80	1.0 × 10^{-5}	Talc	WC	D:A	14.79	16.40	17.59			NF		
	P	200	5.50	1.0 × 10^{-6}	Talc	WC	D:A	16.20	17.59	18.40			NF		
	P	300	5.30	1.0 × 10^{-4}	Talc	WC	D:A	16.09	17.20	18.40			NF		
	P	400	5.20	1.0 × 10^{-4}	Talc	WC	D:A	13.89	15.89	17.20			NF		
	P	500	5.50	1.0 × 10^{-4}	Talc	WC	D:A	13.50	15.10				NF		
	P	700	5.70	1.0 × 10^{-4}	Talc	WC	D:A	12.39	14.00	15.10			NF		
	P	800	6.30	1.0 × 10^{-4}	Talc	WC	D:A	11.39	12.89	14.29			NF		
	P	800	6.50	1.0 × 10^{-5}	Talc	WC	D:A	12.00	13.20	13.79			NF		
	P	800	5.50	1.0 × 10^{-6}	Talc	WC	D:A	9.89	11.00	11.60			NF		
	P	900	6.30	1.0 × 10^{-4}	Talc	WC	W:TD	9.10	9.79	10.00			NF	SS = 10.2 Kb	
	P	900	6.10	1.0 × 10^{-6}	Talc	WC	W:TD	5.40	6.60	6.80			NF	SS = 6.8 Kb	
	P	950	7.00	1.0 × 10^{-4}	Talc	WC	W:TD	6.60	8.00	9.00			NF	SS = 9.3 Kb	
	P	1000	6.60	1.0 × 10^{-4}	Talc	WC	W:TD	5.80	6.70	7.10			NF	SS = 7.2 Kb	
	P	1000	6.50	1.0 × 10^{-5}	Talc	WC	W:TD	3.70	5.00	5.40			NF	SS = 6.1 Kb	
	P	1000	6.80	1.0 × 10^{-5}	Talc	WC	W:TD	2.90	4.30	4.80			NF	SS = 5.4 Kb	
	P	1000	7.00	1.0 × 10^{-4}	Talc	WC	W:TD	2.80	4.00	4.90			NF	SS = 5.6 Kb	
	P	1000	7.00	1.0 × 10^{-5}	Talc	WC	W:TD	2.90	4.30	4.90			NF	SS = 4.9 Kb	
	P	1000	10.20	1.0 × 10^{-5}	ASM	WC	D:O	7.10	8.70	9.29			NF	SS = 10.4 Kb	
	P	1000	10.00	1.0 × 10^{-6}	ASM	WC	D:O	8.10	9.60	10.20			NF		
	P	1000	10.00	1.0 × 10^{-4}	ASM	WC	D:O	6.80	8.00	8.70			NF	SS = 9.1 Kb	
	P	1000	10.50	1.0 × 10^{-6}	ASM	WC	D:O	6.20	7.50	8.39			NF	SS = 9.4 Kb	
	P	1000	10.60	1.0 × 10^{-4}	ASM	WC	D:O	5.90	7.20	8.00			NF	SS = 8.6 Kb	
	P	1000	10.00	1.0 × 10^{-7}	ASM	WC	D:O	3.40	5.20	6.30			NF	SS = 6.6 Kb	
	P	1050	6.20	1.0 × 10^{-4}	Talc	WC	W:TD	2.90	4.30	5.00			NF	SS = 5.6 Kb	
	P	1050	6.50	1.0 × 10^{-5}	Talc	WC	W:TD	2.40	3.50	3.90			NF	SS = 4.3 Kb	
	P	1050	10.50	1.0 × 10^{-6}	ASM	WC	D:O	2.30	4.60	7.20			NF	SS = 7.6 Kb	
	P	1100	10.00	1.0 × 10^{-4}	ASM	WC	D:O	8.29	9.39	9.89			NF	SS = 11.1 Kb	

P	1100	10.50	1.0×10^{-4}	ASM	WC	D:O	7.30	8.79	9.60	NF	SS = 11.1 Kb
P	1100	10.39	1.0×10^{-5}	ASM	WC	D:O	3.80	5.80	6.80	NF	SS = 7.9 Kb
P	1100	10.00	1.0×10^{-6}	ASM	WC	D:O	1.60	3.40	4.70	NF	SS = 7.0 Kb
P	1100	10.20	1.0×10^{-6}	ASM	WC	D:O	4.20	5.80	6.60	NF	SS = 8.1 Kb
P	1100	10.00	1.0×10^{-7}	ASM	WC	D:O	2.10	3.40	4.20	NF	SS = 4.9 Kb
P	1200	10.00	1.0×10^{-5}	ASM	WC	D:O	1.50	2.80	4.40	NF	SS = 7.0 Kb
P	1200	11.29	1.0×10^{-6}	ASM	WC	D:O	2.50	4.30	4.90	NF	SS = 5.4 Kb
U	1000	10.00	1.0×10^{-6}	ASM	C	D:O	8.10	9.60	10.20	NF	0
U	1200	10.00	1.0×10^{-5}	ASM	C	D:O	1.50	2.80	4.40	NF	SS = 7.0 16

Note: A host of practical problems generally limit the maximum test temperature and pressure in rock deformation apparatus utilizing fluids as pressure media. Experimental data at confining pressures in excess of 8 kbar and temperatures above 800°C are rare, and only recently has gas apparatus design permitted triaxial tests at temperatures above 1000°C even at pressures below 5 kbar. These conditions are adequate to promote flow well into the regime of ductile flow for certain "soft" rocks and minerals (carbonates, alkali, and alkaline earth halides, sulfates, sulfides, and "wet" synthetic quartz). For most silicates, these limitations in pressure and temperature are inadequate to suppress the contribution of brittle processes at practical laboratory strain rates and creep stresses. At confining pressures which are convenient and practical for these types of apparatuses, some rock types (such as the feldspathic rocks), are brittle right up to the temperature of first melting.[88] In short, the ductile strengths of most silicates cannot currently be characterized in apparatuses of this kind. In the early 1960s Griggs[99] set out to design a triaxial apparatus based on the solid-medium piston cylinder hydrostatic apparatus developed by the Geophysical Laboratory. The cylindrical sample is sheathed in a nominally weak solid medium which is compressed and pressurized by the advance of a large confining pressure piston which closely fits the bore of the pressure vessel (Figure 27). The specimen is axially loaded by a smaller axial piston (L) acting through carbide or ceramic spacers (E) and bearing upon a carbide anvil A. The specimen is heated by a cylindrical graphite resistance furnace coaxial with the specimen and temperature is monitored by a ceramic sheathed thermocouple (TC) which touches the side of the sample. The differential stress on the sample is subject to the following uncertainties: (1) Since the axial force on the sample is measured external to the pressure vessel, the piston friction through the pressure packing (P) contributes to the measured total axial force. Uncertainties in the piston friction correction lead to uncertainties in the differential stress on the specimen. (2) Viscous and frictional drag on the upper spacer (E) and the sample support part of the measured force. (3) The radial expansion of the sample must be accommodated by flow in the confining medium and significant strength of the medium increases the total force necessary to achieve a given specimen strain. (4) Since the advance of the load piston (L) decreases the volume within the vessel, the confining pressure increases with increasing piston displacement. The uncertainty in piston friction can be minimized by operating in the constant strain rate mode so that the piston velocity is constant throughout the test and by determining the force at zero differential stress directly from the deflection of the force curve. This procedure introduces an uncertainty of about ±0.4 kbar in the differential stress measurement. Drag effects (2) and the resistance to radial expansion (3) are minimized by the selection of a weak confining medium. Blacic[27] has estimated the sum of these errors for the confining media that are typically used and these estimates, extended by us, are summarized as follows:

Medium	T°C	P kbar
Talc	<800	3
	>800	1
Alsimag 222	<900	Very large
	900—1100	5
	1200	<2
NaCl	<500	<1
	>500	<0.5
NaF	<900	1
	>900	0.5

Table 4 (continued)
STRESS-STRAIN RELATIONS IN CONSTANT STRAIN RATE TRIAXIAL COMPRESSION TESTS ON ROCKS AND MINERALS: PISTON-CYLINDER SOLID MEDIUM APPARATUS

Obviously these errors decrease with increasing temperatures. The increase in confining pressure with increasing piston displacement depends upon the bulk modulus of the pressure cell contents and the "compliance" of the pressure vessel. The use of alkali halides as confining media is attractive, not only because of their low strength, but also due to their high compressibilities. Pressure increases due to piston displacement in alkali halide cells can be held to less than 0.5 kbar at 20% specimen strain and can be corrected for. The absolute confining pressure based on the cell diameter and total force exerted on the confining pressure piston (C) exceed the actual pressure in the cell due to: (1) friction between the vessel bore and the piston, the piston seal, and the surface of the sample assembly; (2) pressure gradients due to the strength of the confining medium. Mirwald et al.[203] show that the use of alkali halide confining media and friction mitigation measures can reduce the uncertainty in pressure in piston-cylinder apparatuses to about ($\pm 1\% + 0.5$ kbar). In practice, the uncertainties in pressure (based on the calibrations in the petrological piston cylinder apparatus) are likely to be (± 0.5 kbar $\pm 2\%$) for alkali halide cells with nominal temperatures above 300°C and (± 0.5 kbar $\pm 2\%$ — (5 to 10%)) for other confining media. Uncertainties in the specimen temperature are primarily due to uncertainties in the pressure correction of the thermocouple emf (~10°C at 15 kbar), to axial temperature gradients caused by heat conduction out the axial spacers (E), and to gradients introduced by the perturbation of the temperature field by the thermocouple. Spatial temperature variations depend upon the specific assembly design but the following may be used as a guide:

Radial temperature variation ± 5 to 10% of nominal T, °C

Axial temperature variation

Tungsten carbide pistons −25 to −50% of nominal T, °C

Aluminum oxide pistons

  No metal jacket −10 to −20% of nominal T, °C

  With metal jacket −3 to −10% of nominal T, °C

Recent developments in furnace design may reduce the temperature uncertainties to less than 1%. Table explanation and symbol key — The columns pertaining to the sample characterization and experimental conditions are the same as Table 2 except as follows: all experiments are triaxial compression. Confining medium (self explanatory), piston material (WC, tungsten carbide; AlO, aluminum oxide (corundum)); wet/dry (D:A, air dried, D:O, oven dried, W:TD, wet, water from talc dehydration, W:SC, wet, water in sealed capsule). Flow stress is defined as the stress at which a strong deflection from linear (quasi-elastic) stress-strain behavior. SS is the steady-state stress, where the stress becomes independent of strain.

Table 5
STRENGTH DATA FROM TORSION EXPERIMENTS ON SOLID CYLINDERS OF ROCKS AND MINERALS

Material	Orientation	Temp (°C)	Press (Kbar)	Axial stress (Kbar)	Twist rate (rad/min)	Torque (Dyne-cm × 10⁻⁸)	Maximum shear stress (Kbar)	α	β	θ	F/NF	Ref.
Calcite, single crystals, yield torque indicated as maximum torque (solid cylinders)	⊥a	20	2.800	0	0.10	1.34	0.94				NF	37
	⊥a	20	1.000	1	0.10	1.30	0.81				NF	
	⊥a	20	2.700	3	0.10	3.04	1.86				NF	
	⊥c	20	2.800	0	0.10	2.21	1.54				NF	
	⊥c	20	1.000	1	0.10	1.37	0.85				F	
	⊥c	20	2.700	3	0.10	4.10	2.54				NF	
	⊥e	20	2.800	0	0.10	1.79	1.25				NF	
	⊥e	20	1.000	1	0.10	1.22	0.76				F	
	⊥e	20	2.700	3	0.10	2.70	1.67				F	
	⊥r	20	2.800	0	0.10	0.58	0.41				NF	
	⊥r	20	2.800	0	0.10	0.64	0.45				NF	
	⊥r	20	1.000	1	0.10	1.35	0.84				NF	
	⊥r	20	2.700	3	0.10	2.70	2.00				NF	
Limestone, "Carrara Marble (solid cylinders)	U	20	0.001	0	0.10	9.29	0.18				F	32
	U	20	0.300	0	0.10	35.59	0.67				F	
	U	20	0.470	0	0.10	39.80	0.75				F	
	U	20	1.020	1	0.10	76.69	1.44				NF	
	U	20	1.280	1	0.10	69.00	1.30				F	
	U	20	1.640	2	0.10	9.54	1.81				NF	
	U	20	1.940	2	0.10	9.79	1.85				NF	
	U	20	0.570	2	0.10	7.30	1.38				F	
	U	20	2.380	2	0.10	10.20	1.92				NF	
	U	20	0.650	3	0.10	8.48	1.60				F	
	U	20	0.880	3	0.10	11.50	2.17				F	
Limestone, "Solenhofen", Bavaria, Germany (solid cylinders)	U	20	0.001	0	0.10	0.23	0.17	45	45		F	117
	U	20	0.001	0	0.10	0.25	0.18	45	45		F	
	U	20	0.001	0	0.10	0.50	0.35	48	45	−3	F	
	U	20	0.500	0	0.10	1.90	1.36	48	45	−3	F	

Table 5 (continued)
STRENGTH DATA FROM TORSION EXPERIMENTS ON SOLID CYLINDERS OF ROCKS AND MINERALS

Material	Orientation	Temp (°C)	Press (Kbar)	Axial stress (Kbar)	Twist rate (rad/min)	Torque (Dyne-cm × 10⁻⁸)	Maximum shear stress (Kbar)	Angular relations			F/NF	Ref.
								α	β	θ		
	U	20	1.000	0	0.10	2.40	1.72	24	45	21	F	
	U	20	2.000	0	0.10	2.40	2.74	21	45	24	F	
	U	20	1.000	0	0.10	2.50	1.78	21	45	24	F	
	U	20	3.500	0	0.10	2.65	5.24	15	45	30	F	
	U	20	2.000	0	0.10	3.35	2.40	20	45	25	F	
	U	20	3.000	0	0.10	3.37	3.86	20	45	25	F	
	U	20	3.000	0	0.10	4.27	3.05	15	45	30	F	
	U	20	3.000	0	0.10	5.56	3.97	19	45	26	F	
	U	20	4.500	0	0.10	6.12	4.38		45		NF	
	U	20	4.000	0	0.10	6.16	4.40	16	45	29	F	
	U	20	0.001	0	0.10	0.65	0.46	55	33	2	F	
	U	20	0.001	0	0.10	0.24	0.17	45	19	26	F	
	U	20	0.001	1	0.10	1.06	0.76	50	30	10	F	
	U	20	1.000	1	0.10	2.25	1.60	37	38	15	F	
	U	20	1.000	1	0.10	2.38	1.70	28	38	24	F	
	U	20	1.000	1	0.10	2.99	2.14	27	39	24	F	
	U	20	1.000	1	0.10	2.74	1.95	28	38	24	F	
	U	20	2.000	1	0.10	4.04	2.88	41	33	−19	F	
	U	20	1.500	1	0.10	4.07	2.91	32	41	17	F	
	U	20	2.000	1	0.10	4.60	3.29	24	41	25	F	
	U	20	1	1	0.10	5.37	3.83	16	42	32	F	
	U	20	3.000	1	0.10	5.58	3.98	15	42	33	F	
	U	20	0.001	1	0.10	0.65	0.47	62	23	5	F	
	U	20	0.500	1	0.10	2.03	1.45	27	36	27	F	
	U	20	4.000	1	0.10	6.52	4.66	64	42	−16	F	
	U	20	0.001	1	0.10	1.27	0.91		29		F	
	U	20	2.000	2	0.10	4.60	3.29	25	38	27	F	
	U	20	2.000	2	0.10	5.08	3.63	34	38	18	F	
	U	20	1.000	2	0.10	2.80	2.07	24	34	32	F	
	U	20	2.000	2	0.10	4.33	3.09	24	37	29	F	

Material											
Limestone, "Yule Marble", (solid cylinders)	U	20	3.000	2	0.10	5.91	4.21	27	39	24	F
	U	20	4.000	2	0.10	3.37	3.86	61	39	10	F
	U	20	0.500	2	0.10	2.15	1.54	54	30	6	F
	U	20	2.000	2	0.10	5.93	4.23	21	38	31	F
	U	20	1.000	2	0.10	3.71	2.65	40	34	16	F
	U	20	1.500	2	0.10	4.00	2.86	51	34	5	F
	U	20	3.000	3	0.10	5.10	3.64		35		F
	U	20	2.000	3	0.10	5.40	3.85	32	35	23	F
	U	20	0.500	3	0.10	2.18	1.56	50	24	16	F
	U	20	1.000	3	0.10	3.29	2.35	33	29	28	F
	U	20	1.000	3	0.10	3.48	2.48	35	30	25	F
	U	20	2.000	3	0.10	6.15	4.38	75	36	−21	F
	U	20	0.001	3	0.10	1.90	1.35		21		F
	U	20	1.000	4	0.10	2.90	2.07		24		NF
	U	20	1.000	4	0.10	3.43	2.45	50	27	13	F
	U	20	2.000	4	0.10	5.91	4.20	11	33	46	F
	U	20	3.000	4	0.10	5.08	3.63		31		NF
	U	20	2.500	4	0.10	4.90	3.50		31		NF
	U	20	3.000	4	0.10	6.26	4.47		33		NF
	N	20	1.000	1	0.10	1.22	0.72				F 118
	N	20	2.000	2	0.10	3.40	2.16				F
	P	20	1.000	1	0.10	1.85	1.07				F
	P	20	1.000	1	0.10	2.30	1.41				F
	P	20	2.000	2	0.10	2.60	2.29				F
	P	20	2.000	3	0.10	2.49	1.48				F
	P	20	2.700	3	0.10	5.20	3.39				F
	P	20	2.000	3	0.10	2.20	1.32				F
	P	20	2.700	4	0.10	7.95	4.68				NF
	P	150	2.000	2	0.10	2.35	2.07				F
	P	300	2.000	2	0.10	2.24	1.83				NF

Note: The formats for material identification, orientation, temperature, pressure, and fault characteristics are as indicated in the Table 2. Typically, the torque vs. twist and axial differential stress vs. axial strain data are not presented in the literature on these types of tests, so we tabulate here the torque at yield or fracture for a given fixed axial stress σ_x and compute the maximum shear stress $(\tau_{xy})_{max}$ from Equation 1 in the text. The parameters describing the angular relations between cylinder axis x direction and fault or fracture planes are defined in Figure 1E and presented in the table in degrees. In the experiments with nonzero axial stress σ_x, the stress is applied at a strain rate of about 10^{-4} s^{-1} and then fixed at a value below the corresponding triaxial strength of the material. The torque is then applied to failure or yield. Additional data on rock strength in torsion on hollow cylinders may be found in Handin et al.[117] and Durand[77] for rocks and in Steinemann,[312] Kamb,[154] Byers,[53] and Duval[81] for ice.

Table 6
STEADY-STATE FLOW LAW PARAMETERS FOR THE HIGH-TEMPERATURE FLOW OF ROCKS TESTED IN FLUID MEDIUM APPARATUS

Material	$\log_{10} A$ ($kbar^{-n}s^{-1}$)	n	$\Delta\sigma$ (kbar)	Q^* (kcal/mol)	ΔT (°C)	P (kbar)	Comments[b]	Ref.
Anhydrite, Riberg, Switzerland, >90% pure, 0.3 × 0.05 mm G.S.	5.48	2	0.2—0.6[a]	36.4 ± 2.2	350—450	1.5	CSR, SR	212
Chalcopyrite, Ontario, Canada, 70—95% pure, G.S. = 1 mm	5.2 ± 1.1	8.6 ± 1.0	1.0—4.9	30.0 ± 2.7	150—250	1.5	CSR, SRD	247
Diabase, Frederick, Md., 36% plag(An70), 58% cpx, 3% chlorite, 3% opaque minerals, G.S. = 0.2 mm		3.0 ± 0.3 13	<2.8[a] >2.8				CS, CSR, T = 990°C CS, CSR, T = 990°C	54 54
Dolomite, "Crevola marble", Simplon, Switzerland, nominally pure	5.3 ± 2.6	9.1 ± 0.9	3.1—7.5	83.2 ± 6.0	700—900	7.2—9.0	CSR	125
Galena, Mt. Isa, Australia, 88% galena, 5% sphalerite, 6% quartz, 1% pyrite, G.S. = 0.07 mm	3.5 ± 0.6	7.3 ± 0.6	0.3—1.2	22.5 ± 3.7	200—400	1.5	CSR	6
Halite, synthetic, nonporous, <10 at. ppm divalent impurities, G.S. = 0.2—3 mm	14.3 14.0	5.5 ± 0.4 3.6 ± 0.4	0.014—0.138 0.003—0.009	38 ± 6 48 ± 6	365—513 603—742	0.001 0.001	CS, dry nitogen atm CS	47 47
Halite, synthetic, <1% porosity, <10 at. ppm divalent impurities, G.S. = 2—3 mm	10.9 ± 0.8	5.5 × 0.4	0.02—0.14	23.5 ± 1.9	100—400	2.0	CSR, extension	123
Ice Ih, synthetic, nominally pure, grown from boiled, deionized distilled water, G.S. = 1 to 2 mm	26.3	3.2	0.001—0.010	32	−13—0	0.001	CS	91
	14.1 23.6	3.1 ± 0.1 3.2 2.6	0.004—0.038[a] 0.001— 0.038[a] 0.001—0.010	17.8 29.0	−8 — −45 −2 — −8	0.001 0.001 0.001	CS CS CS, combined torsion and compression of hollow cylinders, T = −10—0	26 26 53

259

Material							
Limestone, "Solenhofen", Germany, weak preferred orientation, G.S. = 4 μm	12.8	4.7	0.7—2.0[a]	71.1	600—900	3.0	CSR, SR, CS	260
	7.8	1.7	0.01—0.07[a]	50.9	600—900	3.0	CSR, SR, CS	260
Marble, "Yule", Colorado, >98% calcite, G.S. = 0.3 mm, strong preferred orientation: c-axis maximum ⊥ foliation							
Cylinders ∥ foliation	11.8 ± 0.9	7.7 ± 0.5	0.22—1.44[a]	60.7 ± 2.9	400—800	5.0	CSR, extension	135
Cylinders ⊥ foliation	12.7 ± 0.7	8.3 ± 0.4	0.16—1.12[a]	62.0 ± 2.9	400—800	5.0	CSR, extension	135
Quartzite, "Simpson", Oklahoma, >95% quartz, random fabric, G.S. = 0.2 mm	1.3 ± 1.9	5.7 ± 0.6	5.0—16.0	58.1 ± 5.0	600—900	6—10	CSR	125, 132

Note: The material parameters A, n, and the apparent activation energy $Q^* = (E^* + PV^*)$ in the steady-state ductile flow law of Equation 6 in the text are tabulated here, together with the ranges of stress and temperature and the confining pressure to which the parameters apply. In all cases, material parameters were checked so that the original steady-state strain rates were reproduced at the test temperature and stress. Differences between our values of these constants and those in the original sources are due to our corrections made to reproduce the original data. We regard the data from simple creep and constant strain rate tests on rocks to be superior to stress relaxation and strain rate change tests, since the latter two types of runs can incorporate unknown primary creep effects. More comprehensive tabulations of data on ice may be found in Weertman,[299] Glen,[92] and in a recent volume on ice properties (Symposium on the Physics and Chemistry of Ice, J. Glaciology, 1978). High-temperature creep data on polycrystalline ceramics, which are closely related to rock creep, are summarized in Breteau et al.[46] The equilibrium point defect concentrations in oxide ceramics are influenced by the ambient oxygen fugacity f_{O_2} as well as by temperature. The point defect concentrations in turn, can influence creep rates, especially at high temperatures when point defects are mobile. The oxygen fugacity was not controlled in the above experiments, except indirectly by possible buffering by the surrounding metal jackets and pistons. Thus an unknown effect of f_{O_2} may be present in the data tabulated, possibly in the A parameter. The systematic effects of structurally bound water on the ductile flow of rocks was reviewed in the text. All of the tests except those on Ice Ih, were carried out on nominally dry samples. It is not certain however, that the drying procedures used were sufficient to eliminate all significant mechanical effects of structural water. We have specifically excluded rheological data on silicate rocks tested at low confining pressure, since direct evidence (cited in the text) indicates that brittle and semi-brittle processes dominate in polycrystalline silicates at low pressure, even up to the temperature of first melting.

[a] Transition to greater stress sensitivity at stresses above this range.
[b] CSR, constant strain rate; CS, constant stress, creep; SR, stress relaxation.
[c] All experiments in triaxial compression, unless otherwise noted.

Table 7
STEADY-STATE RHEOLOGICAL CONSTANTS FOR ROCKS AND MINERALS TESTED IN SOLID MEDIUM PISTON-CYLINDER APPARATUS

Material	$\log_{10} A$ (kbar^{-n}s^{-1})	n	$\Delta\sigma$ (kbar)	Q^* (kcal mol^{-1})	ΔT (°C)	P (kbar)	Comment[b]	Ref.
Dunite, Mt. Burnet, Alaska, 99% olivine (Mg$_{0.92}$Fe$_{0.08}$)$_2$SiO$_4$) minor serpentine 1% chromite, grain size 0.3—4mm, 1mm av., nominally anhydrous	10.1	4.8 ± 0.4	1—9	120 ± 17	1100—1300	15	CSR, Alsimag 222 medium, drying probably not sufficient to remove all water	55
	9.7	3.3	1—9	111	1100—1300	15	Ditto, corrected for nonuniform strain (bulging)	
	8.0	3	1—7	100 ± 15	1100—1200	15	CSR, SR, SDC, pyrex glass medium	238, 171
	8.9	3.6	1—8	126 ± 15	1100—1400	10—15	CS, SDC, TDC, CSR, copper and nickel-confining media	235—236
	8.6	3	1—3[a]	126 ± 15	1100—1400	10—15	CS, SDC, TDC, CSR, copper and nickel-confining media	235—236
Dunite, Mt. Burnet, Alaska, 99% olivine (Mg$_{0.92}$Fe$_{0.08}$)$_2$SiO$_4$), 1% chromite, minor serpentine, grain size 0.3 to 4mm av. 1 mm, samples deformed under hydrous conditions (water released from dehydration of talc confining medium)	6.8	2.4 ± 0.2	1—7	80 ± 8	975—1350	10—15	CSR, talc-confining medium	57
	3.1	2.1	1—7	54	975—1350	10—15	CSR, talc-confining medium corrected for nonuniform strain (bulging)	55
	7.7	5.1 ± 0.3	1—8	94 ± 3	800—1150	5—15	CS, SR, TDC, SDC, CSR, talc-confining medium	235—236

Pyroxenite, Sleaford Bay, South Australia, >99% clinopyroxene (salite), grain size 0.6 mm	8.6	3	1—3[a]	94 ± 3	800—1150	5—15	CS, SR, TDC, SDC, CSR, talc-confining medium	235—236
	8.0	6.4 ± 0.2	4.5—13[a]	106 ± 7	900—1200	15	CSR, NaCl, and NaF confining media, stresses picked at 10% strain (steady-state)	166
	−94	83.7 ± 13.2	13—20	50 ± 8	400—900	15	CSR, NaCl, and NaF-confining media, stresses picked at 10% strain (steady-state) work hardening observed, stresses picked at 10% strain	
Pyroxenite, Webster, N.C. Orthopyroxene $(Ca_{0.03}(Mg_{0.89}Fe_{0.8})Si_2O_7$, grain size 1mm, samples deformed under hydrous conditions (water released from talc dehydration)	3.4	2.8 ± 0.2	1.5—11	65 ± 2	960—1300	10	CSR, talc-confining medium	249
	−8.5	5.4 ± 0.3	3—13	7.3 ± 1.8	800—1000	10	CSR, talc-confining medium	249
Pyroxene single crystal, Canyon Mt. Ophiolite Complex, Oregon, clinopyroxene (diopside), compressed at 61° to [100], 90° to [010], and 45° to [001], samples deformed under hydrous conditions (water released from talc dehydration)	4.5 ± 4.1	4.3 ± 0.4	1.5—4.5	68 ± 14	1000—1050	5—15	CSR, SRD, talc-confining medium	16
Pyroxene single crystal, source unknown, clinopyroxene (hedenbergite), compressed at 45° to [001], 90° to [010] in acute angle between [100] and [001]							CSR, NaCl, and KCl-confining media, yield stress = 3.0 ± 0.3 kbar, independent of strain rate and temperature (10^{-6}—10^{-8} s^{-1},	176—178

Table 7 (continued)
STEADY-STATE RHEOLOGICAL CONSTANTS FOR ROCKS AND MINERALS TESTED IN SOLID MEDIUM PISTON-CYLINDER APPARATUS

Material	$\log_{10} A$ (kbar^{-n}s^{-1})	n	$\Delta\sigma$ (kbar)	Q^* (kcal mol^{-1})	ΔT (°C)	P (kbar)	Comment[b]	Ref.
Pyroxene single crystal, source unknown, clinopyroxene (hedenbergite), compressed at 45° to [001], 90° to [010] in obtuse angle between [100] and [001]	5.5	4.0 ± 0.6	3—10	59 ± 11	700—900	10	400 to 800°C, mechanical twins on (100) produced CSR, NaCl, and KCl-confining media	178
Quartzite, "Simpson", 12,956 ft level in Sunray Cullen well, Oklahoma, grain size, 0.2 mm, nominally pure and anhydrous	0.9 ± 0.3	2.86 ± 0.18	2—30	36.0 ± 4.0	800—900	10—12	CSR, copper-confining medium, α-quartz stability field	61—62
Quartzite, "Simpson", samples deformed under hydrous conditions (water released from dehydration of talc jacket)		2.9	2—20			10	CSR, copper-confining medium, T = 850°C, α-quartz stability field	61—62
Quartzite, "Canyon Creek", Big Hole Canyon, Montana, nominally pure, grain size 0.1 mm, samples deformed under hydrous conditions (water released from dehydration of talc-confining medium)	3.9 ± 0.7	2.6 ± 0.4	1—4	55 ± 7	860—1160	10	CSR, SRD, SR, talc-confining medium (dehydrated), tests largely in α-quartz stability field	221
Websterite, Webster N.C., 68% clinopyroxene, 32% orthopyroxene, grain size 1—2 mm, nominally anhydrous	2.2 ± 1.6 2.0 ± 1.8	4.3 ± 0.6 5.8 ± 0.4	3—7[a] 3—13	80 ± 4 84 ± 8	1000—1200 1000—1200	10 10	CSR, SRD, SR, Alsimag-confining medium	16
Websterite, Webster, N.C., samples deformed under hydrous conditions (water released from dehydration of talc-confining medium)	10.1 ± 1.2 5.3 ± 0.4	3.3 ± 0.1 5.9 ± 2.1	1.6—4[a] 4—10	111 ± 4 91 ± 6	1000—1050 950—1050	5 5	CSR, SRD, SR, talc-confining medium (dehydrated)	16

Table 8
HIGH-TEMPERATURE RHEOLOGICAL CONSTANTS FOR SINGLE CRYSTAL MINERALS

Mineral	Compression orientation angles (deg)	Major slip system	$\log_{10}A$ (bars^{-n}s^{-1})	n	$\Delta\sigma$ (bars)	Q^* (kcal mol^{-1})	ΔT (°C)	Comment	Ref.
Forsterite, synthetic, melt-grown, colorless and nominally pure	45 90 45	?	2.4	3.5 + 0.5	150—500	135 ± 15	1450—1600	Constant load tests, incremental load and temperature tests, creep rates approximately steady state, 3:1 H$_2$:CO$_2$ atmosphere	79
	45 90 45	?	4.4	~2.8	90—400		1970	Constant load tests, incremental load and temperature tests, creep strains not measured continuously, creep rates approximately steady state, H$_2$ + Ar atmosphere	78
	55 55 55	?	7.8	2.85 ± 0.16	30—300	159 ± 6	1480—1680	Constant load tests, incremental load and temperature tests, creep strains not measured continuously, creep rates approximately steady state, H$_2$ + Ar atmosphere	78

Note: The general format and explanations of Table 6 apply to this table. Results from simple constant strain rate and creep tests should be preferred over those from differential tests (where one parameter is changed stepwise) and over stress relaxation tests because of the unknown contributions of transient creep. The apparent activation energy for creep Q^* is subject to the largest potential error, since increases in temperature can systematically reduce the amount of cell friction and viscous resistance and thus bias the temperature effects. The reliability of these rheological constants should be considered in the order of experimental accuracy for the various confining media listed in the explanation of Table 4. Additional experimental details on these suites of experiments may also be found in Table 4.

a   Transition to greater stress sensitivity above this stress range.
b   CSR, Constant strain rate; CS, constant differential stress, creep test; SRD, strain rate differential tests (strain rate changed stepwise); TDC, temperature differential creep test (temperature changed stepwise at constant differential stress); SDC, stress differential creep test; SR, stress relaxation test.

Table 8 (continued)
HIGH-TEMPERATURE RHEOLOGICAL CONSTANTS FOR SINGLE CRYSTAL MINERALS

Mineral	Compression orientation angles (deg)	Major slip system	$\log_{10}A$ (bars^{-n}s^{-1})	n	$\Delta\sigma$ (bars)	Q^* (kcal mol^{-1})	ΔT (°C)	Comment	Ref.
Olivine, "peridot", San Carlos, Az., $(Mg_{0.92}Fe_{0.08})_2SiO_4$	Random	? [100] ? [001]	2.6	3	50—1500	~125	1430—1560	Constant load tests, incremental load and temperature tests, creep rates approximately steady state, 10:1 H_2:CO_2 atmosphere	175
	Random	? [100] ? [001]	2.4	3 ± 1	50—1500	125 ± 15	1500—1600	Constant load tests, incremental load and temperature tests, creep rates approximately steady state, 3:1 H_2:CO_2 atmosphere	174
	"55 55 55" (odd orien.)	(010)[100] (001)[100]	1.5	3.5 ± 0.5	100—1000	~125	1500—1600	Constant load tests, incremental load and temperature tests, creep rates approximately steady state, steady-state dislocation densities attained, 2.3:1 H_2:CO_2 atmosphere	80
	45 45 90 45 90 45 45 90 45 90 45 45	(010)[100] (001)[100] (001)[100] (010)[001]	1.7 1.0 0.4	3.6 ± 0.3 3.7 ± 0.2 3.5 ± 0.3	200—400 100—600 300—800	~125 ~125 ~80 ~125	1200—1650 1430—1560 1200—1400 1400—1600		
	0 90 90 90 0 90 90 90 0	Climb strain				~90	1200—1400	Constant load tests, incremental load and temperature tests, creep rates approximately steady state, steady-state dislocation densities attained, 2.3:1 H_2:CO_2 atmosphere; no significant creep strain observed $\dot{\epsilon} < 2 \times 10^{-6}$ s^{-1} at T = 1600°C and $\sigma \simeq$ 1000 bar	
Halite, synthetic, nominally pure	0 90 90	Duplex $\{110\}<1\bar{1}0>$	4.6	4.04	4—36	58.2	550—800	Creep tests, steady-state creep rates	31

Material			Slip system					Temperature range	Test description	Ref.
Halite, synthetic, 10 at. ppm divalent impurities (mostly Ca^{2+})			Duplex {110}<1$\bar{1}$0>	6.6	4.2 ± 0.2	1.0—10.3	60.0 ± 2.3	750—795	Creep tests, steady-state creep rates	233
Halite, synthetic, doped with 450 at. ppm Sr^{2+}			Duplex {110}<1$\bar{1}$0>				57.7 ± 2.3	750—790	Creep tests, steady-state creep rates	233
Halite, synthetic, 10—20 at. ppm Mo + Si <10at. ppm other metals, 20—45 ppm H$_2$O			Quadraplex {110}<1$\bar{1}$0>	−4.9	7.0 ± 1.2	10—60	32.8 ± 9.4	300—500	Constant strain rate extension tests at P = 2000 bars, steady state stress achieved	58
					10.5 ± 2.6	150—400	20.4 ± 3.4	25—400	Constant strain rate extension tests at P = 2000 bars, stress-strain curves transient, stresses picked at 10% strain	58
	45	0 45	Duplex {111}<1$\bar{1}$0>	−1.8	6.2 ± 1.2	20—120	42.0 ± 5.0	300—500	Constant strain rate extension tests at P = 2000 bars, steady state achieved	58
	60	52 52	Duplex {100}<1$\bar{1}$0>	−3.6 ± 0.3	5.5 ± 0.5	20—100	34.0 ± 5.0	300—500	Constant strain rate extension tests at P = 2000 bars, steady state achieved	58
Ice Ih, synthetic, grown from boiled, deionized distilled water	— —	45	(0001)<2$\bar{1}\bar{1}$0>	0.3	1	2—4	9.6	−70 to −50	Constant load tests in tension, accelerating creep observed: $\epsilon = at^m$, m = 1.5 ± 0.3 at ϵ = 0.3—4% m $\simeq$ 2 at larger strains Q* derived from temperature stepping	93, 153
					4	4—13				
	— —	45	(0001)<2$\bar{1}\bar{1}$0>				15.6	−50 to −10	Constant load tests in tension, accelerating creep observed, Q* derived from temperature stepping	152
	— —	45	(0001)<2$\bar{1}\bar{1}$0>		2.4		10.3 ± 0.6	−80 to −55	Constant strain rate tests in compression yield drop occurs, stress picked at maximum values	152
	— —	45	(0001)<2$\bar{1}\bar{1}$0>	9.7	2	1—14	19	−18 to −1	Constant load tests in compression accelerating creep observed, m = 2, strain rates picked at ϵ = 10%	103

265

Table 8 (continued)
HIGH-TEMPERATURE RHEOLOGICAL CONSTANTS FOR SINGLE CRYSTAL MINERALS

Mineral	Compression orientation angles (deg)	Major slip system	$\log_{10}A$ (bars^{-n}s^{-1})	n	$\Delta\sigma$ (bars)	Q^* (kcal mol^{-1})	ΔT (°C)	Comment	Ref.
Ice Ih, synthetic, grown from boiled deionized, distilled water	— — 45	(0001)<2$\bar{1}\bar{1}$0>	9.9	1.9 ± 0.1	1—10	18.6 ± 1.0	−20 to −4	Creep tests in tension, accelerating creep observed, m = 1.9 ± 0.5, creep rates picked at ϵ = 5%	146
	— — 35—55	(0001)<2$\bar{1}\bar{1}$0>	7.7	2.0 ± 0.1	0.5—80	16.7 ± 0.05	−20 to −2	Constant strain rate in compression, stress picked at yield	151
	0 0 90	?				16.5	−72 to −4	Creep tests in compression, incremental temperature tests at σ = 6 bar	202
	* * *			3				Direct shear tests on plane parallel to [001], T = −5°C, $\epsilon = \alpha t^m$, m = 0.5—1.0	48
	* * *	(0001)<2$\bar{1}\bar{1}$0>		2.5				Direct shear tests on plane parallel to (0001), T = −5°C, m = 1.7	48
Quartz, synthetic crystal X- O, 4300 ± 600 at. ppm OH, 1100—1200 at. ppm Na, 250 at. ppm Li, 20 at. ppm K	45 90 45	(2$\bar{1}\bar{1}$0)[0001]	−9.65	3.7 ± 0.2	506—1598	25.8 ± 1.7	403—552	Constant load tests in compression, accelerating creep stage, dislocation density stabilizes at maximum creep rate, subsequent hardening due to effects of precipitation of molecular water	168,169
	45 90 45	(2$\bar{1}\bar{1}$0)[0001]	−8.2	3.64 ± 0.18	520—1070	31.6 ± 3.5	250—500	Constant strain rate tests at P = 1 to 5000 bars, stress drop subsequent to yield, stresses picked at yield	24,25

Material	Orientation	$\log_{10} A$	T (°C)	n	σ (bars)	Comments	Ref.
Quartz, synthetic crystal X- 45 90 45 43, 1550 ± 220 at ppm OH, 400 at. ppm Na, 40 at. ppm Li, 11 at. ppm K, 110 at. ppm Al	$(2\bar{1}\bar{1}0)[0001]$			31.1 ± 1.3 14.3 ± 4.2	448—554 615—704	Constant load tests in compression, accelerating creep stage observed, dislocation density stabilizes to steady-state values at maximum creep rate, subsequent hardening due to effects of precipitation of molecular water	170
Quartz, synthetic crystal X- 45 90 45 41, 960 ± 70 at. ppm OH, 310 at. ppm Na, 23 at. ppm K, 70 at. ppm Al	$(\bar{2}1\bar{1}0)[0001]$	−8.0	800—1600	4.28 ± 0.26			
				38.8 ± 1.0 18.2 ± 0.8	403—558 615—704	Constant load tests in compression, accelerating creep stage observed, dislocation density stabilized to steady-state values at maximum strain rate, subsequent hardening stage due to effects of precipitation of molecular water, strain rates picked at maximum values	161
Quartz, synthetic crystal X- 45 90 45 507, 365 at. ppm OH, 23 at. ppm Na, 67 at. ppm Al	$(2\bar{1}\bar{1}0)[0001]$	−8.7	800—1600	3.0 ± 0.2			190
	90 0 90			22.3 ± 1.0 20.6 ± 2.0 21.4 ± 0.5	400—550 650—800 400—800		
	Duplex	−8.2	1000—1600	4.9 ± 0.8			
	$\{10\bar{1}0\}<\bar{1}2\bar{1}0>$	−9.6	800—1600	3.4—0.3			
				50.8 ± 3.3 27.5 ± 1.8	450—550 600—800	Constant load tests in compression, creep rates decrease continuously with increasing time and strain, hardening due to effects of precipitation of molecular water, strain rates picked at maximum values	189

Note: The material and orientation formats follow Table 3. Note that A in $\log_{10} A$ is in units of bars^{-n}s^{-1} rather than kb^{-n}s^{-1} as in Tables 6 and 7. We noted in the text that the creep curves and stress-strain curves of single crystals can have fairly complex geometries and may not even exhibit a steady state stage at high temperature. In some examples, variations of strain rate with creep strain are traceable to decreases in resolved shear stress coefficients with strain-induced rotation. In others, creep rates corrected for strain effects do not stabilize to steady-state values even to large strains. In the latter case, we pick the rheological data (strain rates in creep tests or stresses in constant strain rate tests) at some characteristic point on the flow curve or at arbitrary strains. All tests in uniaxial compression (P = atmospheric pressure) unless otherwise noted.

Table 9
APPARENT FRACTURE SURFACE ENERGIES OF MINERALS AND ROCKS

Material	Test surface orientation	Testing method	Γ (ergs/cm²)	Comments	Ref.
Calcite	{10$\bar{1}$1}	a	230		89
Fluorite	{111}	a	450		89
Halite	{100}	a	330		89
Muscovite	{001}	a	375	Normal laboratory atmosphere	217
	{001}	a	5000	High vacuum, time-dependent behavior noted	217
Olivine	{010}	c	980		282
	{001}	c	1260		282
Orthoclase	{001}	a	7770		45
Quartz, natural	{10$\bar{1}$1}	a	410		45
	{$\bar{1}$011}	a	500		45
	{10$\bar{1}$0}	a	1030		45
Periclase	{100}	a	1200		89
Carthage limestone		a	3.8×10^4		230
		a	3.5×10^4		231
Leuders limestone		a	1.7×10^4		231
		a	1.9×10^4		230
		b	1.1×10^4		87
Indiana limestone		b	$2—11 \times 10^4$		143
		a	4.2×10^4		230
		b	1.8×10^4		87
Tennessee sandstone		a	8.8×10^4		231
		b	3.8×10^4		87
Coconino sandstone		b	2.5×10^4		87
Chilhowee quartzite		b	5.0×10^4		87
Chelmsford granite		b	5.0×10^4		87

Note: Of fundamental importance to the theories of fracture is the apparent fracture surface energy or work of fracture Γ. It is defined as the energy required to create a unit area of new crack surface and thus

$$U = 2 A\Gamma$$

where U is the work done in creating a crack of half surface area A. The parameter Γ includes the thermodynamic free energy γ of the fracture surface itself, the energy dissipated locally near the crack surface (by plastic deformation, friction, etc.) and the energy dissipated in the field of the radiated elastic waves. If care is taken to propagate the crack stably, the radiated energy can be minimized. The absorption of energy due to local dissipation is usually judged from direct microstructural evidence or from the knowledge of the ease of crystal plasticity of the material at the test conditions. The fracture half area A is difficult to evaluate in rocks where the crack topography is complex. We tabulate here the parameter Γ, mindful that local and far-field dissipation can lead to significant differences between Γ and γ. The measurements were carried out at room temperature in air at laboratory humidity unless otherwise noted. The marked effect of high vacuum on Γ measured by Obreimoff[217] in muscovite has not been tested for other minerals, to our knowledge. Inspection of Table 9 shows that the apparent surface energies of rocks are 10^1 to 10^2 larger than those of the constituent materials. Friedman et al.[86] observed disturbed zones adjacent to macroscopic fractures and concluded that the source of the discrepencies between single crystal and rock values of Γ are due to underestimation of the true area of new crack surface, which should include new crack surface area in the disturbed zone. This table is largely edited from the compilations of Brace and Walsh[45] and Friedman et al.[87]

[a] a, Obreimoff-Gilman wedge cleavage method; b, three-point bending of notched beam; c, Swain-Lawn indentation method

Table 10
FRACTURE TOUGHNESS OF ROCKS AND MINERALS

Material	Testing method[a]	$K_{Ic}(MN/m^{3/2})$	Comments	Ref.
Tennessee sandstone	2	0.454 ± 0.002		12
Sandstone, porous	4	0.57—1.46		64
Gabbro, black	2	2.884 ± 0.049		14
Chelmsford granite	3	0.592—0.636		229
Arkansas novaculite	2	1.335 ± 0.075		11
Synthetic quartz crystal cracks on "a" $\{2110\}$ plane	2	1.002 ± 0.048	Direction $\perp$ r $\{01\bar{1}0\}$	10
	2	0.852 ± 0.045	Crack direction $\perp$ r $\{01\bar{1}1\}$	14
Silica glass	3	0.0753		303
Indiana limestone	1	0.929		263
Indiana limestone	3	0.990		262
Saint-Pons marble	3	0.746—1.33		141
Carrara marble	2	0.664 ± 0.021		12
Ice, synthetic, columnar crystals in aggregate grown from distilled water	1	0.092—0.100, T = $-4°C$		191
		0.111—1.163, T = $-46°C$		191

Note: The fracture strength of rocks depends on the initial density and configuration of preexisting cracks and hence is not an intrinsic property of rock type. Modern work on rock fracture emphasizes the progapation properties of individual cracks in the presence of an applied nonhydrostatic stress and how microcracks interact in rocks. The intrinsic propagation properties of cracks in given a rock or mineral are generally analyzed using linear elastic fracture mechanics (see Paterson[225]). In this approach, the measure of the stress intensity at a crack tip is the stress intensity factor K, which is generally related to the applied stress σ_a by

$$K = \beta \sigma_a \sqrt{c}$$

where 2c is the crack length and β is a factor which depends on loading geometry and crack geometry. For cracks subject to tensile stresses tending to open the crack (the so-called mode I loading at crack tip), unstable crack propagation to rupture occurs above some critical value of tensile stress and thus above some critical stess intensity factor K_{Ic}, also called the fracture toughness. Below K_{Ic}, slow stable crack propagation can also occur in the presence of water (Figure 13). Compiled from the table in Atkinson[12] and subsequent data. Data obtained at room temperature and ambient humidity, unless otherwise noted.

[a] 1, Tensile specimen with single edge notch; 2, double torsion; 3, three or four point bending; 4, prenotched internally pressurized thick-walled hollow cylinders.

Table 11
DILATANCY OF ROCKS AT FAILURE

Rock	Confining pressure p (kbar)	Porosity at test pressure η_p	Dilatant strain at failure Δ	$\Delta\eta_p$
Waldhams anorthosite	1.5	0.002	0.006	3.0
Spruce pine dunite	1.5	0.002	0.014	7.0
Cape granodiorite	1.5	0.003	0.006	2.0
Rutland quartzite	1.5	0.004	0.004	1.0
	0.001	0.005	0.003	0.6
Witwatersrand quartzite	0.03	0.005	0.013	3.0
	0.1	0.005	0.014	3.0
	0.3	0.005	0.019	4.0
Westerly granite	1.6	0.007	0.002	0.3
	3.0	0.007	0.003	0.35
	5.0	0.007	0.004	0.6
Climax granodiorite	0.2	0.007	0.002	0.3
Barre granite	0.001	0.014	0.001	0.1
Tension	—	0.014	0.0002	0.1
Blair dolomite	1.0	0.009	0.012	1.3
	3.0	0.009	0.013	1.4
Nugget sandstone	0.001	0.03	0.009	0.3
	1.0	0.02	0.004	0.2
Pottsville sandstone	1.0	0.025	0.007	0.3
Lance sandstone	1.0	0.08	0.008	0.1
Gosford sandstone	2.0	0.11	0.02	0.2
	6.0	0.08	0.02	0.3
Kayenta sandstone	1.9	0.23	0.06	0.25
NTS tuff	2.0	0.26	0.07	0.35

Note: The inelastic volumetric strain Δ at failure has been tabulated for a number of rocks tested in compression at room temperature by Brace,[41] which is reproduced here in edited form. Brace notes that Δ values are much larger for porous rocks. The data suggest a systematic increase in Δ with increasing confining pressure for low porosity rocks and the reverse seems to be true for porous rocks. See Brace[41] for references to original sources.

REFERENCES

1. **Abey, A. E., Bonner, B. P., Heard, H. C., and Schock, R. N.,** Mechanical Properties of a Shale from Site U-2, Rep. UCID-16023, Lawrence Livermore Laboratory, 1972, 20.
2. **Anderson, O. L. and Grew, P. C.,** Stress corrosion theory of crack propagation with applications to geophysics, *Rev. Geophys. Space Phys.*, 15, 77, 1977.
3. **Ashby, M. F.,** A first report on deformation-mechanism maps in *Acta Metall.*, 20, 887, 1972.
4. **Atkinson, B. K.,** Experimental deformation of polycrystalline galena, chalcopyrite, and pyrrhotite, *Trans. Section B Inst. Min. Metall.*, 83, B19, 1974.
5. **Atkinson, B. K.,** Experimental deformation of polycrystalline pyrite: effects of temperature, confining pressure, strain rate, and porosity, *Econ. Geol.*, 70, 473, 1975.
6. **Atkinson, B. K.,** The temperature- and strain rate-dependent mechanical behavior of a polycrystalline galena ore in *Econ. Geol.*, 71, 513, 1976.

7. **Atkinson, B. K.,** A preliminary study of the influence of temperature and strain rate on the rheology of a polycrystalline pyrrhotite, *N. Jb. Miner. Mh.*, 11, 483, 1976.
8. **Atkinson, B. K.,** The kinetics of ore deformation: its illustration and analysis by means of deformation-mechanism maps, *Geol. Foeren. Stockholm Foerh.*, 99, 186, 1977.
9. **Atkinson, B. K.,** High-temperature stress relaxation of synthetic, polycrystalline galena, *Phys. Chem. Miner.*, 2, 305, 1978.
10. **Atkinson, B. K.,** A fracture mechanics study of subcritical tensile cracking of quartz in wet environments, *Pure Appl. Geophys.*, 117, 1011, 1979.
11. **Atkinson, B. K.,** Stress corrosion and the rate-dependent tensile failure of a fine-grained quartz rock, *Tectonophysics*, in press, 1979.
12. **Atkinson, B. K.,** Fracture toughness of Tennessee sandstone and Carrara marble using the double torsion testing method, *Int. J. Rock Mech. Min. Sci. Geomech. Abstr.*, 16, 49, 1979.
13. **Atkinson, B. K.,** unpublished data, 1979.
14. **Atkinson, B. K.,** Acoustic Emission During Sucritical and Fast Tensile Cracking of Westerly Granite and a Gabbro, unpublished manuscript, 1979.
15. **Atkinson, B. K. and Rawlings, R. D.,** Acoustical emission during stress corrosion cracking in rocks, in Earthquake Prediction: An International Rewiew, Maurice Ewing Series, 4, GOS, Am. Geophys. Union, 1981.
16. **Ave'Lallemant, H. G.,** Experimental deformation of diopside and websterite, *Tectonophysics*, 48, 1, 1978.
17. **Ave'Lallemant, H. G. and Carter, N. L.,** Syntectonic recrystallization of olivine and modes of flow in the upper mantle, *Geol. Soc. Am. Bull.*, 81, 2203, 1970.
18. **Ayensu, A. and Ashbee, K. H. G.,** The creep of quartz single crystals, with special reference to the mechanism by which water accommodates dislocation glide, *Philos. Mag.*, 36, 713, 1977.
19. **Baëta, R. D. and Ashbee, K. H. G.,** Plastic deformation and fracture of quartz at atmospheric pressure, *Philos. Mag.*, 15, 931, 1967.
20. **Baëta, R. D. and Ashbee, K. H. G.,** Slip systems in quartz. I. Experiments, *Am. Min.*, 54, 1551, 1969.
21. **Baëta, R. D. and Ashbee, K. H. G.,** Mechanical deformation of quartz. II. Stress relaxtion and thermal activation parameters, *Philos. Mag.*, 22, 624, 1970.
22. **Baëta, R. D. and Ashbee, K. H. G.,** Mechanical deformation of quartz. I. Constant strain-rate compression experiments, *Philos. Mag.*, 22, 601, 1970.
23. **Baker, R. W.,** The influence of ice-crystal size on creep, *J. Glaciol.*, 85, 485, 1978.
24. **Balderman, M. A.,** Relationship of Yield Stress and Strain-Rate in Hydrolytically Weakened Synthetic Quartz, M.Sc. thesis, University of California, Los Angeles, 1972, 119.
25. **Balderman, M. A.,** The effect of strain rate and temperature on the yield point of hydrolytically weakened synthetic quartz, *J. Geophys. Res.*, 79, 1647, 1974.
26. **Barnes, P., Tabor, D., and Walker, J. C. F.,** The friction and creep of polycrystalline ice in *Proc. R. Soc. London A*, 324, 127, 1971.
27. **Blacic, J. D.,** Hydrolytic weakening of Quartz and Olivine, Ph.D. thesis, University of California, Los Angeles, 1971, 205.
28. **Blacic, J. D.,** unpublished data, 1978.
29. **Blacic, J. D.,** Plastic deformation mechanisms in quartz: the effect of water, *Tectonophysics*, 27, 271, 1975.
30. **Blanton, T. L.,** Effect of Strain Rates from 0.01 to 10/sec in Triaxial Compression Tests on Three Rocks, Ph.D. thesis, Texas A&M University, 1976, 67.
31. **Blum, W. and Ilschner, B.,** Uber das Kriechverhalten von NaCl-Einkristallen, *Phys. Stat. Sol.*, 20, 629, 1967.
32. **Böker, R. von,** Die Mechanik der bleibenden Formanderung in kristallinisch aufgebauten Korpern, *Ver. Dtsch. Ing. Mitt. Forsch.*, 175, 1, 1915.
33. **Boland, J. N., Hobbs, B. E., and McLaren, A. C.,** The defect structure in natural and experimentally deformed kyanite, *Phys. Stat. Sol. A*, 39, 631, 1977.
34. **Bonner, B. P. and Abey, A. E.,** High-pressure deformation of coal form Powder River Basin, Wyoming, *Fuel*, 54, 165, 1975.
35. **Bonner, B. P., Abey, A. E., Heard, H. C., and Schock, R. N.,** High Pressure Mechanical Properties of Shales and Regolith from the Middle Gust Site, Rep. UCID-16103, Lawrence Livermore Laboratory, 1972, 16.
36. **Borg, I. Y. and Handin, J.,** Experimental deformation of crystalline rocks, *Tectonophysics*, 3, 249, 1966.
37. **Borg, I. Y. and Handin, J.,** Torsion of calcite single crystals, *J. Geophys. Res.*, 72, 641, 1967.
38. **Borg, I. Y. and Heard, H. C.,** Mechanical twinning and slip in experimentally deformed plagioclases, *Contr. Mineral. Pet.*, 23, 128, 1969.
39. **Borg, I. Y. and Heard, H. C.,** Expermental deformation of plagioclases, in *Experimental and Natural Rock Deformation*, Paulitsch, P., Ed., Springer-Verlag, Berlin, 1970, 375.

40. **Borg, I. Y. and Heard, H. C.**, Mechanical twinning in Sphene at 8 Kbar, 25 to 500°C, *Geol. Soc. Am. Mem.*, 132, 585, 1972.
41. **Brace, W. F.**, Volume changes during fracture and frictional sliding: a review, *Pure Appl. Geophys.*, 116, 627, 1978.
42. **Brace, W. F. and Jones, A. H.**, Comparison of uniaxial deformation in shock and static loading of three rocks, *J. Geophys. Res.*, 76, 4913, 1971.
43. **Brace, W. F. and Martin, R. J.**, A test for the law of effective stress for crystalline rocks of low porosity, *Int. J. Rock Mech. Min. Sci.*, 5, 415, 1968.
44. **Brace, W. F., Paulding, B. W., and Scholtz, C.**, Dilatency in the fraction of crystalline rocks, *J. Geophys. Res.*, 71, 3939, 1966.
45. **Brace, W. F. and Walsh, J. B.**, Some direct measurements of the surface energies of quartz and orthoclase, *Am. Miner.*, 47, 1111, 1962.
46. **Bretheau, T., Castaing, J., Veyessière, P., and Rabier, J.**, Mouvement des dislocations et plasticite a haute temperature des oxydes binaire et ternaire, *Adv. Phys.*, 28, 835, 1979.
47. **Burke, P. M.**, High Temperature Creep of Polycrystalline Sodium Chloride, Ph.D. thesis, Department of Materials Science, Stanford University, 1968, 122.
48. **Butkovich, T. R. and Landauer, J. K.**, The flow law for ice, in Int. Union of Geodesy and Geophysics, Symp. Chamonix, Phys. Movement of the Ice, Publ. No. 47, International Association of Scientific Hydrology, 1958, 318.
49. **Byerlee, J.**, Friction of rocks, *Pageoph*, 116, 615, 1978.
50. **Byerlee, J. D.**, Brittle-ductile transition in rocks, *J. Geophys. Res.*, 73, 4741, 1968.
51. **Byerlee, J. D.**, The fracture strength and frictional strength of weber sandstone, *Int. J. Rock Mech. Min. Sci.*, 12, 1, 1975.
52. **Byerlee, J. D. and Wys, M., Eds.**, Rock friction and earthquake prediction, *Pure Appl. Geophys.*, 116, 583, 1978.
53. **Byers, B. A.**, Secondary Creep of Polycrystalline Ice under Biaxial Stress, Ph.D. thesis, University of Washington, Seattle, 1973, 136.
54. **Caristan, Y. and Goetze, C.**, High temperature plasticity of Maryland diabase (abstract), *Trans. Am. Geophys. Union*, 59, 375, 1978.
55. **Carter, N. L.**, Steady state flow of rocks, *Rev. Geophys. Space Phys.*, 14, 301, 1976.
56. **Carter, N. L.**, unpublished data, 1977.
57. **Carter, N. L. and Ave'Lallemant, H. G.**, High temperature flow of dunite and peridotite, *Geol. Soc. Am. Bull.*, 81, 2181, 1970.
58. **Carter, N. L. and Heard, H. C.**, Temperature and rate dependent deformation of halite, *Am. J. Sci.*, 269, 193, 1970.
59. **Carter, N. L. and Kirby, S. H.**, Transient creep and semibrittle behavior of crystalline rocks, *Pure Appl. Geophys.*, 116, 807, 1978.
60. **Charles, R. J.**, The strength of silicate glasses and some crystalline oxides, in *Fracture, Proc. Int. Conf. Atomic Mechanisms of Fracture, Swampscott, April 1959*, Averback, B. L., Felbeck, D. K., Hahn, G. T., Thomas, D. A., Eds., John Wiley & Sons, New York, 1959, 225.
61. **Christie, J. M., Koch, P. S., and George, R. P.**, Flow law of quartzite in the alpha-quartz field, *Trans. Am. Geophys. Union*, 60, 948, 1979.
62. **Christie, J. M., Koch, P. S., and George, R. P.**, Flow law of quartzite in the alpha-quartz field, unpublished manuscript, 1980.
63. **Clark, B. R. and Kelly, W. C.**, Sulfide deformation studies. I. Experimental deformation of pyrrhotite and sphalerite to 2,000 bars and 500 degrees C, *Econ. Geol.*, 68, 332, 1973.
64. **Clifton, R. J., Simonsen, E. R., Jones, A. H., and Green, S. J.**, Determination of the critical stress intensity factor from internally pressurized thick walled vessels in *Exp. Mech.*, 16, 233, 1976.
65. **Cruden, D. M.**, A theory of brittle creep in rocks under uniaxial compression, *J. Geophys. Res.*, 75, 3431, 1970.
66. **Cruden, D. M.**, The form of the creep law for rock under uniaxial compression, *Int. J. Rock Mech. Min. Sci.*, 8, 105, 1971.
67. **Cruden, D. M.**, The static fatigue of brittle rock under uniaxial compression, *Int. J. Rock Mech. Min. Sci.*, 11, 67, 1974.
68. **Deere, D. U. and Miller, R. P.**, Engineering Classification and Index Properties for Intact Rock, Tech. Rep. AF-TR-65-116, Air Force Weapons Laboratory, Kirtland Air Force Base, New Mexico, 1966, 300.
69. **Dieterich, J. H.**, Time-dependent friction in rocks, *J. Geophys. Res.*, 77, 3690, 1972.
70. **Dieterich, J. H.**, Time-dependent friction and the mechanics of stick-slip, *Pure Appl. Geophys.*, 116, 790, 1978.
71. **Dieterich, J. H.**, Modeling of rock friction. I. Experimental results and constitutive equations, *J. Geophys. Res.*, 84, 2161, 1979.

72. **Dieterich, J. H. and Conrad, G.,** Effect of humidity and adsorbed water on time and velocity-dependent friction in Rocks, *J. Geophys. Res.*, in press, 1983.
73. **Dollinger, G. and Blacic, J. D.,** Deformations mechanisms in experimentally and naturally deformed amphiboles, *Earth Planet. Sci. Lett.*, 26, 409, 1975.
74. **Duba, A., Abey, A. E., and Heard, H. C.,** High Pressure Mechanical Properties of an Area 12, Nevada Test Site Tuff, Rep. UCID-16377, Lawrence Livermore Laboratory, 1973, 20.
75. **Duba, A. G., Abey, A. E., Bonner, B. P., Heard, H. C., and Schock, R. N.,** High-Pressure Mechanical Properties of Kayenta Sandstone, Rep. UCRL-51526, Lawrence Livermore Laboratory, 1974, 22.
76. **Duba, A. G., Heard, H. C., and Santor, M. L.,** Effect of Fluid Content on the Mechanical Properties of Westerly Granite, Lawrence Livermore Laboratory, Rep. UCRL-51626, 1974.
77. **Durand, E.,** L'essai de torsion et la resistance au cisallement des roches, *Rock Mech.*, 7, 199, 1975.
78. **Durham, W. B. and Froidevaux, C.,** Transient and steady-state creep of pure forsterite at low stress, *Phys. Earth Planetary Inter.*, 19, 263, 1979.
79. **Durham, W. B. and Goetze, C.,** A comparison of the creep properties of pure forsterite and iron-bearing olivine, *Tectonophysics*, 40, T15, 1977.
80. **Durham, W. B. and Goetze, C.,** Plastic flow of oriented single crystals of olivine. I. Mechanical data, *J. Geophys. Res.*, 82, 5737, 1977.
81. **Duval, P.,** Creep and recrystallization of polycrystalline ice, *Bull. Mineral. Soc. Fr. Miner. Cryst.*, 102, 80, 1979.
82. **Edmond, J. M. and Paterson, M. S.,** Volume changes during the deformation of rocks at high pressures, *Int. J. Rock Mech. Min. Sci.*, 9, 161, 1972.
83. **Elliott, D.,** Diffusion flow laws in metamorphic rocks, *Geol. Soc. Am. Bull.*, 84, 2645, 1973.
84. **Engelder, J. T., Logan, J. M., and Handin, J.,** The sliding characteristics of quartz fault gouge, *Pure Appl. Geophys.*, 113, 69, 1975.
85. **Etheridge, M. A., Hobbs, B. E., and Paterson, M. S.,** Experimental deformation of single crystals of biotite, *Contr. Mineral. Petrol.*, 38, 21, 1973.
86. **Friedman, M., Handin, J., and Alani, G.,** Fracture-surface energy of rocks, *Int. J. Rock Mech. Min. Sci.*, 9, 757, 1972.
87. **Friedman, M., Handin, J., and Alani, G.,** Fracture-surface energy of rocks, *Int. J. Rock Mech. Min. Sci.*, 9, 757, 1972.
88. **Friedman, M., Handin, J., Higgs, N. G., and Lantz, J. R.,** Strength and ductility of four dry igneous rocks at low pressures and temperatures to partial melting, in 20th U.S. Symp. Rock Mechanics, Austin, Texas, Gray, K., Ed., 1979, 35.
89. **Gilman, J. J.,** Direct measurement of surface energies of crystals, *J. Appl. Phys.*, 31, 2208, 1960.
90. **Gilman, J. J.,** *Micromechanics of Flow in Solids*, McGraw-Hill, New York, 1969, 294.
91. **Glen, J. W.,** The creep of polycrystalline ice, *Proc. R. Soc. London A*, 228, 519, 1955.
92. **Glen, J. W.,** The Mechanics of Ice, Cold Regions Science and Engineering Monograph II-C2b, 1975, 41.
93. **Glen, J. W. and Jones, S. J.,** The deformation of ice single crystals at low temperatures, in Physics of Snow and Ice, Oura, H., Ed., The Institute of Low Temperature Science, Hokkaido University, 1967, 267.
94. **Goetze, C.,** High temperature rheology of westerly granite, *J. Geophys. Res.*, 76, 1223, 1971.
95. **Goetze, C. and Brace, W. F.,** Laboratory observations of high temperature rheology of rocks, *Tectonophysics*, 13, 583, 1972.
96. **Goodman, R. E. and Sundaram, P. N.,** Fault and system stiffness and stick-slip phenomena, *Pure Appl. Geophys.*, 116, 873, 1978.
97. **Green, H. W.,** Diffusional flow in polycrystalline materials, *J. Appl. Phys.*, 41, 3899, 1970.
98. **Griggs, D. T.,** Experimental flow of rocks under conditions favoring recrystallization, *Geol. Soc. Am. Bull.*, 51, 1001, 1940.
99. **Griggs, D. T.,** Hydrolytic weakening of quartz and other silicates, *Geophys. J. R. Abstr. Soc.*, 14, 19, 1967.
100. **Griggs, D. T.,** A model of hydrolytic weakening in quartz, *J. Geophys. Res.*, 79, 1655, 1974.
101. **Griggs, D. T. and Blacic, J. D.,** The strength of quartz in the ductile regime, *Trans. Am. Geophys. Union*, 45(Abstr.), 102, 1964.
102. **Griggs, D. T. and Blacic, J. D.,** Quartz: anomalous weakness of synthetic crystals, *Science*, 147, 292, 1965.
103. **Griggs, D. T. and Coles, N. E.,** Creep of single crystals of ice in *Snow, Ice Permafrost Establishment (SIPRE)*, 11, 1, 1954.
104. **Griggs, D. T. and Handin, J.,** Observations of fracture and a hypothesis of earthquakes, *Geol. Soc. Am. Mem.*, 79, 347, 1960.
105. **Griggs, D. T., Turner, F. J., and Heard, H. C.,** Deformation of rocks at 500° to 800°C, *Geol. Soc. Am. Mem.*, 79, 39, 1960.
106. **Guillope, M. and Poirier, J-P.,** Dynamic recrystallization during creep of single crystal halite, an experimental study, *J. Geophys. Res.*, 84, 5557, 1979.

107. **Haimson, B. C.,** Mechanical behavior of rock under cyclic loading, in *Advances in Rock Mechanics,* Vol. 2 (Part 1) Ed., National Academy Sciences, Washington, D.C., 1974.
108. **Handin, J.,** An application of high pressure in geophysics: experimental rock deformation, *Trans. Am. Soc. Mech. Eng.,* 75, 315, 1953.
109. **Handin, J.,** Strength at high confining pressure and temperature of serpentinite from Mayaguez, Puerto Rico, in *A Study of Serpentinite,* Publ. 1188, National Academy of Sciences, Washington, D.C., 1964, 126.
110. **Handin, J.,** Strength and ductility, *Geol. Soc. Am. Mem.,* 97, 223, 1966.
111. **Handin, J.,** On the Coulomb-Mohr failure criterion, *J. Geophys. Res.,* 74, 5343, 1969.
112. **Handin, J. and Carter, N. L.,** The rheology of rocks at high temperatures, *Proc. Fourth Int. Congr. on Rock Mechanics, Int. Soc. for Rock Mechanics,* 3, 97, 1980.
113. **Handin, J. and Friedman, M.,** Mechanical Properties of Rocks at High Temperature and Pressure, 3rd Annu. Prog. Rep. Contract No. 82-9794, Sandia Laboraries, Albuquerque, N.M., 1977, 62.
114. **Handin, J., Friedman, M., Logan, J. M., Pattison, L. J., and Swolfs, H. S.,** Experimental folding of rocks under confining pressure: buckling of single-layer rock beams, in Flow and Fracture of Rocks, Geophysical Monograph 16, The Griggs Volume, Heard, H. C., Borg, I. Y., Carter, N. L., and Raleigh, C. B., Eds., American Geophysical Union, Washington, D.C., 1972, 1.
115. **Handin, J., Friedman, M., Min, K. D., and Pattison, L. J.,** Experimental folding of rocks under confining pressure. II. Buckling and multilayered rock beams, *Geol. Soc. Am. Bull.,* 87, 1035, 1976.
116. **Handin, J., Hager, R. V., Friedman, M., and Feather, J. N.,** Experimental deformation of sedimentary rocks under confining pressure: pore pressure effects, *Bull. Am. Assoc. Pet. Geol.,* 47, 717, 1963.
117. **Handin, J., Heard, H. C., and Magouirk, J. N.,** Effects of the intermediate principal stress on the failure of limestone, dolomite, and glass at different temperatures and strain rates, *J. Geophys. Res.,* 72, 611, 1967.
118. **Handin, J., Higgs, D. V., and O'Brien, J. K.,** Torsion of Yule marble under confining pressure, *Geol. Soc. Am. Mem.,* 79, 245, 1960.
119. **Hardy, H. R. and Chugh, Y. P.,** Failure of geologic materials under low-cycle fatigue, in Proc. 6th Can. Rock Mech. Symp., Montreal, Department of Mineral Engineering, Pennsylvania State University, University Park, 1970, 33.
120. **Hardy, H. R., Kim, R. Y., Stefanko, R., and Wang, Y. J.,** Creep and microseismic activity in geological materials, in Rock Mechanics-Theory and Practice, Proc. 11th Symp. on Rock Mechanics, Berkeley, Calif., Somerton, W. H., Ed., AIME, New York, N.Y., 1970, 377.
121. **Hawkes, I., Mellor, M., and Gariepy, S.,** Deformation of rocks under uniaxial tension, *Int. J. Rock Mech. Min. Sci.,* 10, 493, 1973.
122. **Heard, H. C.,** Transition from brittle fracture to ductile flow in Solenhofen limestone, *Geol. Soc. Am. Mem.,* 79, 193, 1960.
123. **Heard, H. C.,** Steady-state flow in polycrystalline halite at pressure of 2 kilobars, in Flow and Fracture of Rocks, Geophysical Monograph 16, The Griggs Volume, Heard, H. C., Borg, I. Y., Carter, N. L., and Raleigh, C. B., Eds., American Geophysical Union, Washington, D.C., 1972, 191.
124. **Heard, H. C.,** unpublished data, 1975.
125. **Heard, H. C.,** Comparison of the flow properties of rocks at crustal conditions, *Philos. Trans. R. Soc. London A,* 283, 173, 1976.
126. **Heard, H. C.,** unpublished data, 1976.
127. **Heard, H. C., Abey, A. E., and Bonner, B. P.,** High Pressure Mechanical Properties of Indiana Limestone, Rep. UCID-16501, Lawrence Livermore Laboratory, 1974, 17.
128. **Heard, H. C., Abey, A. E., Bonner, B. P., and Duba, A.,** Stress-Strain Behavior of Polycrystalline NaCl to 3.2 GPa, Rep. UCRL-51743, Lawrence Livermore Laboratory, 1975, 16.
129. **Heard, H. C., Abey, A. E., Bonner, B. P., and Schock, R. N.,** Mechanical Behavior of Dry Westerly Granite at High Pressure, Rep. 51642, Lawrence Livermore Laboratory, 1974, 14.
130. **Heard, H. C., Bonner, B. P., Costantino, M. S., Schock, R. N., and Weed, H. C.,** Mechanical Response of Saturated Kemmerer Coal to 4 GPa, Rep. UCRL-52063, Lawrence Livermore Laboratory, 1976, 28.
131. **Heard, H. C., Bonner, B. P., Duba, A. G., Schock, R. N., and Stephens, D. R.,** High Pressure Mechanical Properties of Mt. Helen, Nevada, Tuff, Rep. UCID-16261, Lawrence Livermore Laboratory, 1973, 39.
132. **Heard, H. C. and Carter, N. L.,** Experimentally induced "natural" intragranular flow in quartz and quartzite, *Am. J. Sci.,* 266, 1, 1968.
133. **Heard, H. C. and Duba, A.,** Capabilities for Measuring Physicochemical Properties at High Pressure, Rep. UCRL-52420, Lawrence Livermore Laboratory, 1978, 44.
134. **Heard, H. C., Duba, A., Abey, A. E., and Schock, R.,** Mechanical Properties of Blair Dolomite, Rep. UCRL 51465, University of California Lawrence Livermore Laboratory, 1973.

135. **Heard, H. C. and Raleigh, C. B.**, Steady-state flow of marble at 500 to 800 degrees C, *Geol. Soc. Am. Bull.*, 83, 935, 1972.
136. **Heard, H. C. and Rubey, W. W.**, Tectonic implications of gypsum dehydration, *Geol. Soc. Am. Bull.*, 77, 741, 1966.
137. **Heard, H. C., Stephens, D. R., and Schock, R. N.**, High-Pressure Equation-of State Measurements for Altered Basalts and Bressias from Amchitka Island, Alaska, Rep. UCID-16165, Lawrence Livermore Laboratory, 1972, 17.
138. **Heard, H. C., Turner, F. J., and Weiss, L. E.**, Studies of heterogeneous strain in experimentally deformed calcite, marble, and phyllite, *Univ. Calif. Publ. Geol. Sci.*, 46, 81, 1965.
139. **Barber, D. J., Heard, H. C., and Wenk, H. R.**, Deformation of dolomite single crystals from 20 to 800°C, *Phys. Chem. Minerals*, 7, 271, 1981.
140. **Hendron, A. J., Jr.**, Mechanical properties of rock, *Rock Mechanics in Engineering Practice*, Stagg, K. G. and Zienkiewicz, O. C., Eds., John Wiley & Sons, New York, 1968, 21.
141. **Henry, J.-P. and Paquet, J.**, Mechanique de la Rupture de Roches calcitique in *Bull. Soc. Geol. Fr.*, 18, 1573, 1976.
142. **Higashi, A.**, Mechanisms of plastic deformation in ice single crystals, in Physics of Snow and Ice: Int. Conf., Sopporo, Japan, Vol. 1, Oura, H., Ed., Institute of Low Temperature Science, Hokkaido University, 1967, 277.
143. **Hoagland, R. G., Halm, G. T., and Rosenfield, A. R.**, Influence of microstructure on fracture propagation in rocks, in Semiannual Report, Batelle Columbus Laboratories, 1971.
144. **Hobbs, B. E.**, Recrystallization of single crystals of quartz, *Tectonophysics*, 6, 353, 1968.
145. **Hobbs, B. E., McLaren, A. C., and Paterson, M. S.**, Plasticity of single crystals of synthetic quartz, in *Flow and Fracture of Rocks, Geophysical Monograph 16, The Griggs Volume*, Heard, H. C., Borg, I. Y., Carter, N. L., and Raleigh, C. B., Eds., American Geophysical Union, Washington, D.C., 1972, 29.
146. **Homer, D. R. and Glen, J. W.**, The creep activation energies of ice, *J. Glaciol.*, 85, 429, 1978.
147. **Hubbert, M. K. and Rubey, W. W.**, Role of fluid pressure in the mechanics of overthrust faulting, *Geol. Soc. Am. Bull.*, 70, 115, 1959.
148. **Iida, K. and Kumazawa, M.**, Viscoelastic properties of rocks, *J. Earth Sci. Nagoya Univ.*, 5, 68, 1957.
149. **Jaeger, J. C. and Cook, N. G. W.**, *Fundamentals of Rock Mechanics*, 1st ed., John Wiley & Sons, New York, 1969.
150. **Jaeger, J. C. and Cook, N. G. W.**, *Fundamentals of Rock Mechanics*, 2nd ed., John Wiley & Sons, New York, 1976, 515.
151. **Jones, S. J. and Brunet, J.-G.**, Deformation of ice single crystals close to the melting point, *J. Glaciol.*, 85, 445, 1978.
152. **Jones, S. J. and Glen, J. W.**, The mechanical properties of single crystals of ice at low temperatures, in Reports and Discussions, Commission of Snow and Ice, General Assembly of Bern, Int. Union Geodesy and Geophysics, Publ. No. 79, International Association of Scientific Hydrology, Reading, England, 1968, 326.
153. **Jones, S. J. and Glen, J. W.**, The mechanical properties of single crystals of pure ice, *J. Glaciol.*, 8, 463, 1969.
154. **Kamb, B.**, Experimental recrystallization of ice under stress in *Flow and Fracture of Rocks, the Griggs Volume*, Heard, H. C., Borg, I., Carter, N. L., and Raleigh, C. B., Eds., American Geophysical Union, Washington, D.C., 1972, 211.
155. **Kármán, T. von**, Festigkeitsversuche unter allseitigem Druck, *Ver. Deut. Ingr.*, 55, 1749, 1911.
156. **Kekulawala, K. R. S. S., Paterson, M. S., and Boland, J. N.**, Hydrolytic weakening in quartz, *Tectonophysics*, 46, T1, 1978.
157. **Kelly, W. C. and Clark, B. R.**, Sulfide Deformation Studies. III. Experimental deformation of chalcopyrite to 2,000 bars and 500 degrees C, *Econ. Geol.*, 70, 431, 1975.
158. **Kirby, S. H.**, Creep of Synthetic Alpha Quartz, Ph.D. thesis, University of California, Los Angeles, 1975, 193.
159. **Kirby, S. H.**, Creep of synthetic quartz, *Trans. Am. Geophys. Union*, 56(Abstr.), 1062, 1975.
160. **Kirby, S. H.**, The alpha/beta inversion in quartz: effects of temperature on creep rates, *Trans. Am. Geophys. Union*, 57(Abstr.), 1001, 1976.
161. **Kirby, S. H.**, The effects of the alpha-beta phase transformation on the creep properties of hydrolytically-weakened synthetic quartz, *Geophys. Res. Lett.*, 4, 97, 1977.
162. **Kirby, S. H.**, Micromechanical interpretation of the incubation stage of the creep of hydrolytic weakened quartz crystals, *Trans. Am. Geophys Union*, 58(Abstr.), 1239, 1977.
163. **Kirby, S. H.**, State of stress in the lithosphere: inferences from the flow laws of olivine, *Pure Appl. Geophys.*, 115, 245, 1977.
164. **Kirby, S. H.**, Rheology of olivine: a critical review, *Trans. Am. Geophys. Union*, 59, 374, 1978.

165. **Kirby, S. H.,** Tectonic stresses in the lithosphere: constraints provided by the experimental deformation of rocks, *J. Geophys. Res.*, 85, 6353, 1980.
166. **Kirby, S. H. and Kronenberg, A. K.,** Ductile strength of clinopyroxenite: evidence for a transition in flow mechanisms, *Trans. Am. Geophys. Union*, 59(Abstr.), 376, 1978; *J. Geophys. Res.*, in press, 1983.
167. **Kirby, S. H. and Linker, M. F.,** Creep of hydrolytically-weakened synthetic quartz crystals at atmospheric pressure: effects of hydroxyl concentration, *Trans. Am. Geophys. Union*, 60, 949, 1979.
168. **Kirby, S. H. and McCormick, J. W.,** Creep of hydrolytically weakened synthetic quartz crystals oriented to promote $\{2\ \bar{1}\ \bar{1}0\}<0001>$ slip: a brief summary of work to date, *Bull. Mineral.*, 102, 124, 1979.
169. **Kirby, S. H. and McCormick, J. W.,** Experimental creep and dislocation micromechanics of synthetic quartz, unpublished manuscript, 1980.
170. **Kirby, S. H., McCormick, J. W., and Linker, M.,** The effect of water concentration on creep rates of hydrolytically-weakened synthetic quartz single crystals, *Trans. Am. Geophys. Union*, 58(Abstr.), 1239, 1977.
171. **Kirby, S. H. and Raleigh, C. B.,** Mechanisms of high-temperature, solid-state flow in minerals and ceramics and their bearing on creep behavior of the mantle, *Tectonophysics*, 19, 1965, 1973.
172. **Kirby, S. H. and Veyssière, P.,** Plastic deformation of MgO 1.1(Al_2O_3)1.1 spinel at 0.28 Tm: preliminary results, *Philos. Mag.*, 41, 129, 1979.
173. **Kirby, S. H. and Zateslo, T.,** unpublished data, 1979.
174. **Kohlstedt, D., Goetze, C., and Durham, W. B.,** Experimental deformation of single crystal olivine with application to flow in the mantle, in *The Physics and Chemistry of Minerals and Rocks,* Strens, R. G. J., Ed., John Wiley & Sons, London, 1976, 35.
175. **Kohlstedt, D. L. and Goetze, C.,** Low-stress high-temperature creep in olivine single crystals, *J. Geophys. Res.*, 79, 2045, 1974.
176. **Kollé, J. J., and Blacic, J.D.,** Deformation of single crystal clinopyroxenes, *J. Geophys. Res* 87, 4019, 1982.
177. **Kollé, J. J. and Blacic, J. D.,** Preliminary deformation characteristics of single crystal clinopyroxene, *Trans. Am. Geophys. Union*, 58(Abstr.), 513, 1977.
178. **Kollé, J. J. and Blacic, J. D.,** Mechanical deformation of a single crystal hypersthene, *Trans. Am. Geophys. Union*, 59(abstr.), 1185, 1978.
179. **Kranz, R. L.,** Crack growth and development during creep of Barre granite, *Int. J. Rock Mech. Min. Sci.*, 16, 23, 1979.
180. **Kranz, R. L.,** Crack-crack and crack-pore interactions in stressed granite, *Int. J. Rock Mech. Min. Sci.*, 16, 37, 1979.
181. **Kranz, R. L.,** The Static Fatigue and Hydraulic Properties of Barre Granite, Ph.D. thesis, Columbia University, 1979, 192.
182. **Kranz, R. L. and Scholz, C.,** Critical dilatant volume of rocks at the onset of tertiary creep, *J. Geophys. Res.*, 82, 4893, 1977.
183. **Lama, R. D. and Vutukuri, V. S.,** *Handbook on Mechanical Properties of Rocks,* Vol. 2, Trans Tech Publications, Rockport, MA, 1978, 481.
184. **Lama, R. D. and Vutukuri, V. S.,** *Handbook on Mechanical Properties of Rocks,* Vol. 3, Trans Tech Publications, Rockport, MA, 1978, 406.
185. **Lama, R. D. and Vutukuri, V. S.,** *Handbook on Mechanical Properties of Rocks,* Vol. 4, Trans Tech Publications, Rockport, MA, 1978, 515.
186. **Langdon, T. G. and Pask, J. A.,** Mechanical behavior of single-crystal and polycrystalline MgO, in *High Temperature Oxides,* Vol. 3, Academic Press, New York, 1970, 53.
187. **Lawn, B. R. and Wilshaw, T. R.,** *Fracture of Brittle Solids,* Cambridge University Press, 1975, 204.
188. **Lile, R. C.,** The effect of anisotropy on the creep of polycrystalline ice, *J. Glaciol.*, 85, 475, 1978.
189. **Linker, M. F.,** Experimental Creep of Hydrolytically Weakened Synthetic Quartz Crystals Oriented to Promote <a> and <c> Slip, B.A. thesis, Earth Sciences Board, University of California, Santa Cruz, 1979, 108.
190. **Linker, M. F. and Kirby, S. H.,** Creep of hydrolytically-weakened synthetic quartz: experiments with samples oriented to promote duplex {1010} <a> slip, *Trans. Am. Geophys. Union*, 59(Abstr.), 1185, 1978; Geophys. Monogr. 24, Am. Geophys. Union, 29, 1981.
191. **Liu, H. W. and Miller, K. J.,** Fracture toughness of fresh-water ice, *J. Glaciol.*, 86, 135, 1979.
192. **Lockner, D. and Byerlee, J.,** Acoustical emission and creep in rocks at high confining pressure and differential stress, *Seismol. Soc. Am. Bull.*, 67, 243, 1977.
193. **Lockner, D. and Byerlee, J.,** Development of fracture planes during creep in granite in *Proc. 2nd Conf. Acoustical Emission/Microseismic Activity in Geologic Structures and Materials,* Hardy, H. R., Jr. and Leighton, F. W., Eds., Trans Tech Publications, Rockport, MA, 1979.
194. **Logan, J. M.,** Friction in rocks, *Rev. Geophys. Space Phys.*, 13, 358, 1975.
195. **Logan, J. M. and Handin, J.,** Triaxial compression testing at intermediate strain rates, in Dynamic Rock Mechanics, 12th Symp. Rock Mechanics, AIME, New York, N.Y., 1971, 167.

196. **Lyall, K. D. and Paterson, M. S.,** Plastic deformation of galena (lead sulphide), *Acta Metall.,* 14, 371, 1966.
197. **Martin, R.,** Time-dependent crack growth in quartz and its application to the creep of rocks, *J. Geophys. Res.,* 77, 1406, 1972.
198. **Martin, R. J. and Durham, W. B.,** Mechanisms of crack growth in quartz, *J. Geophys. Res.,* 80, 4837, 1975.
199. **McClay, K. R. and Atkinson, B. K.,** Experimentally induced kinking and annealing of single crystals of galena, *Tectonophysics,* 39, 175, 1977.
200. **McCormick, J. W.,** Transmission Electron Microscopy of Experimentally Deformed Synthetic Quartz, Ph.D. thesis, University of California, Los Angeles, 1977, 171.
201. **McKenzie, D. P.,** The geophysical importance of high temperature creep, in *The History of the Earth's Crust,* Phinney, R. A., Ed., Princeton University Press, 1968, 28.
202. **Mellor, M. and Testa, R.,** Effect of temperature on the creep of ice, *J. Glaciol.,* 8, 131, 1969.
203. **Mirwald, P. W., Getting, I. C., and Kennedy, G. C.,** Low friction cell for piston-cylinder high-pressure apparatus, *J. Geophys. Res.,* 80, 1519, 1975.
204. **Moavenzadeh, F., Williamson, R. B., and Wissa, A. E. Z.,** Rock Fracture Research, Department of Civil Engineering, Research Report, MIT Press, Cambridge, 1966, 757.
205. **Mogi, K.,** Pressure dependence of rock strength and transition from brittle fracture to ductile flow, *Bull. Earthquake Res. Inst. Tokyo Univ.,* 44, 215, 1966.
206. **Mogi, K.,** Effect of the intermediate principal stress on rock failure, *J. Geophys. Res.,* 72, 5117, 1967.
207. **Mogi, K.,** Fracture and flow of rocks under high triaxial compression, *J. Geophys. Res.,* 76, 1255, 1971.
208. **Mogi, K.,** Fracture and flow or rocks, *Tectonophysics,* 13, 541, 1972.
209. **Morrison-Smith, D. J., Paterson, M. S., and Hobbs, B. E.,** An electron microscope study of plastic deformation in single crystals of synthetic quartz, *Tectonophysics,* 33, 43, 1976.
210. **Müller, P. and Siemes, H.,** Zur festigkeit und gefugeregelung von experimentell verformten magnetiterzen, *N. Jb. Miner. Abh.,* 117, 39, 1972.
211. **Müller, P. and Siemes, H.,** Festigkeit, verformbarkeit und gefugeregelung von anhydrit — experimentelle stauchverformung unter manteldrucken bis 5 kbar bei temperaturen bis 300° C, *Tectonophysics,* 23, 105, 1974.
212. **Müller, W. H. and Briegel, U.,** The rheological behavior of polycrystalline anhydrite, *Ecol. Geol. Helv.,* 71, 397, 1978.
213. **Murrell, S. A. F. and Ismail, I. A. H.,** The effect of decomposition of hydrous minerals on the mechanical properties of rocks at high pressures and temperatures, *Tectonophysics,* 31, 207, 1976.
214. **Murrell, S. A. F. and Ismail, I. A. H.,** The effect of temperature on the strength at high confining pressure of granodiorite containing free and chemically-bound water, *Contrib. Mineral. Pet.,* 55, 317, 1976b.
215. **Nicolas, A. and Poirier, J.-P.,** *Crystalline Plasticity and Solid State Flow in Metamorphic Rocks,* John Wiley & Sons, London, 1976, 444.
216. **Nye, J. F.,** *Physical Properties of Crystals,* Oxford at Clarendon Press, 1957, 322.
217. **Obreimoff, J. W.,** The splitting strength of mice, *Proc. R. Soc. London,* A127, 290, 1930.
218. **Ohnaka, M.,** The quantitative effect of hydrostatic confining pressure on the compressive strength of crystalline rocks, *J. Phys. Earth,* 21, 125, 1973a.
219. **Ohnaka, M.,** Frictional characteristics of typical rocks, *J. Phys. Earth,* 23, 87, 1975.
220. **Olsson, W. A.,** Effects of temperature, pressure, and displacement rate on the frictional characteristics of a limestone, *Int. J. Rock Mech. Min. Sci. Geomech. Abstr.,* 11, 267, 1974.
221. **Parrish, D. K., Krivz, A., and Carter, N. L.,** Finite element folds of similar geometry, *Tectonophysics,* 32, 183, 1976.
222. **Paterson, M. S.,** Effect of pressure on stress-strain properties of materials, *Geophys. J. R. Abstr. Soc.,* 14, 13, 1967.
223. **Paterson, M. S.,** Nonhydrostatic thermodynamics and its geologic applications, *Rev. Geophys. Space Phys.,* 11, 355, 1973.
224. **Paterson, M. S.,** Some current aspects of experimental rock deformation, *Philos. Trans. R. Soc. London A,* 283, 163, 1976.
225. **Paterson, M. S.,** *Experimental Rock Deformation — The Brittle Field,* Springer-Verlag, New York, 1978, 254.
226. **Paterson, M. S. and Edmond, J. M.,** Deformation of graphite at high pressures, *Carbon,* 10, 29, 1972.
227. **Paterson, M. S. and Kekulawala, K. R. S. S.,** The role of water in quartz deformation, *Bull. Mineral.,* 102, 92, 1979.
228. **Paterson, M. S. and Weaver, C. W.,** Deformation of polycrystalline MgO under pressure, *J. Am. Ceram. Soc.,* 53, 463, 1970.
229. **Peng, S. and Johnson, A. M.,** Crack growth and faulting in cylindrical specimens of Chelmsford granite, *Int. J. Rock Mech. Min. Sci.,* 9, 37, 1972.

230. **Perkins, T. K. and Bartlett, L. E.,** Surface energies of rocks measured during cleavage, *Soc. Pet. Eng. J.,* 3, 307, 1963.
231. **Perkins, T. K. and Krech, W. W.,** Effect of cleavage rate and stress level on the apparent surface energies of rocks in *Soc. Pet. Eng.,* 6, 308, 1966.
232. **Phakey, P., Dollinger, G., and Christie, J. M.,** Transmission electron microscopy of experimentally deformed olivine crystals, in *Flow and Fracture of Rocks, Geophysical Monograph 16, The Griggs Volume,* Heard, H. C., Borg, N. L., Carter, N. L., and Raleigh, C. B., Eds., American Geophysical Union, Washington, D.C., 1972, 117.
233. **Poirier, J.-P.,** High temperature creep in single crystalline sodium chloride. I. Creep controlling mechanism, *Philos. Mag.,* 26, 701, 1972.
234. **Poirier, J.-P. and Guillope, M.,** Deformation induced recrystallization of minerals, *Bull. Mineral.,* 102, 67, 1979.
235. **Post, R. L.,** The Flow Laws of Mt. Burnett Dunite, Ph.D. thesis, University of California, Los Angeles, 1973, 272.
236. **Post, R. L.,** High temperature creep of Mt. Burnet dunite, *Tectonophysics,* 42, 75, 1977.
237. **Raleigh, C. B.,** Mechanisms of plastic deformation of olivine, *J. Geophys. Res.,* 73, 5391, 1968.
238. **Raleigh, C. B. and Kirby, S. H.,** Creep in the upper mantle, *Miner. Soc. Am. Spec. Pap.,* 3, 113, 1970.
239. **Raleigh, C. B., Kirby, S. H., Carter, N. L., and Ave'Lallemant, H. G.,** Slip and the clinoenstatite transformation as competing rate processes in enstatite, *J. Geophys. Res.,* 76, 4011, 1971.
240. **Raleigh, C. B. and Paterson, M. S.,** Experimental deformation of serpentinite and its tectonic implications, *J. Geophys. Res.,* 70, 3965, 1965.
241. **Ramsier, R. O.,** Growth and Mechanical Properties of River and Lake Ice, Ph.D. thesis, Universite Laval, Quebec, Canada, 1971.
242. **Riecker, R. E. and Rooney, T. P.,** Water-induced weakening of hornblende and amphibolite, *Nature (London),* 224, 1299, 1969.
243. **Riley, N. W., Noll, G., and Glen, J. W.,** The creep of NaCl-doped ice monocrystals, *J. Glaciol.,* 85, 501, 1978.
244. **Robertson, E. C.,** Creep of Solenhofen limestone under moderate hydrostatic pressure in Rock Deformation, Griggs, D. T., Handin, J., Ed., Geological Society of America, Boulder, CO, 1960, 227.
245. **Robertson, E. C.,** Viscoelasticity of rocks, in *State of Stress in the Earth's Crust,* Judd, W. R., Ed., Elsevier, New York, 1964, 181.
246. **Robin, Y. E.,** Pressure solution at grain-to-grain contacts, *Geochim. Cosmochim. Acta,* 42, 1383, 1978.
247. **Roscoe, W. E.,** Experimental deformation of natural chalcopyrite at temperatures up to 300°C over the strain rate range 10^{-2} to 10^{-6} sec^{-1}, *Econ. Geol.,* 70, 454, 1975.
248. **Ross, J. V.,** unpublished data, 1979.
249. **Ross, J. V. and Nielsen, K. C.,** High temperature flow of wet polycrystalline enstatite, *Tectonophysics,* 44, 233, 1978.
250. **Rutter, E. H.,** The effects of strain-rate changes on the strength and ductility of Solenhofen limestone at low temperatures and confining pressures, *Int. J. Rock Mech. Min. Sci.,* 9, 183, 1972.
251. **Rutter, E. H.,** The influence of interstitial water on the rheological behaviour of calcite rocks, *Tectonophysics,* 14, 13, 1972.
252. **Rutter, E. H.,** On the creep testing of rocks at constant stress and constant force, *Int. J. Rock Mech. Min. Sci.,* 9, 191, 1972.
253. **Rutter, E. H., Atkinson, B. K., and Mainprice, D. H.,** On the use of the stress relaxation testing method in studies on the mechanical behavior of geological materials, *Geophys. J. R. Astr. Soc.,* 55, 155, 1978.
254. **Salmon, B. C., Clark, B. R., and Kelly, W. C.,** Sulfide deformation studies. II. Experimental deformation of Galena to 2,000 bars and 400 degrees C, *Econ. Geol.,* 69, 1, 1974.
255. **Sangha, C. M. and Dhir, R. K.,** Strength and deformation of rock subject to multiaxial compressive stresses, *Int. J. Rock Mech. Min. Sci. Geomech. Abstr.,* 12, 277, 1975.
256. **Santhanan, A. T. and Gupta, Y. P.,** Cleavage surface energy of calcite, *Int. J. Rock Mech. Min. Sci.,* 5, 253, 1968.
257. **Sawbridge, P. T. and Sykes, E. C.,** Dislocation glide in UO2 single crystals at 1600 K, *Philos. Mag.,* 24, 33, 1971.
258. **Saynisch, H. J.,** Festigkeits- und Gefugeuntersuchungen an Experimentell und Naturlich Verformten Zinkblendeerzen, in *Experimental and Natural Rock Deformation,* Paulitsch, P., Ed., Springer-Verlag, Berlin, 1970, 209.
259. **Schmid, S. M.,** Rheological evidence for changes in the deformation mechanism of Solenhofen limestone towards low stress, *Tectonophysics,* 31, T21, 1976.
260. **Schmid, S. M., Boland, J. N., and Paterson, M. S.,** Superplastic flow in finegrained limestone, *Tectonophysics,* 43, 257, 1977.

261. **Schmid, S. M. and Paterson, M. S.**, Strain analysis in an experimentally deformed oolitic limestone, in *Energetics of Geological Processes*, Saxena, S. K. and Bhattacharji, S., Eds., Springer-Verlag, New York, 1977, 67.
262. **Schmidt, R. A.**, Fracture toughness testing of limestone, *Exp. Mech.*, 16, 161, 1976.
263. **Schmidt, R. A. and Huddle, C. W.**, Effect of confining pressure on fracture toughness of Indiana limestone, *Int. J. Rock. Mech. Min. Sci.*, 14, 289, 1977.
264. **Schock, R. N., Abey, A. E., Bonner, B. P., Duba, A., and Heard, H. C.**, Mechanical Properties of Nugget Sandstone, Rep. UCRL-51447, Lawrence Livermore Laboratory, 1973, 19.
265. **Schock, R. N., Abey, A. E., Heard, H. C., and Louis, H.**, Mechanical Properties of Granite from the Taourirt Tan Afella Massif, Algeria, Rep. UCRL-51296, Lawrence Livermore Laboratory, 1972, 21.
266. **Schock, R. N. and Heard, H. C.**, Static mechanical properties and shock loading response of granite, *J. Geophys. Res.*, 79, 1662, 1974.
267. **Schock, R. N., Heard, H. C., and Stephens, D. R.**, Mechanical Properties of Rocks from the Site of the Rio Blanco Gas Stimulation Experiment, Rep. UCRL-51260, Lawrence Livermore Laboratory, 1972, 22.
268. **Schock, R. N., Heard, H. C., and Stephens, D. R.**, Stress-strain behavior of a granodiorite and two graywackes on compression to 20 kilobars, *J. Geophys. Res.*, 78, 5922, 1973.
269. **Scholtz, C., Molnar, P., and Johnson, T.**, Detailed studies of frictional sliding of granite and implications for the earthquake mechanism, *J. Geophys. Res.*, 77, 6392, 1972.
270. **Scholz, C. H.**, Mechanism of creep in brittle rock, *J. Geophys. Res.*, 73, 3295, 1968.
271. **Scholz, C. H.**, Static fatigue of quartz, *J. Geophys. Res.*, 77, 2104, 1972.
272. **Sherby, O. D. and Burke, P. M.**, Mechanical behavior of crystalline solids at elevated temperatures, *Prog. Met. Sci.*, 13, 325, 1968.
273. **Shoji, H. and Higashi, A.**, A deformation mechanism map of ice, *J. Glaciol.*, 85, 419, 1978.
274. **Siemes, H.**, Experimental Deformation of Galena Ores, in *Experimental and Natural Rock Deformation*, Paulitsch, P., Ed., Springer-Verlag, Berlin, 1970, 165.
275. **Siemes, H., Saynisch, H. J., and Borges, B.**, Experimentelle verformung von zinkblendeeinkristallen bei raumtemperatur und 5000 bar manteldruck, *N. Jb. Miner. Abh.*, 119, 65, 1973.
276. **Stephens, D. R., Heard, H. C., and Schock, R. N.**, High-Pressure Mechanical Properties of Tuff from the Diamond Dust Site, Rep. UCRL-50858, Lawrence Livermore Laboratory, 1970, 14.
277. **Stesky, R. M.**, Mechanisms of high temperature frictional sliding in Westerly granite, *Can. J. Earth Sci.*, 15, 361, 1978.
278. **Stesky, R. M.**, Rock friction — effect of confining pressure, temperature, and pore pressure, *Pure Appl. Geophys.*, 116, 690, 1978.
279. **Stesky, R. M. and Brace, W. F.**, Estimation of frictional stress on the San Andreas fault from laboratory measurements, in *Proc. Conf. Tectonic Problems of the San Andreas Fault System*, Vol. 13, Kovach, R. L. and Nur, A., Eds., Stanford University Publications on Geological Sciences, 1973, 206.
280. **Stesky, R. M., Brace, W. F., Riley, D. K., and Robin, P.-Y. F.**, Friction in faulted rock at high temperature and pressure, *Tectonophysics*, 23, 177, 1974.
281. **Stocker, R. L. and Ashby, M. F.**, On the rheology of the upper mantle, *Rev. Geophys. Space Phys.*, 11, 391, 1973.
282. **Swain, M. V. and Atkinson, B. K.**, Fracture surface energy of olivine, *Pure Appl. Geophys.*, 116, 866, 1978.
283. **Tapponnier, P. and Brace, W. F.**, Development of stress-induced microcracks in Westerly granite, *Int. J. Rock Mech. Min. Sci.*, 13, 103, 1976.
284. **Teufel, L. W. and Logan, J. M.**, Effect of displacement rate on the real area of contact and temperature generated during frictional sliding of Tennessee sandstone, *Pure Appl. Geophys.*, 116, 840, 1978.
285. **Tullis, J. A.**, Preferred Orientations in Experimentally Deformed Quartzites, Ph.D. thesis, Department of Geology, University of California, Los Angeles, 1971, 344.
286. **Tullis, J. A.**, High temperature deformation of rocks and minerals, *Rev. Geophys. Space Phys.*, 17, 1137, 1979.
287. **Tullis, J. A.**, unpublished data, 1979.
288. **Tullis, J. A., Shelton, G. L., and Yund, R. A.**, Pressure dependence of rock strength: implications for hydrolytic weakening, *Bull. Mineral.*, 102, 110, 1979.
289. **Tullis, J. and Yund, R. A.**, Experimental deformation of dry westerly granite, *J. Geophys. Res.*, 82, 5705, 1977.
290. **Turner, F. J., Griggs, D. T., and Heard, H. C.**, Experimental deformation of calcite crystals, *Geol. Soc. Am. Bull.*, 65, 883, 1954.
291. **Turner, F. J. and Heard, H. C.**, Deformation of calcite single crystals at different strain rates, *Univ. Calif. Publ. Geol. Sci.*, 46, 103, 1965.
292. **Vutukuri, V. S., Lama, R. D., and Saluja, S. S.**, *Handbook on Mechanical Properties of Rocks*, Vol. 1, Trans Tech Publications, Rockport, MA, 1974, 280.

293. **Walsh, J. B.**, The effects of cracks on the compressibility of rock, *J. Geophys. Res.*, 70, 381, 1965.
294. **Walsh, J. B.**, The effect of cracks on the uniaxial elastic compression of rocks, *J. Geophys. Res.*, 70, 399, 1965.
295. **Wawersik, W. R.**, Time-dependent rock behaviour in uniaxial compression, in *New Horizons in Rock Mechanics, Proc. 14th Symp. Rock Mech. Penn. State Univ., 1972*, Hardy, H. R. and Stefanko, R., Eds., American Society of Civil Engineers, New York, 1973, 85.
296. **Wawersik, W. R.**, Time-dependent behavior of rock in compression, in *Advances in Rock Mechanics, Proc. 3rd Congr. Int. Soc. Rock Mech.*, Vol. 2, (Part A), National Academy Science, Washington, D.C., 1974, 357.
297. **Wawersik, W. R. and Brown, W. S.**, Creep Fracture of Rock, Advance Research Projects Agency, Arpa Order No. 1579, Program Code 2F10, Department of Defense, Washington, D.C., 1973, 72.
298. **Weed, H. C. and Heard, H. C.**, Mechanical Properties of Annona Chalk to 3.8 GPa, Rep UCID-16675, Lawrence Livermore Laboratory, 1975, 17.
299. **Weertman, J.**, Creep of ice, in *Physics and Chemistry of Ice*, Whalley, E., Jones, S. J., and Gold, L. W., Eds., Royal Society of Canada, Ottawa, 1973, 320.
300. **Weertman, J. and Weertman, J. R.**, Mechanical properties, strongly temperature-dependent, in *Physical Metallurgy*, Cahn, R. W., Ed., Elsevier, 1970, 983.
301. **Weertman, J. and Weertman, J. R.**, High temperature creep of rock and mantle viscosity, *Ann. Rev. Earth Planet. Sci.*, 3, 293, 1975.
302. **Westbrook, J. H. and Jorgensen, P. J.**, Effects of water desorption on indentation microhardness anisotropy in minerals, *Am. Miner.*, 53, 1899, 1968.
303. **Wiederhorn, S. M., Evans, A. G., and Roberts, D. E.**, A fracture mechanics study of the Skylab windows, in *Fracture Mechanics of Ceramics*, Bradt, R. C., Hasselman, D. P. H., and Lang, F. F., Eds., Plenum Press, New York, 1974, 829.
304. **Willaime, C.**, unpublished data, 1978.
305. **Willaime, C., Christie, J. M., and Kovacs, M. P.**, Experimental deformation of K-feldspar single crystals, *Bull. Miner. Soc. Fr. Miner. Cryst.*, 102, 168, 1979.
306. **Willaime, C. and Gandais, M.**, Electron microscope study of plastic defects in experimentally deformed alkali feldspars in *Bull. Soc. Fr. Mineral. Cristallogr.*, 100, 263, 1977.
307. **Wu, F. T. and Thomsen, L.**, Microfracturing and deformation of Westerly granite under creep conditions, *Int. J. Rock Mech. Min. Sci.*, 12, 167, 1975.
308. **Zoback, M. D. and Byerlee, J. D.**, The effect of cyclic differential stress on dilatancy in Westerly granite under uniaxial and triaxial conditions in *J. Geophys. Res.*, 80, 1526, 1975.
309. **Byerlee, J. D.**, Frictional characteristics of granite under high confining pressure, *J. Geophys. Res.*, 72, 3639, 1967.
310. **Griggs, D. T.**, Creep of rocks, *J. Geol.*, 47, 225, 1939.
311. **Griggs, D. T. and Miller, W. B.**, Deformation of Yule marble, *Geol. Soc. Am. Bull.*, 62, 722, 1951.
312. **Steinemann, S.**, Experimentelle Untersuchung zur Plastizitat von Eis in Beitrage zur Geologie der Schweis, Geotechnische Serie, Hydrologie, No. 10, 1958, 72.

Chapter 4

RADIOACTIVITY PROPERTIES OF MINERALS AND ROCKS

William Randall Van Schmus

TABLE OF CONTENTS

Introduction 282

Geochronology and Cosmochronology 282

Natural Radioactivity Measurements 283

Radiogenic Heat Production 286

References 292

INTRODUCTION

Radioactive elements found in rocks, minerals, and other crustal materials (e.g., sediment, soil) form the basis for several major applications in geochemistry and geophysics. Direct use of various elements and their decay products can be grouped into three main categories: (1) geochronology and cosmochronology, (2) radioactivity surveying and well logging, and (3) radiogenic heat production. In addition, various natural and artificial radionuclides or their decay products have found wide application in geochemical analysis and as tracers in various geologic processes. The information presented here is chosen primarily to relate to the naturally occurring properties and their application.

GEOCHRONOLOGY AND COSMOCHRONOLOGY

Radioactive nuclides that are, or once were, naturally occurring form the basis of measuring the time parameter for a wide variety of geologic and cosmologic processes. A summary of the radionuclides that have found significant application or have future potential application is given in Table 1. The decay constants given are those that are generally used by geochemists or geophysicists. In several instances there are alternate values available from the literature, but no attempt has been made to review this data. A few of the radionuclides are generally considered "extinct", and their decay products are found only in primitive meteorites. In one case, however (^{26}Al), it is also found as a cosmic-ray produced component in modern sediment.

Radiometric "clocks" generally belong to one of two main categories: decay clocks and accumulation clocks. In a simple decay clock, best represented by the familiar ^{14}C method, the elapsed time being measured is computed from the decay of the original radioactive isotope:

$$t = (1/\lambda) \ln(N_o/N) \qquad (1)$$

where N_o is the starting quantity or radioactivity of the radionuclide in the sample, N is the present quantity, and λ is the decay constant. In such applications it is necessary to know, or be able to evaluate, N_o from independent arguments and to assume that there has been no net loss or gain of that isotope by other than normal decay processes (i.e., a "closed system"). In many instances it is better to use pairs of radionuclides, and for these techniques there is a wide variety of assumptions inherent to obtaining meaningful results. Many of these are summarized elsewhere.[8] In accumulation clocks, elapsed time is measured by use of the build-up of decay products of the radionuclide in question; the decay products may include intermediate, unstable decay products or radiation damage (e.g., "fission tracks") in the crystal as well as stable decay products. For simple accumulation, such as the ^{87}Rb-^{87}Sr or ^{147}Sm-^{143}Nd system, ages can be calculated from a basic equation such as:

$$t = \frac{1}{\lambda} \ln \left(1 + \frac{D - D_o}{N} \right) \qquad (2)$$

in which D represents the total abundance of the decay-product isotope, D_o represents the amount of that isotope that was present at the start of the time interval being measured (the difference is that attributable to *in situ* decay of the radionuclide), and N is the amount of the radionuclide in the sample at present. As with the simple decay clock, it is necessary to assume a "closed system" behavior for all isotopes involved in the computation. Fur-

Table 1
RADIOMETRIC SYSTEMS USED IN GEOCHRONOLOGY AND COSMOCHRONOLOGY

Parent isotope	Half-life (years)	Decay constant (years^{-1})	Decay mode[a]	Daughter product(s)	Ref.
^{3}H	12.33	5.62×10^{-2}	β^-	^{3}He	1
^{10}Be	1.6×10^6	4.33×10^{-7}	β^-	^{10}B	1
^{14}C	5730[b]	1.210×10^{-4}	β^-	^{14}N	2
^{26}Al	7.2×10^5	9.6×10^{-7}	β^+	^{26}Mg	1
^{40}K	1.25×10^9	4.962×10^{-10}	β^-	^{40}Ca (89.5%)	3
		0.581×10^{-10}	EC	^{40}Ar (10.5%)	3
^{87}Rb	4.88×10^{10}	1.42×10^{-11}	β^-	^{87}Sr	3
^{107}Pd	6.5×10^6	1.07×10^{-7}	β^-	^{107}Ag	4
^{129}I	1.6×10^7	4.33×10^{-8}	β^-	^{129}Xe	1
^{147}Sm	1.06×10^{11}	6.54×10^{-12}	α	^{143}Nd	5
^{176}Lu	3.53×10^{10}	1.96×10^{-11}	β^-	^{176}Hf	6
^{187}Re	4.3×10^{10}	1.61×10^{-11}	β^-	^{187}Os	7
^{210}Pb	22.26	3.11×10^{-2}	β^-	^{210}Bi	8
^{226}Ra	1.62×10^3	4.27×10^{-4}	α	^{222}Rn	8
^{230}Th	7.52×10^4	9.22×10^{-6}	α	^{226}Ra	8
^{231}Pa	3.25×10^4	2.134×10^{-5}	α	^{227}Ac	8
^{232}Th	1.40×10^{10}	4.9475×10^{-11}	α,β^-	^{208}Pb + 6 ^{4}He[c]	3
^{234}U	2.45×10^5	2.794×10^{-6}	α	^{230}Th	8
^{235}U	7.04×10^8	9.8485×10^{-10}	α,β^-	^{207}Pb + 7 ^{4}He[c]	3
^{238}U	4.47×10^9	1.5513×10^{-10}	α,β^-	^{206}Pb + 6 ^{4}He[c]	3
		8.46×10^{-17}[d]	SF	Various	9
^{244}Pu	8.2×10^7	8.47×10^{-9}	α	^{232}Th + 3 ^{4}He	10
		1.06×10^{-11}	SF	Various	10

[a] Decay mode includes loss of electron (beta particle, β^-), or of positron (β^+), or of alpha particle (α); or EC (electron capture), or SF (spontaneous fission).
[b] Most accurate value. However, by convention most ^{14}C dating labs report ages based on a half-life of 5568 years.
[c] Decay series. See Tables 2, 3, or 4 for details.
[d] Many workers use 6.85×10^{-17} for this decay constant. See discussion by Faure[8] about this problem.

thermore, it is necessary to be able to evaluate D_o in some independent, precise manner. In many instances it is possible to use other derivatives from Equation 2 and multiple samples to solve for D_o; in other cases (e.g., U–Pb systems) ages can be calculated from the systematic behavior of coupled systems. Details on these and other methods may be found elsewhere.[8,11]

NATURAL RADIOACTIVITY MEASUREMENTS

In refering to "natural radioactivity", most users mean those radionuclides that contribute the largest portion of observed natural radiation. These are the isotopes ^{40}K, ^{232}Th, ^{235}U, and ^{238}U. The first undergoes branching decay to ^{40}Ca and ^{40}Ar, both of which are stable (Table 1). The U and Th isotopes, however, do not decay directly to a stable product, but achieve ultimate stability through a succession of α and β^- decays, including several minor closed branches (e.g., branches that converge a step later to the same subsequent product). The U and Th decay series are summarized in Tables 2 to 4 and Figure 1. Only the major branching decay in the ^{232}Th series at ^{212}Bi has been included. Full details on each series can be derived from more detailed references.[1]

The major penetrative natural radioactivity is γ-radiation that accompanies many α and

Table 2
PRINCIPAL STEPS IN THE ^{238}U DECAY SERIES

Step	Parent	Half-life	Decay mode	Daughter
1	^{238}U	4.47×10^9 years	Alpha	^{234}Th
2	^{234}Th	24.1 days	Beta	^{234}Pa
3	^{234}Pa	1.17 minutes	Beta	^{234}U
4	^{234}U	2.44×10^5 years	Alpha	^{230}Th
5	^{230}Th	7.7×10^4 years	Alpha	^{226}Ra
5	^{226}Ra	1.60×10^3 years	Alpha	^{222}Rn
7	^{222}Rn	3.82 days	Alpha	^{218}Po
8	^{218}Po	3.05 minutes	Alpha	^{214}Pb
9	^{214}Pb	26.8 minutes	Beta	^{214}Bi
10	^{214}Bi	19.8 minutes	Beta	^{214}Po
11	^{214}Po	1.64×10^{-4} sec	Alpha	^{210}Pb
12	^{210}Pb	22.3 years	Beta	^{210}Bi
13	^{210}Bi	5.01 days	Beta	^{210}Po
14	^{210}Po	138.4 days	Alpha	^{206}Pb (stable)

Table 3
PRINCIPAL STEPS IN THE ^{235}U DECAY SERIES

Step	Parent	Half-life	Decay mode	Daughter
1	^{235}U	7.04×10^8 years	Alpha	^{231}Th
2	^{231}Th	25.52 hr	Beta	^{231}Pa
3	^{231}Pa	3.28×10^4 years	Alpha	^{227}Ac
4	^{227}Ac	21.77 years	Beta	^{227}Th
5	^{227}Th	18.72 days	Alpha	^{223}Ra
6	^{223}Ra	11.43 days	Alpha	^{219}Rn
7	^{219}Rn	3.96 sec	Alpha	^{215}Po
8	^{215}Po	1.78×10^{-3} sec	Alpha	^{211}Pb
9	^{211}Pb	36.1 minutes	Beta	^{211}Bi
10	^{211}Bi	2.14 minutes	Alpha	^{207}Tl
11	^{207}Tl	4.77 minutes	Beta	^{207}Pb (stable)

Table 4
PRINCIPAL STEPS IN THE ^{232}Th DECAY SERIES

Step	Parent	Half-life	Decay mode	Daughter
1	^{232}Th	1.40×10^{10} years	Alpha	^{228}Ra
2	^{228}Ra	5.75 years	Beta	^{228}Ac
3	^{228}Ac	6.13 hr	Beta	^{228}Th
4	^{228}Th	1.913 years	Alpha	^{224}Ra
5	^{224}Ra	3.66 days	Alpha	^{220}Rn
6	^{220}Rn	55.6 sec	Alpha	^{216}Po
7	^{216}Po	0.15 sec	Alpha	^{212}Pb
8	^{212}Pb	10.64 hr	Beta	^{212}Bi
9a	^{212}Bi	60.6 minutes	Beta	^{212}Po (64%)
9b	^{212}Bi	60.6 minutes	Alpha	^{208}Tl (36%)
10a	^{212}Po	2.98×10^{-7} sec	Alpha	^{208}Pb (stable)
10b	^{208}Tl	3.053 minutes	Beta	^{208}Pb (stable)

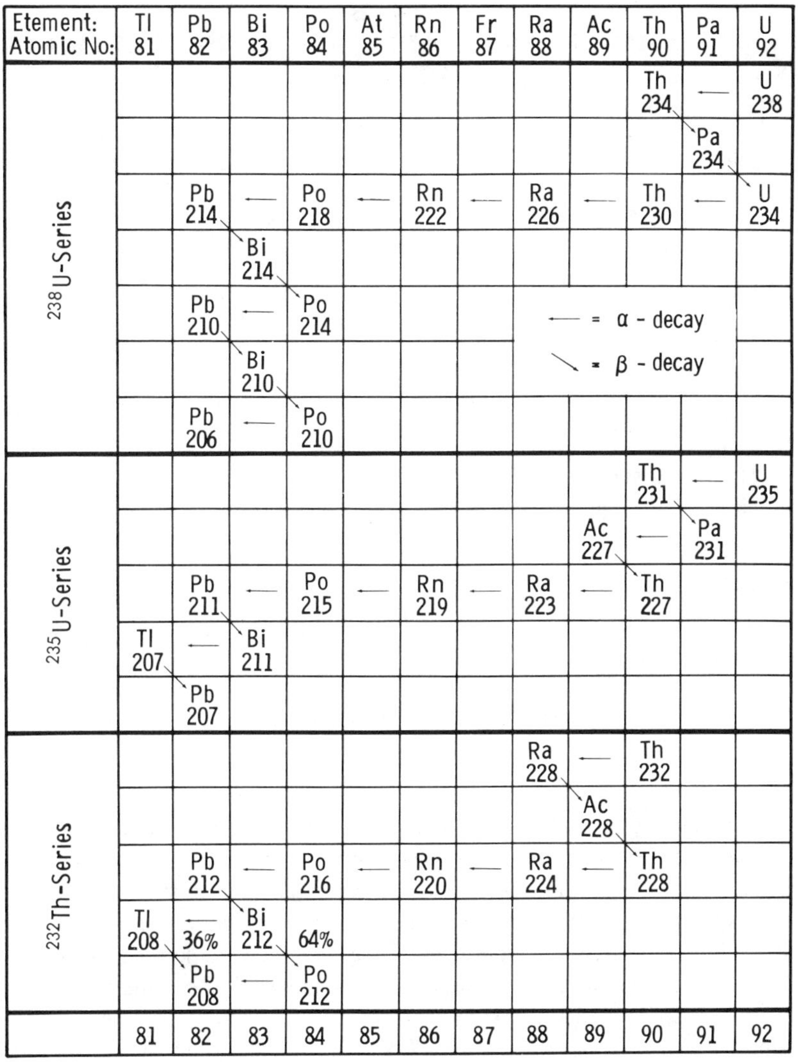

Etement: Atomic No:	Tl 81	Pb 82	Bi 83	Po 84	At 85	Rn 86	Fr 87	Ra 88	Ac 89	Th 90	Pa 91	U 92
²³⁸U-Series										Th 234	—	U 238
											Pa 234	
		Pb 214	—	Po 218	—	Rn 222	—	Ra 226	—	Th 230	—	U 234
			Bi 214									
		Pb 210	—	Po 214		— = α - decay						
			Bi 210			↘ = β - decay						
		Pb 206	—	Po 210								
²³⁵U-Series										Th 231	—	U 235
									Ac 227	—	Pa 231	
		Pb 211	—	Po 215	—	Rn 219	—	Ra 223	—	Th 227		
	Tl 207	—	Bi 211									
		Pb 207										
²³²Th-Series								Ra 228	—	Th 232		
									Ac 228			
		Pb 212	—	Po 216	—	Rn 220	—	Ra 224	—	Th 228		
	Tl 208	36%	Bi 212	64%								
		Pb 208	—	Po 212								
	81	82	83	84	85	86	87	88	89	90	91	92

FIGURE 1. Summary of major steps in radioactive decay series of ²³⁸U, ²³⁵U, and ²³²Th. Minor cases of branching decay have been omitted. See Tables 2—4 for half-lives of intermediate isotopes.

β^- transitions of the major natural radionuclides. This radiation is widely used in geophysical and geochemical prospecting, including well logging. The major γ-radiations from K, U, and Th are summarized in Table 5 and Figure 2. No γ-rays for ^{235}U are given because its low natural abundance (^{238}U/^{235}U = 137.88³) means that the intensity of its major γ-rays would still be minor compared to those from ^{238}U, and hence are not detectable for all practical purposes. Of the γ-rays shown in Table 5 and Figure 2, the main ones used as diagnostic radiations are 1.461 MeV (^{40}K), 1.765 MeV (^{238}U), and 2.615 MeV (^{232}Th); most of the others are either too low in abundance for easy measurement by routine methods or overlap radiations from another element (e.g., 0.58 and 0.61 MeV), although in certain applications they can be used.

There are many minerals that contain major to significant trace amounts of K, U, and Th. Table 6 lists the more common or otherwise significant minerals that contain K, U, and

Table 5
PRINCIPAL GAMMA RAYS FROM MAJOR NATURALLY OCCURRING NUCLIDES[a]

Parent	Nuclides	Energy (MeV)	Frequency[b]	Parent	Nuclides	Energy (MeV)	Frequency[b]
^{40}K	K-40	1.461	11		Ac-228	1.588	3
					Tl-208	2.615	36
^{232}Th	Ac-228	0.210	4				
	Pb-212	0.239	43 ⎫	^{238}U	Ra-226	0.186	3
			⎬ 48		Pb-214	0.242	6
	Ra-224	0.241	5 ⎭		Pb-214	0.295	19
	Tl-208	0.277	3		Pb-214	0.352	37
	Pb-212	0.300	3		Bi-214	0.609	46
	Ac-228	0.339	12		Bi-214	0.768	5
	Ac-228	0.463	5		Bi-214	0.934	3
	Tl-208	0.511	8		Bi-214	1.120	15
	Tl-208	0.583	31		Bi-214	1.238	6
	Bi-212	0.727	6		Bi-214	1.378	4
	Tl-208	0.860	4		Bi-214	1.408	3
	Ac-228	0.911	27		Bi-214	1.730	3
	Ac-228	0.964	5 ⎫		Bi-214	1.765	16
			⎬ 21		Bi-214	2.204	5
	Ac-228	0.969	16 ⎭				

[a] Compiled from Reference 1; only events with energies greater than 100 keV are tabulated.
[b] Events per 100 decays of primary parent; secular equilibrium assumed.

Th. Specific abundance ranges have not been given for minor or trace levels, since they can vary over a few orders of magnitude. Instead, approximate ranges are indicated.

In the broader context, it is not individual minerals, but their host rocks, that are studied. Table 7 lists K, U, Th, plus Rb and Sm abundances for a variety of common rock types or rock suites. As for minerals, the abundances of a given trace element in rocks can vary over a couple of orders of magnitude. The abundances given in Table 7 can therefore be considered as representative of rocks and rock types in general, but caution must be used in attaching too much significance to a single example. For example, the high Th contents of G-1 and GSP-1 represent the higher end of the abundance spectrum, and the mode is probably about 10 to 20 ppm Th for felsic rocks. Results for average rock types are probably more representative, but even in some of these cases uncertainties of a factor of 2 are possible for trace constituents.

RADIOGENIC HEAT PRODUCTION

In terms of the geophysical behavior of the earth, one of the most important applications of radionuclides is in modeling of the thermal state and thermal history of the earth and planets. In this context it is necessary to know the specific heat production of the major heat-producing radionuclides: ^{40}K, ^{232}Th, ^{235}U. In the radioactive decay process, a portion of the mass of each decaying nuclide is converted to energy. Most of this energy is the kinetic energy of emitted particles or of electromagnetic radiation (γ-rays). For β^- decays, however, part of the energy is carried away by neutrinos. All decay energy other than that carried away by neutrinos is absorbed within the earth and converted to heat. Because neutrinos are not easily captured, they pass completely out of the earth and that portion of the decay energy is lost to space. In determining how much radiogenic heat production a

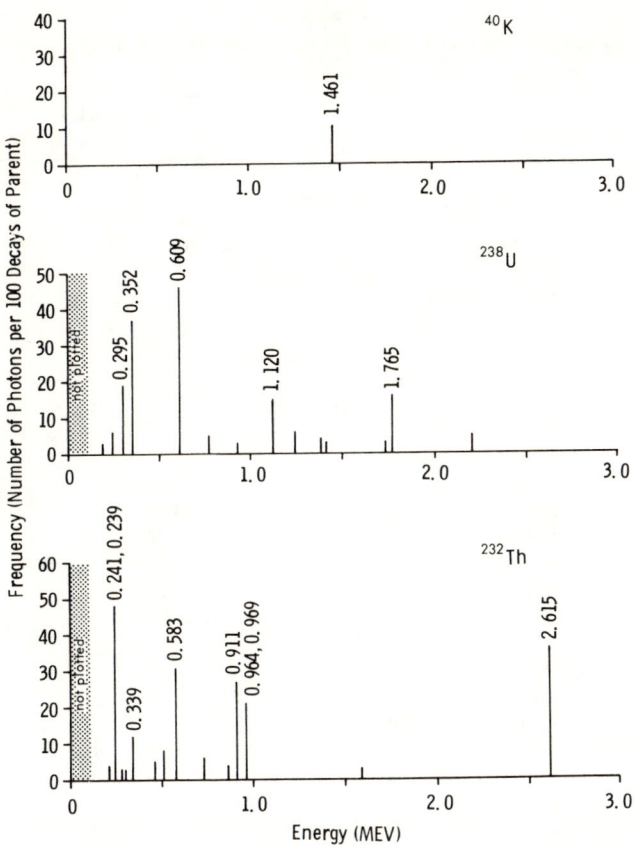

FIGURE 2. Summary of decay energies and relative intensities for major naturally occurring X-ray emitters. Intensities less than 3% not plotted. Energies less than 100 KeV not plotted for ^{238}U or ^{232}Th since they are more properly classed X-rays. Spectra for ^{235}U not presented because low natural abundance of ^{235}U relative to ^{238}U means all intensities of ^{235}U γ-rays are a minor part of the uranium spectrum.

particular radionuclide has, it is therefore necessary to correct for the loss of neutrino energy by β⁻ emitters.

All four of the major heat producing isotopes involve β⁻ decay. For ^{40}K there is the β⁻ decay branch to ^{40}Ca. In this case, the evaluation of the mean β⁻ energy was based on the β⁻ spectrum measured by Kelly et al.[19] All the β⁻ emitters in the ^{232}Th, ^{235}U, and ^{238}U decay series (Tables 2 to 4) constitute only a small fraction of the total decay energy, so individual determinations of β⁻ spectra were not used to determine neutrino energy loss. Instead, the general relationship that, on average, neutrinos represent 2/3 of the decay energy for β⁻ decay[20] was used. Table 8 summarizes some of the information needed to determine specific heat production and the results. This is a new compilation using recent data for individual nuclides.[1] Total decay energy was based on the mass difference between starting isotope and stable end products (Table 1).

Perhaps one of the most interesting results of this determination of specific heat production is that the refined values listed in Table 8 do not differ significantly from those reported nearly 30 years ago[21] and which are still widely used. The results are given in the traditional c.g.s. units, although many authors are now tending to report data in SI units (e.g., J/Kg-year, mW/cm², etc.).

Table 6
MAJOR NATURALLY RADIOACTIVE MINERALS

Mineral	Nominal composition	K	U	Th
Adularia	$KAlSi_3O_8$	14.0	—	—
Allanite	$(Ca,X)_2(Al,Fe,Mg)_3Si_3O_{12}(OH)$	—	*	***
Alunite	$KAl_3(SO_4)_2(OH)_6$	9.4	—	—
Apatite	$Ca_5(PO_4)_3(F,Cl,OH)$	—	*	*
Apophyllite	$KCa_4(Si_4O_{10})_2F \cdot 8H_2O$	4.1	—	—
Autunite	$Ca(UO_2)_2(PO_4)_2 \cdot 10-12H_2O$	—	48–50	—
Biotite	$K(Mg,Fe)_3(AlSi_3O_{10})(OH)_2$	8–9	—	—
Carnallite	$KMgCl_3 6H_2O$	14.1	—	—
Carnotite	$K_2(UO_2)_2(VO_4)_2 \cdot 3H_2O$	7.2	53	—
Glauconite	Complex sheet silicate	4.6–6.2	—	—
Hornblende	$NaCa_2(Mg,Fe,Al)_5(Si,Al)_8O_{22}(OH)_2$	***	—	—
Lepidolite	Lithium mica	7.1–8.3	—	—
Leucite	$KAlSi_2O_6$	17.9	—	—
Microcline	$KAlSi_3O_8$	14.0	—	—
Monazite	$(Ce,La,Y,Th)PO_4$	—	**	2–20
Muscovite	$KAl_2(AlSi_3O_{10})(OH)_2$	9.8	—	—
Nepheline	$(Na,K)AlSiO_4$	3–10	—	—
Orthoclase	$KAlSi_3O_8$	14.0	—	—
Phlogopite	$KMg_3(AlSi_3O_{10})(OH)_2$	9.4	—	—
Pitchblende	Massive UO_2	—	88	—
Polyhalite	$K_2Ca_2Mg(SO_4)_4 \cdot 2H_2O$	13.0	—	—
Sanidine	$KAlSi_3O_8$	14.0	—	—
Sphene	$CaTiSiO_5$	—	*	*
Sylvite	KCl	52.4	—	—
Thorianite	ThO_2	—	—	88
Thorite	$ThSiO_4$	—	***	72
Torbernite	$Cu(UO_2)(PO_4)_2 \cdot 8-12H_2O$	—	32–36	—
Tyuyamunite	$Ca(UO_2)_2(VO_4)_2 \cdot 5-8\frac{1}{2}H_2O$	—	45–48	—
Uraninite	UO_2	—	88	—
Xenotime	YPO_4	—	***	**
Zircon	$ZrSiO_4$	—	**	**

[a] Abundances in percents except as noted: ***, 0.5—3% range, **, 0.1—0.5% range, *, 0.001—0.1% range.

Table 9 presents some typical ranges of specific heat production for various rock types, ranging from U, Th-rich granite (atypical) through intermediate to mafic and ultramafic rock types. One point that should be kept in mind with regard to Tables 7 and 9 is that attempts to model the thermal history of terrestrial components are only approximations; the abundances of K, U, and Th for any specific case (e.g., "continental crust") are not known well enough to permit precise interpretations.

Table 10 and Figure 3 summarize past heat production in the whole earth for *one* assumed bulk composition. For the model used, the Th/U ratio is probably accurate to better than 10%, but the K/U ratio could be uncertain to a factor of 2, and the absolute concentrations could also be uncertain to a factor of 2. Thus, the data in Table 10 and Figure 3 should only be considered as representative of possible past histories and not accepted as the best model. However, they do give a good indication of the relative contributions of K, U, Th to heat production in the earth now and in the past.

Table 7
ABUNDANCES OF RADIOACTIVE ELEMENTS IN USGS* ROCK STANDARDS AND OTHER SELECTED AVERAGE ROCK TYPES

Rock/rock type	K (%)	Rb (ppm)	Sm (ppm)	Th (ppm)	U (ppm)	Ref.
G-1 granite	4.45	220	8	50	3.4	12
Av Lo-Ca granite	4.20	170	7.1	20	4.7	13
G-2 Granite	3.67	168	7	24	2.0	12
Av metalum. granite	—	—	—	16.5	3.7	14
Av peralum. granite	—	—	—	19.0	4.5	14
RGM-1 rhyolite	3.49	154	—	13	5.8	15, 16
STM-1 neph. syenite	3.54	113	—	27	9.1	15, 16
GSP-1 granodiorite	4.50	254	27	104	2.0	12
QLO-1 quartz latite	2.90	68	—	13	5.8	15, 16
AGV-1 andesite	2.35	67	6	6.4	1.9	12
BCR-1 basalt	1.38	47	6.7	6.0	1.7	12
W-1 diabase	0.52	21	4	2.4	0.6	12
BHVO-1 basalt	0.43	9	—	0.9	0.5	15, 16
Av basalt	0.83	30	6.9	2.7	0.9	13
PCC-1 peridotite	0.001	0.063	0.008	0.01	0.005	12
DTS-1 dunite	0.001	0.053	0.004	0.01	0.004	12
Av ultramafic	0.003	0.13	1.1	0.004	0.001	13
MAG-1 marine mud	2.96	186	—	12.2	2.8	15, 16
SCo-1 shale	2.20	122	—	9.5	3.1	15, 16
SDC-1 mica schist	2.71	129	—	11.4	3.1	15, 16
Av shale	2.66	140	7.0	12	3.7	13
Av sandstone	1.07	60	1.9	5.5	1.7	13
Av carbonate	0.27	3	0.6	1.7	2.2	13
Av upper continental crust	2.7	110	5.6	10.5	2.5	17
Av continental crust	1.25	50	3.7	2.5	1.0	17
Bulk Earth	0.0200	—	—	0.074	0.020	18

* U.S. Geological Survey.

Table 8
INFORMATION ON MAJOR HEAT PRODUCING ISOTOPES

Element Isotope	Potassium (^{40}K)	Thorium (^{232}Th)	Uranium	
			^{235}U	^{238}U
Isotopic abundance (Wt %)	0.0119	100	0.71	99.28
Decay constant, λ (year^{-1})	5.54×10^{-10}	4.95×10^{-11}	9.85×10^{-10}	1.551×10^{-10}
Total decay energy (MeV/decay)	1.34[a]	42.66[b]	46.40[b]	51.70[b]
Beta decay energy (MeV/decay)	1.19[a]	3.5	3.0	6.3
Beta energy lost as neutrinos (MeV/decay)	0.65[c]	2.3[d]	2.0[d]	4.2[d]
Total energy retained in earth (MeV/decay)	0.69	40.4	44.4	47.5
Specific isotopic heat production (cal/g-year)	0.220	0.199	4.29	0.714
Present elemental heat production (cal/g-year)	26×10^{-6}	0.199		0.740

[a] Averaged for branching decay; $\beta^- = 1.32$ MeV.
[b] Summed for entire decay chain.
[c] Based on mean decay energy for β^- of 0.60 MeV (19).
[d] Assumed average neutrino loss = 2/3 total β^- energy (20).

Table 9
PRESENT RADIOGENIC HEAT PRODUCTION IN SELECTED ROCK UNITS

Rock unit[a]	Annual heat production[b]			
	Due to K	Due to Th	Due to U	Total
GSP-1 "granodiorite"	1.17	20.70	1.48	23.35[c]
G-1 "granite"	1.16	9.95	2.52	13.63
Av upper continental crust	0.70	2.09	1.85	4.64
AGV-1 "andesite"	0.61	1.27	1.41	3.29
Av continental crust	0.33	0.50	0.74	1.56
BHVO-1 "oceanic basalt"	0.11	0.18	0.37	0.66
PCC-1 "peridotite"	0.0003	0.0020	0.0037	0.0060
Bulk Earth	0.0052	0.0147	0.0148	0.0347

[a] Elemental abundances from Table 7.
[b] In μcal/g-year; multiply × 0.004184 for J/kg-year.
[c] Not a typical granodiorite, but it illustrates natural range due to granitic rocks high in Th or U.

Table 10
PAST HEAT PRODUCTION IN THE BULK EARTH[a]

Time[b]	K		Th		U		Total	
	Abs.[c]	Rel.[d]	Abs.	Rel.	Abs.	Rel.	Abs.	Rel.
0.0	5.2	0.15	14.7	0.42	14.8	0.43	34.7	1.00
0.5	6.9	0.20	15.1	0.44	16.3	0.47	38.3	1.10
1.0	9.1	0.26	15.5	0.45	18.2	0.52	42.8	1.23
1.5	12.0	0.35	15.9	0.46	20.6	0.59	48.5	1.40
2.0	15.9	0.46	16.3	0.47	23.7	0.68	55.9	1.61
2.5	20.9	0.60	16.7	0.48	28.0	0.81	65.6	1.89
3.0	27.6	0.80	17.1	0.49	34.3	0.99	79.0	2.28
3.5	36.4	1.05	17.5	0.50	43.5	1.25	97.4	2.81
4.0	48.1	1.39	17.9	0.52	57.7	1.66	123.7	3.56
4.5	63.4	1.83	18.4	0.53	79.7	2.30	161.5	4.65

[a] Assumed present abundances: K = 200 ppm, Th = 74 ppb, U = 20 ppb (K : U : Th = 10,000 : 1 : 3.7).
[b] Billions of years ago.
[c] Abs. = absolute in 10^{-9} cal/g-year.
[d] Rel. = relative to present total

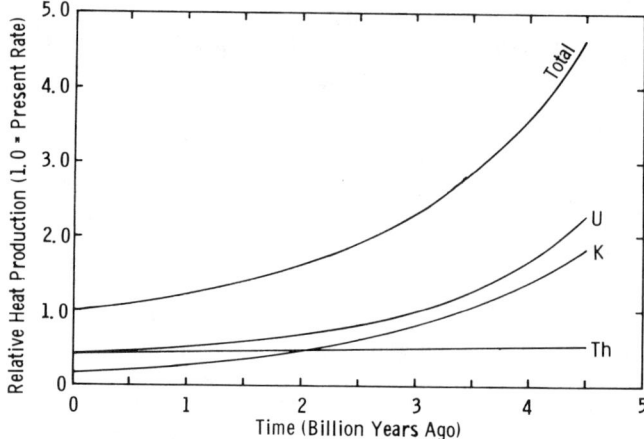

FIGURE 3. Curves showing relative heat production due to K, Th, and U during the geologic past. Normalized to current total heat production = 1.00. Numerical data summarized in Table 10.

REFERENCES

1. **Lederer, C. M. and Shirley, V. S., Ed.,** *Table of Isotopes,* 7th ed., John Wiley & Sons, New York, 1978.
2. **Godwin, H.,** Half-life of radiocarbon, *Nature (London),* 195, 984, 1962.
3. **Steiger, R. H. and Jager, E.,** Subcommission on Geochronology: convention on the use of decay constants in geo- and cosmochronology, *Earth Planet. Sci. Lett.,* 36, 359, 1977.
4. **Flynn, K. F. and Glendenin, L. E.,** Half-life of ^{107}Pd, *Phys. Rev.,* 185, 1591, 1969.
5. **Lugmair, G. W. and Marti, K.,** Lunar initial ^{143}Nd/^{144}Nd: differential evolution of the Lunar crust and mantle, *Earth Planet. Sci. Lett.,* 39, 349, 1978.
6. **Patchett, P. J. and Tatsumoto, M.,** Lu–Hf isotope systematics of the eucrite meteorites, *Meteoritics,* 15, 349, 1980.
7. **Hirt, B., Tilton, G. R., Herr, W., and Hoffmeister, W.,** The half-life of ^{187}Re, in *Earth Science and Meteorites,* Geiss, J., and Goldberg, E. D., Eds., North-Holland, Amsterdam, 1963, 273.
8. **Faure, G.,** *Principles of Isotope Geology,* John Wiley & Sons, New York, 1977.
9. **Galliker, D., Hugentobler, E., and Hahn, B.,** Spontane Kersspaltung von U-238 und Am-241, *Helv. Phys. Acta,* 43, 593, 1970.
10. **Fields, P. R., Friedman, A. M., Milsted, J., Lerner, J., Stevens, C. M., Metta, D., and Sabine, W. K.,** Decay properties of plutonium-244 and comments on its existence in nature, *Nature (London),* 212, 131, 1966.
11. **O'Nions, R. K., Carter, S. R., Evensen, N. M., and Hamilton, P. J.,** Geochemical and cosmochemical applications of Nd isotope analysis, *Ann. Rev. Earth Planet. Sci.,* 7, 11, 1979.
12. **Flanagan, F. J.,** 1972 compilation of data on USGS standards, in Descriptions and Analyses of Eight New USGS Rock Standards, Prof. Pap. 840, U.S. Geological Survey, Reston, Va., 1976, 131.
13. **Turekian, K. K.,** *Chemistry of the Earth,* Holt, Rinehart & Winston, New York, 1972, 84.
14. **Stuckless, J.,** personal communication, 1981.
15. **Fabbi, B. B. and Espos, L. F.,** X-ray fluorescence analysis of 21 selected major, minor, and trace elements in eight new USGS standard rocks, in Descriptions and Analyses of Eight New USGS Rock Standards, Prof. Pap. 840, U.S. Geological Survey, Reston, Va., 1976, 89.
16. **Millard, H. T., Jr.,** Determination of uranium and thorium in USGS standard rocks by the delayed neutron technique, in Descriptions and Analyses of Eight New USGS Rock Standards, Prof. Pap. 840, U.S. Geological Survey, Reston, Va., 1976, 61.

17. **Taylor, S. R.,** Island arc models and the composition of the continental crust, in *Island Arcs, Deep Sea Trenches, and Back-Arc Basins,* Talwani, M. and Pitman, W. C., Eds., American Geophysical Union, Washington, D.C., 1977, 325.
18. **Van Schmus, W. R.,** unpublished estimate, 1981.
19. **Kelly, W. H., Beard, G. B., and Peters, R. A.,** The beta decay of K^{40}, *Nucl. Phys.,* 11, 492, 1959.
20. **Friedlander, G., Kennedy, J. W., and Miller, J. M.,** *Nuclear and Radiochemistry,* John Wiley & Sons, New York, 1964, 52.
21. **Birch, F.,** Heat from radioactivity, in *Nuclear Geology,* Faul, H., Ed., John Wiley & Sons, New York, 1954, chap. 5.

Chapter 5

SEISMIC ATTENUATION

Mario Vassiliou, Carlos A. Salvado, and Bernhard R. Tittmann

TABLE OF CONTENTS

Introduction 296

Measures of Attenuation 296

Measurement Methods 298
    Laboratory Measurements 298
    Seismological Methods 298
        Traveling Waves 298
            The Parameter t^* 298
            The Spectral Ratio Method 298
            Waveform Fitting 300
        Free Oscillations 300

Seismological Data and the Anelastic Structure of the Earth 300

Attenuation in Sedimentary Rocks 304
    Laboratory Work 304
        Strain Amplitude 305
        Pressure Dependence 307
        Frequency Dependence 307
        Saturation Dependence 311
    Mechanisms of Attenuation in Sedimentary Rocks 313
    Field Measurements of Attenuation in Sedimentary Sequences 321

References 324

INTRODUCTION

The attenuation of seismic waves in rock has been the subject of considerable attention, both experimental and theoretical, in recent years. We may conveniently divide much of the work that has been done into two broad classes.

One class comprises work done with a view toward understanding attenuation in the interior of the earth. There is a broad connection here with the larger questions of geodynamics, involving mantle flow and global tectonic processes. Seismologically, one deals here generally with teleseismic data, seismograms recorded on the global array of WWSSN instruments. Attenuation measurements have been made both for traveling waves and for free oscillations. Laboratory experimental data relevant to this problem are those conducted at high temperature-pressure and low frequency. Unfortunately, although some work has been done, very few such data have been obtained. Most of the work in this class has been theoretical and seismological.

The second class comprises work done with a view toward understanding attenuation in the shallow crust of the earth. Here, laboratory data are relatively much more numerous. Since the focus of many of the studies has been to help develop attenuation as a tool for the exploration for oil and gas, much work has been done on sedimentary rocks, especially sandstones. The physical mechanisms operating here, where temperatures are low compared to the melting temperature, and where pores and pore fluids are important, are different from the mechanisms likely to be operating in the mantle of the earth. We might note that much laboratory work performed on nonsedimentary rock falls more into this class than the first. Field seismic studies in this second class are at considerably higher frequency than those in the first class (100 Hz as opposed to 1 Hz or less), and are much more local in area/coverage.

In the next Section, we review definitions and terminology in the field of seismic attenuation. We then review methods of laboratory and seismological measurement. The section following presents seismological and some of the few laboratory data for Class 1, and the last section presents laboratory and field seismic data for Class 2. We present much of the laboratory data in the form of figures rather than tables, for the reason that there are enough parameters influencing attenuation that a tabular presentation would be both confusing and impractical. For each rock type, one would need a different table for different strain amplitude, frequency, saturation condition. etc. The original publications themselves rarely display data in tabular form.

In preparing for this work, we drew heavily on many previous reviews and compilations. We owe a special debt of gratitude to the following papers: Minster,[1] Johnston and Toksoz,[2] Anderson and Hart,[3,4] Anderson and Given,[5] and Johnston.[6] The reader is enthusiastically referred to these works.

MEASURES OF ATTENUATION

We provide here a concise summary of the various definitions of attenuation appearing in the literature, and of the relations between them.

One of the more common measures, and the one we shall refer to here, is Q, the quality factor''. This was defined[7] following electrical engineering practice as

$$Q = \frac{2\pi E_{peak}}{\Delta E} \qquad (1)$$

where ΔE is the energy dissipated per cycle, and E_{peak} is the peak stored elastic energy. Q^{-1} is often referred to as the internal friction. Q has also been defined[8,9] as

$$Q = \frac{4\pi \langle E \rangle}{\Delta E} \tag{2}$$

where E is the average stored energy. Equation 2 is preferable to Equation 1 for a variety of reasons,[9] one of them being that given Equation 2, and monochromatic stress strain histories

$$\sigma(\epsilon) = \text{Re}[\sigma_o \exp(i\omega t)] \tag{3}$$
$$\epsilon(t) = \text{Re}[\epsilon_o \exp(i\omega t)]$$

it can be shown easily[1] that

$$Q(\omega) = \frac{M_1(\omega)}{M_2(\omega)} = \frac{J_1(\omega)}{J_2(\omega)} \tag{4}$$

where

$$J^*(i\omega) = J_1(\omega) - iJ_2(\omega) \tag{5}$$

and

$$M^*(i\omega) = M_1(\omega) + iM_2(\omega) \tag{6}$$

are complex compliance and modulus, respectively. Equation 4 is only valid for Q as defined by Equation 1 in the limit of low loss, i.e., $Q \to \infty$.[9] $Q^{-1}(\omega)$ is also related[1] to the phase difference ϕ between stress and strain

$$\frac{1}{Q} = \tan \phi \tag{7}$$

Other common definitions of attenuation are given as follows:[2,10]

1. The logarithmic decrement, $\delta = \ln[A_1/A_2]$ where A_1 and A_2 are amplitudes of two successive maxima or minima in an exponentially decaying free vibration.
2. Attenuation coefficient, α, in the expression

$$A(x,t) = A_0 e^{-\alpha x} e^{i(k x - \omega t)}$$

   for the amplitude of a plane wave in an unbounded attenuating medium (k_R is the real part of the wavenumber).
3. Resonance peak bandwidth ($\Delta f/f_R$), where f_R is the frequency of a resonance peak and Δf is the half-power bandwidth.

The various measures of attenuation are related, in the low loss approximation, by[1,2]

$$\frac{1}{Q} = \tan \phi = \frac{M_2}{M_1} = \frac{\Delta f}{f} = \frac{\delta}{\pi} = \frac{\alpha V}{\pi f} = \frac{\alpha}{8.686\pi}$$

where in the last term α is in dB/wavelength (this is a common measure in the exploration literature dealing with field seismic studies); V is elastic wave velocity.

We note finally that when one sees "Q" reported in the literature, one must be careful to note to which wave the value pertains. In teleseismic seismology, in field exploration seismic measurements, and in ultrasonic wave propagation laboratory methods, one will generally encounter Q_P and Q_S, for P and S waves, respectively. In some laboratory measurements, Q_P and Q_S are not directly measured; instead one obtains the Q for the wave corresponding to a given elastic modulus. Commonly, since many experiments are conducted using forced longitudinal resonance, one encounters Q_E, for the Young's modulus wave. One also hears sometimes of Q_K, the bulk loss. These are related to Q_S and Q_P by[2,11]

$$\frac{1+\nu}{Q_E} = \frac{(1-\nu)(1-2\nu)}{Q_P} + \frac{2\nu(2-\nu)}{Q_S}$$

and

$$\frac{1+\nu}{Q_K} = \frac{3(1-\nu)}{Q_P} - \frac{2(1-2\nu)}{Q_S}$$

where ν is Poisson's ratio.

MEASUREMENT METHODS

Laboratory Measurements

Laboratory measurements are reviewed in several monographs.[12-15] An excellent recent treatment is that of Johnston and Toksoz,[16] from which we have drawn heavily to make the summary Table 1.

Seismological Methods
Traveling Waves
The Parameter t*

The attenuation of seismic body waves is usually given in terms of the parameter t*,[35,38,52] defined by

$$t^* = \pi \int_{path} \frac{dx}{QV} \simeq \frac{T}{Q_{av}}$$

where V is wave velocity, T is elastic travel time, and Q_{av} is average Q. Q is presumed independent of frequency. Q_p and Q_s are connected by[4]

$$Q_P^{-1} = L\, Q_S^{-1} + (1 - L)\, Q_K^{-1}$$

where $L = (4/3)(V_s/V_p)^2$. If all losses are in shear ($Q_K^{-1} = 0$), and we assume that $\lambda = \mu$, then, given that the ratio of travel times of direct P and S (at 33° distance) is $T_s/T_p = 1.8$ we obtain[53] $t^*_s = 4t^*_p$. In the case where Q is frequency dependent, the parameter t* and its application must be modified.[1,39]

The Spectral Ratio Method

This is one of the most commonly applied methods, used in teleseismic body wave

Table 1
LABORATORY METHODS FOR MEASURING ATTENUATION

Type of method	Form of measurement	Remarks and difficulties	Ref.
Free vibration	Logarithmic decrement δ	Frequency depends on sample size; can be modified to make measurements at high temperature and low frequencies ($\sim$ 1 Hz) relevant to mantle of the earth.[17-21] Must take special care not to fracture sample	17—22
Forced vibration	Resonance peak bandwidth $\Delta f/f$; get Q_E or Q_S	Must take special care to account for extraneous losses in the case of longitudinal oscillation (damping along surface, radiation from ends) especially in high Q materials; jacket on sample may change resonance frequency slightly,[23] may penetrate porous rocks. Frequency depends on sample size, one example is 5—1.5 kHz for 1-in. long cylinder. Can end-load sample to lower resonant frequency (50 Hz has been achieved)[24]	23,24
Wave propagation		In general, ultrasonic (MHz) frequency range. Cannot go as low as with other techniques, must assume plane wave behavior. Losses may occur in transducer or transducer bond. Ideally, large samples are needed.	25
Pulse echo method	Attenuation coefficient α; get Q_P and Q_S	Observe amplitude decay of multiple reflections from a free surface; must assume reflection is loss free; this limits range of pressures to which technique is applicable (assumption not as valid at high pressure)	26
Through transmission	$\alpha, t^* \to Q_P, Q_S$	May use spectral ratio technique to get differential attenuation between two receivers. Very similar to a teleseismic body-wave seismology	27—29
Observation of pulse shape	Rise time of width of waveform, leading to Q_P, Q_S	Very large sample, or massive rock	30, 31; Pertinent theory in 32—40
Observation of stress-strain curves	Energy lost per cycle,	Should be far off resonance frequency; can observe nonlinearity in mechanism	41—44
Transient creep	Creep function, phenomenologically related to attenuation as a function of frequency	An indirect measurement; ideally, if one can determine transient creep, one can determine $Q(\omega)$, and vice-versa; high-temperature transient creep experiments[48-51] can yield information about igneous rock $Q(\omega)$ under conditions relevant to mantle of the Earth; has been so used very sparsely[51]	45—51

seismology,[54] exploration-oriented studies, and reduction of laboratory ultrasonic data.[16] We write the noise-free spectral amplitude of the propagating wave as[1,16]

$$A(f,x) = S(f) P(f) R(f) e^{-t^*f}$$

S(f) is the source spectrum; R(f) is the receiver response; and P(f) is a propagation operator. Usually it is assumed that P is in fact not a function of frequency, but rather is a constant G incorporating geometric spreading and possibly reflection and transmission.

Consider now two amplitude spectra from the same source

$$A_1(f,x) = G_1 S(f) R_1(f) e^{-t_1^*f}$$
$$A_2(f,x) = G_2 S(f) R_2(f) e^{-t_2^*f}$$

Taking logarithms and forming the ratio,

$$\ln \frac{A_1(f)}{A_2(f)} = \ln \frac{G_1}{G_2} + \ln \frac{R_1(f)}{R_2(f)} + (t_2^* - t_1^*)f$$

In the case of two rays arriving at different stations from the same source, one obtains the differential attenuation $\delta t^* = (t^*_2 - t^*_1)$ as the slope of the best fit straight line in log spectral frequency space.[54,55] The spectral ratio method is also used for the case when A_1 and A_2 pertain to the same seismic phase recorded by different stations along the same path. This is the case for surface waves[55-57] and some multiply reflected phases.[58] The technique has also been used for two different phases recorded at the same station, namely multiple ScS phases, by Sipkin and Jordan,[59,60] who used a phase equalization and stacking procedure to estimate the attenuation operator.

Waveform Fitting

Attenuation has also been estimated using the synthetic seismogram technique, adjusting the attenuation operator to obtain best fits to observed waveforms.[53] A well-known source is essential to the success of the method.

Free Oscillations

We list here some basic approaches to the problem of determining Q from free oscillations.[1,61]

1. Study of decay of power in a given peak as Q function of time.[61]
2. Study peak halfwidths.
3. Compare narrow-band filtered traces with synthetic traces in the time domain; this has been shown effective in studying the modes split by the rotation of the earth.[62]
4. Multiply the time series representing the free oscillation record by $e^{wt/2Q}$, which removes the effect of attenuation, and vary Q until the peak under study is narrowest.[63]
5. Use a phase equalization and stacking procedure, developed by Gilbert and Dziewonski.[64] We do not summarize the procedure here; a succinct summary is given in Reference 1.

SEISMOLOGICAL DATA AND THE ANELASTIC STRUCTURE OF THE EARTH

Tables 2 to 9 present seismological Q measurements. Tables 2 and 3 are for body waves, and are taken from the compilation of Anderson and Hart.[3] Tables 4 to 9 are for free oscillations and are synthesized from the tables in Anderson and Hart[4] and Anderson and Given.[5] Measurements marked by an asterisk are ones considered[5,65] to be the most reliable.

The available data may be used[4,5,66] to construct models of the Q structure of the earth. Tables 9 to 11 show important examples of such models, which tend to have the following important features:[1]

1. All the data taken together seem to suggest the following gross structure:[4,66]

    a. A moderate to high-Q lithosphere (0 to 80 km, $Q_s \cong 200$)
    b. A low-Q upper mantle (80 to 670 km, $Q_s \cong 100$)
    c. A high-Q lower mantle (670 to 2885 km, $Q_s \cong 400$)
    d. A nonattenuating outer core

Table 2
SHEAR WAVE ATTENUATION IN THE MANTLE

Region	Depth (km)	Period (sec)	Q	Ref.
—	Whole	12	700	73
—	Whole	24	400	73
South America	Whole	11	500	72
South America	Whole	25	508	52
South America	Whole	25	440	52
South America	Whole	14—67	600	77
South America	Whole	25	330	82
South America	Whole	25	360	82
South America — North America	Whole	30	690	78
South America — North America	Whole	40	590	78
South America — North America	Whole	50	500	78
South America — North America	Whole	90	230	78
Southwestern U.S.	Whole	1.5—5.0	230	79
Japan	Whole	2—20	260	74
Japan	Whole	2—20	280	74
Japan	Whole	5	300	75
Sea of Japan	Whole	1.25—66	290	81
Southwestern Pacific	Whole	16—160	156—178	59
Hawaii	Whole	—	300	83
Tonga-Albuquerque	Whole	25	380	82
Tonga-Hawaii	Whole	25	230	82
Tonga-Guam	Whole	25	365	82
Tonga-Solomon Ils.	Whole	25	300	82
Celebes Ils.-Solomon Ils.	Whole	25	230	82
Kurile Ils.-Dugway	Whole	25	270	82
Kurile Ils.-Manila	Whole	25	270	82
Tasman Sea — South Pole	Whole	25	325	82
Tasman Sea — South Pole	Whole	10	380	80
South America	<600	—	160	76
South America	<600	25	151	52
South America	<600	25	185	52
South America	<600	14—67	200	77
South America	<600	2—20	110	74
Japan	<600	28—67	150	81
Sea of Japan	<600	10—28	220	81
Sea of Japan	<600	1.25—3.3	260	81
Japan	<1000	2—20	260	74
Japan	<1000	5—50	180	84
Japan	<2000	5—50	200	84
South America	>600	—	500	76
South America	>600	25	1430	52
South America	>600	14—67	2200	77
Japan	>1100	2—20	350	74

2. Most data are consistent with zero bulk loss, which implies, for a Poisson solid, that $t^*_s \cong 4t^*_p$ (see "Measurement Methods"). However, the assumption of zero bulk loss leads to predictions of Q for radial modes that are ~ 30% higher than the observed values.[66] A region in the Earth where bulk loss is nonzero (though still relatively small) seems to be required. One model[66] places the region in the upper mantle; another places it in the inner core.[4]

3. "Most seismic data do not require a frequency dependence of Q and can be explained entirely by a variation of Q with depth."[1] There is, however, some evidence for a rapid increase in Q with frequency around 1 Hz.[67] Theoretically, a frequency de-

Table 3
OBSERVED AVERAGE MANTLE P-WAVE Q's

Depth interval (km)	Q_p			
	(1)[a]	(2)[b]	(3)[c]	(4)[d]
0—100	220	100		
0—760	530 ± 150	150		166—272
0—900			180—240	
0—2900	845 {+420 / −260}	375	410—630	300—412
100—760	710 ± 150	165		
100—2900	1080 {+420 / −285}	420		
760—2900	1260 {+950 / −365}	1210		2050—3650
900—2900			1600—6000	

[a] 0.6—5 sec[85]
[b] 1 sec[79]
[c] 1 sec[86]
[d] 8—33 sec[87]

Table 4
LOW ORDER FUNDAMENTAL MODE Q VALUES

Mode	Period, secs.	1[66]	2[88,89]	3[90]	4[62]	5[a]
$_0S_2$	3232	589	500		425—550	500—589
$_0S_3$	2134	460	450		325—450	450—520
$_0S_4$	1546	411	400		275—400	400—411
$_0S_5$	1190	352	300		300—325	300—400
$_0S_6$	964	343	270			343—399
$_0S_7$	812	373	460			373—460
$_0S_8$	708	357	230			295—357
$_0S_9$	634	326	366			328
$_0S_{10}$	580	329	320			320
$_0S_{11}$	537		254			
$_0S_{12}$	503	335	280			308
$_0S_{13}$	474	305	310			
$_0S_{14}$	448	298	403			294
$_0T_2$	2631		250			250—400
$_0T_3$	1703		370		325	325—400
$_0T_4$	1304		290	138	425	290—425
$_0T_5$	1076		280	185		185—280
$_0T_6$	926		280	357		266—357
$_0T_7$	818			125		125—141
$_0T_8$	736		170	200		170—295
$_0T_9$	672		180			157—180
$_0T_{10}$	619		200	188		188—250

[a] Range chosen by Anderson and Given.[5]

pendence of Q is definitely expected.[46] For a solid characterized by a single relaxation time τ, Q^{-1} is a Debye function with maximum absorption at ωτ = 1. When the solid is characterized by a spectrum of relaxation times (e.g., arising from a distribution of dislocation lengths[68-70]) the band of maximum absorption is widened.[71] Within the

Table 5
FUNDAMENTAL SPHEROIDAL MODE Q[4,5]

Mode	Period (sec)	1[89,91-93]	2[63,94]	3[55]	4[55]	5[66,88]	6[a]
$_0S_{15}$	426	288				227	
$_0S_{16}$	407	224	278			300	276
$_0S_{17}$	390	215				316	
$_0S_{18}$	374	219				173	282
$_0S_{19}$	360	167				251	
$_0S_{20}$	348	185		146		250	240
$_0S_{21}$	356	188				222	
$_0S_{22}$	325	207		167		200	228
$_0S_{23}$	315	200				210	
$_0S_{24}$	306	201				210	210
$_0S_{25}$	298	185	213	178	198	200	
$_0S_{26}$	290						198
$_0S_{28}$	275						188
$_0S_{29}$	269	175	203	182		164	
$_0S_{30}$	262						179
$_0S_{40}$	212	149	155	172	177	149	151
$_0S_{50}$	178	137	155			113	137
$_0S_{51}$	175	135	152	137			
$_0S_{57}$	160	132	140	123			
$_0S_{60}$	153	122				110	122
$_0S_{65}$	143	116				137	
$_0S_{70}$	134	122					120
$_0S_{76}$	125	127					122

[a] Values selected by Anderson and Given.[5]

"absorption band" Q may be approximately frequency independent, although more likely it is proportional to ω^α where $\alpha \sim 0.3$,[46] (see also Figure 2) as suggested by transient creep experiments.[48-51] Outside the band, in the neighborhood of the long and short period cutoffs (τ_2 and τ_1, respectively) to the relaxation spectrum, Q, depends strongly on frequency. Anderson and Given[5] approximate the absorption band as

$$Q = Q_m (f\tau_2)^{-1}, f < 1/\tau_2$$
$$Q = Q_m (f\tau_2)^\alpha, 1/\tau_2 < f < 1/\tau_1$$

$$Q = Q_m(\tau_2/\tau_1)^\alpha (f\tau_1), f > 1/\tau_1$$

Fixing τ_2/τ_1 and α, they use the available data to obtain values of Q_m and τ_1. Despite the limited resolving power of the data, their results (Figure 1B and Tables 10, 11) are extremely important because they are based on the most realistic and complete physical model yet applied to the problem. Figure 1A and Tables 10, 11 also present Q model SL8,[4] where Q is assumed independent of frequency. As mentioned before, the laboratory data relevant to Q in the interior of the earth are few. Figure 2 shows internal friction as a function of frequency at high temperature for a mantle peridotite (lherzolite from Ivrea, Italy), derived from transient creep experiments by Berckhemer et al.[51] Figures 3A and 3B show Q^{-1} as a function of temperature for forsterite, enstatite, and peridotite, as measured by Woirgard and Gueguen.[21]

Table 6
FUNDAMENTAL TOROIDAL MODE Q

Mode	Period (sec)	1[92]	2[91]	3[88,90,93,95,96]	4[55,56,66]	5[a]
$_0T_{11}$	575	258	270	260		
$_0T_{12}$	538		189	150—220		189—220
$_0T_{13}$	505		204	190—260	118—258	
$_0T_{14}$	477	220	200	135—200		200—270
$_0T_{15}$	452	240	157	172	158—186	
$_0T_{16}$	430	174	149	215	185—245	168—215
$_0T_{17}$	410	163	127	126		
$_0T_{18}$	391	116	111	188—270	172—204	
$_0T_{19}$	375	81—94	105	281		
$_0T_{20}$	360	81		249	97	175—249
$_0T_{21}$	346	86—111	105	170		
$_0T_{22}$	333	95—207	108		114	
$_0T_{23}$	321	91—111	115		123—160	
$_0T_{24}$	310	123—153	116			
$_0T_{25}$	300	123	116		104—149	110—149
$_0T_{26}$	290	97—209				
$_0T_{27}$	281	93—146	115			
$_0T_{28}$	273	92—221	116		110	
$_0T_{29}$	265	95—147	114			
$_0T_{30}$	258	120—184	115		111—142	111—142
$_0T_{31}$	250	96—104	110		105	
$_0T_{32}$	244	106—176	114		133	
$_0T_{33}$	237	94	108			
$_0T_{34}$	231	101—167	114			
$_0T_{35}$	226	105	108		102	
$_0T_{36}$	220	139—162	115		131	
$_0T_{37}$	215	93—142				
$_0T_{38}$	210	111—169				
$_0T_{39}$	205	95—137				
$_0T_{40}$	201		118		102—133	102—133
$_0T_{45}$	181	104—123	115		117	
$_0T_{50}$	164	93—130	108			108—130
$_0T_{55}$	151	114—122	108		114—118	
$_0T_{60}$	139	103—112	104			104—116
$_0T_{65}$	129		108			
$_0T_{70}$	121	100	99		116	100
$_0T_{75}$	114	95—140	113			
$_0T_{80}$	107	86—121	109			86—121
$_0T_{85}$	101				108	108
$_0T_{110}$	79				109	109

[a] Range selected by Anderson and Given.[5]

ATTENUATION IN SEDIMENTARY ROCKS

Laboratory Work

Much of the work on attenuation in sedimentary rocks is to be found in the geophysical literature, particularly the exploration geophysical literature. Considerable attention has been focused on sandstones, which are important because of their role as oil and gas reservoirs.

It is difficult to quote a "ballpark figure" for attenuation in sedimentary rocks, because, as we shall see, Q is a complicated function of a number of parameters: rock type (which includes such factors as permeability and porosity), temperature, pressure, strain amplitude,

Table 7
Q OF TOROIDAL OVERTONES[4,5]

Mode	Period (sec)	Q $\|^{66,88,}_{91,92,96}$	2[a]	3[b]	Mode	Period (sec)	Q $\|^{66,88,}_{91,92,96}$	2[a]	3[b]
$_1T_7$	475			238	$_1T_{43}$	140	161	122—193	
$_1T_9$	407	178			$_1T_{44}$	138	161	145—173	
$_1T_{11}$	359	176	176—249		$_1T_{45}$	136	167	151—202	
$_1T_{12}$	339			195	$_1T_{50}$	126	152	122—193	
$_1T_{19}$	250	141	151—208	195	$_1T_{55}$	117	135		
$_1T_{22}$	225	133	133—172		$_1T_{59}$	111	134		
$_1T_{23}$	218	149	139—182		$_1T_{61}$	109	138		
$_1T_{24}$	212	164	124—164		$_1T_{62}$	107			138
$_1T_{25}$	206		192—286	192	$_2T_2$	448	320		
$_1T_{26}$	200	227	202—227		$_2T_{36}$	133			183
$_1T_{27}$	195	222	222—300		$_2T_{37}$	131	172		
$_1T_{28}$	190	208	155—284		$_2T_{46}$	112	189		
$_1T_{29}$	185	208	172—208		$_2T_{47}$	110	182		
$_1T_{30}$	181	189	165—207		$_2T_{49}$	107			207
$_1T_{31}$	177	179			$_2T_{51}$	104	178		
$_1T_{32}$	173	182	173—191		$_2T_{52}$	103	162		
$_1T_{33}$	169	192			$_2T_{54}$	100	144		
$_1T_{34}$	166	192	155—192		$_2T_{62}$	91	143		
$_1T_{35}$	162	192	172—255		$_3T_{26}$	147	264		
$_1T_{36}$	159	200	145—249		$_3T_{27}$	144	296		
$_1T_{37}$	156	196	147—239		$_3T_{30}$	134			215
$_1T_{38}$	153	185	169—310		$_3T_{53}$	91	236		
$_1T_{39}$	150	179	134—245		$_4T_{11}$	200	208		
$_1T_{40}$	148	175	163—180		$_4T_{17}$	170	204		
$_1T_{41}$	145	161	145—179		$_5T_9$	175	243		
$_1T_{42}$	143	159	152—209						

[a] Range selected by Anderson and Hart.[6]
[b] Values selected by Anderson and Given.[5]

frequency, and the presence of fluids (saturation condition). Figure 4, taken from Johnston et al.,[98] plots Q values as a function of porosity. The data, taken from Bradley and Fort,[10] show a definite dependence of Q on rock type, with more porous types such as sandstone showing lower Q values. The scatter in the data is easily understood because a broad range of frequency and saturation conditions is represented.

Underlying much of the work on sedimentary rocks has been the search for a physical mechanism, or combination of mechanisms, to explain the observed attenuation phenomena. This search, which is still incomplete, has spawned several theoretical studies and has definitely guided the experimental studies beyond merely making measurements only for measurements' sake. There has been a real effort to study systematically the factors influencing Q. The mass of papers on the subject often makes it difficult to keep all these factors in mind; we present below a critical summary of some of the pertinent trends, which any proposed combination of physical mechanisms must satisfactorily explain.

Factors Influencing Q
Strain Amplitude

This is an extremely important parameter: essentially, strain amplitude dependence tells us whether or not the mechanism we are dealing with is linear, which of course has a great bearing on the tractability of its mathematical formulation. The essential facts are as follows:

Table 8
Q OF SPHEROIDAL OVERTONES[4,5]

Mode	Period (sec)	Q 1[a]	Q 2[b]	Mode	Period (sec)	Q 1[a]	Q 2[b]
$_1S_7$	604		484	$_4S_{23}$	170	312	
$_2S_2$	1049		546	$_4S_{25}$	161	260	
$_2S_4$	726		350—546	$_4S_{26}$	157	306	
$_2S_{15}$	309		244	$_4S_{31}$	139		264
$_2S_{23}$	202	514		$_4S_{32}$	136	299	
$_2S_{26}$	179	158—275		$_4S_{34}$	130	219—234	234
$_2S_{30}$	161	150—207		$_4S_{35}$	127		246
$_2S_{31}$	157	143		$_4S_{39}$	118	193	
$_2S_{39}$	131		179	$_5S_7$	304		496
$_2S_{57}$	98	174		$_5S_{22}$	154	306—346	
$_2S_{60}$	94		151	$_5S_{24}$	147	308—339	
$_3S_1$	1061		1020	$_5S_{25}$	143	231—433	
$_3S_{12}$	297	179—239		$_5S_{26}$	140	236—299	
$_3S_{13}$	285	227—271		$_5S_{30}$	129		248
$_3S_{14}$	273	274		$_5S_{38}$	111		223
$_3S_{15}$	262	163—394		$_6S_1$	505	613—700	
$_3S_{16}$	252	259—285		$_6S_8$	268	286	
$_3S_{18}$	233	157—232		$_6S_9$	252		292
$_3S_{20}$	217		229	$_6S_{13}$	191	291	
$_3S_{42}$	111	180		$_6S_{23}$	138	186—299	
$_4S_3$	488	560		$_6S_{26}$	129	368	
$_4S_{14}$	225		288	$_6S_{31}$	116	391	
$_4S_{19}$	192		291	$_6S_{36}$	106	342	
$_4S_{21}$	181	275		$_6S_{47}$	89	276	

[a] Range selected by Anderson and Hart.[4]
[b] Values selected by Anderson and Given.[5]

1. Q^{-1} is in general roughly independent of strain amplitude provided that this amplitude is low enough. Beyond a threshold amplitude, which we shall denote as ϵ_{NL}, Q^{-1} becomes amplitude dependent, sometimes very strongly.[22,47,99] Figures 5, 6, and 7 show some representative curves. As the reader will note, ϵ_{NL} is not a well-defined point, but denotes a range of amplitude over which the transition from roughly linear to nonlinear behavior takes place. Figure 6 shows that this general behavior is observed in igneous as well as sedimentary rocks at the low temperatures and pressures pertinent here.

2. Materials which are known to be free of microcracks exhibit no amplitude dependence,[99,100] suggesting that sliding along crack faces may help explain the observations in 1.

3. Material which has been thermally cycled shows a lower ϵ_{NL}.[100] We note that thermal cycling has the effect of opening cracks.

4. ϵ_{NL} depends on the structure of the rock. Available evidence (Figure 7) shows that rocks which are well indurated (i.e., have well-cemented grains) have a higher ϵ_{NL} than rocks which are poorly indurated. Whatever nonlinear processes are operating seem to operate with greater ease when the rock is poorly cemented.

5. Increasing the confining pressure increases ϵ_{NL}[99,101] (Figures 5, 7). Moreover, this pressure effect depends on rock induration.[101] When the rock is poorly indurated, the effect is greater (Figure 7). Thus we again observe a general trend that such somehow forcing the grains together seems to inhibit the nonlinear processes.

Table 9
HIGH Q MODES

	Radial modes			Other high Q modes	
Mode	Period (sec)	Q	Mode	Period (sec)	Q
$_0S_0$	1230	12,000	$_1S_7$	604	484
		7,500	$_2S_2$	1049	546
		7,470	$_2S_4$	725	350
		4,229	$_2S_{23}$	202	514
		3,996	$_3S_1$	1,061	1020
		900	$_4S_3$	488	560
$_1S_0$	614	5,160	$_4S_{23}$	170	312
		1,970	$_4S_{26}$	157	306
$_2S_0$	399	1,170	$_5S_7$	304	496
		1,059	$_6S_1$	505	613—700
		870	$_8S_1$	348	704
		704	$_8S_9$	192	483
		672	$_{10}S_2$	248	870
$_3S_0$	306	992	$_{10}S_{28}$	96	399
		874	$_{11}S_3$	224	368—696
$_4S_0$	244	1,264	$_{11}S_4$	210	652
		1,173	$_{13}S_1$	228	574—1,573
		1,156	$_{13}S_2$	207	1125
		989	$_{16}S_{20}$	89	463
		790	$_{17}S_{24}$	80	435
		750	$_{19}S_{13}$	96	496
$_5S_0$	205	1,570	$_{20}S_{18}$	83	630
		942			
		938			
		927			
		824			
$_6S_0$	174	933			

6. The presence of water decreases ϵ_{NL}.[99,101] Apparently, also, the more water there is, the greater the effect, although changes are more dramatic with the initial addition. Figure 8 shows that ϵ_{NL} is lower for partially saturated Berea sandstone than it is for the dry rock, and it is even lower for the fully saturated rock. Again, this effect on ϵ_{NL} is induration dependent: well-indurated sandstone shows the effect less than poorly indurated sandstone.[101]

Pressure Dependence
1. In general Q^{-1} decreases with confining pressure, until it reaches a roughly constant value[11,23,29,41,102—104] (Figures 9 to 11). This appears to be true regardless of saturation condition.
2. $|dQ^{-1}/dP|$ (at low pressures, when Q^{-1} is still changing significantly) is greater for water-saturated rocks than it is for air-dry rocks. This effect is more apparent when the rock is poorly indurated[101] (Figure 10).
3. $|dQ^{-1}/dP|$ is greater at higher frequencies than at lower ones, when the rock is not well indurated[101,105] (Figure 11).

Frequency Dependence
1. Dry sedimentary rocks have attenuation values which are frequency independent over a wide band.[22,107-110] (Figures 12, 13).

Table 10
Q AS A FUNCTION OF DEPTH IN THE EARTH[4,5]

Depth (km)	Density (g/cc)	Pressure (Kbar)	Q_s for frequency-dependent absorption band model				Q_s for a frequency-independent Q model	Q_p for frequency-dependent absorption band model				Q_p for a frequency independent Q model
		(Approximate values)[98]	1 sec	10 sec	100 sec	1000 sec		1 sec	10 sec	100 sec	1000 sec	
11	2.6	3	500	500	500	500		487	767	1168	1232	
11	2.9	3	200	141	100	181	500	287	262	207	377	1047
200	3.4	63	157	111	90	900	105	270	256	237	2365	279
421	3.5	140	190	134	95	254		302	296	244	659	
421	3.7	140	5691	569	330	2311	140	741	840	819	603	364
671	4.0	239	8919	892	353	250	230	2921	2060	866	615	566
2200	5.2	984	11350	1135	366	259	515	2938	2687	942	668	1330
2400	5.3	1100	184	130	92	315	515	427	345	247	846	1358
2843	5.5	1340	184	130	92	315	100	427	345	247	846	269
2887	5.6	1354	—	—	—	—	—	7530	753	600	6000	10^6
4044	11.4	2522	—	—	—	—	—	4518	493	1000	10^4	10^6
5142	12.1	3280	100	1000	10000	10^5	425	511	454	3322	3.3×10^4	425

Table 11
AVERAGE MANTLE Q VALUES[4,5]

Region	Depth (km)	Q_s, ABM				Q_s, SL_8	q_p, ABM				SL_8
		1 sec	10 sec	100 sec	1000 sec		1 sec	10 sec	100 sec	1000 sec	
Upper mantle	0—671	267	173	127	295	130	362	354	311	727	328
Lower mantle	671—2886	721	382	211	266	360	1228	979	550	671	912
Whole mantle	0—2886	477	280	176	274	235	713	639	446	687	593

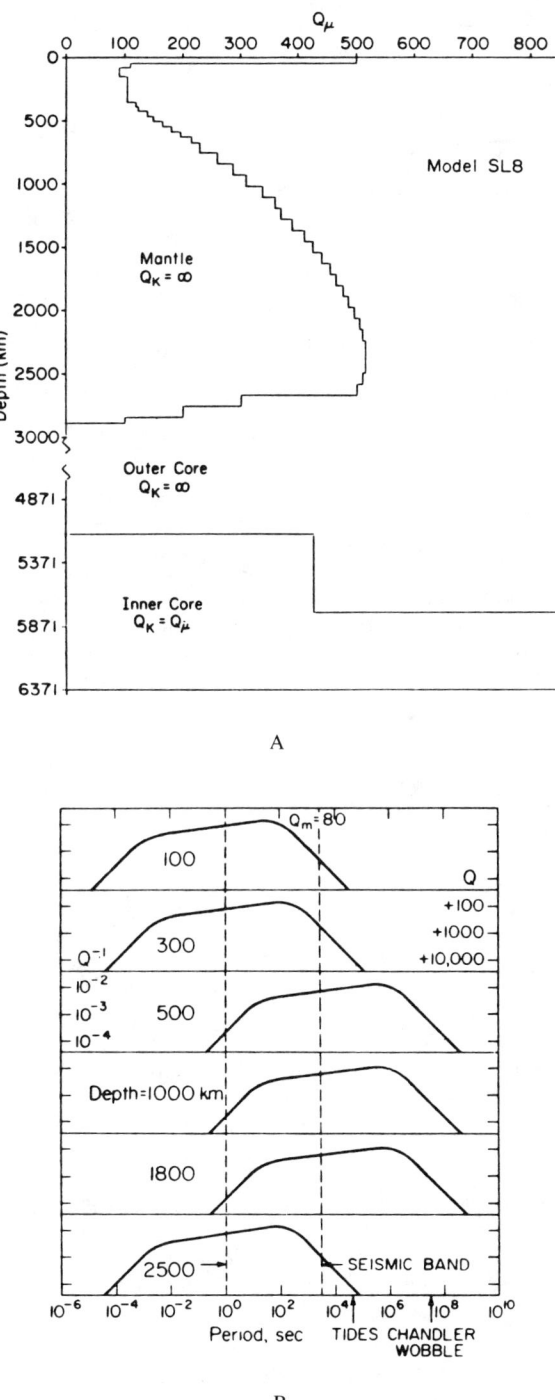

FIGURE 1. (A) Shear attenuation structure of the earth according to Anderson and Hart's[4] model SL8, where Q is assumed independent of frequency. (B) Shear attenuation structure of the earth for a frequency dependent absorption band model.[5]

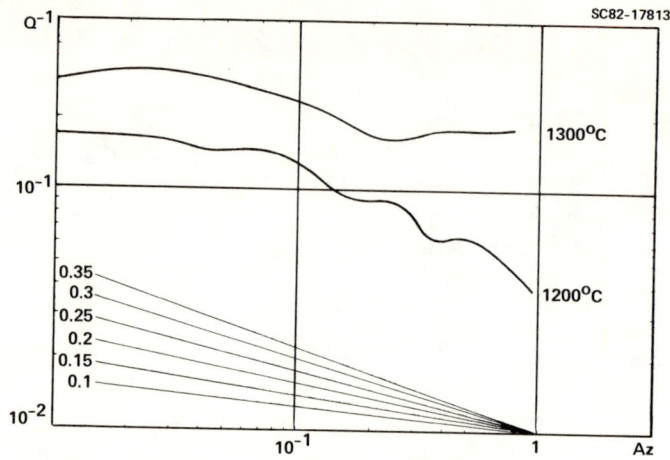

FIGURE 2. Internal friction as a function of log frequency at high temperature for a mantle periodotite (lherzolite from Ivrea, Italy). The Q^{-1} function was derived from transient creep experiments by Berckhemer et al.[51] Straight lines at the bottom of the figure are for reference so that viewer can estimate the parameter α in the expression $Q^{-1} \sim \omega^\alpha$. (From Berckhemer, H., Auer, F., and Drisler, J., *Phys. Earth Planet. Inter.*, 20, 48, 1979. With permission.)

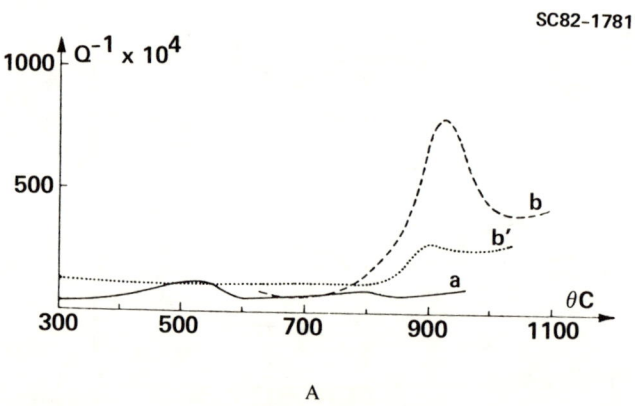

FIGURE 3. Shear attenuation vs. temperature at 2 to 8 Hz. (A) Results for synthetic forsterite (a), peridotite (b), and annealed peridotite (b'). (B) Results for single crystal enstatite. (From Woirgard, J. and Gueguen, Y., *Phys. Earth Planet. Inter.*, 17, 140, 1978. With permission.)

2. Water-saturated rocks have a frequency dependent Q^{-1},[110,111] with some evidence for relaxation peaks (Figures 13, 14). Figure 15 shows some frequency dependence in granite saturated with glycerine.
3. Sandstones which are not well indurated appear to have more pronounced frequency dependence in Q^{-1} (Figure 11).[101]
4. The frequency dependence of Q^{-1} for saturated sandstone is decreased by the application of confining pressure especially when such rocks are not well indurated[101] (Figure 11).

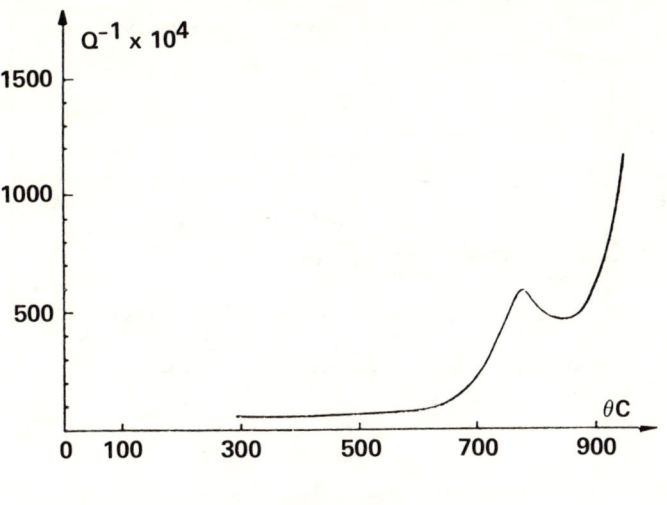

FIGURE 3B

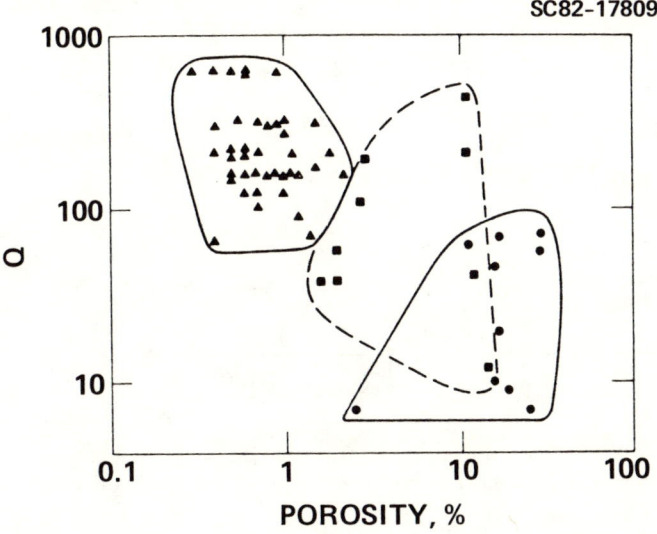

FIGURE 4. From Johnston et al.,[98] plotting data from the compilation of Bradley and Fort.[10] Igneous and metamorphic rocks are denoted by triangles, limestones by squares, and sandstones by circles. Depite the large scatter caused by the wide ranges of frequency and saturation represented, a general inverse trend of Q with porosity is visible.

Saturation Dependence

In general, the presence of fluids increases Q^{-1} values.[6,11,23,28,29,98,105,110,111] As we have seen, the presence of fluids affects the dependence of Q^{-1} on other parameters, such as strain amplitude, pressure, and frequency. We extend our discussion now to include the effects of fluid type, and also some specific effects of the degree of saturation on the Q_p/Q_s ratio, a possibly important diagnostic in oil and gas exploration.

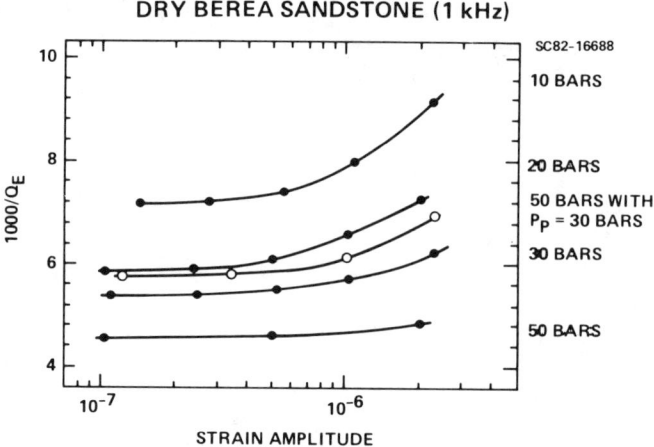

FIGURE 5. Threshold amplitude for onset of nonlinear behavior shifts upward with increasing pressure in dry Berea sandstone.[99,110]

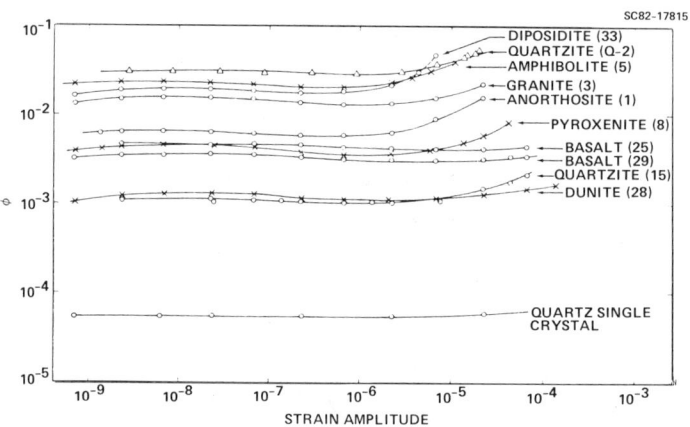

FIGURE 6. Internal friction vs. strain amplitude for several rock types. Linear to nonlinear transition is observed in igneous as well as sedimentary rocks.

1. The first few monolayers of fluid have an extremely important effect. A vacuum dry rock has a much lower Q^{-1} than an air dry rock, which in general has already managed to adsorb some volatiles.[112,113] Q^{-1} increases roughly linearly with absorbed mass for the first one or two monolayers[114] (Figure 16). After this effect, Q^{-1} tends to remain fairly constant until the effects of bulk fluid behavior are felt. Pandit and King[115] estimated 110Å as the thickness of the first layer where bulk behavior is important. (We note that there may be some problems with this estimate. The authors claim to see a transition from frequency independent to frequency dependent Q^{-1} and interpret this as indicating the onset of bulk behavior. The transition, however, is not particularly well resolved by their data.)
2. Fluids composed of polar molecules appear to be more effective than those composed of nonpolar molecules in increasing Q^{-1} (Figure 17).[116]
3. The relative attenuation of P and S waves varies with degree of saturation. For air dry

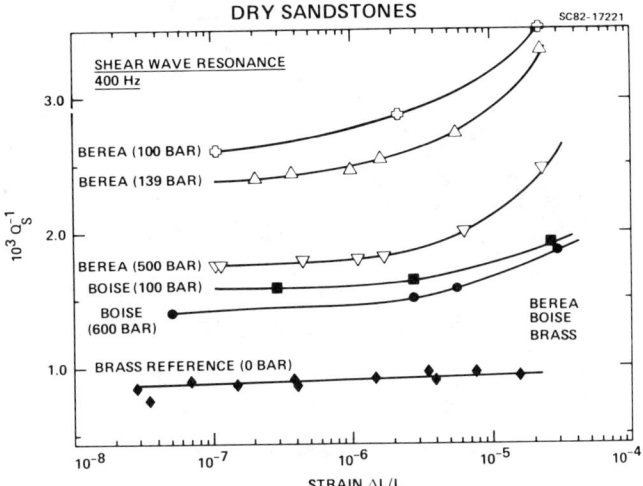

FIGURE 7. Showing the upward shift with pressure of the threshold amplitude for nonlinear behavior. The effect is greater in the poorly indurated Berea than in the better indurated Boise. (From Tittmann, B. R., Abdel-Gawad, M., Salvado, C., Bulau, J., Ahlberg, L., and Spencer, T. W., *Proc. Lunar Planet. Sci.*, 128, 1737, 1981. With permission.)

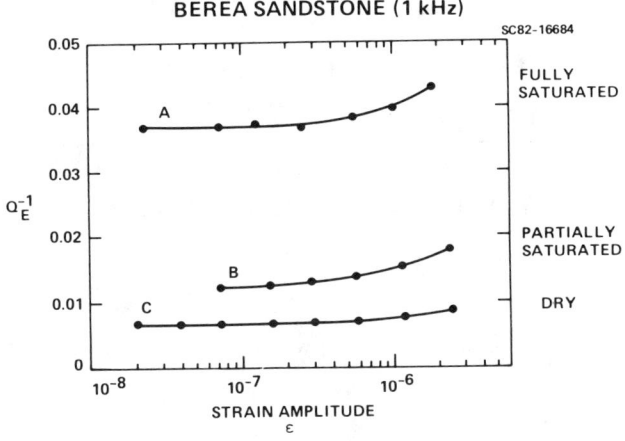

FIGURE 8. Showing the downward shift with degree of water saturation of the threshold amplitude for nonlinear behavior. (From Winkler, K. W., Nur, A., and Gladwin, M., *Nature (London)*, 227, 528, 1979. With permission.)

rocks, $Q^{-1}_p \cong Q^{-1}_s$. For fully saturated rocks, Q^{-1}_p can range from somewhat less than Q^{-1}_s to about the same value. For partially saturated rocks Q^{-1}_p is higher than Q^{-1}_s.[11,110,111]

Mechanisms of Attenuation in Sedimentary Rocks (Figures 18-20)

Several mechanisms have been proposed to explain attenuation patterns in sedimentary rocks. These fall naturally into two categories: those involving the solid rock and those involving pore fluids.

Most of the discussion of solid rock mechanisms has centered around frictional sliding

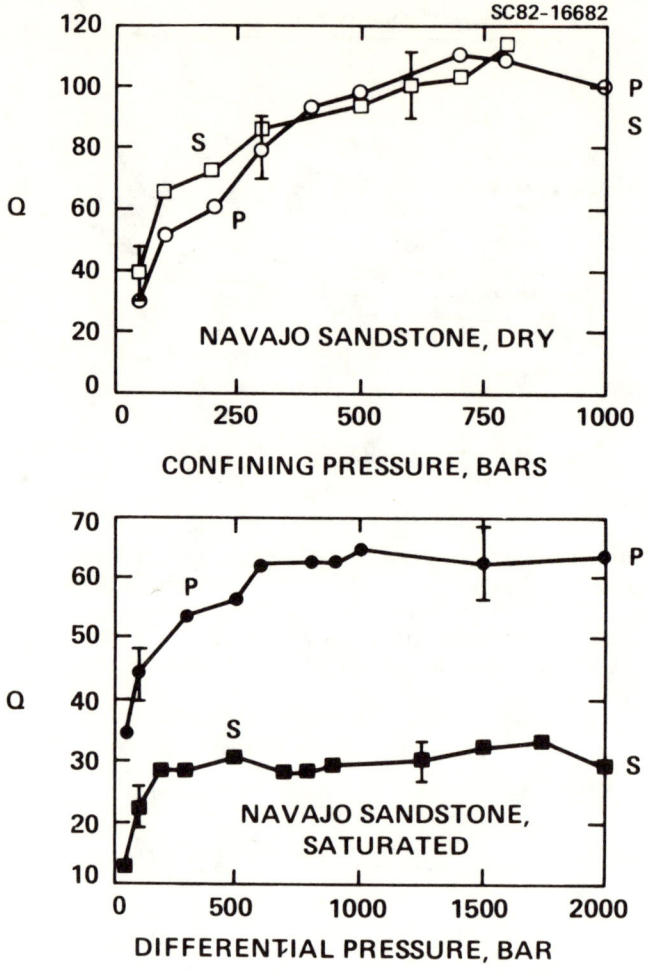

FIGURE 9. Showing the increase of Q with pressure. (From Johnston, D. H. and Toksoz, M. N., *J. Geophys. Res.*, 85, 925, 1980. With permission.)

along crack faces and grain boundaries. Models have been developed both for thin elliptical cracks and for spheres in contact; more recently, more generalized crack geometries have been considered. The formulation of Walsh has received considerable attention. Walsh developed some mathematically quite complicated expressions for internal friction as a function of elastic moduli, coefficient of friction, and "critical" crack density. A "critical" crack is one whose faces are barely touching: this kind of crack can contribute to dissipation, whereas cracks which are completely shut and completely open do not, presumably because the former will not slip and the latter will slip with no resistance. For a Q of 100, Walsh requires a rather high critical crack density of one per grain.

The frictional mechanism is intuitively appealing and some variation of it can probably explain, or at least be consistent with, several pertinent facts. There is much evidence attesting to the importance of the presence of cracks. For one thing, rocks, which are polycrystals, have Q values which are much lower than single crystals of their constituent minerals.

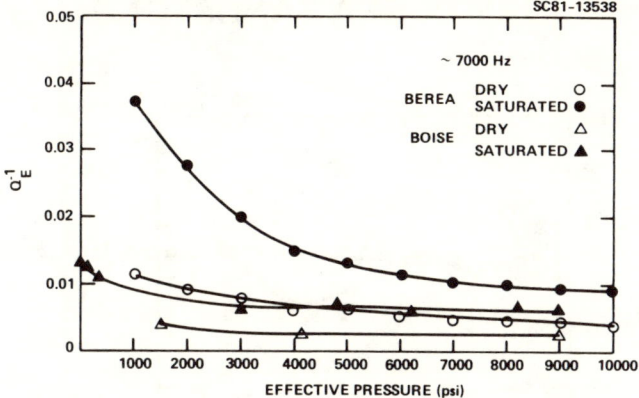

FIGURE 10. Pressure dependence of Q_E^{-1} at 7 kHz for dry and water-saturated berea and boise sandstone. $|dQ^{-1}/dP|$ at low pressure is greater for water saturated rock than it is for air-dry rock, particularly when the rock is relatively poorly indurated (berea). (From Tittman, B. R., Abdel-Gawad, M., Salvado, C., Bulau, J., Ahlberg, L., and Spencer, T. W., *Proc. Lunar Planet. Sci.*, 128, 1737, 1981. With permission.)

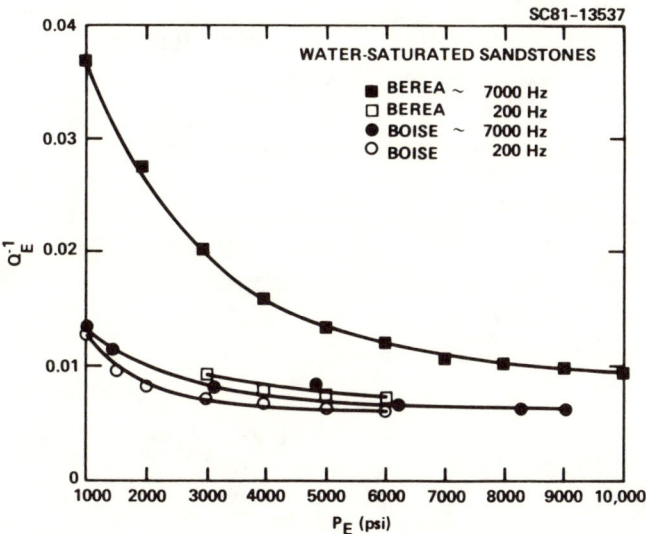

FIGURE 11. Pressure dependence of Q_E^{-1} for water-saturated berea and boise sandstone at two different frequencies. The frequency dependence of Q^{-1} is decreased markedly by the application of confining pressure in the case of the poorer-indurated berea sandstone. (From Tittmann, B. R., Abdel-Gawad, M., Salvado, C., Bulau, J., Ahlberg, L., and Spencer, T. W., *Proc. Lunar Planet. Sci.*, 12B, 1737, 1981. With permission.)

Clark[118] offers an instructive specific example: the Q of the Sioux quartzite, which is greater than 99% quartz in composition and has less than 5% porosity, is greater than the Q of a single crystal of quartze by three orders of magnitude. Another important fact is the increase of Q with pressure discussed in the previous section. A frictional mechanism is consistent with this; Johnston et al.,[98] have, in fact, extracted from Walsh's formulation an exponential increase of Q with pressure and have fit it successfully to their data for dry and saturated

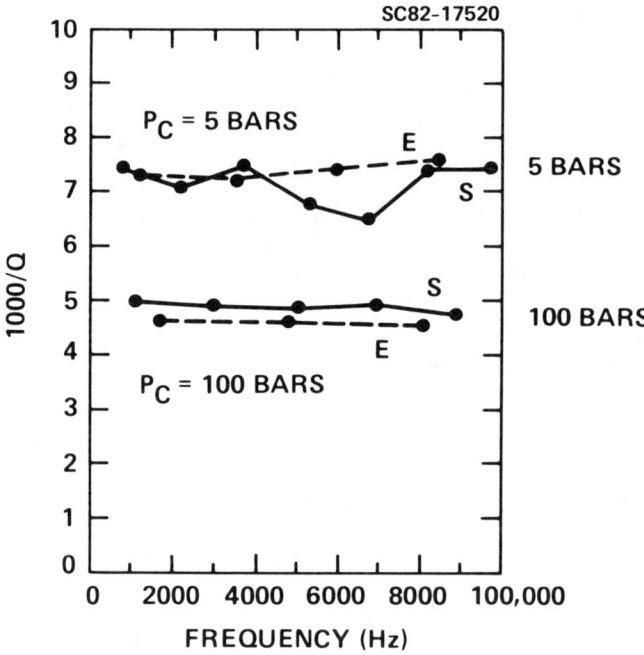

FIGURE 12. Showing frequency independence of Q_E^{-1} and Q_S^{-1} in dry berea sandstone. (From Winkler K. W. and Nur, A., *Geophysics*, 47, 1, 1982. With permission.)

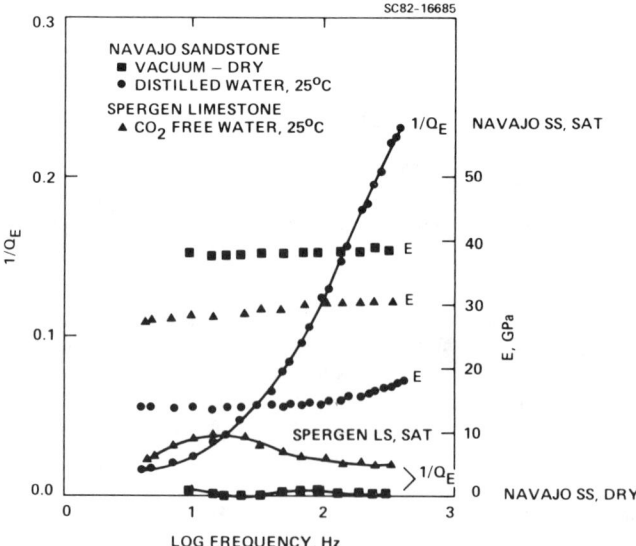

FIGURE 13. Showing frequency independence of Q_E^{-1} for dry Navajo sandstone compared to the frequency dependent behavior observed when this rock is water saturated. Frequency dependent behavior for saturated Spergen limestone is also shown. (From Spencer, J. W., *J. Geophys. Res.*, 86, 1803, 1981. With permission.)

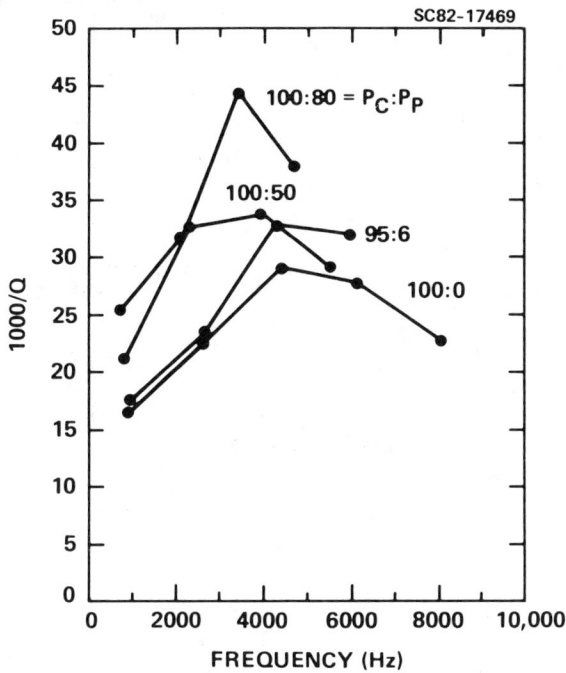

FIGURE 14. Frequency dependence of Q_s^{-1} in water-saturated berea sandstone for different ratios of confining pressure (P_c) to pore pressure (P_p). From Winkler, K. W. and Nur, A., *Geophysics*, 47, 1, 1982. With permission.)

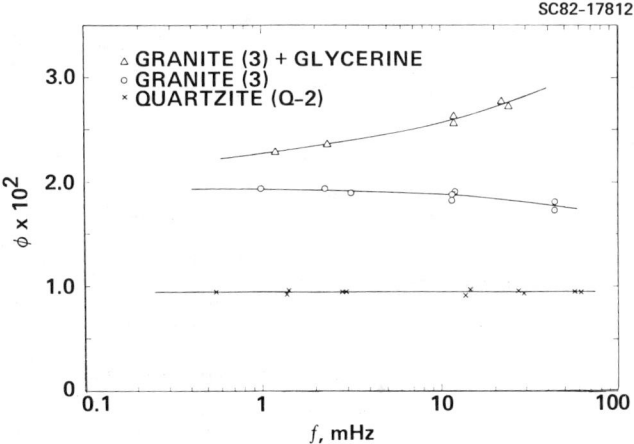

FIGURE 15. Showing that fluid saturation (in this case, glycerine) can cause frequency dependent behavior in an igneous rock where Q is otherwise more or less frequency dependent. The granite here is at low temperature and pressure compared to conditions in the mantle of the earth so that the discussion in the previous section of the text does not apply, and behavior is similar to that observed in sedimentary rocks. Measurements were made here by the stress-strain curve method. (From Gordon, R. B. and Davis, L. A., *J. Geophys. Res.*, 73, 3917, 1968. With permission.)

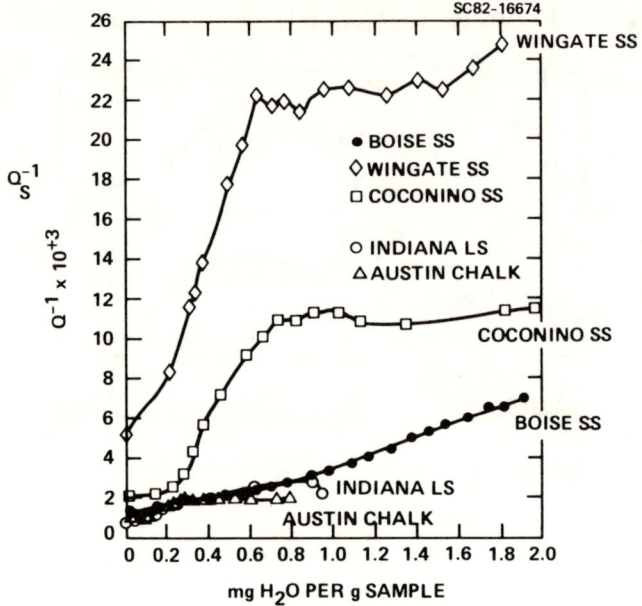

FIGURE 16. Shear attenuation vs. amount of adsorbed water for a variety of rocks. Attenuation increases linearly with mass for the first one or two monolayers. After that, there is little effect (until one enters the regime of bulk fluid behavior). (From Clark, V. A., Spencer, T. W., Tittmann, B. R., Ahlberg, L.A., and Coombe, L. T., *J. Geophys. Res.*, 85, 5190, 1980. With permission.)

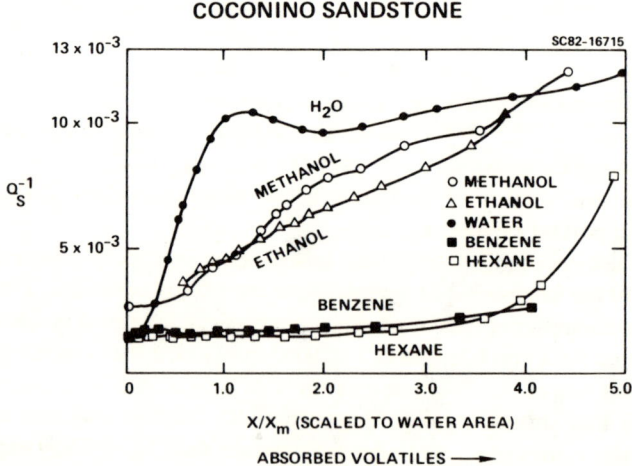

FIGURE 17. Shear attenuation vs. amount of adsorbed volatiles for coconino sandstone. Volatiles composed of polar molecules appear more effective in increasing Q^{-1}. (From Tittmann, B. R., Clark, V. A., Richardson, J., and Spencer, T. W., *J. Geophys. Res.*, 85, 5199, 1980. With permission.)

Berea sandstone, as well as to the granite data of Gordon and Davis.[41] Johnston et al. point out that friction, being a nonlinear process, is also consistent with the observation that Q in dry rocks is independent of frequency.

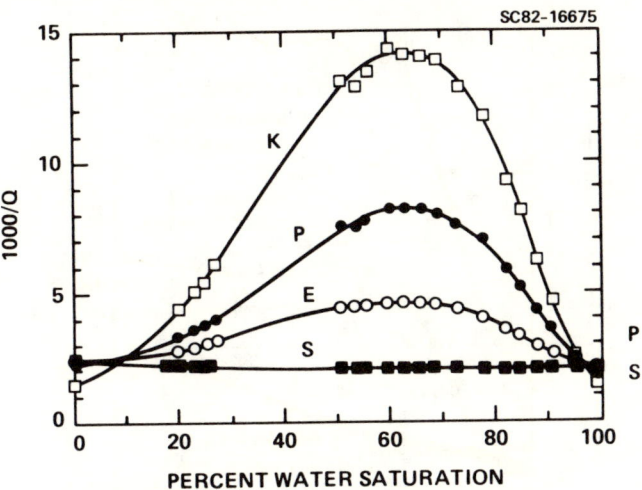

FIGURE 18. Attenuation as a function of water saturation in vycor porous glass. Extensional (E) and shear (S) attenuation are measured, while P wave and bulk compressional attenuation are computed. Shows that $Q_p^{-1} > Q_s^{-1}$ at partial saturation. Figures 19 and 20 show this effect for Massilon sandstone, and Figure 21 shows a simple conceptual model which might explain the observation. (From Winkler, K. W. and Nur, A., *Geophysics*, 47, 1, 1982. With permission.)

A causal linear process cannot have both Q and velocity constant with frequency. Clark,[118] however, argues that dispersion might be present within the resolution of experimental measurements, and hence that one cannot take the independence of Q on frequency as being good evidence in itself for friction (or a nonlinear mechanism in general).

In fact the intrinsic nonlinearity of a classical frictional mechanism has been cited by some as its downfall. Mavko[119] has shown that a frictional mechanism implies a Q^{-1} proportional to strain amplitude. As we have seen, Q^{-1} is roughly independent of strain amplitude below ϵ_{NL}, and seismic strains are generally below observed values of ϵ_{NL} for sandstones. Friction may be important beyond ϵ_{NL} only.

At low strains, not only is Q^{-1} amplitude independent, but the displacements are so small that they become of the same order of magnitude as interatomic spacings, and the applicability of the large displacement concepts of classical friction can be called in question.[120] Winkler et al.[99] calculate that for a crack length (L) of 10^{-2} cm (which they consider an upper bound) and a displacement (d) of 10^{-8} cm across the crack face, the strain $\epsilon = (d/L)$ is 10^{-6}. Hence they argue that strains must be larger than 10^{-6} before one can think of invoking friction, and in fact, values of ϵ_{NL} are generally greater than 10^{-6}. They explain the patterns shown in Figures 18 to 20 by arguing that adding a relatively small amount of water to the rock wets most of the internal surfaces and lubricates them, making it easier for sliding to occur and hence lowering ϵ_{NL}. The addition of more fluid does not have a significant extra lubricating effect and hence does not influence ϵ_{NL} as much, but influences the linear region more via flow losses. Winkler et al. are then faced with the problem of accounting for the nonzero attenuation in dry rock, if one is not willing to accept friction as a possibility. They mention as possibilities grain boundary relaxation[121,122] or a dislocation mechanism.[123,124]

A good qualitative review of the possible mechanisms of attenuation by pore fluids is given by Winkler and Nur.[110] The type of mechanism thought to be operating differs according

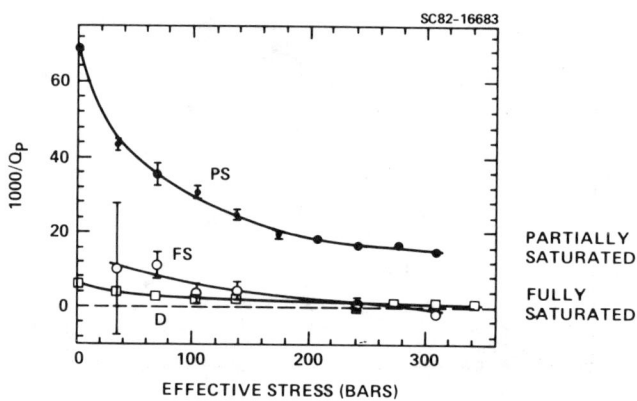

FIGURE 19. P wave attenuation (computed from Q_E and Q_S) in dry (D), fully saturated (FS), and partially saturated (PS) Massilon sandstone. Comparison with Figure 20 shows that P waves are more attenuated than S waves at partial saturation.[11,110]

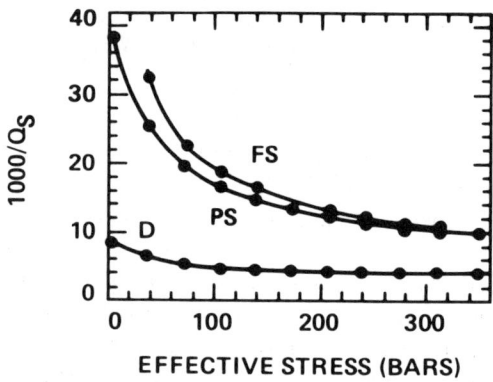

FIGURE 20. S wave attenuation in dry (D), fully saturated (FS), and partially saturated (PS) Massilon sandstone. Comparison with Figure 19 shows that P waves are less attenuated than P waves at partial saturation.[11,110]

to whether the rock is fully[125-127] or partially[128] saturated. Walsh[125,126] and O'Connell and Budiansky[127] studied viscous shear relaxation in fully saturated rocks, and Mavko and Nur[128] did the same for partially saturated rocks. As Winkler and Nur[110] point out, such shear relaxation is probably unimportant in water-bearing rocks below very high (megahertz) frequencies. At seismic frequencies, attenuation may be caused by wave-induced (or squirt) flow of fluid between cracks (intercrack flow) in the case of full saturation, or flow within cracks (intracrack flow) in the case of partial saturation. Figure 21 shows schematically how in partially saturated rock bulk compression may induce more intracrack flow than will pure shear, while in fully saturated rock, pure shear may induce more intercrack flow than will bulk compression. This kind of model may explain why compressional waves are more attenuated then shear waves in partially saturated rocks, while this is not true for fully saturated rocks (see "Attenuation in Sedimentary Rocks").

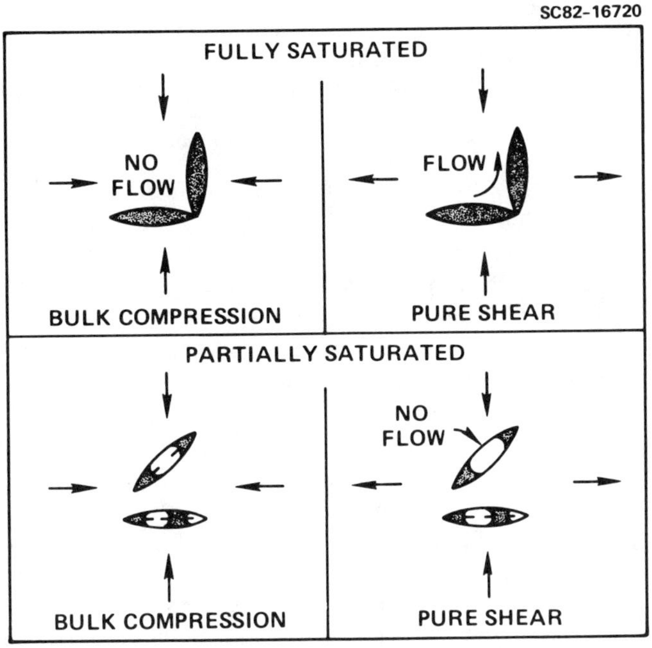

FIGURE 21. Schematic illustration of intercrack and intracrack flow in full and partially saturated pores, respectively. This type of model may explain the observation that S waves are more attenuated than P waves in partially saturated rocks, while the reverse is true in fully saturated rocks. (From Winkler, K. W. and Nur, A., *Geophysics*, 47, 1, 1982. With permission.)

Other fluid-type mechanisms are mentioned by Winkler and Nur,[110] such as the thermal relaxation and mechanism of Kjartansson and Nur,[129] the Biot mechanism,[130,131] and models involving flow between macroscopic regions of total and partial saturation.[132-135] The reader is referred to the original papers. For the Biot mechanism, the paper by Stoll[136] is also useful.

Field Measurements of Attenuation in Sedimentary Sequences

As mentioned previously, a primary stimulus for the experimental studies of elastic wave attenuation in rocks, especially sedimentary rocks, has been the prospect of using attenuation as a possible indicator in the seismic exploration for oil and gas. Certainly, in order to make such a program operative, one must be able to measure attenuation somehow in the field. In this section, we review some of the progress which has been made in effecting field measurements of seismic attenuation in the crust of the earth.

Generally, field measurements have been made by appropriately reducing data obtained by vertical seismic profiling (VSP). In VSP one places geophones (that is, seismometers) at various depths in a borehole, and records waves from a near-surface artificial source. In some of the earlier work carried out by McDonal et al.[137] and Tullos and Reid,[138] several geophones were cemented at different depths in the borehole, so that records at different depths were obtained from one experiment (i.e., one shot of the source). More recently, some important work has been done by Hauge[139] using only one downhole geophone placed at different depths for different experiments. In this later work, reproducibility of the source was a key issue. The earlier investigators used explosive sources, while Hauge used vibrators with much less high frequency energy (a top frequency of about 80 Hz, as opposed to one in excess of 400 Hz).

The procedure generally used to obtain estimates of attenuation from VSP is that of spectral ratios (see "Seismological Methods"). The spectral ratio technique must be applied with some care: one should look at the amplitude spectra of waves which are the direct arrivals to the receiver. If one's waveforms contain interference from, e.g., near-receiver reflections, one can incur serious errors. The problem is similar to that in earthquake seismology, where one must worry about free surface reflections when modeling shallow earthquakes.[140] Tullos and Reid[138] attempted to deal with this problem by applying a tapered time domain window to their waveforms from the various geophones, in order to "gate out," to some measure, the effect of interference from reflections.

It is important to note that a Q measurement of this kind is not a direct measurement of anelasticity, but rather of an aggregate apparent loss, of which anelasticity may be only a part. Other parts of the loss may be due to various forms of scattering. Many of these processes have been exhaustively discussed in papers by Spencer et al.[141,142] An example of an important nonabsorptive loss mechanism is the effect of the layering in the rock sequence, as is often found in sand-shale sequences. Where fine layering exists, and there may be an impedance structure which is oscillatory with depth, the system is referred to as "cyclic". Systems without fine layering and with more gradual variation of rock properties (and impedance) with depth are referred to as "transitional". In cyclic systems, the lower frequencies (that is, those with wavelengths long compared to the scale of the layering) will effectively see a homogeneous system and not be affected by the rapid impedance variation. Higher frequencies, on the other hand, will suffer multiple reflections within the cyclic systems. The multiple reflections delay, and hence, effectively remove energy from the perceived transmitted pulse. In the frequency domain, the cyclic system acts as a low pass filter, similar to the filter representing anelastic absorption. Schoenberger and Levin[143,144] attempted to assess the effect of multiple reflections in cases where sonic and density logs were available and theoretical seismograms could be computed taking multiple reflections into account. They found Q values due to multiples alone ranging from about 125 to 3000, with multiples generally accounting for from 1/7 to 1/2 the total loss, but sometimes as high as 4/5.

Table 12 shows the results of field measurements from a number of investigators. Despite the problems and uncertainties associated with the measurements, some important patterns emerge. The field measurements appear able to discern high Qs in intervals rich in limestone and seem to be able to see the difference between shale/sand sections with high sand percentage (generally low Q) and low sand percentage (generally higher Q).

Table 12
FIELD MEASUREMENTS OF Q IN SEDIMENTARY SEQUENCES

Location	Material	Depth (m)	Frequency (Hz)	Apparent Q_p	Corrected Q_p	Remarks	Ref.
Limon, Colorado	Pierre Shale	0—225	50—450	32		$Q_s = 10$, 20—125 Hz	137
Gulf Coast, 20 mi. So. of Houston	Loam-sand-clay	0—3	50—400	2			138
Gulf Coast, 20 mi. So. of Houston	Clay-sand	3—30	50—400	181			138
Gulf Coast, 20 mi. So. of Houston	Sandy clay	30—150	50—400	75			138
Gulf Coast, 20 mi. So. of Houston	Clay-sand	150—300	50—400	136			138
Offshore Louisiana	Pleistocene sands and shales	1170—1770	≤125	67	67		139
Offshore Louisiana	Pleistocene sand and shales, predominantely shale	1770—2070	≤125	>273	7273		139
Offshore Louisiana	Pleistocene sand and shales, mostly shale, with highest % of sand in the section	2070—2850	≤125	28	31		139
S.E. Texas 1	19% sand localized in ≤30m strips, the rest silts and silty shales	900—1560	≤80	52	109		139
S.E. Texas 1	Mostly shale	1560—1800	≤80	>273	≥273		159
S.E. Texas 1	23% sand, rest shale	1800—2100	≤80	30	37		139
S.E. Texas 2	20% sand, rest shale	600—1560	≤80	41	46		139
S.E. Texas 2	Late Cretaceous limestone and chalk	1590—1755	≤80	>273	>273		139
S.E. Texas 3	Miocene, 45% sand, rest shale	660—1320	15—40	28	34		139
S.E. Texas 4	24% sand (localized), rest shale	1020—	40—70	55	94		139
Beaufort Sea N. Canada		549—1193	125		43		145
Beaufort Sea N. Canada		945—1311	125		67		145

REFERENCES

1. **Minster, J. B.**, Anelasticity and attenuation, in *Physics of the Earth's Interior,* Dziewonski, A. M. and Boschi, E., Eds., North-Holland, New York, 1980.
2. **Johnston, D. H. and Toksoz, M. N.**, Definitions and terminology, in Seismic Wave Attenuation, Toksoz, M. N. and Johnston, D. H., Eds., Society of Exploration Geophysicists, Tulsa, Okla., 1981.
3. **Anderson, D. L. and Hart, R. S.**, Attenuation models of the Earth, *Phys. Earth Planet. Inter.*, 16, 289, 1978.
4. **Anderson, D. L. and Hart, R. S.**, Q of the Earth, *J. Geophys. Res.*, 83, 5869, 1978.
5. **Anderson, D. L. and Given, J. W.**, Absorption band Q model for the Earth, *J. Geophys. Res.*, 87, 3893, 1982.
6. **Johnston, D. H.**, Attenuation: a state of the art summary, in Seismic Wave Attenuation, Toksoz, M. N. and Johnston, D. H., Eds., Society of Exploration Geophysicists, Tulsa, Okla., 1981.
7. **Knopoff, L. and MacDonald, G. J. F.**, *Rev. Mod. Phys.*, 30, 1958.
8. **Borcherdt, R. D.**, *J. Geophys. Res.*, 78, 2442, 1973.
9. **O'Connell, R. J., and Budiansky, B.**, Measures of dissipation in viscoelastic media, *Geophys. Res. Lett.*, 5, 5, 1978.
10. **Bradley, J. J. and Fort, A. N.**, Internal friction in rocks, in *Handbook of Physical Constants,* Clark, S. P. Jr., Ed., Geological Society of America, Boulder, Co., 1966, 97.
11. **Winkler, K. and Nur, A.**, Pore fluids and seismic attenuation in rocks, *Geophys. Res. Lett.*, 6, 1, 1979.
12. **Zener, C.**, *Elasticity and Anelasticity of Metals,* University of Chicago Press, Chicago, 1948.
13. **Kolsky, H.**, *Stress Waves in Solids,* Dover Publications, New York, 1963.
14. **Schreiber, E., Anderson, O. L., and Soga, N.**, *Elastic Constants and Their Measurement,* McGraw-Hill, New York, 1973.
15. **Nowick, A. S. and Berry, B. S.**, *Anelastic Relaxation in Crystalline Solids,* Academic Press, New York, 1972.
16. **Toksoz, M. N. and Johnston, D. H.**, Laboratory measurements of attenuation, in Seismic Wave Attenuation, Toksoz, M. N. and Johnston, D. H., Eds., Society of Exploration Geophysicists, Tulsa, Okla., 1981.
17. **Ke, T. S.**, Experimental evidence on the viscoelastic behavior of grain boundaries in metals, *Phys. Rev.*, 25, 533, 1947.
18. **Kingery, W. D.**, *Property Measurements at High Temperature,* John Wiley & Sons, New York, 1959.
19. **Jackson, D. D.**, Grain Boundary Relaxations and the Attenuation of Seismic Waves, Ph.D. thesis, Massachusetts Institute of Technology, Cambridge, 1969.
20. **Woirgard, J., Amirault, J. P., Chaumet, H., and Fouquet, J., de,** Appareil de mesure du module d'elasticite et du frottement interieur en flexion, a basse frequence, sous vide entre 20 et 800°C, *Rev. Phys. Appl.*, 6, 355, 1971.
21. **Woirgard, J. and Gueguen, Y.**, Elastic modulus and internal friction in enstatite, forsterite, and peridotite at seismic frequencies and high temperatures, *Phys. Earth Planet. Inter.*, 17, 140, 1978.
22. **Peselnick, L. and Outerbridge, W. F.**, Internal friction in shear and shear modulus of solenhofen limestome over a frequency range of 10^7 cycles per second, *J. Geophys Res.*, 66, 581, 1961.
23. **Gardner, G. H. F., Wyllie, M. R. J., and Droschak, D. M.**, Effects of pressure and fluid saturation on the attenuation of elastic waves in sands, *J. Petr. Tech.*, 189, 1964.
24. **Tittmann, B. R.**, Internal friction measurements and their implications in seismic Q structure models of the crust, in The Earth's Crust, Geophysical Monograph 20, American Geophysical Union, Washington, D.C., 1977.
25. **Truell, R., Elbaum, C., and Chick, B.**, *Ultrasonic Methods in Solid State Physics,* Academic Press, New York, 1969.
26. **Peselnick, L. and Zietz, X.**, Internal friction of fine grained limestones at ultrasonic frequencies, *Geophysics*, 24, 285, 1959.
27. **McSkimin, H. J.**, Propagation of longitudinal waves and shear waves in cylindrical rods at high frequencies, *J. Acoust. Soc. Am.*, 28, 484, 1956.
28. **Watson, T. H. and Wuenschel, P. C.**, An Experimental Study of Attenuation in Fluid Saturated Porous Media, Compressional Waves and Interfacial Waves, 43rd Annu. Society of Exploration Geophysicists Meet., Tulsa, Ok., 1973.
29. **Toksoz, M. N., Johnston, D. H., and Timur, A.**, Attenuation of seismic waves in dry and saturated rocks. I. Laboratory measurements, *Geophysics,* 44, 681, 1979.
30. **Gladwin, M. T. and Stacey, F. D.**, Anelastic degradation of acoustic pulses in rock, *Phys. Earth Planet. Inter.*, 8, 332, 1974.
31. **Ramana, Y. V. and Rao, M. V.**, Q by pulse broadening in rocks under pressure, *Phys. Earth Planet. Inter.*, 8, 337, 1974.

32. **Ricker, N. H.**, The form and laws of propagation of seismic wavelets, *Geophysics*, 18, 10, 1953.
33. **Kolsky, H.**, The propagation of stress pulses in viscoelastic solids, *Philos. Mag.*, 1, 693, 1956.
34. **Futterman, W. I.**, Dispersive body waves, *J. Geophys. Res.*, 67, 5257, 1962.
35. **Carpenter, E. W.**, Absorption of Elastic Waves — An Operator for A Constant Q Mechanism, U.K. Atomic Energy Authority AWRE Rep. 0-43/66, 1966; reprinted in *Toksoz, M. N. and Johnston, D. H., Eds.*, Seismic Wave Attenuation, Society of Exploration Geophysicists, Tulsa, Okla., 1981.
36. **Strick, E.**, A predicted pedestal effect for pulse propagation in constant Q solids, *Geophysics*, 35, 387, 1970.
37. **Minster, J. B.**, Transient and impulse responses of a one dimensional linearly attenuating medium. I. Analytical results, *Geophys. J. R. Astr. Soc.*, 52, 479, 1978.
38. **Minster, J. B.**, Transient and impulse responses of a one dimensional linearly attenuating medium. II. A parametric study, *Geophys. J. R. Astron. Soc.*, 52, 503, 1978.
39. **Minster, J. B. and Vassiliou, M. S.**, Pulse Propagation in a Frequency Dependent Linearly Attenuating Medium, Vol. 17, Stanford University Publications, Geological Sciences, 1979.
40. **Brennan, B. J.**, Pulse propagation in media with frequency dependent Q, *Geophys. Res. Lett.*, 7, 211, 1980.
41. **Gordon, R. B. and Davis, L. A.**, Velocity and attenuation of seismic waves in imperfectly elastic rock, *J. Geophys. Res.*, 73, 3917, 1968.
42. **McKavanagh, B. and Stacey, F. D.**, Mechanical hysteresis in rocks at low strain amplitudes and seismic frequencies, *Phys. Earth Planet. Inter.*, 8, 246, 1974.
43. **Brennan, B. J. and Stacey, F. D.**, Frequency dependence of elasticity of rock — test of seismic velocity dispersion, *Nature (London)*, 268, 220, 1977.
44. **Peselnick, L., Liu, H. P., and Harper, K. R.**, Observations of details of hysteresis loops in westerly granite, *Geophys. Res. Lett.*, 6, 693, 1979.
45. **Gross, B.**, *Mathematical Structure of the Theories of Viscoelasticity*, Hermann, Paris, 1953.
46. **Anderson, D. L. and Minster, J. B.**, The frequency dependence of Q in the earth and implications for mantle rheology and Chandler wobble, *Geophys. J. R. Astron. Soc.*, 58, 431, 1979.
47. **Jeffreys, H.**, Rock Creep, *Mon. Not. R. Astron. Soc.*, 118, 14, 1958.
48. **Goetze, C.**, High temperature rheology of westerly granite, *J. Geophys. Res.*, 76, 1223, 1971.
49. **Goetze, C. and Brace, W. F.**, Laboratory observations of high temperature rheology of rocks, *Tectonophysics*, 13, 583, 1972.
50. **Murrell S. A. F. and Chakravarty, S.**, Some new rheological experiments on igneous rocks at temperatures up to 1120°C, *Geophys. J. R. Astron. Soc.*, 34, 211, 1973.
51. **Berckhemer, H., Auer, F., and Drisler, J.**, High temperature elasticity and anelasticity of mantle peridotite, *Phys. Earth Planet. Inter.*, 20, 48, 1979.
52. **Anderson, D. L. and Kovach, R. L.**, Attenuation of the mantle and rigidity of the core from multiply reflected core phases, *Proc. Natl. Acad. Sci. U.S.A.*, 51, 168, 1964.
53. **Burdick, L. J.**, Broad Band Seismic Studies of Body Waves, Ph.D. thesis, California Institute of Technology, Pasadena, 1977.
54. **Der, Z. A. and McElfresh, T. W.**, *Bull. Seismol. Soc. Am.*, 67, 1303, 1977.
55. **Ben Menahem, A.**, Observed attenuation and Q values of seismic waves in the upper mantle, *J. Geophys. Res.*, 70, 4641, 1965.
56. **Kanamori, H.**, Velocity and Q of mantle waves, *Phys. Earth Planet. Inter.*, 2, 259, 1970.
57. **Nakanishi, I.**, *Geophys. J. R. Astron. Soc.*, 58, 35, 1979.
58. **Butler, R. G.**, Seismological Studies Using Observed and Synthetic Waveforms, Ph.D. thesis, California Institute of Technology, Pasadena, 1979.
59. **Jordan, T. H. and Sipkin, S. A.**, Estimation of the attenuation for multiple ScS waves, *Geophys. Res. Lett.*, 4, 167, 1977.
60. **Sipkin, S. A. and Jordan, T. H.**, *Bull. Seismol. Soc. Am.*, 69, 1055, 1979.
61. **Dziewonski, A. M.**, *Rev. Geophys. Space Phys.*, 17, 303, 1979.
62. **Stein, S. and Geller, R. J.**, *Bull. Seismol. Soc. Am.*, 68, 325, 1978.
63. **Buland, R. and Gilbert, F.**, Improved resolution of complex eigenfrequencies in analytically continued seismic spectra, *Geophys. J. R. Astron. Soc.*, 52, 457, 1978.
64. **Gilbert, F. and Dziewonski, A. M.**, An application of normal mode theory to the retrieval of structural parameters and source mechanisms from seismic spectra, *Philos. Trans. R. Soc. London, Ser. A*, 278, 187, 1975.
65. **Dziewonski, A. and Anderson, D. L.**, Preliminary reference Earth model, *Phys. Earth Planet. Inter.*, 25, 297, 1981.
66. **Sailor, R. V. and Dziewonski, A.**, Measurements and interpretation of normal mode attenuation, *Geophys. J. R. Astron. Soc.*, 53, 559, 1978.
67. **Lay, T. and Helmberger, D. V.**, *Geophys. J. R. Astron. Soc.*, 66, 691, 1981.

68. **Anderson, D. L. and Minster, J. B.,** Seismic velocity, attenuation, and rheology of the upper mantle, in Source Mechanism and Earthquake Prediction, Allegre, C. J., Ed., Centre National de la Recherche Scientifique, Paris, 1980.
69. **Minster, J. B. and Anderson, D. L.,** Dislocations and nonelastic processes in the mantle, *J. Geophys. Res.,* 85, 6347, 1980.
70. **Minster, J. B. and Anderson, D. L.,** A model of dislocation-controlled rheology for the mantle, *Philos. Trans. R. Soc. London, Ser, A.,* 299, 319, 1981.
71. **Anderson, D. L., Kanamori, H., Hart, R. S., and Liu, H. P.,** The Earth as a seismic absorption band, *Science,* 196, 1104, 1977.
72. **Press, F.,** Rigidity of the Earth's core, *Science,* 124, 1204, 1956.
73. **Gutenberg, B.,** Attenuation of seismic waves in the Earth's mantle, *Bull. Seismol. Soc. Am.,* 48, 269, 1958.
74. **Otsuka, M.,** On the Forms of the S and ScS waves of some deep earthquakes, *Zisin,* 2, 169, 1962.
75. **Otsuka, M.,** Some considerations on the waveforms of ScS phases, *Spec. Contrib. Geophys. Inst., Kyoto Univ.,* 2, 415, 1963.
76. **Steinhart, H. S., Smith, T. J., Sacks, I. S., Sumner, R., Suzuki, Z., Rodriguez, A., Lomnitz, C., Tuve, M. A., and Aldrich, L. T.,** Explosion seismology, *Carnegie Inst. Wash. Yearb.,* 62, 286, 1964.
77. **Kovach, R. L. and Anderson, D. L.,** Attenuation of shear waves in the upper and lower mantle, *Bull. Seismol. Soc. Am.,* 54, 1855, 1964.
78. **Sato, R. and Espinosa, A. F.,** Dissipation in the Earth's mantle and rigidity and viscosity of the Earth's core determined from waves multiply reflected from the mantle-core boundary, *Bull. Seismol. Soc. Am.,* 57, 829, 1967.
79. **Kanamori, H.,** Spectrum of P and PcP in relation to the mantle-core boundary and attenuation in the mantle, *J. Geophys. Res.,* 72, 559, 1967.
80. **Choudbury, M. A. and Dorel, J.,** Spectral ratio of short-period ScP and ScS phases in relation to the attenuation in the mantle beneath the tasman sea and Antarctic region, *J. Geophys. Res.,* 78, 462, 1973.
81. **Yoshida, M. and Tsujiura, M.,** Spectrum and attenuation of multiply reflected corephases, *J. Phys. Earth,* 23, 31, 1975.
82. **Okal,** unpublished data.
83. **Best, W. J., Johnson, L. R., and McEvilly, T. V.,** ScS and the mantle beneath Hawaii, *EOS,* 56, 1147, 1974.
84. **Sima, H.,** On the attenuation of SS and SSS waves, *Q. J. Seismol. (Tokyo),* 29, 109, 1965.
85. **Berzon, I. S., Passechnik, I. P., and Polikarpov,** *Geophys. J. R. Astron. Soc.,* 39, 603, 1974.
86. **Kanamori, H.,** Attenuation of P waves in the upper and lower mantle, *Bull. Earthquake Res. Inst. Tokyo Univ.,* 45, 299, 1967.
87. **Mikumo, T. and Kurita, T.,** Q distribution for long period P waves in the mantle, *J. Phys. Earth,* 16, 1968.
88. **Smith, S. W.,** The anelasticity of the mantle, *Tectonophysics,* 13, 601, 1972.
89. **Nowroozi, A. A.,** Characteristic periods and Q for oscillations of the Earth following an intermediate earthquake, *J. Phys. Earth,* 22, 1, 1974.
90. **Bolt, B. A. and Brillinger, D. R.,** Estimation of uncertainties in fundamental frequencies of decaying geophysical time series, *EOS,* 56, 403, 1975.
91. **Deschamps, A.,** Inversion of the attenuation data of free oscillations of the Earth (fundamental and first higher modes), *Geophys. J. R. Astr. Soc.,* 50, 699, 1977.
92. **Roult, G.,** Attenuation of seismic waves of very low frequency, *Phys. Earth Planet. Inter.,* 10, 159, 1975.
93. **Nowroozi, A. A.,** Measurement of Q values from the free oscillations of the Earth, *J. Geophys. Res.,* 73, 1407, 1968.
94. **Wu, F. T.,** Mantle rayleigh wave dispersion and tectonic provinces, *J. Geophys. Res.,* 77, 6445, 1972.
95. **Smith, S. W.,** An Investigation of the Earth's Free Oscillations, Ph.D. thesis, California Institute of Technology, Pasadena, 1961.
96. **Jobert, N. and Roult, G.,** Periods and damping of free oscillations observed in France after sixteen earthquakes, *Geophys. J. R. Astron. Soc.,* 45, 155, 1976.
97. **Jacobs, J. A.,** *The Earth's Core,* Academic Press, New York, 1975.
98. **Johnston, D. H., Toksoz, M. N., and Timur, A.,** Attenuation of seismic waves in dry and saturated rocks. II. Mechanisms, *Geophysics,* 44, 691, 1979.
99. **Winkler, K., Nur, A., and Gladwin, M.,** Friction and seismic attenuation in rocks, *Nature (London),* 227, 528, 1979.
100. **Johnston, D. H. and Toksoz, M. N.,** Thermal cracking and amplitude dependent attenuation, *J. Geophys. Res.,* 85, 937, 1980.
101. **Tittmann, B. R., Abdel-Gawad, M., Salvado, C., Bulau, J., Ahlberg, L., and Spencer, T. W.,** A brief note on the effect of interface bonding on seismic dissipation, *Proc. Lunar Planet. Sci.,* 12B, 1737, 1981.

102. **Klima, K., Vanek, J., and Pros. Z.,** The attenuation of longitudinal waves in diabase and greywacke under pressures up to 4 kilobars, *Studia Geophys. Geod.,* 8, 247, 1964.
103. **Levykin, A. I.,** Longitudinal and transverse wave absorption and velocity in rock specimens at multilateral pressures up to 4000 kg/cm^2, *Izv. Phys. Solid Earth U.S.S.R. Acad. Sci.,* 1, 94, 1965.
104. **Johnston, D. H. and Toksoz, M. N.,** Ultrasonic P and S wave attenuation in dry and saturated rocks under pressure, *J. Geophys. Res.,* 85, 925, 1980.
105. **Tittmann, B. R., Nadler, H., Clark, V. A., and Ahlberg, L. A.,** Frequency dependence of seismic dissipation in saturated rocks, *Geophys. Res. Lett.,* 8, 36, 1981.
106. **Attewell, P. B. and Ramana, Y. V.,** Wave attenuation and internal friction as functions of frequency in rocks, *Geophysics,* 31, 1049, 1966.
107. **Birch, F. and Bancroft, D.,** Elasticity and internal friction in a long column of granite, *Bull. Seismol Soc. Am.,* 28, 243, 1938.
108. **Born, W. T.,** Attenuation constant of Earth materials, *Geophysics,* 6, 132, 1941.
109. **Pandit, B. I. and Savage, J. C.,** An experimental test of Lomnitz's theory of internal friction in rocks, *J. Geophys. Res.,* 78, 6097, 1973.
110. **Winkler, K. W. and Nur, A.,** Seismic attenuation: effects of pore fluids and frictional sliding, *Geophysics,* 47, 1, 1982.
111. **Spencer, J. W.,** Stress relaxations at low frequencies in fluid saturated rocks, attenuation and modulus dispersion, *J. Geophys. Res.,* 86, 1803, 1981.
112. **Pandit, B. I. and Tozer, D. C.,** Anomalous propagation of elastic energy within the moon, *Nature (London),* 226, 335, 1970.
113. **Warren, N., Trice, R., and Stephens, J.,** Ultrasonic attenuation, Q measurements on 70215,29, *Geochim. Cosmochim. Acta,* Suppl. 5, 2927, 1974.
114. **Clark, V. A., Spencer, T. W., Tittmann, B. R., Ahlberg, L. A., and Coombe, L. T.,** Effect of volatiles on attenuation (Q^{-1}) and velocity in sedimentary rocks, *J. Geophys. Res.,* 85, 5190, 1980.
115. **Pandit, B. I. and King, M. S.,** The Variation of elastic wave velocities and quality factor of a sandstone with moisture content, *Can. J. Earth Sci.,* 16, 2187, 1979.
116. **Tittmann, B. R., Clark, V. A., Richardson, J., and Spencer, T. W.,** Possible mechanism for seismic attenuation in rocks containing small amounts of volatiles, *J. Geophys. Res.,* 85, 5199, 1980.
117. **Walsh, J. B.,** Seismic wave attenuation in rock due to friction, *J. Geophys. Res.,* 71, 2591, 1966.
118. **Clark, V. A.,** Effects of Volatiles on Seismic Attenuation and Velocity in Sedimentary Rocks, PhD. thesis, Texas A & M University, 1980
119. **Mavko, G. M.,** Frictional attenuation: an inherent amplitude dependence, *J. Geophys, Res.,* 84, 4769, 1979.
120. **Savage, J. C.,** *J. Geophys. Res.,* 74, 726, 1979.
121. **Gordon, R. B. and Nelson, C. W.,** *Rev. Geophys.,* 4, 457, 1966.
122. **Jackson D. D. and Anderson, D. L.,** Physical mechanisms of seismic wave attenuation, *Rev. Geophys. Space Phys.,* 8, 1, 1970.
123. **Mason, W. P., Beshers, D. N., and Kuo, J. T.,** Internal friction in westerly granite: relation to dislocation theory, *J. Appl. Phys.,* 41, 5206, 1970.
124. **Mason, W. P., Marfurt, K. J., Beshers, D. N., and Kuo, J. T.,** Internal friction in rocks, *J. Acoust. Soc. Am.,* 63, 1596, 1978.
125. **Walsh, J. B.,** Attenuation in partially melted material, *J. Geophys. Res.,* 73, 2209, 1968.
126. **Walsh, J. B.,** New analysis of attenuation in partially melted Rock, *J. Geophys. Res.,* 74, 2209, 1969.
127. **O'Connell, R. J. and Budiansky, B.,** Viscoelastic properties of fluid saturated cracked solids, *J. Geophys. Res.,* 82, 5719, 1977.
128. **Mavko, G. M. and Nur, A.,** Wave attenuation in partially saturated rocks, *Geophysics,* 44, 161, 1979.
129. **Kjartansson, E. and Nur, A.,** Attenuation due to thermal relaxation in porous rocks, submitted to Geophysics, 1982.
130. **Biot, M. A.,** Theory of propagation of elastic waves in a fluid saturated, porous solid. I. Low frequency range, *J. Acoust. Soc. Am.,* 28, 168, 1956.
131. **Biot, M. A.,** Theory of propagation of elastic waves in a fluid saturated, porous solid. II. Higher frequency range, *J. Acoust. Soc. Am.,* 28, 179, 1956.
132. **White, J. E.,** Computed seismic speeds and attenuation in rocks with partial gas saturation, *Geophysics,* 40, 224, 1975.
133. **Dutta, N. C. and Ode, H.,** Attenuation and dispersion of compressional waves in fluid-filled rocks with partial gas saturation (White model). I. Biot theory, *Geophysics,* 44, 1806, 1979.
134. **Dutta, N. C. and Ode, H.,** Attenuation and dispersion of compressional waves in fluid-filled rocks with partial gas saturation (White model). II. Results, *Geophysics,* 44, 1789, 1979.
135. **Dutta, N. C. and Seriff, A. J.,** On White's model of attenuation in rocks with partial gas saturation, *Geophysics,* 44, 1806, 1979.

136. **Stoll, R. D.,** Acoustic waves in saturated sediments, in *Physics of Sound in Marine Sediments,* Hampton, L., Ed., Plenum Press, New York, 1974.
137. **McDonal, F. J., Angona, F. A., Mills, R. L., Sengbush, R. L., Van Nostrand, R. G., and White, J. E.,** Attenuation of shear and compressional waves in Pierre shale, *Geophysics,* 23, 421, 1958.
138. **Tullos, F. N. and Reid, A. C.,** Seismic attenuation of Gulf coast sediments, *Geophysics,* 34, 516, 1969.
139. **Hauge, P. S.,** Measurements of attenuation from vertical seismic profiles, *Geophysics,* 46, 1548, 1981.
140. **Langston, C. A.,** Moments, corner frequencies, and the free surface, *J. Geophys. Res.,* 83, 3422, 1978.
141. **Spencer, T. W., Edwards, C. M., and Sonnad, J. R.,** Seismic wave attenuation in nonresolvable cyclic stratification, *Geophysics,* 42, 939, 1977.
142. **Spencer, T. W., Sonnad, J. R., and Butler, T. M.,** Seismic Q — stratigraphy or dissipation, *Geophysics,* 47, 16, 1982.
143. **Schoenberger, M. and Levin, F. K.,** Apparent attenuation due to intrabed multiples. I, *Geophysics,* 39, 278, 1974.
144. **Schoenberger, M. and Levin, F. K.,** Apparent attenuation due to intrabed multiples. II, *Geophysics,* 43, 730, 1978.
145. **Ganley, D. C. and Kanasewich, E. R.,** Measurement of absorption and dispersion from check-shot surveys, *J. Geophys. Res.,* 85, 5219, 1980.

INDEX

A

Abbreviations, 45—48
Acanthite, 12
Accelerating creep stage of creep curves, 147
Acoustical emissions, 147
Acoustic log, 10
Actinolite, 12
Activation energy, 149
Adobe, 22
Adularia, 288
Aegirine, 12
Akermanite, 12
Alabandite, 12
Alabaster, 174—175
Albite, 12
Albitite, 34
Allanite, 12, 288
Allemontite, 12
Almandine, 12
Altaite, 12
Aluminate, 124
Aluminum, 12, 283
Aluminum antimonide, 12
Aluminum oxide
 elastic constant of, 88, 89, 122
 grain density of, 12
Aluminum phosphate, 113, 124
Aluminum sulfate, 12
Aluminum sulfide, 12
Aluminum trifluoride, 12
Alunite, 12, 288
Amblygonite, 12
Amesite, 12
Ammonia-niter, 12
Ammonium bisulfate, 12
Ammonium sulfate, 12
Amphibolite
 bulk density of, 34
 stress-strain relations for, 175, 242
Amplitude of strain, 305—307
Analbite, 12
Analcime, 12
Anatase, 12
Andalusite
 elastic constant of, 109, 124
 grain density of, 12
Andesite
 bulk density of, 23, 25, 34
 radioactive elements in, 289
 radiogenic heat production in, 291
 stress-strain relations for, 175—176
Andradite, 12
Anglesite, 12
Anhydrite
 bulk density of, 34
 grain density of, 12
 steady-state flow law parameters for, 258
 stress-strain relations for, 176—178, 242—243
Annabergite, 12
Anorthite, 12
Anorthosite
 bulk density of, 34
 dilatancy of, 270
 stress-strain relations for, 178
Anthophyllite, 12
Antigorite, 12
Antimony, 12
Antlerite, 12
Apatite, 12, 288
Aplite, 243
Apophyllite, 12, 288
Apparatus deflection, 142
Apparent porosity, defined, 3
Aragonite, 12
Arcanite, 12
Arfvedsonite, 12
Arsenic, 12
Arsenic bromide, 12
Arsenolite, 12
Arsenopyrite, 12
Artinite, 12
Atacamite, 12
Atomic number/atomic weight ratios, 8
Attenuation
AP wave, 320
 sedimentary rocks, 304—323
  factors influencing Q, 305—308, 310—318
  field measurements, 321—323
  laboratory work, 304—305, 311
  mechanisms, 313—315, 318—321
 seismic, see Seismic attenuation
 shear wave, 301, 310, 318, 320
Augite, 12
Autunite, 288
Axial differential force schematic, 154
Axinite, 12
Azurite, 12

B

Baddeleyite, 12
Bandwidth of resonance peak, 297
Barite, 12
Barium, 12
Barium chloride, 12
Barium fluoride, 56
Barium nitrate, 124
Barium oxide
 elastic constant of, 87, 88, 122
 grain density of, 12
Barium sulfide, 12
Barium titanate, 13
Barium zirconate, 13
Barkevikite, 13

Basalt
    bulk density of, 23, 25, 34
    grain density of, 26
    stress-srain relations for, 178—179
Basalt breccia, 178
Beidellite, 13
Benitoite, 13
Berlinite, 13
Beryl, 13, 124
Berylium, 13, 283
Berylium aluminate, 113, 124
Berylium oxide
    elastic constant of, 83, 122
    grain density of, 13
Berzelianite, 13
Bianchite, 13
Biaxial shear friction test, 151
Biotite, 288
    grain density of, 13
    stress-strain relations for, 228
Bismite, 13
Bismuth, 13
Bismuth germanate, 116, 125
Bismuthinite, 13
Bixbyite, 13
Boehmite, 13
Bonds of hydrogen, 145, 146
Boracite, 13
Borax, 13
Borehole gravimetry, 10—11
Boric oxide, 13
Bornite, 13
Boron, 13
Boulangerite, 13
Bournonite, 13
Boyle's law method of obtaining grain volume, 4
Boyle's law porosimeters, 5, 6
Breccia, 179
Brick clay, 22
Brittle creep, 147—148, 164
Brittle regime, 143—144
Brochantite, 13
Bromargyrite, 13
Bromellite, 13
Bronzitite, 34
Brucite, 13
Bulk density, 2, 23, 25—31, 33, 34
    buoyancy method for, 5
    hydrostatic method for, 5
Bulk volume, 4
Bunsenite, 13
Buoyancy method, 4—5

C

Cadmium, 13
Cadmium arsenide, 13
Cadmium bromide, 13
Cadmium fluoride, 55
Cadmium iodide, 82, 122
Cadmium stibnite, 13
Cadmium telluride, 13
Cadmoselite, 13
Calcite
    elastic constant of, 111, 124
    fracture surface energies of, 268
    grain density of, 13
    strength data for, 255
    stress strain relations for, 228
Calcium, 13
Calcium ferrite, 13
Calcium molybdate, 117, 118, 125
Calcium nitrate, 13
Calcium oxide
    elastic constant of, 84, 85, 122
    grain density of, 13
Calcium tunsate, 119, 125
Calomel, 13
Canorinite, 13
Carbon-14, 283
Carbonate, 289
Carnallite, 13, 288
Carnotite, 288
Cassiterite, 13
Cataclasis, 144
Catophorite, 13
Cattierite, 13
Celestite, 13
Celsian, 13
Cerianite, 13
Cerium, 13
Cerium fluoride, 60
Cerium sesquioxide, 13
Cerrusite, 13
Cervantite, 13
Cesium, 13
Cesium bromide, 76, 77, 122
Cesium chloride, 14, 70
Cesium hydroxide, 14
Cesium iodide
    elastic constant of, 81, 82, 122
    grain density of, 14
Cesium monoxide, 14
Cesium silicate, 114, 124
Chabasite, 14
Chalcanthite, 14
Chalcocite, 14
Chalcocyanite, 14
Chalcopyrite
    grain density of, 14
    steady-state flow law parameters for, 258
    stress-strain relations for, 179—182
Chalk, 34
Chelmsford granite, 28, 29
Chlorargyrite, 14
Chlorite, 14, 34
Chloritite, 182
Chloromagnesite, 14
Chromite, 14
Chromium, 14
Chromium oxide, 90, 123

Chrysoberyl, 14
Chrysocolla, 14
Chrysotile, 14
Cinnabar, 14
Claudetite, 14
Clausthalite, 14
Clay, 22
Clinoenstatite, 14
Clinoferrosilite, 14
Clinoptilolite, 14
Clinopyroxene, 243
Clinozoisite, 14
Cobalt, 14
Cobalt fluoride, 54
Cobaltite, 14
Cobaltocalcite, 14
Cobaltous oxide, 14
Cobalt oxide, 86, 122
Cobalt spinel, 14
Cobalt titanate, 14
Coble creep, 150
Coccinite, 14
Coefficient of friction, defined, 151
Coesite, 14
Cohenite, 14
Colemanite, 14
Columbite, 14
Compaction, 146
Compliance , 297
Compression, 141, 153, 242
Compton scattering, 8
Confining pressure
   effect of, 148, 156
   effective, 144, 145, 148
   influence of on rock strength, 155
   Q and, 306
   rock strength and, 156
Constant strain rate, 142, 174
Continental crust, 289, 291
Copper, 14
Copper aluminum sulfide, 14
Copper bromide, 74, 122
Copper dichloride, 14
Cordierite, 14
Core Q, 300
Corrosion from stress, 145—146
Corundum, 14
Cosmochronology, 282—283
Cotunnite, 14
Coulomb-Mohr failure criterion, 144
Covellite, 14
Crack
   critical, 314
   stress corrosion of, 145—146
   velocity of, 163
Creep
   brittle, 147—148, 164
   Coble, 150
   curves of, 147
   dislocation, 150
   ductile, 148

   Nabarro-Herring, 150
   semi-brittle, 148
   sigmoidal, 148
   steady-state, 149
   superplastic, 150
   tertiary, 147
   tests of, 142
   transient 150, 151, 166, 299
Cristobalite, 14
Critical crack, defined, 314
Crocoite, 14
Crust, see Continental crust
Cryolite, 14
Crystallography, 7, 11
Crystals
   dislocations, of 149, 150
   interfaces of, 149
   point defects of, 149
   single, 228, 263—267
Cummingtonite, 14
Cuprite
   elastic constant of, 101, 123
   grain density of, 14
Cyclic loading experiments, 143
Cylinder apparatus, 172

D

Danburite, 14
Daphnite, 14
Datolite, 14
Decay constants, 282
Decay series of throium and uranium, 283—285
Deflection, 142
Deformation mechanism maps, 150, 166
Dehydration, 145, 161
Densities, 8—9
   bulk, see Bulk density
   defined, 2
   elastic constants vs., 41—43
   flotation, 6—7
   grain, see Grain density
   gram, 7
   soil, 22
   temperature and, 2, 22, 35
   X-ray crystallography, 7, 11
Depth and Q, 308
Deterium, 283
Deterium oxide, 100, 123
Diabase
   radioactive elements in, 289
   steady-state flow law parameters for, 258
   stress-strain relations for, 184, 244
Diamond, 14
Diaspore, 14
Dickite, 14
Differential force, 154
Differential stress, 142
Digenite, 14
Dilatancy, 143, 145, 270

Diopside, 15, 34
Dioptase, 15
Dorite
   bulk density of, 23, 26
   quartz, 30, 34
   stress-strain relations for, 184
Direct shear friction test, 151
Dislocation in crystals, 149, 150
Dolerite-diabase, 23, 27
Dolomite
   bulk density of, 34
   dilatancy of, 270
   elastic constant of, 124
   grain density of, 15
   steady-state flow law parameters for, 258
   stress-strain relations for, 184—186, 228—230
Double shear friction test, 151
Ductile creep, 148
Ductile regime, 144
Dumortierite, 15
Dune sand, 22
Dunite
   bulk density of, 34
   dilatancy of, 270
   radioactive elements in, 289
   steady-state flow law parameters for, 260
   stress-strain relations for, 244—245
Duration of load, 147
Dysporsium, 15
Dysporsium sesquioxide
   elastic constant of, 91, 123
   grain density of, 15

E

Earth
   heat production in, 288
   thermal history of, 286, 291
Eastonite, 15
Echo method, 299
Eclogite, 34
Effective confining pressure, 144, 145, 148
Effective stress, 144, 152
Elastic apparatus deflection, 142
Elastic constants, 39—125
   density vs., 41—43
   notations, 43—48
   patterns at ambient conditions, 41—43
Elastic moduli determination, 40—41
Electric log, 10
Embrittlement, 145
Enargite, 15
End effects, 141, 142
Energy, 149, 268
Enstatite, 15
Environmental parameters, 157
Eolian sand, 22
Epidote, 15
Epistilbite, 15
Epsomite, 15

Erbium, 15
Erbium sesquioxide
   elastic constant of, 91, 123
   grain density of, 15
Eskolaite, 15
Europium, 15
Europium sesquioxide, 15
Experiments, see also specific types
   cyclic loading, 143
   friction, 168
   torsion, 255
Extension, 141, 153

F

Failure criterion, 144
Fassaite, 15
Fatigue, 146, 147
Faujasite, 15
Fault angle, 227
Faulting, 143
Fayalite, 15, 104, 123
Feldspar, 186, 245—246
Ferberite, 15
Ferric sulfate, 15
Ferrosilite, 15
Ferrous oxide, 15
Field measurement of Q, 322, 323
Fire clay, 22
Fitting of waveform, 300
Flotation density methods, 6—7
Flourite, 15
Flow law, 165
   steady-state, 258—267
Fluid medium apparatus, 258—259
Fluids, see also specific fluids
   P wave attenuation and, 320
   Q and, 311—313
   saturation of and Q, 317
   shear attenuation and, 318, 320
Fluorite, 52, 53, 268
Force, see also specific forces, 154
Forced vibration, 299
Formation porosity, 9
Forsterite
   elastic constant of, 102, 103, 123
   grain density of, 15
   shear attenuation of, 310
   steady-state flow law parameters for, 263
Fossiliferous soil, 22
Fracture surface energies, 268
Fracture toughness, 269
Franklinite, 15
Free oscillations and Q, 300
Free vibration, 299
Frequency and Q, 303, 307—310, 316, 317
Friction
   coefficient of, defined, 151
   experiments in, 168
   initial, 151, 152

internal, 296, 310
kinetic, 151
laws of, 152
maximum, 151
mechanism of, 319
pore water pressure and, 171
reproducibility of, 151
rock, 151—152
schematic of, 167
static, 151
temperature and, 152, 171
test in, 151
time-dependence of, 152

G

Gabbro
　bulk density of, 23, 27
　fracture toughness of, 269
　stress-strain relations for, 186
　temperature and friction of, 171
Gadolinia, 15
Gadolinium, 15
Gahnite, 15
Galaxite, 15
Galena
　grain density of, 15
　steady-state flow law parameters for, 258
　stress-strain relations for, 186—189, 230—231
Gallium, 15
Gallium sesquioxide, 15
Gamma-gamma (density) logging, 8—9
Gamma radiation, 283, 286
Garnet, 34, 124
Gas pycnometry, 6
Gehlenite, 15
Geikielite, 15
Geochronology, 282—283
Germanium, 15
Germanium dioxide, 15, 96, 123
Gersdorffite, 15
Gibbsite, 15
Gismodine, 15
Glacial soil, 22
Glass, see also specific types, 34
Glauconite, 15, 288
Glaucophane, 15
Gmelinite, 15
Gneiss, 34, 189—190
Goethite, 15
Gold, 15
Goslarite, 15
Grain boundary, 149, 150
Grain density, 3, 12—22, 26, 28, 32
　buoyancy method for, 5
　calculation of, 7
　hydrostatic method for, 5
Grain volume, 4
Granite
　bulk density of, 23, 28

　Chelmsford, 28, 29
　fracture surface energies of, 268
　fracture toughness of, 269
　radioactive elements in, 289
　radiogenic heat production in, 291
　stress-strain relations for, 190—194, 246—247
Granodiorite
　bulk density of, 34
　dilatancy of, 270
　radioactive elements in, 289
　radiogenic heat production in, 291
　stress-strain relations for, 194—196
Granulite, 34
Graphite, 15, 196
Gravelly soil, 22
Gravimetry, 10—11
Graywacke, 34
Greenockite, 15
Greensand, 22
Grossular, 15
Grossularite, 34
Gruneisen ratio, 42
Gypsum, 15

H

Hafnia, 15
Hafnium, 15
Halite
　fracture surface energies of, 268
　grain density of, 15
　steady-state flow law parameters for, 258, 264—265
　stress-strain relations for, 196—198, 231—234
Halloysite, 15
Hardening
　creep curves, 147
　rates of, 148
　transient work, 151
　work, 148, 151
Hastingsite, 16
Hauerite, 16
Hausmannite, 16
Heat production
　isotopic, 290
　radiogenic, 286—288, 290, 291
　radionuclide, 286
　specific, 287, 288
　whole earth, 288
Heavy blue loam, 22
Heazlewoodite, 16
Hedenbergite, 16
Hematite, 16, 90, 123
Hercynite, 16, 113, 124
Herzenbergite, 16
Hessite, 16
Heulandite, 16
High Q modes, 307
Holmia, 16, 123
Holmium, 16

Hornblende, 16, 228
Hornblendite, 34
Huebnerite, 16
Humite, 16
Huntite, 16
Hydration, 148
Hydrogen-3, 283
Hydrogen bonds, 145, 146
Hydrolysis, 145, 146
Hydrolytic weakening, 145, 151, 162
Hydromagnesite, 16
Hydrophilite, 16
Hydrostatic method, 5
Hydroxyapatite, 16

2.5Krennerite, 16

I

Ice
   fracture toughness of, 269
   stead-state flow law parameters for, 258, 265—266
   stress-strain relations for, 234
Idocrase, 16
Illite, 16
Ilmenite, 16
Indium, 16
Inelastic properties
   apparent fracture surface energies, 268
   dilatancy of rocks at failure, 270
   effects of water and fluids, 144—146, 160—163
   fracture toughness, 269
   laboratory testing of strength, 140—143, 153, 154, 173
   mechanical behavior, 143—144, 154—159
   rock friction, 151—152, 167—171
   strength data from torsion experiments on solid cylinders, 255—257
   stress-strain relations from constant strain rate triaxial tests
     mineral single crystals, 228—241
     piston-cylinder solid medium apparatus, 242—254
     rocks in apparatus using fluid-confining media, 174—227
Initial friction, 151, 152
In situ porosity, 10
Interfaces of crystals, 149
Internal friction, 296, 310
Iodargyrite, 16
Iodine-129, 283
Iridium, 16
Iron, 16
Iron borate, 111, 124
Iron oxide, 122
Isotopes, see also specific isotopes, 290

J

Jacobsite, 16

Jadeite, 16, 34
Jolly spring balance, 6

K

Kaersutite, 16
Kainite, 16
Kaliophillite, 16
Kalsilite, 16
Kaolinite, 16
Karelianite, 16
Kernite, 16
Kieserite, 16
Kinetic friction, 151
Klockmannite, 16

Kyanite, 16, 235

L

Laboratory testing, 140—143
Labradorite, 16
Langbeinite, 16
Lantha, 16
Lanthium, 16
Larnite, 16
Laumontite, 16
Laurite, 16
Lawrencite, 16
Lawsonite, 16
Lead, 16, 283
Lead chloride, 71, 122
Lead fluoride, 57
Lead iodide, 82, 122
Lead molybdate, 118, 125
Lead nitrate, 16
Lead titanate, 16
Lead zirconate, 16
Lepidolite, 16, 288
Lepidomelane, 16
Leucite, 17, 288
Leucite tephrite glass, 34
Levyne, 17
Lime olivine, 17
Limestone
   bulk density of, 34
   fracture surface energies of, 268
   fracture toughness of, 269
   steady-state flow law parameters, 259
   strength data for, 255—257
   stress-strain relations for, 198—209
Limonite, 17
Linnaeite, 17
Litharge, 17
Lithium, 17
Lithium aluminate, 17
Lithium bromide, 72, 122
Lithium chlorate, 125
Lithium chloride, 17, 60
Lithium fluoride, 49

Lithium hydroxide, 17
Lithium iodate, 118, 119, 125
Lithium iodide, 78, 122
Lithium monoxide, 17
Lithium niobate, 117, 125
Lithium tantalate, 119, 125
Lithosphere Q, 300
Lizardite, 17
Load duration, 147
Loading arrangemens in friction experiments, 168
Loading experiments, 143
Loam, 22
Loellingite, 17
Loess, 22
Logging, 8—10
Lutetium, 17, 283
Lutetim sesquioxide, 17, 92, 123

M

Maghemite, 17
Magnesioferrite, 17
Magnesiosilicon, 17
Magnesite, 17
Magnesium, 17
Magnesium aluminate, 124
Magnesium nitrate, 17
Magnesium oxide
   elastic constant of, 83, 84, 122
   stress-strain relations for, 210—211, 235
Magnesium stannide, 17
Magnesium sulfate, 17
Magnetite, 17, 209—210
Malachite, 17
Manganese, 17
Manganese fluoride, 53, 54
Manganese oxide, 85, 122
Manganese selenide, 17
Manganese sulfate, 17
Manganite, 17
Manganosite, 17
Mantle
   Q of, 300, 302, 308
   shear wave attenuation and, 301
Maps of deformation mechanism, 150, 166
Marble, 34, 259, 269
Marcasite, 17
Marine mud, 289
Marl, 34
Marlstone, 34
Marshite, 17, 79, 122
Mascagnite, 17
Massicot, 17
Matlockite, 17
Maximum friction, 151
Medium apparatus
   fluid, 258—259
   piston-cylinder solid, 242
   solid, 242, 260—262
Melanterite, 17

Melilite, 17
Mercuric bromide, 77, 122
Mercuric chloride, 17, 71, 122
Mercuric iodide, 82, 122
Mercurous chloride, 17
Merwinite, 17
Metacinnabar, 17
Microcline, 17, 288
Microcracks and Q, 306
Microfracturing, 144
Migmatite, 211
Millerite, 17
Minerals, see also specific minerals, 260
   density, 1—36
   elastic constants, see Elastic constants
   inelastic properties, see Inelastic properties
   radioactivity, 281—292
   single crystal, 263—267
   specific heat production of, 287
Mineral single crystals, 228
Minium, 17
Mirablite, 17
Modulus, 297
Moisture content, 148
Molybdenite, 17
Molybdenum, 17
Molybdenum dioxide, 17
Molybdite, 17
Molysite, 17
Monazite, 288
Monteponite, 17
Monticellite, 17
Montmorillonite, 17
Montroycite, 17
Monzonite, 34, 211
Mordenite, 17
Morenosite, 18
Muck, 22
Mud, 289
Mullite, 18
Muscovite, 18, 268, 288

N

Nabarro-Herring creep, 150
Nacrite, 18
Nantockite, 18, 124
Natrolite, 18
Naturally occurring X-ray emitters, 287
Natural radioactivity, 283—286
Naumanite, 18
Neodymium, 18
Neodymium sesquioxide, 18
   grain density of, 18
Nepheline, 18, 124, 288
Nesquehonite, 18
Neutron logging, 9
Niccolite, 18
Nickel, 18
Nickel carbonate, 18

Nickel chloride, 18
Niobium, 18
Niobium dioxide, 18
Niobium fluoride, 54
Niobium oxide
　elastic constant of, 86, 97, 98, 122, 123
　grain density of, 18
Niter, 18
Nitrobarite, 18
Nontronite, 18
Norite, 29, 34
Normal electric log, 10
Notations for tables, 44—45
Novaculite, 269

O

Obsidian, 34
Oceanic basalt, 291
Oldhamite, 18
Olivine
　elastic constant of, 102, 104, 123
　fracture surface energies of, 268
　steady-state flow law parameters for, 263—264
　stress-strain relations for, 247
Omphacite, 18
Opal, 18
Orpiment, 18
Orthoclase, 18, 268
Orthoferrosilite, 18
Orthopyroxene, 247
Oscillations, 300
Osmium, 18
Otavite, 18
Overtones
　spheroidal, 306
　toroidal, 305

P

Palladium, 18, 283
Palygorskite, 18
Paragonite, 18
Pargasite, 18
Peak bandwidth, 297
Peat, 22
Peat moss, 22
Pectolite, 18
Periclase, 18, 268
Peridotite
　bulk density of, 34
　internal friction of, 310
　radioactive elements in, 289
　radiogenic heat production in, 291
　shear attenuation of, 310
　stress-strain relations for, 211—212
Perovskite, 18
Petalite, 18
Phenacite, 18

Phillipsite, 18
Phlogopite, 18, 288
Phosphorus, 18
Phosphorus pentoxide, 18
Phosphorus trioxide, 18
Picrochromite-magnesiochromite, 18
Pigeonite, 18
Piston-cylinder apparatus, 172, 242
Pitchblende, 288
Pitchstone, 34
Plagioclase, 236
Platinum, 14, 18, 20
Plattnerite, 18
Plutonium, 18, 283
Point defects of crystals, 149
Polyhalite, 18, 34, 288
Polymioite, 18
Pore pressure, 144, 160
Pore volumes, 4, 5
Pore water pressure, 171
Porosimeters, 5, 6
Porosity
　apparent, 3
　buoyancy method for, 5
　formation, 9
　hydrostatic method for, 5
　in situ, 10
　logging of, 9—10
　total, 3
Porphyry, 30
Portlandite, 18
Potassium, 283, 286
　grain density of, 18
　radiogenic heat production by, 290
Potassium bromate, 18
Potassium bromide
　elastic constant of, 65, 66, 73, 74, 122
　grain density of, 18
Potassium carbonate, 19
Potassium chlorate, 19
Potassium chloride, 64—67, 122
Potassium fluoride, 19, 51
Potassium hydroxide, 19
Potassium iodide, 74, 79, 122
Potassium monoxide, 19
Potassium orthophosphate, 19
Potassium superoxide, 19
Powellite, 19
Power law rheology, 149
Praseodymium, 19
Praseodymium sesquioxide, 19
Prehnite, 19
Pressure, 146, 149
　confining, see Confining pressure
　pore, 144, 160
　pore water, 171
　Q and, 307, 314, 315
Protactinium-231, 283
Proustite, 19
Pseudobrockite, 19
Pulse echo method, 299

Pulse shape, 299
P wave, 302, 320
Pycnometry, 6
Pyrargyrite, 19
Pyrite, 19, 212—213
Pyrolusite, 19
Pyrope, 19, 104, 124
Pyrophanite, 19
Pyrophyllite, 19
Pyroxene
  elastic constant of, 123
  steady-state flow law parameters for, 261
  stress-strain relations for, 247—248
Pyroxenite
  bulk density of, 34
  steady-state flow law parameters for, 260
  stress-strain relations for, 213, 248—249
Pyrrhotite, 19, 213—214

Q

Q, 296, 300, 303
  confining pressure and, 306
  of core, 300
  depth and, 308
  field measurement of, 322, 323
  fluids and, 311—313
  fluid saturation and, 317
  free oscillations and, 300
  frequency and, 303, 307—310, 316, 317
  high, 307
  of lithosphere, 300
  of mantle, 300, 308
  of mantle P-wave, 302
  microcracks and, 306
  pressure and, 307, 314, 315
  spheroidal, 303
  of spheroidal overtones, 306
  strain amplitude and, 305—307
  thermal cycling and, 306
  toroidal, 304
  of toroidal overtones, 305
  traveling waves and, 298
Quartz
  fracture surface energies of, 268
  fracture toughness of, 269
  grain density of, 19
  steady-state flow law parameters for, 266—267
  stress-strain relations for, 236—240, 250
Quartz diorite, 30, 34
Quarzite
  bulk density of, 34
  fracture surface energies of, 268
  steady-state flow law parameters for, 259, 261
  stress-strain relations for, 250—251
Quartz latite, 289
Quartz monzonite, 34
Quartz porphyry, 23, 30

R

Radioactivity
  cosmochronology, 282—283
  geochronology, 282—283
  heat production 286—288, 290—292
  natural measurements, 283—289
Radiogenic heat production, 286—288, 290, 291
Radionuclides, see also specific radionuclides, 282, 286, 289
Radium-226, 283
Realgar, 19
Recrystallization, 146
Relaxation tests, 143
Reproducibility of friction, 151
Residual soil, 22
Resonance peak bandwidth, 297
Retgersite, 19
Rhenium, 19, 283
Rhenium dioxide, 19
Rhenium heptoxide, 19
Rhenium trioxide, 19, 101, 123
Rheology, see also Inelastic properties, 149, 151
Rhodium, 19
Rhodochrosite, 19
Rhodonite, 19
Rhyolite, 23, 31, 214
Rhyolite obsidian, 34
Riebeckite, 19
Rocksalt, 34
Rubidium 19, 283
Rubidium bromide, 74, 75, 122
Rubidium chloride
  elastic constant of, 66—68, 122
  grain density of, 19
Rubidium fluoride, 51, 52
Rubidium iodide, 80, 122
Ruthenium, 19
Rutile, 19

S

Sallaite, 19
Salmiac, 19
Samarium, 19
Samarium sesquioxide, 19, 91, 123
Sample shortening schematic, 154
Sanadine, 19
Sand, 22, 34
Sandstone
  bulk density of, 23, 31
  dilatancy of, 270
  fracture surface energies of, 268
  fracture toughness of, 269
  grain density of, 32
  porosities of, 32
  radioactive elements in, 289
  stress-strain relations for, 215—218
Sanidine, 288
Sanmartinite, 19

Saponite, 19
Saturation of fluid, 317
Scacchite, 19
Scandium, 19
Scandium sesquioxide, 19
Scapolite, 19
Scattering, 8
Scheelite, 19
Schist, 34, 218, 289
Scolecite, 19
Sedimentary rocks, see also specific rocks
    attenuation in, 304—323
        factors influencing Q, 305—308, 310—318
        field measurements, 321—323
        laboratory work, 304—305, 311
        mechanisms, 313—315, 318—321
Seismic attenuation
    inelastic structure of the earth, 300—307, 309—310
    measurement methods, 298—300
    measures, 296—297
    sedimentary rocks, see Sedimentary rocks
Seismic Q factor, see Q
Seismology, 298
Selenium, 19
Selenolite, 19
Semi-brittle creep, 148
Semi-brittle regime, 144
Sepiolite, 19
Serpentine, 19
Serpentinite, 34, 218—222
Shale
    bulk density of, 34
    radioactive elements in, 289
    stress-strain relations for, 222—223
Shear, 151
Shear attenuation, 320
    fluids and, 318
    forsterite, 310
    mantle and, 301
    peridotite, 310
Shortening of sample, 154
Short normal electric log, 10
Siderite, 19
Sigmoidal creep, 148
Silica, 269
Silicon, 19
Silicon carbide, 19
Silicon dioxide, 92—94, 123
Sillimanite, 20, 124
Silt loam, 22
Silver, 20
Silver bromide, 69, 75, 76, 122
Silver chloride, 68, 69, 122
Silver iodide, 81, 122
Silver oxide, 20
Single crystal minerals, see also specific minerals, 228, 263—267
Slate, 34, 223
Sliding, 150, 151
Slip of stick, 151

Smaragdite, 20
Smithsonite, 20
Sodalite, 20
Soda-niter, 20
Sodium, 20
Sodium bromate
    elastic constant of, 116, 117, 125
    grain density of, 20
Sodium bromide, 63, 64, 72, 73, 122
Sodium carbonate, 20
Sodium chlorate, 114, 125
Sodium chloride, 61—64
Sodium fluoride, 49, 50
Sodium hydroxide, 20
Sodium iodide, 78, 122
Sodium monoxide, 20
Sodium perchlorate, 20
Soil, see also specific types, 20, 22
Solid medium apparatus, 260—262
    piston-cylinder, 242
Solution, 146
Specific gravity, defined, 2
Specific heat production
    minerals, 287
    rocks, 288
Specified strain, 143
Spectral ratio, 298—300
Spessartine, 20, 124
Sphaelerite, 20
Sphalerite, 223—225, 240
Sphene, 241, 288
Spheroidal Q, 303, 306
Spinel, 20, 251
Spodumene, 20
Spring balance, 6
Stable sliding, 151
Stannic sulfide, 20
Stannous tetrachloride, 20
Static fatigue, 146, 147
Static friction, 151
Steady-state creep, 149
Steady-state flow law parameters, 258—267
Steady-state rheological law, 151
Steady-state stage, 149
Steady-state strength, 143
Stibnite, 20
Stibnous bromide, 20
Stibnous chloride, 20
Stick slip, 151
Stilbite, 20
Stilleite, 20
Stishovite, 20
Stolzite, 20
Strain amplitude and Q, 305—307
Strain rate, 174
Strain rate tests, 142, 228
Strengite, 20
Strength, see also Inelastic properties
    confining pressure and, 155, 156
    data on, 255—257
    steady-state, 143

time-dependent, 146—151
ultimate, 143, 160
water and, 144—146
yield, 143
Stress
differential, 142
effective, 144, 152
rock strength and, 156
specified strain and, 143
tests and, 173
Stress corrosion of cracks, 145—146
Stress relaxation tests, 143
Stress-strain relations, 174—254, 299
Strontianite, 20
Strontium, 20
Strontium bromide, 20
Strontium chloride, 70, 71, 122
Strontium fluoride, 5
Strontium molybdate, 118, 125
Strontium nitrate, 20
Strontium oxide, 20, 87, 122
Strontium sulfide, 20
Strontium titanate, 20, 125
Subbituminous coal, 183
Sulfur, 20
Sulfuryl chloride, 20
Superplastic behavior, 150
Surface energies of fracture, 268
S wave attenuation and fluids, 320
Syenite
bulk density of, 23, 33
radioactive elements in, 289
stress-strain relations for, 225
Sylvite, 20, 288
Szomolnokite, 20

T

Table notations, 44—45
Talc, 20, 225
Tantalite, 20
Tantalum, 20
Tantalum pentoxide, 20
Teleseismic seismology, 298
Tellurite, 20
Tellurium, 20
Tellurium oxide, 98, 123
Temperature
density and, 2, 22, 35
friction and, 152, 171
Tenorite, 20
Tephrite glass, 34
Tephroite, 20
Terbium, 20
Tertiary creep, 147
Tests, see also specific types
constant strain rate, 142
creep, 142
friction, 151
laboratory, 140—143

static fatigue, 146
strain rate, 228
stress components in, 173
stress relaxation, 143
triaxial, 174
triaxial compression, 141, 242
triaxial extension, 141
triaxial torsion-compression, 141
Tetradymite, 20
Thallium, 20
Thallium bromide, 77, 122
Thallium chloride, 70
Thallium oxide, 91, 99, 123
Thallous chloride, 20
Thenardite, 20
Thermal cycling and Q, 306
Thermal history of earth, 286, 291
Thermally activated power law rheology, 149
Thomsonite, 20
Thorianite, 20, 288
Thorite, 88
Thorium, 283, 286
decay series of, 283—285
grain density of, 20
radiogenic heat production by, 290
Thorium oxide, 123
Thulium, 21
Tiemannite, 21
Time-dependence of friction, 152
Time-dependent strength effects, 146—151
Tin, 21
Tin fluoride, 56
Tin oxide, 98, 123
Titanite, 21
Titanium, 21
Titanium bromide, 21
Titanium monoxide, 21
Titanium sesquioxide
elastic constant of, 89, 95, 122, 123
grain density of, 21
Titanium trichloride, 21
Titanomagnetite-ulvospinel, 21
Tonalite, 33
Topaz, 21
Torbernite, 288
Toroidal mode Q, 304
Toroidal overtone Q, 305
Torsion
experiments in, 255
triaxial, 141, 153
Torsion-compression tests, 141
Total porosity, defined, 3
Toughness of fracture, 269
Trachyte, 23, 24
Trachyte obsidian, 34
Transient creep, 150, 151, 166, 299
Transient stage, 149
Transient work hardening, 151
Traveling waves and Q, 298
Tremolite, 21
Trevorite, 21

Triaxial compression, 141, 153, 242
Triaxial extension, 141, 153
Triaxial tests, 151, 174
Triaxial torsion, 141, 153
Tridymite, 21
Troilite, 21
Trona, 21
Tschermakite, 21
Tuff, 225—227, 270
Tungsten, 21
Tungsten dioxide, 21
Tungstenite, 21
Tungsten trioxide, 21
Turquoise, 21
Tyuyamunite, 288

U

Ulexite, 21
Ultimate strength, 143, 160
Ultramafic, 289
Ultrasonic wave propagation, 298
Uraninite, 21, 288
Uranium
   decay series of, 283—285
   grain density of, 21
   radiogenic heat production by, 290
Uranium dioxide
   elastic constant of, 99, 101, 123
   stress-strain relations for, 241
Uranium tetrachloride, 21
Uranium trichloride, 21
Uranium trioxide, 21
U.S. Bureau of Mines method of obtaining grain volume, 4

V

Valentinite, 21
Vanadinite, 21
Vanadium, 21
Vanadium dichloride, 21
Vanadium monoxide, 21
Vanadium pentoxide, 21
Vanadium sesquioxide, 90, 123
Vanadium tetraoxide, 21
Vanadium trichloride, 21
Vaterite, 21
Velocity of crack, 163
Vermicullite, 21
Vertical seismic profiling (VSP), 321
Vibrationd, 299
Villiaumite, 21
Volume
   bulk, 4
   grain, 4
   pore, 4, 5
VSP, see Vertical seismic profiling

W

Wairakite, 21
Washburn-Bunting method for pore volumes, 4, 5
Water, 148
   effects of, 14—146
   elastic constant of, 99, 100, 123
   grain density of, 21
   pore, 171
   pressure of, 171
   rock strength and, 144—146
   role in recrystallization of, 146
   weakening effects of, 145, 151, 162
Wave attenuation, 301
Waveform fitting, 300
Wave propagation, 298, 299
Waves, 298
Weakening by water, 145, 151, 162
Websterite, 252—253, 262
Whitlockite, 21
Willemite, 21
Witherite, 21
Wollastonite, 21
Work hardening
   rates of, 148
   transient, 151
Wulfenite, 21
Wurtzite, 21
Wustite, 21

X

Xenon, 21
Xenotime, 288
X-ray crystallography, 7, 11
X-ray emitters, 287

Y

Yield strength, 143
Ytterbium, 21, 91, 123
Ytterbium sesquioxide, 21
Yttrium, 21
Yttrium sesquioxide, 21, 90, 123

Z

Zinc, 22
Zinc arsenide, 22
Zinc fluoride, 54, 55
Zincite, 22
Zinc oxide, 86, 87, 122
Zinc stibnite, 22
Zinc telluride, 22
Zinkosite, 22
Zircon, 22, 288
Zirconium, 22
Zirconium silicate, 108, 109, 124
Zoisite, 22